Diaristik im Ersten Weltkrieg

Minima

Literatur- und Wissensgeschichte kleiner Formen

Herausgegeben von
Anke te Heesen, Maren Jäger, Ethel Matala de Mazza
und Joseph Vogl

Band 5

Marie Czarnikow

Diaristik im Ersten Weltkrieg

Zwischen Alltagspragmatik und Privathistoriographie

DE GRUYTER

Zugleich leicht überarbeitete Fassung von: Humboldt-Universität zu Berlin, Sprach- und literaturwissenschaftliche Fakultät, Dissertation, 2020.

Gedruckt mit der großzügigen Unterstützung der FONTE-Stiftung und gefördert durch die Deutsche Forschungsgemeinschaft (DFG)-276772850/GRK 2190.

ISBN 978-3-11-153968-3
e-ISBN (PDF) 978-3-11-076499-4
e-ISBN (EPUB) 978-3-11-076504-5
ISSN 2701-4584

Library of Congress Control Number: 2022930249

Bibliografische Information der Deutschen Nationalbibliothek
Die Deutsche Nationalbibliothek verzeichnet diese Publikation in der Deutschen Nationalbibliografie; detaillierte bibliografische Daten sind im Internet über http://dnb.dnb.de abrufbar.

© 2024 Walter de Gruyter GmbH, Berlin/Boston
Dieser Band ist text- und seitenidentisch mit der 2022 erschienenen gebundenen Ausgabe.
Umschlagabbildung: Kriegs-Merkbuch aus dem Besitz von Wilhelm Eid, Bibliothek für Zeitgeschichte Stuttgart, N 17.9.
Satz: Integra Software Services Pvt. Ltd.

www.degruyter.com

Inhaltsverzeichnis

Einleitung: Labor der Diaristik —— 1

Teil I: Gebrauchsroutinen

1 Zwischen Erlebnis und Pragmatik: Kriegstagebücher an den Fronten —— 21
   1.1 „Papierkrieg": Militärische Schreibpraktiken und Diaristik —— 22
   1.2 Ein Tagebuch für den Tornister: Schreiben in mobilen Zeiten —— 37
   1.3 Aufzeichnungsszenen zwischen Schützengraben und Hinterland —— 66
   1.4 Tagebücher in Gefahr: Mobilmachung durch Verkleinerung —— 77

2 Zwischen Teilnahme und Entzug: Kriegstagebücher in der Heimat —— 98
   2.1 Umpragmatisierung: Kriegstagebücher – Tagebücher im Krieg —— 100
   2.2 Schreiben als Widerstand: Kriegstagebücher im besetzten Frankreich —— 108
   2.3 Mutter, Vater, Kind: Kriegstagebuchschreiben als familienkonstituierendes Ritual —— 121
   2.4 Schulen als paradigmatische Orte des Kriegstagebuchschreibens —— 134
   2.5 Das Studium der ‚Kriegsnatur' an der Heimatfront —— 150

3 Kriegsdiaristik im Spannungsfeld von Historismus, Volkskunde und Kriegsliteratur —— 159
   3.1 1910/14: Tagebuchsammlungen für die ‚kleinen Leute' —— 160
   3.2 1914/16: Frühe Tagebuchpublizistik – Erlebnis, Erzählbarkeit und Ökonomie —— 186
   3.3 1916/18: Aus Tagebuchblättern Verstorbener – Ausgangspunkte der Erinnerungskultur des Kriegs —— 198
   3.4 1918/30: Tagebücher im Nachkrieg —— 208

Teil II: Zeitgeschichten

4   Aktualität und Gegenwart als Zeithorizonte der Diaristik —— 219
    4.1 Wegbereiter diaristischer Aktualität: Kalender – Zeitungen – Zeitgeschichte —— 222
    4.2 Tagebuchschreiben im Takt der Extrablätter —— 238
    4.3 Tagebuchseiten: Gegenwärtigkeit – Synchronisation – Ereignisdichten —— 257
    4.4 Imperativ der Aktualität – Vernichtung von Innerlichkeit —— 270

5   Zeitzeugenschaft avant la lettre —— 278
    5.1 Augenzeugen des Kriegs in der Krise —— 281
    5.2 Das Tagebuch als Medium des Zeitzeugen —— 289
    5.3 Kriegsbeschreibungen im Superlativ —— 297
    5.4 Möglichkeiten und Grenzen der Tagebuchzeugnisse —— 308
    5.5 Frühe Zeitzeugen, letzte Zeitzeugen —— 318

6   Diaristische Ereignisdramaturgien des Weltkriegs —— 327
    6.1 Diaristische Kriegserzählungen zwischen Chronik und Roman —— 330
    6.2 Ereignissetzungen, Ereignislücken —— 337
    6.3 Kriegszyklen und die Materialisierung von Kriegszeit —— 350
    6.4 Tagebuchende/n, Kriegsende/n —— 354

Schluss: Diaristik zwischen Alltagspragmatik und Privathistoriographie —— 365

Bibliographie —— 375

Abbildungsverzeichnis —— 403

Biogramme —— 405

Danksagung —— 413

Personenverzeichnis —— 415

Einleitung: Labor der Diaristik

„Das ist ein Tag an den noch viele ihr Leben lang denken werden. ‚Erster Mobilmachungstag'", notiert die vierzehnjährige Milly Haake am 2. August 1914 in ihr Tagebuch. „Was es heißt: ‚Es wird mobil gemacht', das erfahre ich jetzt erst. O, wieviel Scenen herzzereißenden Jammers geschehen in diesen Tagen. Hier muß ein Vater, dort ein Sohn oder Bruder hinaus ins Feld. Auch Onkel Hilmar muß mit und er muß Tante Erna und seinen kleinen Jochen Hilmar zurücklassen."[1] Milly Haake aus Hamm beschreibt den Beginn des Ersten Weltkriegs als einen geschichtsmächtigen Tag, der eine Zäsur setzt und sie innerlich umtreibt, denn genau wie ihr Onkel ziehen tausende Männer an die Kriegsfronten. So ergriffen wie in diesem ersten Eintrag im Krieg wird die selbstbezeichnete „Epikerin" und Vorsitzende des Literarischen Vereins ihrer Heimatstadt in den nächsten Wochen und Monaten Tagebuch führen. Auch ihre ältere Schwester Annemarie schreibt ein Tagebuch. Am 29. September 1914, als der Weltkrieg eigentlich schon gewonnen sein sollte, gedenkt sie der bislang gefallenen Hammenser und kommt wie Milly auf den Onkel zu sprechen. „Wenn nur Onkel Hilmar gut durchkommt", schreibt sie über den einzigen Verwandten, der noch im Feld steht. Bei einem Treffen mit ihrer Tante erwartet sie eine besondere Aufgabe: „Donnerstag diktiert sie mir Onkel Hilmars Tagebuch für Vater".[2] Im Tagebuch der Nichte Annemarie wird auf das Kriegstagebuch des Onkels Bezug genommen, das vervielfältigt wird, um es in der Familie Haake dem Vater zu übergeben, der selbst nicht als Soldat am Krieg teilnimmt. Im November wird schließlich Annemaries und Millys Bruder Wilhelm eingezogen, von seinen Erfahrungen an der Front berichten im Folgenden Feldpostbriefe, welche die Schwestern in ihre Tagebücher kopieren.

Innerhalb der Familie Haake nimmt das Tagebuchschreiben einen festen Platz ein – Annemarie Haake spricht vom geteilten „Tagebuchfieber" –, sodass diese Tagebücher als „ein populäres Genre der Alltagskultur"[3] begriffen werden können. Mit Beginn des Ersten Weltkriegs wird die Diaristik nicht nur in dieser Familie in den Dienst des Kriegs gestellt: Im ganzen Kaiserreich werden Tage-

---

1 Milly Haake, Tagebuch, DTA 1256, II, 1–2, 02.08.1914. Unveröffentlichte Tagebücher zitiere ich im Folgenden nach dem Datum des Eintrags. Idiosynkrasien und Rechtschreibfehler weise ich nur dann aus, wenn sie das Verständnis erschweren. Alle Übersetzungen der französischen Tagebuchzitate stammen von mir. Biogramme der Protagonist:innen finden sich im Anhang dieser Studie.
2 Annemarie Haake, Tagebuch, DTA 1256, I, 1, 29.09.1914.
3 Sabine Kalff und Ulrike Vedder, Tagebuch und Diaristik seit 1900. Einleitung, in: Zeitschrift für Germanistik, Neue Folge XXVI (2016), H. 2, 235–242, hier 237.

bücher geschrieben und abgeschrieben, euphorisch begonnen und müssen sich dann zu einem Krieg verhalten, dessen Ende in unabsehbare Ferne rückt. Mit der Setzung des Attentats von Sarajewo als Kriegsbeginn, der Verzeichnung der Nachrichten oder des eigenen Erlebens im Feld schreiben sie kleine Geschichten der Gegenwart, deren Ereignisdramaturgien unser heutiges Wissen vom Krieg unterlaufen. Ihre Gebrauchsroutinen und Zeitgeschichten bilden die Pole der vorliegenden Untersuchung.

Der Krieg von 1914 bis 1918 wurde schon vor seinem Beginn als Weltkrieg und zeitgenössisch wie auch in der Nachkriegszeit als ‚großer Krieg' bezeichnet. Beide Termini sind sowohl Ausdruck einer Erwartungshaltung als auch der tatsächlichen Erfahrung des Kriegs: Das hauptsächlich städtische Phänomen des Augusterlebnisses steht für die Begeisterung weiter Kreise der Bevölkerung, die sich zu Hunderttausenden vor dem Hohenzollern-Schloss in Berlin oder an den Bahnhöfen zur Verabschiedung von mit Parolen beschriebenen Züge, die gen Westen und Osten rollten, versammelten. Ebenso begleitet wie hervorgebracht wurde diese Kriegsbegeisterung von einer äußerst wirkmächtigen Presse: Im August 1914 erschienen etwa 4 200 Tageszeitungen, viele in Form von Morgen- und Abendausgaben.[4] Mit dem Kriegsbeginn wie kein anderes Medium verbunden ist das Extrablatt, das die Nachricht mit ihrer Meldung kurzschließt, und dessen Ausruf im öffentlichen Raum zum Signum der Medienkultur des Ersten Weltkriegs geworden ist. Fast jede Familie war unmittelbar vom Krieg betroffen, wenn Väter, Söhne oder Brüder einberufen wurden. Die Daheimgebliebenen wurden an der sogenannten Heimatfront Teil der totalen Mobilisierung der Nation für den Krieg. So wurde der Schulunterricht auf Kriegsstoff umgestellt, Frauen übernahmen Aufgaben in den Fabriken und mittels Kriegsanleihen sollte die gesamte Bevölkerung ermöglichen, dass dieser Krieg mit ganzer Kraft gewonnen werden konnte. Dies ist die eine Seite des Kriegs.

Die andere Seite zeichnet sich durch eine völlig neue Kriegsführung aus. Anders als in vorherigen Kriegen begegneten sich Heere nicht mehr auf abgegrenzten Schlachtfeldern, die von einem Feldherrenhügel überblickt werden konnten, wie ihn noch Alfred von Schlieffen in den Vorkriegsjahren beschrieb. Der Krieg verlagerte sich stattdessen in die Erde: Besonders an der mehr als 700 Kilometer langen Westfront etablierte sich ein System aus Schützengräben und Betonbunkern, das mit Stacheldraht zusätzlich geschützt war. Giftgas ist nur eine, wenngleich sicher die am stärksten mit dem Ersten Weltkrieg verbundene Waffe, deren Einsatz darauf abzielte, den Gegner sowohl körperlich als

---

[4] Vgl. Otto Groth, Die Zeitung: Ein System der Zeitungskunde (Journalistik). Erster Band, Mannheim, Berlin und Leipzig 1928, 205–206, 273.

auch psychisch zu besiegen. Der Krieg sollte sich schon bald in eine riesige Materialschlacht verwandeln und mehr als vier Jahre lang andauern.

Dass der Erste Weltkrieg von einer beispiellosen Welle an geistiger Legitimation durch Schriftsteller:innen, Publizist:innen und Politiker:innen sowie dokumentarische Bestrebungen an der Front und in der Heimat begleitet wurde, ist oft bemerkt und anlässlich des 100-jährigen Kriegsbeginns mit umfangreichen Einzelstudien vertieft erforscht worden.[5] Hingegen wurde dem Kriegstagebuchschreiben als dokumentarischer wie historiographischer Praxis zwar in einigen Impulse gebenden Aufsätzen Aufmerksamkeit geschenkt, es jedoch noch nie als genuin eigenständiges Phänomen der Zeit untersucht. Es handelt sich um eine Praxis mit geringer Zugangshürde, die den Erscheinungs- und Wahrnehmungsweisen des Ereignisses Krieg – eines Ereignisses mit erwarteter kurzer Dauer, in einer Kultur der Aktualität, die ihresgleichen suchte und in der Ereignisdichten ungekannte Ausmaße annahmen – besonders angemessen erscheint. Dieser Aufgabe hat sich die vorliegende Studie verschrieben. Sie profitiert dabei von jenen Archivpublikationen anlässlich des 100-jährigen Gedenkens an den Krieg, die mit Quellenbänden verschiedener Ausrichtung und einführenden Kommentaren vor allem wenig kanonische, *unveröffentlichte Tagebücher* auf verschiedene Weise zugänglich gemacht haben.[6]

Die Konjunktur des Kriegstagebuchschreibens im Jahr 1914 hat eine Geschichte. Krisen gelten gemeinhin als häufige Anlässe ein Tagebuch zu beginnen

---

[5] Siehe aus der Fülle der Publikationen zum Einsatz der Dichtung Alexander Honold, Einsatz der Dichtung. Literatur im Zeichen des Ersten Weltkriegs, Berlin 2015. Eine umfassende Erforschung der Kriegssammlungen findet sich bei Aibe-Marlene Gerdes, Ein Abbild der gewaltigen Ereignisse. Die Kriegssammlungen zum Ersten Weltkrieg, Essen 2016.
[6] Vgl. mit dem Schwerpunkt auf Tagebüchern späterer Schriftsteller:innen die dreibändige Ausgabe: Deutsches Literaturarchiv Marbach (Hg.), August 1914. Literatur und Krieg, Der Krieg im Archiv. August 1914: Ein Kalendarium sowie Der Krieg im Archiv. September 1914–Dezember 1918: Ein Kalendarium, Marbach am Neckar 2013. Das Deutsche Tagebucharchiv wählte eine an Walter Kempowskis *Echolot* angelehnte Publikationsform in zwei Bänden, die den Ersten Weltkrieg Tag für Tag anhand von Tagebucheinträgen verschiedenster Autor:innen erzählt: Deutsches Tagebucharchiv (Hg.), Verborgene Chronik 1914, zusammengestellt von Lisbeth Exner und Herbert Kapfer, Berlin 2014 sowie Verborgene Chronik 1915–1918, zusammengestellt von Lisbeth Exner und Herbert Kapfer, Berlin 2017. Die Bibliothek für Zeitgeschichte Stuttgart stellte ihre Lebensdokumentensammlung vor: Irina Renz, „Die Toten bleiben jung". Ego-Dokumente des Ersten Weltkriegs in der Lebensdokumentensammlung der Bibliothek für Zeitgeschichte. Artikelserie: 100 Jahre Erster Weltkrieg – 100 Jahre Bibliothek für Zeitgeschichte. https://www.portal-militaergeschichte.de/sites/default/files/pdf/renz_egodokumente.pdf. 2015 [01.11.2021]. Für den Fall Frankreich siehe folgenden kommentierten Quellenband: Association pour l'autobiographie et le patrimoine autobiographique (Hg.), Ecrire sa guerre: 1914–1918, Ambérieu-en-Bugey 2014.

und Kriege als eindrückliche Zeit, die den Alltag unterbricht.[7] Schon im Siebenjährigen Krieg wurden private Tagebücher geführt, die als so herausragend galten, dass sie in die heutige Zeit überliefert wurden. Dies lässt sich, wenn auch nur exemplarisch, am Deutschen Tagebucharchiv in Emmendingen nachweisen, dessen ältestes Tagebuch von einem Feldprediger aus dem Siebenjährigen Krieg stammt. Seit dem Ende des 18. Jahrhunderts wurden neben Briefen vermehrt Tagebücher, in deren Mittelpunkt Krieg und Militär standen, verfasst. Dies ist nicht allein auf die wachsende Bedeutung von Tagebüchern in der bürgerlichen Kultur des 19. Jahrhunderts zurückzuführen. Die Napoleonischen Kriege infolge der Französischen Revolution wurden von vielen Zeitgenoss:innen als Eroberungskriege bislang unbekannten Ausmaßes erlebt, die mit Massenheeren auch eine massenhafte Mobilisierung der Bevölkerung mit sich brachten, sodass diese viel unmittelbarer als zuvor vom Krieg betroffen war. Indem zunehmend Menschen aus der Schicht des Bürgertums eingezogen wurden, nahm auch das Kriegstagebuchschreiben zu. Auch in der Heimat wurde Tagebuch geführt, wovon freilich eine geringere Anzahl an überlieferten Quellen zeugt.[8]

Die zunehmende Popularisierung der Gattung lässt sich anhand zahlreicher Tagebücher aus den Napoleonischen Kriegen, die im Laufe des 19. Jahrhunderts veröffentlicht wurden, nachweisen.[9] Auch in den Reichseinigungskriegen war das Kriegstagebuch eine beliebte Form, um seine Kriegserfahrung zu verschriftlichen. Die Forschung hat hinlänglich gezeigt, dass Kriege gerade für einfache Soldaten ein einschneidendes Ereignis waren, aus dessen Anlass sie erstmals

---

[7] Siehe Kalff und Vedder, Tagebuch und Diaristik seit 1900, 239 sowie Janosch Steuwer und Rüdiger Graf, Selbstkonstitution und Welterzeugung in Tagebüchern des 20. Jahrhunderts, in: Selbstreflexionen und Weltdeutungen. Tagebücher in der Geschichte und der Geschichtsschreibung des 20. Jahrhunderts, hg. von Janosch Steuwer und Rüdiger Graf, Göttingen 2015, 7–36, hier 23–24.
[8] Zu Selbstzeugnissen aus dem Siebenjährigen Krieg siehe Lutz Voigtländer, Vom Leben und Überleben in Gefangenschaft. Lebenszeugnisse von Kriegsgefangenen 1757–1814, in: Militärische Erinnerungskultur. Soldaten im Spiegel von Biographien, Memoiren und Selbstzeugnissen, hg. von Michael Epkenhans, Stig Förster und Karen Hagemann, Paderborn, München und Wien 2006, 62–85. Zu Selbstzeugnissen aus den Napoleonischen Kriege siehe Michael Epkenhans, Stig Förster und Karen Hagemann, Einführung: Biographien und Selbstzeugnisse in der Militärgeschichte – Möglichkeiten und Grenzen, in: Militärische Erinnerungskultur. Soldaten im Spiegel von Biographien, Memoiren und Selbstzeugnissen, hg. von Michael Epkenhans, Stig Förster und Karen Hagemann, Paderborn, München und Wien 2006, IV–XVI, hier XI–XII.
[9] Diese wurden oft in die Form der Autobiographie oder Memoiren überarbeitet. Für einen Überblick vgl. Karen Hagemann, Umkämpftes Gedächtnis. Die Antinapoleonischen Kriege in der deutschen Erinnerung, Paderborn 2019, 251–294.

begannen, ein Tagebuch zu führen.[10] Gleichzeitig waren die Reichseinigungskriege eine Zeit, in der das veröffentlichte, oft stückweise in Zeitungen erschienene Tagebuch des Kriegskorrespondenten etwa in Person von Theodor Fontane große Popularität erlangte. Trotz einiger Ausnahmen wurde für die Kriegstagebücher des 18. und 19. Jahrhunderts eine männliche Prägung der Praxis wie Gattung konstatiert.[11]

Wenn Krieg und Tagebuch schon mehr als ein Jahrhundert lang intrinsisch miteinander verbunden waren, so ist die Situation zu Beginn des Ersten Weltkriegs gleichwohl exzeptionell: Bereits in den 1910er Jahren entstehen im gesamten Kaiserreich Sammlungen für Kriegstagebücher aus den Reichseinigungskriegen, welche die Popularität der Gattung immens erhöhen. Zu Kriegsbeginn sind schließlich das August- wie das Kriegserlebnis mit den Prämissen zum eigenen Schreiben verbunden und eine bislang ungeahnte Kultur der Aktualität legt es nahe, dass Formen wie das Tagebuch, die eine ebensolche Aktualität in sich tragen, besondere Popularität erlangen. Gleichwohl ist die immer wieder konstatierte Schreibkonjunktur des Kriegs zumindest in Teilen ein Ergebnis diverser Sammlungsinitiativen einer Geschichte ‚von unten' ab den 1980er Jahren, die insbesondere nach Quellen der Weltkriege suchte, sodass diese heute einen Großteil der Tagebuch- und autobiographischen Archive ausmachen.[12]

Den Weltkrieg in einem Tagebuch begleitend zu dokumentieren, war ein Massenphänomen, das jedoch zunächst sehr eingeschränkt erforscht wurde. Historische Arbeiten zum Ersten Weltkrieg haben sich vorwiegend mit den Tagebüchern von Politikern und Generälen beschäftigt, um retrospektiv Entscheidungsfindungen und Stimmungslagen transparent zu machen. Damit treffen sie sich mit frühen Ansätzen der literaturwissenschaftlichen Tagebuchforschung, die kanonische (und meist publizierte) Tagebücher von vorwiegend männlichen Politikern und Schrift-

---

10 Diese Forschungen finden vor allem im Bereich der Sprachpragmatik und Soziolinguistik statt. Siehe Isa Schikorsky, Private Schriftlichkeit im 19. Jahrhundert. Untersuchungen zur Geschichte des alltäglichen Sprachverhaltens „kleiner Leute", Tübingen 1990, 60–61 und Andrea Wolf, Kriegstagebücher des 19. Jahrhunderts. Entstehung, Sprache, Edition, Frankfurt am Main 2005. Dezidiert zum Ersten Weltkrieg aus deutsch-französischer Perspektive siehe Lena Sowada, Schreiben im Ersten Weltkrieg. Französische Briefe und Tagebücher wenig geübter Schreiber aus der deutsch-französischen Grenzregion, Berlin und Boston 2021.
11 Vgl. Christa Hämmerle, The Self Which Should be Unselfish: Aspects of Self-Testimonies from the First World War, in: Plurality and Individuality. Autobiographical Cultures in Europe, hg. von Christa Hämmerle, Wien 1995, 100–112, hier 102–103.
12 Siehe Hanne Lessau, Sammlungsinstitutionen des Privaten. Die Entstehung von Tagebucharchiven in den 1980er und 1990er Jahren, in: Selbstreflexionen und Weltdeutungen. Tagebücher in der Geschichte und der Geschichtsschreibung des 20. Jahrhunderts, hg. von Rüdiger Graf und Janosch Steuwer, Göttingen 2015, 336–362.

stellern untersuchte.[13] Kaum eine literaturwissenschaftliche Untersuchung über den Ersten Weltkrieg kommt ohne Station bei Ernst Jüngers in den 1920er Jahren erschienen Kriegstagebüchern *In Stahlgewittern* aus, die dieser Auflage um Auflage überarbeitete, wodurch deren Tagebuchcharakter immer mehr verschwand.[14]

Der Fokus dieser Studie ist ein anderer. Im Zentrum stehen Protagonist:innen, die den Krieg an den verschiedensten Orten – an den Fronten und in der Heimat – in ihren Tagebüchern festhielten und deren diaristische Praxis ich als dezidierte *Teilnahme am Krieg* verstehe. Dabei schließt meine Untersuchung im gewissen Sinne an die mittlerweile durch ein Schlagwort gebündelten Forschungen zum Krieg des ‚kleines Mannes' an,[15] wobei sie sich dieser geschlechtlichen und sozialen Beschränkung zugleich entzieht: Wenn Archivrecherchen neben zahlreichen Fronttagebüchern einfacher Soldaten umfangreiche, aufwendig gestaltete Tagebücher von Schülerinnen zu Tage bringen, dann wird ersichtlich, dass die Kriegsdiaristik ebenso ein Phänomen der ‚kleinen Frau' war. Stammen die Diaristinnen wie Annemarie und Milly Haake aus dem protestantischen Bürgertum, steht wiederum infrage, ob sie damit noch der zwar diffusen, aber auch engen Setzung der ‚kleinen Leute' angehören. Im zeitgenössischen Diskurs, der Tagebuchschreibende verschiedenster sozialer Hintergründe adressiert, wird die Begriffswahl ‚kleine Leute' gerade nicht verwendet: Dort ist die Rede von der Bauerstochter genau wie der Offiziersfrau, dem Unteroffizier wie dem Lehrer im Krieg. Diese Pluralität und Individualisierung sollten nicht unter eine, zudem in der Forschungsliteratur meist in Anführungszeichen verwendete Rede von *den* ‚kleinen Leuten' subsumiert werden.

Die vorliegende Untersuchung möchte herausfinden, warum so viele Menschen verschiedenster Herkünfte ausgerechnet zur Form des Tagebuchs griffen, welche dokumentarischen Praktiken sie im Krieg fruchtbar machen konnten und welche zeitgeschichtlichen Prämissen mit ihrem Schreiben verbunden waren. Dabei repräsentieren die Protagonist:innen das Kriegstagebuchschreiben in einem breiten Spektrum: Offiziere wie der Bitterfelder Richard Piltz, der neben den Truppentagebüchern in der Schreibstube an der Westfront neunzehn kleine Tagebuchhefte führt, Schüler wie der Berliner Junge Erwin Schreyer, der noch in den Sommerferien 1914 Spaziergänge im Berliner Umland zeichnend festhält, bevor er

---

13 Vgl. Kalff und Vedder, Tagebuch und Diaristik seit 1900, 239.
14 Siehe dazu summarisch Ernst Jünger, In Stahlgewittern. Historisch-kritische Ausgabe, hg. von Helmuth Kiesel, Stuttgart 2013.
15 Maßgeblich geprägt wurde diese Forschungsrichtung durch den Sammelband von Wolfram Wette (Hg.), Der Krieg des kleinen Mannes. Eine Militärgeschichte von unten, 2. Aufl., München 1995. Kritisch zur Begriffsverwendung siehe Bernd Jürgen Warneken, Populare Autobiographik. Empirische Studien zu einer Quellengattung der Alltagsgeschichtsforschung, Tübingen 1985, 7–8.

zum aufmerksamen Beobachter der kaiserlichen Flotte wird oder Jugendliche wie Elfriede Kuhr aus Schneidemühl, die unweit der Ostfront ein Kriegstagebuch führt, das sie abschnittsweise an ihre in der Hauptstadt lebende Mutter schickt. Meine Auswahl der Tagebücher und ihre exemplarischen Lektüren folgen einem Interesse an Komplementarität und ermöglichen es, verschiedene Kriegserfahrungswelten zu untersuchen, die eint, dass sie in der Form des Tagebuchs dokumentiert wurden.

Bereits vor dem Krieg waren Tagebücher zum literarischen und politischen Mittel der breiten Bevölkerung erklärt worden. So hatte etwa Franz Kafka im Jahr 1911 in seinem Tagebuch anlässlich des Kontakts mit dem jiddischen Theater in Warschau vermerkt, dass das „Tagebuchführen einer Nation", „das etwas ganz anderes [...] als Geschichtsschreibung" sei, einen Gegenpol zur Literaturgeschichte großer Nationen bieten könne. Das Tagebuchschreiben der Vielen ermögliche es, anstelle das Schreiben bekannter Autoren zu imitieren, zu einer „Angelegenheit des Volkes" zu werden. Jeder habe die Aufgabe, „den auf ihn entfallenden Teil der Literatur zu kennen, zu tragen, zu verfechten".[16] Kafkas vielzitiertes Diktum über das Tagebuchführen der Nation bietet für die vorliegende Studie zwei Fährten: Einerseits muss gefragt werden, inwiefern in den Tagebüchern „jene Ränder und Randzonen, welche die große Geschichte von dem stummen Alltag trennen",[17] beleuchtet werden. Andererseits grenzt Kafka das Tagebuchführen der Nation dezidiert von der Geschichtsschreibung ab, die für viele Diarist:innen im Ersten Weltkrieg, die ihre Gegenwart als historisch wahrnehmen, konstanter Bezugspunkt des Schreibens ist.

Viele Akteur:innen haben das Tagebuchschreiben im Ersten Weltkrieg zur dokumentarischen Form der Stunde erklärt, etwa der österreichische Schriftsteller Peter Rosegger in einem vielzitierten Aufruf oder Verlage und Schreibwarenhersteller mit entsprechenden Vordrucken. Auch der Psychologe Hugo Münsterberg, der an der Harvard-Universität lehrte, reflektierte über die Möglichkeiten der Gattung: Sein bereits im September 1914 veröffentlichtes Kriegstagebuch *America and the War* vermarktete er selbstbewusst als „das *erste* Buch über den Krieg, das über-

---

16 Franz Kafka, Tagebücher. 1910–1923, hg. von Max Brod, Frankfurt am Main 1951, 206–208. Ob Kafka mit der Formel „Tagebuchführen einer Nation" tatsächlich die diaristische Praxis bezeichnet oder allgemeiner die literarische Arbeit einer Nation (er verweist beispielsweise auf das Zeitschriftenwesen) muss offenbleiben. In jedem Fall artikuliert die Formel einen starken Aktualitätsbezug, der auch für das Tagebuchschreiben charakteristisch ist.
17 Siehe zu dieser Lesart Kafkas Gerhard Neumann, „Was hast du mit dem Geschenk des Geschlechtes getan?" Franz Kafkas Tagebücher als Lebens-Werk, in: Autobiographisches Schreiben und philosophische Selbstsorge, hg. von Maria Moog-Grünewald, Heidelberg 2004, 153–174, hier 169.

haupt erschien."[18] Diese Initiativen verbindet, dass sie die oft als formlos[19] beschriebene Gattung Tagebuch definieren, normieren und funktionalisieren und so als eine bestimmte Form der Weltkriegsdokumentation erscheinen lassen, die mal das eigene Erleben, mal das Nebeneinander von persönlicher Gegenwartswahrnehmung und großer Geschichte, mal das Tagebuch als Mittel eingreifender, vorläufiger und aktualisierbarer Kriegsbegleitung akzentuiert. Diese zeitgenössische Rede über das Kriegstagebuch wird die vorliegende Studie an geeigneten Stellen hinzuziehen, um anhand praxeologischer Analysen am Material zu bestimmen, wie sich Verordnung, Format und Praxis zueinander verhalten. Darüber hinaus berücksichtigt sie auch die ‚Tagebuchpolitik' der Zeit: Während verschiedene Akteur:innen im Kaiserreich das Schreiben in den eigenen Reihen mittels Vorgaben und Vordrucken förderten, wurden in den besetzten Gebieten Frankreichs sowie in den Gefangenenlagern Versuche unternommen, die Kriegsdokumentation zu unterbinden. Dies hinderte jedoch nur wenige französische Diarist:innen daran, die erfahrenen Repressalien zu dokumentieren und das Tagebuch materialiter an das Schreibverbot anzupassen.

Dabei geht das Tagebuchschreiben im Ersten Weltkrieg mit einer Paradoxie einher: So wird einerseits immer wieder der Gleichklang beschrieben, der gerade die Einträge zu Kriegsbeginn auszeichnet. Andererseits macht die Vielfalt der Schreibenden neue Formen für die Diaristik fruchtbar, die ganz und gar mit der ohnehin verengten Vorstellung des Tagebuchs als verschließbarem Lederband, der an einem Schreibtisch geführt wird, brechen.[20] Mobile Hefte im Miniaturformat, Aufsätze im Schultagebuch oder zwanzigbändige Kriegstagebücher, die man gemeinhin eher als Zeitungsausschnittsammlung beschreiben würde, verweisen auf eine Formenvielfalt, die einerseits auf die Popularisierung und

---

18 Dieser Hinweis findet sich in der deutschen Übersetzung: Hugo Münsterberg, Amerika und der Weltkrieg. Ein amerikanisches Kriegstagebuch, Leipzig 1915, 137 [meine Hervorhebung, M.C].
19 Siehe zu diesem gängigen Topos der Rede über das Tagebuch Arno Dusini, Tagebuch. Möglichkeiten einer Gattung, München 2005, 68.
20 Gerade populärkulturelle Darstellungen von Tagebüchern sind häufig auf stereotype Darstellungsformen des verschließbaren Fertigtagebuchs verengt. Zu deren Wirkkraft auf die Tagebuchforschung siehe Li Gerhalter, „Einmal ein ganz ordentliches Tagebuch"? Formen, Inhalte und Materialitäten diaristischer Aufzeichnungen in der ersten Hälfte des 20. Jahrhunderts, in: Selbstreflexionen und Weltdeutungen. Tagebücher in der Geschichte und der Geschichtsschreibung des 20. Jahrhunderts, hg. von Rüdiger Graf und Janosch Steuwer, Göttingen 2015, 63–84, hier 69–72. Jedoch wurde bereits in der frühen Tagebuchforschung auf die „Formenmannigfaltigkeit" des Tagebuchs verwiesen. Siehe Siegfried Bernfeld, Trieb und Tradition im Jugendalter. Kulturpsychologische Studien an Tagebüchern (1931), Nachdruck der Originalausgabe, hg. von Ulrich Herrmann, Gießen 2015, 7–8.

Demokratisierung des Tagebuchschreibens um 1900,[21] und andererseits auf die Allgegenwärtigkeit des Papiers rückzuführen ist.[22] Auf dieser Materialgrundlage kann keine Vorabdefinition dessen vorgenommen werden, was ein Kriegstagebuch *ist*. Die neuere Tagebuchforschung weist als einziges grundlegendes Merkmal von Tagebüchern ihre „Tages-Form"[23] aus, die der französische Tagebuchforscher Philippe Lejeune auf die Formel der datierten Spuren in Serie bringt.[24] Auch die von Siegfried Bernfeld, Vorreiter der psychoanalytischen Tagebuchforschung in den 1930er Jahren, angeführten grundlegenden Merkmale der Aktualität und Sammlung werden sich für meine Studie als sehr relevant erweisen.[25] Wurde der Erste Weltkrieg schon an anderer Stelle als Labor beschrieben,[26] so gilt dies auch für die Diaristik im Krieg: Multiple Entwicklungen führen dazu, dass mit diaristischen Formen experimentiert wird und auf der Grundlage neuer Materialien Praktiken entstehen, die sich dokumentarischen Prämissen der Zeit auf ideale Weise anzupassen scheinen. Dabei wird die Gattung in diesem ‚Labor der Diaristik' zugleich nachhaltige Veränderungen erfahren. Die vorliegende Untersuchung bestimmt die Gattung praxeologisch und argumentiert dabei nicht quantitativ, um bestimmte Eigenschaften der Tagebücher festzuschreiben, sondern zeigt gleich einem Feld typische Praktiken der Kriegsdokumentation auf, ein Spektrum der Diaristik im Weltkrieg.

Ein genuines Merkmal der Weltkriegstagebücher ist, dass in ihnen nicht nur geschrieben, sondern auch *gesammelt, geklebt, geheftet* oder *gezeichnet* wird. Die *paper technologies* der Tagebücher in den Blick zu nehmen, geht über die Schreibforschung hinaus und sie zeigt, inwiefern sich die Kriegserfassung multipler Praktiken bedient, um der Komplexität des Kriegs gerecht zu werden.

---

21 Siehe dazu die Einführung bei Steuwer und Graf, Selbstkonstitution und Welterzeugung in Tagebüchern des 20. Jahrhunderts.
22 Vgl. zur ‚Papierflut' im Ersten Weltkrieg den Ausstellungskatalog von Christophe Didier und Gerhard Hirschfeld (Hg.), In Papiergewittern: 1914–1918. Die Kriegssammlungen der Bibliotheken, Paris 2008 sowie Lothar Müller, Weiße Magie. Die Epoche des Papiers, München 2014, 310.
23 Siehe dazu die luzide Einführung von Christiane Holm, Montag Ich, Dienstag Ich, Mittwoch Ich. Versuch einer Phänomenologie des Diaristischen, in: Absolut privat!? Vom Tagebuch zum Weblog, hg. von Helmut Gold und Wolfgang Albrecht, Heidelberg 2008, 10–50, insbesondere 10–11.
24 Vgl. Philippe Lejeune, Datierte Spuren in Serie. Tagebücher und ihre Autoren, in: Selbstreflexionen und Weltdeutungen. Tagebücher in der Geschichte und der Geschichtsschreibung des 20. Jahrhunderts, hg. von Rüdiger Graf und Janosch Steuwer, Göttingen 2015, 37–46.
25 Vgl. Bernfeld, Trieb und Tradition im Jugendalter, 13–16.
26 Der Erste Weltkrieg wurde als Labor beschrieben, in welchem „Erkenntnis und Wissensbildung, Information und Überlieferung ‚getestet'" wurden. Vgl. Ulrich Raulff, Ein Historiker im 20. Jahrhundert. Marc Bloch, Frankfurt am Main 1995, 205.

Wenn zudem oft *abgeschrieben, eingeschrieben* oder *Gesammeltes montiert* wird, dann müssen gängige literaturwissenschaftliche Kategorien problematisiert werden: Sind die Diarist:innen Autorinnen, Verfasser oder Schreiberinnen?[27] Dieser Schwierigkeit stellte sich schon Siegfried Bernfeld, der als Lösung die Bezeichnung „Tagebüchler"[28] vorschlug. Auch wenn im Fokus der Arbeit die diaristische Praxis steht, so wird gleichermaßen zu diskutieren sein, ob deren Produkt noch als Gattung oder eher als Form oder Format bezeichnet werden kann.

Die vielfältigen diaristischen Formen gilt es in dieser Untersuchung zu berücksichtigen, indem die jeweiligen Umgebungen des Schreibens in den Blick genommen werden. Dabei verhält sich die Studie differenzierend zur Dichotomie von Front und Heimat, die etwa den Mythos des Kriegserlebnisses sowohl während des Ersten Weltkriegs als auch in der Weimarer Republik prägte. Zeitgenössisch waren diese Bereiche insofern getrennt, als dass überwiegend junge Männer an den Fronten kämpften, während Kinder, Frauen und ältere Männer in der Heimat blieben. Diese wurde durch zahlreiche Mobilisierungsmaßnahmen zur zweiten Front, eben der ‚Heimatfront' erklärt.[29] Einerseits fanden vielfach Austauschprozesse von Wissen und Erfahrungen durch die Feldpost und Besuche in der Heimat statt.[30] Andererseits wurde gerade in der jüngeren Weltkriegsforschung hervorgehoben, wie sehr militärische Behörden darauf achteten, das Frontgeschehen von der Heimat fernzuhalten und sich spätestens ab dem sogenannten Steckrübenwinter Verhältnisse umkehrten, für die besonders offensichtlich die „Jammerbriefe", die aus der Heimat an die Front geschickt wurden, stehen.[31]

Nachfolgend werden die Perspektiven von Front und Heimat zunächst ausdifferenziert: So werde ich veranschaulichen, welche typischen Umgebungen

---

[27] Siehe zu den verschiedenen Begriffen und der Schwierigkeit der Abgrenzung Christoph Hoffmann, Schreiber, Verfasser, Autoren, in: Deutsche Vierteljahresschrift für Literaturwissenschaft und Geistesgeschichte 91 (2017), Sonderband, 163–187.
[28] Bernfeld, Trieb und Tradition im Jugendalter, 13.
[29] Mit der eigens von der deutschen Propaganda so bezeichneten Heimatfront wurde der totale Charakter des Kriegs unterstrichen: Dazu Karen Hagemann, Heimat – Front. Militär, Gewalt und Geschlechterverhältnisse im Zeitalter der Weltkriege, in: Heimat – Front. Militär und Geschlechterverhältnisse im Zeitalter der Weltkriege, hg. von Karen Hagemann und Stefanie Schüler-Springorum, Frankfurt am Main und New York 2002, 13–52, hier 20.
[30] Siehe Benjamin Ziemann, Front und Heimat. Ländliche Kriegserfahrungen im südlichen Bayern 1914–1923, Essen 1997, 21.
[31] In diesen berichteten Frauen und Müttern den Männern im Feld, wie schlecht ihre Lebensumstände an der Heimatfront waren und baten um die Zusendung von Nahrungsmitteln. Vgl. Gerd Krumeich, Die unbewältigte Niederlage. Das Trauma des Ersten Weltkriegs und die Weimarer Republik, Freiburg, Basel und Wien 2018, 39–40, 60–62.

des Schreibens sich an den Fronten – in der Schreibstube, im Hinterland, in der Gefangenschaft – und in der Heimat – sei es beim Schreiben in den Familien, in den Schulen oder unter Besatzung – herausbildeten. Somit entwickle ich eine Typologie diaristischer Schauplätze des Weltkriegs, auf denen ich auf Grundlage meiner Sichtung umfangreicher Archivmaterialien und Publikationen besonders repräsentative Tagebücher untersuche.[32] Andere Kriterien, die herkömmlich zur Differenzierung von Tagebüchern hinzugezogen werden, etwa der soziale Hintergrund oder das Geschlecht, die Nationalität oder lokale Herkunft der Autor:innen, ziehe ich nur dann hinzu, wenn mir diese Faktoren für die diaristische Praxis selbst besonders wichtig erscheinen.[33]

Ziel ist die Charakterisierung typischer Kriegserfahrungswelten, in denen das Tagebuch zum Einsatz kam. Auf diese Weise soll auch eine die Militär- und Kriegsgeschichtsschreibung prägende Unterscheidung von ‚männlicher Front' und ‚weiblicher Heimat' infrage gestellt werden.[34] So wird die folgende Studie darlegen, wie der Erste Weltkrieg zu einer Scharnierstelle der Diaristik wird: Dann nämlich, wenn sich Parallelen zwischen Truppentagebüchern innerhalb der Armee und einer ostpreußischen Schule in Rastenburg zeigen, oder wenn die Diaristin Annemarie Haake in Hamm das aus dem Feld gesandte Tagebuch des Soldaten-Onkels abschreibt. Welchen Itineraren folgen diese Tagebücher und was verbindet die einzelnen diaristischen Praktiken miteinander?

Das Erlebnis ist für die Kriegsdiarist:innen im Ersten Weltkrieg ein wichtiger Bezugspunkt, der nicht nur die Dichotomie von Front und Heimat problematisiert, sondern auch zentrale Fragen der Übersetzung des Erlebten in dokumentarische Praktiken aufwirft. „Erlebnisse und Gedanken" betitelt Milly Haake ihr Tagebuch, das sie im Juni 1914 beginnt, „Kriegserlebnisse etc." ist die selbstgewählte Überschrift des kleinen Tagebuchhefts des Landwirts Otto Laukenmann,

---

32 Damit schließe ich an die Typologie ausgehend von den „Gebrauchsweisen" des Schreibens an. Siehe Holm, Montag Ich, Dienstag Ich, Mittwoch Ich, 39–40. Mein Erkenntnisinteresse unterscheidet sich dadurch auch deutlich von den Anthologien in Tagesform, welche die Tagebücher verschiedenster Autor:innen von unterschiedlichen Schreibplätzen aneinanderreihen: siehe Deutsches Tagebucharchiv (Hg.), Verborgene Chronik 1914 sowie Deutsches Tagebucharchiv (Hg.), Verborgene Chronik 1915–1918.
33 Dabei ist gerade die soziale Ausweitung der Autorschaft im Ersten Weltkrieg ein Merkmal, auf das die Konjunktur des Schreibens häufig zurückgeführt wird. Vgl. dazu Steuwer und Graf, Selbstkonstitution und Welterzeugung in Tagebüchern des 20. Jahrhunderts, 17–22.
34 Zu Untersuchungen von Fragestellungen dieser Art anhand von Kriegstagebüchern und -briefen vgl. Christa Hämmerle, Geschlechtergeschichte/n des Ersten Weltkriegs in Österreich-Ungarn. Eine Einführung, in: Heimat/Front. Geschlechtergeschichte/n des Ersten Weltkriegs in Österreich-Ungarn, hg. von Christa Hämmerle, Wien 2014, 9–25, hier 19–20.

das dieser als Soldat mit ins Feld nimmt.[35] Das ‚Erlebnis' ist zu dieser Zeit noch ein recht junger Begriff, der nach seinem Auftauchen in den 1870er Jahren bereits eine steile Karriere hinter sich hat und im Jahr 1914 als Modewort gelten muss. Er akzentuiert das selbst Erlebte, Erinnerungswürdige, Aufschreibenswerte und ist im Besonderen mit Wilhelm Diltheys Formel vom Erlebten und der Dichtung verbunden: Das eigene Schreiben orientiert sich, so der Hermeneutiker, nicht mehr an Idealen und Vorgaben, sondern am selbst Erlebten.[36] Zudem wurde erst jüngst auf die besondere Erlebnisorientierung der Subjektkultur um 1900 und die Entstehung von dezidierten ‚Erlebnistagebüchern' verwiesen.[37] Begreift man die jeweilige Wahl des Tagebuchtitels auch als Schreibmaxime, dann hat diese für Milly Haake und Otto Laukenmann zu Kriegsbeginn je unterschiedliche Konsequenzen. Für die Schülerin stellt sich die Frage, ob in das dann als solches bezeichnete Kriegstagebuch immer noch eigene Erlebnisse notiert werden dürfen, wenn sich der Krieg doch an den Fronten abspielt, von dessen Verlauf sie kontinuierlich aus der Zeitung und unregelmäßig aus der Feldpost des Bruders erfährt. Was sind in diesen Zeiten noch ihre eigenen Erlebnisse wert, etwa der lang ersehnte Besuch bei ihrem umschwärmten Lehrer Enzio? Wie umfangreich dürfen diese noch im Tagebuch beschrieben werden? Für den Soldaten Otto Laukenmann hingegen gleicht diese Titelwahl der Erwartung auf *das* Kriegserlebnis: Es akzentuiert den Krieg als Abenteuer, Gemeinschaftserfahrung, welthistorisches Ereignis. Die den Titel ergänzende Notiz „etc." ist ein erster Hinweis darauf, dass die Kriegserfahrung nicht mehr erlebnisförmig sein und das Tagebuch im Tornister stattdessen andere Notate – Inventar- und Vokabellisten, Ausgaben und Einnahmen – aufnehmen wird.

Mit meiner Konzentration auf den Nexus von Erlebnis und Tagebuch verorte ich mich in einer bestimmten Forschungstradition des Ersten Weltkriegs: Eine grundlegende These dieser Studie besagt, dass das Tagebuch den Krieg überhaupt erst erfahrbar- und handhabbar macht und dass im Tagebuch das Erleben in Schreiben, Sammeln und Zeichnen übersetzt wird. Damit nehme ich eine Perspektive ein, die nach der Funktion des Tagebuchs für die einzelnen

---

35 Vgl. M. Haake, Tagebuch und Otto Laukenmann, Tagebuch, DTA 1826, 1–2.
36 Siehe für einen ersten Überblick zur Begriffs- und Verwendungsgeschichte des Erlebnisses Hans-Georg Gadamer, Wahrheit und Methode. Grundzüge einer philosophischen Hermeneutik, Tübingen 1960, 56–66.
37 Vgl. dazu die umfangreiche Studie von Peter-Paul Bänziger, Die Moderne als Erlebnis. Eine Geschichte der Konsum- und Arbeitsgesellschaft, 1840–1940, Göttingen 2020, 27, 362–375. Laut Bänziger habe das Erlebnistagebuch das bürgerliche (bei ihm als biografisches bezeichnete) Tagebuch abgelöst. Bänziger untersucht jedoch keine Kriegstagebücher und stellt keine Verbindung zwischen dem Begriff des ‚Erlebnisses' und des ‚Kriegserlebnisses' her.

Autor:innen fragt. Erfahrung und Erlebnis sind dabei keine überzeitlichen Großbegriffe,[38] sondern werden historisch kontextualisiert und an ausgewählten Stellen dieser Studie in Bezug zu spezifischen dokumentarischen Praktiken der Diarist:innen und Formen ihrer Tagebücher gesetzt. Dass der Krieg vor allem ein persönliches und kollektives Erlebnis und weniger ein militärisches oder politisches Ereignis sei, war im Krieg und Nachkrieg eine gängige Interpretation, die intrinsisch mit der Pflicht zur individuellen Dokumentation einherging. In der späten Weimarer Republik wurden die Begriffe der Erfahrung und des Erlebnisses ideologisch stark aufgeladen und entfalteten „topische Wirkung".[39] Walter Benjamins formulierte These, dass die Kriegserfahrung nicht mehr mitteilbar sei,[40] ist für die oft apologetischen Schriften, die im und nach dem Krieg das Erlebnis als unmittelbare Teilnahme am Krieg feierten, zwar in ihrer Programmatik unerheblich.[41] Betrachtet man hingegen die dokumentarischen Praktiken genauer, so wird deutlich, wie gerade der Entzug unmittelbarer Kriegserfahrung zu ihrem Signum wird.

Welche Erfahrungen und Erlebnisse die Menschen im Krieg tatsächlich gemacht hatten, interessierte die historische Weltkriegsforschung zunehmend ab den 1980er Jahren im Rahmen ihrer Untersuchungen der ‚kleinen Leute', deren Erfahrungen zunächst vor allem anhand der damals neu erschlossenen Quelle der Feldpost rekonstruiert wurden.[42] Der bekannte Kriegshistoriker Jay Murray Winter hat diesen erfahrungsgeschichtlichen Zugang ausdifferenziert, indem er verschiedene Erfahrungswelten im Krieg – die der Soldaten, Generäle und Zivilist:innen – unterschied, um schließlich neue Synthesen zwischen ihnen herzu-

---

[38] Siehe dazu differenzierend Kathleen Canning, Problematische Dichotomien. Erfahrung zwischen Narrativität und Materialität, in: Historische Anthropologie. Kultur Gesellschaft Alltag 10 (2002), H. 2, 163–182, insbesondere 182.
[39] Aribert Reimann, Semantiken der Kriegserfahrung und historische Diskursanalyse. Britische Soldaten an der Westfront des Ersten Weltkriegs, in: Die Erfahrung des Krieges. Erfahrungsgeschichtliche Perspektiven von der Französischen Revolution bis zum Zweiten Weltkrieg, hg. von Nikolaus Buschmann und Horst Carl, Paderborn, München, Wien et al 2001, 173–193, hier 173.
[40] Siehe Walter Benjamin, Erfahrung und Armut (1933), in: Gesammelte Schriften, Bd. 2.1, hg. von Rolf Tiedemann und Hermann Schweppenhäuser, Frankfurt am Main 1977, 213–219, hier 214–215.
[41] Siehe beispielsweise das Vorwort des Literaturwissenschaftlers Philip Witkop in Wilhelm Spengler, Wir waren drei Kameraden. Kriegserlebnisse, mit einer Einführung von Dr. Philipp Witkop, Freiburg im Breisgau 1917, VII–IX.
[42] Vgl. zur Einordnung erfahrungsgeschichtlicher Forschung in die Kriegsgeschichte Gerd Krumeich, Kriegsgeschichte im Wandel, in: Keiner fühlt sich hier mehr als Mensch. Erlebnis und Wirkung des Ersten Weltkrieges, hg. von Gerhard Hirschfeld, Gerd Krumeich und Irina

stellen.[43] An diese Forschungen anknüpfend verschiebt meine Studie die Fragestellung: Ich untersuche nicht, welche Kriegserfahrungen die Protagonist:innen machen, sondern wie Praktiken und Verfahren der Diaristik eine ‚Erfahrbarkeit' des Kriegs für die oder den Einzelnen herstellen. Dabei ist eine zentrale Prämisse, dass das Tagebuch kein Spiegel des Kriegs, sondern ein Filter der Erlebnisse und Ereignisse ist, dessen Funktion bei der Untersuchung der dokumentarischen und historiographischen Praktiken berücksichtigt werden muss.[44] Dominierte zeitgenössisch die Emphase der Unmittelbarkeit des Kriegserlebnisses, so muss gleichermaßen diskutiert werden, inwieweit ebenso die Medialität des Kriegs seine Erfahrbarkeit und seinen Erlebnischarakter bestimmt.

Methodisch verortet sich die vorliegende Untersuchung in der neueren Tagebuchforschung an der Schnittstelle von Literatur- und Medienwissenschaft sowie der Alltagskulturforschung. Unter dem ersten Untersuchungspol der Gebrauchsroutinen nehme ich die alltägliche Pragmatik sowie Schreib- und Dokumentationspraktiken der Tagebücher in den Blick. Zur Analyse der größtenteils unveröffentlichten, handschriftlichen Tagebücher nutze ich die Methode des „Reading as Re-Vision",[45] um anhand der überlieferten Form und Materialität Rückschlüsse auf Praxis und Gebrauch zu ziehen. Die Bestände insbesondere des Deutschen Tagebucharchivs in Emmendingen, der Bibliothek für Zeitgeschichte in Stuttgart, des Geheimen Staatsarchivs Preußischer Kulturbesitz und der Association pour l'autobiographie et le patrimoine autobiographique in Frankreich haben sich dafür als besonders geeignet erwiesen. Um Sammel-, Schreib- und Zeichenpraktiken in den Tagebüchern zu rekonstruieren und ihren spezifischen Einsatz als Kriegsdokumentation zu untersuchen, erweisen sich Übergänge zwischen Einträgen und Dokumentationspraktiken, die Verwendung heterogener Materialien sowie Abbrüche als ebenso aufschlussreich wie verschiedene Schreibschichten, die von einer Überarbeitung der Notizen im oder nach dem Krieg zeugen. Dabei ermöglicht mir das Konzept der Schreibszene, das spezifische Verhältnis aus Schreibmaterialität, Geste des Schreibens

---

Renz, Essen 1993, 11–24, hier 13–17. Zur Versprachlichung von Kriegserfahrungen siehe Reimann, Semantiken der Kriegserfahrung und historische Diskursanalyse, 173–178.
43 Vgl. Jay Murray Winter, The Experience of World War I, New York 1989, 7.
44 Siehe Philippe Lejeune, Kontinuum und Diskontinuum, in: Philippe Lejeune, „Liebes Tagebuch". Zur Theorie und Praxis des Journals, hg. von Lutz Hagestedt, München 2014, 357–372, hier 362.
45 Siehe zu dieser Formel und ihrer Methode Cynthia A. Huff, Reading as Re-Vision. Approaches to Reading Manuscript Diaries, in: Autobiography. Critical concepts in literary and cultural studies. Volume IV, hg. von Trev Lynn Broughton, London und New York 2007, 32–48. Wesentlich vorangetrieben wurde diese Methode auch von Philippe Lejeune, auf den ich mich an den entsprechenden Stellen beziehe.

und Semantik in den Blick zu nehmen.[46] Andere dokumentarische Formen wie Inhaltsverzeichnisse, Spuren der Relektüre oder Listen zeigen, wie Praktiken die Gebrauchsroutinen der Kriegsdiaristik bestimmen, die stärker auf das Tagebuch als Ganzes zielen und die Tagesstruktur aufbrechen. Zur Rekonstruktion von Gebrauchsroutinen wie Zeitgeschichten gleichermaßen relevant ist es, den Blick auf Wiederholungen und Leerstellen innerhalb der Tagesstruktur zu richten und diese in Bezug zum Ereignis Krieg zu setzen.[47]

Sind die Gebrauchsroutinen ein Pol der Arbeit, der die Analysen der ersten drei Kapitel bündelt, so bilden sie gleichermaßen die Voraussetzung für die Analysen des zweiten Schwerpunkts der Arbeit, der die in den einzelnen Tagebüchern verfassten Zeitgeschichten ins Zentrum rückt. So gewinnt die Verwendung bestimmter Narrative oder Topoi gerade dann an Bedeutung, wenn sie vor einer avisierten Relektüre oder einer institutionellen Einbindung des Schreibens stattfindet. Viele Kriegstagebücher werden nicht nur aus dem Impuls heraus begonnen, dass die Gegenwart bereits historisch sei und dokumentiert werden müsse, sie verfassen von Eintrag zu Eintrag, von Heft zu Heft, eigene Fassungen einer Zeitgeschichte, die im und nach dem Ersten Weltkrieg in Deutschland zum ersten Mal relevanter Bestandteil historischer Forschungen werden wird.[48] Von Zeitgeschichten (im Plural) zu sprechen, akzentuiert dabei Verschiedenes: Es hebt die Pluralität der Tagebuchgeschichten hervor, die auf verschiedenen Schauplätzen und in verschiedenen Kriegserfahrungswelten entstehen. Es betont aber ebenso die Differenz zur Zeitgeschichte (im Singular): Für viele Autor:innen ist das Führen eines Kriegstagebuchs gerade keine Geschichtsschreibung, sondern stellt den Versuch dar, aktuell zu sein, Material des Kriegs zu sammeln und sich als Zeitgenossin wie Zeuge der Zeit auszuweisen.

Damit bezieht sich der zweite Teil der vorliegenden Untersuchung explizit auf die Kriegsereignisse aus der Perspektive der Weltkriegshistoriographie, nimmt jedoch keine historische Quellenkritik vor, um den Quellenwert von Tagebüchern zu bestimmen. Vielmehr möchte ich die Kriegsdiaristik als dokumentarisches Phänomen, das sich selbst in Bezug zu historiographischen Verfahren setzt, im Kontext ihrer Zeit verstehen. Aus der retrospektiven Sicht wird die Spannung aus Aktuali-

---

46 Einschlägig dazu Rüdiger Campe, Die Schreibszene, Schreiben, in: Paradoxien, Dissonanzen, Zusammenbrüche. Situationen offener Epistemologie, hg. von Hans Ulrich Gumbrecht, Frankfurt am Main 1991, 759–772. Grundlegend für meinen Zugang ist auch der Sammelband von Martin Stingelin, Davide Giuriato und Sandro Zanetti (Hg.), „Mir ekelt vor diesem tintenklecksendem Säkulum". Schreibszenen im Zeitalter der Manuskripte, München 2004.
47 Siehe beispielsweise Lejeune, Kontinuum und Diskontinuum.
48 Dafür steht etwa ein im ersten Kriegsjahr erschienenes Lehrbuch ein: Justus Hashagen, Das Studium der Zeitgeschichte, Bonn 1915.

tätsanspruch und Zeitgenossenschaft der Diarist:innen ersichtlich, und die diaristischen Ereignisdramaturgien des über vierjährigen Kriegsverlaufs offenbaren Strukturen zwischen Linearität und Zyklus.

In den materialbasierten ersten beiden Kapiteln der vorliegenden Studie differenziere ich typische Kriegsschauplätze der Diaristik und ihr Innovationspotential, um auf ihnen Gebrauchsroutinen und dokumentarische Praktiken zu charakterisieren. *Kapitel 1* untersucht Kriegstagebücher an den Fronten ausgehend von der verstärkt seit dem 19. Jahrhundert bestehenden Tradition des Truppentagebuchschreibens innerhalb der preußischen Armee. Diskutiert werden die Anpassung der Tagebücher als *portable media* an die Bedingungen des mobilen Kriegs, der Einsatz der Schreibwarenindustrie und die Verwendungsweisen der Kriegstagebücher zwischen persönlichem Archiv und Kommunikationsmittel zur Heimatfront. *Kapitel 2* greift die von vielen Diarist:innen in der Heimat geäußerte Befürchtung auf, fernab des eigentlichen Kampfgeschehens kein legitimes Kriegstagebuch führen zu können und diskutiert die entsprechenden Möglichkeiten der Gattung. Auf dieser Grundlage untersucht es das Tagebuchschreiben in den besetzten Gebieten Frankreichs sowie den Familien und Schulen im Kaiserreich. Die Spannung aus der Medialität der Kriegsbeobachtung und ihrer Verzeichnung im Tagebuch wird schließlich auf der Grundlage von Verfahren der Naturbeobachtung problematisiert.

Kapitel 3 verlässt den engen Zeitraum 1914 bis 1918 und kontextualisiert das Kriegstagebuchschreiben in Entwicklungen und historischen Diskursen der Vor- und Nachkriegszeit. Ausgehend von Sammlungsbewegungen historistischer und volkskundlicher Prägung der 1910er Jahre diskutiere ich die Popularisierung der Gattung Kriegstagebuch einerseits innerhalb der Erlebnisliteratur in der Kriegs- und Nachkriegszeit, andererseits im Kontext der zeitgenössischen Erinnerungskultur für die Gefallenen des Weltkriegs.

Kapitel 4 und 5 eröffnen die Perspektive der Zeitgeschichten in den Tagebüchern und behandeln aus unterschiedlichen Perspektiven deren Verhältnis zu Gegenwart und Aktualität. *Kapitel 4* untersucht, in welcher Beziehung Tagebücher zur Medienkultur des Kriegs stehen und welche ästhetischen Eigenzeiten der Aktualität sie ausprägen. *Kapitel 5* diskutiert demgegenüber vor dem Hintergrund einer Wissenschaftsgeschichte des Zeugen, inwiefern das Verhältnis zur Gegenwart auch eines der Zeitgenossen- und Zeugenschaft ist, das ebenso die eigene Beobachtung akzentuiert.

Das letzte Kapitel dieser Studie, *Kapitel 6*, nimmt die Ereignisdramaturgien des Kriegs in verschiedenen Tagebüchern anhand des Tagebuchhefts oder wahlweise mehrerer im Krieg geführter Hefte in den Blick und diskutiert das Verhältnis der vielen kleinen zur (vermeintlich) ‚großen Geschichte'. Das Attentat auf das österreichische Thronfolgerpaar in Sarajewo ist nicht nur für die in dieser Studie immer wieder auftretende Milly Haake Ausgangspunkt, ein Kriegstagebuch zu beginnen und dieses Ereignis euphorisch als Eröffnung des Kriegs zu feiern. Je länger der Krieg andauert, desto stärker wird sich auch dieses Tagebuch im Labor der Diaristik, das dieser Weltkrieg darstellt, verändern. Es setzt damit unserem entfernten Blick auf den Krieg eine kleine Zeitgeschichte aus der Nahsicht entgegen.

―
Teil I: **Gebrauchsroutinen**

1 Zwischen Erlebnis und Pragmatik: Kriegstagebücher an den Fronten

Als Kaiser Wilhelm der Zweite am 1. August 1914 die deutsche Mobilmachung erklärte, bewegten sich gemäß eines strengen Fahrplans täglich 500 Eisenbahnzüge mit Soldaten, Pferden und Kriegsausrüstung in Richtung der Grenzen von Belgien und Frankreich.[1] Die militärische wurde von einer „innere[n] Mobilmachung"[2] begleitet, durch die sich Soldaten genau wie Zivilist:innen auf die Teilnahme am und den Einsatz im Krieg vorbereiteten. An der Schnittstelle von militärischer und innerer Mobilmachung steht – ganz wörtlich – die Mobilmachung der Tagebücher, der im ersten Kapitel nachgegangen werden soll. Als mobile Objekte[3] erreichen Tagebücher in Tornistern die verschiedensten Orte im Krieg: Schützengräben oder Gebiete im Hinterland, Gefangenenlager oder Lazarette, aber auch die Briefkästen der Angehörigen oder Kriegsarchive der Gegner. Durch ihre anpassungsfähigen Materialitäten sind sie die scheinbar idealen Aufzeichnungsmedien für die differenzierte Dokumentation des eigenen Kriegserlebens. Sie avancieren aber auch zu pragmatischen Hilfsmitteln, die Orientierung in der Mobilität und im Stellungskrieg bieten sollen. Schließlich ist ihre Existenz als Objekt im Krieg von Beginn an einer Vielzahl von Gefahren ausgesetzt: Auf der einen Seite schwierigen Witterungsverhältnissen und schnellen Ortswechseln, welche die Materialität des Geschriebenen selbst bedrohen, auf der anderen Seite der Erbeutung durch gegnerische Armeen, die in den Aufzeichnungen brisante Informationen vermuten. Mit verschiedenen Strategien versuchen die Tagebuchschreiber ihre Aufzeichnungen zu bewahren: Sie greifen auf innovative Schreibformen zurück und bilden Allianzen mit der Feldpost. Die damit einhergehende Mobilisierung des Geschriebenen ebnet – manchmal gewollt, öfter jedoch ungewollt – den Weg der Tagebücher in die Kriegsöffentlichkeit.

In Zeiten der mobilen Kriegsführung, so die in diesem Kapitel zu belegende These, erlangen die „Umgebungen"[4] des Schreibens eine besondere Bedeu-

---

1 Siehe Herfried Münkler, Der Große Krieg. Die Welt 1914 bis 1918, 4. Aufl., Berlin 2014, 107–112.
2 Lisbeth Exner und Herbert Kapfer, Vorwort, in: Verborgene Chronik 1914, hg. vom Deutschen Tagebucharchiv, 7–10, hier 8.
3 Vgl. Leora Auslander und Tara Zahra, Introduction. The Things They Carried: War, Mobility, and Material Culture, in: Objects of War. The Material Culture of Conflict & Displacement, hg. von Leora Auslander und Tara Zahra, Cornell 2018, 1–21, hier 13–14.
4 Christoph Hoffmann, Umgebungen. Über Ort und Materialität von Ernst Machs Notizbüchern, in: Portable media. Schreibszenen in Bewegung zwischen Peripatetik und Mobiltele-

tung. Daher soll der Platz der Tagebücher im Gefüge des Frontlebens herausgearbeitet und dabei zweierlei bedacht werden: Die Tagebücher gehören nicht nur den Umgebungen an, in denen sie geführt werden, sondern sie bilden dem Gebrauch, nämlich dem Vorgang des Notierens, eine Umgebung.[5] Ob auf dem Marsch an die Front, in der Nacht bei Artilleriebeschuss im Schützengraben oder in der monatelang andauernden Immobilität im Hinterland geschrieben wird, bestimmt die Dokumentationspraktiken, aber auch den pragmatischen Einsatz und die Funktion der Tagebücher entscheidend mit. Die militärischen Schreibstuben der preußischen Armee waren eine solche Umgebung des Schreibens, in der meist kollektiv geführte und protokollartige, als Tagebücher bezeichnete Dokumente entstanden. Im 19. Jahrhundert von Militärstrategen und -historikern in Form von Bestimmungen und Felddienstordnungen definiert, sollten sie im Ersten Weltkrieg in jeder Einheit geführt werden. Im Gegensatz zu anderen Armeen hat die preußische das private Tagebuchschreiben weder gezielt gefördert noch generell verboten.[6] Ihr ganzes Interesse galt zahlreichen militärischen Schreibformen, die als Hintergrund und Folie des privaten Tagebuchschreibens gelten können und daher zu Beginn dieses Kapitels vorgestellt werden.

1.1 „Papierkrieg": Militärische Schreibpraktiken und Diaristik

„Wie ein Schuljunge sitze ich heute am Kriegstagebuch meiner Kompagnie", notiert der Offizier Richard Piltz am 6. November 1915 in das mittlerweile zwölfte Wachstuchheft, das er für seine Tagebuchaufzeichnungen nutzt. Vier Monate hat es „im Winkel geruht", und er fährt fort: „Erst seit gestern Abend schreibe ich wieder, nachdem ich einige Tage lang aus den dicken Aktenbündeln Material zusammengetragen habe. Volldampfbetrieb ist heute: man glaubt

---

fon, hg. von Martin Stingelin, Matthias Thiele und Claas Morgenroth, München 2010, 89–107, hier 91.

5 Vgl. Hoffmann, Umgebungen, 91.

6 Vereinzelt wird behauptet, dass das private Tagebuchschreiben im Ersten Weltkrieg unter militärischen Gesichtspunkten verboten war, dabei jedoch auf keine Armeebestimmung verwiesen, die dies belegen könnte. Vgl. Holm, Montag Ich, Dienstag Ich, Mittwoch Ich, 50. Ich konnte bislang jedoch keine Hinweise finden, dass das private Tagebuchschreiben explizit und generell verboten war. Hingegen verteilte die Rote Armee im Russischen Bürgerkrieg das *Knizhka krasnoarmeitsa*, eine Art Militärpass, der eine Aufforderung und freie Seiten zum Tagebuchschreiben enthielt. Vgl. Jochen Hellbeck, Revolution on my Mind. Writing a Diary Under Stalin, Cambridge und London 2006, 38.

gar nicht, was in kurzer Zeit geschafft wird, wenn's einen auf den Näthen brennt."[7] Im privaten Tagebuch entwirft Richard Piltz eine Schreibszene des Kriegstagebuchs seiner Einheit, für das er verantwortlich ist. Auch der 1884 geborene Bankfachmann und Kriegsfreiwillige Eugen Miller, seit dem 6. August 1914 bei der Train-Ersatz-Abteilung 13 an der Westfront, ist – wahrscheinlich begünstigt durch seine Ausbildung im Verwaltungsbereich – Verantwortlicher für das Tagebuch der Einheit: „Vormittags schreibe ich in der Wachtmeisterbude am Kriegstagebuch, daselbst macht Ludwig für Wachtmeister und Zimmergenossen Waffeln". Die Schreibumgebung ist gesellig und geht mit einigen Privilegien, nämlich gutem Essen, einher. Die militärische Schreibform der Einheit bezeichnet Miller selbstverständlich als Kriegstagebuch und setzt sie erst in einem späteren Eintrag in Bezug zu seinem privaten Tagebuch, wenn es heißt: „Morgens nach dem Stall beim Wachtmeister geschrieben an *seinem* Tagebuch."[8]

Nicht wenige Soldaten beschweren sich über den anhaltenden und wohl noch zunehmenden „Papierkrieg",[9] der den Weltkrieg in den militärischen Schreibstuben zu dokumentieren versucht, und bestätigen damit die Wirksamkeit der Verordnungen der Bürokratisierung des Heeres. In den verschiedensten Einheiten wurden im Ersten Weltkrieg Truppentagebücher[10] geführt, nicht nur in den operativen Truppen, sondern auch in den Feldverwaltungsbehörden, in den Einheiten der Veterinäre und Sanitätsoffiziere.[11] Verantwortlich für ihre Erstellung waren nicht die Kommandeure der Einheiten, sondern ihnen beigeordnete Adjutanten, in manchen Fällen auch Ordonnanzoffiziere.[12] Einige der in dieser Studie auftretenden Tagebuchautoren sind in militärische Schreibaktivitäten eingebunden: Cornelius Breuninger führt „Verpflegungstagebücher",[13] der Hauptmann Hans Künzl beschwert sich über die „Vielschreiberei"[14] in der österreichisch-ungarischen Armee und Franz Hiendlmaier, der im Krieg zum

---

7 Richard Piltz, Tagebuch, DTA 3155, 1–19, 06.11.1915.
8 Eugen Miller, Tagebuch, DTA 260, 1, 07.12.1914, 31.01.1915 [meine Hervorhebung, M.C.].
9 Richard Walzer, Tagebuch, DTA 861, 1–2, 25.03.1917; Bernhard Bing, Tagebuch, DTA 1920, 1–3, 18.10.1916.
10 Im Folgenden verwende ich mit dem Ziel der besseren Lesbarkeit für die Kriegstagebücher der Einheiten die Bezeichnung Truppentagebuch.
11 Vgl. Ernst Otto, Die Kriegstagebücher im Weltkriege, in: Archiv für Politik und Gesellschaft 3 (8) (1925), H. 12, 647–661, hier 657–658.
12 Vgl. Otto, Die Kriegstagebücher im Weltkriege, 651.
13 Cornelius Breuninger, Kriegstagebuch 1914–1918, hg. von Frieder Riedel, Leinfelden-Echterdingen 2014, 73.
14 Hans Künzl, Tagebuch, DTA 1844, 1–3, 01.12.1915.

Kompanieschreiber befördert wird, beschreibt den Transport der militärischen Schreibstube fasziniert.[15] Widmet sich die vorliegende Untersuchung vorwiegend dem privaten Einsatz der Diaristik im Ersten Weltkrieg, so bildet die militärische Schreibform des Truppentagebuchs dafür einen wichtigen Hintergrund: Truppentagebücher wurden auch in anderen westlichen Armeen geführt;[16] für ihre große Verbreitung innerhalb der Armeen des Kaiserreichs spricht schon die exklusiv für diese Aufzeichnungen in Felddienstordnungen und militärischen Bestimmungen vorgenommene Bezeichnung „Tagebuch" oder „Kriegstagebuch", die gerade nicht private Tagebücher im Krieg erfasst und zu diesen von den zuständigen Behörden auch nicht in Beziehung gesetzt wird.

Oft korrelieren jedoch die Schreiberrollen, so auch bei Richard Piltz und Eugen Miller, und werfen Fragen nach dem Verhältnis beider Schreibformen auf. Ist dieses als eines der lästigen Konkurrenz zu bestimmen, wie in der eingangs zitierten Schreibszene von Richard Piltz, oder ergänzen private und militärische Aufzeichnungsformen einander? Der breite Einsatz von Kriegstagebüchern innerhalb der Armee muss zudem geschichtlich situiert werden, denn im Ersten Weltkrieg verbindliche Verordnungen basieren auf Bestimmungen, die im 19. Jahrhundert erlassen wurden. Antworten auf die aufgeworfenen Fragen lassen sich sowohl diskursiv als auch praxeologisch anhand eines heterogenen Quellenkorpus finden: Bestimmungen des preußischen Kriegsministeriums und Felddienstordnungen, Kriegstagebüchern von Einheiten sowie privaten Tagebüchern, die zugleich Metaquellen über die Militärdiaristik darstellen.

Der „vollkommene preußische Soldat" und seine Aufzeichnungsformen

In den Beständen der Preußischen Armee im Geheimen Staatsarchiv Preußischer Kulturbesitz findet sich als ältestes Exemplar das Truppentagebuch des Grenadier-Bataillons von Bandemer aus dem Siebenjährigen Krieg.[17] Der über 500 Seiten dicke Band ist aufwendig gestaltet: Kriegsberichte sind in Monate gegliedert, die Mitglieder einer Einheit werden aufgeführt und auf den letzten Seiten finden sich detailliert gezeichnete Karten der Kriegsfronten. Der Platz

---

15 Vgl. Franz Xaver Hiendlmaier, Tagebuch, DTA 675, 1, 24.–27.06.1915.
16 Bestimmungen zum Führen von Kriegstagebüchern in der k. u. k. Armee sind festgehalten im Dienstreglement für das kaiserliche und königliche Heer. II. Teil. Felddienst, Wien 1912, 13–14. Vgl. zu Truppentagebüchern in der französischen Armee Raulff, Ein Historiker im 20. Jahrhundert, 73–77.
17 [Anonym], Kriegstagebuch des Grenadier-Bataillons von Bandemer (Kompanien der Infanterie-Regimenter Nr. 1 und Nr. 23), GhSt PK IV. HA, Rep. 15 A, Nr. 104.

eines solchen Truppentagebuchs war kaum in einer mobilen Schreibstube zu verorten. Die Sorgsamkeit der Eintragungen und der Wert des Materials kennzeichnen es als bewahrenswürdige Aufzeichnungsform. Der Bestand umfasst zudem zwei Truppentagebücher aus den Napoleonischen Kriegen, beide sorgfältig mit Füller geführt, einmal in ein grünes Heft mit festem Einband,[18] einmal in ein gefaltetes und genähtes Aktenformat.[19] Diese Hefte sind bereits deutlich mobiler, ihre je verschiedenen Formate weisen jedoch noch nicht auf eine vorgeschriebene Standardisierung hin. Aufschluss über die Verbreitung und den Gebrauch von Truppentagebüchern gibt das im Jahr 1836 veröffentlichte Taschenbuch *Der vollkommene preußische Soldat im Kriege und im Frieden*, das angehende Soldaten auf ihre Zeit in der Armee vorbereiten möchte. Den größten Teil nehmen Hinweise zum Umgang mit Waffen ein, vorgestellt werden jedoch auch zahlreiche Schriftstücke, die in den Regimentern geführt werden und zur gelungenen Kriegsführung beitragen sollen:

> Bei jedem Truppentheil der Armee wird ein *Exerzir-Journal* geführt, worin alle, auch die kleinsten Uebungen aufgenommen werden, und das dem Könige zur bestimmten Zeit eingereicht wird. Ueber die Herbstuebungen werden *besondere Berichte in Form eines Tagebuchs* eingereicht, welches die vollständigen Dispositionen, und die Kritik der höheren Befehlshaber ueber die Ausfuehrung derselben enthalten, auch durch Zeichnungen und Karten erlaeutert werden muß.[20]

Darüber hinaus wird „[j]eden Sonntag auf der Parade" vom Feldwebel oder Wachtmeister des Regiments ein unterschriebener Bericht abgeliefert. Das Führen des Exerzier-Journals und der tagebuchförmigen Berichte ist zudem in vielfältige Schreibpraktiken der Kompanie eingebunden, beispielsweise das Führen von Listen oder Lohnungs- und Parolebüchern durch den Feldwebel.[21] Parolebücher wurden in den deutschen Staaten seit der Herausbildung stehender Heere geführt, um Tagesparolen und Befehle verschiedener Kommandoebenen festzuhalten.[22]

Die Aufzeichnungsformen über erfolgte Übungen, erhaltene Befehle und die Bilanzierung über gezahlte Löhne und erteilte Strafen dokumentieren das Handeln der Truppe detailliert. Die Textform erfasst das militärische Geschehen

---

18 [Anonym], Kriegstagebuch des Füsilier-Bataillons, 1813–1815, GhSt PK IV. HA, Rep. 12, Nr. 57.
19 [Anonym], Kriegs-Tage-Buch, 23.4.1815–5.3.1816, GhSt PK IV. HA, Nr. 60.
20 Der vollkommene preußische Soldat im Kriege und im Frieden. Ein Taschenbuch für Offiziere und die Mannschaft aller Waffen, 2. Aufl., Leipzig 1836, 252 [meine Hervorhebung, M.C.].
21 Vgl. dazu ausführlicher Der vollkommene preußische Soldat im Kriege und im Frieden, 483–484.
22 Vgl. Art. Kriegstagebuch in Wörterbuch zur deutschen Militärgeschichte. A–Me, Berlin 1985, 437.

nicht immer ausreichend und muss daher durch Karten und Zeichnungen visualisiert werden. Dass die verschiedenen Schreibformen in einem Handbuch, mithin einem Verlagsprodukt und keiner dezidierten Militärordnung behandelt werden, spricht für ihre Verbreitung, Popularität und Relevanz, deren Umsetzung das Handbuch anregt. Mindestens ebenso wichtig wie die taktische Kriegsführung ist die Dokumentation derselben – scheint seine Botschaft an die Militäranwärter zu sein. Zwar wird kein genauer Zweck der Aufzeichnungen definiert, die Vorgabe, diese beim König vorzulegen, spricht aber dafür, dass vor allem Rechenschaft über das Handeln der Truppe im Krieg abgelegt werden soll.

Im Jahr 1850 erließ das preußische Kriegsministerium durch seinen Kriegsminister August von Stockhausen die „Bestimmungen über die von den höheren Truppen-Befehlshabern und selbstständigen Truppentheilen im Kriege zu führenden Tagebücher".[23] Am 17. August 1870 – einen Monat nach Beginn des Deutsch-Französischen Kriegs – erfuhr diese Verordnung eine Überarbeitung durch das Kriegsministerium.[24] Weitere auf diesen beruhende Bestimmungen wurden 1895 und 1916 erlassen; letztere galten als Anleitung für die Führung der Truppentagebücher im Ersten Weltkrieg.[25] Die Bestimmungen aus dem Jahr 1850 explizieren den Zweck der Truppentagebücher: Sie dienen „des Ausweises darüber gegen Jeden, der die Befugniß hat, einen solchen Ausweis zu dienstlichen, persönlichen oder sonst anderen Zwecken zu fordern" und ermöglichen somit das nachträgliche Nachvollziehen der Entscheidungsfindung. Schließlich dient „die Fixierung von wichtigen und interessanten Beobachtungen und Erfahrungen, die im Einzelnen oder im Ganzen gemacht wurden" der „Gemeinnützigmachung derselben im weiteren, resp. weitesten Kreise". Die Beobachtungen eines einzelnen Schreibers sollen für die armeeinterne Ausbildung künftiger Offiziere hinzugezogen werden. Auf der anderen Seite und zwar in der Bestimmung noch vor der pragmatischen Nutzung innerhalb des Heeres aufgeführt, dienen die Truppentagebücher „der demnächstigen Ueberantwortung an die Geschichte",[26] womit auf die im 19. Jahrhundert an Bedeutung gewinnende Militärhistoriographie innerhalb der

---

[23] Preußisches Kriegsministerium, Bestimmungen über die Führung von Kriegstagebüchern durch höhere Truppenbefehlshaber und Truppenteile – 22. April 1850, GhSt PK IV. HA, Rep. 16, Nr. 44.
[24] Preußisches Kriegsministerium, Bestimmungen über die von den höheren Truppenbefehlshabern und Truppenteile zu führenden Kriegstagebücher sowie über die Einreichung derselben und der Originalkriegsakten – 17. August 1870, GhSt PK IV. HA, Rep. 16, Nr. 45.
[25] Preußisches Kriegsministerium, Bestimmungen über die Führung von Kriegstagebüchern sowie über die Einreichung derselben und der Originalkriegsakten – 18. Juni 1895, BArch PH 2, 1070; Preußisches Kriegsministerium, Bestimmungen über die Führung und Behandlung der Kriegstagebücher und Kriegsakten – 16. Juni 1916, BArch PH 10, II 673.
[26] Vgl. Preußisches Kriegsministerium, Bestimmungen 22. April 1850.

Armee selbst verwiesen wird, die explizit die Produktion anschaulicherer Quellen für die im Verfassen begriffenen Generalstabswerke in Auftrag gab.[27]

Die Bestimmungen eröffnen damit eine Perspektive auf die zukünftige Militärgeschichte des Kriegs, für die Truppentagebücher eine eminent wichtige Rolle spielen sollen, indem sie verschiedene Interessenslagen zusammenführen: Einerseits das Militär als Institution, in dem über getroffene Entscheidungen mittels der Aufzeichnungen Klarheit gewonnen werden soll, andererseits die Historiker, die mithilfe ebendieser Akten eine bislang nicht beachtete Geschichte schreiben wollen. Ulrich Raulff hat die den Truppentagebüchern attribuierte Doppelfunktion auf die Niederlage Preußens in den Napoleonischen Kriegen zurückgeführt. Während Militärstrategen im 18. Jahrhundert durch die Mathematisierung und Geometrisierung des Kriegs versuchten, den Zufall der militärischen Handlungen selbst auf ein Minimum zu reduzieren, erwiesen sich diese präskriptiven Regeln in den Napoleonischen Kriegen als nicht mehr anwendbar. In den Werken der Militärhistoriker des frühen 19. Jahrhunderts, allen voran denen von Clausewitz und Scharnhorst, wurde stattdessen der kontingente Einzelfall im Krieg ins Zentrum der Betrachtung gestellt. Um diesem im Kampf begegnen und angemessen reagieren zu können, sollte die historische Erfahrung anderer anstelle präskriptiver Regeln treten. Durch sein Wissen um zahlreiche historische Fälle der Kriegsführung sollte der Feldherr in der Lage sein, die gegenwärtigen Ereignisse schnell zu erfassen. Das Archiv des Militärs stellte schließlich den Ort dar, an dem viele verschiedene Erfahrungen gesammelt, erschlossen und verglichen werden konnten.[28]

In welcher Form der Krieg dokumentiert werden soll, wird in den Bestimmungen entsprechend genau definiert. Jeder Truppenteil, der von der Mobilmachung erfährt, ist ab diesem Tag verpflichtet ein Truppentagebuch zu führen. Bereits die Bestimmungen von 1850 schlagen als äußere die „Actenform" vor und schließen damit an die am meisten verwendete bürokratische Schreib- und Verwaltungsform an, die jedoch verschiedenste Formationen annehmen kann. Akten, die in Institutionen als „Agenten und Effekt des Rechts",[29] in diesem Fall des Militärs, handeln, sollen diese Kriegstagebücher sein und treten damit die Nachfolge der verschiedenen tagebuchförmigen Aufzeichnungen im Hand-

---

[27] Auf Initiative von Helmuth von Moltke (ab 1857 Chef des Generalstabs) hin sollten die Truppentagebücher anschaulicheres Quellenmaterial als bislang genutzte Dokumente für die von den kriegsgeschichtlichen Abteilungen verfassten Generalstabswerke liefern. Vgl. Markus Pöhlmann, Kriegsgeschichte und Geschichtspolitik: Der Erste Weltkrieg. Die amtliche deutsche Militärgeschichtsschreibung 1914–1956, Paderborn 2002, 39.
[28] Vgl. Raulff, Ein Historiker im 20. Jahrhundert, 83–86.
[29] Cornelia Vismann, Akten. Medientechnik und Recht, 2. Aufl., Frankfurt am Main 2001, 11.

buch des *vollkommenen preußischen Soldaten* an. Die mit der Mobilmachung begonnenen Kriegstagebücher sollen im Format „großfolio", dem größten durch die Preußischen Instruktionen standardisierten Buchformat, geführt werden: Somit wird ein aus Verwaltungen und Archiven bekanntes und genutztes Aktenformat übernommen, das am besten am Schreibtisch geführt wird und der Kriegsführung des 19. Jahrhunderts angemessen erscheint. Gleichzeitig wird eine von Mobilität geprägte Kriegssituation antizipiert, denn notiert werden sollen Ausgangsorte genau wie Standortwechsel, Zeitangaben und Witterungsumstände. Auch soll der Personalbestand der Truppe – die Pferde eingeschlossen – genauer beschrieben werden. Es gilt möglichst täglich Aufzeichnungen vorzunehmen, jedoch können in Ruhephasen ausführlichere Berichte verfasst werden. Ist das Truppentagebuch gefüllt oder der Krieg vorbei, soll es dem Kommandeur zum Unterzeichnen vorgelegt werden.[30]

Sowohl die zeitliche und physische Nähe der Aufzeichnungen zum Kriegsgeschehen – die Kopräsenz – als auch die Unterschrift durch eine militärische Autorität rücken die Kriegstagebücher damit in die Nähe von Protokollen.[31] Sie entsprechen mit der Akten-Forscherin Cornelia Vismann gesprochen „umfassenden Aufzeichnungsapparate[n]", die ins Medium der Schrift verschiedenste Wahrnehmungen und Beobachtungen übersetzen und damit zwischen der Flüchtigkeit des Gesprochenen und der Selektivität der schriftlichen Aufzeichnung stehen.[32] Durch diese Eigenschaften erweisen sie sich als ideale Quellen für Historiker des 19. Jahrhunderts, die Akten aufgrund ihres präsentischen Zugs, ihrer größtmöglichen Nähe zum Geschehen und als Dokumente einer „unbereinigte[n] Geschichte des Werdens" schätzen, mithilfe derer Entscheidungsfindungen *in nuce* nachvollzogen werden können.[33]

Die Bestimmungen von 1870 orientieren sich inhaltlich weitgehend an denen von Stockhausen aus dem Jahr 1850. Verpflichtend wird das Kriegstagebuchschreiben nun auch für die dem Fortschritt des Kriegs entsprechenden neuen Truppenteile der Feldeisenbahn- und Telegraphenabteilungen. Außerdem sollen den Anlagen nun detaillierte Angaben über das Schicksal der Soldaten –

---

30 Vgl. zu diesem Absatz Preußisches Kriegsministerium, Bestimmungen 22. April 1850.
31 Die Autorität der Protokolle wird über die Vereidigung des Protokollführers und die Genehmigung durch alle Beteiligten hergestellt sowie durch die Kopräsenz der Protokollierenden zur Aktion. Vgl. Michael Niehaus und Hans-Walter Schmidt-Hannisa, Textsorte Protokoll. Ein Aufriß, in: Das Protokoll. Kulturelle Funktionen einer Textsorte, hg. von Michael Niehaus und Hans-Walter Schmidt-Hannisa, Frankfurt am Main, Berlin, Bern et al 2005, 7–23, hier 8.
32 Vgl. Vismann, Akten, 26–27.
33 Vgl. Vismann, Akten, 24.

ob verwundet, vermisst oder tot – beigelegt werden.[34] Die Bestimmungen von 1895 heben die Bedeutung der Kriegstagebücher als „Grundlage für die Geschichtsschreibung, sowie für die Würdigung des Verhaltens und der Leistungen der Führer und Truppenteile"[35] hervor. Die Bestimmungen von 1916 spezifizieren die Prämissen der Kriegsdiaristik einmal mehr: Auch die „kleineren mobilen Abteilungen aller Waffen und Formationen bis hinab zur Zugstärke" werden verpflichtet ein Truppentagebuch zu führen, ihre Aufzeichnungen müssten nun unbedingt täglich erfolgen, selbst wenn der Vermerk „keine Veränderung" sei und schließlich wird das militärische Schreiben stärker formalisiert, indem Muster zur Führung der Tagebücher beigefügt werden.[36] Vier Musterbögen werden in gehefteter oder Einzelblattform infolge der Bestimmungen in die militärischen Schreibstuben gebracht. Muster I umfasst die Dokumentation der kriegerischen Tätigkeit, die mit minütlich genauen Angaben eingetragen werden soll, Muster II bietet eine Kriegsrangliste, Muster III eine Übersicht über die Verpflegungs- und Gefechtsstärke und Muster IV eine stetig zu vervollständigende Verlustliste (Abb. 1). Diese Formalisierung verstärkt die im Protokollcharakter der Akten angelegte Beglaubigungsfunktion des Kriegsgeschehens, indem sie dezidiert Verfälschungen entgegenwirken möchte.[37] Gleichzeitig handelt es sich nicht nur um eine *Formalisierung,* sondern auch um eine *Formatierung,* die einen präskriptiven Charakter hat, auf die Vereinheitlichung der Drucksachen um 1900 verweist und bürokratische Abläufe optimieren soll.[38]

Alle Bestimmungen schreiben vor, dass vom Truppentagebuch beglaubigte Abschriften erstellt werden, die mit verschiedenen Anlagen – den sogenannten Kriegsakten – zum Generalkommando und schließlich ins Kriegsarchiv der Armee gelangen sollen. Das Original verbleibt in der Registratur, wodurch spätere Änderungen oder Ergänzungen vorgenommen werden können. Wahrscheinlich ist dies eine erste Reaktion auf die mobile Kriegssituation: Die über einzelne Gefechtshandlungen von Vorposten verfassten Berichte gelangen lediglich als Anhang ins Archiv und müssen nicht kopiert und damit auch nicht weitertransportiert werden. Hier lässt sich eine gewisse Schreibökonomie im Feld beobachten, deren Gegen-

---

[34] Vgl. Preußisches Kriegsministerium, Bestimmungen 17. August 1870.
[35] Preußisches Kriegsministerium, Bestimmungen 18. Juni 1895.
[36] Vgl. Preußisches Kriegsministerium, Bestimmungen 16. Juni 1916.
[37] Dazu Vismann, Akten, 11. Die von den Mustern vorgegebene Gliederung der Eintragungen wurde in zahlreichen maschinenschriftlichen Abschriften der Truppentagebücher, die das Reichsarchiv in den 1920er Jahren erstellte, beibehalten.
[38] Vgl. Axel Volmar, Das Format als medienindustriell motivierte Form. Überlegungen zu einem medienkulturwissenschaftlichem Formatbegriff, in: Zeitschrift für Medienwissenschaft 22 (2020), H. 1, 19–30, hier 22–29.

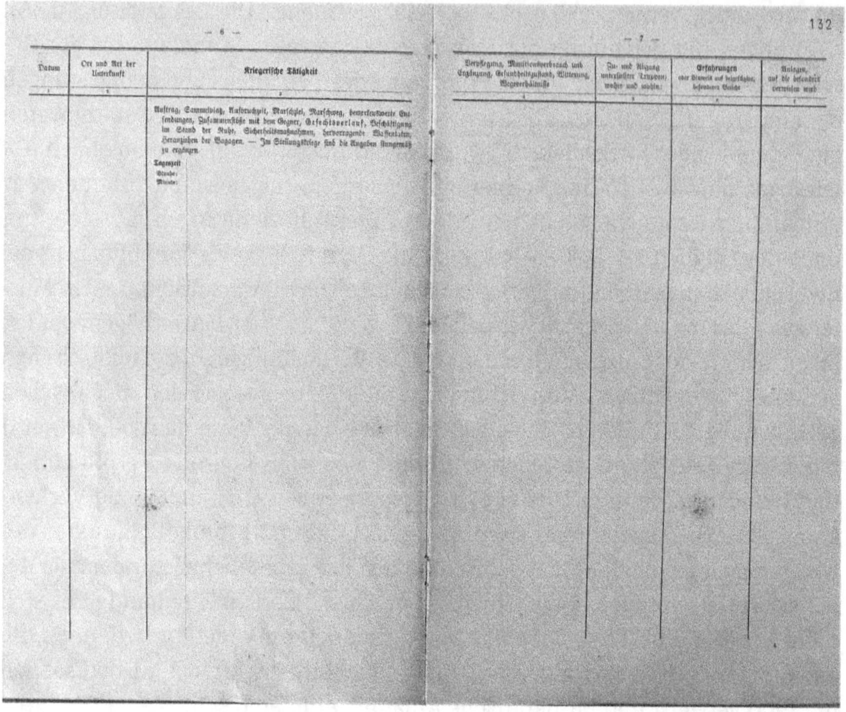

— 6 — — 7 — 132

Datum	Ort und Art der Unterkunft	Kriegerische Tätigkeit	Verpflegung, Munitionsverbrauch und Ergänzung, Gesundheitszustand, Witterung, Wegeverhältnisse	Zu- und Abgang unterstellter Truppen, woher und wohin:	Erfahrungen oder Hinweis auf beigefügte, besondere Berichte	Anlagen, auf die besonders verwiesen wird
1	2	3	4	5	6	7
		Auftrag, Sammelplatz, Aufbruchzeit, Marschziel, Marschweg, bemerkenswerte Entsendungen, Zusammenstöße mit dem Gegner, Gefechtsverlauf, Beschäftigung im Stand der Ruhe, Sicherheitsmaßnahmen, hervorragende Waffentaten, Heranziehen der Bagagen. — Im Stellungskriege sind die Angaben sinngemäß zu ergänzen. Tageszeit Stunde: Minute:				

Abb. 1: Muster für Truppentagebuch (Bestimmungen 1916).

seite aus wachsenden Aktenbergen in den Archiven des Großen Generalstabs besteht. Spätestens die 1908 veröffentlichte *Neue Felddienst-Ordnung*, die noch im Ersten Weltkrieg verbindlich war, verweist auf die Wirksamkeit der vom Kriegsministerium erlassenen Bestimmungen der Militärdiaristik, denn sie schreibt vor, dass diese jedem Truppentagebuch vorgeheftet werden müssen und etabliert Truppentagebücher neben den Gefechtsberichten als Unterlagen für die „spätere Beschreibung des Feldzuges".[39] Die im Ersten Weltkrieg verbindliche Disziplinarstrafordnung für das Heer von 1872 zählt falsche Eintragungen in Truppentagebücher zu Disziplinarübertretungen.[40]

Im August 1914 galten die Bestimmungen von 1895; im Zuge der Generalmobilmachung und den sich überschlagenden Ereignissen der ersten Kriegstage

39 Die neue Felddienst-Ordnung, Berlin 1908, 25.

40 Vgl. Heinrich Dietz (Hg.), Die Disziplinarstrafordnung für das Heer (einschließlich bayerisches Heer und kaiserliche Schutztruppen), 2. Aufl., Rastatt 1917, 70.

und -wochen hielt sich die Militärgeschichtsschreibung, mithin der wichtigste Auftraggeber der Truppentagebücher, zunächst jedoch zurück und löste ihre kriegsgeschichtlichen Abteilungen sogar auf. Viele Einheiten führten zwar von Kriegsbeginn an Truppentagebücher, nutzten dafür jedoch nicht die bestehenden Vorschriften, sondern oftmals private Tagebuchhefte in kleinen Formaten.[41] Gleichzeitig gaben andere Akteure wichtige Impulse für die Kriegsdokumentation im Feld: Die Schreibwarenfirma Smith warb bereits im August 1914 im *Militär-Wochenblatt* dafür, ihre Premier-Schreibmaschine mit Volltastatur an Militärbehörden und Truppenteile abzugeben. Im Sommer 1915 wurde auch die „Stoewer-Record"-Schreibmaschine ebendort beworben, da sie „[v]on zahlreichen Truppenteilen im Felde und in der Heimat glänzend begutachtet" worden sei (Abb. 2).[42] Die Schreibmaschine wurde also zum beliebten Schreibmittel der militärischen Schreibstuben und schließlich auch offiziell in der *Anleitung zum Schreibwesen für Offiziere* aus dem Jahr 1917 zum Verfassen aller Schreibstücke im Heer gestattet.[43]

Erst nach der Herbstkrise 1914 und verstärkt mit der Einrichtung der Prüfungsstelle für Kriegsakten beim Stellvertretenden Generalstab in Berlin im Januar 1915 wurden Kriegsakten sowie Truppentagebücher geprüft und fehlendes Material gemeldet, um eine möglichst lückenlose Quellengrundlage für die avisierte Historiographie des Kriegs zu schaffen.[44] Diese zeitliche Verzögerung erklärt sicher auch die erst nach mehr als zwei Kriegsjahren veröffentlichten neuen Bestimmungen zur Militärdiaristik im Weltkrieg. Aber bereits 1915 formuliert Richard Piltz mit den Worten „Das leidige Kriegstagebuch hatte mich einige Tage vom Schützengraben

---

[41] So ist das Truppentagebuch der 11. Kompanie, geführt vom 1. November 1914 bis 4. März 1916 durch Oberleutnant von Arnim, gerade nicht in Aktenform, sondern in ein kleines Notizheft verfasst, wie es viele Autoren für ihre privaten Aufzeichnungen nutzen. Auch die Art der Aufzeichnungen, das Notieren von Stationen, Verlusten, ärztlichen Untersuchungen und einer ausführlicheren Beschreibung des Weihnachtsfests 1914 im Feld ähnelt privaten Tagebüchern. Siehe Oberleutnant von Arnim, Kriegstagebuch der 11. Kompanie vom 1. November 1914–4. März 1916, GhSt PK IV. HA, Rep. 12, Nr. 177.
[42] Beide Produkte wurden in zahlreichen Ausgaben in den Jahren 1914 und 1915 im *Militär-Wochenblatt* beworben.
[43] Siehe Anleitung zum Schreibwesen für Offiziere, nach den neuesten Bestimmungen bearbeitet von Oberst Immanuel, Berlin 1917, 1. Eine dem Bestimmungen zum Führen der Kriegstagebücher entsprechende Richtlinie der Militäradministration zur Nutzung von Schreibmaschinen konnte ich hingegen nicht finden.
[44] In der Prüfungsstelle arbeiteten vorwiegend verwundete Offiziere, die nicht mehr an den Fronten eingesetzt werden konnten. Die Einrichtung der Prüfungsstelle für Kriegsakten für den aktuellen Krieg war auch dem weniger konsequenten Umgang mit Kriegsakten im 19. Jahrhundert in den kriegsgeschichtlichen Abteilungen geschuldet. Vgl. Pöhlmann, Kriegsgeschichte und Geschichtspolitik, 54.

Abb. 2: Anzeige für die „Stoewer-Record"-Schreibmaschine im *Militär-Wochenblatt*.

fern gehalten"[45] ein grundsätzliches Dilemma über das Verfassen von Truppentagebüchern: Im Krieg zu kämpfen und ihn gleichzeitig zu dokumentieren ist im vorgegebenen Maße nicht möglich. Trotzdem hat dieser Weltkrieg umfangreiche Truppentagebücher in den verschiedensten Einheiten hervorgebracht, wovon noch heute die Bestände im Militärarchiv des Bundes zeugen.

Bereits 1925 nahm der am 1919 gegründeten Reichsarchiv arbeitende Oberarchivrat Ernst Otto eine Sichtung der Truppentagebücher vor, die er in der Monatsschrift *Archiv für Politik und Geschichte* veröffentlichte. Insbesondere die 1916 erlassenen Bestimmungen hätten ihre Wirkung gezeigt, denn die Truppentagebücher aus den Jahren 1917 und 1918 seien übersichtlicher und regelmäßiger geführt worden als die der ersten Kriegsjahre.[46] Viele für das Truppentagebuch verantwortliche Schreiber nutzten die Musterbögen der Bestimmungen von 1916 und füllten diese schreibmaschinen- oder handschriftlich aus, Fotografien und

---

45 Piltz, Tagebuch, 08.11.1915.
46 Vgl. Otto, Die Kriegstagebücher im Weltkriege, 648.

Lageskizzen – in den Bestimmungen so definierte Anhänge – wurden eingeklebt oder eingeheftet. Die Truppentagebücher des Ersten Weltkriegs lösen sich damit vom Kodex zugunsten des flexibleren Formats der gehefteten Blattsammlung, welche die Integration verschiedenster Materialien erlaubt (Abb. 3).[47]

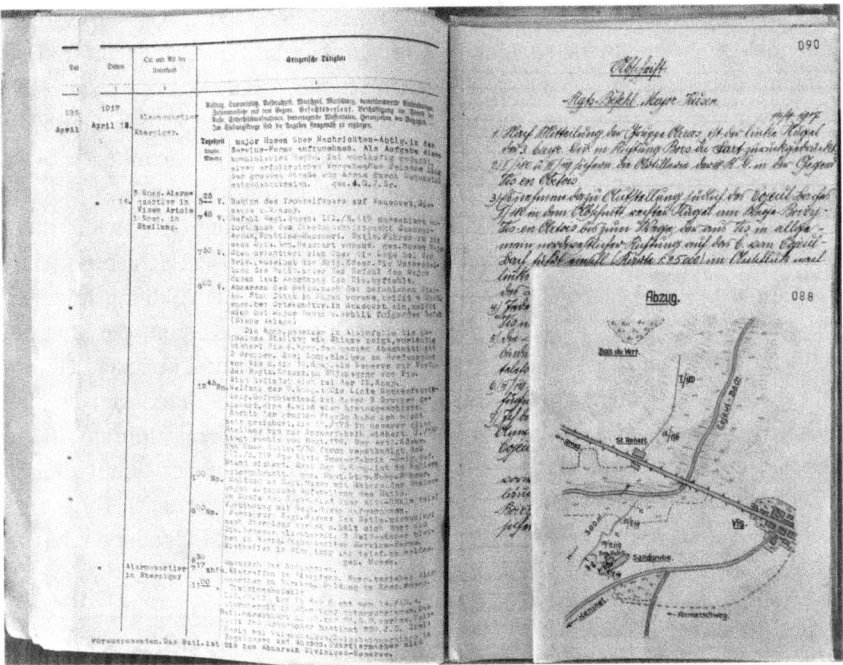

Abb. 3: Truppentagebuch als geheftete Materialsammlung.

Papierabläufe an der Front

Die Praxis der Truppentagebuchführung lässt sich anhand von Erfahrungsberichten in den privaten Tagebüchern von Soldaten und Offizieren rekonstruieren. Darin dokumentieren etwa Eugen Miller und Richard Piltz, beide zugleich verantwortlich für die Tagebücher ihrer Kompanie, beständig die militärischen Schreib-

---

47 Vgl. beispielsweise [Anonym], Kriegstagebuch des III. Bataillon Reserve-Infanterie-Regiments Nr. 119, BArch PH 10-2/685.

praktiken. Für Eugen Miller ist der „tägliche[ ] Tagesbericht"[48] fester Bestandteil des Tagesablaufs. Neben dem Truppentagebuch gilt es, auch das Parolebuch zu füllen und weitere Verwaltungsaufgaben zu übernehmen: Abrechnungstabellen und Nachweislisten müssen geführt, Kolonnenbefehle geschrieben, Übersetzungen angefertigt und Löhnungslisten erstellt werden. Die Formulierung „Vormittags nach dem Stall beim Wachtmeister noch Parolekriegstagebuch vom vorigen Tag geschrieben"[49] deutet eine zunehmende Ermüdung und Gleichgültigkeit im Umgang mit den ausdifferenzierten militärischen Schreibprodukten an.

Idealerweise werden die Truppentagebücher zeitgleich oder doch zumindest zeitnah geführt, die räumliche und zeitliche Kopräsenz der Aufzeichnungen ist erklärtes Ziel. „Hat im Frieden der junge Leutnant eine Offizier-Felddienst-Aufgabe zu machen, so vergleicht er vor dem Abmarsch seine Uhr mit der des Kasernenhofes, bestimmt einen zuverläßigen Unteroffizier oder eine Gefechtsordonnanz zum Aufschreiben der Zeiten der bevorstehenden Gefechtshandlung und vergleicht auch mit ihnen die Uhr", vermerkt Ernst Otto bei der Sichtung der Kriegstagebücher und ergänzt: „Anders konnte auch der Zugführer und Kompagnieführer im Felde nicht verfahren; so gewonnene Angaben bildeten die Unterlagen der Meldungen, die das Bataillon zu machen hatte, und des bei diesem geführten Kriegstagebuches."[50] Jedoch sind die Bedingungen im Feld andere: Die Uhren können nicht übereinstimmen, im Eifer des Gefechts nicht sofort Eintragungen vorgenommen werden, die notierten Ortsnamen sind möglicherweise falsch oder der beauftragte Schreiber fällt.[51]

Bestimmung und Praxis fallen mithin auseinander, wie auch die Schreiber Piltz und Miller bestätigen: Im April 1915 erwähnt Miller mehrfach das „Kriegstagebuch ins Reine" geschrieben zu haben und bestätigt damit ordnende, wenig unmittelbare Schreibpraktiken. Im selben Monat trägt er das Truppentagebuch für die Zeit vom bis 23. Februar nach, bevor er es, ganz wie es die Bestimmungen vorschreiben, dem Rittmeister zur Abnahme vorlegt.[52] Auch Richard Piltz gerät unter großen Druck, da das Truppentagebuch vier Monate lang nicht geführt wurde und nun zur Abgabe vorgelegt werden soll. Retrospektiv wird mithilfe vorhandener Akten das Kriegsgeschehen rekonstruiert, anstelle der Genauigkeit tritt

---

48 Die Formulierungen „[…] die allgemeine Übersicht vom Kriegstagebuch für Januar [vervollständigt]" sowie „Tagesbericht eingeschrieben" verweisen auf die Nutzung von Mustern zur Führung des Truppentagebuchs. Siehe Miller, Tagebuch, 16.02.1914, 08.04.1915.
49 Miller, Tagebuch, 28.03.1915.
50 Otto, Die Kriegstagebücher im Weltkriege, 653.
51 Vgl. Otto, Die Kriegstagebücher im Weltkriege, 651–654.
52 Vgl. Miller, Tagebuch, 17.–26.04.1915.

ein Bericht in „romanhaft schönen Formen",[53] der die bürokratische Schreibform in die Nähe fiktionaler Literatur rückt. Statt der geforderten Kopräsenz des Schreibens ist also von einer Nachträglichkeit auszugehen, die durch den Bewegungskrieg noch verstärkt wird, in dem keine Zeit für „Bureauarbeiten" ist und Ungenauigkeiten der Eintragungen somit unvermeidlich sind.[54] Die Truppentagebücher sind mithin nicht nur eine zeitlich konkurrierende, sondern auch eine dem Kriegsgeschehen nur bedingt angemessene Aufzeichnungsform, die ihrer Aufgabe der umfassenden Kriegsdokumentation nicht gerecht wird.

Aus der Tätigkeitsbeschreibung eines Generalstabstabsoffizier lassen sich Schreib- und Papierabläufe an der Front genauer rekonstruieren. Verschiedene protokollartige Aufzeichnungen werden im Truppentagebuch in eine „ergebnisorientierte Aufschreibeform[ ]"[55] gebracht, die mit der Unmittelbarkeitsphantasie der Akten bricht:

> Die stenographischen Niederschriften von Besprechungen oder Großkampfhandlungen diktierte ich am gleichen Abend – oft auch während der Ruhepausen des Kampfes – dem Schreiber in die Schreibmaschine zu mehreren Durchschlägen. Einer von ihnen kam nach Genehmigung des Chefs – dies war mein Grundsatz – zum Kriegstagebuch.[56]

Im Prozess des Aufzeichnens werden von den Verantwortlichen weitere Personen, die Schreiber, einbezogen, und verschiedene mediale Übertragungen manifest: Das Gehörte wird handschriftlich stenographiert, das Stenographierte diktiert und das in die Schreibmaschine Getippte per Durchschlag vervielfältigt. Zusätzlich werden die in den Gräben geführten Telefonate stenographisch festgehalten, seltener in die eigens dafür vorgesehenen Telefonbücher, häufiger ebenso in die Truppentagebücher.[57]

Die Aufzeichnungsszene entwirft ein Gegenbild zu dem von Alfred von Schlieffen im Jahr 1909 imaginierten Büro des modernen Feldherrn: Dort, wo jener den Krieg „weiter zurück in einem Hause mit geräumigen Schreibstuben" lenkt, „wo Draht- und Funkentelegraph, Fernsprech- und Signalapparate zur Hand sind, Scharen von Kraftwagen und Motorrädern, für die weitesten Fahrten gerüstet, der Befehle harren",[58] befinden sich am anderen Ende der Leitung die den Krieg in den Schützengräben ausführenden *und* dokumentierenden Soldaten, die Befehle

---

53 Piltz, Tagebuch, 06.11.1915.
54 Vgl. Otto, Die Kriegstagebücher im Weltkriege, 649–650.
55 Vismann, Akten, 25.
56 Otto, Die Kriegstagebücher im Weltkriege, 652–653.
57 Vgl. Otto, Die Kriegstagebücher im Weltkriege, 648.
58 Alfred von Schlieffen, Der Krieg in der Gegenwart (1909), in: Alfred von Schlieffen, Gesammelte Schriften. Erster Band, Berlin 1913, 11–22, hier 15.

telefonisch empfangen und niederschreiben, um jenem Feldherrn schließlich einen möglichst unmittelbaren Eindruck des Kriegs zu vermitteln, anhand dessen weitere strategische Entscheidungen getroffen werden können.

Die Aufzeichnungsformen von Stenographie über Diktate, Entwurfs- und Reinschriften sowie schließlich abgesegnete und abgeheftete Durchschläge suchen einen Mittelweg zwischen präsentischer Aufzeichnungsform und nachvollziehbarer Rechenschaftsablegung über das Kriegsgeschehen. Die von Schreibbeginn an vorgeschriebene Abnahme des Truppentagebuchs durch einen Vorgesetzten stellt eine Vorzensur dar, für die Richard Piltz einen treffenden Vergleich findet: Das Schreiben am Truppentagebuch entspreche der Arbeit am „deutsche[n] Aufsatz".[59] Implizit werden darüber Armee und Schule als die staatlichen Förderer des Schreibens miteinander in Verbindung gebracht, denn so, wie Lehrer:innen in den Schulen die Aufsätze korrigieren und bewerten, werden Truppentagebücher von den Militärbehörden durchgesehen. Am 17. November 1915 erhält Piltz das Truppentagebuch von der Division zurück mit einer Kritik, „die allerdings nicht schlimm ausfiel".[60]

In den Truppentagebüchern des Ersten Weltkriegs manifestiert sich zudem ein grundlegender Widerspruch: Während die Genauigkeit und Regelmäßigkeit der Dokumentation zunehmen und mithilfe von Mustern unterstützt werden, wird nach dem Krieg von Seiten des Reichsarchivs gleichzeitig bemängelt, dass die Truppentagebücher zu sehr „Gefechtskalender" seien und ihnen das „Psychische"[61] fehle. Diese Forderung stellt eine deutliche Verschiebung zu den Bestimmungen des 19. Jahrhunderts dar und rückt die militärischen Tagebuchprotokolle in die Nähe privater Tagebücher. Die Aussage ist im Zeichen einer Geschichtsschreibung über einflussreiche Heerführer einzuordnen, mithilfe deren Gedanken und Entscheidungen das Kriegsgeschehen rekonstruiert werden soll. Das Reichsarchiv empfiehlt für seine Militärhistoriographie darum die Zuhilfenahme privater Tagebücher, die einen unmittelbareren, höheren Wert zur Rekonstruktion des Kriegs hätten.[62]

Es lässt sich zudem nachweisen, dass schon im Kriegsalltag bestimmte Gebrauchsroutinen und dokumentarische Praktiken von militärischen und privaten Tagebüchern vergleichbar sind, sie einander beeinflussen oder wechselseitig ergänzen. Die Bestimmungen von 1916 nehmen privat geführte Kriegstagebücher in die Liste möglicher Anlagen des Truppentagebuchs auf, und rücken die private damit in die Nähe der militärischen Diaristik. Auch die Protagonisten dieser

---

59 Piltz, Tagebuch, 07.11.1915.
60 Piltz, Tagebuch, 17.11.1915.
61 Otto, Die Kriegstagebücher im Weltkriege, 648.
62 Vgl. Otto, Die Kriegstagebücher im Weltkriege, 660.

Studie verweisen auf verschiedene Überlagerungen der diaristischen Praktiken. „Leider habe ich gestern mein Tagebuch verloren, es ist nun nicht mehr zu ersetzen", schreibt ein Offizier in einem Brief an seinen Vater. „Ich werde mir später aus dem Kriegstagebuch des Rgts. Auszüge machen. Es regnet seit 3 Tagen und wir sind froh, daß wir unter Dach sind."[63] Militärische und private Tagebücher ergänzen sich im Fall des Verlusts oder der Abwesenheit. Eugen Millers stets regelmäßige private Tagebuchaufzeichnungen weisen vom Dezember 1916 bis Ende 1917 eine Lücke auf, die er mit einem retrospektiven Bericht füllt. Seine Versetzung zum Korpsbrückentrain, bei der er zum Leutnant befördert wird, zitiert er nach dem „Parolebefehl vom 24.01.1917"[64] und legt damit nahe, dass der Bericht auf dem Parolebuch der Kompanie beruht, das er als in den ersten Kriegsmonaten geschulter Militärschreiber kennen muss. Auch die Auswertung des Reichsarchivs bestätigt das hybride Neben- sowie Ineinandergreifen militärischer und privater Aufzeichnungen: „Die den Russen in die Hände gefallenen Kriegstagebücher eines Infanterieregimentes wurden auf Grund von Angaben des Kriegstagebuches der Infanteriebrigade, der Kriegsakten des Regiments, von Privattagebüchern, schriftlichen und mündlichen Berichten von Offizieren, Beamten und Mannschaften dieses Regiments wiederhergestellt."[65] Militärisch eingeforderte und private Schreibpraktiken greifen ineinander und ergänzen einander pragmatisch.

1.2 Ein Tagebuch für den Tornister: Schreiben in mobilen Zeiten

Am 2. August 1914 schließt der Kriegsfreiwillige Wilhelm Held sein seit 1910 geführtes Tagebuch, in welches er das Tagesgeschehen regelmäßig in ein bis zwei Sätzen mit schwarzer Tinte vermerkt hatte. Der letzte Eintrag beschreibt den Angriff russischer Patrouillen auf eine Eisenbahnbrücke, die über die Warthe führt. Obwohl das Tagebuch noch freie Seiten enthält, beginnt er ein neues Heft – wieder mit Wachstucheinband, doch bedeutend kleiner, das Format beträgt nur 8 mal 13 Zentimeter. Auch dort notiert er die Geschehnisse des 2. August, nun allerdings mit Bleistift und ungleich kürzer: „Kriegserklärung". Der nächste Eintrag vermerkt: „10.8. melde ich mich freiwillig zum Inf. Reg. 66."[66] Genau wie Wilhelm Held wird sein Tagebuch mobil gemacht. Auf dem Weg in den Krieg beginnt er ein neues Heft, das nicht nur einen neuen Lebensabschnitt

---

63 Leopold Boehm-Bezing, Tagebuch, DTA 2036, II, 1–3, September 1914.
64 Miller, Tagebuch, 31.01.1917.
65 Otto, Die Kriegstagebücher im Weltkriege, 649.
66 Wilhelm Held, Tagebuch, BfZ N 11.22, 02.08.1914, 10.08.1914.

in seiner Biographie eröffnet, sondern vor allem die veränderten Schreibbedingungen antizipiert. Ein transportables, leichtes Heft passt noch in die Ausrüstung fürs Feld, die bestehend unter anderem aus Gewehr, Provianttaschen und Tornister etwa 30 Kilogramm wog.[67] Da es das Gewicht der Kriegsausrüstung nicht erlaubt hätte portable Schreibmöbel mitzuführen, mussten die soldatischen Schreibwerkzeuge und -träger in Kombination im Feld einsetzbar sein. Es gilt, die eingeübte Praxis des Tagebuchschreibens im Krieg fortzuführen, dabei jedoch die Materialität des medialen Trägers an die Bedingungen des Kriegs anzupassen. Der nässebeständigere Bleistift ersetzt den Füller, dessen Tinte verwischen könnte und noch dazu nachgefüllt werden müsste. Schließlich fällt gerade in der Dopplung des Eintrags im Tage- und Kriegstagebuch auf, wie das Geschriebene kürzer und stichwortartiger wird. Der Übergang vom Tage- zum Kriegstagebuch wird nicht im Geschriebenen reflektiert, sondern im Wechsel des Formats und der Schreibweise erkennbar.

Genau wie Wilhelm Held zogen viele Kriegsfreiwillige und Berufssoldaten mit kleinen Heften in den Krieg. Zwar fanden auch Hefte mit Leder- oder Stoffeinband Verwendung, besonders geeignet erschienen jedoch Wachstuchhefte, deren Einband aus wasserdichtem Gewebe, das mit Firnis oder Ölfarbe überzogen ist, besteht. Nur selten legen die Soldaten in den ersten Einträgen Schreibintentionen dar,[68] was für die Selbstverständlichkeit und hohe Verbreitung des Tagebuchschreibens spricht. Am Eintritt in den Krieg steht die meist bewusste Wahl des Tagebuchträgers, die sich auch in deren Beschreibungen niederschlägt: Es ist die Rede von den mit Diminutiven bezeichneten ‚Büchlein', ‚Taschenbüchlein' oder ‚Tagebuchblättern', die verdeutlicht, dass dem kleinen Format besondere Beachtung geschenkt wird und Form und Materialität reflektiert werden.

Auf die erste Seite ihrer Tagebücher notieren viele Autoren einen Titel: Platz für ihre „Kriegserlebnisse" sollen die kleinen Hefte der Tagebuchautoren Otto Gehrke, Otto Laukenmann und Friedrich Link bieten, die alle sehr früh in den Krieg ziehen. Dabei verweist die Verwendung des Erlebnisbegriffs nicht nur auf dessen Popularität um 1900 im Sinne einer Abwechslung, die sich durch ihre emotionale Qualität und Intensität auszeichnet.[69] Der Erlebnisbegriff

---

[67] Vgl. John Keegan, Der Erste Weltkrieg. Eine europäische Tragödie, Reinbek bei Hamburg 2000, 120–121.
[68] Insofern unterscheidet sich das Kriegstagebuchschreiben mobilisierter Soldaten deutlich von anderen Formen des Tagebuchschreibens, bei denen die ersten Einträge häufig den Schreibbeginn thematisieren und/oder mit programmatischen Überlegungen zur diaristischen Praxis einsetzen. Siehe dazu Holm, Montag Ich, Dienstag Ich, Mittwoch Ich, 27.
[69] Vgl. zu diesem Verständnis des Erlebnisbegriffs Bänziger, Die Moderne als Erlebnis, 17.

der Zeit muss vielmehr auch vor seinem philosophischen Hintergrund bestimmt werden: „Erlebnisse sind alle psychischen Vorgänge, durch welche einem Subject (Ich) ein Inhalt, Etwas präsent, bewußt wird", resümiert Rudolf Eisner im *Wörterbuch der Philosophischen Begriffe* aus dem Jahr 1904. Weiterhin charakterisiert er Erlebnisse als „die ursprünglichen Data unserer Erfahrung", „die realen Vorkommnisse", welche „[u]nmittelbar gegeben" seien.[70] Sie stehen damit dem Eindruck nahe, dem „unmittelbar erlebte[n], primäre[n] Bewußtseinsinhalt im Unterschied vom secundären Erinnerungsbilde."[71] Das Erlebnis geht der Erfahrung voraus: Die Charakterisierung als Ursprüngliches und Primäres rekurriert auf das Dabei- und Involviert-Sein, es bedient das Phantasma der Unmittelbarkeit.

Das im zeitgenössischen Diskurs, ganz im Sinne der totalen Mobilmachung überhöhte und oft im Singular verwendete *Kriegserlebnis* schließt an diesen Erlebnisbegriff an und suggeriert die Exklusivität der Teilnahme am Krieg. Dabei verspricht das Kriegserlebnis zum Erlebnis im dreifachen Sinne zu werden: ein Abenteuer innerhalb der eigenen Biographie, ein Gemeinschaftserlebnis als Teil der Armee und ein historisches Erlebnis der Weltgeschichte.[72] Die Titelwahl ‚Erlebnisse' geht daher mit einer dokumentarischen Verpflichtung einher: Das Kriegserlebnis ist ein Beschriebenes und Erzähltes, es muss – in diesem Fall in Form eines Tagebuchs – dokumentiert werden.[73] Wenn der Titel „Kriegserlebnisse" wie bei Otto Laukenmann um ein „etc." ergänzt wird, dann erhält diese Erwartungshaltung erste Risse – das Tagebuchheft bietet eben auch Platz für die Inventarliste, die Verwaltung der Feldpost und das Notieren täglicher Routinen.

Ob die Hefte als Tage- oder Kriegstagebuch bezeichnet werden, geht nur selten mit verschiedenen Schreibhaltungen einher. Wichtiger scheint bei den Autoren, die in militärische Schreibpraktiken eingebunden sind, die Abgrenzung der eigenen Aufzeichnungen von denen der Einheit: Das eigene Schreiben im „Tagebuch" wird unterschieden vom offiziellen Schreiben im „Kriegstagebuch" (so etwa erkennbar in den Tagebüchern von Eugen Miller und Richard Piltz). Wenn auf das eigene Schreiben Bezug genommen wird – und dies kommt bei

---

70 Art. Erlebnisse, in: Rudolf Eisler, Wörterbuch der Philosophischen Begriffe. Bd. 1, 2. Aufl., Berlin 1904, 303.
71 Art. Impression, in: Rudolf Eisler, Wörterbuch der Philosophischen Begriffe. Bd. 1, 2. Aufl., Berlin 1904, 501.
72 Vgl. zu den Dimensionen des Erlebnis-Begriffes unter Verweis auf Konzeptionen von Wilhelm Dilthey und Georg Simmel ausführlicher Eva Horn, Erlebnis und Trauma. Die narrative Konstruktion des Ereignisses in Psychiatrie und Kriegsroman, in: Modernität und Trauma. Beiträge zum Zeitenbruch des Ersten Weltkrieges, hg. von Inka Mülder-Bach, Wien 2000, 131–162, hier 131.
73 Vgl. Horn, Erlebnis und Trauma, 133.

den meisten Tagebüchern selten vor – wird die Gattung Kriegstagebuch selbst nicht reflektiert.

Aufgrund der massenhaft getroffenen Entscheidung für das kleine Format muss untersucht werden, inwiefern dieses den Gebrauch bestimmt, neue Schreibumgebungen eröffnet und neue Schreibpraktiken ermöglicht. Daher steht in diesem Unterkapitel die Trias aus Format, Schreibweisen und Gebrauch von Tagebüchern in Zeiten eines mobilen Kriegs zur Diskussion. Wie hängen Portabilität und Schreibweisen des Kleinen und Kurzen zusammen und welchen Einfluss nehmen die Gebrauchsroutinen, in welche die Tagebücher im Bewegungs- und Stellungskrieg eingebunden sind?

Das Kleinerwerden des Tagebuchhefts von Wilhelm Held kann zunächst als Vorbereitung auf den Transport interpretiert werden: In Zeiten häufiger Ortswechsel ist ein leichteres, schnell verstaubares Heft von Vorteil, dessen „pocketability",[74] also Größe und Stabilität für den Taschentransport, zum ausschlaggebenden Erwerbskriterium wird. Nicht wenige Autoren wählen zudem Hefte mit Stifthalter und Sammeltasche aus und stellen somit die portable Funktion der Hefte heraus, deren Medientechnik ihr spezifisches Dokumentationspotential besonders in beweglichen und dynamischen Situationen realisiert.[75] Die einst in der historischen Weltkriegsforschung als „Schreibtischfrage" aufgemachte Unterscheidung zwischen dem diaristischen Schreiben von Offizieren und Generälen, das in militärischen Schreibstuben auf adäquate Bedingungen in Form von Schreibtischen und Sitzgelegenheiten traf, und dem angeblich kaum realisierbaren und realisiertem Schreiben untergeordneter Soldaten, die keine Schreibunterlage zur Verfügung hatten, muss daher nachhaltig entkräftet werden.[76] Vielmehr rückt der Blick auf Kriegstagebücher als *portable media* die „Körperverbundenheit"[77] des Schreibens selbst in den Fokus und bekräftigt, dass Tagebuchschreiben eine „embodied

---

[74] Matthias Thiele und Martin Stingelin, Portable Media. Von der Schreibszene zur mobilen Aufzeichnungsszene, in: Portable media. Schreibszenen in Bewegung zwischen Peripatetik und Mobiltelefon, hg. von Matthias Thiele, Martin Stingelin und Claas Morgenroth, München 2010, 7–27, hier 9.

[75] Vgl. Thiele und Stingelin, Portable media, 7–8.

[76] Vgl. Wolfram Wette, Militärgeschichte von unten. Die Perspektive des „kleinen Mannes", in: Der Krieg des kleinen Mannes. Eine Militärgeschichte von unten, hg. von Wolfram Wette, München 1995, 9–47, hier 19–20. Für die Popularität der Praxis des Offiziers am Schreibtisch steht etwa die seit den 1880er Jahren jährlich erscheinende *Offizier-Schreib-Mappe* von Eisenschmidt ein, die im Großfolio-Format Dienstvorschriften enthält und auf deren Deckblatt typische Situationen schreibender Offiziere – stets an großen Schreibtischen – abgebildet sind.

[77] Thiele und Stingelin, Portable Media, 7–8.

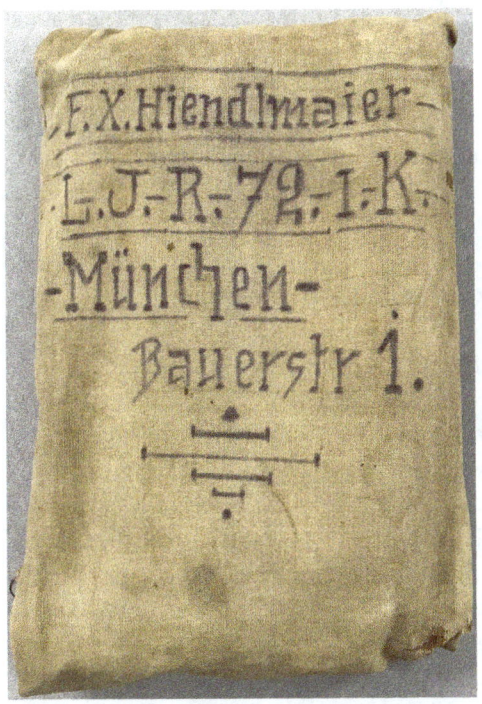

Abb. 4: Tagebuchstoffhülle von Franz Hiendlmaier.

practice"[78] ist. An den „Stufen der Miniaturisierung"[79] lässt sich ablesen, ob ein Heft Merkmale der *portable media* erfüllt. Neben dem Aufgezeichneten wird somit auch das Aufzeichnen selbst ortsunabhängig, denn man kann die portablen Tagebücher überall hervorholen und fortführen.

Sowohl Schreibträger als auch -werkzeuge zeichnen sich durch Portabilität aus: Nicht nur die Hefte werden kleiner und tragbarer, der Großteil der Aufzeichnungen von Soldaten ist mit Blei- oder Kopierstift verfasst, die nicht nachgefüllt werden müssen und deren Farbe nässebeständiger ist.[80] Einige Kriegstagebücher

---

[78] José van Dijck, Writing the Self. Of Diaries and Weblogs, in: Sign Here! Handwriting in the Age of New Media, hg. von José van Dijck, Eric Ketelaar und Sonja Neef, Amsterdam 2006, 116–133, hier 118.
[79] Thiele und Stingelin, Portable Media, 9.
[80] Siehe zu alltäglichen Schreibgeräten der Zeit und ökonomischen Erwägungen der Schreiber auch Norbert Kortz und Aagje Ricklefs, Von der Veralltäglichung der Schreibgeräte, in: Populare Schreibkultur. Texte und Analysen, hg. von Bernd Jürgen Warneken, Tübingen 1987, 200–221, hier 209.

sind mit Tinte verfasst und verweisen tendenziell eher auf den Schreibort der militärischen Schreibstube.[81] Bei allen Vorteilen der portablen Kriegstagebücher wächst nicht selten das mitgeführte Schreib- und Aufzeichnungsinventar:[82] So packt der Soldat Franz Hiendlmaier sein Tagebuch in eine bedruckte Stoffhülle (Abb. 4), in der er möglicherweise auch Stifte und gesammelte Objekte transportieren kann.

Kriegsmerkbücher und der Einsatz der Schreibwarenindustrie

Die vielfach bemerkte Schreibmobilisierung zu Beginn des Kriegs brachte weitere Akteure ins Spiel: zum einen die Schreibwarenindustrie, zum anderen Verlage, welche die steigende Nachfrage nach portablen Schreibwaren registrierten und entsprechende Kriegsprodukte entwickelten. Dass sowohl Unternehmen, die bislang Geschäftsbücher, Werbekalender und Notizhefte für die verschiedensten Abnehmer produziert hatten, als auch Literaturverlage eigene Tagebuchvordrucke zur Kriegsdokumentation auf den Markt brachten, spricht deutlich für die hybride Stellung des Kriegstagebuchs zwischen den Polen der Buchführung und der literarischen Beschreibung des Kriegs.

Die Schreibwarenindustrie, Teil der papierverarbeitenden Industrie, entwickelte sich verstärkt seit der zweiten Hälfte des 19. Jahrhunderts. Für die vorliegende Untersuchung von besonderer Relevanz sind die Bereiche der Kalender-, Geschäftsbücher- sowie Akzidenzdruckproduktion, welche die Voraussetzungen für spezifische Kriegstagebuchvordrucke schufen. Die industrielle Fertigung von Schreibwaren begann in den 1870er Jahren; 1890 gab es bereits ausdifferenzierte Firmen von Albumfabriken über Buchbindereien bis hin zu Schreibmappen-Fabriken, die auf der Leipziger Messe im Jahr 1900 ein breites Angebot präsentierten.[83] Zu Beginn des Ersten Weltkriegs gab es zudem mehr als 100 Geschäftsbücher-Fabriken, die sich nach der Reichseinigung verstärkt durch minis-

---

81 Bei der Sichtung im Deutschen Tagebucharchiv wurden jedoch auch einige private, mit Tinte geführte Tagebücher gefunden, beispielsweise die Kriegstagebücher von Bernhard Bing und Richard Walzer. 1917 empfiehlt eine Anleitung Offizieren, zuerst mit Bleistift zu schreiben und das Geschriebene „bei nächster Gelegenheit mit einer die Schrift erhaltenden Flüssigkeit (Milch, schwache Gummilösung usw.) zu überziehen." Siehe Anleitung zum Schreibwesen für Offiziere, 1.
82 Dazu Thiele und Stingelin, Portable Media, 15.
83 Dazu Heinz Schmidt-Bachem, Aus Papier. Eine Kultur- und Wirtschaftsgeschichte der Papier verarbeitenden Industrie in Deutschland, Berlin 2011, 446–447.

terielle und behördliche Aufträge nach Konto- und Kassenbüchern etabliert hatten, und ihr Angebot zunehmend diversifizierten, indem sie auch Brief- und Merkbücher sowie Kopier- und Tagebücher herstellten und vertrieben.[84] Wegbereiterin für die Kriegstagebuchvordrucke war auch die Kalenderproduktion, die sich im 19. Jahrhundert rasant entwickelte. Waren Kalender jahrhundertelang meist kirchlichen und weltlichen Autoritäten vorbehalten, wurden nun zunehmend diversifizierte Produkte von Buch-, Schreib- und Papierwarenhandel hergestellt, beispielsweise Bauern-, Küchen-, Militärreservisten- und zahlreiche Werbekalender, die Firmen an Kunden verteilten.[85]

Mit dem Beginn des Weltkriegs entwickelten verschiedenste Schreibwarenbetriebe, Geschäftsbücherfabriken und Verlage kriegsspezifische Tagebuchprodukte: *Kriegs-Merkbuch*, *Kriegs-Taschen-Notizbuch* oder auch *Kriegstagebuch 1914/15 für* ___ nannten sich die Schreibwaren, die ab 1914 auf dem Markt der Schreibwaren-Militaria zu recht günstigen Preisen zu erwerben waren.[86] Bereits seit der zweiten Hälfte des 19. Jahrhunderts produzierte Militär-Taschenkalender, aber auch Armeeschreibprodukte wie Militärpässe oder Seefahrtsbücher wurden für den gegenwärtigen Krieg modifiziert.[87] Damit trugen ebenso Unternehmen der Schreibwarenindustrie dazu bei, dass dokumentarische Praktiken aus den bürokratischen Abläufen innerhalb der Armee in das private Schreiben übernommen wurden.[88] Auch in anderen Ländern wurden kriegsspezifische Schreibwaren

---

[84] Vgl. Schmidt-Bachem, Aus Papier, 475–496.

[85] Vgl. Schmidt-Bachem, Aus Papier, 568–571. Die Kalenderproduktion stieg von 151 Tonnen im Jahr 1897 auf 453 Tonnen im Jahr 1905. Siehe zur zeittypischen Praxis Kalender für Tagesnotizen zu verwenden auch Gerhalter, „Einmal ein ganz ordentliches Tagebuch"?, 78–79.

[86] Die meisten Kriegskalender und Tagebuchvordrucke sind für weniger als eine Mark erhältlich: Das *Kriegstagebuch 1914/15 für*___ des Verlags Glaube und Kunst kostet 80 Pfennig, Kriegs-Almanache und Kriegskalender werden für 20 bis 50 Pfennig vertrieben. Damit sind die Schreibwaren für die Front deutlich günstiger als später vertriebene Kriegstagebücher für die Heimatfront wie beispielsweise das *Kriegstagebuch zu dem Weltkriege 1914* des Oskar Eulitz-Verlags, das 3 Mark kostet, jedoch etwas teurer als Ausgaben der Feldliteratur, die ab 10 Pfennig pro Stück von verschiedenen Verlagen vertrieben werden.

[87] Siehe beispielsweise Notiz-Kalender für Offiziere aller Waffen, Magdeburg 1880. Vgl. weiterführend zu armeetypischen Papierprodukten und ihren ‚Papierabläufen' am Beispiel Großbritanniens Charlotte Macdonald und Rebecca Lenihan, Paper Soldiers: the Life, Death and Reincarnation of Nineteenth-Century Military Files across the British Empire, in: Rethinking History. The Journal of Theory and Practice 22 (2018), H. 3, 375–402.

[88] So stellte die *Spezialfabrik für Militärformulare und -schreiben („Namensdruckerei für die deutsche Armee")* der Gebrüder Saupe in Straßburg nicht nur Vordrucke für Truppentagebücher gemäß den Bestimmungen von 1916 her, sondern auch Kriegs-Taschen-Stammrollen sowie Sold- und Schießbücher für Soldaten.

ähnlich den deutschen Kriegsmerkheften und -kalendern vertrieben;[89] weitere Kriegsschreibprodukte des Sortiments verschiedener nationaler Schreibwarenunternehmen waren etwa Briefpapiere für die Grande Armée in Frankreich, ein von der Firma Onoto erfundener Füller für britische Soldaten, und schließlich für die Schützengräben des Ersten Weltkriegs entwickelte „Trench Pens" der US-amerikanischen Firma Parker, die winzige Tintentabletten enthielten, die im Schützengraben mit Wasser gefüllt werden konnten.[90]

Dass die neuen Schreibwaren ihren Weg in die Schützengräben fanden, mochte auch der Einberufung zahlreicher Männer geschuldet sein, die vor dem Krieg im kaufmännischen oder buchhändlerischen Bereich tätig waren und dort über Branchenblätter wie die *Papier-Zeitung* auf neue Produkte aufmerksam wurden.[91] Auch im *Militär-Wochenblatt*, der führenden preußischen Militärzeitschrift, wurden verschiedene Innovationen vorgestellt: Der Füller der Firma KAWECO, der bereits vor dem Krieg mit dem Slogan „In jeder Lage zu tragen" beworben wurde, erschien ab Oktober 1914 in einer speziellen Feldedition „in besonders dauerhafter Feldpackung" und wurde schließlich mit dem Goldenen Preis auf der Bugra Leipzig im Jahr 1914 ausgezeichnet (Abb. 5). Die Feld-Patrouillen- u. Signallampe mit Schreibeinrichtung der Stettiner Firma Sendler & Co sollte das Schreiben im Dunkeln ermöglichen, ohne dass der Lichtschein vom Feind wahrgenommen werden könnte (Abb. 6).[92]

Bei dem *Kriegs-Merkbuch für Militär und Civil* handelt es sich um ein bereits kurz nach Kriegsbeginn hergestelltes Papierprodukt.[93] Die Bezeichnung ‚Merkbuch' ist gleichwohl nicht neu, sondern in eine Begriffs- und Verwendungsgeschichte eingeschrieben: In der zweiten Hälfte des 18. Jahrhunderts wurde damit ein Schreibtäfelchen bezeichnet, ein „Souvenir-Merkbuch", das am Körper getragen

---

[89] In Archivbeständen finden sich spezifische Kriegskalender der französischen und österreichisch-ungarischen Armee in deutscher und polnischer Sprache, die als Kriegstagebücher verwendet wurden.
[90] Vgl. Eric Le Collen, Feder, Tinte und Papier. Die Geschichte schönen Schreibgeräts, Hildesheim 1999, 26–27, 111, 107.
[91] Dies lässt sich anhand folgender Protagonisten dieser Studie, die kriegsspezifische Schreibwaren nutzen, bestätigen: Carl Bayer (Kaufmann), Carl-Emil Werner (Kaufmann), Josef Nüthen (Buchhändler).
[92] Beide Produkte werden in zahlreichen Ausgaben des *Militär-Wochenblatts* in den Jahren 1914 und 1915 beworben.
[93] Kriegs-Merkbuch für Militär und Civil, mit Feldpost-Bestimmungen, Karten von den Kriegsschauplätzen, usw., o. A. 1914.

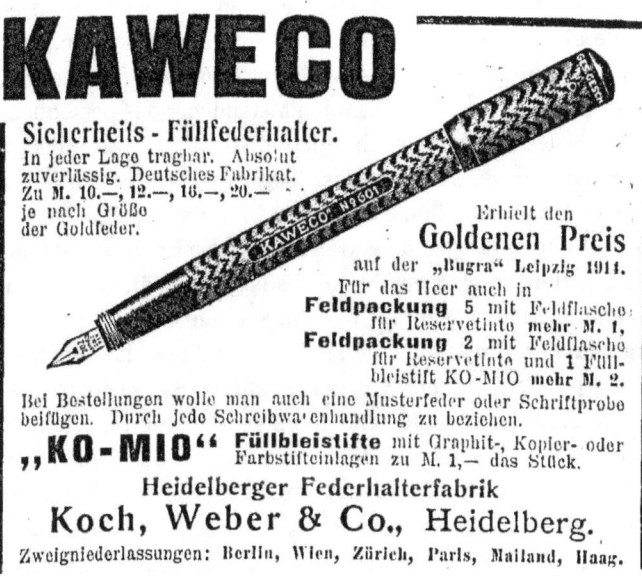

Abb. 5: Anzeige für Kaweco-Füller im *Militär-Wochenblatt*.

Abb. 6: Anzeige für die mobile Lampe zum Schreiben im Dunkeln im *Militär-Wochenblatt*.

und überall mit Gedanken gefüllt werden konnte.[94] Bei den Merkbüchern, die an der Jahrhundertwende in preußischen Volksschulen zum Einsatz kamen, handelte es sich um selbst erstellte Lehrbücher, die als Gedächtnis- und Erinnerungsstütze dienen sollten.[95] Privilegieren die genannten Merkbücher das persönliche Notieren, so finden im Ersten Weltkrieg auch innerhalb der Armee als Merkbücher bezeichnete Produkte Verwendung wie das *Kriegsmerkbuch für den Personen- und Gepäckverkehr*, das die Funktion eines Nachschlagewerks erfüllt.[96]

Das vom Soldaten Wilhelm Eid genutzte *Kriegs-Merkbuch* ist ein Hybrid aus beiden Formen. Das rote Heft, verziert mit der Reichsflagge, enthält eine formularartige Titelseite, auf der Name, Wohnort und Angehörige eingetragen werden sollen. Ein vorgedruckter Hinweis an die Finder bittet diese, dass Buch an die entsprechende Adresse zu senden. Auf den nächsten Seiten folgen gedruckte Informationen, darunter das deutsche Militärgesetz, eine Übersicht zu unmittelbaren Vorgesetzten des Soldaten und im hinteren Einband ausklappbare Karten. Für diese Studie von besonderem Interesse ist die darauffolgende Doppelseite: Links befindet sich ein vorgedrucktes „Tagebuch", das beginnend mit dem 28. Juni 1914 (der Ermordung des österreichischen Thronfolgerpaars in Sarajewo) datierte Ereignisse der Kriegsanfangstage enthält: die Mobilmachungen, Kriegserklärungen und die ersten militärischen Erfolge der deutschen Armee. Darunter befindet sich der Hinweis „Fortsetzung handschriftlich einzutragen" (Abb. 7).[97] Das Papierprodukt wird zum Aktanten, der auffordert, die Geschichte des Kriegs im Geschehen fortzuschreiben und dem nachträglich verfassten Geschichtsbuch mit einer kontinuierlich zu vervollständigenden Tagebuch-Chronik zuvorkommt. Der Formular-Charakter bekräftigt, dass der Vordruck Schreib- und Denkarbeit ersparen möchte und somit eine besonders niedrige Zugangsschwelle zum Schreiben bietet.[98]

Anhand von Vordrucken wie Kriegsmerkheften mit integrierter, fortzuschreibender Kriegschronik kann ihre *agency* überprüft werden. Wilhelm Eid,

---

[94] Vgl. Günter Oesterle, Souvenir und Andenken, in: Der Souvenir. Erinnerung in Dingen von der Reliquie zum Andenken, hg. von Birgit Gablowski, dem Museum für Angewandte Kunst und dem Museum für Kommunikation Frankfurt, Köln 2006, 16–45, hier 34.
[95] Vgl. Emil Zeissig, Art. Tagebuch des Schülers, in: Enzyklopädisches Handbuch der Pädagogik, hg. von Wilhelm Rein, Langensalza 1899, 84–102, hier 86.
[96] Kriegsmerkbuch für den Personen- und Gepäckverkehr. Nur für den Dienstgebrauch, abgeschlossen am 1. Dezember 1915, Hannover 1915.
[97] Siehe Kriegs-Merkbuch für Militär und Civil, zugleich im Besitz von Wilhelm Eid, Tagebuch, BfZ N 17.9.
[98] Vgl. Max Helbig, Der Aufbau und die Gestaltung der Vordrucke, in: Bürger – Formulare – Behörde. Wissenschaftliche Arbeitstagung zum Kommunikationsmittel ‚Formular', hg. von Siegfried Grosse und Wolfgang Mentrup, Tübingen 1980, 44–75, hier 45.

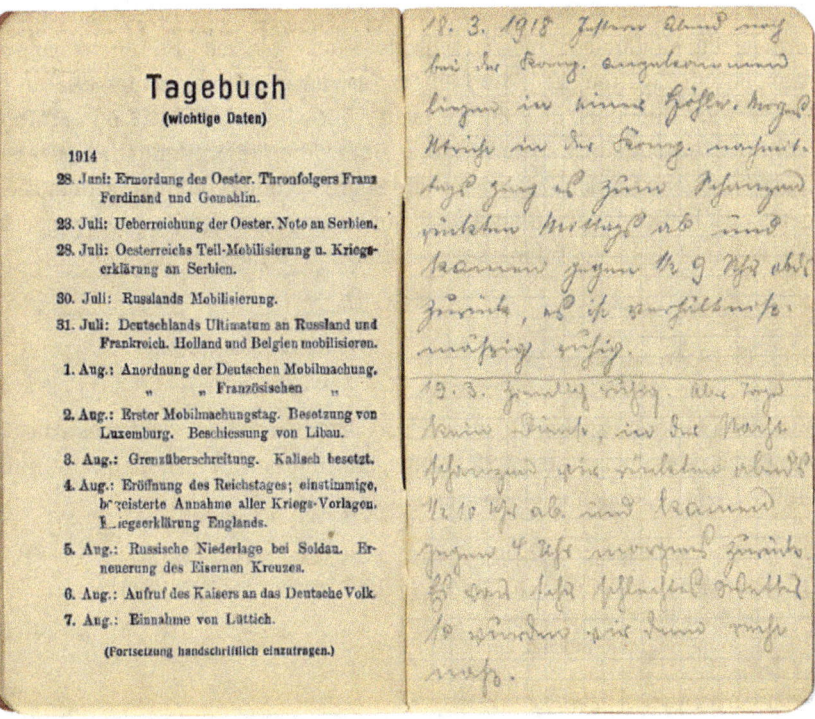

Abb. 7: Kriegs-Merkbuch aus dem Besitz von Wilhelm Eid.

der das wohl am frühesten gedruckte Kriegsmerkbuch verwendet, schreibt in dieses erst im Jahr 1918. Die Fortsetzung der Tagebuchchronik erfolgt mithin vier Jahre später und nicht im Sinne des Vordrucks. Entweder hat er diesen erst später erworben oder er hatte davor noch andere Hefte zu füllen (im Nachlass ist das Kriegs-Merkbuch das vierte Heft). Wahrscheinlich ist das Format ansprechend, die vorgenommene Formatierung des Schreibens hingegen nicht. In diesem Sinne gilt auch für diesen Vordruck: „Regeln und Praktiken sind weniger vorab da, als daß sie erst (und nur) in Verrichtungen mit dem Ding vorstellig werden. Man kann die Umstände des Dings diesem nicht ablesen, sie ergeben sich aus der Verwendung."[99]

Auf dem Schreibwarenmarkt war eine große Auswahl an Heften erhältlich, die häufig sehr bewusst von und für Tagebuchschreiber ausgewählt wurden. So kaufte Ida Dupertius ein „Kriegs-Notizbuch" der Geschäftsbücherfabrik Otto Enke aus

---

99 Hoffmann, Umgebungen, 105.

Cottbus mit vorgedruckten Angaben zur Feldpost, dem Militärgesetz sowie einer Liste mit der Militärhierarchie und schickte es dem Soldaten Otto Laukenmann zusammen mit Zigarren, Seife und einem Taschenspiegel im Januar 1915 an die Front.[100] Ida Dupertius, über die wir nicht mehr wissen, als dass sie in Stuttgart wohnte (Laukenmann notierte direkt über dem Paketinhalt ihre Adresse), hielt das eigens für den Krieg gefertigte Schreibprodukt offenbar für ein geeignetes Geschenk, vielleicht hatte Laukenmann in einem Brief auch darum gebeten. Ab Juni 1915 dient es ihm als Schreibträger für seine Tagebuchnotizen.

Schreibweisen der Mobilität

Mit einem kleinen Tagebuchheft im Gepäck begibt sich auch der bayerische Soldat Franz Hiendlmaier am 12. November 1914 in den Krieg an die Ostfront und eröffnet sein Tagebuch mit folgendem Eintrag:

> Abfahrt nach Rußland ca 400 Mann. 40 M < 9 K >[G K?]
> Ulm Donauwörth Nürnberg Hof Plauen Breslau
> Görlitz Lüblinitz Czenstochau
> 61. Stunden ununterbrochen im
> Eisenbahnwagen
> Fahrt höchst begeistert
> Wagen bemalen
> Liebesgaben
> Hübschen Mädels an Bahnhöfen
> Abschiedsszenen
> Gesang Hurrahrufe Heiserkeit
> Breslau kurzer Aufenthalt Brot und Wurst
> Begegnung mit ca 30 junger Dragoner die auf der Fahrt nach neuen Pferden sind eigene Pferde abgeschossen.[101] (Abb. 8)

Eine zweieinhalbtägige Fahrt in den Krieg wird kondensiert auf eine Topographie der durchfahrenen Orte und Eindrücke, die der Blick aus dem Zugfenster auf der langen Reise gewährt. Das Transportmedium Zug prägt die Wahrnehmung des Schreibers, dessen Notizen an Filmbilder erinnern.[102] Auch dies ist augenscheinlich ein Schreiben in Bewegung, das kleine Heft ist nicht nur transportabel,

---

100 Vgl. Laukenmann, Tagebuch, 12.01.1915.
101 Hiendlmaier, Tagebuch, 12.11.1914.
102 Diese Form der Wahrnehmung, die in Form kurzer Beobachtungen notiert wird, weist Parallelen zu den „Augenblicksbeobachtungen" in Kafkas Tagebüchern auf. Siehe dazu ausführlicher Silke Horstkotte, „Augenblicksbeobachtungen": Kurze Blicke in Kafkas Tagebüchern, in:

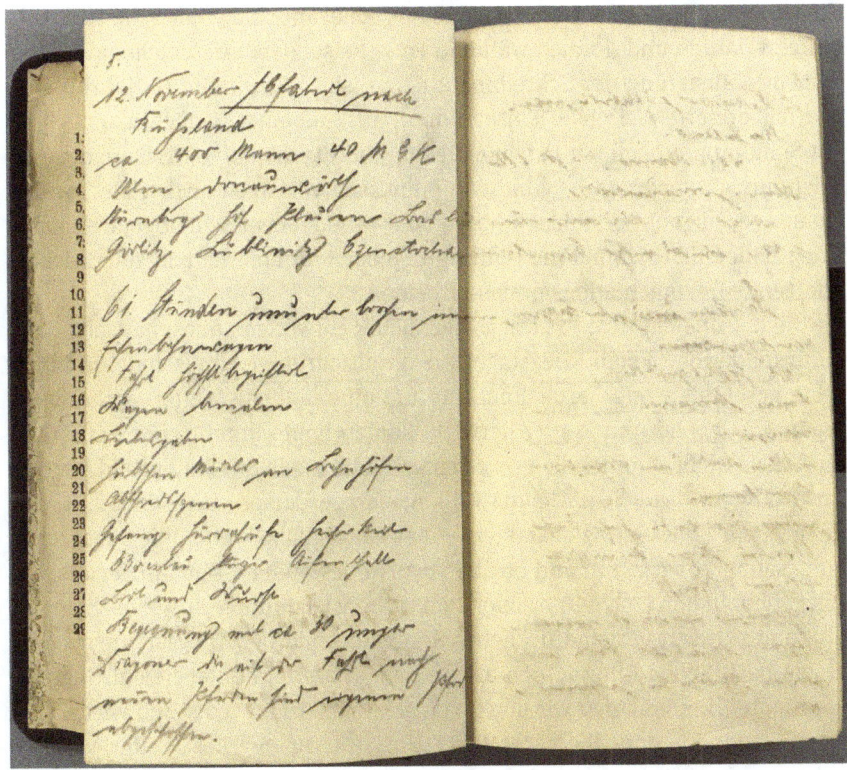

Abb. 8: 61 Stunden Zugfahrt im Tagebuch von Franz Hiendlmaier.

sondern auch portabel und erfüllt seinen Zweck, indem es an verschiedenen Stationen aus dem Tornister herausgeholt, aufgeschlagen und eine kurze Notiz in Art einer Vor-Ort-Mitschrift eingetragen wird. Auch Eugen Miller schreibt „im Eisenbahnzug" auf dem Weg an die Front und erklärt: „daher Schrift holperig".[103] Das Transportmittel schreibt sich in die Aufzeichnungen ein.

In beiden Einträgen tritt eine weitere mediale Genealogie des Kriegstagebuchs hervor: das Reisetage- oder Reisenotizbuch. Der Soldat reist in den Krieg, überwindet Distanzen und ist in Bewegung; seine Reise hält er in Aufzeichnungen fest. In dieser Studie interessieren weniger literarische Beschreibungsmuster des Kriegs als Reise, derer sich zahlreiche Texte bedienten, indem sie das

---

Kulturen des Kleinen. Mikroformate in Literatur, Kunst und Medien, hg. von Sabiene Autsch, Claudia Öhlschläger und Leonie Süwolto, Paderborn 2014, 145–163.
103 Miller, Tagebuch, 19.11.1914.

Kriegs- in ein Reiseerlebnis übersetzten.[104] Relevant sind jedoch die Aufzeichnungsverfahren und -formen während einer Reise, deren Geschichte auch eine der Portabilisierung der Schreibmaterialien ist.[105] Bereits im 18. Jahrhundert war das erklärte Ziel vieler Reiseautoren, anstelle einer Gedächtnismitschrift ein Simultanprotokoll vor Ort zu erstellen, das als die authentischere der Aufzeichnungsformen galt.[106] Ähnliche Prämissen verfolgen auch viele Tagebuchautoren, die mit portablem – körperlich verbundenem Schreibgerät – in den Krieg ziehen und sich mit der Gattung Tagebuch für eine zeitnah zum Erlebten erfolgende Dokumentationsform entscheiden.

Viele frühe Einträge der Kriegstagebücher entwerfen atmosphärische Stimmungsbilder der ersten Kriegstage: Die durchschrittene Landschaft wird bildreich geschildert oder gezeichnet und um eine tägliche Wetterbeschreibung ergänzt. „Gegend und Wetter herrlich, kamen heute durch schöne Ortschaften",[107] schreibt Otto Gehrke und zeichnet dadurch ein Stimmungsbild, das der Erwartung an das Kriegserlebnis vollkommen zu entsprechen scheint. In beinahe jedem Tageseintrag charakterisiert er das tägliche Wetter, die Skala reicht von „schön" über „gut" und „trübe" bis „unbeständig". Der Offizier Richard Piltz erlebt in den ersten Kriegsmonaten „schönste[s] ruhige[s] Mondscheinwetter" und skizziert ein eindrückliches Stimmungsbild der Kriegsanfangstage in einem nächtlichen Eintrag, den er in einem „Haferfeld unter freiem Himmel" verbringt: „Hier brachten wir horchend, schlummernd, wieder und wieder aufschreckend, frierend die Nacht bis 7 Uhr früh zu. Starkes Wetterleuchten, Scheinwerfer, Pferdewiehern im unbekannten Vorgelände. etc. –"[108]

Beschrieben wird eine eminent sinnliche Kriegserfahrung, bei der sich die Stimmung der Kriegsnacht in Geräuschen, visuellen Eindrücken und den gefühlten Temperaturen manifestiert. Das Stimmungsbild ähnelt Reiseberichten des 19. Jahrhunderts: Festgehalten werden nicht nur Sachinformationen, sondern die spezifischen, subjektiv-sinnlich wahrnehmbaren Eindrücke der Landschaft, die eine eigene Stimmungsästhetik zur Folge haben.[109] Bei einer späteren Relektüre,

---

104 Siehe dazu ausführlicher Charlotte Heymel, Touristen an der Front. Das Kriegserlebnis 1914–1918 als Reiseerfahrung in zeitgenössischen Reiseberichten, Berlin 2007.
105 Vgl. Andreas Hartmann, Reisen und Aufschreiben, in: Reisekultur. Von der Pilgerfahrt zum modernen Tourismus, hg. von Hermann Bausinger, Klaus Beyrer und Gottfried Korff, München 1991, 152–159, hier 152–158.
106 Vgl. Hartmann, Reisen und Aufschreiben, 153.
107 Otto Gehrke, Tagebuch, DTA 1871, 1, 04.09.1914.
108 Piltz, Tagebuch, 07.09.1914, 25.08.1914.
109 Vgl. ausführlicher zur Stimmungsästhetik des Reiseberichts insbesondere bei Alexander von Humboldt Friederike Reents, Stimmungsästhetik. Realisierungen in Literatur und Theorie vom 17. bis ins 21. Jahrhundert, Göttingen 2015, 70–71. Den Entwurf einer eigenen Stimmungs-

sei es durch den Tagebuchautor selbst oder andere Leser:innen, kann die Stimmung der nächtlichen Kriegsszenerie nachempfunden werden. Hans Künzl schafft mit seinem anlässlich des erwachenden Frühlings verfassten Eintrag ein eindrückliches Bild, das explizit auf den Begriff der Stimmung rekurriert: „Die Nacht ist ohne Störung verlaufen, Mondschein, prächtige Wolken. Der herrlichen, *stimmungsvollen* Nacht, ist ein prächtiger Morgen gefolgt. Blendendes Sonnenlicht mit dem Weiß der Schneemassen, eine *Lichtsymphonie* bildend."[110] Die Metapher der Lichtsymphonie reflektiert den vielschichtigen Stimmungsbegriff als solchen, der ursprünglich in musikalischen Zusammenhängen verwendet wurde.[111]

Jedoch lässt sich in den meisten Kriegstagebüchern schon nach wenigen Einträgen eine deutliche Diskrepanz zur Erlebniserwartung mit dem Ziel diese stimmungsästhetisch im Tagebuch festzuhalten hin zur Selbstorientierung bemerken. Wenden wir uns unter diesem Aspekt dem Kriegstagebuch des Unteroffiziers der Landwehr Otto Link zu:

> Montag 4. Januar Dort gewesen um 1 Uhr. Mittag Bertsch kommt auch. Abends 6 Uhr Weitermarsch nach Zollweiler. Von dort nach Uffholz. Halb nach 11 Uhr nachts Uffholz, um 12 Uhr muß Stellung der Franzosen gestürmt werden, fürchterlich! Ltnt Raschy Gefallen, Untffz Schilling der liebe Kerl gefallen oder gefangen? Sonst noch viele Leute tot. Zurück 5 Uhr früh.[112]

Anstelle von Stimmungen oder bildlichen Eindrücken vom Kriegsgeschehen werden Abläufe vermerkt: Link nennt akribisch genau die Stationen des Tagesmarsches sowie die Uhrzeiten, an denen sie durchschritten werden, wodurch der Eindruck einer Vor-Ort-Mitschrift entsteht, wie sie in den Bestimmungen zum Führen von Truppentagebüchern vorgegeben wurde. Von den schwierigen Orientierungsbedingungen im Kampf zeugt ein Eintrag des Leutnants Alfred Lamparter, dessen Datierung durchgestrichen wurde: „22. VIII 5^{30} Alarm Abmarsch nach Süden 7⁰ Abds, entwickelt südlich westlich Rachecourt. I. R. 127 vor uns Vorpostengefecht. W südlich von uns Artillerie, die Longwy beschießt."[113] Die zeitliche Einordnung des Eintrags sowie die Notation von Himmelsrichtungen

---

ästhetik des Kriegs untersucht Friederike Reents am Beispiel von Ernst Jüngers *In Stahlgewittern*, die bereits durch die Titelwahl eine Transposition des Stimmungskonzepts aus dem Bereich der Wetter- in den der Kriegsbeobachtung vornehmen. Vgl. Reents, Stimmungsästhetik, 353–363.

110 Künzl, Tagebuch, 18.03.1916 [meine Hervorhebung, M.C.].
111 Vgl. zu Herkunft und Bedeutungsspektrum des Stimmungsbegriffs ausführlicher Reents, Stimmungsästhetik, 9–16.
112 Otto Friedrich Leopold Link, Tagebuch, DTA 3033, 1, 04.01.1915.
113 Alfred Lamparter, Tagebuch, DTA 4031, 1, 22.08.1914.

anstelle von Ortsangaben verweisen auf den Versuch der Verortung und zeitlichen Orientierung im Feld.

Auf den Schlachtfeldern des Ersten Weltkriegs wurde die räumliche Orientierung über Kompasse und die zeitliche über die Abstimmung der Armbanduhren hergestellt. Notiert wurden diese Messangaben nicht nur in die Truppentagebücher. Sie erklären ebenso die zeitlich genau eingeordneten privaten Tagebucheinträge, die beim nachträglichen Lesen eine Verortung in Raum und Zeit ermöglichen sollen.[114] Auf die Bedeutung der Armbanduhr für die veränderte Zeitwahrnehmung des Kriegs hat man oft hingewiesen; ihre massenhafte Verbreitung wurde durch das militärische Zeitregime der Armeen vorangetrieben.[115] Daher ist ihr Erwerb auch eine Erwähnung im Tagebuch wert: So vermerkt Eugen Miller, dass er auf dem Weg in den Krieg am 6. August 1914 noch ein „Uhrband" gekauft habe, und verweist damit gerade auf deren nun portable Funktion. Am Kriegsende verschickt er ein „Wertpaket mit Uhr",[116] bevor er sich selbst auf den Nachhauseweg begibt.

Die Aufzeichnungen in den Kriegstagebüchern, die auf der Fahrt in den Krieg durchaus Anklänge an Reisetagebücher nahelegen, erinnern unter diesen technischen Bedingungen des mobilen Kriegs weniger an Reisemitschriften als vielmehr an Logbücher. Diese gehörten spätestens seit dem 17. Jahrhundert zum modernen Dokumentationssystem auf Schiffen und wurden von einem Offizier geführt, der die Position des Schiffs anhand von astronomischen Figurationen und Messsystemen vermerkte, um damit die Rekonstruktion der zurückgelegten Route auf dem Meer zu ermöglichen.[117] Die Notation von Orts- und Zeitangaben in Kriegstagebüchern stellt eine ähnliche Anstrengung dar, sich in einem schwer erfassbaren Raum-Zeit-Gefüge zu positionieren.

---

114 In diesem Sinne können Kriegstagebücher genau wie Korrespondenzen und Notizen als Zeitmedien begriffen werden, die einen Umgang mit der Orientierungslosigkeit im Schützengraben herstellen. Dazu ausführlicher Sabine Mischner, Tagebuchschreiben als Zeitpraxis. Kriegstagebücher im Ersten Weltkrieg, in: Traverse. Zeitschrift für Geschichte 23 (2016), H. 3, 77–90, hier 85.
115 Vgl. Stephen Kern, The Culture of Time and Space: 1880–1918 (1983), Cambridge und Massachusetts 2003, 288 sowie Matthias Rogg, Das Kommando der Uhr – gemessene Zeit und gefühlte Zeit im Ersten Weltkrieg. Erwartungen an einen schnellen Krieg, in: 14 Menschen Krieg. Essays zur Ausstellung zum Ersten Weltkrieg, hg. von Gerhard Bauer, Gorch Pieken und Matthias Rogg, Dresden 2014, 126–135.
116 Miller, Tagebuch, 06.08.1914, 08.10.1918.
117 Vgl. ausführlicher zur Funktion von Logbüchern Christian Borde und Eric Roulet, Introduction, in: Les Journaux de bord, XIVe–XXIe siècle, hg. von Christian Borde und Eric Roulet, Aachen 2015, VII–XVII.

Die vielfach in Kriegstagebücher gezeichneten Skizzen von Grabenanlagen und Fußpfaden sowie Krokis, „mehr kartenmäßige" Darstellungen, stellen Orientierungsversuche ähnlicher Art dar. Sie sind nicht primär eine „Erläuterung des Textes", die „eine umständliche Beschreibung ersetzen"[118] kann, wie es die Felddienstordnung von 1908 vorschreibt. Das Skizzieren der Umgebung genau wie das Festhalten von Zeit- und Ortsangaben müssen zunächst als Sicherung von Daten interpretiert werden, mittels derer Wissen im Entwurf entsteht, das in diesem Fall nicht selten überlebenswichtig ist. Schreiben und Zeichnen avancieren hier zu epistemischen Verfahren,[119] die durch die leichte Verfügbarkeit von Papier und Stift in der Situation besonders geeignet sind. So schreibt etwa Hans Künzl: „Ich notiere dies deshalb, um vielleicht später einmal Klarheit & Wahrheit zu schaffen."[120] Das Notieren oder Skizzieren der eigenen Position mittels „primärer[r] Daten" dient damit vorwiegend einer Stillstellung,[121] die jedoch durch den nächsten Angriff bereits obsolet wird und erneut erfolgen muss.

Die Selbstverdatung im Tagebuch mit dem Ziel der Selbstverortung in der Mobilität wird im Verlauf des Kriegs ausdifferenziert: Zusätzlich zu Orts- und Zeitangaben im Feld notieren einige Soldaten und Offiziere regelmäßig Wetterangaben, wie es die Bestimmungen zum Führen von Truppentagebüchern vorgeben. Dies stellt jedoch gleichermaßen eine Praxis dar, die in schulischen Kontexten zur Naturbeobachtung vermittelt wurde und vielen Männern bekannt gewesen sein dürfte. Dieses Verfahren dient im zunehmenden Verlaufe des Kriegs seltener dem Festhalten einer bestimmten Stimmung, sondern vor allem der Anpassung an den Krieg. Eindrücklich belegen dies die Tagebuchaufzeichnungen von Richard Piltz, dessen Wetterangaben sich im zwölften Wachstuchheft verändern: Direkt unter Datums- und Ortsangabe notiert er die Tagestemperatur als Zahlenangabe, im vorhergehenden Eintrag hatte er präzisiert, dass „[v]on hier an aufgeführte Wärmegrade [...] meist etwa 7°–8° morgens gemessen [sind]". Aus dem Eintrag vom 4. November 1915 tritt ganz der an den Krieg angepasste Offizier hervor:

Donnerstag, 4/11.15 Poelcappelle
+10 °C – vormittags im Schützengraben bei dem jetzt üblichen Regen. Auffallend ist gegenüber Mitteldeutschland, daß ein großer Teil der Regengüsse bei Nord-Ost (Nordsee!) erfolgt. Alle Wasserläufe nehmen ungeahnte Abmessungen an. War in großer Besorgnis,

---

118 Die neue Felddienst-Ordnung, 25.
119 Vgl. Christoph Hoffmann, Festhalten, Bereitstellen. Verfahren der Aufzeichnung, in: Daten sichern. Schreiben und Zeichnen als Verfahren der Aufzeichnung, hg. von Christoph Hoffmann, Zürich und Berlin 2008, 7–20, hier 7.
120 Künzl, Tagebuch, 31.08.1915.
121 Siehe zu diesem Verfahren Hoffmann, Festhalten, Bereitstellen, 18–19.

daß ein Teil der Brustwehr des vordersten Schützengrabens durch einen vor der Front sich stauenden Bach weggespült würde. In der sehr herbeigesehnten Nacht wurde dem Übelstande durch Bau eines neuen, wesentlich größeren Wasserdurchlasses abgeholfen.[122]

Die Beschreibung entspricht kaum noch einem Stimmungsbild, das die Anschaulichkeit eines Tageseintrags erhöhen könnte. Vielmehr ist ihm an der Exaktheit der Aufzeichnung der Daten gelegen, die als Grundlage für die Verbesserung des Lebens im Schützengraben dienen. Bis zu seinem Tod notiert Richard Piltz von da an täglich die Außentemperatur, nur manchmal ergänzt um eine Beschreibung des Niederschlags; wenn die Zeit der Temperaturablesung eine andere ist, wird dies angegeben.[123] Piltz, der vor dem Krieg Ingenieurswissenschaften studiert hatte, erweist sich somit als Naturbeobachter, der die ‚Kriegsnatur' in gängigen Werten misst und eine zur Jahrhundertwende verbreitete Praxis ins Militärische übernimmt.[124] Die Messangaben werden im Laufe des Kriegs noch ausdifferenziert, sodass er schließlich sogar die Regenmenge pro Quadratmeter angibt.[125] Auch dieses Aufzeichnen primärer Daten dient der Situierung des Subjekts im mobilen und unübersichtlichen Krieg.

Die genaue zeitliche und wenn möglich räumliche Einordnung der Einträge in die Tagebuchhefte spricht für den Versuch eines simultanen Schreibens in bewegten Zeiten. Um Simultaneität zu erreichen, werden Schreibpraktiken der Kürze verwendet:[126] Die Abkürzungen der Dienstgrade sparen Zeit, Emotionen werden in einem Adjektiv zusammengefasst. Die mobile Schreibszene begünstigt die „kleine, kurze, ungebundene und offene Form",[127] etwa das Fragment, die Skizze oder das Stichwort. Zur paradigmatischen Schreibpraxis der Mobilität, die den Medienökonomien der kleinen Hefte gerecht wird, avanciert die Stenographie, die oft in Reisemitschriften verwendet wird.[128] Manche Soldaten bedienen

---

122 Piltz, Tagebuch, 03.–04.11.1915.
123 Vgl. Piltz, Tagebuch, 16.08.1918.
124 Damit wird nun auch das Naturtagebuch, in welches Wetterbeobachtungen, Jahreszeiten und allgemeinere Naturbeobachtungen verzeichnet werden, als mediale Genealogie des Kriegstagebuchs ersichtlich. Naturtagebücher wurden im 19. Jahrhundert stark weiterentwickelt. Siehe dazu Mary Ellen Bellanca, Daybooks of Discovery. Nature Diaries in Britain 1770–1870, Charlottesville und London 2007, 3–4, 234.
125 Vgl. Piltz, Tagebuch, 17.08.1916.
126 Vgl. zum Nexus von Kürzenotaten und simultaner Wahrnehmung im Reisebericht Hartmann, Reisen und Aufschreiben, 156.
127 Thiele und Stingelin, Portable Media, 17.
128 Vgl. Hartmann, Reisen und Aufschreiben, 156. Bereits im 17. Jahrhundert diskutierten einige Reiseautoren die Entwicklung einer Geschwindschreibekunst (Tachygraphy), die beim mobilen Reisen zum Einsatz kommen sollte.

sich ihr, wenn wenig Zeit ist,[129] andere um etwas verschlüsselt auszudrücken, wieder andere führen ihre kompletten Kriegstagebücher in Stenographie.

Es ist nicht auszuschließen, dass dies auch eine Idiosynkrasie einzelner Autoren ist, die Stenographie schon im Zivilen genutzt haben.[130] In den Jahren vor dem Weltkrieg wurde im Kaiserreich und in Österreich-Ungarn die Einführung der Stenographie vorgeschlagen und in einigen Berufen gehörte sie zur alltäglichen Tätigkeit,[131] auf die im Krieg – in einer neuen Lebenssituation und unter veränderten Schreibbedingungen – zurückgegriffen werden konnte. Im Feld kommt Stenographie auch beim Verfassen der Truppentagebücher zum Einsatz, wo sie der Protokollierung von Gesprächen dient und damit eine Funktion übernimmt, die sie auch in zivilen Kontexten, beispielsweise bei der Aufzeichnung von Reden in Parlamenten oder bei Diktaten von Briefen an Sekretäre zu erfüllen hat. Ihr Einsatz als Schreibform, die Mobilität und Medienökonomie des Kleinen verbindet, ist mithin eine paradigmatische Umwertung ziviler Schreibtechniken für das Militärische, bei der die Stenographie zur Schreibgeste[132] des Kriegstagebuchs avanciert. In Kurzschrift verfasste Tagebücher problematisieren zudem die Tagebuchform: Während eine stenographierte Simultanmitschrift der Idee des Tagebuchs als alles aufzeichnendem Protokoll entspricht, stehen Stichwörter und Fragmente für die praktische Umsetzung des Tagebuchs als kleiner Form.[133]

Für die Einträge der Kriegstagebücher gilt wie für andere kurze Formen, dass sie sich „in eine überwältigende und vereinnahmende moderne Wirklich-

---

129 Etwa bei Hiendlmaier, Tagebuch.
130 Auch Erich Mayr ist als k. u. k. Rechnungspraktikant bei der Finanz-Landes-Direktion in Innsbruck wahrscheinlich gut mit der Kurzschrift vertraut. Das Tagebuch der Kriegsanfangszeit wird bereits seit 1913 in Kurzschrift geführt. Siehe Erich Mayr, „Der Krieg kennt kein Erbarmen". Die Tagebücher des Kaiserschützen Erich Mayr (1913–1920), hg. von Isabelle Brandauer, Innsbruck 2013.
131 Die Gabelsberger Kurzschrift von 1834 war sowohl in Deutschland als auch in Österreich weit verbreitet; in einigen Ländern (Österreich, Bayern, Sachsen) war sie Lehrgegenstand in höheren Schulen. Der 1868 gegründete *Gabelsberger Stenographenbund*, zahlreiche Vereine verschiedener Stenographenschulen und der Einsatz von Stenographie in Reichs- und Landtagen zeugen von deren Popularität. Vgl. Hermann Weinberg, Kurzgefaßte Geschichte der Stenographie, Düsseldorf 1892, 24–47.
132 Die Gabelsberger Kurzschrift gilt als „der natürlichen Bewegung der Hand angemessen" und insofern als eine besonders körpernahe Schreibform. Vgl. Weinberg, Kurzgefaßte Geschichte der Stenographie, 31.
133 Insofern eröffnen die stenographierten Kriegstagebücher einen beispielhaften Umgang mit knappen Zeit- und Aufmerksamkeitsressourcen und führen die Verkleinerung der Form vor. Siehe dazu auch Maren Jäger, Ethel Matala de Mazza und Joseph Vogl, Einleitung, in: Verkleinerung. Epistemologie und Literaturgeschichte kleiner Formen, hg. von Maren Jäger, Ethel Matala de Mazza und Joseph Vogl, Berlin 2021, 1–12.

keit ein[passen], indem sie ganz pragmatisch vermitteln: Orientierung schaffen, Kontingenz bewältigen, Beschleunigung navigierbar machen"[134] – und nicht selten daran scheitern. Immer wieder wurde das Tagebuch als die der Wahrnehmung der Moderne angemessene literarische Form beschrieben, in der „das Vorläufige und Unabgeschlossene, die Raschheit und Bedrohlichkeit punktueller Wirklichkeitserfassung ein sozusagen literarisches Äquivalent erhalten"[135] haben. Dabei steht das Verhältnis von Schreibweise und Gegenwart zur Disposition: Sucht sich die Schreibweise der Gegenwart ein bestimmtes Format oder bedingt das Format die Schreibweise der Gegenwart?[136] Wenn die Spezifik des Kriegstagebuchschreibens im Ersten Weltkrieg insbesondere durch die Wahl kleiner Tagebuchträger bestimmt ist, muss deren Einfluss auf die Schreibweise genauer bestimmt, die Relation von Kleinheit und Kürze in den Blick genommen werden.

Kaum lesbar sind etwa die Tagebücher des Hauptmanns Otto Fauser, in die er mit Bleistift knappe Einträge und Notizen vermerkt.[137] Die Verwendung von Abkürzungen, elliptischen Sätzen und Stichworten kann als Reaktion auf das Schreiben unter Zeitdruck interpretiert werden. Sie zeugt außerdem von dem Versuch, den vorhandenen knappen Schreibplatz so effizient wie möglich zu nutzen und ist daher weniger eine ästhetische als vielmehr eine (medien-)ökonomische Entscheidung. Genau wie Friedrich Kittler den Telegrammstil als einen primär medientechnisch bedingten und erst sekundär ästhetischen Schreibstil beschrieben hat,[138] ist auch in vielen Kriegstagebüchern in erster Linie die Ökonomie stilprägend: Die kleinen Hefte haben nur begrenzt Platz und wenn sie gefüllt sind, ist womöglich nicht so schnell ein neues Heft zur Hand.

Die medienökonomischen Zwänge in Zeiten von kriegsgenutzten *portable media* werden besonders dann deutlich, wenn kein neues Tagebuch vorhanden ist und mit dem noch vorhandenen Platz umgegangen werden muss. Franz Hiendlmaier lässt zu Beginn des Tagebuchs die rechte Seite unbeschrieben und

---

[134] Michael Gamper und Ruth Mayer, Erzählen, Wissen und kleine Formen. Eine Einleitung, in: Kurz & Knapp. Zur Mediengeschichte kleiner Formen vom 17. Jahrhundert bis zur Gegenwart, hg. von Michael Gamper und Ruth Mayer, Bielefeld 2017, 7–22, hier 14–15.
[135] Ralph-Rainer Wuthenow, Europäische Tagebücher. Eigenart, Formen, Entwicklung, Darmstadt 1990, 15.
[136] Vgl. Interview mit Ethel Matala de Mazza, in: microform. Der Podcast des Graduiertenkollegs Literatur- und Wissensgeschichte kleiner Formen. www.kleine-formen.de/interview-mit-ethel-matala-de-mazza. Berlin 2018 [01.11.2021], 26:30.
[137] Siehe Otto Fauser, Tagebuch, BfZ N 15.9.
[138] Vgl. Friedrich A. Kittler, Im Telegrammstil, in: Stil. Geschichten und Funktionen eines kulturwissenschaftlichen Diskurselements, hg. von Hans Ulrich Gumbrecht und K. Ludwig Pfeiffer, Frankfurt am Main 1986, 358–370, hier 365.

fügt auf dieser später Skizzen von Landschaft und Architektur ein. Nach einigen Seiten verzichtet er jedoch auf die Skizzen und verwendet den gesamten Platz für seine Tagebuchaufzeichnungen, die offensichtlich Vorrang haben.[139] Leutnant von Trommershausen füllt sein Tagebuch, das er nur auf der rechten Heftseite beschrieben hatte, nun auch umgedreht vom Ende her und nutzt den vorhandenen Platz damit optimal aus. Auf der letzten Seite erstellt er eine Schriftbilanz, in der er ausrechnet, wie viel Platz er für zukünftige Einträge bei dem noch vorhandenen Platz hat (Abb. 9).[140] Je mehr ein Heft vorformatiert ist, umso mehr wird auch ein kurzes Schreiben eingefordert: Dies wird etwa im Tagebuch des Buchhändlers Josef Nüthen ersichtlich, das in einen Taschen-Notiz-Kalender geschrieben wird. Die Schreibfelder sind von einem Rahmen umgeben, den der Schreiber nicht übertritt.[141] Das Tagebuch als kleine Form steht hier bildlich vor Augen, zudem rückt der Aspekt einer Selbstbeschränkung des Schreibens in den Fokus (Abb. 10).[142]

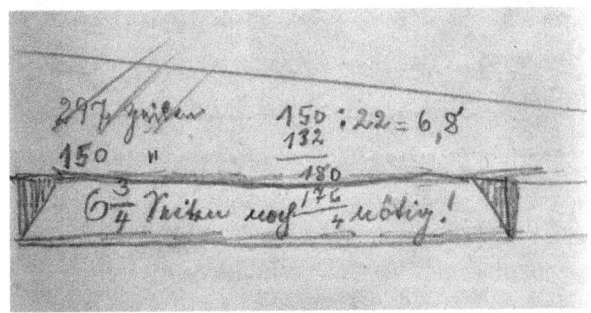

Abb. 9: Schriftbilanz im Tagebuch von Hauptmann Trommershausen.

Tagebuchautor Carl Bayer geht ähnlich vor: In seinem in einen Kriegskalender verfassten Tagebuch nutzt er exakt den vorgegebenen Platz, um das tägliche Geschehen zu notieren. Einige Seiten weiter stößt man auf ein von ihm zusätzlich angelegtes Tagebuch mit ausführlicheren Notizen, das er auf unbedruckten Kalenderseiten führt. Wahrscheinlich ist eine Zweiteilung des Schreibens: Zu-

---

139 Siehe Hiendlmaier, Tagebuch.
140 Vgl. Trommershausen, Tagebuch, GhSt PK IV. HA, Rep. 13, Nr. 190.
141 Vgl. Josef Nüthen, Tagebuch, DTA 991, II, 1.
142 Siehe zur freiwilligen Selbstbeschränkung eines Tagebuchautors auf die kleine Form auch Claudia Öhlschläger, Roland Barthes' *Tagebuch der Trauer* als kleine Form, in: Comparatio. Zeitschrift für Vergleichende Literaturwissenschaft 8 (2016), H. 2, 305–319.

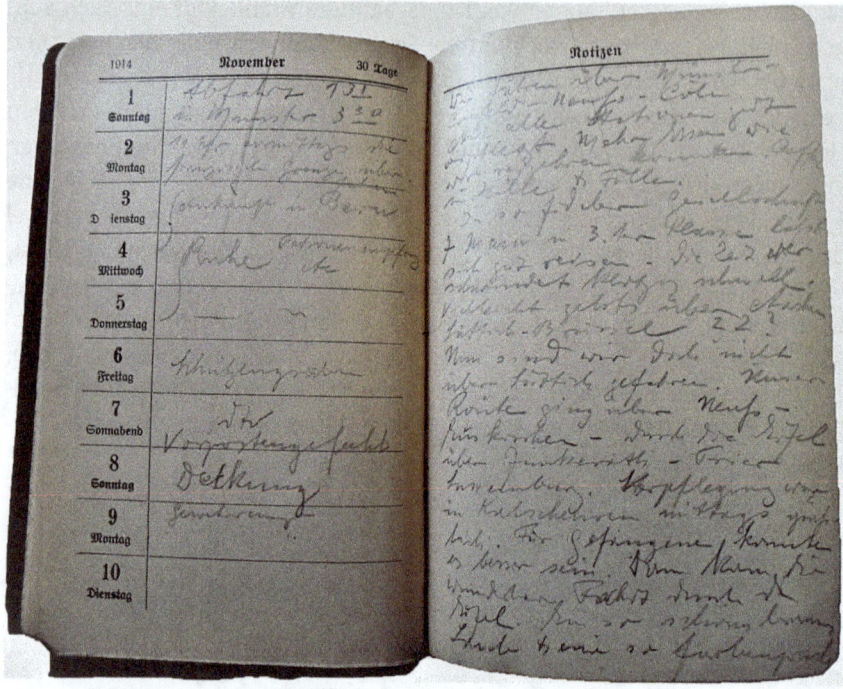

Abb. 10: Selbstbeschränkung des Schreibens im Tagebuch von Josef Nüthen.

erst erfolgte die kurze Kalendernotiz, später eine ausführlichere Beschreibung des Tagesgeschehens. Insofern erweist sich die kleine Notiz als Schreibform der Mobilität, die nach Ergänzung und Vervollständigung in ruhigeren Zeiten verlangt. Bestätigt wird dieses doppelte Tagebuchschreiben durch den gesamten Kriegsnachlass von Richard Piltz, dessen plötzlicher Tod es ermöglicht, verschiedene Schritte seines Tagebuchschreibens zu rekonstruieren. Zusätzlich zu einem Stapel Wachstuchhefte hinterließ er vier doppelt beschriebene lose Blätter, die Stichworte für die Septembertage im Jahr 1916 enthalten und deren Reinschrift er nicht mehr anfertigen konnte.[143] Das Nebeneinander von Notiz und ausformulierten Einträgen erklärt das recht sorgsam geführte Tagebuch, das demnach in ruhigen Situationen als Abschrift und Ausformulierung der Stichworte entstand.

Betrachtet man nach den eben dargelegten Überlegungen erneut das Tagebuch von Franz Hiendlmaier, dessen erster Eintrag die 61-stündige Zugfahrt an

---

143 Vgl. Piltz, Tagebuch.

die Front auf eine Topographie der durchreisten Orte und eine Auflistung verschiedener Eindrücke vom Krieg verkürzt und kondensiert hatte, wird ersichtlich, dass der Eintrag wahrscheinlich retrospektiv verfasst wurde. Dass trotzdem nur wenige Stichworte notiert wurden, kann auch auf wenig Zeit, mindestens ebenso jedoch auf den beschränkten Platz des kleinen Hefts zurückgeführt werden. Insofern ist die „feldmäßige[ ] Kürze"[144] vieler Kriegstagebücher ein Resultat aus mobilen Schreibsituationen, fragmentierter Wahrnehmung *und* den Medienökonomien kleiner Hefte.[145]

Die These, dass Kriegstagebücher von Soldaten zwar portable Dokumente sind, die man jederzeit aus der Tasche nehmen kann, ihr Schreiben aber meist in einer ruhigen Situation stattfindet, bestätigen die Schreibszenen einiger Autoren, die beständig auf der Suche nach einem Tischäquivalent sind. „Abends schreibe ich noch am selbstgezimmerten Tischchen",[146] notiert Eugen Miller in sein Tagebuch, sichtlich stolz auf die improvisierte Unterlage. „Jäger u ich schreiben unsere Tagebücher. Zu diesem Zweck haben wir uns platt auf den Boden gelegt nur die Erde als Schreibtische genommen", notiert Wilhelm Schwalbe; mit den Worten „Wenn ich mich umdrehe (Ich liege beim Schreiben mit dem Kopfe bergan), so sehe ich in ein weites tiefes Tal, zum Teil mit Hochwald u Buschwald bestanden"[147] verortet er sich selbst in der Kriegslandschaft. Dabei gleicht seine Beschreibung der Vorwegnahme einer Fotografie aus der Vogelperspektive. Anders als es die Titelwahl ‚Kriegserlebnisse' und die Portabilität des Formats nahelegen würden, werden die Tagebücher meist dann geschrieben, wenn Zeit ist und wenige Bewegungen stattfinden. Ist kein Tisch vorhanden, so wird improvisiert:

---

144 Tagebuchautor Rudolf Mayer zit. n. Isabelle Brandauer, Die Kriegstagebücher der Brüder Erich und Rudolf Mayr. Kriegserfahrungen an der Südwestfront im Vergleich, in: Jenseits des Schützengrabens. Der Erste Weltkrieg im Osten: Erfahrung – Wahrnehmung – Kontext, hg. von Bernhard Bachinger und Wolfgang Dornik, Innsbruck 2013, 243–265, hier 256.
145 Vgl. zum Zusammenhang von lakonischer Kürze und Medienökonomien des Tagebuchschreibens auch Alf Lüdtke, Writing Time – Using Space: the Notebook of a Worker at Krupp's Steel Mill and Manufacturing – an Example from the 1920s, in: Historical Social Research 38 (2013), H. 3, 216–228, hier 221. Aus der Perspektive der Quellenkritik wurden Kriegstagebücher wesentlich über die Dimension des Verkürzens definiert: Verkürzen würden sie durch die je beschränkte Sicht des Individuums, die Übersetzung in Schriftsprache, die knappe Zeit und den beschränkten Schreibraum. Vgl. Fritz Fellner, Der Krieg in Tagebüchern und Briefen. Überlegungen zu einer wenig genutzten Quellenart, in: Österreich und der Große Krieg 1914–1918. Die andere Seite der Geschichte, hg. von Klaus Amann und Hubert Lengauer, Wien 1989, 205–213, hier 207.
146 Miller, Tagebuch, 14.03.1916.
147 Wilhelm Schwalbe, Tagebuch, DTA 1386, 1, 28.08.1914, 13.09.1914.

„Stehe momentan am Weidenbaum und schreibe meinen Tagesbericht",[148] beschreibt Otto Gehrke so eine ruhige Schreibszene, die Zeit zum Sortieren lässt.[149]

Im Jahr 1918 erklärte die Zeitschrift *Photographie für alle* das Schreiben bei Kerzenlicht zur paradigmatischen Schreibszene der Weltkriegstagebücher: „[B]eim Taschenlämpchen oder Kerzenstumpf" werden „eilig gekritzelte[ ] Sätze"[150] in nervenaufreibenden Kriegssituationen notiert, die gleichwohl dokumentiert werden müssen. Die Bedingungen des Kriegs bringen somit eine eigene Schreibweise der Kürze hervor, kurz nach Ende des Kampfs und doch nah am Geschehen. Realistischer ist eine Schreibszene im Tagebuch des Leutnants von Trommershausen, deren Genese sich anhand von Schreibspuren rekonstruieren lässt: Auf einer Seite befinden sich die Einträge vom 9. bis zum 12. August, jedoch nicht chronologisch geordnet, was auf ein retrospektives Verfassen hindeutet. Pfeile, Hinweise auf Lesespuren oder ein sortierendes Schreiben, bringen die Einträge wieder in den tatsächlichen zeitlichen Ablauf (Abb. 11). Obgleich er nicht in der Mobilität, sondern in einer ruhigen nachträglichen Situation schrieb, haben die Einträge doch denselben Zweck und begegnen denselben Schwierigkeiten: Sie versuchen Orientierung über das unübersichtliche Erlebte zu schaffen.

Kriegstagebücher als pragmatisches Vademecum

Kaum ein Soldatenkriegstagebuch beginnt mit einer Formulierung, warum Tagebuch geschrieben werden soll. Zeugt dies von einer oft eher geringen Schreibreflexivität der Autoren genau wie der Selbstverständlichkeit mit einem Tagebuch in den Krieg zu ziehen, so kann es jedoch in erster Linie als Indiz der Pragmatik des (Tagebuch-)Schreibens interpretiert werden. Letztere wird besonders im hybriden Charakter vieler Kriegstagebücher ersichtlich: Als Vademecum nehmen die Tagebücher nicht nur tägliche Aufzeichnungen in Schriftform auf; hinzu kommen Skizzen der Umgebung und diverse Papiermaterialien, die in Sammeltaschen am Heftende akkumuliert werden. Vor allem jedoch enthalten die Tagebücher allerlei Notizen: Listen mit erhaltener und versandter Feldpost, Ausgaben, Adressen, Geburtstage, erweiterbare Vokabellisten, welche die Kommunikation mit Soldaten anderer Nationen erleichtern mögen, und Inventarlisten über das Hab und Gut im mobilen Reisegerät. Man könnte daher die hybride Bezeichnung

---

148 Gehrke, Tagebuch, 04.12.1914.
149 Insofern ist das Aufzeichnen immer noch an eine feste Schreibgrundlage gebunden. Auch die *Papier-Zeitung* verweist im Jahr 1906 noch dezidiert auf die Notwendigkeit einer Schreibfläche zum Gebrauch von Notizheften. Siehe Hoffmann, Umgebungen, 106.
150 E. H., Kriegstagebücher, in: Photographie für alle 7 (1918), H. 15/16, 131–134, hier 132.

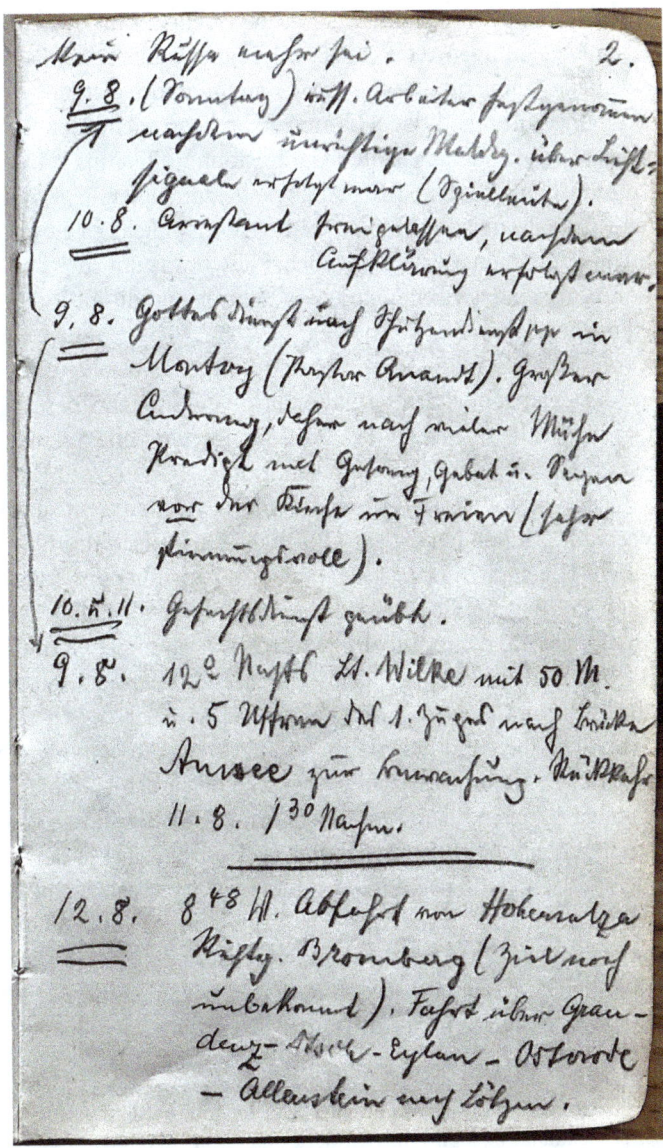

Abb. 11: Schreibspuren der Relektüre im Tagebuch von Hauptmann Trommershausen.

"Notiztagebücher" verwenden, derer sich die historische Quellenkritik bedient: Über alle Erlebnisse und Begegnungen „von außen" wird Buch geführt und diese werden „mehr oder weniger kommentarlos aneinandergereiht und registriert".[151] Zwar ist diese Beschreibung zutreffend, jedoch ermöglicht sie es nicht, den Gebrauch und Ort der Kriegstagebücher zu bestimmen. Christoph Hoffmanns Plädoyer für eine analog zur Quellenkritik und Textphilologie vorzunehmende „Kritik der Dinge"[152] erscheint deshalb umso wichtiger, denn sie ermöglicht es zu fragen, ob eine wesentliche Funktion der Kriegstagebücher als „etwas um zu"[153] beschrieben werden kann: als eine Zwischenstufe des Schreibens, die hilft den Alltag im Krieg zu überstehen.

Die Verbindung von Portabilität und Pragmatik wird nirgendwo so deutlich wie an den in einigen Kriegstagebüchern enthaltenen Inventarlisten über die Inhalte von Wäschesack, Tornister und Beutel. Auf den letzten Seiten seines ersten Wachstuchhefts notiert Richard Piltz in Listenform die Orte seines Hab und Guts: Im Wäschesack befindet sich – unscheinbar zwischen Seife und Schokolade – der Vermerk „Notizbuch".[154] Er gibt nicht nur Aufschluss über den Transport desselben – eben im Wäschesack – sondern auch über das Tagebuch-/Notizheft als Register der mobilen Verwaltung. Da die Kriegstagebücher in anderen Inventarlisten gerade nicht aufgeführt werden,[155] lässt sich vermuten, dass das Objekt, anhand dessen man seinen Besitz verzeichnet, selbst nicht zu den verzeichenswerten Objekten gehört.

Die Verzahnung von Schreiben und pragmatischer Kriegsverwaltung in *portable media* wird darüber hinaus in der Überlagerung verschiedener Schreibschichten im Heft deutlich: Einige Soldaten füllen ihre Tagebuchhefte von Beginn an mit täglichen Einträgen, umgedreht vom Buchrücken her als Notizheft, bei anderen stehen zu Beginn einige Notizen, dann beginnt das Kriegstagebuch. Das Tagebuch ermöglicht damit das Nebeneinander verschiedener Schreibformen und -zeiten und es wird zum stabilen Träger für hybride Notate in Zeiten der Mobilität. Dies offenbart besonders deutlich der Umgang mit den in den Tagebucheinträgen beständig erwähnten versendeten und erhaltenen Feldpostkarten, die in systemati-

---

151 Eckart Henning, Selbstzeugnisse, in: Die archivalischen Quellen. Mit einer Einführung in die Historischen Hilfswissenschaften, hg. von Friedrich Beck und Eckart Henning, 4. Aufl., Köln 2004, 119–127, hier 119–120. Vgl. zur Nähe von Tage- und Notizbuch auch Marcel Atze, „Sieht aus wie ein Lebenswerk". Vorhang auf für Notizen und Notizbücher, in: „Gedanken reisen, Einfälle kommen an". Die Welt der Notiz, hg. von Marcel Atze und Volker Kaukoreit, Wien 2017, 13–48, hier 30–37.
152 Hoffmann, Umgebungen, 92.
153 Hoffmann, Umgebungen, 89.
154 Siehe Piltz, Tagebuch.
155 Vgl. Bing, Tagebuch, Heft 1.

scher Form in Listen verwaltet werden und Orientierung schaffen sollen.[156] Von der Überlagerung verschiedener Schreibschichten im Tagebuch zeugt wie kein anderes der Einstieg bei Fritz Wendel: In dem im Juli 1916 begonnenen Heft hat er auf ganzen neun Doppelseiten eine tabellarische Übersicht aller Regimentsmitglieder angelegt, die von den militärischen Bestimmungen zum Führen von Truppentagebüchern aus dem Jahr 1916 inspiriert sein könnte. Dienstgrad, Familienstand und Heimatadresse sind ergänzt; augenfällig sind die zahlreichen Durchstreichungen (Abb. 12).[157] Auf die Liste kommt der Autor offenbar immer dann zurück, wenn ein Kamerad gestorben ist; am Ende des Kriegs (oder seiner Tagebuchpraxis) sind von den aufgenommenen 62 Namen 55 durchgestrichen.

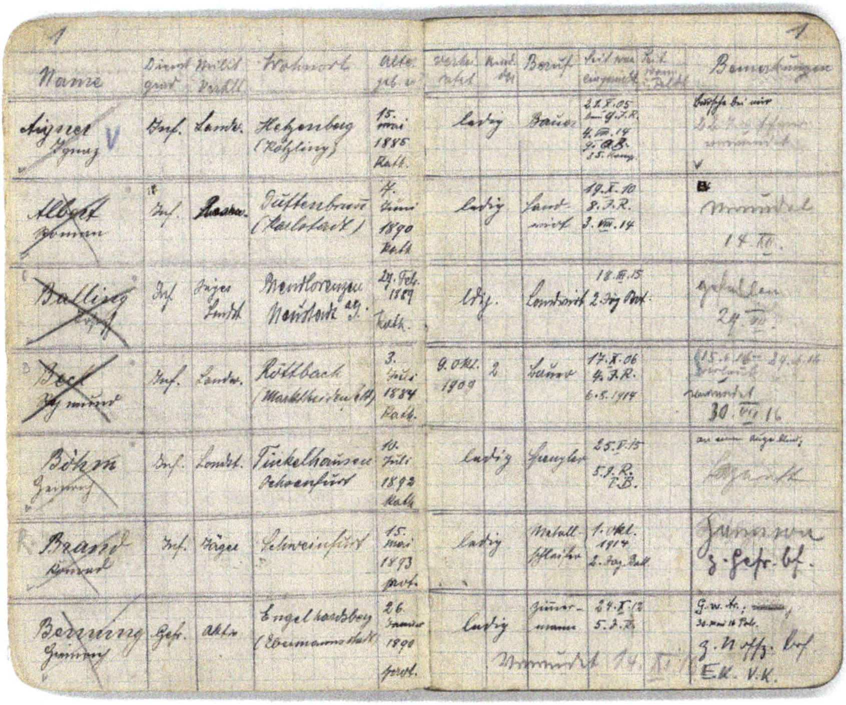

Abb. 12: Todesliste im Tagebuch von Fritz Wendel.

---

156 Otto Laukenmann verweist auf Listen, die er erstellt hat, im Tagebuchtext zurück, was für eine Relektüre sowie die pragmatische Interaktion von Tagebuch und Notizen spricht. Siehe Laukenmann, Tagebuch.
157 Vgl. Fritz Wendel, Tagebuch, BfZ N 06 2.2–N 06 2.3, Heft 1.

Durchstreichungen anderer Art, die aber ebenfalls von der Überlagerung verschiedener Zeitschichten zeugen, enthalten die in winziger Schrift verfassten Notizhefte Otto Fausers:[158] Sie können als „Geste[n] der Erledigung"[159] gefasst werden, an denen sich ablesen lässt, dass Rechnungen nicht mehr offen sind und die Notizen als Grundlage für Abschriften verwendet wurden.

Einer relativ geringen Selbstreflexivität des Schreibens der Kriegstagebücher – Thematisierungen des Selbst und Schreibbegründungen sind die Ausnahme – steht eine „instrumentelle Form von Selbstbezüglichkeit" gegenüber, die ich im Anschluss an Christoph Hoffmann als „Rückbezüglichkeit" fassen möchte. „Zum Akt des Notierens gehört bereits die Vorstellung, auf diese Aufzeichnungen lesend wieder zurückzukommen, ohne daß diese Schleife besprochen würde."[160] So werden die täglichen, meist kurzen Notizen um Nachtragungen in Form von Rückverweisen auf ältere Tageseinträge oder Fußnoten um Informationen ergänzt, die zum Zeitpunkt des Verfassens noch nicht vorhanden waren. Anschaulichere Details werden bereits verfassten Kriegsschilderungen hinzugefügt oder das Schicksal – Leben und Überleben einzelner Kameraden der Einheit – verfolgt.[161] Es kommt jedoch kaum vor, dass die Rückbezüglichkeit in eine Lektüre des Selbst übergeht.

Kehrseite des Schreibens im mobilen Krieg ist die beständige Sorge um die Hefte,[162] die in den Tagebüchern erwähnt wird. So hat die von Otto Gehrke vermerkte Wetterbeobachtung „Regen u großer Mist" unmittelbare Auswirkungen auf das Schreiben: „Mein Tagebuch aufgeweicht."[163] „Das 1918 neu begonnene Tagebuch ging verloren!",[164] vermerkt Fritz Wendel am Ende des davor geführten Tagebuchs, und legt damit nicht nur Rechenschaft vor sich über die erfolgte Kontinuität des Schreibens ab, sondern auch von der Sorge um die Tagebücher. Die antizipierten Verlustszenarien führen daher manchmal zu einem zensierten Schreiben, schließlich sind Tagebücher auch begehrte Kriegsbeute für die Gegner. In der im Ersten Weltkrieg geltenden Felddienstordnung von 1908 wurden die Soldaten für die Brisanz gegnerischer Schriftstücke sensibilisiert: Im Abschnitt, der Kriegstagebücher behandelt, wird zur Beurteilung des Gegners die

---

158 Vgl. Fauser, Tagebuch.
159 Hoffmann, Umgebungen, 99.
160 Christoph Hoffmann, Schreiben, um zu lesen. Listen, Klammern und Striche in Ernst Machs Notizbüchern, in: „Schreiben heißt: sich selber lesen". Schreibszenen als Selbstlektüren, hg. von Davide Giuriato, Martin Stingelin und Sandro Zanetti, München 2008, 199–215, hier 211.
161 Zahlreiche Indizien dieser „Rückbezüglichkeit" des Schreibens finden sich im Tagebuch von Richard Piltz.
162 Dazu Hoffmann, Umgebungen, 89.
163 Gehrke, Tagebuch, 01.12.1914.
164 Wendel, Tagebuch, Heft 2.

Beschlagnahmung von Zeitungen, Telegrammen und das Abfangen von Ballons empfohlen. Ebenso wichtig sind aber die „bei gefallenen oder gefangenen Offizieren aufgefundene[n] Papiere."[165] Die von vielen Soldaten formulierte Bitte an den Finder, das Heft an die Angehörigen zu übersenden,[166] kann als Antizipation dieser Gefahr interpretiert werden.

„Wohin wir dirigiert werden weiß ich zwar – will es aber lieber vorläufig nicht in dieses Buch schreiben",[167] notiert daher Hans Künzl. Der Eintrag vermittelt eine Spannung zwischen dem Wunsch sich zu verorten und der Gefahr, militärische Geheimnisse zu verraten, sollte das Tagebuch in die Hände der Gegner geraten. Richard Piltz überklebt im elften Wachstuchheft eine Passage, in der er, so lassen es die Zeilen darüber vermuten, einen höheren General kritisiert. Im November 1915 verweist er auf die Erledigung einer „[s]treng geheime[n]' Angelegenheit".[168] Beide Zensuren antizipieren das Auffinden der Tagebücher durch Gegner oder Vorgesetzte. Noch radikaler geht Fritz Wendel vor, der seine Tagebücher vor einem Angriff verbrennt.[169] Es kann angenommen werden, dass er dies wohlweislich tat, und mit der Gefangennahme bei diesem Angriff rechnete. Er antizipiert die militärische Zensur, die Tagebuchschreiben wahrscheinlich nicht explizit verboten hat, aber die Soldaten im Bewusstsein lässt, dass ihre Tagebücher begehrte Kriegsbeute sind.

Die Sorge um das Geschriebene tritt schließlich nirgendwo deutlicher hervor als auf den ersten Seiten zahlreicher Kriegstagebücher von Soldaten: „Zur Aushändigung an meine Eltern: Lamparter, Stuttgart, Taubenstraße 6",[170] heißt es trocken im Innenband eines kleinen roten Hefts. Die Sorge um das Aufgeschriebene wird ebenso in Vordrucken wie Kriegsmerkbüchern auf ihren ersten Seiten formalisiert: Ein Feld für die Namen der Angehörigen, an die das Heft im Todesfall zu senden ist, wird zum integralen Bestandteil des Kriegstagebuchs, und der Tod oder zumindest der Verlust des Tagebuchs den Vordrucken eingeschrieben.

Gerade in den Anfangstagen des Kriegs wurden die Tagebücher Gefallener an die Angehörigen geschickt, so etwa das nur vom 7. bis 31. August 1914 geführte Tagebuch des Leutnants Alfred Lamparter: „Einer der letzten Gedanken ihres Sohnes war der ans eiserne Kreuz u. die erneute Bitte seinen Eltern von ihm zu erzählen, u. Ihnen sein Taschenbuch zu überbringen, beides wird ge-

---

165 Die neue Felddienst-Ordnung, 22–23.
166 Vgl. beispielsweise Link, Tagebuch, 1.
167 Künzl, Tagebuch, 07.03.1916.
168 Piltz, Tagebuch, 20.11.1915.
169 Vgl. Wendel, Tagebuch, Heft 1.
170 Lamparter, Tagebuch, 1. Ähnliche Hinweise finden sich bei Laukenmann, Tagebuch, Heft 2 und Künzl, Tagebuch, Heft 1 bis 3.

schehen. Das Taschenbuch ist in Sicherheit",[171] heißt es im Begleitbrief des Vorgesetzten. Das Tagebuch ermöglicht es den Eltern, die letzten Lebenstage des Sohns zu rekonstruieren; der Begleitbrief greift dabei eine Rhetorik des Schreibens bis an den Tod auf. Für die Verbreitung dieser Übermittlung von Tagebüchern gefallener Soldaten an die Heimatfront spricht ebenso eine Szene in dem im Jahr 1917 publizierten *Kriegstagebuch einer Mutter* von Marie Wehner, die das erhaltene Tagebuch des gefallenen Sohns gleich einer Reliquie behandelt.[172] Die versendeten Tagebücher stehen dabei stellvertretend für die gefallenen Soldaten im Feld.

1.3 Aufzeichnungsszenen zwischen Schützengraben und Hinterland

In der materiellen Konzeption wie auch der Schreibprogrammatik waren viele Kriegstagebücher als Aufzeichnungsmedien für einen mobilen Krieg vorgesehen. Anhand bestimmter Schreibpraktiken der Kürze wurde jedoch bereits gezeigt, dass Ansprüche simultaner Vor-Ort-Mitschriften nur selten erfüllt werden konnten. Stattdessen waren Ruhephasen oder zumindest Phasen jenseits des Bewegungskriegs prädestiniert zum Tagebuchschreiben. Dies galt in noch größerem Maße für militärische Truppentagebücher, die im Bewegungskrieg lückenhaft waren und stattdessen nachträglich geführt wurden, wenn die Fronten erstarrten und sich ein örtlich gebundenes Stabs-, Melde- und Etappenwesen etabliert hatte.[173] Jedoch wurden auch für das private Schreiben feste Schreiborte eingerichtet. Dies belegt eine von André Pézard, einem Soldaten, der auf der Seite Frankreichs in den Weltkrieg zog, überlieferte Fotografie, die eine statische Schreibszene im Hinterland festhält: Unter Bäumen sitzen zwei Soldaten über ihren Notizen an einem improvisierten Schreibtisch, der mit einem ebenso improvisierten Schild als „BUREAU" bezeichnet wird (Abb. 13).

Im Folgenden sollen Aufzeichnungsszenen des Kriegs in den privaten Tagebüchern zwischen Schützengräben und dem Leben im Hinterland des Kriegs in den Blick genommen werden. Während im Grabenkrieg besonders die „Akustik des Kriegs"[174] registriert wird, werden im Hinterland verschiedene Gefüge des Tagebuchschreibens, nämlich andere dokumentarische Praktiken, relevant.

---

171 Lamparter, Brief des Vorgesetzten.
172 Siehe Marie Wehner, Kriegstagebuch einer Mutter, Leipzig 1917, 17.
173 Vgl. Pöhlmann, Kriegsgeschichte und Geschichtspolitik, 167–168.
174 Julia Encke, Augenblicke der Gefahr. Der Krieg und die Sinne, München 2006, 153.

1.3 Aufzeichnungsszenen zwischen Schützengraben und Hinterland — 67

Abb. 13: Fotografie eines Schreibbüros im Hinterland.

Habe ich bislang vorwiegend Schreibszenen der Tagebücher betrachtet, soll im Folgenden die Perspektive hin auf weitere mediale Aufzeichnungsszenen[175] eröffnet werden, die zwischen Schützengraben und Rückzugsgebieten hinter den Fronten entstehen. Dabei werden Tagebücher zu universalen Aufzeichnungsmedien, ihre medialen Potentiale ausgenutzt und erweitert.

---

[175] Mit dem Begriff der medialen Aufzeichnungsszene wird das Konzept der Schreibszene auf akustische und optische Aufzeichnungsmedien übertragen. Vgl. Thiele und Stingelin, Portable Media, 13. In diesem Zusammenhang ist jedoch interessant, dass mit dem *Aufnehmen* wie *Aufzeichnen* im 19. Jahrhundert Verfahren der Erstellung perspektivisch korrekter Zeichnungen im militärisch-topographischen Kontext bezeichnet wurden. Erst im Laufe des Jahrhunderts verlagerten sich diese Bezeichnungen von der Zeichnung hin zur Fotografie. Siehe dazu Herta Wolf, „Es werden Sammlungen jeder Art entstehen". Zeichnen und Aufzeichnen als Konzeptualisierungen der fotografischen Medialität, in: Wie Bilder Dokumente wurden. Zur Genealogie dokumentarischer Darstellungspraktiken, hg. von Renate Wöhrer, Berlin 2015, 27–50, hier 45–46.

Tagebücher als akustische Aufzeichnungsmedien

Im Kontrast zur beständigen Situierung in Raum und Zeit der Tagebuchschreiber steht, dass Selbstbeobachtungen oder Gedanken zum eigenen Befinden kaum notiert werden. Franz Hiendlmaier vermerkt nur in einem einzigen Eintrag, dass es ihm nicht gut gehe: „Ich habe gesunde Farbe bin aber aufgedunsen matt und klapprig gegen früher. / Feldküchenessen ekelt mich an. / Lebe von Packeten und Kaffee / Rheumatismus rechte Achsel".[176] Auch Richard Piltz verweist selten auf sein körperliches Befinden, nur am 2. September 1914 notiert er die „Generalreinigung des ganzen Körpers und Erledigung *innerer* Angelegenheit."[177] Daran wird deutlich, dass die diaristische Praxis kaum der Selbsterkundung oder -befragung dient, sondern ihr Fokus auf die Wahrnehmung und Dokumentation des Kriegs verschoben wird. Beim Rückzug in die Schützengräben und der Verschiebung der Kampfzeiten in die Dunkelheit der Nacht[178] wird in der Kriegswahrnehmung dabei in zunehmenden Maß das Hören privilegiert. Das Schlachtfeld wird kaum beschrieben, tote Soldaten und Kameraden finden nur in knappen Stichworten oder selbstzensierten Phrasen Erwähnung.[179]

Während sich die visuelle Wahrnehmung und Erfassung des Kriegs aus der Schützengrabenperspektive zunehmend als schwierig erweist, ist der Mensch über das Hören in den Krieg eingeschlossen und nimmt an ihm Teil.[180] Beständig werden in den Tagebüchern die Geräusche der Geschütze vermerkt, ihre Stärke und Richtung ausdifferenziert: „Kanonendonner Gegend Pfirt. Es ist eine physisch bedrückende Zeit",[181] notiert Otto Link im September 1914 und weist auf die Körperlichkeit der akustischen Kriegswahrnehmung hin. Lakonisch muten Metaphern wie „Artilleriekonzert"[182] oder „Kanonenconzert"[183] an, die jedoch Indiz der ungewohnten Lautstärke dieses Kriegs sind, das es zu dokumentieren gilt. Das Ohr lässt sich nicht verschließen, es sei denn, die Kampfgeräusche wie ein „ohrenbetäubendes Krachen"[184] schalten den Gehörsinn selbst aus. Der Lautstärke des Kriegs wird mit ausdifferenzierten Beschreibungen der Geräuschkulisse begegnet: „Die Zuckerhüte ziehen ihre sausende Bahn", später

---

176 Hiendlmaier, Tagebuch, 19./29.02.1915, vermutlich falsche Datierung.
177 Piltz, Tagebuch, 02.09.1914 [meine Hervorhebung, M.C.].
178 Vgl. Rogg, Das Kommando der Uhr, 132.
179 Knappe Hinweise wie „schreckliche Bilder auf dem Schlachtfeld" und „Furchtbare Arbeit. Tote begraben, Pferde, u.s.w." finden sich bei Lamparter, Tagebuch, 22.08.1914, 26.08.1914.
180 Vgl. Encke, Augenblicke der Gefahr, 123–125.
181 Link, Tagebuch, 14.–19.09.1914.
182 Link, Tagebuch, 06.03.1915.
183 Bing, Tagebuch, 10.10.1916.
184 Gehrke, Tagebuch, 16.09.1914.

„[krepieren] 20 Granaten [...] mit unheimlichen Krachen an uns".[185] Franz Hiendlmaier nimmt „im Dunkeln ein Krachen, Zittern Zucken, blitzen" wahr.[186] Richard Piltz hört die Geschosse „seitlich vorbeisurren", später „[fauchen] [e]twa 600 Granaten [...] in kurzer Zeit"[187] über seinen Kopf hinweg. Onomatopoetisch übersetzt Franz Hiendlmaier den Klang der Geschosse in die Schriftlichkeit des Tagebuchs: „[I]mmer kamen die Granaten sch- - - wumm bumm rrr str",[188] bevor er gleich einem Laborbericht ihre Flugbahn zeichnet, vergleichbar mit Skizzen von Geschossen in den Tagebüchern des Ingenieurs Richard Piltz. Einmal mehr erweisen sich die Tagebücher als flexible Dokumentationsformen, in diesem Fall nehmen sie die Funktion akustischer Aufzeichnungsgeräte vorweg.[189]

So sehr die Soldaten die Stille herbeisehnen und bei Gelegenheit dem Kanonendonner entfliehen, so unheimlich ist sie und wird als Gegenpol ebenfalls in den Tagebüchern notiert: Mit der verdichteten Notiz „Stille Ruhe" vermerkt Otto Link nicht nur eine Pause der sein Leben bedrohenden Kämpfe, sondern auch der akustischen Beschallung. Die „[v]ollständige Ruhe" kann jedoch schnell zur „[u]nheimliche[n] Ruhe"[190] werden, in der Gefahren nicht mehr wahrnehmbar sind.

Eugen Millers Eintrag „Ich schlafe in dem Unterstand, ohne etwas zu hören",[191] muss deshalb weniger als Hinweis auf eine durchschlafene Nacht, als vielmehr ein Indiz einer gefährlichen Situation des Kriegs, deren Durchstehen im Tagebuch verzeichnet wird, gedeutet werden. Das „Hören in der Stille" hat Julia Encke als eine neue, im Grabenkrieg des Ersten Weltkriegs entstandene und im späteren Kriegsverlauf geschulte Wahrnehmungsform beschrieben, die mit einer Ausdifferenzierung des Hörsinns einhergeht.[192] Beobachten können wir sie in Franz Hiendlmaiers Aufzeichnungen: „Einige nicht gezielte Kugeln schwirrten um uns", vermerkt er vor der Erkundung eines Hauses, davor steht jedoch „sorgfältige[s] Horchen"[193] an. Die Ausdifferenziertheit der in die Tagebücher eingetragenen Geräusche muss somit auch als Anwendung eines militärisch erworbenen Wissens und als Überlebenstraining im Grabenkrieg gedeutet werden. Die Nie-

---

185 Gehrke, Tagebuch, 25.08.1914, 27.12.1914.
186 Hiendlmaier, Tagebuch, 23.07.1915.
187 Piltz, Tagebuch, 21.08.1914, 28.09.1915.
188 Hiendlmaier, Tagebuch, 28.07.1915.
189 Vgl. Encke, Augenblicke der Gefahr, 156.
190 Link, Tagebuch, 16.08.1914, März 1915.
191 Miller, Tagebuch, 02.08.1918.
192 Vgl. Encke, Augenblicke der Gefahr, 123.
193 Hiendlmaier, Tagebuch, 18.11.1914.

derschrift im Tagebuch zielt nicht nur auf die Dokumentation des Kriegs ab, sondern ist in die Überlebenspragmatik eingebunden.

Das Vermerken und Beschreiben der Kriegsakustik in den Tagebüchern dient der Erfassung des Kriegs *avant la lettre*, es ist ein Versuch mit einer Situation zurechtzukommen, aus der es kein Entkommen und zu der es keine Informationen gibt. Das bloße Aufzeichnen der Kriegsgeräusche im Tagebuch geschieht in der Hoffnung, nachträglich Gewissheit über das Erlebte, aber meist auch Unüberblickbare, nicht im Ganzen Erfassbare zu erlangen. Dass viele Offiziere, die Zugang zu Heeresberichten und Zeitungen haben, die akustische Dokumentation aus der Perspektive des Grabens mit Informationen, die einen Überblick über den Krieg suggerieren, ergänzen, bestätigt diese These. „Gegen Abend anhaltend ferner Kanonendonner aus Nordwesten oder Norden", notiert Richard Piltz am 22. August 1914, und ergänzt ein Sternchen am Satzende, das zur nachträglich eingefügten Erläuterung führt: „Es handelte sich um den Sieg des Kronprinzen bei Longwy."[194] Der privilegierte Zugang zu Nachrichten als Offizier gibt ihm auch eine Erklärung für „das Tag und Nacht anhaltende Brummeln das wir aus der Gegend Lille-Armentières (etwa 30 km entfernt gehört hatten)", denn der von ihm im Tagebuch zitierte Kriegsbericht vermerkt die „50stündige[ ], am nächsten Tag sogar 70stündige[ ] heftige[ ] Artillerievorbereitung durch den Feind an vielen Teilen der Westfront".[195] Auch der Offizier Bernhard Bing, der oft das in Zeitungen Gelesene vermerkt und kommentiert, erwartet eine Erklärung für die Akustik des Kriegs: „Gestern Abend setzte bei Arras gegen 4 Uhr Trommelfeuer ein, was bis gegen 4 Uhr dauerte", schreibt er am 22. Februar 1916, jedoch „hat [man] noch Nichts darüber gehört."[196]

Fernab der Fronten, wo der Offizier Otto Jordan gleich einem Feldherren auf dem Hügel „die alten harmlosen Befestigungen der früheren Stellung besucht" und „die herrliche Aussicht" genießt, werden die Geräusche des Kriegs zwar gehört, die Formulierung „dem Kanonendonner *gelauscht*" verweist jedoch auf eine gänzlich verschiedene Implikation in den Krieg. „Ich habe auf der andern Seite Kameraden in der Stellung besucht", notiert er einige Wochen später, „[a]ber in dem tiefen Unterstand hats mir nicht gefallen. Ich ziehe mein Freiluftleben vor".[197] Die Szene bestätigt die Diskrepanz der Kriegserfahrungen innerhalb von Militärhierarchien und Einsatzorten im Krieg. Sie zeigt aber auch auf, dass die Kriegsdokumentation im Tagebuch ganz wesentlich von der Lokalisierung im Krieg und der an sie geknüpften Wahrnehmung abhing. Sie führt

---

194 Piltz, Tagebuch, 22.08.1914.
195 Piltz, Tagebuch, 26.09.1915.
196 Bing, Tagebuch, 22.02.1916.
197 Otto Jordan, Tagebuch, DTA 4152, 1–2, 06.08.1916, 14.10.1916.

uns darüber hinaus ins Hinterland des Kriegs, in dem weniger gekämpft und doch besonders viel Tagebuch geschrieben wurde.

Im Gefüge multimedialer Dokumentationspraktiken

Dass das Hinterland zum bevorzugten Schreibort für Tagebücher avanciert, wird genau bei den Autoren ersichtlich, welche die Aktivität des Tagebuchschreibens selbst in ihren Tagesnotizen vermerken. Die Verzeichnung dieser Praxis als Tagesaktivität verweist auf deren Aufgabe, den Tag zu strukturieren. Eugen Miller, der von 1914 bis 1918 ein sehr regelmäßiges Tagebuch führt, erwähnt das Tagebuchschreiben in den Einträgen von Mai bis August 1916 sehr häufig. So ergibt sich beim heutigen Lesen der Eindruck, dass er seine Zeit im Krieg vorwiegend mit Tagebuchschreiben verbracht hat. Diese wiederkehrende Tätigkeit gilt es zu markieren, um sich an sie zu erinnern und so wird nachvollziehbar, warum Miller beständig anschauliche Schreibszenen notiert: das Schreiben am selbstgezimmerten Tischchen, das Schreiben im Kerzenschein und das „Schreiben mit kalten Füßen".[198] Die große Diskrepanz der Kriegserfahrungen wird hier deutlich: Während an den Fronten ein minutiös geplanter Angriffskrieg stattfindet, der nur bruchstückhafte Tagebuchnotizen zulässt, hat Eugen Miller im Hinterland bloß wenige militärische Aufgaben und Zeit zum Schreiben. Der Tagebucheintrag vom 22. März 1915 vermittelt eine Vorstellung davon, wie ein ruhiger Tag im Hinterland verbracht werden konnte:

> Am Nachmittag photographiere ich, nachdem ich vorher bei Veterinär Dr. Sachs im Keller die Kasetten gefüllt hatte, erstens den Wachtmeister mit einigen Unteroffizieren, zweitens die anwesenden übrigen Kameraden, drittens die Schmiede. Danach will ich beim Wachtmeister am Kriegstagebuch schreiben. Er will aber nicht. Ich mache abends Stall freiwillig und schreibe danach kolorierte Ansichtskarten an Albert: „Abtransport gefangener Franzosen", an Pate, Schwenningen: „Straße in Noers", an Frau Moser in Neunheim: „la chapelle". Danach schreibe ich an diesem Büchlein und dann Kaffee getrunken. Dann zum Wachtmeister zum Parolebuch schreiben. Um 20 Uhr zum Veterinär Dr. Sachs zum Entwickeln der heute und gestern gemachten Bilder. Er will aber nicht, so gehe ich um 21.30 Uhr ins Bett.[199]

Der Wunsch nach einem Fotoapparat beschäftigt den Tagebuchautor seit Kriegsbeginn; in vielen Einträgen notiert er Bestellwünsche an die Familie, das erhaltene Material, erste Aufnahmen und die schwierigen Versuche die Fotografien im

---

198 Miller, Tagebuch, 14.03.1916, 27.08.1918, 28.09.1918.
199 Miller, Tagebuch, 22.03.1915.

Feld zu entwickeln. Im März 1915 ist er jedoch schon routiniert und der Umgang mit dem recht neuen Medium reiht sich in schriftliche Dokumentationspraktiken privater und militärischer Natur ein.

Am Tagebucheintrag fällt die Präzision der Dokumentation der Praktiken selbst auf: Die drei Fotomotive werden nummeriert und zugeordnet, ebenso die verschickten Ansichtskarten. Das eigentliche Militärgeschehen, an diesem Tag die Pflege der Pferde der Einheit, wird auf einen Nebensatz reduziert und ist der Erwähnung der Dokumentation des Kriegs deutlich untergeordnet. Indem die Praktiken nacheinander aufgezählt werden, nimmt er weder eine Wertung noch eine Ausdifferenzierung der medialen Möglichkeiten vor. Zwar beschreibt Miller die fotografierten Motive und ordnet die verschickten Postkarten zu; *was* dokumentiert wird, erscheint jedoch weniger wichtiger, als *dass* dokumentiert wird. Das Tagebuch avanciert dabei zum Metamedium, das die vielfältigen dokumentarischen Praktiken selbst verwaltet. Die das Tagebuchschreiben umgebenden Praktiken der Dokumentation des Kriegs – sie können parallel, ergänzend oder auch konkurrierend stattgefunden haben[200] – sollen im Folgenden charakterisiert und kontrastierend zu ihnen die Spezifik der Kriegsdiaristik herausgearbeitet werden.

Das Schreiben von Briefen und Karten an Freunde und Angehörige ist wohl die dem Tagebuchschreiben naheliegendste Praxis, und steht doch auch in Konkurrenz zu ihr – schließlich steht die Entscheidung, ob ein Lebenszeichen gesendet oder am eigenen Tagebuch geschrieben wird, beinahe jeden Tag an. Dabei gehen viele Autoren mit differenzierten Schreibhaltungen vor: „Wir haben beschlossen, nichts von dem drohenden Angriff & der Lage nach Hause zu schreiben, auch davon nicht, daß von deutscher Seite bald ein mächtiger Angriff bei L. B. unternommen werden soll",[201] notiert Bernhard Bing, der die an seine Frau verfassten Briefe oft im Tagebuch erwähnt. Habe ich die Verzeichnung erhaltener und versandter Post bislang als eine Schreibform, die Verortung in der mobilen Situation sucht, eingeordnet, so muss sie gleichermaßen als effizientes Notationsverfahren im Gefüge des Frontalltags interpretiert werden: Das, was nicht in das Tagebuch notiert werden konnte, lässt sich so mithilfe eines später gelesenen Briefs ergänzen (und genau das geschieht auch in einigen Abschriften, durch Verwandte, aber auch durch die Autoren selbst).

Auch die Fotografie hatte neben der Diaristik ihren festen Platz im Dokumentationsgefüge des Kriegsalltags. Nicht nur die Schreibwarenindustrie lieferte

---

200 Vgl. zur Konkurrenz von Tagebuchschreiben und Fotografie im Feld Encke, Augenblicke der Gefahr, 21.
201 Bing, Tagebuch, 24.01.1916.

Kriegsprodukte, sondern auch die Fotoindustrie, die für Amateurfotografen kleinere, leichtere und schneller einsetzbare Produkte herstellte, wobei differenzierend hervorgehoben werden muss, dass das große Interesse an der Amateurfotografie erst durch die Bedingungen des Kriegs geweckt wurde.[202] Nahmen viele Soldaten bereits im August 1914 ein kleines Tagebuchheft im Tornister mit, so dauerte es eine gewisse Zeit, bis auch kleine, portable Fotoapparate sowie Verfahren und Techniken zur Bildentwicklung im Feld zur Verfügung standen.[203] Das Nebeneinander von Fotografie und Tagebuch offenbart sich in Archivmappen, wo neben dem Tagebuch auch eine Fotosammlung erhalten ist,[204] die vielleicht wie bei Eugen Miller entstand, als er „im Lazarett [...] Photographien aus Serbien in ein Album"[205] klebte. Die Parallelen von Fotografie und Tagebuchnotat verweisen aber auch in die Dokumentationsräume des Hinterlands zurück, wo Fotografien in mobilen Laboren entwickelt werden können und Ruhe zum Tagebuchschreiben ist. Nachträglich hat Otto Link stark überbelichtete Fotografien eines Flugzeugabsturzes nach einem Fliegerkampf über die Beschreibung desselben geklebt[206] (Abb. 14) – ein Hinweis, dass die Fotografie die gefährlichen Augenblicke an der Front kondensierter und eindrücklicher festhält als der Tagebuchtext.

Anderer Art sind die sorgfältig ins Tagebuch geklebten Fotografien bei Richard Piltz, die eine Schweineschlachtung hinter der Front dokumentieren und damit eine Situation, in welcher der Alltag in die Unruhe des Kriegs eingekehrt ist.[207] All diese Aufnahmen zeigen jedoch ruhige, statische Situationen: Obwohl die Fotoindustrie Apparate entwickelte, die mobil waren und nur kurze Belichtungszeiten ermöglichten, sind trotz der Faszination an der Geschwindigkeit des Kriegs die meisten Aufnahmen statische Erinnerungsbilder, welche die Soldaten selbst zeigen. Die Dokumentationsmaxime der Nähe zum Kriegsgeschehen wird, um der Todesgefahr des Fotografierens zu entgehen, vermieden,[208] und stellt genau darin eine Parallele zum Tagebuchschreiben dar.

---

202 Vgl. Encke, Augenblicke der Gefahr, 17.
203 Vgl. Encke, Augenblicke der Gefahr, 17–19.
204 So vorhanden bei den folgenden Tagebuchautoren dieser Studie: Cornelius Breuninger, Tagebuch, BfZ N 12.3; Eid, Tagebuch; Hiendlmaier, Tagebuch und Piltz, Tagebuch.
205 Miller, Tagebuch, 21.09.1916. Siehe zur typischen Form des Kriegsalbums Encke, Augenblicke der Gefahr, 22.
206 Siehe Link, Tagebuch.
207 Vgl. Piltz, Tagebuch, Heft 13.
208 Siehe dazu ausführlicher Encke, Augenblicke der Gefahr, 19–21. Gleichwohl gibt es Bilder aus dem Schützengraben, typisch sind Aufnahmen, die das leere Schlachtfeld und am unteren Rand den Graben zeigen. Die Kamera wurde also nach oben gehalten und versucht, einen Eindruck vom umkämpften Schlachtfeld festzuhalten. Vgl. Encke, Augenblicke der Gefahr, 35.

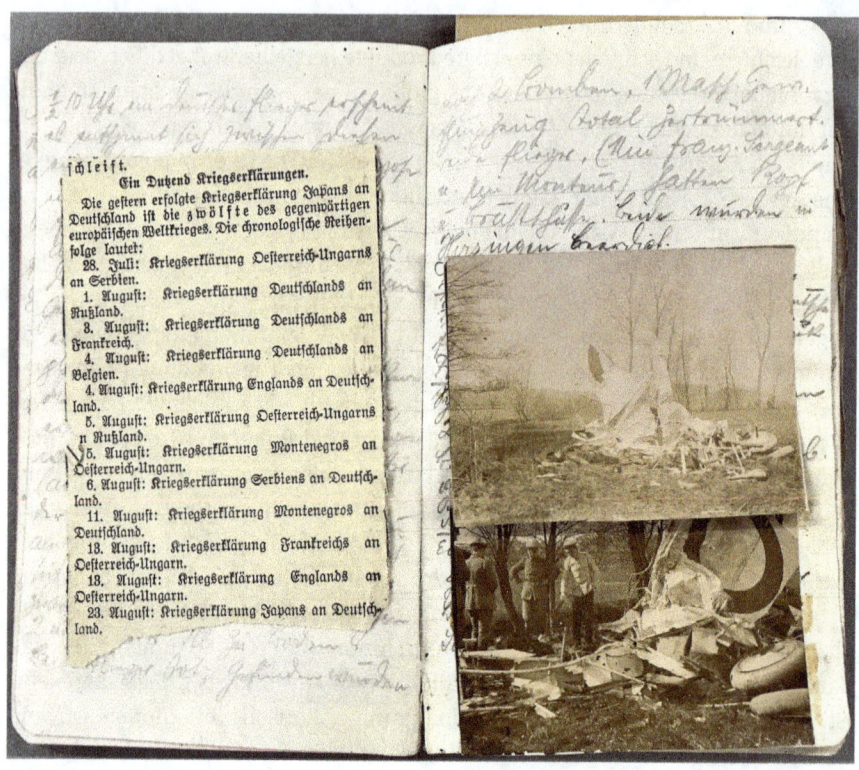

Abb. 14: Eingeklebte Fotografien eines Fliegerabsturzes bei Otto Link.

Die Ergänzung des Tagebuchs um Fotografien findet zwar auch schon im Krieg statt, so ist das Genre des Kriegsalbums als Bild-Text-Konglomerat durchaus üblich. Jedoch deutet die Materialkonstellation eine noch häufigere Allianz von Tagebuch und Fotografie an: So wie Eugen Miller die Fotomotive im Tagebucheintrag den Nummern auf dem Film zuordnet, verzeichnen viele Diaristen die Fotomotive in Listenform:[209] Sie eröffnen damit den Blick auf die parallele Dokumentationsform, verdichten diese jedoch in schriftlicher Form. Fotografieren und Tagebuchschreiben ergänzen sich als mediale Aufzeichnungspraktiken des Kriegs.

Ist die Fotografie das neue Medium der Kriegsdokumentation, so schließt sie in ihrer Visualität an Zeichnungen und Skizzen an. Die im Hinterland entstehenden Skizzen, wie man sie etwa im Tagebuch von Franz Hiendlmaier findet,

---

[209] Vgl. die drei kleinen Notizhefte im Nachlass von Otto Fauser.

zeigen polnische Häuser, deren Architektur er öfter in Tageseinträgen beschreibt.[210] Es handelt sich hierbei um eine andere Art des Zeichnens als die bereits beschriebene im mobilen Krieg, bei der primäre Daten festgehalten werden und Zeichnen ein epistemisches Verfahren der Selbstverortung inmitten von Gefahren darstellt. Die Skizzierung statischer Motive erinnert an Verfahren aus dem Kunstunterricht oder den Lebenswissenschaften, und verweist damit auch auf die Bildungsgeschichte ihrer Autoren.[211] Das Nebeneinander von Tagebucheinträgen und Skizzen unterstützt die bereits formulierten medienökonomischen Thesen: Anstatt Skizzen- und Tagebücher zu transportieren, kommt in einem Heft beides zusammen.[212] Franz Hiendlmaier gibt das Nebeneinander dieser Praktiken jedoch bald zugunsten des Tagebuchschreibens auf.

Das Lesen der Zeitung ist eine Aktivität, die sich besonders in Ruhezeiten anbietet.[213] „Lese Jagstzeitungen, finde zum Schreiben keine Zeit mehr", notiert Eugen Miller am 11. März 1916 und verweist auf die zeitliche Konkurrenz beider Praktiken. Am 14. März notiert er: „[S]chreibe am Tagebuch und lese die Jagstzeitung vom 6. März".[214] Im Eintrag selbst wird auf das Gelesene jedoch kein Bezug genommen, anders als beispielsweise bei Bernhard Bing, der Zeitungsmeldungen akribisch auswertet. Viele Heimat- und Schützengrabenzeitungen wurden an der Front herumgereicht und dafür zerkleinert.[215] Einige dieser Schnipsel werden in die Tagebücher eingefügt, wodurch ich es ebenfalls als eine dokumentarische Praxis bezeichnen möchte. Damit Zeitungsartikel eingeklebt werden können, bedarf es einer Unterlage und Klebers – beides war eher in Ruhezeiten vorhanden. Tagebücher dieser Art ähneln durchaus den schon im 19. Jahrhundert populären *scrapbooks*.[216] Paradigmatisch verdeutlicht dies

---

210 Vgl. Hiendlmaier, Tagebuch.
211 Um die Jahrhundertwende zählte das „Zeichentagebuch" zu einem der unentbehrlichen Tagebücher der Schüler. Siehe Zeissig, Art. Tagebuch des Schülers, 100–101.
212 Vgl. Evelyne Desbois, An die vereinigten Lügner: Tagebücher und Briefe von der Front, in: In Papiergewittern: 1914–1918. Die Kriegssammlungen der Bibliotheken, hg. von Christophe Didier und Gerhard Hirschfeld, Paris 2008, 133–139, hier 139. Für ein ähnliches Dokumentationsverständnis spricht auch die Veröffentlichung mancher Skizzenhefte unter dem Titel „Kriegstagebuch". Vgl. beispielsweise Max Slevogt, Ein Kriegstagebuch. Gezeichnet von Max Slevogt, Berlin 1917.
213 Vgl. Robert L. Nelson, German Soldier Newspapers of the First World War, Cambridge 2011, 46.
214 Miller, Tagebuch, 11.03.1915, 14.03.1915.
215 Vgl. Nelson, German Soldier Newspapers of the First World War, 46.
216 Schon der Amerikanische Bürgerkrieg galt als Hochzeit der *scrapbooks*, allerdings wurden diese damals ausschließlich von Menschen, die nicht im Feld waren, gestaltet. Vgl. Ellen Gruber Garvey, Writing with Scissors. American Scrapbooks from the Civil War to the Harlem Renaissance, Oxford 2013. Dass im Ersten Weltkrieg auch den *scrapbooks* ähnliche Tagebücher

das Tagebuch des in Roubaix stationierten Kaufmanns Carl Bayer, in das er verschiedene Papiere einklebt. Bayer liest die Lokalzeitung aus seiner Heimatstadt Waldkirch, aus der er erfährt, dass ein Familienmitglied mit dem Eisernen Kreuz ausgezeichnet wurde und klebt den kleinen Ausschnitt in sein Kalendertagebuch. Gefaltete Theaterprogramme, Abschriften von militärischen Meldungen und Fotografien seiner Kompanie werden ebenfalls in sein Tagebuch eingefügt. Die Papiermaterialien haben nicht mehr den Status reiner Sammelobjekte, die in einer Sammeltasche aufbewahrt würden, sie sind vielmehr in das Tagebuch integriert; gleich einer Montage werden Bezüge zwischen eigenem Text und Papierobjekt hergestellt.[217]

Eine parallele, das Tagebuchschreiben begleitende Praxis ist zudem das Sammeln, das die Traditionslinie der Naturbeobachtung ins Spiel bringt. So schickt der Offizier Bernhard Bing Blümchen aus Frankreich an seine in Nürnberg lebende Frau und erwähnt dies in seinem Tagebuch. Im Laufe des Kriegs verschieben viele Soldaten ihr Sammeln von Natur- hin zu Kriegsobjekten, um aus diesen Kunst herzustellen. „Ich mache ein Ringchen von einer französischen Infanteriekugel (Kupfer) und schreibe am Tagebuch",[218] notiert etwa Eugen Miller, und stellt Tagebuchschreiben damit in eine Reihe mit *trench art*, deren Geburt im Ersten Weltkrieg zu verorten ist.[219] Kriegsdokumentation und praktischer Zeitvertreib greifen ineinander, wenn er „zwei Photographie-Rähmchen aus Birkenrinde und Naturholz"[220] anfertigt, um seine eigenen Bilder zu rahmen. Von den erwähnten parallelen Dokumentationspraktiken kommt nur *trench art* ohne Papier aus und ist als eine besonders beständige Form der Dokumentation „zur Weitergabe von Erfahrungen und als Erinnerungsträger"[221] gleichermaßen geeignet.

---

im Feld entstanden, zeugt von der Adaptation der *portable media* sowie von den veränderten Bedingungen der Kriegsführung, die mit langen Wartezeiten einherging.
217 Vgl. Carl Bayer, Tagebuch, DTA 2197, 1–2.
218 Miller, Tagebuch, 29.05.1916.
219 *Trench art* bezeichnet die in der Nähe der Fronten oder im Hinterland entstandenen Objekte soldatischer Bricolage (siehe Gottfried Korff, Projektnotizen zur Kreativität des Schützengrabens, in: Kleines aus dem Großen Krieg. Metamorphosen militärischen Mülls, hg. von der Projektgruppe ‚Trench Art – Kreativität des Schützengrabens', Tübingen 2002, 6–21, hier 12). *Trench art* sei oft anstelle von Schreibprodukten entstanden, etwa durch Entsetzen, mangelnde Schreibkenntnisse oder Analphabetentum. Gleichzeitig wurden mithilfe der Basteleien in den Schützengräben Schreibwerkzeuge gebaut, etwa Bleistiftverlängerer aus Patronenhülsen. Vgl. dazu ebenso Diana Palermo und Petra Wolpert, Sprachlose Spuren. Trench Art als Kommunikation, in: Kleines aus dem Großen Krieg. Metamorphosen militärischen Mülls, hg. von der Projektgruppe ‚Trench Art – Kreativität des Schützengrabens', Tübingen 2002, 122–131, hier 127–128.
220 Miller, Tagebuch, 23.06.1916.
221 Palermo und Wolpert, Sprachlose Spuren, 131.

Tagebuchschreiben ist nur eine von vielen dokumentarischen Praktiken an der Front und im Hinterland, die beständig versucht, deren Bedingungen gerecht zu werden. Im Gefüge dieser Praktiken erweist sich das Tagebuch als eine Oberfläche, die Zugang zu den verschiedensten Dokumentationsformen gibt. Das Führen eines Tagebuchs an den Fronten nimmt eine extreme Verdichtung sowohl der Kriegseindrücke als auch der diesen Eindrücken gerecht zu werden versuchenden Dokumentationspraktiken vor. Als *portable media* avancieren die Tagebücher in Zeiten medienökonomischer Zwänge somit zum Register der verschiedensten Kriegseindrücke und -verarbeitungen.

1.4 Tagebücher in Gefahr: Mobilmachung durch Verkleinerung

Die Wahl von *portable media* stellt eine Anpassung an die Schreibbedingungen des Kriegs zwischen Bewegung, Graben und Hinterland dar. Gleichwohl hat die Wahl kleiner Hefte zwei Seiten: Was leicht zu transportieren ist, kann auch leichter unbemerkt verloren gehen. Die Gefahren, denen Tagebücher im Krieg ausgesetzt sein können, sind dabei vielfältig: schnelle Ortswechsel und schlechte Witterungsverhältnisse auf der einen Seite, das Interesse der gegnerischen Armeen Tagebücher zu erbeuten, auf der anderen Seite. Gleichzeitig sind die Tagebücher pragmatische Hilfsmittel, mit deren Hilfe Stationen im Krieg nachvollzogen werden können und die wichtige Informationen, etwa Adressen oder Listen über erstellte Fotografien, enthalten. Erklärtes Ziel vieler Soldaten ist es daher, dass die Tagebücher den Gefahren des Kriegs entkommen und an einem sicheren Ort aufbewahrt werden. Nicht wenige Tagebuchnachlässe aus Kriegszeiten sind immer dann unterbrochen, wenn die Soldaten Urlaub bei der Familie machen und bei dieser Gelegenheit ihr Tagebuch zu Hause lassen.[222] Die im Feld so wichtige Materialökonomie – das möglichst enge Beschreiben der Hefte – wird hier zugunsten der Sicherung des bereits Verfassten aufgegeben.

Der Nachlass Felix Kaufmanns zeigt einen anderen Umgang mit den Herausforderungen für Tagebücher an der Front. Seine Notizen verfasste er auf nur 7 mal 10 Zentimeter große, aus einem Heft herausgetrennte Blätter: „Ich weiß nicht, ob ich meinem Vorsatze, alles Erlebte niederzuschreiben, treu bleiben werde. Es ist zu grausig kein Lichtblick",[223] notiert er im Herbst 1916. Ein kleines Bündel dieser Blätter schickte er in einem Briefumschlag an die Mutter, be-

---

[222] Dies beschreibt Bing, Tagebuch, 18.10.1916.
[223] Felix Kaufmann, Tagebuch, BfZ N 16.9.

schriftet mit dem Vermerk „Tagebuchblätter Nr. 2 / Bitte aufbewahren / Nicht öffnen" (Abb. 15). Die Tagebuchaufzeichnungen werden mobil gemacht, indem mittels Faltung der Blätter die „Stufen ihrer Miniaturisierung" zunehmen: Die portablen werden zu mobilen Medien, deren „räumliche[ ] Fixierungen"[224] aufgehoben werden und die im Verbund mit der Feldpost einen anderen, sicheren Ort erreichen. Dass man in Archiven nur wenige Tagebuchnachlässe in Blattform findet, spricht indes mehr für die damit einhergehende Ephemeralität des Materials als die geringe Verbreitung. In einem Erlass zur Postüberwachung vom 8. Mai 1916 wies Kronprinz Wilhelm, Führer der 5. Armee, auf die „Gefahr der Führung und stückweisen Heimsendung von Tagebüchern in Briefen"[225] hin, und bestätigt damit die Popularität auf diese Weise Tagebücher in Sicherheit zu bringen. Gleichwohl birgt dies eigene Gefahren, denn nicht jeder Brief mit Tagebuchblättern wird zuverlässig zugestellt.

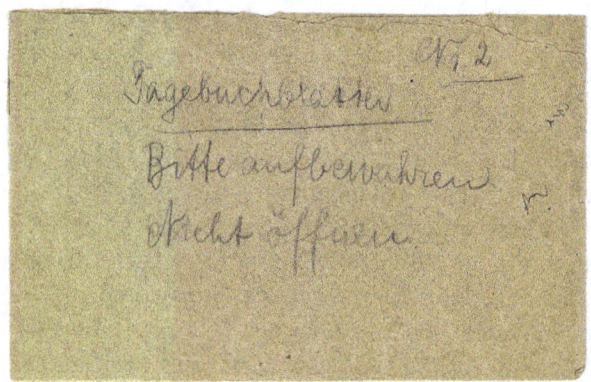

Abb. 15: Schutzumschlag für Tagebuchblätter von Felix Kaufmann.

Das Ziel, die meist kleinen, schon gut angepassten Tagebücher zu bewahren, erreichen viele Soldaten mit einer erneuten materiellen Verkleinerung, die, so wird das abschließende Unterkapitel argumentieren, eine maximale Anpassung an verschiedene Gefahren des Kriegs verspricht. Dabei ebnet sie gleichzeitig den Weg der Tagebücher in die Öffentlichkeit. Ähnliche Strategien der Verkleinerung kommen in denkbar verschiedenen Situationen zum Einsatz: beim

---

224 Thiele und Stingelin, Portable Media, 8.
225 Erlaß betr. Postüberwachung v. 08.05.1916 zit. n. Bernd Ulrich, Die Augenzeugen. Deutsche Feldpostbriefe in Kriegs- und Nachkriegszeit: 1914–1933, Essen 1997, 99.

Schreiben für Angehörige in Durchschreibehefte und bei dem Versuch, Tagebücher vor der Erbeutung durch die Gegner zu bewahren.

Umpragmatisierte Durchschreibebücher als Tagebuchmedien der Wahl

Die wohl innovativste Tagebuchform, welche die Gefahren der Konservierung des Geschriebenen genau wie zeitökonomische Zwänge konkurrierender Dokumentationspraktiken antizipiert, ist das Durchschreibeheft; ihre Ermöglichung einmal mehr die Schreibwarenindustrie um 1900. Der Kriegsfreiwillige Cornelius Breuninger schreibt am 2. Oktober 1914 „im Schützengraben" an seine Familie: „Liebe Eltern! / Ich schicke Euch diese Tagebuchblätter, in der Hoffnung, daß sie Euch erreichen. Vielleicht, daß ich sie durch die Feldküche fortbekomme. Mit Wäsche etc. bin ich gut versehen. Feldpost ist noch keine gekommen, von der man vielleicht etwas Gutes erwarten könnte."[226] Seit dem Transport an die Front in Nordfrankreich am 20. September 1914 hat Breuninger ein Kriegstagebuch dabei, das sich deutlich von kleinen Heften mit Sammeltasche oder Kriegsmerkheften unterscheidet: Es handelt sich um ein Exemplar von *Wuhrmann's Durchschreibebüchern für Achatstift,* das es ermöglicht, bis zu zwei Durchschläge des Geschriebenen zu erstellen, die leicht aus dem Heft herausgetrennt und weitergegeben werden können. Nach wenigen Tagen im Krieg sind bereits sieben Seiten beschrieben, auf die Rückseite des vierten Blattes notiert er mit Bleistift die erläuternden Worte an die Eltern. Aus dem stabilen Heft herausgetrennt und auf Briefformat verkleinert gelangen die Tagebuchblätter von der Front in die Heimat – um dort, das erläutert er explizit, gelesen zu werden (Abb. 16–18). Cornelius Breuningers Durchschreibe- und Verkleinerungstechnik unterscheidet sich damit deutlich von der Felix Kaufmanns: Zwar ist auch hier die materielle Verkleinerung der Tagebuchblätter Grundlage, um die Notizen den Gefahren der Front zu entziehen, die Lektüre durch die Familie ist jedoch erklärtes Ziel des Tagebuchschreibers.

Bereits im 19. Jahrhundert riefen Paus-, Öl- und Kopierpapiere eine große Faszination hervor – allerdings vor allem in Fachdiskussionen in polytechnischen Journalen,[227] spätestens seit 1900 verstärkt auch in der *Papier-Zeitung,* der Fachzeitschrift der deutschen Papierwirtschaft.[228] Die Firma Pelikan produzierte schon ab den 1890er Jahren Durchschreibpapier aus Graphitkohlenstoff,

---

226 Brief vom 02.10.1914 abgedruckt in Breuninger, Kriegstagebuch 1914–1918, 8.
227 Vgl. Müller, Weiße Magie, 307.
228 Sowohl im redaktionellen als auch im Anzeigenteil der *Papier-Zeitung* finden sich zahlreiche Hinweise auf die Hersteller und ihre neuen Produkte.

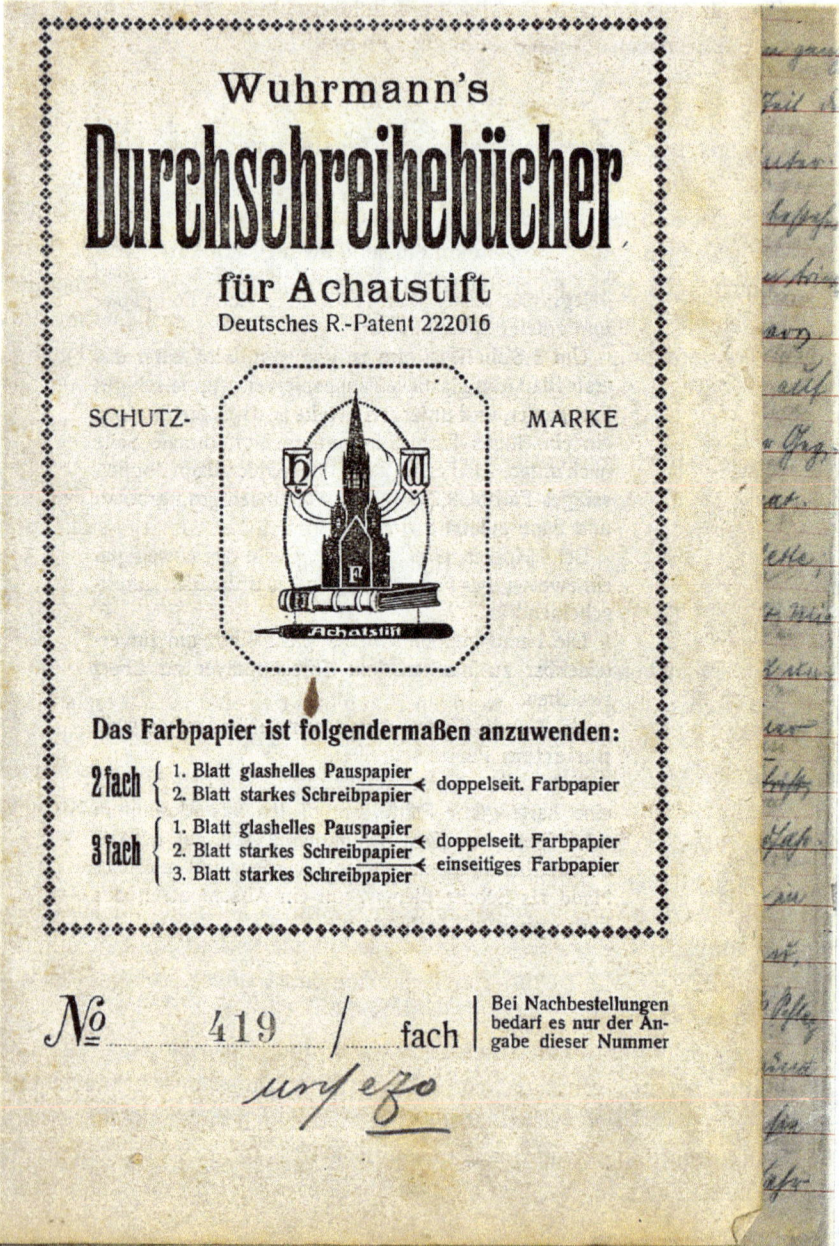

Abb. 16: Deckblatt von Wuhrmann's Durchschreibebüchern für Achatstift im Besitz von Cornelius Breuninger.

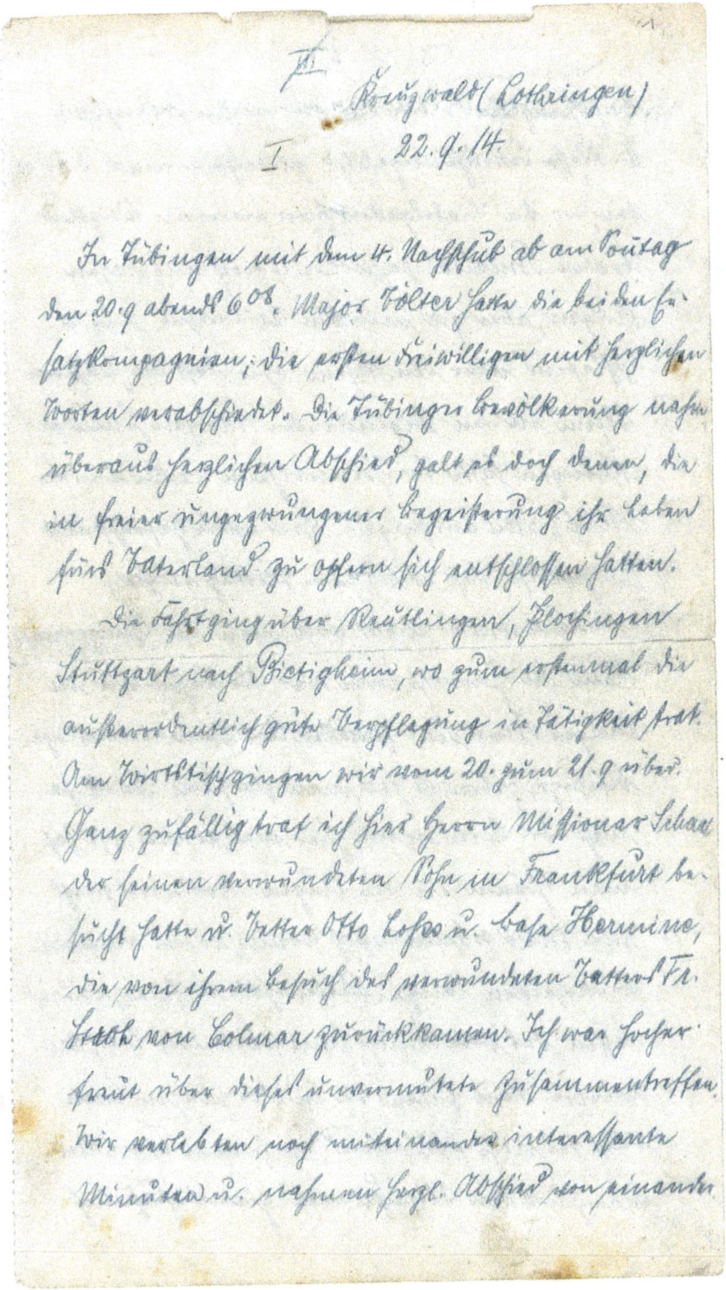

1.4 Tagebücher in Gefahr: Mobilmachung durch Verkleinerung

Abb. 17: Durchschreibeblatt von Cornelius Breuninger.

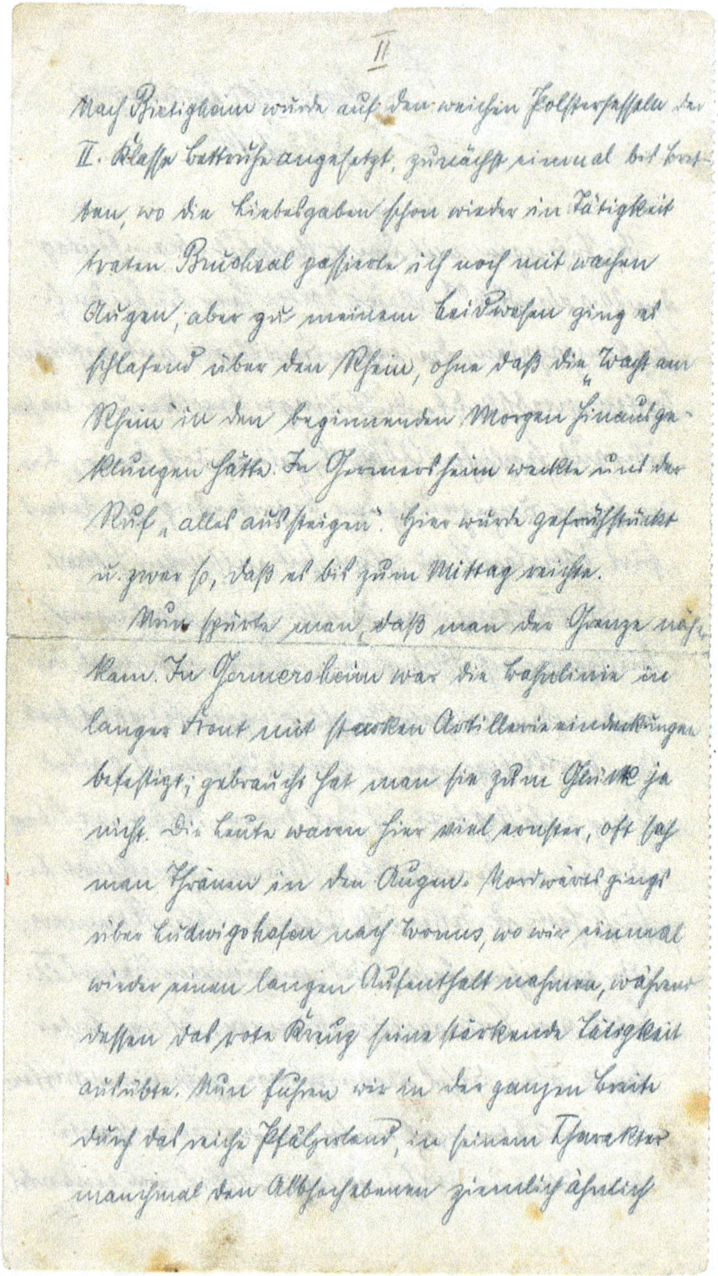
II

Nach Bietigheim wurde auf den weichen Polstersesseln der
II. Klasse Bettruhe angesetzt, zunächst einmal bis Bret-
ten, wo die Liebesgaben schon wieder in Tätigkeit
traten. Bruchsal passierte ich noch mit wachen
Augen, aber zu meinem Leidwesen ging es
schlafend über den Rhein, ohne daß die Wacht am
Rhein in den beginnenden Morgen hinausge-
klungen hätte. In Germersheim weckte uns der
Ruf „alles aussteigen". Hier wurde gefrühstückt
u. zwar so, daß es bis zum Mittag reichte.
Nun spürte man, daß man der Grenze näher
kam. In Germersheim war die Festungslinie in
langer Front mit starken Artillerieeinrichtungen
befestigt; gebraucht hat man sie zum Glück ja
nicht. Die Leute waren hier viel ernster, oft sah
man Tränen in den Augen. Nordwärts ging's
über Ludwigshafen nach Worms, wo wir einmal
wieder einen langen Aufenthalt nahmen, während
dessen das rote Kreuz seine stärkende Tätigkeit
ausübte. Nun fuhren wir in der ganzen Breite
durch das reiche Pfälzerland, in seinem Charakter
manchmal dem Albvorlande ziemlich ähnlich

Abb. 18: Auf die Rückseite eines Durchschreibeblatts verfasster Brief von Cornelius Breuninger an seine Eltern.

um Handschriften unter Nutzung von Blei-, Kopier-, Achatstiften oder Durchschreibefedern zu vervielfältigen.[229] Die Durchschreibebücher traten die Nachfolge von Briefkopierbüchern an, die seit der Frühen Neuzeit in Benutzung waren: So wurden in den Comptoirs von Händlern Duplikate ausgehender Korrespondenz zunächst per handschriftlicher Abschrift, im 19. Jahrhundert mittels Kopierpressen über das Verfahren des Tintendrucks, schließlich über Kohlepapierdurchschläge an der Schreibmaschine erstellt. Zum Einsatz kamen Briefkopierbücher jedoch ebenfalls in privaten Nachlässen, etwa bei Aby Warburg, der seine Korrespondenz von 1905 bis 1918 auf diese Weise archivierte.[230] In den 1910er Jahren eroberten Durchschreibeverfahren zunehmend den Büro- und Verwaltungsbereich, jedoch wurden sie noch bis Ende der 1920er Jahre stetig beworben, um die Absatzzahlen zu erhöhen.[231] Die Schreibwarenfirma Wuhrmann, deren Durchschreibebücher Cornelius Breuninger nutzt, profilierte sich ebenfalls in diesem Bereich: 1909 meldete sie ein Patent für ihre Durchschreibebücher an, deren Zweck es ist, das handschriftliche Kopieren von Briefen und Buchungen zu ersetzen.[232] Cornelius Breuninger pragmatisiert die noch junge technische Innovation aus dem Bürobereich für seine Zwecke des Kriegstagebuchschreibens um – und ist damit keinesfalls allein.[233]

Bereits die Bestimmungen zum Führen von Truppentagebüchern schrieben die Erstellung von Duplikaten vor und antizipierten damit mögliche Verlustszenarien. Zwar ist nicht auszuschließen, dass privates Tagebuchschreiben mit Durchschlägen auch von den Vervielfältigungsprozeduren im militärischen Schreibapparat inspiriert wurde. Wahrscheinlicher erscheint es, dass mit der Generalmobilisierung eines Großteils der männlichen Bevölkerung für die Armee neue Berufsgruppen ins Feld zogen, zivile Papierformen mitbrachten und für das Militärische umwerteten,

---

229 Vgl. Schmidt-Bachem, Aus Papier, 451.
230 Siehe ausführlicher zur Entwicklung von Kopierverfahren von Briefkopierbüchern und ihrem Einsatz in Handel und privaten Korrespondenzen Konrad Heumann, Archivierungsspuren, in: Der Brief – Ereignis & Objekt. Katalog der Ausstellung im Freien Deutschen Hochstift – Frankfurter Goethe-Museum, 11. September bis 16. November 2008, hg. von Anne Bohnenkamp-Renken und Waltraud Wiethölter, Frankfurt am Main 2008, 263–315, hier 263–271.
231 Vgl. Schmidt-Bachem, Aus Papier, 448. Im Zuge der preußischen Büroreform in den 1920er Jahren hielt das Durchschreibepapier Einzug in die Büros und etablierte den Schreibmaschinendurchschlag. Vgl. Vismann, Akten, 274.
232 Siehe Bongartz, Dürener Papierverarbeitungs-Industrie, 10, zit. in. Schmidt-Bachem, Aus Papier, 448.
233 Auf das Innovationspotential neuer Aufschreibeformen wie der Schreibmaschine, der Kartothek und dem Wunderblock für die Praxis der Diaristik und die Gattung Tagebuch verweist Bernfeld, Trieb und Tradition im Jugendalter, 165.

indem sie Schreibbedingungen des Bewegungskriegs antizipierten.[234] Prädestiniert für den Einsatz im Krieg sind die Durchschreibebücher nicht nur durch Durchschläge in Form kleinformatiger oder verkleinerbarer Tagebuchblätter, die sich gut in Briefumschläge packen lassen, sondern auch durch ihre Eigenschaft als leichtes Medium, das kurzfristig Speicherung und Zirkulation ermöglicht.[235] Dass auch die Industrie von der gestiegenen Nachfrage nach Durchschreibebüchern zum Zwecke des Tagebuchführens erfuhr, kann anhand eines Kriegsnotizkalenders der Firma Wuhrmann für das Jahr 1917 nachgewiesen werden, in welchem die Durchschreibebücher mit einer Anzeige beworben wurden, welche die Schreibinnovation damit nicht nur Geschäftsleuten für die Büroarbeit ans Herz legt, sondern auch für das alltägliche Schreiben im Privaten und, ganz der Zeit angemessen, – im Feld – empfiehlt.[236]

Erklärungsbedürftig erscheint das Tagebuchschreiben im Durchschreibeheft aber allemal – davon zeugen die mitgeschickten ‚Lese- und Gebrauchsanleitungen' für die Tagebuchblätter und eine Faszination für die Möglichkeit des zeitgleichen Kopierens des Geschriebenen im Feld. So erläutert Cornelius Breuninger in einem Brief mit einer neuen „Reihe meiner Tagebuchblätter": „Um sie nicht verwischen zu lassen, ist es gut, wenn man sie mit Trockenpulver bestreicht",[237] ein Hinweis, der bereits in der im Innenband abgedruckten Anleitung der Wuhrmannschen Durchschreibebücher angegeben ist.[238] Der Landwehrmann Wilhelm Schwalbe, der seine Durchschläge regelmäßig von der Westfront an die Verlobte Erna nach Hannover schickt, berichtet in einem Brief an den Onkel: „Mein Tagebuch führe ich jeden Tag mit zäher Ausdauer, genau ausführlich und gewissenhaft weiter. Bis jetzt ist noch kein Tag, der darin fehlt. Das Tagebuch habe ich mir als Durchschreibeblock eingerichtet. Das Originalblatt, schicke ich immer fortlaufend an Erna und behalte im Buch die Pause."[239] Die Verlobte wiederum wird mit einer Leseanleitung versorgt: „Die Tagebuchblätter folgen genau der Nummer nach aufeinander, darauf mußt Du liebe Erna immer sehen, wenn der Brief ankommt, damit Du siehst, ob Du auch alle erhältst."[240] Nach dem Beginn des zweiten Durchschreibehefts folgt prompt der Hinweis: „Wie du siehst habe ich

---

234 Dies ist eine parallele Entwicklung zum zeitgenössischen Verhältnis von Verwaltungsmitarbeitern und Kaufleuten: Die vor dem Krieg in den Amtsstuben eingesetzten Militäranwärter wurden zu Kriegsbeginn durch Kaufleute ersetzt, die Bürotechniken von den Kontors in die Amtsstuben brachten. Vgl. Vismann, Akten, 273.
235 Vgl. Müller, Weiße Magie, 105.
236 Siehe [Notizkalender der Firma Wuhrmann für das Jahr 1917], Freiburg im Breisgau 1916.
237 Breuninger, Brief vom 08.10.1914.
238 Siehe Wuhrmann's Durchschreibebücher für Achatstift, Freiburg im Breisgau o. J.
239 Schwalbe, Tagebuch, 19.09.1914.
240 Schwalbe, Tagebuch, 28.08.1914.

ein größeres Tagebuch. Die ersten Blätter habe ich für Meldungen o. a. verwendet. Die Blätter sind einzeln nummeriert und bekommst du (sic) stets die geraden Nummern mit dem Original, während ich die ungeraden No mit den durchgeschriebenen behalte."[241] Auch Cornelius Breuninger ist bedacht, dass die Tagebuchblätter vollzählig bei seinen Eltern ankommen: „Von meiner letzten Sendung Tagebuchblätter ist scheints aus Versehen ein Blatt bei mir geblieben",[242] bemerkt er in einem Brief, und schickt das Blatt wahrscheinlich mit. Dass Breuninger von dem praktischen Nutzen der Schreibtechnik selbst fasziniert ist, wird im Dezember 1916 deutlich: Während er auf Heimaturlaub ist, gibt er das Tagebuch an den Leutnant der Reserve Stöckle weiter, der es in seiner Abwesenheit führt und ihm möglicherweise die Durchschläge schickt.[243]

Das Schriftbild der in diesem Verfahren verfassten Tagebücher weist auf ruhige Schreibsituationen hin. „Mit *Achatstift* kann man *nur* auf besonders *präpariertem* Papier schreiben", erklärt die dem Durchschreibeheft vorangestellte Gebrauchsanweisung. „Unter die zu beschreibenden Blätter fügt man eine harte glatte Platte, am besten aus Aluminium oder Preßspan. Der Schutzdeckel soll auf das zu beschreibende Papier gelegt werden und soll der Hand als Schutz dienen, um ein Abschmutzen des Farbpapieres zu verhindern."[244] Insofern treffen sich Anleitung und Praxis in den Tagebüchern bei Otto Fauser und Cornelius Breuninger, der auch seinen Eltern den Einsatz von Trockenpulver erklärt. Das Geschriebene wirkt sortiert, Durchstreichungen sind kaum vorhanden, wodurch der Kontrast zu kleinen, hastig verfassten Tagebuchheften hervortritt. Allerdings müssen sich diese Schreibformen nicht ausschließen. Im Nachlass von Otto Fauser finden sich auch drei kleine Notizhefte aus der Kriegszeit, die sich zeitlich teilweise mit den Durchschreibeheften überschneiden. Sie enthalten Fotolisten, Tabellen und einige datierte stichwortartige Tagesberichte. Viele Durchstreichungen lassen vermuten, dass sie als Grundlage für die Durchschreibebücher gedient haben und die Tagebuchblätter sortierte, ausformulierte Gedanken in Briefform darstellen.[245] Der Ort der Durchschreibebücher wäre demnach im Hinterland an Tagen zu verorten, die Zeit zur Kriegsdokumentation lassen.

Allerdings ist auch eine gegenläufige Tendenz zu dem sortierten, nachträglichen Schreiben zu beobachten. Geradezu atemlos liest sich das Durchschreibebuch von Wilhelm Schwalbe, der die Originale an die Verlobte schickt und

---

241 Schwalbe, Tagebuch, 28.08.1914, 05.09.1914.
242 Breuninger, Brief vom 27.04.1915.
243 Vgl. Breuninger, Kriegstagebuch 1914–1918, 114–116.
244 Wuhrmann's Durchschreibebücher für Achatstift.
245 Vgl. Fauser, Tagebuch.

den Durchschlag für sich behält. Beinahe jeder Eintrag wird räumlich und zeitlich eingeordnet. Ziel ist es, die Verlobte so nah wie möglich an der Gegenwärtigkeit der Schreibsituation teilhaben zu lassen, und zwar auch dann, wenn eigentlich gekämpft wird. Der folgende Tagebucheintrag wirkt szenisch, er gleicht beinahe einer Regieanweisung:

> Auf einer Wiese hinter einem Haferfeld um 9 ½ Uhr morgens. Die Artillerie fährt vor uns in Stellung, links und rechts von uns, ist es ein ununterbrochener Kanonendonner. [...] Das Feuern wird immer stärker, der Erdboden dröhnt. H Cordes liegt neben mir und erwartet mit Ungeduld den Befehl zum Eingreifen. – Jetzt kommt Cordes an die Reihe: Wie Wilhelm schon schreibt liegen wir vor unserm ersten größeren Gefecht. Es ist keine Kleinigkeit, denn Mabeuge ist von ca. 100 Kanonen besetzt und wir müssen heute oder Morgen einige der Forts nehmen; hoffentlich geht alles gut.[246]

Das Durchschreibeheft wird im Graben offenbar an den Soldaten Cordes weitergegeben, der stellvertretend – nämlich schreibend – eingreift und mitten aus der Gegenwärtigkeit der Kämpfe in eine doch recht mobile Form des Durchschreibehefts notiert. Der Eintrag selbst ist ganz im Erlebnis-Gestus der Kriegsanfangstage verfasst, das Erlebte *muss* ins Schreiben übersetzt werden. An die Idee des vermeintlich unmittelbaren Schreibens geknüpft ist zudem die zeitnahe Lektüre der Blätter durch die Verlobte Erna, die durch die besondere Zeitlichkeit dieser Schreibform ermöglicht wird. Ein Blatt ist schnell beschrieben, gefaltet, versandt und, wenn die Post mitspielt, in wenigen Tagen bei der Adressierten, die damit vom Befinden und Erleben ihres Verlobten erfährt. Situationen, in denen Wilhelm Schwalbe die Blätter auf den Weg zu Erna befördert, werden daher häufig beschrieben: „Noch ein paar Worte, denn das Auto hält noch! Wie geht es im Geschäft? Wie geht es Mama? [...] Schluß – das Auto will abfahren. Einen langen langen Kuss von deinem Wilhelm."[247] Geschrieben wird bis kurz vor Abfahrt des Autos, das den Brief zur nächsten Post transportiert, wodurch eine starke Unmittelbarkeitsfiktion erzeugt wird. Geradezu paradigmatisch wird dabei die mediale Aufzeichnungs- mit der Sendeszene verbunden:

> Gestern Abend habe ich die Tagbuchblätter (6 Stück) zur Post gegeben, oder vielmehr der Bagage mitgegeben. Hoffentlich kommen sie an. Über den heutigen Tag, habe ich erst eine Seite, heute morgen schreiben können und jetzt habe ich zum ausführlichen Schreiben keine Zeit mehr, weil das Auto mit der Post gleich abfahren will. Gern schriebe ich ausführlich, aber hoffentlich, kann ich das heute oder morgen nachholen.[248]

---

246 Schwalbe, Tagebuch, 01.09.1914.
247 Schwalbe, Tagebuch, 17.08.1914.
248 Schwalbe, Tagebuch, 09.09.1914.

Hier gilt, was Lothar Müller über „das Papier als das leichteste Medium der alten industriellen Welt" sagt, im Besonderen: Das Papier ist bündnisoffen, knüpft an vielfältige Routinen an und wird im Bündnis mit der Infrastruktur zum Zirkulationsmedium. Es findet eine Durchdringung von Papier und Postwesen im Krieg statt, die – besonders in Form der Tagebuchblätter – eine „Erfahrung der Gegenwart als Gegenwart" ermöglicht.[249] Dies gelingt aber nur, solange die Allianz aus Papier und Postwesen funktioniert: „Die Briefsperre ist jetzt glücklicherweise wieder aufgehoben. Ich will Euch daher meine Tagebuchblätter wieder schicken",[250] schreibt Cornelius Breuninger an seine Eltern, denen somit nur eine retrospektive Lektüre ermöglicht werden kann.

Das Durchschreibebuch scheint zeitgenössischen Bedürfnissen des Schreibens offensichtlich besonders gut entsprochen zu haben und wurde von den verschiedenen Autoren als kontinuierliches Schreibmedium ausgewählt. Bereits nach sechs Wochen im Feld bestellt Cornelius Breuninger in Tübingen ein zweites Durchschreibeheft und bittet die Eltern die Rechnung zu begleichen. Im Januar 1915 beklagt er eine erzwungene Schreibpause, da das gewünschte Durchschreibbuch bislang nicht geliefert wurde.[251] Die genutzten Hefte 3 und 4 sind kein idealer Schreibträger aufgrund ihres höheren Gewichts und größeren Formats. Es ist anzunehmen, dass er die nächsten Durchschreibehefte (5–8) auf Vorrat kaufte, denn es handelt sich um dasselbe kleinere Modell wie die zuerst genutzten Hefte. Auch die Hefte 9–12 wurden wahrscheinlich auf Vorrat gekauft, um diese individualisierte Schreibtechnik kontinuierlich fortzuführen. Wilhelm Schwalbe nutzt als zweites Durchschreibebuch auch ein größeres Format, wie er der Verlobten erläutert.[252] Bei Otto Fauser, der bis Kriegsende ganze 59 Hefte füllt, davon 23 typgleiche Durchschreibehefte der Papierhandlung Schaller in Stuttgart, kann ebenfalls von einem Vorratskauf ausgegangen werden.[253] Es wird deutlich, dass viele Autoren eine Kontinuität des Schreibens durch die Auswahl des Materials erreichen wollen.[254] Die Durchschreibehefte erwiesen sich für die Bedingungen und Schreibprämissen des Ersten Weltkriegs als besonders geeignet.

Denn anders als beim im Ganzen versandten oder Kameraden in den Urlaub mitgegebenen Tagebuch bleibt das Tagebuchblatt aus dem Durchschreibeheft

---

249 Vgl. Müller, Weiße Magie, 99–101.
250 Breuninger, Brief vom 05.04.1915.
251 Vgl. Breuninger, Brief vom 04.01.1915.
252 Vgl. Schwalbe, Tagebuch, 05.09.1914.
253 Siehe Fauser, Tagebuch.
254 Siehe zum Verhältnis von Schreib- und Materialkontinuität bei diaristischen Praktiken Lejeune, Kontinuum und Diskontinuum, 358–359.

stets auch beim Autor, der es selbst wieder lesen und sich über das Geschehene rückversichern kann. Die Tagebuchblätter verbinden damit eine kommunikative mit einer archivarischen Funktion. Darüber hinaus kommen die Durchschreibehefte einer der Kriegssituation entsprechenden Schreibökonomie entgegen: Das Tagebuchblatt ergänzt oder ersetzt die Tagesberichte, die andernfalls auch in Briefform verfasst werden müssten: „In dem Trubel der letzten Tage kam ich nicht dazu, mein Tagebuch zu führen u. Euch zu schreiben", so Cornelius Breuninger an die Eltern, aber: „Was ja geschehen ist, könnt Ihr ja aus den Blättern entnehmen."[255] Die Kehrseite der Zusammenführung von Diaristik und Brief im Tagebuchdurchschlag ist eine zensierte Beschreibung des Erlebten, wie Wilhelm Schwalbe anmerkt: „Alle Augenblicke schlagen die Granaten in die Häuser, furchtbar ganz furchtbar, dieser unheilbringende Krieg. Bilder u Scenen habe ich gesehen, die ich hier, schriftlich nicht wieder geben kann."[256] Das Erlebte kann nicht in Schreiben übersetzt, die Emotionen nicht verbalisiert werden, sodass sich der Schreiber des Topos des Unbeschreibbaren, der typisch für das Kommunikationsmuster vieler Kriegsbriefe ist, bedient.[257]

Die Durchschreibehefte ermöglichen eine quasi tägliche Archivierung, denn ein Einzelblatt ist schneller beschrieben als ein ganzes Heft und kann den Gefahren der Front entzogen werden. Mehrfach bekräftigen Schwalbe und Breuninger in ihren mitgeschickten Gebrauchsanweisungen, dass die Blätter nicht verloren gehen dürfen und betonen somit den Wert ihrer Aufzeichnungen.[258] Der Adressatenkreis wird darüber hinaus geöffnet: Wilhelm Schwalbe empfiehlt seinem Onkel sich einmal mit der Verlobten zu treffen, die seine Tagebuchblätter gern mitbringen würde.[259] Cornelius Breuninger wiederum erlaubt die Lektüre im weiteren Kreis ausdrücklich: „Ihr könnt sie natürlich auch an Leute, die sich für sie interessieren, besonders an die lb. Geschwister schicken".[260] Besonders offensichtlich tritt die breite Adressierung in einem Brief Breuningers vom 9. November 1914 hervor: „Wenn ihr einmal eins oder das andere meiner Tagebuchblätter veröffentlichen lassen wollt, habe ich nichts dagegen. Vielleicht eignet sich die

---

255 Breuninger, Brief vom 11.06.1915.
256 Schwalbe, Tagebuch, 03.09.1914.
257 Siehe zu diesem Topos Isa Schikorsky, Kommunikation über das Unbeschreibbare. Beobachtungen zum Sprachstil von Kriegsbriefen, in: Wirkendes Wort. Deutsche Sprache und Literatur in Forschung und Lehre 42 (1992), H. 2, 295–315, hier 306–307. Siehe zu weiteren spezifischen Sprachmitteln von Kriegsbriefen wie Verharmlosung, Phraseologisierung und Poetisierung Schikorsky, Kommunikation über das Unbeschreibbare.
258 Vgl. Schwalbe, Tagebuch, 17.08.1914; Breuninger, Brief vom 08.10.1914.
259 Vgl. Schwalbe, Tagebuch, 19.09.1914.
260 Breuninger, Brief vom 08.10.1914.

Episode vom Sonntag 8. Nov. dazu. Fragt einmal Ulrich R."²⁶¹ Die Eltern reagieren prompt, so erfährt man aus einem Brief Breuningers vom 25. Dezember 1914:

> Die Zeitungen mit den Auszügen aus meinen Tagebuchblättern habe ich erhalten. Sie lesen sich gedruckt ganz anders, ich erkenne sie kaum als mein Eigentum. Ihr habt von meiner Erlaubnis allerdings einen ausgiebigen Gebrauch gemacht. Nun da bekommen doch wenigstens die Leute eine Ahnung von unserem Leben hier außen. Du meinst, Vater, ich lasse unsere gute Kost etwas zu sehr in meinen Blättern hervortreten. Ich habe nicht gerade den Eindruck, aber es ist gewiß, daß das Essen u. das materielle Wohlbefinden bei uns eine große Rolle spielen.²⁶²

Das Tagebuchblatt, das schnell von der Front in die Heimat gelangt, eignet sich gut für eine Veröffentlichung, denn es reduziert das Tagebuchschreiben auf eine kleine, in die Zeitungsseite integrierbare Form. Zeitungen wiederum lassen sich aufgrund ihres reduzierbaren Formats und geringen Gewichts leicht an die Front schicken, damit der Tagebuchautor Breuninger die Veröffentlichung seines Tagebuchauszugs nachvollziehen kann. Jedoch stellt er fest, dass die mobil gemachten Tagebucheinträge in Form des Zeitungsausschnitts eine ganz andere Wirkung auf ihn haben als die Niederschriften im Feld.

Anders als es das Kleinerwerden und Versenden der Zettel etwa bei Felix Kaufmann vermuten lässt, sollen die Tagebuchblätter aus Durchschreibheften eine Öffentlichkeit konstituieren und eine Teilhabe am Diskurs über den Krieg ermöglichen. Tagebuchblätter zeugen vom individuellen Kriegserlebnis und werden bereits im Krieg zu einer populären Veröffentlichungsform – ob in Zeitungen, Anthologien oder Mischformaten mit Feldpostbriefen.²⁶³ In der familiären Öffentlichkeit werden sie gelesen, getauscht und – bei der Sichtung zahlreicher Kriegstagebücher im Jahr 1918 durch die Zeitschrift *Photographie für alle* – „[a]ls eine praktische Art der Tagebuchführung"²⁶⁴ bezeichnet. Sie erlauben besser als die kleinen Tagebuchhefte eine einfache, niedrigschwellige Weiterverarbeitung

---

261 Breuninger, Brief vom 09.11.1914. Im Eintrag vom 8. November 1914 beschreibt Breuninger den Versuch, die französischen Kriegskameraden mithilfe eines Briefs zum Überlaufen zu bewegen sowie deren brieflich erteilte Antwort, in welcher sie das Überlaufen ablehnen. Die französischsprachige Antwort hat er für seine Eltern mit Bleistift übersetzt. Siehe Breuninger, Kriegstagebuch 1914–1918, 23.
262 Breuninger, Brief vom 25.12.1914.
263 Siehe beispielsweise die Anthologie von Otto Pniower, G. Schuster, R. Sternfeld et al (Hg.), Briefe aus dem Felde 1914/1915, für das deutsche Volk im Auftrag der Zentralstelle zur Sammlung von Feldpostbriefen im Märkischen Museum zu Berlin, Oldenburg 1916, 1 sowie die Einzelpublikation Gotthold von Rohden, Zwei Brüder. Feldpostbriefe und Tagebuchblätter: Erstes Bändchen, hg. von Gustav von Rohden, Tübingen 1916, 7.
264 H., Kriegstagebücher, 133.

der Notizen aus dem Feld, die *im Gefüge* mit anderen Dokumentationspraktiken standen:

> Werden in der Heimat die Blätter geheftet und mit eingesandten, auf Karton geklebten Lichtbildern durchschossen, so entsteht ein Kriegstagebuch, das keiner Abschrift bedarf und nach Wunsch erweitert und vervollständigt werden kann. Wenn liebe Verwandte in der Heimat für ihren feldgrauen Vater, Gatten, Bruder oder Sohn diese Arbeit als eine Liebesgabe verrichten, nachdem es jetzt an anderer Gelegenheit gebricht, Liebe in Gaben umzusetzen, so dient solches sicherlich als gern verrichtete Beschäftigung der Lieben in der Heimat.[265]

Es ist möglich, dass Erna Schwalbe, Verlobte des von seinem Durchschreibebuch begeisterten Wilhelm Schwalbe, diese Anregung las; wahrscheinlicher ist, dass sie die dünnen Zettel, nachdem sie vom Tod ihres Verlobten erfuhr, aus Trauer in ein festes Album kopierte und die von ihm kreierte Unmittelbarkeitsfiktion im Abschreiben nacherleben wollte. Nur über diese Form ist das zerkleinerte Tagebuch erhalten geblieben und in einen Archivbestand eingegangen.

Von der Gefangenschaft in die Öffentlichkeit: Tagebücher als Kriegsbeute

Durchschreibebücher antizipieren Gefahren der Front, begrenzte Zeitökonomien und den Wunsch der Angehörigen, die Tagebücher mitzulesen. An den Schriften der Soldaten sind jedoch nicht nur Angehörige interessiert, sondern auch die gegnerischen Nationen. Schließlich hält schon die Felddienstordnung von 1908 fest, dass sowohl Gefallene als auch gefangen genommene Gegner auf Papiere hin untersucht werden müssen, da diese für die Kriegsführung relevante Informationen enthalten können.[266] Die Tagebücher der Gegner sind nicht nur aufgrund ihres Informationswerts begehrt, sondern auch durch ihren Objektstatus selbst. Schon auf den Schlachtfeldern des Amerikanischen Bürgerkriegs wurden beim „relic hunting" nicht nur primär nützliche Gegenstände wie Schuhe oder Waffen mitgenommen, sondern auch Taschentagebücher der Gegner, die wiederum oft per Post an die Angehörigen der Finder gesandt wurden.[267] Otto Link antizipiert genau diese Gefahr und bittet in einem Hinweis auf der ersten Tagebuchseite, den ehrlichen Finder des Tagebuchs, „ob Freund

---

265 H., Kriegstagebücher, 133–134.
266 Vgl. Die neue Felddienst-Ordnung, 22–23.
267 Vgl. Sarah Jones Weicksel, „Peeled" Bodies, Pillaged Homes: Looting and Material Culture in the American Civil War Era, in: Objects of War. The Material Culture of Conflict & Displacement, hg. von Leora Auslander und Tara Zahra, Cornell 2018, 111–138, hier 117.

oder Feind",²⁶⁸ dieses an seine Frau zu verschicken. Im Ersten Weltkrieg wurde in zuvor nicht erlebtem Ausmaß die Gefangennahme gegnerischer Soldaten Teil der Kriegsführung aller beteiligten Nationen.²⁶⁹ Der Zeitpunkt der Gefangennahme ist ein Moment der Gefahr für die Tagebücher, dem mit verschiedenen Anpassungsstrategien begegnet wird.

Der deutsche Soldat Felix Kaufmann gerät im April 1917 in französische Gefangenschaft. Bereits vor seiner Gefangennahme hatte er sein Tagebuch in Form kleiner Zettel regelmäßig an die Mutter geschickt, um es den Gefahren der Front zu entziehen. Während er in der Reinschrift seines Tagebuchs aus der Nachkriegszeit beschreibt, wie den Gefangenen neben Messer, Schere und Uhr auch Notizbuch und Bleistift abgenommen wurden, ohne dass dies für ihn eine Schwierigkeit dargestellt hätte, präzisiert er in der englischen Übersetzung des Tagebuchs, die er 1970 mit Ergänzungen erstellte, dass er das auf winzige Zettel verfasste Tagebuch bei der Gefangennahme zerstört und aus dem Zugfenster geworfen habe, um wichtige Informationen nicht preisgeben zu müssen.²⁷⁰ Das kleine Format, das es bislang auf dem scheinbar sichersten, nämlich dem Postweg, von der Front fortzuschaffen galt, ist in der neuen Situation durch seine Kleinheit prädestiniert, schnell zerstört zu werden.

Um die Existenz seines Kriegstagebuchs muss auch der aus der französischen Kolonie Algerien stammende Charles Gueugnier bangen, der am 12. Oktober 1914 in deutsche Gefangenschaft gerät und bis 1918 in einem Lager in Merseburg interniert ist. Der Beginn der Gefangenschaft ist möglicherweise erst Auslöser des Tagebuchschreibens, das auch ein Schreiben als *résistance* ist und in dem sich einmal mehr das Potential des Tagebuchs in der materiellen Kleinheit realisiert. Im ersten Eintrag schreibt Gueugnier:

> Sitôt après les gendarmes, de vert habillés, nous fouillent pour avoir nos papiers et surtout nos livrets militaires et les notes. J'ai le temps de manger les miennes, de détruire

---

268 Link, Tagebuch, 1.
269 Kriegsgefangenschaft war im Ersten Weltkrieg ein Massenphänomen, es gerieten ca. 7 bis 9 Millionen Soldaten in Gefangenschaft. Die jeweilige Behandlung hing jedoch stark vom Dienstgrad in der Armee und vom Zeitpunkt der Gefangennahme ab. Vgl. Jochen Oltmer, Einführung. Funktionen und Erfahrungen von Kriegsgefangenschaft im Europa des Ersten Weltkriegs, in: Kriegsgefangene im Europa des Ersten Weltkriegs, hg. von Jochen Oltmer, Paderborn 2006, 11–23, hier 11–14. Das Interesse an Tagebüchern von Gefangenen, das häufig mit Schreibverboten einherging, war vor allem im ersten Kriegsjahr groß. Gegen Kriegsende scheint das Schreiben in Gefangenschaft nicht mehr verboten gewesen sein, darauf weisen beispielsweise die Tagebücher von Wilhelm Eid und Erich Mayr hin.
270 Vgl. Kaufmann, Tagebuch.

quelques lettres, garde les fleurs que quelques-unes contiennent, j'arrive aussi à cacher mon livret militaire, et je leur donne quelques lettres insignifiantes.[271]

Bei der zu Beginn der Gefangenschaft anstehenden Durchsuchung ist er bereit, die bereits verfassten Notizzettel aufzuessen, anstatt sie preiszugeben. Ganz ähnlich wie bei Felix Kaufmann ermöglicht die Kleinheit auch die Zerstörung. Jedoch möchte der französische Gefangene Gueugnier weiterschreiben und nutzt dazu einmal mehr die Potentiale der kleinen Form, wie aus dem Eintrag vom 11. Dezember 1914 hervorgeht, in welchem er seine Schreibstrategie angesichts drohender Durchsuchungen erläutert:

> Je ne prends des notes que sur des feuilles détachées que je cache au fur et à mesure, car à chaque moment l'on peut être fouillé. Certains persistent à garder leurs carnets intacts, se feront sans aucun doute confisquer le tout.[272]

Im Schreiben antizipiert er beständig eine überraschende Durchsuchung, die im Januar 1915 Realität wird. Beim Appell ergeht der Befehl, dass alle Notizbücher abgegeben werden müssten und nach erfolgter Lektüre zurückgegeben würden. Seine Notizen hat er vorsorglich in der Feldflasche verstaut, wo sie auch bei einer überraschenden Durchsuchung nicht gefunden werden.[273]

Die Schreibpraxis Charles Gueugniers rückt sein Tagebuch in die Nähe von Kassibern, jenen in Gefangenschaft oder im Exil verfassten Texten, deren Schreibbedingung das Schreibverbot ist. Als materielle Grundlage für Kassiber dienen oft improvisierte, umpragmatisierte Papiermaterialien, die mit verdichteten Notaten beschrieben werden und gleich einem Projektil ein neues Ziel erreichen sollen.[274] Die ständige Furcht, beim Tagebuchschreiben entdeckt zu werden, lässt Gueugnier erfinderisch werden: Am 15. Februar 1916 ist eine weiße Blechdose unter Kartoffelstärke neben den Essensvorräten ein sicheres Versteck, das

---

[271] Charles Gueugnier, Les Carnets de captivité. 1914–1918, hg. von Nicole Dabernat-Poitevin, Toulouse 1998, 9. [Gleich nachdem uns die in grün gekleideten Polizisten durchsucht hatten, um uns unsere Papiere und vor allem unsere Wehrpässe und Aufzeichnungen abzunehmen, hatte ich Zeit, um die Meinigen zu essen, einige Briefe zu zerstören, die Blumen zu behalten, die in einigen Briefen enthalten waren, ich schaffte es sogar noch, meinen Wehrpass zu verstecken, und übergab ihnen einige unbedeutende Briefe.]

[272] Gueugnier, Les Carnets de captivité, 28. [Ich mache mir nur auf einzelnen losen Blättern Notizen, die ich nach und nach verstecke, denn in jedem Moment droht uns die Durchsuchung. Manch einer besteht darauf, die vollständigen Notizhefte aufzubewahren und riskiert damit zweifelsohne, dass diese auch vollständig beschlagnahmt werden.]

[273] Vgl. Gueugnier, Les Carnets de captivité, 37–38.

[274] Vgl. Helga Raulff und Ulrich Raulff, Vorwort, in: Kassiber. Verbotenes Schreiben, hg. vom Literaturmuseum der Moderne, Marbach am Neckar 2012, 6–11, hier 7–9. Vgl. zu Beispielen von Tagebüchern in Kassiberform die weiteren Beiträge im Ausstellungskatalog.

bei der Durchsuchung nicht entdeckt wird.²⁷⁵ Als er 1918 in ein Lager in die Schweiz verlegt wird, gelingt es ihm, die Tagebuchblätter im Futter des Koffers zu transportieren;²⁷⁶ in der Schweiz erstellt er eine Abschrift in Hefte, und führt gleichzeitig das Kriegstagebuch weiter, bis er im November 1918 das Lager verlässt. Zwar nutzt Gueugnier seine Notate nicht, um mit der Welt außerhalb des Lagers in Kontakt zu treten; gleichwohl zielt das Tagebuch in Kassiberform insofern auf eine Dialogizität, als es eine spätere Relektüre erlaubt.²⁷⁷

Dass im Lager trotz der Restriktionen und des teils geltenden Schreibverbots weitergeschrieben wurde, muss auf die spezifische Situation der Gefangenen zurückgeführt werden. In der Forschung zur Kultur- und Erfahrungsgeschichte des Ersten Weltkriegs wurde die Zeit der Gefangenschaft als „doppeltes Exil" bezeichnet, in dem die Soldaten fernab ihres im Krieg befindlichen Heimatlandes waren und damit sowohl der Teilnahme an den Kämpfen, als auch der Mobilisierung der Heimatfront beraubt.²⁷⁸ Jedoch konnte die vorliegende Studie bereits zeigen, dass das als persönliches wie kollektives erwartete Kriegserlebnis für wenige Tagebuchautoren alleiniger ausschlaggebender Schreibgrund war. Vielmehr dient das Schreiben oft metadokumentarischen Zwecken sowie der Pragmatik und Selbstverortung in einem unübersichtlich werdenden Kriegsgeschehen. Zwar liegt das Gefangenenlager Merseburg, wo sich Gueugnier aufhält, fernab der Fronten, jedoch ist er in der erzwungenen Immobilität ebenfalls weit von einem Wissen über den Krieg entfernt. Die Nachrichtenlage im Lager ist restriktiv; regelmäßigen Nachrichtenzugang gibt es nur über die – übrigens auch in besetzten Gebieten vertriebenen – Zeitungen *Gazette des Ardennes*, *Bruxellois* und *The Continental Times*, die von der deutschen Propaganda in Auftrag gegeben wurden. Die Schriftformen, die Gefangene nutzen durften und in denen sie selbst erfasst wurden, waren hochgradig standardisiert: Dies gilt sowohl für Postkarten, die gelegentlich verschickt werden durften, als auch für die zahlreichen Formulare, in denen die Identität der Gefangenen vermerkt wurde.²⁷⁹ Demgegenüber kann das Tagebuchschreiben in Gefangenschaft, das tägliche Routinen ver-

---

275 Vgl. Gueugnier, Les Carnets de captivité, 113.
276 Vgl. Gueugnier, Les Carnets de captivité, 8.
277 Vgl. Raulff und Raulff, Vorwort, 8.
278 Vgl. Annette Becker, Paradoxien in der Situation der Kriegsgefangenen 1914–1918, in: Kriegsgefangene im Europa des Ersten Weltkriegs, hg. von Jochen Oltmer, Paderborn 2006, 24–31, hier 25.
279 Vgl. Fabien Theofilakis, De l'écriture en captivité à l'écriture captive: quand les prisonniers trompent l'encre ..., in: Ecrire en guerre, 1914–1918. Des archives privées aux usages publics, hg. von Philippe Henwood und Paule René-Bazin, Rennes 2016, 57–70, hier 67–68.

zeichnet, als ein Versuch interpretiert werden, sich Raum und Zeit anzueignen.[280] Dass Charles Gueugnier *jeden* seiner über vier Jahre lang täglich notierten Einträge mit einer kurzen Wetterbeschreibung beginnt, spricht daher für den Versuch, Struktur im monotonen Alltag über Differenzierbarkeit herzustellen. Hinzu kommt, das verdeutlichen alle Versuche das Geschriebene zu bewahren, ein Aufzeichnen der Restriktionen in Zeiten eines zumindest in manchen Lagern rigoros durchgesetzten Schreibverbots.[281]

Scheitern alle Versuche der Zerkleinerung und des Versteckens, gelangen Tagebücher in die Hände der Gegner und von dort an verschiedene Orte – was von da an mit ihnen geschieht, liegt nicht mehr in der Hand ihrer Autoren. Interesse an den erbeuteten Tagebüchern bekundet nicht nur das Militär, sondern auch Kriegssammlungen, die Kriegsbeute von Kriegsbeginn an als begehrte Sammlerstücke erwerben.[282] So werden einem sächsischen Soldaten in einem französischen Lazarett in Chaumont, der um neues Papier gebeten hatte, da das Merkheft gefüllt war, seine Aufzeichnungen abgenommen. Von dort gelangen diese in ein französisches Kriegsarchiv, wo ein Archivar im Jahr 1916 eine Übersetzung anfertigt und eine Quelle für die künftige Historiographie des Kriegs zugänglich macht.[283]

Schneller noch als Archive und Kriegssammlungen zeigt jedoch die zeitgenössische Publizistik Interesse an den erbeuteten Kriegstagebüchern – und zwar sowohl auf deutscher als auch auf französischer Seite. Auszüge aus Tagebüchern der Kriegsgegner werden eine beliebte Rubrik in verschiedenen Tageszeitungen und sie interessieren auch die Diaristen im Feld, etwa Bernhard

---

280 Vgl. Theofilakis, De l'écriture en captivité à l'écriture captive, 63.
281 André Warnod war ebenfalls Gefangener im Lager Merseburg und veröffentlichte 1915 einen Erlebnisbericht über die Zeit seiner Gefangenschaft. Dieser liest sich wie eine Anleitung für die Angehörigen zum Umgang mit Gefangenen in deutschen Lagern und wurde eine der bekanntesten Publikationen der Kriegszeit in Frankreich. Im Gegensatz zu Gueugnier erwähnt Warnod kein Verbot des Tagebuchschreibens. Wenn er beschreibt, dass im Lager Papier, kleine Hefte und Stifte verkauft worden seien, spricht dies gegen ein generelles Schreibverbot in Gefangenenlagern. Dies ist ein weiteres Indiz für die sehr unterschiedliche Umsetzung von Vorschriften und Verboten in Lagern. Siehe dazu André Warnod, Prisonnier de guerre. Notes et croquis rapportés d'Allemagne, Paris 1915, 117–119.
282 Einige Kriegssammlungen riefen dezidiert dazu auf, Kriegsbeute aus dem Feld einzusenden. Vgl. dazu Christophe Didier, Die Spuren des Krieges sammeln, in: In Papiergewittern: 1914–1918. Die Kriegssammlungen der Bibliotheken, hg. von Christophe Didier und Gerhard Hirschfeld, Paris 2008, 16–27, hier 17–18. Biographische Dokumente waren vor allem in kleineren Kriegsmuseen und lokalen Ausstellungen beliebte Exponate. Siehe Eva Zwach, Deutsche und englische Militärmuseen im 20. Jahrhundert. Eine kulturgeschichtliche Analyse des gesellschaftlichen Umgangs mit Krieg, Münster 1999, 59.
283 Vgl. [Anonym], Journal de campagne d'un soldat allemand, APA 1365.

Bing, der über seine Zeitungslektüre der Veröffentlichungen aus Tagebüchern französischer Offiziere vermerkt, dass „danach [...] die Stimmung wirklich schlecht bei den Franzosen [ist]".[284] Fernab der Fronten im niederschlesischen Polkwitz liest der Oberst a. D. Leopold Boehm-Bezing die in der Schlesischen Zeitung veröffentlichten Auszüge aus dem Tagebuch eines englischen Hauptmanns und die in der Deutschen Tageszeitung veröffentlichten Auszüge aus dem Tagebuch des chinesischen Jungen Tschun-Tschul, der im russischen Heer dient.[285] Tagebücher erscheinen hier als universelles Vademecum auf beiden Seiten des Kriegs, die Einblicke in die jeweilige Kampfmoral geben, deren propagandistische Wendung jedoch weder von den Tagebuchautoren Bing noch Boehm-Bezing bemerkt wird.

Die Inszenierung der erbeuteten Tagebücher in der zeitgenössischen Publizistik[286] greift Formate und Bedingungen des tatsächlichen Tagebuchschreibens auf, wendet die Inhalte jedoch propagandistisch. Stets wird der Moment, in dem das Tagebuch die Seiten wechselt und damit zum Beuteobjekt[287] wird, anschaulich geschildert. Tschun-Tschul, dessen Tagebuch die Deutsche Tageszeitung abdruckt, liegt „14 Stunden im Feuer", bis er kurz vor seinem Tod notiert: „Ich bin müde und so zusammengesunken, ich kann nicht mehr schreiben ... Tschun-Tschul".[288] Geschrieben wird nah am Geschehen und bis zum Tod; dann

---

284 Bing, Tagebuch, 15.01.1916.
285 Auf diese Tagebuchauszüge verweist er im März 1915: Boehm-Bezing, Tagebuch, 08.03.1915, 26.03.1915.
286 Vgl. zur Darstellung von Kriegsgefangenen als menschlicher Kriegsbeute in der deutschsprachigen Publizistik Uta Hinz, „Die deutschen ‚Barbaren' sind doch die besseren Menschen". Kriegsgefangenschaft und gefangene ‚Feinde' in der Darstellung der deutschen Publizistik 1914–1918, in: In der Hand des Feindes. Kriegsgefangenschaft von der Antike bis zum Zweiten Weltkrieg, hg. von Rüdiger Overmans, Köln, Weimar und Wien 1999, 339–361.
287 Die Erbeutung von Objekten der Kriegsgegner reicht bis in die Antike zurück. Kriegsbeute umfasste größtenteils Waffen und Abzeichen, jedoch wurden auch Souvenirs wie Granatsplitter, Postkarten und Ausbläser erbeutet. Unterschieden wird gemeinhin zwischen Kriegsbeutestücken, die während des Kriegs von der eigenen Armee weitergenutzt, und Kriegstrophäen, die ausgestellt wurden. Sowohl Kriegsbeute als auch -trophäen hatten ihren festen Platz in der wilhelminischen Gesellschaft. Kriegstagebücher lassen sich in diesem Sinne eher den Trophäen zuordnen, die zu symbolischen Sinnträgern werden. Vgl. Christine Beil, Der ausgestellte Krieg. Präsentationen des Ersten Weltkriegs 1914–1939, Tübingen 2004, 72–78, 86. Die Haager Landkriegsordnung von 1907 sanktionierte das Beuten für die meisten Teilnehmerstaaten im Krieg. Erbeutet werden durften nur noch Waffen, zur Kriegsführung geeignete Gegenstände sowie militärische Transportmittel. Privates Eigentum, damit auch Kriegstagebücher von toten, verwundeten oder gefangen genommenen Soldaten sowie Zivilisten, durfte nicht erbeutet werden. Vgl. Zwach, Deutsche und englische Militärmuseen im 20. Jahrhundert, 66.
288 [Anonym], Das Tagebuch des Leutnants Tschun-Tschul, in: Deutsche Tageszeitung 22 (29. März 1915), H. 162, 2–3, hier 2.

wird das Tagebuch gefunden.²⁸⁹ Tschun-Tschuls Tagebuch, so die DTZ, gelangte über Zwischenstationen zu einem Kriegsberichterstatter, der die Auszüge der Zeitung zur Verfügung stellte und durch den Tonfall des Geschriebenen zum Stellvertreterdokument für zahlreiche russische Offizierstagebücher erklärt. Dabei empfiehlt der Kriegsberichterstatter das erbeutete und veröffentlichte Kriegstagebuch besonders der Lehrerschaft und damit der moralischen Erbauung der Schüler:innen für den Krieg.²⁹⁰

Ähnliche Erbeutungsszenen von Tagebüchern beschreibt Willy Norbert in seiner Reihe *Original-Tagebücher kriegsgefallener Gegner*. Die wahrscheinlich fiktionalen Tagebücher werden als wenig bearbeitete Schriften präsentiert, die der Herausgeber an den Fronten *fand* – das suggerieren die jeweiligen Untertitel. Auf *Tommy's Tagebuch* stößt Norbert beim Gang über ein verwüstetes belgisches Schlachtfeld, auf dem eine ältere Frau die Hinterlassenschaften durchstöbert und ihm „ein kleines, in Leder gebundenes Buch, vielleicht einen Finger dick, von der Größe einer Brieftasche"²⁹¹ zuwirft. Das Relikt des Schlachtfelds erreicht seinen neuen Besitzer mit einer Mission: Der Autor Tommy Atkins sei höchstwahrscheinlich tot und es nun Norberts Pflicht, das Tagebuch zu veröffentlichen. Ganz ähnlich gestaltet sich die Übergabe der Aufzeichnungen des verletzten Soldaten Michel Passionel, der diese Willy Norbert in einem belgischen Lazarett nach seinem Tod vermacht habe.²⁹² Dient das Motiv der Tagebücher als Kriegsbeute hier der Kriegspropaganda mittels Unterhaltungsliteratur, so finden die erbeuteten Tagebücher in anderen Fällen Verwendung als authentische Quellen für die kulturanthropologische Erforschung des Gegners, sowohl auf französischer,²⁹³ als auch als explizite Reaktion auf deutscher Seite, wo die Tagebücher

---

289 Dies ist eine Parallele zur zeitgenössischen Rhetorik der letzten Fotografie, die im Moment des Todes aufgenommene Fotografien bezeichnete, deren Filme bei den toten Soldaten gefunden wurden. Vgl. Encke, Augenblicke der Gefahr, 43.
290 Vgl. [Anonym], Das Tagebuch des Leutnants Tschun-Tschul, 2.
291 Tommy's Tagebuch. Aufzeichnungen eines gefallenen Engländers, gefunden, bearbeitet u. hg. von Willy Norbert, Berlin-Charlottenburg 1915, 13, 15. „Tommy" war in der zeitgenössischen Propaganda die Metonymie für englische Soldaten.
292 Das „kleine[ ], dünne[ ], in blauen Pappdeckel gebundene[ ] Buch" ist zusammen mit einem Briefbogen in einen Umschlag verpackt und explizit mit der Bitte verbunden veröffentlicht zu werden. Siehe Passionels Tagebuch. Hinterlassene Papiere eines gefallenen französischen Landwehrmanns, bearbeitet und hg. von Willy Norbert, Berlin-Charlottenburg 1915, 18.
293 Siehe Paul Hazard, Un Examen de conscience de l'Allemagne d'après les papiers de prisonniers de guerre allemands, Paris 1915. Ähnlich geht Joseph Bédier in seiner Veröffentlichung vor, die in zahlreiche Sprachen übersetzt wurde und eine lebhafte Debatte um den Umgang mit Kriegstagebüchern entfachte. Siehe Joseph Bédier, Les crimes allemands d'après les témoignages allemands, Paris 1915.

Gefangener veröffentlicht wurden, die ihnen einst für den militärischen Nachrichtendienst abgenommen wurden.[294]

Der Moment, in dem die Tagebücher den Besitzer wechseln ist, ob bei quasi-authentischen Zeitungsabdrucken, Tagebuchfiktionen oder wissenschaftlichen Materialauswertungen, symbolisch stark aufgeladen. Er verweist einmal mehr auf deren Objektstatus, der durch Beschreibungen der Materialität detailreich charakterisiert wird und für den in einigen Publikationen eingefügte Faksimiles bürgen sollen. Hand in Hand mit dem Fokus auf der Materialität, der den Objekt- und Beutestatus der Tagebücher hervortreten lässt, gehen die Zuschreibungen an die Tagebücher von „einfach[ ], aber recht aufrichtig[ ] und charakteristisch[ ]"[295] über „gewissenhaft und wahrhaft"[296] bis hin zu „unverfälscht[ ]".[297]

Die erbeuteten Tagebücher werden als Stellvertreterdokumente ihrer Schreiber inszeniert, die unmittelbar, wahr und bekennend Einblicke in die französische oder deutsche Kultur geben. Dafür werden gängige Topoi der Rede über das Tagebuch bemüht unter beständigem Verweis auf eine durchaus zeittypische Materialität und authentische Schreibsituationen. Außen vor bleibt das Pragmatische dieser Hefte, ihr notgedrungenes Potential Akustik aufzuzeichnen, Fotografien zu verwalten und sich im Feld zu verorten.

---

294 Siehe dazu die zwei Bände von Joachim Kühn (Hg.), Aus französischen Kriegstagebüchern I. Stimmen aus der deutschen Gefangenschaft, Berlin 1918, 8 sowie Aus französischen Kriegstagebüchern II. Der „Poilu" im eigenen Urteil, Berlin 1918, 7.
295 [Anonym], Das Tagebuch des Leutnants Tschun-Tschul, 2.
296 Tommy's Tagebuch, 19.
297 Kühn (Hg.), Aus französischen Kriegstagebüchern I, 7.

2 Zwischen Teilnahme und Entzug: Kriegstagebücher in der Heimat

Der österreichische Schriftsteller Peter Rosegger veröffentlichte im Oktober 1914 über die Monatsschrift *Heimgarten* in seiner Rubrik „Heimgärtners Tagebuch" einen auf den 28. August 1914 datierten Eintrag, in welchem er über den Platz des Tagebuchschreibens im Krieg reflektiert. „Es sollten heute recht viele Menschen Tagebücher führen über das, was wir jetzt erleben", formuliert er, auf den zeitgenössisch populären Begriff des Erlebnisses zurückgreifend, und unterstreicht diesen im Folgenden: Notieren sollen die Menschen „[n]icht was sie aus Zeitungen lesen, sondern was sie persönlich sehen und erfahren". „Solche Tagebücher", so beschließt er seinen knappen Appell, „könnten kaum von einer noch so ausführlichen Chronik ersetzt werden" und würden der „Kulturforschung künftiger Zeiten"[1] wertvolles Material liefern. Roseggers Aufruf, den Krieg in Tagebüchern zu dokumentieren, wurde in weiteren Zeitschriften aufgegriffen;[2] er ist ein Indiz der zeitgenössischen Popularisierung des Kriegstagebuchschreibens. „Angeregt durch die Aufrufe Peter Roseggers im Kunstwart", so bekennt ein Lehrer aus Dresden Ende 1915, „führte ich mit meiner damaligen 2. Mädchenklasse vom Kriegsbeginn bis heute wöchentlich Kriegstagebuch",[3] und bestätigt somit die Wirksamkeit dieses Schreibaufrufs.

Tagebuchschreiben war zu Beginn des 20. Jahrhunderts eine vor allem im weiblichen Bürgertum verbreitete Schreibpraxis, die zunehmend auch in anderen Schichten übernommen wurde.[4] Dezidierte Kriegstagebücher waren hingegen durch Veröffentlichungen infolge der Reichseinigungskriege als ein

---

[1] Peter Rosegger, Heimgärtners Tagebuch, in: Roseggers Heimgarten. Eine Monatsschrift 39 (1914), H. 1, 58–68, hier 66. Peter Rosegger (1843–1918) war ein zeitgenössisch populärer Schriftsteller, der besondere Bekanntheit durch seine „Handwerker-Geschichten" und Sozialreportagen erlangte. Außerdem interessierte er sich schon früh für volkskundliche Bestrebungen und sammelte etwa alpenländische Dialekte für ein geplantes Wörterbuch der steirischen Sprache. Siehe zur Kontextualisierung Peter Roseggers ausführlich Gerald Schöpfer, Peter Rosegger: ein Zeuge der Sozialgeschichte, in: Peter Rosegger im Kontext, hg. von Wendelin Schmidt-Dengler, Wien 1999, 38–56.
[2] Siehe beispielsweise [Anonym], Tagebücher führen!, in: Kunstwart und Kulturwart 27 (1914), H. 3, 109.
[3] [Anonym], Ein Jahr Kriegstagebuch, in: Deutsche Schulpraxis. Wochenblatt für Praxis, Geschichte und Literatur der Erziehung und des Unterrichts 35 (5. Dezember 1915), H. 48, 380–382, hier 380.
[4] Vgl. Steuwer und Graf, Selbstkonstitution und Welterzeugung in Tagebüchern des 20. Jahrhunderts, 17–22.

vorwiegend männliches Genre konnotiert, das bislang den Angehörigen der Armee als den offiziellen Kriegsteilnehmern vorbehalten war.[5] Im August 1914 wurde diese Traditionslinie des Tagebuchschreibens sowohl durch militärische Schreibpraktiken als auch durch private Tagebücher im Tornister zwischen Erlebnis und Pragmatik fortgeführt und aktualisiert. An die Familien in der Heimat versandte Tagebücher von Soldaten oder in Zeitungen veröffentlichte Tagebuchblätter aus dem Kriegsgeschehen führten den Menschen in der Heimat die Popularität und Zeitspezifik der Kriegsdiaristik vor Augen. Massenveranstaltungen und die Ereignisfokussierung der Zeitungen und Extrablätter trugen ihren Teil zur inneren Mobilmachung bei und appellierten an viele Formen der Teilnahme am Krieg – sei es als Beitrag für die Liebesgabensammlung, das Stricken für Soldaten oder die Unterstützung der Kriegsanleihen.

Auch das Führen eines Kriegstagebuchs war eine Form der Teilnahme am Krieg, der sich zahlreiche Mädchen und Jungen, Frauen und Männer in den ersten Kriegstagen verschrieben. Von Kriegsbeginn an war die Praxis der Kriegstagebücher aus der breiten Bevölkerung verzahnt mit jenen Phänomenen, die retrospektiv als „Ersatzhandlung"[6] oder „Waffendienst mit der Feder"[7] bezeichnet wurden. Die schreibende Mobilmachung der Nation manifestierte sich allerdings nicht nur in den Kriegspublikationen bekannter Schriftsteller und in der massenhaft publizierten Kriegslyrik, sondern primär in der Kriegsdiaristik. Vertreter der geistigen Mobilmachung erklärten das Tagebuch zur Gattung der Zeit, deren Schreiben einer Verpflichtung gleichkommt. So verspürt Eduard Engel, Professor für deutsche Literatur, schon anlässlich der Ermordung des Thronfolgers Franz Ferdinands am 28. Juni 1914 den Wunsch, „eine Geschichte der greifbaren göttlichen Gegenwart zu schreiben", und wählt als „einzige Form der Ausführung: das Tagebuch dieses Weltkriegs". Im Abstand von acht bis vierzehn Tagen erscheint sein Kriegstagebuch in Heftform und bietet ihm „[a]us der maternden Seelenqual der zum Zuhausebleiben Verurteilten [...] Erlösung: höchstes Miterleben aus der Ferne". Als „Rettung aus einer Tatenlosigkeit"[8] steht sein Tagebuchschreiben *in nuce* für die schreibende Mobilmachung in der Heimat, die diese erst zur Heimat*front* gerinnen lässt. Seine dezidiert für die

---

5 Vgl. Hämmerle, The Self Which Should be Unselfish, 102–103.
6 Peter Walther, Nachwort, in: Endzeit Europa. Ein kollektives Tagebuch deutschsprachiger Schriftsteller, Künstler und Gelehrter im Ersten Weltkrieg, hg. von Peter Walther, Göttingen 2008, 365–380, hier 370.
7 Lars Koch, Der Erste Weltkrieg als kulturelle Katharsis und literarisches Ereignis, in: Erster Weltkrieg. Kulturwissenschaftliches Handbuch, hg. von Niels Werber, Stefan Kaufmann und Lars Koch, Stuttgart und Weimar 2014, 97–141, hier 104.
8 Eduard Engel, Vom Ausbruch des Krieges bis zur Einnahme von Antwerpen, Berlin 1915, II.

Heimatfront formulierte Programmatik des Kriegstagebuchschreibens wird mittels der zeitnahen Publikation des Tagebuchs in die Öffentlichkeit getragen und steht somit für die Ersatzhandlung des Tagebuchschreibens ein.

Jenseits der Fronten stellt sich für viele Menschen jedoch die Frage nach der Legitimität des Kriegstagebuchschreibens als solchem: Tagebuchschreiben als Praxis wird stark verhandelt und normiert, die Möglichkeiten und Potentiale der Gattung in poetologischen Überlegungen der Autor:innen und zeitgenössischen Beschreibungen diskutiert. Neuralgischer Punkt der Aneignung der Gattung jenseits der Kriegsfronten ist die vermeintlich fehlende Kriegserfahrung und -teilnahme, der – so die dem Kapitel übergeordnete These – mit diversifizierten dokumentarischen Praktiken begegnet wird, die versuchen des Kriegs habhaft zu werden. Der Kriegsgeschehen an den entfernten Fronten bestimmt das Tagebuchschreiben in der Heimat stark; die nähere ‚Kriegsumwelt' wird hingegen selten beobachtet und dokumentiert. Dabei erweisen sich je nach Schreibkontext – dem Schreiben in besetzten Gebieten in Frankreich, in vom Krieg getrennten Familien oder in den Schulen im Kaiserreich – verschiedene dokumentarische Praktiken als angemessen, denen das folgende Kapitel nachspürt.

2.1 Umpragmatisierung: Kriegstagebücher – Tagebücher im Krieg

Das Tagebuchschreiben in der Heimat definiert sich in vielerlei Hinsicht in Bezug oder in Abgrenzung zum Schreiben an den Fronten. Während die paradigmatischen Manifestationen des Kriegstagebuchschreibens der Zeit – Vordrucke von Verlagen und Schreibwarenunternehmen – zwar bevorzugt *portable media* sind, deren Format für die Frontdokumentation prädestiniert ist, wird die Kriegsdokumentation qua deren Titelwahl auch auf die Heimatfront erweitert.[9] Andere Vordrucke adressieren sogar ausschließlich Menschen jenseits der Fronten. „Mit diesem Entwurf zu einem Kriegstagebuch wollen wir zu einer guten Sache anregen und zugleich die Arbeit ein wenig erleichtern", lauten die ersten Worte im Vorwort des 1915 vom Oskar Eulitz-Verlag herausgebrachten *Kriegstagebuch zu dem Weltkriege 1914*. Das stabile Buch unterscheidet sich schon durch seine etwa dem A4-Format entsprechende Größe und die aufwendige Gestaltung des Einbands von den kleinen Soldatentagebüchern (Abb. 19). Zur Kriegsdokumentation schlägt der Vordruck eine Dreiteilung vor, die „zur

---

9 Beispielsweise das Kriegs-Merkbuch für Militär und Civil.

Bequemlichkeit"[10] dienen soll und die Schreibhürde mindert. Es liegt nahe, dass sich dieser Vordruck über seinen Formularcharakter in die Genealogie der militärischen Diaristik einschreibt, schließlich enthielten die Bestimmungen von 1895 und 1916 integrierte Muster, die das Schreiben in das Kriegstagebuchformular formatierten, prozessierten und uniformierten.[11] Bei einem Kriegstagebuch solcher Prägung liegt weniger die Bezeichnung der historisch gewachsenen Gattung, denn die des Formats nahe, einer „strukturierte[n] Vorgabe[ ] in Form von Modellen, Standards oder Regelwerken".[12]

Abb. 19: Tagebuchvordruck aus dem Jahr 1915.

---

10 Kriegstagebuch zu dem Weltkriege 1914, Lissa in Posen 1915, 2–3. Der Vordruck kostet 3 Mark und ist damit deutlich teurer als kleine und portable Kriegsmerkhefte, die schon 1914 vertrieben werden.
11 Siehe zu den Bestimmungen zur Militärdiaristik Kapitel 1.1 der vorliegenden Studie.
12 Volmar, Das Format als medienindustriell motivierte Form, 22.

In Teil 1 sollen wichtige Ereignisse des Kriegs an der Front tabellarisch auf Zeittafeln festgehalten, in Teil 2 die Geschehnisse in der Heimat wie die Einberufung der Krieger, die Tätigkeit der Schulen oder die Umstellung des Briefverkehrs in freierer Form chronologisch aufgeschrieben und in Teil 3 Materialien wie Kriegslieder, Zeitungsausschnitte oder Berichte aus dem Feld, die sich nicht in die Zeitfolge fügen, gesammelt werden.[13] Chronologische und systematische Schreib- und Sammelpraktiken ergänzen sich in der vorformatierten Kriegsdokumentation. Tagebuchvordrucke werden für verschiedene Zielgruppen hergestellt und diese damit als Kriegstagebuchautor:innen angesprochen: Das *Kriegstagebuche zu dem Weltkriege* soll vorwiegend in Schulen zum Einsatz kommen, andere Vordrucke richten sich gezielt an Frauen.[14]

Wenn Aufrufe an die Kriegsdokumentation appellieren und Vordrucke ihr einen niedrigschwelligen Schreib- und Sammelplatz bieten, werden Kriegstagebücher von vorher geführten, in den Alltag eingebundenen Tagebüchern abgegrenzt oder sind überhaupt erst Generatoren des täglichen Schreibens. Anders als es die Appelle oder Formatierungen nahelegen würden, zeichnen sich die in der Heimat geführten Kriegstagebücher jedoch durch eine Pluralität an Formen aus, die eine Unterscheidung zwischen ‚Kriegstagebüchern' und ‚Tagebüchern im Krieg' kaum ermöglicht. Vielmehr verhandeln viele Autor:innen das Verhältnis zum Krieg in Aufzeichnungen aus der Kriegszeit täglich neu. Die Zuordnung von Kriegstagebüchern zu temporären Tagebüchern, wie sie etwa Christiane Holm vorschlägt und damit von lebenslang geführten Tagebüchern abgrenzt,[15] lässt sich anhand des vorliegenden Materials daher nur bedingt aufrechterhalten. Wenn die Diaristin Elisabeth Schatz, die seit ihrem 20. Lebensjahr Tagebuch führte, ihr am 1. August 1914 begonnenes „Tagebuch Nr. 9" zugleich als „Kriegstagebuch Nr. 1" bezeichnet, dann integriert sie die Kriegsdiaristik fließend in ihre habitualisierte diaristische Praxis.[16]

So werden viele bereits vor Kriegsbeginn geführte Tagebücher zu Kriegstagebüchern, ohne explizit als solche tituliert zu werden, und nicht wenige als dezidierte Kriegstagebücher begonnene Aufzeichnungen entwickeln sich über

---

13 Vgl. Kriegstagebuch zu dem Weltkriege 1914, 3.
14 Beispielsweise der seit 1912 erscheinende Kalender des Vaterländischen Frauenvereins, der ab 1915 als „Kriegsausgabe" erscheint: Notiz-Kalender des Vaterländischen Frauen-Vereins für 1915. Kriegsausgabe, Berlin 1914. Siehe außerdem Frauenkriegskalender 1915, hg. vom Bund österreichischer Frauenvereine, Wien 1914 o. 1915.
15 Vgl. Holm, Montag Ich, Dienstag Ich, Mittwoch Ich, 39–40.
16 Vgl. Elisabeth Schatz/Bosse, Tagebuch, DTA 1506, 7–24. Nach dem Krieg änderte sich Elisabeth Schatz' Nachname durch Heirat in Elisabeth Bosse; unter diesem wird ihr Tagebuch im DTA katalogisiert. Ich verwende in der gesamten Studie im Fließtext den Namen Elisabeth Schatz.

2.1 Umpragmatisierung: Kriegstagebücher – Tagebücher im Krieg — 103

die Jahre von der Kriegsdokumentation weg hin zu persönlicheren Tagebüchern. Dabei schließen zahlreiche als Kriegstagebücher bezeichnete Aufzeichnungen an Schreibtraditionen und -formen an, etwa das bürgerliche Tagebuch, Skizzen- und Notizhefte, die Familien- oder Schulchronik, den Kalender oder das *scrapbook*. Eine bereits eingeübte Schreibpraxis wird somit in den Dienst des Kriegs gestellt und unter der Bezeichnung des Kriegstagebuchschreibens fortgeführt. Von der Pluralität der Kriegstagebücher zeugen auch die von den Autor:innen selbst vorgenommenen Gattungsbezeichnungen: Diese reichen von Aufzeichnungen, Chronik(en), Nachrichten bis hin zur dezidierten Bezeichnung als Tagebuch. Die entscheidende Gemeinsamkeit zu Kriegsbeginn ist die *Umpragmatisierung* der Tagesnotizen für den Krieg, die mit einer Schreibverpflichtung einhergeht. Viele Kriegstagebücher setzen mit den sukzessive erfolgenden Kriegserklärungen Anfang August 1914 ein; jene, die erst später beginnen, nutzen den ersten Eintrag häufig, um bis an den Kriegsbeginn zurückzuschreiben. Wie von der Tagebuchforschung häufig konstatiert, ist dieser Kriegsbeginn somit wie viele andere vor ihm Generator des Schreibens oder führt dazu, dass vorhandene Tagebücher wieder regelmäßiger geführt werden.[17] Das Konzept der Umpragmatisierung akzentuiert jedoch in besonderem Maße, wie in Anbetracht des veränderten Handlungsrahmens ‚Krieg' zahlreiche Text-, Bild- und Sammelformen *performativ* als Kriegstagebücher genutzt und definiert werden.[18]

Darüber hinausführend begreife ich Tagebücher im Krieg genau wie dezidiert als Kriegstagebücher bezeichnete Texte als Gattung, die über ihr Handlungspotential definiert wird: „Der Bedeutungsrahmen, den eine bestimmte Gattung einem Text vorgibt, wird bedingt durch das Handlungspotential, das durch die Texte dieser Gattung ausgeschöpft werden kann."[19] So entspricht bereits die Wahl des Tagebuchtitels bei vielen Autor:innen einer Schreibverpflichtung für den Krieg. Alexander Honold hat die spezifischen Entwicklungen zu Kriegsbeginn als „bemerkenswerte Verschiebungen in der diaristischen Gattung" bezeichnet, die von der „implizite[n] Ermahnung zu pflichtbewußter Zeit-

---

17 Vgl. Christa Hämmerle und Li Gerhalter, Tagebuch – Geschlecht – Genre im 19. und 20. Jahrhundert, in: Krieg – Politik – Schreiben. Tagebücher von Frauen (1918–1950), hg. von Christa Hämmerle und Li Gerhalter, Wien 2015, 7–31, hier 23–24.
18 Anders verwendet Arno Dusini den Begriff der Umpragmatisierung: Er beschreibt damit den Editionsprozess von Tagebüchern, der diese aus ihrem ursprünglichen Gebrauchszusammenhang löst. Vgl. Dusini, Tagebuch, 54. Meine Begriffsverwendung der Umpragmatisierung weist Parallelen zum Konzept des „Normangleichs" auf, mit dem Siegfried Bernfeld den Übergang von Formen wie dem Notiz- zum Tagebuch beschreibt. Siehe Bernfeld, Trieb und Tradition im Jugendalter, 74–75.
19 Dusini, Tagebuch, 28.

genossenschaft"[20] motiviert wurden. Wenn Elisabeth Schwarz ihre Aufzeichnungen eröffnet, indem sie den auf den Einband vorgedruckten Titel „Diarium" durchstreicht und handschriftlich den Titel „Kriegstagebuch"[21] darüberschreibt, bleibt zum einen zu vermuten, dass sie gern auf einen Kriegstagebuchvordruck zurückgegriffen hätte, zum anderen ihr Schreiben nun vollkommen auf den Krieg beschränkt. Das von Anna Steinmetz laut Titel am 28. Juni 1914 begonnene Tagebuch wird am 30. Juli 1914 zum „Kriegs Chronik Tagebuch [...] des Weltkriegs 1914/15" und die Umpragmatisierung gleich einer Schreibverpflichtung formuliert, welche die ersten Einträge durch ihren chronikalischen, rein auf den Krieg fokussierten Stil einlösen. Im Laufe ihrer Aufzeichnungen entwickelt sich das Kriegstagebuch jedoch zunehmend zu einem Ort der Reflexion ihres persönlichen Werdegangs und ihrer Standpunkte, in dem auch die Bilanz über die Ernte Platz findet. Somit eignet sich Anna Steinmetz über das „Kriegs Chronik Tagebuch" die Praxis des Tagebuchschreibens an und nimmt im späteren Verlauf des Kriegs von ihrem Anspruch, ein dezidiertes Kriegstagebuch zu führen, Abstand. Im Jahr 1917 beschließt sie: „Daß ich es hauptsächlich als Kriegstagebuch führe ist nun vorbei. Was mir in den Sinn kommt schreibe ich nieder."[22]

Anhand von bürgerlichen Mädchentagebüchern, die ihr Schreiben in den Dienst des Kriegs stellen, lässt sich die Unterscheidung von Tagebüchern im Krieg und Kriegstagebüchern besonders deutlich problematisieren. So widmet Milly Haake ihr im Juni 1914 begonnenes Tagebuch ab dem August 1914 fast ausschließlich der Kriegsdokumentation und wird ihrer Schreibverpflichtung gerecht. Fällt sie hingegen in Themen zurück, die sie vor dem Krieg beinahe täglich beschäftigt haben, etwa ihre Schwärmerei für den Mathematiklehrer, kritisiert sie sich selbst: „Ich muß schließen. In dieser großen Zeit soll man nicht immer an sich u. seine Angelegenheiten denken."[23] Die Hinwendung zur Selbstbeobachtung im Tagebuchschreiben erscheint in einem Weltkrieg nicht angemessen. Da die Niederschrift privater Erlebnisse von Zeit zu Zeit doch erfolgt, entscheidet sich Milly Haake schließlich, diese von dezidierten Kriegseinträgen durch einen schwarz-weiß-roten Streifen zu trennen.[24]

---

20 Honold, Einsatz der Dichtung, 216.
21 Elisabeth Schwarz/Jungel, Tagebuch, DTA 1654, 1. Elisabeth Schwarz' Nachname änderte sich im Krieg durch Heirat in Elisabeth Jungel; unter diesem wird ihr Tagebuch im DTA katalogisiert. Ich verwende in der gesamten Studie im Fließtext den Namen Elisabeth Schwarz.
22 Anna Steinmetz, Tagebuch, DTA 1020, 1–6, 10.–26.12.1917.
23 M. Haake, Tagebuch, 09.10.1914.
24 Vgl. M. Haake, Tagebuch, 23.12.1914. Ähnliche Abgrenzungen finden sich bei Anna Steinmetz, die „eine Eintragung, die nicht zum Krieg gehört" in Klammern nach die Kriegsnachrichten notiert. Siehe Steinmetz, Tagebuch, 22.01.1916.

Das Konzept des Erlebens und des Kriegseinsatzes im Feld ist für viele Diarist:innen in der Heimat häufiger Bezugspunkt des Schreibens. Annie Küppers, die seit 1910 ein geradezu paradigmatisches *journal intime* führt,[25] funktioniert dieses ab August 1914 in ein Kriegstagebuch um und liest ihre Kriegsmitschriften ganz in der Tradition von bürgerlichen Tagebüchern Ostern 1915 im „ganzen Familienkreise" unter „größtem Interesse"[26] vor. Schon Anfang Oktober 1914 anlässlich des Sieges der deutschen Truppen in Antwerpen wird die nur vermeintliche Selbstverständlichkeit des Kriegstagebuchs in der Heimat jedoch selbst Thema. Nur kurz beschreibt die Autorin ihre Gedanken an einem Mann, schließt dann aber abrupt:

> Solche Reflexionen aufzustellen ist zwar in der Jetzt-Zeit unpassend – wo heute Antwerpen eingenommen wurde und das ‚ich' verschwinden sollte. Aber Kriegstagebücher führen andere – besser! U. den ganzen Tag ohne Unterhaltung, wenig Leibbinden nähen – kann ich nicht – da schreibe ich – was ich immer gern tat – u. was mich auch unterhält – wenn auch wenig sich weigert – häusliches um so mehr ja draußen in d. Welt, von der man hier so wenig fühlt – wohl hört – aber was ist das. Kein Erleben eben.[27]

Das Kriegstagebuch soll zum Schreiben über den Krieg verpflichten, wird aber durch zwei Faktoren verunmöglicht und damit zum Gegenstand eines Eintrags. Zum einen widerspricht es der gewohnten und bereits vier Jahre lang praktizierten Selbstreflexion im Tagebuch – Gedanken an das ‚Ich' im Tagebuch müssen verschwinden. Damit formuliert Annie Küppers explizit ihre Abkehr von der Innerlichkeit, die so charakteristisch für die Geschichte des Tagebuchs ist.[28] Das Schreiben wird hier nicht mehr von der Sorge um sich selbst angetrieben, sondern diese gezielt aus der diaristischen Praxis ausgeschlossen zugunsten der Beobachtung und Dokumentation des Kriegs.[29] Zum anderen problematisiert

---

25 Dafür steht in besonderem Maße der Eröffnungsvers ein: „In dieses Buch trag alles ein, / Vertrau ihm an, was Du erlebst, / Ob Du geglüht, ob Du erbebst, / Es soll von Deinem Seelenleben / Ein treues Spiegelbild ergeben, / Für Dich stets eine Erinnerung sein!". Siehe Annie Küppers/Gilgin-Küppers, Tagebuch, DTA 1663, 4–5. Annie Küppers Nachname änderte sich im Krieg durch Heirat in Annie Gilgin-Küppers; unter diesem wird ihr Tagebuch im DTA katalogisiert. Ich verwende in der gesamten Studie im Fließtext den Namen Annie Küppers.
26 Küppers/Gilgin-Küppers, Tagebuch, 04. und 05.03.1915.
27 Küppers/Gilgin-Küppers, Tagebuch, Oktober 1914.
28 Siehe einführend zur Innerlichkeit mit philosophiegeschichtlichem Schwerpunkt Kurt Flasch, Der Wert der Innerlichkeit, in: Die kulturellen Werte Europas, hg. von Hans Joas und Klaus Wiegandt, Bonn 2005, 219–236. Die neuere Tagebuchforschung definiert das Tagebuch jedoch weniger über Subjektivität und Innerlichkeit als vielmehr über dessen Tages-Form.
29 Über das Selbst zu schreiben, bezeichnet Michel Foucault als „eine der ältesten Traditionen des Westens", um die Wahrheit über sich selbst hermeneutisch herauszufinden. Schon in der Antike stand das Verhältnis von Selbstbefragung und politischem Handeln zur Debatte.

die in Freiburg lebende Autorin die Kriegserfahrung selbst: „Kein Erleben eben", sondern nur eine vermittelte Wahrnehmung des Kriegs lassen sie an der Legitimität des Kriegstagebuchschreibens zweifeln. Das Kriegsereignis, das schon im zeitgenössischen Diskurs zur „kommunikative[n] Pose der ‚Dabeigewesenen'"[30] beschworen wurde und den Kämpfenden oder zumindest Beobachtenden an der Front vorbehalten war, entzieht sich. Ob es trotzdem legitim ist, ein Kriegstagebuch zu führen, bleibt daher stetiger Anhaltspunkt des Schreibens und führt zur Suche nach dem sich entziehenden Krieg angemessenen Dokumentationsformen.

Anstelle des individuellen wie kollektiven Kriegserlebnisses tritt eine Form der Beobachtung und Dokumentation des Kriegs im Tagebuch, die sich an zeitgenössische Positionen der Ethnographie anschließen lässt. In seinem von 1914 bis 1918 im fernen Neuguinea geführten *Tagebuch im strikten Sinn des Wortes* entwickelte der polnische Ethnograph Bronisław Malinowski Überlegungen zu einer Methode und Praxis, die noch heute kanonisch in der Ethnographie, aber auch Soziologie verwendet wird: die teilnehmende Beobachtung.[31] Malinowski diente diese Methode dem Studium der Kultur und sozialen Beziehungen der Authochthonen auf den Trobriand-Inseln. Bei seinen Studien vor Ort beklagte er jedoch, dass er mit ihnen nur wenig zu tun hätte, er sie nicht genug beobachte und ihre Sprache nicht spreche. Er versuchte daraufhin, mehr Zeit in ihrer Gesellschaft zu verbringen, beobachtete die Herstellung von Armreifen und traditionellen Tänzen. Um der teilnehmenden Beobachtung gerechtzuwerden, sammelte er zahlreiche Informationen in Befragungen und erstellte Fotografien – er steckte, in den Worten Malinowskis – den Boden seines Territoriums immer genauer ab.[32]

Übertragbar ist Malinowskis Methode nicht nur durch die zeitliche Koinzidenz sowie durch den Träger ihrer Niederschrift – schließlich verweist der Titel *Ein Tagebuch im strikten Sinn des Wortes* ebenfalls auf die Beschränkungen und

---

Vgl. Michel Foucault, Technologien des Selbst, in: Technologien des Selbst, hg. von Luther H. Martin, Huck Gutman und Patrick H. Hutton, Frankfurt am Main 1993, 24–62, hier 36–40.
30 Reimann, Semantiken der Kriegserfahrung und historische Diskursanalyse, 173.
31 Mittlerweile wurde aufgezeigt, dass die Methode schon in den 1870er Jahren von Frank Hamilton Cushing durchgeführt und beschrieben wurde und der Begriff der teilnehmenden Beobachtung nicht von Malinowski stammt, sondern 1914 erstmalig von der Ethnographin Florence Kluckhohm verwendet wurde. Siehe dazu Brigitta Hauser-Schäublin, Teilnehmende Beobachtung, in: Methoden und Techniken der Feldforschung, hg. von Bettina Beer, Berlin 2003, 33–54, hier 35.
32 Siehe dazu ausführlicher Bronisław Malinowski, Ein Tagebuch im strikten Sinn des Wortes. Neuguinea 1914–1918, mit einem Vorwort von Valetta Malinowska und einer Einleitung von Raymond Firth, hg. von Fritz Kramer, Frankfurt am Main 1985, 22–71.

Möglichkeiten der Gattung Tagebuch.[33] Die teilnehmende Beobachtung stellt viel grundlegender die Frage danach, wie an einer anderen Kultur – übertragen auf die Kriegsdiaristik in der Heimat dem fernen, soldatischen Krieg – partizipiert werden kann und beantwortet sie, indem sie die Erstellung von Daten- und Materialsammlungen vorschlägt, die Malinowski ins Tagebuch notiert. In der bekannten Publikation *Argonauten des westlichen Pazifik*, in welcher er seine Forschungsergebnisse im Jahr 1922 der Fachöffentlichkeit präsentierte, gehört das Tagebuch zu den elementaren Ausrüstungsgegenständen. Darin vermerkt der Ethnograph die Beobachtungen und gesammelten Daten.[34] Die teilnehmende Beobachtung, die physische Nähe voraussetzt, ist in Ausprägung der Kriegsdiaristik jedoch zu präzisieren. Wo eine unmittelbare (visuelle, akustische) Beobachtung der Kriegskämpfe oft nicht möglich ist, konzentrieren sich die Diarist:innen auf die Medialität des Kriegs – sie nehmen sammelnd, zeichnend oder schreibend am Krieg teil. Während in der Konzeption der ethnographischen Methode teilnehmen und beobachten einander ausschließen und beim Ethnographen oft zu einem Rollenkonflikt führen,[35] ist das Schreiben in Tagebuchform eine Form der Teilnahme, bei der Nähe und Distanz zum Krieg überwunden werden und ein Eintauchen in die vermeintlich ferne, unerreichbare Kriegswelt ermöglichen sollen.

Dafür stehen vor allem zu Kriegsbeginn zahlreiche Bilanzen über Kriegsgefangene und erbeutete Objekte ein. Milly Haake bringt die Gesamtzahl von 812 808 Kriegsgefangenen so in eine tabellarische Darstellungsform:

Franz:	3868 Of.	238 498 Mannsch.
Russen:	5140 Of.	504 210 "
Belg:	647 "	39 620 "
Engl:	520 "	20 300 "
	10 195	802 626[36]

Während es beim pragmatischen Schreiben im Feld oft darum ging, primäre Daten als Wissen im Entwurf zu sichern, beschäftigen sich viele Diarist:innen an der Heimatfront stattdessen – so könnte man die Terminologie Christoph

---

33 Die Titelwahl geht wahrscheinlich auf den Herausgeber Raymond Firth zurück, Malinowski verwendete die Bezeichnung „frühes polnisches Tagebuch" für Heft 1 und „Tagebücher" für Heft 2. Vgl. Vorwort in Malinowski, Ein Tagebuch im strikten Sinn des Wortes, 2.
34 Siehe Bronisław Malinowski, Argonauten des westlichen Pazifik. Ein Bericht über Unternehmungen und Abenteuer der Eingeborenen in den Inselwelten von Melanesisch-Neuguinea (1922), mit einem Vorwort von James G. Frazer, hg. von Fritz Kramer, Frankfurt am Main 1979, 48.
35 Siehe Hauser-Schäublin, Teilnehmende Beobachtung, 37–38.
36 M. Haake, Tagebuch, 10.04.1915.

Hoffmanns ergänzen – mit den ‚sekundären Daten' des Kriegs.[37] Gerade am Beispiel der Addition im Tagebuch Milly Haakes lässt sich jedoch auch beobachten, wie „[d]as Einwandern der Zahl in den Text" ein Zeichen für untrügliche Faktizität sein soll,[38] die den Realitätsanspruch des Kriegstagebuchs einmal mehr unterstreicht.

Wie Annie Küppers schreibt, ist es schwer, an der „Welt – von der man hier so wenig fühlt", teilzuhaben. Was bleibt, ist, dass man das von dieser Kriegswelt Gehörte und medial Vermittelte im Tagebuch dokumentiert. Die eigene Erfahrungswelt wird dabei der Aufarbeitung der Medialisierung des Kriegs nachgeordnet und diese Spannung täglich aufs Neue im Sammeln von Materialien, ihrem Ordnen und Auswerten im Schreiben der Tageseinträge ausgehandelt. Besonders an den Übergängen von Vorformen zu Kriegstagebüchern findet dabei ein Rückgriff auf kleine oder verkleinerte Materialien statt, die an die Stelle der Selbstreflexion und -beschreibung treten – Zeitungsausschnitte, Karten, Flugblätter, Pflanzenteile oder skizzierte Details einer Kriegsuniform. Der erste Schauplatz in der Heimat stellt die Ambivalenz zwischen der Verzeichnung persönlicher Kriegswahrnehmung und medialer Vermittlung besonders aus.

2.2 Schreiben als Widerstand: Kriegstagebücher im besetzten Frankreich

Mit der Erklärung der deutschen Mobilmachung setzte der Große Generalstab den Schlieffenplan um: Ein Großteil der Truppen wurde Anfang August 1914 gen Westen geschickt, um dort über das neutrale Belgien Frankreich zu erreichen mit dem Ziel, die französische Armee innerhalb kurzer Zeit vernichtend zu schlagen. Die kriegerische Gewalt richtete sich im Gegensatz zu vergangenen Kriegen nicht mehr nur gegen die gegnerischen Truppen, sondern auch vermehrt gegen die Zivilbevölkerung. An der systematischen Zerstörung der belgischen Stadt Löwen und ihrer Bibliothek Ende August 1914 wird wie an keinem anderen Beispiel deutlich, dass die Kriegsführung auch vor Kulturgütern kei-

---

37 Vgl. zu dieser Gegenüberstellung Hoffmann, Festhalten, Bereitstellen, 18–19.
38 Siehe zum Zusammenhang von Literatur, Faktizität und Zahlenmaterial anhand neusachlicher Literatur der Weimarer Republik Helmut Lethen, Der Habitus der Sachlichkeit in der Weimarer Republik, in: Literatur der Weimarer Republik. 1918–1933, hg. von Bernhard Weyergraf, Rolf Grimminger und Ludger Ikas, München 1995, 371–445, hier 431–434. Die Kriegstagebücher nehmen diese Form der Faktizitätserzeugung gewissermaßen vorweg.

nen Halt machte.³⁹ Im Norden Frankreichs besetzte die deutsche Armee zehn Departements. Wurden im Fall der Löwener Bibliothek tausende mittelalterliche Handschriften zerstört, so unterbanden die deutschen Truppen in den neu eroberten Gebieten auch die Produktion aktueller Texte – darunter die von Kriegstagebüchern. Während die preußische Armee das Schreiben in den eigenen Reihen förderte und die Erwartung an den Krieg als Erlebnis zum Initiator vieler privater Soldatentagebücher gerann, drohten Tagebuchautor:innen in den besetzten Gebieten bei der Entdeckung ihrer Tagebücher Restriktionen bis hin zur Todesstrafe. Schreiben war damit ein Akt des Widerstandes *per se*, für dessen Umsetzung zahlreiche in besetzten französischen Städten wie Sedan, Ham und Armentières verfasste Kriegstagebücher einstanden.⁴⁰ Widerstand leistete man im Tagebuchschreiben insofern, als man sich dem Schreibverbot widersetzte, Restriktionen dokumentierte und auf einen Sieg, so fern er auch liegen mochte, hinschrieb.⁴¹ Die Besatzung wurde von Beginn an als Unrecht empfunden, das im Schreiben – das gemeinhin verboten war – bezeugt werden sollte.⁴²

Im Laufe des Kriegs wurden in den besetzten Gebieten zahlreiche Restriktionen wie Reparationen, Zwangsarbeit und Geiselnahmen auf die Zivilbevölkerung ausgeübt. Die stärkste repressive Maßnahme war jedoch die Isolation der besetzten Gebiete von Frankreich. Besetzte Städte wurden geographisch abgeriegelt und die Isolation durch das Verbot von Korrespondenz und französischer Presse verstärkt. Erst ab 1916 durften Postkarten zwischen besetzten und freien Gebieten verschickt werden, welche jedoch durch die Militärverwaltun-

---

39 Siehe dazu ausführlicher Wolfgang Schivelbusch, Die Bibliothek von Löwen. Eine Episode aus der Zeit der Weltkriege, München und Wien 1988, 13–31.
40 Das Phänomen des Tagebuchschreibens unter Besatzung lässt sich aufgrund der Dauer der Besatzung und der politischen Maßnahmen besonders gut anhand der besetzten Gebiete in Frankreich untersuchen. Siehe zum Phänomen der Besatzung in Europa des Ersten Weltkriegs weiterführend Annette Becker, Les Cicatrices rouges 14–18. France et Belgique occupées, Paris 2010.
41 Vgl. Manon Pignot, Allons Enfants de la Patrie. Génération Grande Guerre, Paris 2012, 236–237. Die in der Sekundärliteratur zur deutschen Besatzung in Frankreich häufig vertretene These, dass Tagebuchschreiben per se verboten gewesen sei (vgl. beispielsweise Desbois, An die vereinigten Lügner, 134), muss dennoch differenziert werden. Während Belgien zentral als Generalgouvernement verwaltet wurde, unterstanden die besetzten Gebiete in Frankreich verschiedenen Armeedivisionen, die Vorschriften, nicht zuletzt durch die unerwartete Dauer des Kriegs und damit der Besatzung, verschieden umsetzten. Vgl. zur Verwaltungsstruktur der besetzten Gebiete Philippe Nivet, La France occupée. 1914–1918, Paris 2011, 38–41. So finden sich keine allgemeingültigen Erlasse, die das Tagebuchschreiben verbieten, jedoch wurden einige Tagebuchschreibende öffentlich verurteilt. Siehe dazu Nivet, La France occupée, 217–218.
42 Annette Becker vergleicht die Zeugenschaft in Tagebüchern aus besetzten Gebieten mit den Akten von Märtyrern. Siehe Becker, Les Cicatrices rouges 14–18, 17–18.

gen kontrolliert wurden.⁴³ Sowohl die Publikation als auch die Lektüre sämtlicher Zeitungen wurden bereits zu Beginn der Besatzungszeit verboten, wodurch sich französische Zeitungen, die in die Gebiete geschmuggelt wurden, großer Beliebtheit erfreuten. Um die französischen Zeitungen zu ersetzen, erschienen rasch verschiedene von der Besatzungsmacht kontrollierte Zeitungen in französischer Sprache, von denen einzig die *Gazette des Ardennes* eine große Reichweite erlangte. Die ab dem 1. November 1914 von den deutschen Behörden publizierte Zeitung, die Pressemitteilungen und Auszüge aus internationalen Zeitungen veröffentlichte, erschien zunächst wöchentlich, am Kriegsende täglich. Sie wurde in Kommandanturen und Buchhandlungen verkauft und erhöhte ihre Auflage ab Oktober 1915 durch die Veröffentlichung von Listen mit gefallenen und gefangen genommenen französischen Soldaten beträchtlich.⁴⁴ Durch die teils schon ab August 1914 vorgenommene Einführung der deutschen Zeit in den besetzten Gebieten wurde auch eine temporelle Distanz zu Frankreich hergestellt.⁴⁵

Tagebücher, die unter Besatzung geschrieben wurden, problematisieren die anhand der Gegenüberstellung von Front und Heimat stattfindende Untersuchung von Kriegstagebüchern als strikter Trennung von Kriegserfahrungswelten. Besetzte Städte lagen nahe der Front, die dort lebenden Diarist:innen hatten durch die beschriebenen Restriktionen jedoch keinen Zugang zu Nachrichten über den Fortschritt des Kriegs. Im Spannungsfeld von Frontnähe und Isolation prägen sich in den Kriegstagebüchern neue dokumentarische Praktiken aus.

Tagebücher als Seismographen

Der zehnjährige Yves Congar beginnt in den Sommerferien 1914 auf Anregung der Mutter ein Tagebuch zu führen.⁴⁶ Da sich in den letzten Julitagen der Kriegsausbruch mehr und mehr andeutet und in seiner Heimatstadt Sedan die

---

43 Vgl. ausführlicher zur Regelung der Korrespondenz Nivet, La France occupée, 15–19.
44 Zu Inhalten und Verbreitung der *Gazette des Ardennes* siehe Nivet, La France occupée, 21, 62–77.
45 Vgl. Pignot, Allons Enfants de la Patrie, 181. Die im Vergleich zu Frankreich abweichende sogenannte deutsche Zeit wurde teilweise schon im August 1914, in Lille etwa per Proklamation am 29. Oktober 1914 eingeführt. Auch die im Kaiserreich eingeführte Sommerzeit wurde in den besetzten Gebieten durchgesetzt. Vgl. Nivet, La France occupée, 56–57.
46 Vgl. zur Rolle des Tagebuchschreibens innerhalb der Familie Congar Stéphane Audoin-Rouzeau, Yves Congar, un enfant de guerre, in: Yves Congar, Journal de la guerre, 1914–1918, hg. von Stéphane Audoin-Rouzeau und Dominique Congar, Paris 1997, 257–287, hier 258.

Niederlage des Deutsch-Französischen Kriegs noch immer präsent ist, nimmt Yves Congar eine Umpragmatisierung des Ferien- zum Kriegstagebuch vor und verfasst knappe Einträge zu den sukzessive erfolgenden Kriegserklärungen. Programmatisch eröffnet wird das Kriegstagebuch jedoch erst mit dem Eintrag vom 25. August 1914, dem Tag der Eroberung seiner Heimatstadt Sedan, in welchem er keinerlei Zweifel an der Legitimität des Kriegstagebuchschreibens lässt: „Ici commence une histoire tragique", notiert er mit denkbar großem Pathos, „c'est une histoire triste et sombre qui est écrite par un enfant qui a toujours au cœur l'amour et le respect pour sa patrie et la haine juste et énorme contre un peuple cruel et injuste".[47] Bis zum Ende des Jahres 1918 hält er die Besatzungszeit in insgesamt fünf Schulheften fest, auf deren Titelseiten er stets die Gattungsbezeichnung „Journal de la guerre" – zunächst „franco-boche" [Tagebuch des deutsch-französischen Kriegs] (Heft 1), später „mondiale" [Tagebuch des Weltkriegs] (Heft 2)– vermerkt. Die Besatzung ihrer Heimatstadt Ham durch die Deutschen ist auch bei der zwölfjährigen Henriette Thiesset Auslöser und Motivation Tagebuch zu führen, wie der erste Eintrag vom 24. August 1914 verdeutlicht, in dem sie die sich über mehrere Tage ziehende Eroberung der Stadt beschreibt.[48]

Die Nähe zum Kriegsgeschehen an der nahen Front bei gleichzeitiger Unmöglichkeit aktiven Kriegsdienst zu leisten, wird in den Tagebüchern vielfältig verarbeitet und ist ihrem Gebrauch eingeschrieben. Sie manifestiert sich paradigmatisch im Verweis auf das hör- und fühlbare Kanonendonnern, das auch in vielen Fronttagebüchern gleich einer Vorwegnahme akustischer Aufzeichnungsmedien notiert wurde. „[O]n entend le canon" [Wir hören den Kanonendonner], vermerkt Congar erstmals am 19. August, ein Verweis auf die wahrnehmbaren Kämpfe nahe Sedan. Die Einträge vom 20. bis 24. August 1914 werden stets mit dem Verweis auf das Kanonendonnern eröffnet, gefolgt von einer Aufzählung der gerade stattfindenden Schlachten.[49] Die physische Wahrnehmung des Kriegs leitet die Tagebucheinträge ein und motiviert den Schreibbeginn. Am 25. August 1914, dem Tag der Eroberung Sedans, ist sie

---

47 Yves Congar, Journal de la guerre, 1914–1918, hg. von Stéphane Audoin-Rouzeau und Dominique Congar, Paris 1997, 30. [Hier beginnt eine tragische Geschichte, eine traurige und dunkle Geschichte geschrieben von einem Kind, das Liebe und Respekt fürs Vaterland und rechten und riesigen Hass auf ein grausames und ungerechtes Volk im Herzen hat.] In der publizierten Transkription von Yves Congars Tagebuch wurden Rechtschreibfehler nur dann ausgewiesen, wenn sie das Textverständnis erschweren. Ich folge in der vorliegenden Studie dieser Praxis und weise Orthographie- oder Grammatikfehler nicht im Einzelnen aus.
48 Siehe Henriette Thiesset, Journal de Guerre 1914–1920 d'Henriette Thiesset, annoté par Nathalie Jung-Baudoux, Amiens 2012, 31–33.
49 Vgl. Congar, Journal de la guerre, 26–27.

für Yves sogar Anlass, in Form eines Reims in den Tageseintrag aufgenommen zu werden: „[L]e canon tonne et retonne / tue des hommes et fait la frayeur / sans arrêter le canon donne / des pruneaux pour les amateurs".[50]

Die anfängliche Hoffnung, anhand des Kanonendonnerns auf den Fortlauf der Kämpfe zu schließen, stirbt schnell. Eine Erwähnung ist sie trotzdem wert, gerade weil es in der zunehmenden Monotonie unter Besatzung sonst wenig zu vermerken gibt. In der Reihung „Rien, il pleut, le canon tonne toujours"[51] [Nichts, es regnet, die Kanonen donnern immer noch] scheint das Dokumentieren des Kanonengeräuschs durch seine Konstanz vergleichbar mit dem regelmäßigen Vermerk von Wetterangaben in Kriegs- oder Naturtagebüchern. Ähnlich wie bei Yves Congar erwähnt Henriette Thiesset das Kanonendonnern mehrfach und schließt anhand der Richtung und Lautstärke, aus der die Geräusche kommen, auf den Fortlauf der Kämpfe: „Le canon semble tantôt se rapprocher, tantôt s'éloigner, nous nous demandons par moments si nos Français ne vont pas arriver et puis on entend plus rien."[52] Die paradoxe Erfahrung aus der Nähe zur Front, die vor allem auditiv erfahren wird, und der Unkenntnis über das Fortschreiten des Kriegs beschreibt die 75-jährige Alexandrine Toussaint im besetzten Saint-Mihiel folgendermaßen: „Nous sommes si prêts des batailles et nous ne connaissons aucun résultat. Il y a peu d'accalmie, encore et toujours le canon."[53]

Das stetige Registrieren des Kanonengeräuschs in den Tagebüchern stellt zudem einen Versuch dar, die Kriegserfahrung zu ordnen und das Leben im Krieg zu strukturieren. Tagebücher, die in extremer Isolation verfasst werden, fassen das Verhältnis von Lebens- und Tagebuchstruktur neu. Dass überhaupt geschrieben wird, ist dann wichtiger als das Thema des Eintrags.[54] Der wiederkehrende ‚Kanonenbericht' tritt damit an die Stelle des in vielen Heimattagebüchern aufgenommenen Heeresberichts. Während letzterer jedoch aus der Zeitung abgeschrieben wird, erfüllen die Kriegstagebücher unter Besatzung die Funktion eines Seismographen, der das Fortschreiten der Kämpfe anhand der wahrgenommenen Erschütterungen aufzeichnet. Galt das Tagebuch in

---

50 Congar, Journal de la guerre, 31. [Die Kanonen donnern und donnern / töten Menschen und bringen Schrecken / ohne Unterbrechung donnern die Kanonen / Feuerwaffen für Amateure.]
51 Congar, Journal de la guerre, 37.
52 Thiesset, Journal de Guerre 1914–1920, 55. [Mitunter scheinen sich die Kanonen anzunähern, mitunter scheinen sie jedoch auch weiter weg und zeitweise fragen wir uns, ob unsere Franzosen nicht bald anrücken werden, doch dann hören wir nichts mehr.]
53 Alexandrine Toussaint, La vie quotidienne à Saint Mihiel sous les bombes en 1914, APA 1372.00, 25.12.1914. [Wir sind so nah an den Kämpfen und haben noch nichts vom Ausgang gehört. Es gibt kaum Ruhe, noch immer donnern die Kanonen.]
54 Vgl. Dusini, Tagebuch, 173.

Form des *journal intime* vielen Schriftstellern als Seismograph ihrer inneren Erschütterungen, dann überträgt das Kriegstagebuch diese Aufgabe auf die Dokumentation des Kriegs. Anhand der Funktion des Seismographen lässt sich mithin der Übergang von der Dokumentation des Ich zur Dokumentation des Kriegs dingfest machen.[55]

Aus dem wahrgenommenen und aufgezeichneten Kanonendonner wird auf den Verlauf des Kriegs geschlussfolgert. Die Familien von Henriette Thiesset und Yves Congar lauschen und erspüren das Kanonendonnern und ziehen ihre Schlüsse. Die Kanonengeräusche bei Noyon hat die Entstehung eines Gerüchts zufolge,[56] ungewöhnlich starke Erschütterungen lassen bei den Congars keinen Zweifel, dass eine besonders große Schlacht im Gang sei. Das aus dem Kanonendonner abgeleitete Wissen zum Fortlauf des Kriegs bleibt jedoch diffus. „[I]l y a aucune nouvelle", schreibt Yves Congar, „si ce n'est qu'on entend plus le canon du tout".[57] Das unsichere, erhörte und erfühlte Wissen wird von ihm manchmal in die visuelle Darstellungsform der Skizze des Frontverlaufs gebracht, um Orientierung über das fortschreitende Kriegsgeschehen zu erlangen.[58] Je länger der Krieg andauert, desto mehr erweist sich dessen akustische und physische Erfassung jedoch als illusorisch.

Inhaltliche Aussagen genau wie der Schreibrhythmus der Tagebücher selbst verweisen darauf, dass der zu Kriegsbeginn rasch erwartete Sieg in immer weitere Ferne rückt und zunehmend Widerstände im Prozess des Tagebuchschreibens auftreten, die der restriktiven Besatzungssituation geschuldet sind. Im Tagebuch Yves Congars schlägt sich die Empörung über die Restriktionen der deutschen Besatzer im Juli 1915 durch das Größerwerden der Buchstaben im Schriftbild nieder (Abb. 20). Fast zwei Jahre später, im November 1917, kann er die erfahrenen Restriktionen kaum mehr im Tagebuch erfassen und drückt die Feder stark aufs Papier, um seinen Hass auf die Deutschen auszudrücken. Hier, genau wie in einem Eintrag aus dem Jahr 1918, in dem seine Feder sich *weigert*, die folgenden Seiten zu schreiben, da die erfahrenen Emotionen nicht übersetzbar seien,[59] wird ersichtlich, wie die Schreibszene zur Schreib-Szene gerinnt: Das

---

55 In poetologischen Überlegungen zur Diaristik ist das Tagebuch öfter mit einem Seismographen verglichen worden: „Man hält die Feder hin, wie eine Nadel in der Erdbebenwarte, und eigentlich sind nicht wir es, die schreiben; sondern wir werden geschrieben. Schreiben heißt: sich selber lesen." Max Frisch, Tagebuch. 1946–1949, Berlin 1987, 17. Siehe zur Nähe von Seismographen und Tagebuch auch Peter Boerner, Tagebuch, Stuttgart 1969, 60.
56 Vgl. Thiesset, Journal de Guerre 1914–1920, 63.
57 Congar, Journal de la guerre, 104. [Es gibt keine Neuigkeit, abgesehen davon, dass wir die Kanonen gar nicht mehr hören.]
58 Siehe Congar, Journal de la guerre, 24, 26.
59 Siehe Congar, Journal de la guerre, 114, 180, 187.

Ensemble aus Sprache, Instrumentalität und Geste beginnt sich an sich selbst aufzuhalten, wird widerständig.[60]

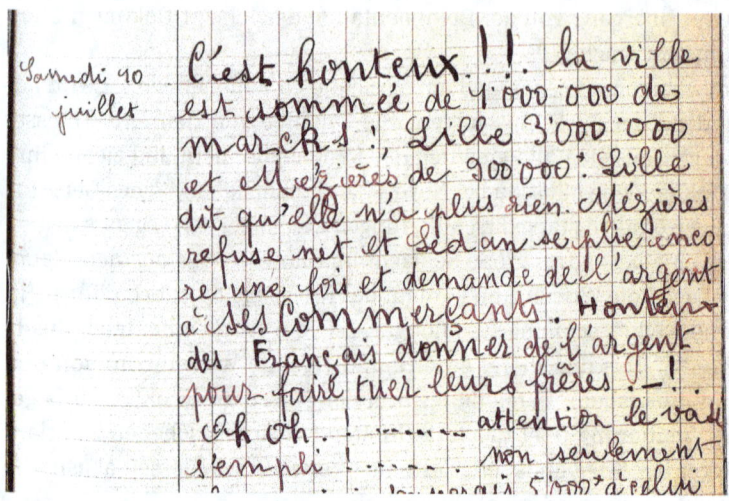

Abb. 20: Schreib-Szene bei Yves Congar.

Bei Henriette Thiesset manifestieren sich ihre Zweifel am Zweck des Kriegstagebuchschreibens im Jahr 1917 in Anbetracht des oktroyierten Nicht-Handelns unter Besatzung. „[Q]uand les Français viendront ici, je croirai les entendre dire ‚Qu'avez-vous fait pour la Patrie'", fragt sie sich in einem emotionalen Tagebucheintrag. „Ô je me plonge dans l'étude, je lis, j'écris des livres, mais cela ne m'apaise point!"[61] Obgleich die Jugendliche seit immerhin drei Jahren intensiv das Kriegsgeschehen aus ihrer beschränkten Perspektive dokumentiert, kann sie dies nicht als Beitrag für das Vaterland bewerten. Das emotional aufgeladene Vokabular des Eintrags verweist auf ihre innere Unruhe hinsichtlich des Ausgangs des Kriegs, in dem sie zur Untätigkeit verdammt zu sein scheint.

Während das unter großer innerer Beteiligung begonnene Kriegstagebuchschreiben unter Besatzung bei den Autor:innen zunehmend Legitimitätszweifel

---

60 Einschlägig zur Unterscheidung vom Schreibszene und Schreib-Szene Martin Stingelin, ‚Schreiben'. Einleitung, in: „Mir ekelt vor diesem tintenklecksendem Säkulum". Schreibszenen im Zeitalter der Manuskripte, hg. von Martin Stingelin, Davide Giuriato und Sandro Zanetti, München 2004, 7–21, hier 15.
61 Thiesset, Journal de Guerre 1914–1920, 225. [Sobald die Franzosen hierherkommen, meine ich zu vernehmen: ‚Was habt ihr für das Vaterland getan'. O, ich vertiefe mich in meine Studien, ich lese, ich schreibe Bücher, aber das beruhigt mich nicht!].

weckt und teils eingestellt wird, lässt sich von Seiten der Besatzungsmacht eine auffällige Gegenbewegung feststellen. So gab die Redaktion der Besatzungszeitung *Gazette des Ardennes* ab Ende 1915 einen jährlich erscheinenden Kriegsalmanach in französischer Sprache mit integriertem Kalender heraus, der Gedichte, Auszüge aus Gefangenen- und Frontzeitungen und Skizzen mit Kriegshumor enthält. Die Redaktion begründete die Herausgabe des neuen Papierprodukts mit dem Wunsch der unter Besatzung stehenden Bevölkerung nach Kalendern, die bislang gefehlt hätten. Der von deutschen Soldaten entworfene Almanach soll nun dabei helfen, das fast verloren gegangene Zeitempfinden wiederherzustellen, über seine Geschichten einen Zeitvertreib für Alt und Jung bieten und die Brücke zwischen getrennten Bevölkerungsschichten – den Franzosen in den besetzten Gebieten und jenen, die an den Fronten kämpfen, aber auch zwischen Besatzungsmacht und Besetzten – bauen.[62] Der Kalender bietet neben den jeweiligen Namenstagen Platz für eigene Eintragungen. Die genealogische Verwandtschaft von Kalender und Tagebuch legt es nahe, dieses Papierprodukt als eine Initiation von Seiten der Besatzungsmacht zum pro- oder retrospektiven Festhalten wichtiger Beobachtungen und Kriegsereignisse in stark normierten Formularfeldern zu deuten. Es handelt sich um ein oktroyiertes Zeit- und Dokumentationsmedium des Kriegs, das statt der Ausnahmesituation seine Normalität postuliert.

Den Krieg zählen und auflisten

Ob von dem Kriegsalmanach als Tagebuchträger Gebrauch gemacht wurde, lässt sich anhand des überlieferten Materials nicht überprüfen. Wenn das Kriegstagebuchschreiben wesentlich über seine Funktion als Widerstand definiert wurde, gab es für die meisten unter Besatzung lebenden Menschen keinen Grund, einen vorformatierten Kalender der Besatzungsmacht zu verwenden. Hingegen werden in den im Geheimen geführten privaten Kriegstagebüchern Restriktionen der Besatzungsmacht genau dokumentiert. So kopiert Yves Congar die im öffentlichen Raum via Aushang ausgestellten neuen Verordnungen in Form wörtlicher Zitate oder imitiert deren visuelle Gestaltung im Tagebuch (Abb. 21).[63] Der Vorgang der möglichst wort- und bildgetreuen Reproduktion von Dokumenten im Tagebuch spricht für sein stark ausgeprägtes dokumenta-

---

62 Vgl. das Vorwort in Almanach Illustré de la Gazette des Ardennes pour 1916, Charleville und München 1915, o. S.
63 Siehe Congar, Journal de la guerre, 53, 59, 123.

risches Bestreben, das den Dokumentencharakter durch seine Kopie im Tagebuch bestätigt.[64]

Abb. 21: Kopie eines Plakats der Besatzungsmacht im Tagebuch von Yves Congar.

Besonders in den Kriegsanfangstagen überschlagen sich die Ereignisse in Sedan. Am Tag der Eroberung der Stadt lässt sich an Yves Congars Tagebucheintrag ablesen, wie Abläufe im Tagebuch von einem atemlosen Kriegsbeobachter notiert werden:

> on entend un pouf et même 2 énorme, 2 chevaux tombaient morts devant la fenêtre les balles sifflent dans les 2 sens les français tirent beaucoup tous les Hulans tombent morts 6 cheveaux dans le quartier et 2 Hulans 1 Français. ver 9 Heures le canon commence à la

---

[64] Vgl. zum Verhältnis von Dokument und Reproduktion Lisa Gitelman, Paper Knowledge. Toward a Media History of Document, Durham and London 2014, 1.

marfée les boche sont postés à Fond de Givonne 12 batteries à Iges 2 batteries et un peu partout (une batterie Boche : 5 canons (une Française : 4))⁶⁵

Er versucht, die unübersichtliche Situation der Übernahme der Stadt anhand von gezählten Objekten im Tagebuch zu erfassen und darüber einen Vergleich zwischen deutscher und französischer Bewaffnung herzustellen. Die Verwendung von Zahlen scheint hier vor allem der Orientierung zu dienen, überwältigende Eindrücke werden sortiert und in konkreter Form der Zahl festgehalten. Das Tagebuch wird zu einem „Ort der Rechenschaftsauslegung, Aufzeichnung und fortwährenden Bilanzierung des schiffbrüchig gewordenen Lebens."⁶⁶

Dabei wird nicht nur das Geschehen vor Ort in Zahlenform erfasst. Die Bilanzierung über Kriegsverletzte und -verluste ist vielmehr eine typische Praxis des Kriegstagebuchschreiben an den verschiedensten Orten des Kriegs. Gleichwohl ist sie beim Schreiben unter Besatzung besonders stark ausgeprägt, wenn vorbeiziehende Kriegsgefangene gezählt oder Verletzte und Tote in einem nahen Kampf bilanziert werden. Vom Hörensagen erfährt Yves Congar im Februar 1915 die neuen Zahlen der Kriegsverluste, die er zeitnah in Form einer Aufzählung in sein Tagebuch aufnimmt: „Robert va chez Mr Tehatre qui dit que les Russes ont   de pertes, les Autrichiens,   les boches   les Français   les Belges ".⁶⁷ Offenbar sollen die Zahlenangaben – vielleicht mithilfe des Bruders Robert – überprüft und danach in die vorbereiteten Lücken eingetragen werden, was jedoch nicht geschieht. Diese Zählszene des Kriegs bleibt unvollständig: Die avisierte Exaktheit des Tagebuchs weicht seiner Lückenhaftigkeit und macht doch deutlich, dass der Tagebuchschreiber Yves Congar stets um eine exakte Erfassung des Kriegsgeschehens bemüht ist. Hier lässt sich außerdem beobachten, wie mit dem Ziel der statistisch genauen Erfassung der umgebenden Kriegswirklichkeit Verfahren der teilnehmenden Beobachtung vorweggenommen wurden, die in der Ethnographie zeitgleich zwar entwickelt, jedoch erst in den 1920er Jahren der For-

---

65 Congar, Journal de la guerre, 30. [man hört erst ein, dann zwei sehr laute ‚puff', 2 Pferde fielen tot um vor unserem Fenster zischen die Kugeln in beide Richtungen die Franzosen schießen viel alle Ulanen sterben 6 Pferde im Viertel und 2 Ulanen 1 Franzose. Gegen 9 Uhr beginnt die Kanone auf der Marfée [Hügel bei Sedan, meine Ergänzung, MC] die Boches sind an der Fond de Givonne aufgestellt 12 Batterien in Iges und ein bisschen überall (eine deutsche Batterie: 5 Kanonen (eine Französische: 4))].

66 Müller, Weiße Magie, 153. Die Präferenz des Krisentagebuchs für Zahlenangaben manifestierte sich schon in Daniel Defoes wenngleich auch fiktionalem Tagebuch über die Große Pest von London. Vgl. Daniel Defoe, A Journal of the Plague Year (1722), Nachdruck der Originalausgabe, hg. von John Mullan, London 2009.

67 Congar, Journal de la guerre, 80. [Robert geht zu Herrn Tehatre, der sagt, dass die Russen   Verluste haben, die Österreicher   , die Boches   die Franzosen   die Belgier   .]

schungsgemeinschaft vorgestellt wurden, bevor sie schließlich auch als Verfahren soziologischer Literatur im Rahmen der Neuen Sachlichkeit Anwendung fanden.[68]

Aus der Ordnung des Zählens hervor- und mit einer stärker systematisierenden Funktion einer gehen die ab 1915 im Kriegstagebuch häufiger erstellten Listen. An einen in Sätzen formulierten Tageseintrag vom 27. Juni 1915 schließt sich die „Liste des choses prises par les boches" [Liste der von den Boches genommenen Dinge] an, am 23. Oktober 1915 nimmt Yves Congar anlässlich eines Besuchs der Verpflegungsstelle eine Gegenüberstellung der Lebensmittelpreise vor dem Krieg und am Tag des Eintrags vor.[69] Listen vereinen eine retrospektive mit einer präskriptiven Funktion und ermöglichen es, verstreute Informationen zusammenzutragen.[70] Die von den Deutschen begehrten, in Listenform aufgeführten Objekte können und sollen fortlaufend ergänzt werden, worauf die Lücken schließen lassen; die Restriktionen werden damit archiviert, gleichzeitig wird aber auch der Schreibprozess in die Zukunft hin offengehalten. Die Erstellung von Listen findet wahrscheinlich in ruhigen Schreibsituationen statt, da Zeit für das Zusammentragen der exakten Informationen benötigt und dabei auch öfter in den bereits beschriebenen Tagebuchseiten nachgelesen wird. In Yves Congars Tagebuch ist eher das Scheitern der Listen zu beobachten: Sowohl die Liste mit den von den Deutschen entwendeten Objekten als auch die der Lebensmittelpreise bleibt lückenhaft. Angekündigte Verweise, die Zahlenangaben belegen sollen, werden nicht ergänzt.[71] Trotzdem muss die Detailgenauigkeit der Tagebücher, die sich in – teils auch fehlenden – Zahlenangaben manifestiert, in Verbindung zu ihrer angestrebten Zeugenschaft gesehen werden.

Zählszenen und die Erstellung von Listen in Tagebüchern reagieren ebenso auf typische administrative Praktiken der Verwaltung, welche die Besatzungsmacht ausübt. Die operative Funktion der Listen[72] beschreibt Congar in einem den Zeitraum vom 18. November bis 8. Dezember 1916 zusammenfassendem Eintrag: „C'est honteux, je suis outré: les boches saisissent tous les draps taies d'oreillers serviettes nappes etc ... il faut porter une liste de ces objets à la mai-

---

[68] Siehe zum Zusammenhang von großer Zahl und teilnehmender Beobachtung in der neusachlichen Literatur Lethen, Der Habitus der Sachlichkeit in der Weimarer Republik, 437–438.
[69] Vgl. Congar, Journal de la guerre, 113, 134.
[70] Siehe ausführlicher zu diesen Funktionen von Listen Liam Cole Young, Un-Black Boxing the List: Knowledge, Materiality, and Form, in: Canadian Journal of Communication 37 (2013), H. 38, 497–516, hier 500–510.
[71] Im Eintrag vom 6. August 1915 notiert er sich den Verweis „se repporter à la gazette n° ..." [verweisen auf Zeitung Nr ... ."], trägt die fehlende Angabe jedoch nicht mehr nach. Congar, Journal de la guerre, 120.
[72] Dazu Young, Un-Black Boxing the List, 498.

rie! .... nous déclarons seulement 18 paires de drap ..."[73]. In ähnlicher Manier hält Henriette Thiesset Listen zur Volkszählung, welche die deutschen Besatzer am 10. Dezember 1915 in der *Gazette des Ardennes* veröffentlichen, wortwörtlich in ihrem Tagebuch fest.[74] Yves Congars Versuch die Geiseln der Besatzer in Form einer Liste im Tagebuch aufzuführen,[75] stellt indes eine Aneignung besonderer Art dar. Listen fungieren als ein Instrument der Klassifizierung und Bevölkerungskontrolle, deren eigenständige Übernahme ins Tagebuch eine Form der Aneignung der oktroyierten Herrschaftsform darstellt, die diese Praxis eigentlich kontrolliert. Mithilfe der Liste wird darüber gewacht, ob die Geiseln der Besatzer verschwinden oder zurück in die besetzte Stadt kommen.[76]

Die Rekonstruktion der Schreibpraktiken der Besatzungstagebücher muss avisierte sowie tatsächliche Rezeptionssituationen miteinschließen. Die Besatzungssituation war nicht nur durch das Fehlen aktueller Nachrichten aus Zeitungen und Briefen gekennzeichnet, sondern in vielen Fällen durch Trennungen von Familien, die mithilfe der Tagebücher überwunden werden sollten. Immer dann, wenn zukünftige Leser:innen nicht nur mitgedacht, sondern auch adressiert werden, tritt der dialogische Charakter der Tagebücher grundlegend hervor.[77] Alexandrine Toussaint schreibt das Tagebuch für ihre Kinder und Enkel, welche die Stadt vor der Besatzung verlassen haben,[78] der Direktor der Banque de France im besetzten Armentières Eugène Riboud verfasst das Tagebuch in Anbetracht des Korrespondenzverbots nicht nur für sich, sondern auch für seine Angestellten in Paris und Bordeaux sowie für seine Ehefrau. Die Angestellten jedenfalls scheinen das Tagebuch gelesen zu haben, zumindest spricht die Faksimile-Reproduktion eines Briefs, den er im Dezember

---

[73] Congar, Journal de la guerre, 154. [Es ist schmachvoll, ich bin empört: die Deutschen nehmen alle Laken Kopfkissenbezüge Handtücher Tischdecken etc .... man muss eine Liste dieser Dinge ins Rathaus bringen! Wir geben nur 18 Paar Laken an ...].
[74] Siehe Thiesset, Journal de Guerre 1914–1920, 115–117.
[75] Vgl. Congar, Journal de la guerre, 190.
[76] Siehe zum Einsatz von Listen in der Tagebuchliteratur mit dem Ziel der Machtaneignung von Menschen jüdischer Herkunft im Nationalsozialismus auch Tatjana Petzer, Die Evidenz der Liste. Enumeratives Bezeugen in der mitteleuropäisch-jüdischen Poetik nach Auschwitz, in: Evidenz und Zeugenschaft. Für Renate Lachmann, hg. von Susanne K. Frank und Schamma Schahadat, München und Berlin 2012, 65–84, hier 72–76.
[77] Die neuere Tagebuchforschung nennt Dialogizität als grundlegendes Merkmal aller – auch vermeintlich geheimer – Tagebücher, die zumindest eine Relektüre durch den/die Autor:in, häufig jedoch auch Lektüren durch Angehörige, Freunde oder Wissenschaftler:innen umfasst und von den Autor:innen antizipiert wird. Vgl. beispielsweise Holm, Montag Ich, Dienstag Ich, Mittwoch Ich, 30–31 und Dusini, Tagebuch, 68–70.
[78] Vgl. Toussaint, La vie quotidienne à Saint Mihiel sous les bombes en 1914.

1914 von einem Angestellten erhielt, dafür.[79] Yves Congars auf Anraten der Mutter begonnenes Kriegstagebuch adressiert mit dem unspezifischen „vous" [Ihr/Sie] eine zukünftige Leserschaft, die vor allem in Zeiten der Stagnation des Kriegsgeschehens angesprochen wird und bei der er sich für die Monotonie des Tagebuchs entschuldigt. Auch die Auswahl der beschriebenen Ereignisse wird mit Blick auf die künftigen Leser:innen getroffen und manche Begebenheit, die Yves Congar als zu grausam oder langweilig bewertet, daher gerade nicht notiert.[80]

Viele Kriegstagebücher wurden in den ersten Monaten besonders intensiv geführt, brachen dann jedoch ab. Yves Congar und Henriette Thiesset schrieben hingegen bis zum Kriegsende und kamen somit der Verpflichtung nach, die ihnen die Besatzungszeit aufzuerlegen schien: den Krieg vollständig, detailreich und genau zu bezeugen. Am Kriegsende mussten beide aus ihren Heimatstädten fliehen; dabei schrieb sich die Extremsituation der Flucht auch materiell in ihre Tagebücher ein. Yves Congar versteckte das Tagebuch im Keller der Familie, wodurch er die letzten Kriegstage nicht mehr dokumentieren konnte. Nach seiner Rückkehr vervollständigte er sein Tagebuch mithilfe der Aufzeichnungen seines Bruders; im Jahr 1924 verfasste er ein Vorwort für die Publikation, die letztlich jedoch erst posthum erschien.[81] Henriette Thiesset zerriss die Tagebuchblätter vor der Flucht, um sie in ihrem Korsett versteckt zu transportieren und so vor der Vernichtung zu bewahren.[82] 1920 reagierte sie auf einen Aufruf der Académie de Lille, die Tagebücher, Korrespondenzen und Kriegserinnerungen aus den besetzten Gebieten sammelte, und schrieb die Tagebuchblätter in ein stabiles Heft ab. Ihr Schuldirektor beglaubigte in einem Begleitschreiben die Korrektheit ihrer Aufzeichnungen und entschuldigte zugleich die späte Einreichung der Abschrift[83] – bereits 1920 war die Quellensammlung für die zukünftige Geschichte der besetzten Gebiete im Krieg in vollem Gang.

---

79 Vgl. Eugène Riboud, 1914 à Armentières, APA 44.00.
80 Vgl. zu den Adressierungen der zukünftigen Leser:innen Congar, Journal de la guerre, 96–97, 135, 151.
81 Vgl. Congar, Journal de la guerre, 241, 250.
82 Vgl. Thiesset, Journal de Guerre 1914–1920, 19–20, 275. Vom Originaltagebuch sind nur vier lose Blätter erhalten, deren Stil deutlich emotionaler ist und daher auf eine inhaltliche und stilistische Überarbeitung des Originals bei der Abschrift schließen lässt. Zahlreiche unter Besatzung verfasste Tagebücher wurden mittels Verkleinerung vor der Entdeckung bewahrt. Vgl. dazu Nivet, La France occupée, 217–218. Dies ist darüber hinaus eine Parallele zu vielen in Gefangenschaft verfassten Tagebüchern, die ich in Kapitel 1.4 untersuche.
83 Vgl. den Anhang in Thiesset, Journal de Guerre 1914–1920, 275.

2.3 Mutter, Vater, Kind: Kriegstagebuchschreiben als familienkonstituierendes Ritual

Kriegstagebuchschreiben unter Besatzung als ein Akt des Widerstands nahm wie eben gezeigt seinen Anfangspunkt mit dem Kriegsbeginn und adressierte ein Publikum, dem es Belege für die Unerhörtheit des Kriegs lieferte. Das Tagebuchschreiben in den Familien im Kaiserreich ist von anderen Faktoren motiviert. Die Diaristik, eine in Familienrituale eingebundene Praxis des Selbst, wird zum Kriegstagebuchschreiben umpragmatisiert. Sowohl Familienkonstellationen als auch Schreibmotivationen ändern sich zu Kriegsbeginn und sollen im Folgenden interessieren, bevor dargestellt wird, wie sich innerhalb der Familien typische Schreibpraktiken der Trennung und Trauer ausprägen.

Familienkonstellationen des Kriegstagebuchschreibens

„Dieses Tagebuch schenkte mir Tante Resi", notiert die vierzehnjährige Milly Haake am 18. Juni 1914 in ein dickes Lederheft versehen mit einem Schloss und der goldenen Prägung „Tagebuch". Dieses „Fertigtagebuch",[84] um einen Begriff des frühen Tagebuchforschers Siegfried Bernfeld aufzugreifen, kann als ein wichtiger Träger der Verbreitung um das Wissen und die Praxis des Tagebuchschreibens betrachtet werden: Das Besondere, Wertvolle kann in ein abschließbares Buch notiert werden und die Praxeologie ist der Materialität wie dem Format gleichsam eingeschrieben. Das Tagebuch ist jedoch zugleich in eine Familientradition eingebunden, denn Milly Haakes Tante „hat als Kind schon selbst hereingeschrieben, die Blätter aber rausgerissen", bevor sie es der Nichte vermachte.[85] Die Autorin thematisiert im ersten Eintrag den Schreibanfang als solchen und eignet sich die Kulturtechnik des Tagebuchschreibens an.[86] Milly Haakes Tagebuch ist ein geradezu paradigmatisches Beispiel des bürgerlichen Tagebuchschreibens der Jahrhundertwende, an der Tagebücher

---

84 Bernfeld, Trieb und Tradition im Jugendalter, 154–155.
85 Vgl. M. Haake, Tagebuch, 18.06.1914. Typische Gebrauchsroutinen und Schreibpraktiken der Kriegsdiaristik diskutiere ich anhand dieses Tagebuchs in folgenden Beiträgen: Marie Czarnikow, „Nun will ich eben eine Zeitungsmeldung hier verewigen". Kriegstagebücher als Sammelformen disparater Kriegserfahrungen, in: Zwischen Dokument und Fiktion – Kriegserfahrungen und literarische Formen im 20. Jahrhundert, hg. von Matthias Aumüller, Carolin Reimann und Johanna Wildenauer, Berlin 2021, 112–136 sowie Marie Czarnikow, Tagebuch, in: Enzyklopädie der kleinen Formen [Audio-Enzyklopädie des Podcasts microform]. www.kleine-formen.de/enzyklopaedie-tagebuch. Berlin 2018 [01.11.2021].
86 Vgl. Holm, Montag Ich, Dienstag Ich, Mittwoch Ich, 27.

kanonisierte Geschenke zum Geburtstag oder zur Konfirmation zunächst für bürgerliche Mädchen waren, es zunehmend jedoch auch für Mädchen aus allen sozialen Schichten wurden.[87] Über das Schreiben wird eine „prototypische bürgerliche Praktik des Selbst" eingeübt, bei der das Subjekt Thema, Adressat als auch Produkt des Schreibens ist, um die persönliche Entwicklung zu beurteilen.[88] Auch Milly Haake tauscht ihr Tagebuch mit einer Freundin aus und wartet auf deren Einschätzung ihrer persönlichen Weiterentwicklung im Tagebuchschreiben.[89] Was geschieht mit diesen im bürgerlichen Milieu verorteten Tagebüchern am Beginn des Ersten Weltkriegs?

Milly Haake nimmt das bis dato als „Gelegenheitsbuch" bezeichnete Tagebuch beinahe täglich zur Hand, berichtet am 2. August 1914 von der Mobilmachung und dem Einzug des Onkels ins Feld. Ihr Tagebuch wird zum Zuhörer und Empfänger der „Sachlage", dem der Kriegsbeginn ausgehend von der Ermordung des österreichischen Thronfolgerpaars in Sarajewo erzählt wird.[90] Gleich einer Schreibverpflichtung wird das Tagebuch zum Kriegstagebuch umpragmatisiert und das Kriegsgeschehen regelmäßig und genau dokumentiert, während auch die in Hamm lebende Familie immer mehr in den Krieg gezogen wird.

Nicht alle privaten Tagebücher werden ab August 1914 als Kriegstagebücher geführt, dies verdeutlicht just der Fall von Milly Haakes älterer Schwester Annemarie, die genau wie Milly ihr Tagebuch als Geburtstagsgeschenk erhielt.[91] Ab dem Jahr 1913 notierte sie Reflexionen und Befürchtungen im persönlichen Erleben und gab es Freundinnen und Lehrerinnen zur Lektüre. Während Annemarie Haake ihr Tagebuch über sechs Jahre hinweg nur gelegentlich führt, legt Milly Haake mit Kriegsbeginn eine regelrechte Schreibwut an den Tag und berichtet jeden Tag über Heereserfolge und die Auswirkungen des Kriegs in der Heimat, sammelt Kriegsgedichte und -sprüche, Zeitungsartikel und sogar Blumen als Dokumente des Kriegs für ihr Tagebuch. Annemarie hingegen erwähnt den Welt-

---

87 Vgl. Gerhalter, „Einmal ein ganz ordentliches Tagebuch"?, 70.
88 Siehe Andreas Reckwitz, Das hybride Subjekt. Eine Theorie der Subjektkulturen von der bürgerlichen Moderne zur Postmoderne, Weilerswist 2006, 167–168.
89 Die innerfamiliäre Einbindung dieser Tagebücher steht ganz in der Tradition des Tagebuchs als Erziehungsinstrument zur bewussten Selbstkonstitution mit ihrem Ursprung im 18. Jahrhundert. Dem „Text wird eine höhere Autorität, Evidenz und Wahrheit beigemessen als der konkreten, mündlichen Kommunikation und Interaktion". Die Wendung vom Tagebuch als Buch der Seele oder Spiegel des Selbst verknüpft dabei die Individualitätserfahrung mit wachsender Literalität. Vgl. Sibylle Schönborn, Das Buch der Seele. Tagebuchliteratur zwischen Aufklärung und Kunstperiode, Tübingen 1999, 5–6, 12.
90 Vgl. M. Haake, Tagebuch, 02.08.1914.
91 Vgl. A. Haake, Tagebuch.

krieg erst in einem Eintrag nach siebenmonatiger Schreibpause vom 9. September 1914, ihre Verbindung zum Krieg scheint folglich weniger stark als die ihrer jüngeren Schwester zu sein. Anhand dieser beiden im familiären Kontext geführten Tagebücher wird der unterschiedlich hohe Grad der Implikation der Schwestern in den Krieg sowie die sehr verschiedenen Verarbeitungsstrategien desselben deutlich: Annemaries Tagebuch bleibt bis zum Ende viel mehr der Idee und Praxis des in private Leserituale eingebundenen ‚Buchs der Seele' verhaftet, während Milly Haake ihr nun auch so bezeichnetes Kriegstagebuch durch die zunehmende Verzweiflung über den Verlauf des Weltkriegs bereits 1915 beendet. Die Tagebücher beider Schwestern im Krieg bestätigen damit deutlich die Pluralisierung von bürgerlichen Tagebuchpraktiken um 1900, die sich zunehmend mit den durch neue Lebenslagen bedingten Interessen verflochten und dadurch traditionelle Genreregeln sprengten.[92]

Trotz der unterschiedlich erfolgenden Umpragmatisierung hin zum Kriegstagebuch deuten die Tagebücher der Haake-Schwestern auf einen innerfamiliären Austausch und eine Verständigung über das Schreiben hin: zuallererst die schon vor Kriegsbeginn bei beiden Autorinnen vorgenommene Bezeichnung des Tage- als „Gelegenheitsbuch",[93] im Krieg die gemeinsame Lektüre und Bezugnahme auf die Feldpost des Bruders sowie eine ähnliche visuelle Gestaltung der Tagebücher. Milly Haake umrahmt ihre Briefabschriften mit einem schwarz-weiß-roten Streifen – den Farben der Reichsflagge – und nutzt diesen zur Markierung kriegswichtiger Nachrichten, Annemarie Haake verwendet diesen zur Markierung der Tagebuchseite, auf der sie den Sieg der Deutschen in Antwerpen vermerkt hat. Die in Familien verfassten Kriegstagebücher zeugen demnach von einem Austausch über das Schreiben und die Verarbeitung ähnlicher Informationsquellen, die sich auch anhand weiterer Familienkonstellationen bestätigen lässt.[94]

Einige Eltern fordern ihre Kinder explizit zum Kriegstagebuchschreiben auf und geben das, was vom Krieg im Tagebuch dokumentiert werden soll, vor. Dass Eltern von ihren Kindern verlangen ein Tagebuch zu führen, lässt sich bis in die Zeit des Pietismus zurückführen, wobei die Anleitung hier auf Besinnung

---

92 Vgl. Steuwer und Graf, Selbstkonstitution und Welterzeugung in Tagebüchern des 20. Jahrhunderts, 29.
93 A. Haake, Tagebuch, 03.01.1913; M. Haake, Tagebuch, 20.06.1914.
94 Yves Congar führte sein Tagebuch auf Anregung der Mutter und vervollständigte es mithilfe des Tagebuchs seines Bruders. (Congar, Journal de la guerre, 241–247.) Die Schwestern Clara und Josephine Bohn führten ab Kriegsbeginn eine gemeinsame Kriegschronik über ihre Heimatstadt Ingersheim im Krieg. (Clara und Josephine Bohn, Kriegschronik, DTA 898, 1).

und Innerlichkeit abzielte.[95] Die Initiation zum Kriegstagebuchschreiben 1914 stellt hingegen den Versuch dar, eine neue dokumentarische Praxis in der Familie einzuführen. So berichtet der Vater Artur Wolff in der Zeitschrift *Neue Bahnen* von seinen Versuchen, das Kriegstagebuchschreiben in der Familie zu etablieren. Während die „Väter [Krieg] führen [...], damit die Kinder Frieden haben, damit sie einst auf freiem, sicherem Boden ihren Pflug führen, den Hammer in Werkstatt und Fabrik schwingen dürfen", sollen die Kinder die Fehler ihrer Eltern nicht wiederholen. Artur Wolff fährt fort:

> Ich habe meinen Vierzehnjährigen aus der Erinnerung an meine Knabenjahre von 1870/71 erzählt und ihnen gesagt, wie sehr ich es jetzt bedaure, daß ich nichts Greifbares an jene Zeit besitze und wie manches aus dem Gedächtnis weggewischt sei wie von einer Tafel, auf der die Schrift unleserlich geworden. Da habe es der Pfarrer Klein von Fröschweiler gescheiter angefangen, der seine Erlebnisse in einer Kriegschronik für sich, für Kinder und Kindeskinder und auch für uns aufgezeichnet habe, so, daß man beim Lesen den Eindruck hat, als erlebte man die Ereignisse mit.[96]

Der Vater hebt seine Rolle als Soldat im Krieg hervor, eine aktive Leistung für sein Vaterland, welche die Söhne gleich einer Ersatzleistung verpflichtet, Tagebuch zu schreiben. Mit der *Fröschweiler Chronik* ist eine vielfach aufgelegte Publikation aus dem Deutsch-Französischen Krieg als Vorbild zur Stelle.[97] Die Schreibpraxis der Kinder situiert der Vater schließlich zwischen den Polen des Diktats und der Sammlung, bei welcher der Vater hilft, „die Spreu vom Weizen zu scheiden".[98] Im Erfahrungsbericht des Vaters erscheint das Tagebuchschreiben der Kinder gelenkt und uniform, es dient der Kompensation ihrer Nicht-Teilnahme am Krieg.

Gleichsam als Spiegelbild dieser gelenkten Schreibpraxis liest sich das Tagebuch Elfriede Kuhrs. Die zu Kriegsbeginn zwölfjährige Autorin lebt in Schneidemühl in Posen bei ihrer Großmutter und führt ab dem 1. August 1914 auf Wunsch ihrer in Berlin lebenden Mutter ein Kriegstagebuch.[99] Elfriede schickt regelmäßig einzelne Blätter per Post nach Berlin, wo die Mutter die Notizen abtippen lässt, um sie ihren Bekannten – hohen Militärs – zum Lesen zu geben.[100] Die Aufzeichnungen der Tochter, die den Krieg nahe der Ostfront verbringt, wer-

---

95 Vgl. Bernfeld, Trieb und Tradition im Jugendalter, 147–148.
96 Arthur Wolf, Kriegstagebuch 1914, in: Neue Bahnen 26 (1914), H. 1, 16–26, hier 16–17.
97 Siehe Karl Klein, Fröschweiler Chronik. Kriegs- und Friedensbilder aus dem Jahre 1870/71 (1870), illustrierte Jubiläumsausgabe, München 1897.
98 Wolf, Kriegstagebuch 1914, 17.
99 Elfriede Kuhr veröffentlichte ihr Tagebuch unter dem Pseudonym Jo Mihaly, ... Da gibt's ein Wiedersehn! Kriegstagebuch eines Mädchens 1914–1918 (1982), München 1986.
100 Vgl. Mihaly, ... Da gibt's ein Wiedersehn!, 120–121.

den dementsprechend beurteilt, wie aus Briefen der Mutter an die Tochter hervorgeht:

> Dank, Pietchen, für die ersten Tagebuchseiten! Warst Du aber fleißig! Das gibt ja schon beinah ein Buch. Aber Du solltest den Krieg doch heldischer sehen, nicht so sehr von unten. Das trübt den Blick für die Größe des Geschehens. Laß dich nicht beeinflussen von weichlicher Sentimentalität. Unsere Feinde wollen unser Land und unsere Ehre. Unsere Männer verteidigen beides.[101]

Auch schickt die Mutter Material fürs Tagebuch per Post, etwa eine „gedruckte Kriegsgeschichte", welche die Tochter ins Tagebuch übernimmt, einen in der Zeitung veröffentlichten Brief eines deutschen Soldaten in Gefangenschaft oder sie kritisiert, dass die Seeblockade Englands bislang nicht im Tagebuch behandelt wurde.[102] Die Mutter hat eine konkrete Vorstellung der für das Vaterland schreibenden Tochter – beim Inhalt des Tagebuchs soll nichts dem Zufall überlassen werden. Am 1. Juli 1915 erreicht die Tochter schließlich ein Brief der Mutter, in welchem diese die Gattungszugehörigkeit des Kriegstagebuchs infrage stellt:

> Eigentlich ist das kein richtiges Kriegsdokument mehr, eher ein Privattagebuch. Hat es Sinn weiterzuschreiben? Das frage ich Dich und mich ernsthaft. Wo bleiben die historisch wichtigen Frontberichte? Ich lese in deinen Blättern kaum noch Heeresberichte.[103]

Nach einem weiteren Jahr der kontrollierten Tagebuchlektüre kommt die Mutter zu dem Schluss: „Was das so hoffnungsvoll begonnene Kriegstagebuch betrifft, so bin ich an dieser Art der Weiterführung nicht interessiert. Es in meinem Kreis zu zeigen, müßte ich mich schämen. Du bist vierzehn Jahre alt und groß genug, um zu wissen, warum."[104] Zwar führt Elfriede Kuhr ihr Tagebuch bis zum Kriegsende weiter, aber die Frage, für wen sie schreibt, bleibt bestehen und wird mit dem Bruder oder nahen Bekannten diskutiert. Auch die Mutter wird als stumme, aber potenzielle zukünftige Leserin bis ans Kriegsende mitgedacht.

Die Mutter Elfriede Kuhrs und der Vater Artur Wolf verpflichten ihre Kinder zum Schreiben für das eigene Land. „Unsere Feinde wollen unser Land und unsere Ehre. Unsere Männer verteidigen beides. [...] Vergiß das nie!",[105] beschließt Elfriede Kuhrs Mutter den ersten Brief an die Tochter, in dem sie deren Tage-

---

101 Mihaly, ... Da gibt's ein Wiedersehn!, 67.
102 Vgl. Mihaly, ... Da gibt's ein Wiedersehn!, 85–86, 151, 162.
103 Mihaly, ... Da gibt's ein Wiedersehn!, 172.
104 Mihaly, ... Da gibt's ein Wiedersehn!, 229.
105 Mihaly, ... Da gibt's ein Wiedersehn!, 67.

buch auswertet und explizit den Einsatz ihrer Tochter für den Krieg einfordert. Das Schreiben der Kinder wertet zudem die Position der Eltern im Krieg auf: Nur so ist zu erklären, dass die Mutter Elfriede Kuhrs die Aufzeichnungen der Tochter ihren Bekannten zur Lektüre gibt und dass der Vater Artur Wolff eine Zeitschrift als Publikationsorgan nutzt, um über die Tätigkeit seiner Söhne Rechenschaft abzulegen.

Nicht immer wird im Familienkreis als Reaktion auf eine Aufforderung geschrieben. Verbreiteter Schreibauslöser ist die Trennung der Familie, die oft mit Todesängsten einherging.[106] So ist auch die Widmung der Tagebuchautorin Freifrau von Wertheim an die „heissgeliebten Kinder in späteren Zeiten" und den „geliebte[n], liebe[n] Mann",[107] um dessen Überleben sie bangt, einzuordnen. Ihr Schreiben ist eine Folge der Trennung der Familie und tritt gleich einem Ritual an die Stelle der nun ausbleibenden Kommunikation mit dem Ehemann, die kaum durch Gespräche mit den kleinen Kindern ersetzt werden kann. Der getrennt verbrachte Krieg soll für spätere Zeiten festgehalten werden, wobei das Ende der Trennung der Familie stetiger Horizont des Schreibens ist. Schreiben für die Familie ist auch die Mission der Marie Wehner, die 1917 das *Kriegstagebuch einer Mutter* veröffentlicht: Schon im Titel situiert sie sich als Familienmitglied und weist darüber ihre Schreiblegitimation aus.[108] Im Kriegstagebuch behandelt sie fast ausschließlich ihre Erfahrung als Mutter von vier Söhnen, die in unterschiedlichen Positionen an den Fronten eingesetzt sind. Das Schreiben für die Familie ist jedoch nicht nur Frauen vorbehalten. So besteht auch das Kriegstagebuch des Obersts a. D. Leopold Boehm-Bezing wesentlich in der Auseinandersetzung mit dem Schicksal der drei Söhne im Krieg, die ihn nun auch seine eigene Mutter besser verstehen lässt, die nach seiner „Rückkehr 70 sagte, daß solch Krieg viel schlimmer für die Zurückbleibenden sei".[109]

Trennung und Trauer sammeln und schreiben

Die Trennung der Familien im Krieg, später häufig der Verlust von Familienmitgliedern, gerinnen nicht nur zu Generatoren des Schreibens, sondern gehen mit

---

106 Zu diesem Schreibauslöser vgl. weiterführend beispielsweise Kathryn Sederberg, „Als wäre es ein Brief an dich". Brieftagebücher 1943–1948, in: Selbstreflexionen und Weltdeutungen. Tagebücher in der Geschichte und der Geschichtsschreibung des 20. Jahrhunderts, hg. von Rüdiger Graf und Janosch Steuwer, Göttingen 2015, 143–162, hier 143.
107 Freifrau von Wertheim, Tagebuch, DTA 1906, 1–2.
108 Siehe Wehner, Kriegstagebuch einer Mutter.
109 Boehm-Bezing, Tagebuch, August 1914.

dezidierten Sammel- und Schreibpraktiken einher. Der Trennung vom Ehemann begegnet Freifrau von Wertheim, indem sie kleine Objekte, die dieser seinen Briefen beifügt, sammelt und damit die Verbindung von Briefschreiber und -empfängerin materialisiert.[110] Am häufigsten handelt es sich um gepresste Pflanzenteile, „Sträußchen" und „Veilchen" aus Ommeray an der West-Front, wo der Ehemann stationiert ist.[111] Die Blumen fungieren in der interpersonellen Kommunikation als Souvenir, ein „dingliche[s] Erinnerungsstück[ ]", das durch seine „Vorliebe für das Kleine"[112] überhaupt erst mobil gemacht werden kann. Als Reststücke stehen die Blumen für einen Ort – in diesem Fall den Aufenthaltsort des Offizier-Ehemanns an der Front – und sollen der Ehefrau ermöglichen, sein sich ihr entziehendes Leben zu vergegenwärtigen. Die Aufnahme im Tagebuch gleicht einer Reinszenierung und verbindet die Kriegsfront mit dem Schreibtisch in der Heimat: „[D]ie Initiierung, das Empfangen und Aneignen des Andenkens [findet] häufig in der Ferne, jedenfalls in mobilem Gelände statt[ ]; die Reinszenierung, das Wiederfinden hingegen meist im Interieur."[113] Nicht immer gelingt Freifrau von Wertheim diese Form der Anreicherung des Tagebuchs mit Andenken von der Front: Das „Bändchen vom Schwarzburger Ehrenkreuz", mit dem der Ehemann ausgezeichnet wurde und Briefe, die sie als Einlagen in das Tagebuch aufnehmen möchte, folgen nicht.[114] Bei Freifrau von Wertheim tritt die Nähe des Tagebuchs zur Andenkensammlung prononciert hervor;[115] dabei stehen die Andenken jedoch nicht für ihr eigenes Erleben, sondern für das des Ehemanns im Feld.

Für viele andere Diarist:innen im Krieg ist die eintreffende Post von der Front wichtiges, kriegsrelevantes Material für das Tagebuch. Ist die Familie getrennt – im häufigsten Fall sind die Männer oder Söhne an der Front, die Eltern, Ehefrauen und Geschwister in der Heimat – wird der Austausch von Lebenszeichen über die Feldpost zum familienkonstituierenden Ritual, das auf die Trennung der Familie reagiert. Eintreffende und ausgehende, sehnlichst erwartete

---

110 Vgl. zu dieser Praxis Pignot, Allons Enfants de la Patrie, 295–296.
111 Vgl. Wertheim, Tagebuch, Februar und März 1915.
112 Oesterle, Souvenir und Andenken, 32.
113 Oesterle, Souvenir und Andenken, 43. Günter Oesterle unterscheidet den Souvenir deutlich von der Reliquie durch seine Fragmentarität und seinen Zeichencharakter. Im Tagebuch von Marie Wehner hingegen werden vom gefallenen Sohn selbst hinterlassene Objekte – darunter eine Haarsträhne in dessen Tagebuch sowie das Geschütz, mit dem der Sohn getötet wurde – als Reliquien bezeichnet. Vgl. Wehner, Kriegstagebuch einer Mutter, 17.
114 Vgl. Wertheim, Tagebuch, 25.09.1915.
115 Die Nähe von Tagebuch und Andenkensammlung wird ein Ausgangspunkt der frühen Tagebuchforschungen psychoanalytischer Prägung in den 1930er Jahren sein. Siehe dazu Bernfeld, Trieb und Tradition im Jugendalter, 25–26.

und verschwundene Postsendungen sind nicht nur häufiges Thema, sondern oft erst Anlass und Auslöser eines Eintrags. Das Tagebuchschreiben ist damit direkt an den Briefverkehr gekoppelt und die Postzustellung wird zu einem sehnsüchtig erwarteten Alltagsritual, das im Krieg neue Bedeutung gewinnt und den Rhythmus des diaristischen Schreibens beeinflusst.

Zu Kriegsbeginn möchten die meisten Autor:innen den Überblick über die eintreffenden und ausgehenden Briefe bewahren, und reagieren so auf die noch langsam und unzuverlässig arbeitende Feldpost. Freifrau von Wertheim bilanziert den Briefverkehr genau: „Heute habe ich nur eine Karte gekriegt; S. [d. i. der Ehemann] hat noch nichts von mir bekommen, 3 Karten, 1 Telegramm, 6 Briefe und 7 Pakete sind abgeschickt in diesen 7 Tagen."[116] Im ersten Eintrag des Tagebuchs von Leopold Boehm-Bezing, der in Niederschlesien lebt, wird die Post der Söhne genauestens zeitlich und räumlich situiert: „Die erste Nachricht von Leo aus Harburg, ein Brief mit Blei geschrieben, traf am Mittwoch den 5. Aug. ein. Der Brief ist datirt v. 3.8., Poststempel 9–10 N., er gehört zur 4. Kavallerie Division."[117] Der Eintrag spiegelt die Postverwaltung in Fronttagebüchern, die dort jedoch häufig in Form von Listen erfolgte. Nur konsequent erscheint es daher, dass der Vater einen Brief des Sohns in sein Tagebuch abschreibt, in dem jener die eintreffenden Briefe der Familie zählt und den Eltern ein „Verzeichnis"[118] schickt.

Die Briefverwaltung wird rasch erweitert, indem die von der Front eintreffenden Briefe und Postkarten in Einträgen erwähnt, zusammengefasst oder wortwörtlich abgeschrieben werden.[119] Teils ist dies ein ganz regelmäßiger Vorgang, etwa in den Tagebüchern von Marie Wehner und Leopold Boehm-Bezing, die seit Kriegsbeginn in fast jedem Eintrag Briefe ihrer Söhne aus dem Feld abschreiben. In anderen Tagebüchern, etwa dem von Milly Haake, wird der Abschrift der Briefe als einem besonderen Ereignis regelrecht entgegengefiebert:

---

116 Wertheim, Tagebuch, 04.12.1914.
117 Boehm-Bezing, Tagebuch, 14.08.1914.
118 Boehm-Bezing, Tagebuch, 10.10.1914.
119 Das hier beschriebene Schreibphänomen steht in der Tradition von Brieftagebüchern, wird jedoch um eigene Einträge ergänzt. Das wohl bekannteste Brieftagebuch Johann Kaspar Lavaters entstand, indem der Autor von seinen Reisen Briefe an Bekannte schickte, die diese teils mehrfach abschrieben und die Lavater nach seiner Rückkehr publizierte. Siehe das Brieftagebuch von der Reise nach Kopenhagen in Johann Kaspar Lavater, Reisetagebücher. Teil II, hg. von Horst Weigelt, Göttingen 1997, 107–307. Die Bezeichnung „Brieftagebuch" wurde zudem für Kriegstagebücher, in die wortwörtlich kopierte empfangene Briefe oder deren Zusammenfassungen festgehalten wurden, verwendet. Siehe Susanne zur Nieden, Alltag im Ausnahmezustand. Frauentagebücher im zerstörten Deutschland, 1943 bis 1945, Berlin 1993, 102–103.

2.3 Kriegstagebuchschreiben als familienkonstituierendes Ritual — 129

An den Weihnachtstagen, wenn endlich Zeit ist, sollen die Briefe geordnet ins Tagebuch übernommen werden.

Zwar zielt die Abschrift der Briefe und Postkarten im Tagebuch auch darauf ab, die flüchtigen Papiermaterialien in eine langlebigere Form zu überführen und damit Quellen für die künftige Geschichte des Kriegs zur Verfügung zu stellen.[120] Betrachtet man die Abschriften unter dem Fokus ihrer *Gebrauchsroutinen*, wird jedoch deutlich, dass ihre Funktion primär eine performative ist, der Vollzug der Handlung also näher betrachtet werden muss.[121] Briefe sowie Postkarten haben eine elementare Bedeutung für die Erstellung von Kriegstagebüchern. Die Kommunikation via Postkarten wurde seit dem Deutsch-Französischen Krieg zunehmend populärer, worauf die Empfänger mit Sammlungen reagierten, in denen Bildpostkarten mit Landschaftsmotiven ihren Platz fanden und die Papierindustrie entsprechende Sammelkästen und -alben bereitstellte.[122] Im Ersten Weltkrieg kamen verschiedene Innovationen der Postkartenindustrie zum Einsatz, zum einen, bedingt durch die Entwicklung der Fotografie, Postkarten mit Frontmotiven – häufig mit den Soldaten selbst im Portrait. Zum anderen verteilte die deutsche Armee ab 1917 normierte, vorgedruckte Postkarten, die ein auf engsten Raum kondensiertes Lebenszeichen darstellten.[123] Letztere, mit standardisierten Floskeln versehene Feldpostkarten interessieren die Tagebuchautor:innen jedoch weniger, dafür umso mehr in freierer Form verfasste Briefe und Karten.

Feldpostkarten wurden in vielen Familien im Kaiserreich gemeinsam gelesen, gesammelt und abgeschrieben.[124] Ist die Familie nicht an einem Ort vereint, entstehen, wie in der Familie Boehm-Bezing, regelrechte Abschreibeketten, denn die seit Kriegsbeginn von Leopold Boehm-Bezing ins Tagebuch kopierten Briefe und Karten beruhen ihrerseits auf Abschriften, welche die Ehefrau des Sohns von dessen Karten und Briefen anfertigte. Der Adressatenkreis der Feldpost wird geöffnet hin zu einer familialen oder weiteren Öffentlichkeit, in der die Frau zum „Sprachrohr" des Mannes im Feld wird.[125] Boehm-Bezings Schwiegertochter

---

120 Diese Funktionen der Briefabschrift artikuliert wiederholt Boehm-Bezing, Tagebuch.
121 Dazu Erika Fischer-Lichte, Auf dem Wege zu einer performativen Kultur, in: Paragrana. Internationale Zeitschrift für Historische Anthropologie 7 (1998), H. 1, 13–29, hier 14.
122 Vgl. Mayari Granados, Postkarten als Souvenirs, in: Der Souvenir. Erinnerung in Dingen von der Reliquie zum Andenken, hg. von Birgit Gablowski, dem Museum für Angewandte Kunst und dem Museum für Kommunikation Frankfurt, Köln 2006, 418–428, hier 426.
123 Vgl. Ulrich, Die Augenzeugen, 41.
124 Vgl. Ulrich, Die Augenzeugen, 51.
125 Vgl. Christa Hämmerle, Schau, daß Du fort kommst! Feldpostbriefe eines Ehepaares, in: Heimat/Front. Geschlechtergeschichte/n des Ersten Weltkriegs in Österreich-Ungarn, hg. von Christa Hämmerle, Wien 2014, 55–83, hier 63.

schickt so am 22. September 1914 „die Abschrift von 4 Briefen u. 2 Karten von unserm Herzens Lo", welche der Schwiegervater „vielleicht später"[126] ins Tagebuch eintragen möchte. Marie Wehner erhält nach langer Zeit ohne Nachricht einen Brief von ihrem vierten Sohn, der in einer von den Engländern besetzten Kolonie gefangen ist und auch hier eröffnet der Briefehalt ein familienkonstituierendes Ritual und generiert Schreibpraktiken der Trennung: Per Telefon wird die Familie über den Brief informiert, jedes Familienmitglied erhält eine Abschrift und die Mutter behält das Original – um es in ihr Tagebuch zu kopieren.[127]

Das Abschreiben stellt eine besondere Form der Teilhabe am Nicht-Erlebten dar, denn es konstituiert eine Gemeinschaft, in der die Tagebuchautor:innen gleich einer Mimesis[128] Gesten und Rituale des Feldpostschreibens wiederholen und inszenieren. Schreibszenen von der Front, die sich in der Konstellation aus Technologie, Geste und Semantik der erhaltenen Feldpost manifestieren, werden in den Tagebüchern reproduziert. Wenn Milly Haake beim Abschreiben der Karten des Bruders konsequent deren Format und Schriftbild imitiert und das Motiv jeder Ansichtskarte beschreibt, dann vergegenwärtigt sie sich den Schreibort des Bruders und wiederholt seine Schreibszene auf dem Weg an die Ostfront an ihrem Schreibtisch in Hamm (Abb. 22). Verweise auf im Feld verwendetes Schreibzeug wie „Blei" und „Blätter aus einem Block"[129] oder den erschöpften Griff zum Bleistift,[130] zeigen die Anteilnahme von Eltern an den Gesten des Schreibens ihrer Söhne im Feld. Ihre Mimesis bringt eine neue Geste des Schreibens hervor:[131] Diese zielt auf das stellvertretende Nacherleben des Kriegs und weist eine starke körperlich-materielle Dimension auf.

Die Entfernung der Kriegserfahrungswelten kann jedoch auch von diesen mimetischen Schreibszenen nicht überwunden werden. So brechen die oft mit großem Engagement begonnenen Abschriften der Feldpost häufig frühzeitig ab, sei es durch die (zeitlich) konkurrierende Praxis des Briefeschreibens selbst, sei es durch andere Aktivitäten, die keine Zeit zum Tagebuchführen lassen. Leopold Boehm-Bezing, der das Tagebuchschreiben häufig zugunsten anderer Ak-

---

126 Boehm-Bezing, Tagebuch, September 1914.
127 Vgl. Wehner, Kriegstagebuch einer Mutter, 83.
128 Mimesis verstehe ich in diesem Zusammenhang als Versuch, sich den Praktiken eines anderen Menschen ähnlich zu machen und ihnen nachzueifern. Siehe Christoph Wulf, Mimesis in Gesten und Ritualen, in: Paragrana. Internationale Zeitschrift für Historische Anthropologie 7 (1998), H. 1, 241–263, hier 241–242.
129 Boehm-Bezing, Tagebuch, 14.08.1914, September 1914.
130 Vgl. Wehner, Kriegstagebuch einer Mutter, 42.
131 Die Reproduktion von Gesten mittels Mimesis beschreibt Wulf, Mimesis in Gesten und Ritualen, 250.

2.3 Kriegstagebuchschreiben als familienkonstituierendes Ritual — 131

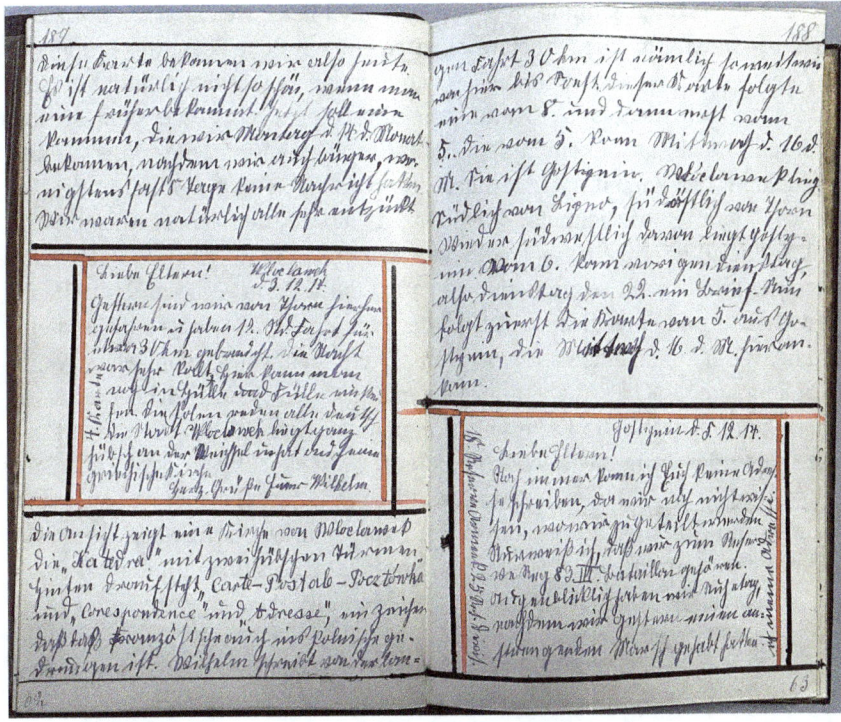

Abb. 22: Mimesis der Schreibszene aus dem Feld bei Milly Haake.

tivitäten unterbricht, entscheidet sich daher schon am Ende des ersten Tagebuchhefts, künftig die linke Seite der Hefte freizulassen, um die Briefe im Winter zu übertragen. Die über das Kopieren der Feldpost ermöglichte schreibende Teilnahme am Krieg scheitert jedoch nicht nur an fehlender Zeit und Muße, sondern auch am Briefverkehr selbst. Da die Zustellung der Post nicht dem Schreibrhythmus an der Front entspricht, versuchen einige Autor:innen die Zeitlichkeit des Frontlebens anhand der eintreffenden Postkarten zu rekonstruieren, indem sie diese geordnet ins Tagebuch übernehmen und mithin dem Verstreichen von Zeit – einem Merkmal des Performativen – beiwohnen.[132] Dabei aktivieren sie eine Kernfunktion des Tagebuchs: die Materialisierung von Zeit.[133]

---

[132] Vgl. Fischer-Lichte, Auf dem Wege zu einer performativen Kultur, 21.
[133] Dazu Arno Dusini, Das Tagebuch als materialisierte Zeit, in: Absolut privat!? Vom Tagebuch zum Weblog, hg. von Helmut Gold und Wolfgang Albrecht, Heidelberg 2008, 98–99, hier 99.

Besonders offensichtlich wird dies bei Milly Haake, welche die Weihnachtstage 1914 nutzt, um die nicht chronologisch eingetroffene Post ihres Bruders im Tagebuch geordnet abzuschreiben. Sie kopiert den Text und beschreibt die Kartenmotive, außerdem ist sie bemüht, die Chronologie zu wahren, denn sie fügt erklärend hinzu: „Nun kommt dem Datum nach eine Karte, die später als eine andre kam. Das kommt nachher noch öfter vor." Es folgt die Abschrift der von ihr als „2. Karte" bezeichneten Postkarte, datiert auf den 1. Dezember 1914, in welcher der Bruder gleich im ersten Satz schreibt: „Zur Kontrolle will ich damit beginnen, die Karten zu numerieren." Auch diese Karte wird von Milly Haake beschrieben und eingeordnet: „Die Karte zeigt eine Straße von Thorn und eine Kirche. Wir nahmen eine Landkarte, um zu verfolgen, wie es wohl weiter ginge. Nun kommt eine Karte, die vor der letzten ankam. Ansicht: Weichselbrück von Thorn."[134] Indem sie die Karten nicht einfach aufbewahrt, sondern Inhalt und Bedeutung der Karte im Tagebuch darstellt, wirkt sie aktiv an der „Andenkenherstellung" mit.[135] Die im Tagebuch stattfindende Materialisierung von Zeit im Ordnen und Abschreiben der Karten wird durch ein wahrscheinlich am 28. Dezember 1914 eintreffendes Telegramm unterbrochen: Es übermittelt der Familie die Todesnachricht des Bruders und bereitet Milly Haakes schreibender Teilnahme am Krieg ein jähes Ende.

Anstatt die Briefe und Karten zu kopieren, versucht sie dem Tod ihres Bruders von da an in anderen Dokumentationsformen habhaft zu werden: Sie zitiert das Telegramm mit der Todesnachricht, gibt die Ansprache des Pfarrers auf der Beerdigung wieder, beschreibt die genauen Todesumstände des Bruders, die Beerdigung und den Besuch der Eltern am Grab. Der für die Briefe und Postkarten verwendete Rahmen, den sie sonst mit roter und schwarzer Tinte zeichnete und mit der Abschrift füllte, bleibt leer. Stattdessen erinnert er nun, nur mit einer schwarzen Linie umrandet, an in der Zeitung publizierte Todesanzeigen – die Lücke, die der Tod des Bruders hinterlässt, manifestiert sich nun in einer graphischen Lücke im Tagebuch (Abb. 23).

Die Verarbeitung des Tods ihres Bruders Wilhelm beschäftigt Milly Haake mithin mehr als zwei Monate. Wenn sie schließlich über mehrere Einträge hinweg den letzten Feldpostbrief eines Grenadiers abschreibt, gedenkt sie damit ihrem Bruder in Form eines dem zeitgenössischen Topos des Letzten entsprechenden Stellvertreterdokuments.[136] Die Textpartikel des Bruders und eines Stellvertreters werden in ihrem Tagebuch einverleibt als Spuren des anderen und ihre

---

134 M. Haake, Tagebuch, 25.12.1914.
135 Siehe zu dieser Praxis in psychoanalytischer Lesart ausführlicher Bernfeld, Trieb und Tradition im Jugendalter, 25–26, 32–33.
136 Vgl. M. Haake, Tagebuch, 08.01.–28.03.1915.

2.3 Kriegstagebuchschreiben als familienkonstituierendes Ritual — 133

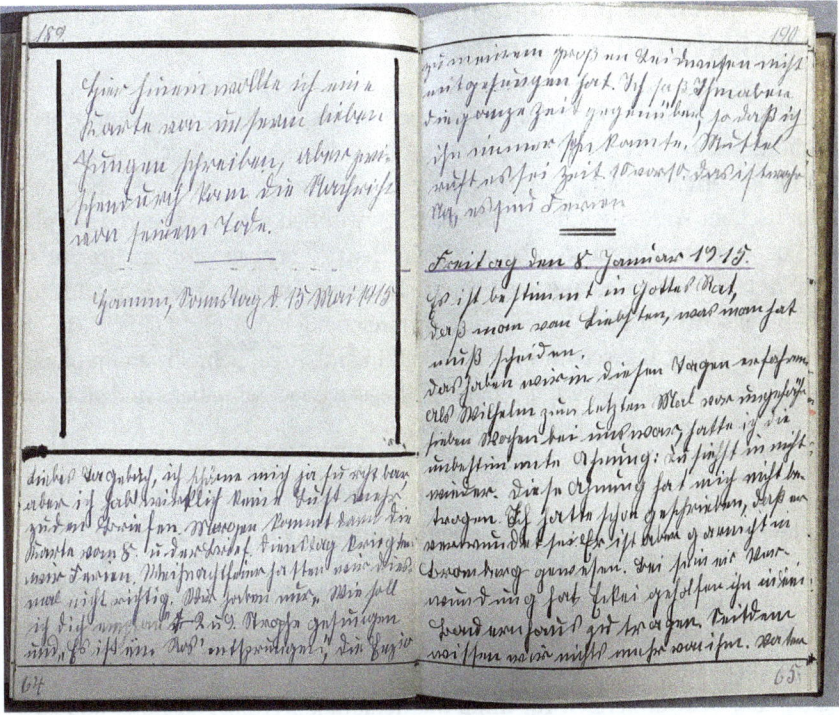

Abb. 23: Visualisierte Todeslücke im Tagebuch von Milly Haake.

„eigene Rede" von der des Verstorbenen durchdrungen. Darin manifestiert sich paradigmatisch die Intertextualität ihrer trauernden Autorschaft.[137] Dabei verdeutlichen alle Versuche der Textakkumulation, dass der Tod des Bruders seiner Aufzeichnung und Inszenierung vorgängig war und die „leer gewordene Stelle" – sichtbar in der leeren Todesanzeige im Tagebuch – nur umkreist werden kann, indem die überlebende Schwester den Versuch unternimmt, sich Repräsentationen des Todes anzueignen und festzuhalten.[138] Anstelle der Kriegseuphorie wird nun Trauer zum Textgenerator ihrer diaristischen Praxis.

---

[137] Siehe ausführlicher zur Intertextualität trauernder Autorschaft Eva Horn, Trauer schreiben. Die Toten im Text der Goethezeit, München 1998, 27–28.
[138] Vgl. Julia Encke und Claudia Öhlschläger, Arbeit am Unverfügbaren. Ernst Jünger und die Szene des Ereignisses, in: Performativität und Ereignis, hg. von Erika Fischer-Lichte, Christian Horn, Sandra Umathum et al, Tübingen und Basel 2003, 135–148, hier 135–137.

2.4 Schulen als paradigmatische Orte des Kriegstagebuchschreibens

Mit dem *Kriegstagebuch zu dem Weltkriege 1914* empfiehlt der Oskar Eulitz-Verlag nachdrücklich die Verwendung seines frisch produzierten Vordrucks in den Schulen im Kaiserreich, der für den Unterricht „[v]on unersetzlichem" und „hohem erzieherischem Werte" sei, da er „die Brücke zwischen den Großtaten des Volkes und den Ereignissen um den heimatlichen Herd"[139] schlage. Der in Posen ansässige Verlag bewirbt den Tagebuchvordruck mittels Anzeigen gezielt in pädagogischen Zeitschriften und verweist auf „zahlreiche Schulen und Lehrer", die den Vordruck bereits angeschafft hätten.[140] Mithin erklärt ein Schreibwarenproduzent die Schulen zu prädestinierten Orten des Kriegstagebuchschreibens und gibt ihnen ein entsprechendes Hilfsmittel in die Hand.

Schülertagebücher zwischen Dokumentensammlung und Schulaufsatz

Ein Blick auf die bislang in den Familien geführten Tagebücher von Jugendlichen kann diese zeitgenössische Diagnose des neuen Schreiborts Schule zunächst nicht bestätigen. Zwar vertraut die Schülerin Milly Haake ihrem Tagebuch seitenlang Schwärmereien für ihren Mathematiklehrer an und nutzt das Tagebuch zur gewissenhaften Dokumentation des Kriegs, jedoch findet das Tagebuchschreiben selbst stets erst nach der Erledigung der Hausaufgaben statt und hat regelmäßige Schreibblöcken zur Folge. Elfriede Kuhr, die ihr Kriegstagebuch in Schneidemühl für die in Berlin lebende Mutter schreibt, thematisiert die Indienstnahme ihrer Schule für den Krieg zwar in zahlreichen Einträgen, legt jedoch großen Wert darauf, dass von ihrem Kriegstagebuch in der Schule niemand erfährt. Erst gegen Ende des Kriegs vertraut sie sich einer Lehrerin an, die gern Einsicht in die Aufzeichnungen erhalten würde.[141] Der Schreibanlass für die Kriegschronik der Bohn-Schwestern ist gar der kriegsbedingte Ausfall des Unterrichts in ihrer umkämpften Stadt Ingersheim und durch die täglichen Berichte sollen die Mädchen das Schreiben üben.[142] Diese Tagebücher entstanden also gerade nicht in der Schule, wenngleich bestimmte Themen und Aufzeichnungsverfahren auf den schulischen Unterricht zurückgeführt werden können.

---

139 Kriegstagebuch zu dem Weltkriege 1914, 2.
140 Vgl. [Anzeige für Kriegstagebuch des Oskar Eulitz-Verlags], in: Pädagogische Woche 11 (29. Mai 1915), H. 22, 179.
141 Vgl. Mihaly, ... Da gibt's ein Wiedersehn!, 301.
142 Siehe Bohn, Kriegschronik.

Umso mehr überrascht ein Blick in das Tagebuch der Schülerin Marie Friedrichsen aus Kappeln: Das Heft mit dem festen Einband trägt den von der Autorin selbst eingetragenen Titel „Tagebuch", auf dessen Titelblatt sie unter einer Zeichnung von Kaiser Wilhelm ihren Namen und die Schulklasse notiert hat.[143] In der ersten Hälfte des Hefts, das im März 1914 mit der Eintragung ihres Stundenplans einsetzt, befinden sich Mitschriften verschiedener Unterrichtsfächer – eine typische Verwendung des Tagebuchs als eine Art Merkbuch im Unterricht, wie sie etwa im *Enzyklopädischen Handbuch der Pädagogik* aus dem Jahr 1899 beschrieben wird.[144] Im zweiten Teil des Tagebuchs, der vom ersten durch mehrere unbeschriebene Seiten getrennt ist, führt die Autorin vom 7. August bis 1. September 1914 ein Kriegstagebuch, in dem sie täglich, ausgehend vom Durchzug der Truppen, das Kriegsgeschehen in Kappeln dokumentiert. Mangels erwähnenswerter Kriegsereignisse vor Ort wendet sie sich schon am 14. August den Kriegsnachrichten an Ost- und Westfront zu. Das Nebeneinander von Unterrichtsnotizen und Kriegstagebuch führt vor Augen, dass dieses Tagebuch in der Schule geführt wurde, ja wahrscheinlich elementarer Bestandteil des Unterrichts war (Abb. 24).

Schulen spielten eine wichtige Rolle bei der geistigen Mobilmachung; sowohl Lehrer:innen als auch Schüler:innen wurden als „Multiplikatoren der Kriegspropaganda" adressiert. An den verschiedenen Schultypen – Volksschulen, höheren Mädchenschulen, Präparandenanstalten und Gymnasien – wurde oft eine eigene Kriegspädagogik proklamiert, wobei der Einfluss des zuständigen Kultusministeriums im Laufe des Kriegs stark zurückging.[145] Während von Seiten der Regierung mit einem schnellen Krieg gerechnet wurde, der aufgrund

---

143 Vgl. Marie Friedrichsen/Werner, Tagebuch, DTA 1749, II, 1. Nach dem Krieg änderte sich Marie Friedrichsens Nachname durch Heirat in Marie Werner; unter diesem wird ihr Tagebuch im DTA katalogisiert. Ich verwende in der gesamten Studie im Fließtext den Namen Marie Friedrichsen.
144 Vgl. Zeissig, Art. Tagebuch des Schülers, 85: „Das vierfache Tagebuch ist ein Mittelchen, den Schüler zur Selbsttätigkeit und so auch zur Selbstständigkeit anzuhalten; es liegt ganz im Sinne des Tuns und Handelns, des schaffenden Lernens, das man gegenwärtig mehr als je pflegt." Zum Einsatz kommen sollen vier Tagebücher: „ein Merk(tage)buch für Anschauungsunterricht, Heimatkunde, Erdkunde, Geschichte, Rechnen, Formenkunde, Naturgeschichte, Naturlehre, Rechtschreibung, Sprachkunde, Religionsunterricht; ein Übungs(tage)buch für den gesamten Deutschunterricht, ein Übungs(tage)buch für Rechnen und formenkundlichen Unterricht und ein Zeichenbuch für die bereits genannten Disziplinen".
145 Vgl. Hartwin Spenkuch und Rainer Paetau, Kulturstaatliche Intervention, schulische Expansion und Differenzierung als Leistungsverwaltung (1866–1914/18), in: Acta Borussica: neue Folge. 2. Reihe: Preußen als Kulturstaat, hg. von der Berlin-Brandenburgischen Akademie der Wissenschaften, Berlin 2010, 56–92, hier 92.

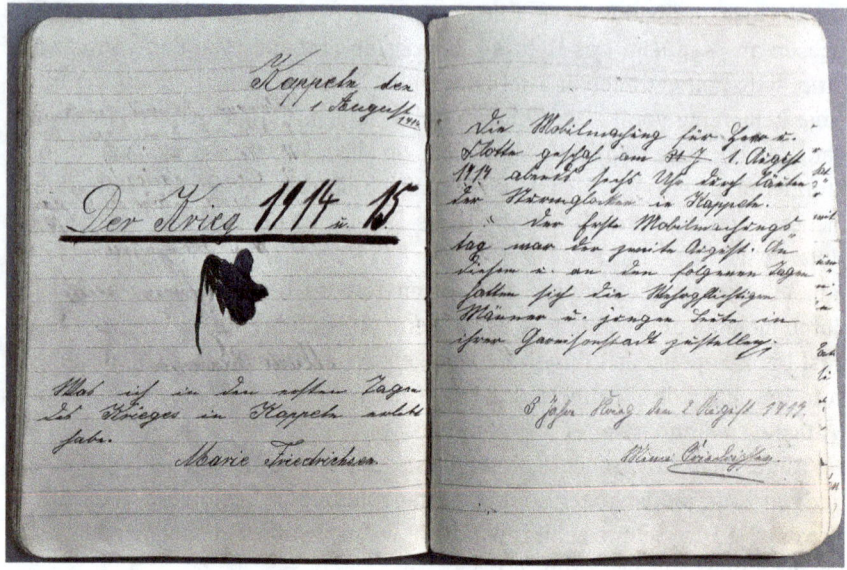

Abb. 24: Ein Tagebuch im Schulheft von Marie Friedrichsen.

seiner kurzen Dauer keine eigene Kriegspädagogik bedürfe, reagierten viele Lehrervereine noch im August 1914 auf die neue Situation. Was Kriegspädagogik sei und wie man sie am besten umsetze, wurde in den von ihnen herausgegebenen pädagogischen Fachzeitschriften der Öffentlichkeit präsentiert, die damit schneller als beispielsweise Lehrbücher auf den Krieg reagierten und eine zeitgemäße Gestaltung des Unterrichts vorschlugen.[146] Ein Blick in pädagogische Fachzeitschriften der Kriegsjahre bestätigt, dass das Kriegstagebuchschreiben in den Unterricht integriert wurde, und lässt die Kommunikationsorgane der häufig in Vereinen organisierten Lehrerschaft selbst als Katalysatoren dieser Dokumentationspraxis hervortreten. „[R]eichlich spät, aber vielleicht noch nicht zu spät" gibt

---

[146] Den späten Einsatz der Maßnahmen der Erziehungsministerien untersucht in einer transnationalen Perspektive Eberhard Demm, Kinder und Propaganda im Ersten Weltkrieg. Eine transnationale Perspektive, in: Kinder und Krieg. Von der Antike bis zur Gegenwart, hg. von Alexander Denzler, Stefan Grüner und Markus Raasch, Berlin und Boston 2016, 105–130, hier 106. Die zentrale Rolle der fachpädagogischen Zeitschriften bei der Etablierung der ‚Kriegsschule' wird auch für Österreich-Ungarn und Frankreich bekräftigt. Vgl. Verena Gruber, Versuche ideologischer Beeinflussung – Aufsatzthemen und Maturaarbeiten in Tiroler Gymnasien, in: Kindheit und Schule im Ersten Weltkrieg, hg. von Hannes Stekl, Christa Hämmerle und Ernst Bruckmüller, Wien 2015, 180–204, hier 185 und Stéphane Audoin-Rouzeau, La Guerre des enfants. 1914–1918, 2. Aufl., Paris 1993, 33–48.

etwa die *Deutsche Schulpraxis* am 13. September 1914 die Anregung, die in Schulen bereits gängige Praxis des Tagebuchschreibens im Angesicht des Kriegs in den Unterricht zu integrieren, sodass die Kinder über persönliche wie gemeinsame Kriegserlebnisse ein „Tagebuch im wahren Sinne des Wortes"[147] führen. Weitere Aufrufe erschienen in zahlreichen fachpädagogischen Zeitschriften.[148] Die Zeitschrift *Kunstwart*, die bereits im November 1914 den Aufruf Peter Roseggers Tagebücher zu führen veröffentlicht hatte, griff einige dieser Appelle an Schulen auf und öffnete die pädagogische Fachöffentlichkeit damit hin zu einem breiteren Publikum. Über die Zeitschrift *Kunstwart* genau wie über den Autor Rosegger eröffnen sich zudem Verbindungen des schulischen Kriegstagebuchschreibens zu den Bewegungen der Lebensreform und Reformpädagogik der Jahrhundertwende.

Den Aufrufen zur neuen Unterrichtsmethode folgen schon im September 1914 Erfahrungsberichte von Lehrern, welche die Anregung aufgenommen haben. So schreibt ein Lehrer in der *Deutschen Schulpraxis* in der Rubrik „Aus der Praxis – Für die Praxis" von der kriegsgemäßen Umgestaltung des Unterrichts, die neben der Einrichtung einer Fremdwortkasse und dem Sammeln für das Rote Kreuz nun auch das gemeinsame Führen eines Kriegstagebuchs umfasst.[149] Zu Beginn des Jahres 1915 ist das Kriegstagebuchschreiben, so berichtet ein Lehrer aus Chemnitz, ganz normaler Teil der Unterrichtspraxis: Die Kinder zeichnen Kriegskarten, sammeln Zeitungsausschnitte und führen ein Kriegstagebuch.[150] Durch die wissenschaftliche Fundierung sowie die dezidierte Anleitung und Kontrolle wird das Kriegstagebuchschreiben damit zum

---

147 E. H., Das Kriegstagebuch in der Schule, in: Deutsche Schulpraxis. Wochenblatt für Praxis, Geschichte und Literatur der Erziehung und des Unterrichts 34 (13. September 1914), H. 37, 295. Dieser Aufruf erreichte noch größere Reichweite durch den Abdruck Ende 1914 in einer österreichischen Lehrerzeitschrift. Siehe [Anonym], Das Kriegstagebuch in der Schule, in: Der Österreichische Schulbote 64 (1914), H. 24, 365.
148 Siehe [Anonym], Das Kriegstagebuch, in: Freie Bayerische Schulzeitung 15 (27. August 1914), H. 18, 232; [Anonym], Das Kriegstagebuch, in: Westpreußische Schulzeitung 11 (1. Oktober 1914), H. 40, 567; [Anonym], Das Kriegstagebuch, in: Der Volksschullehrer 8 (24. Dezember 1914), H. 52, 759–760; Julius Streit, Kriegsgedenkbüchlein, in: Freie Schul-Zeitung 40 (17. Oktober 1914), H. 42, 836–837; [Anonym], Kriegsgedenkbüchlein in den Schulen, in: Kunstwart und Kulturwart 28 (1915), H. 7, 37–38.
149 Vgl. E. G., Aus der Praxis – Für die Praxis, in: Deutsche Schulpraxis. Wochenblatt für Praxis, Geschichte und Literatur der Erziehung und des Unterrichts 34 (20. September 1914), H. 38, 303.
150 Vgl. Fritz Müller, „Unser täglich Brot gib uns heute!", in: Monatsblätter für den evangelischen Religionsunterricht 8 (1915), Märzausgabe, 82–87, hier 82. Die Selbstverständlichkeit des Kriegstagebuchschreibens als Teil des kriegsgemäßen Unterrichts bestätigt auch der Schuldirektor Max Hantke, Die Schule und der Krieg, Langensalza 1915, 3–4.

integralen Bestandteil der Kriegspädagogik. Von der erfolgreichen Integration in den Unterricht berichten mehrere Lehrer:innen und führen zum Beleg Auszüge aus den Unterrichtstagebüchern ihrer Schüler:innen an. Obwohl die Aufrufe zum Tagebuchschreiben dieses nicht geschlechtlich kodieren, überwiegen die veröffentlichten Erfahrungsberichte aus Mädchenschulen deutlich und stellen das Tagebuchschreiben in den Schulen als eine weiblich konnotierte Praxis aus.

Die Grundlage für Schultagebücher ist die regelmäßige Materialsammlung, zu der Schüler:innen wie Lehrer:innen beitragen. Das Tagebuchschreiben in der Schule folgt damit einer anderen Zeitlichkeit als in der Familie: Das Sammeln dient als Voraussetzung für kollektives Schreiben, wohingegen es in den Familien – vor allem in Form erhaltener Postkarten – häufig Grundlage für individuelles, das Eintreffen der Karten begleitendes Schreiben war. Die Klasse aus Dresden legt ihren Kriegstagebüchern eine Materialsammlung zugrunde:

> Einmal ließ sich fast jede Schülerin die Postkarten der Heeresführer von Bauer zu Weihnachten schenken, die wir auf graues Zeichenpapier in der Schriftblättergröße klebten. [...] Dann sammelten die Mädchen aus dem Dresdner Anzeiger Karten und Bilder, soweit sie in der ‚Beilage' waren, die anderen Stücke des Anzeigers sammelte ja der Vater. Es kamen noch hinzu einige Eiserne Blätter von Traub, einige Vortragsordnungen von der Kaiser-, Sedan- und Siegesfeier, Kriegsweihnachtsfeier, Postkarten mit Straßenbahnschaffnerinnen u. a. [...]. Außerdem wurden von meinen Schülerinnen die Briefe und Karten aus dem Felde an das ‚geehrte Fräulein' auf die von der Klasse gesandten Liebeskisten eingeordnet.[151]

Das Sammeln diverser Kriegsdokumente geht dem Schreiben des Kriegstagebuchs voraus, das die Beobachtung des Kriegsgeschehens anhand von belegenden Daten und Materialien vornimmt. Die meisten der von den Mädchen gesammelten Materialien sind klein und erscheinen als Serien, die an ein kontinuierliches Sammeln appellieren und über die in Form des gehefteten Tagebuchs neue Bezüge hergestellt werden können. Auch der ephemere Charakter dieser Kriegsmaterialien appelliert an eine Konservierung in einem haltbareren Format.[152] Die Einbindung der zahlreichen papierenen Kriegsmaterialien erhöht aus der Sicht der Schülerinnen den dokumentarischen Wert des Tagebuchs und wird durch das zeitgenössische Verständnis der Dokumentation und des Dokumentbegriffs erhellt. War die Bezeichnung ‚Dokument' im 18. Jahrhundert noch Schriftstücken, die eine Tatsache beweisen wollten, vorbehalten,

---

151 [Anonym], Ein Jahr Kriegstagebuch, 380.
152 Vgl. zur Konservierung von Akzidenzdrucken im Kodex Lisa Gitelman, Print Culture (Other Than Codex): Job Printing and Its Importance, in: Comparative Textual Media: Transforming the Humanities in the Postprint Era, hg., von Nancy Katherine Hayles und Jessica Pressman, Minneapolis 2013, 183–197, hier 187.

2.4 Schulen als paradigmatische Orte des Kriegstagebuchschreibens — 139

kam es im 19. Jahrhundert vor dem Hintergrund einer zunehmend empirisch arbeitenden Wissenschaftskultur, die ihre Ergebnisse mittels Fotografie, Film oder Wachswalze festhielt, zu einer Erweiterung des Dokumentbegriffs. Die neuen Aufzeichnungsverfahren versprachen Indexikalität und hatten zur Folge, dass als Dokumente nunmehr nicht mehr nur Schriftstücke galten, die im Kontext von Staatsbürokratien entstanden, sondern zahlreiche schriftliche und materielle Medien, welche die Funktion der Wissensvermittlung und des Belegcharakters vereinten.[153] Im zeitgenössischen Diskurs wurden dokumentarische Darstellungsformen von anderen Aufzeichnungsverfahren durch ihr Vorgehen, das Signifikante auszuwählen und hervorzuheben, unterschieden.[154] Genau dies realisieren die Schülerinnen mit ihrer selektiven Sammelpraxis im Schultagebuch.

Um die zahlreichen papierenen Belege ins Tagebuch aufzunehmen, muss dessen Materialität angepasst werden. Wurde das Tagebuch des Schülers um 1900 noch als „Heft mit unbiegsamer Schale" beschrieben, in das mit Feder und schwarzer Tinte zu schreiben sei,[155] erscheint das Kriegstagebuch aus Dresden in anderer Materialität, die der mit neuen Papiertechniken affine Lehrer in seinen Erfahrungsbericht einfließen lässt. „Nachdem nun alle Blätter, beschriebene und beklebte, geordnet waren, habe ich, je nach der Zahl, ein oder zwei Stöße mit der Heftmaschine geheftet".[156] Die Verwendung einzelner Blätter ermöglicht das Nebeneinander von Dokument und persönlichem Eintrag sowie die Verbindung von Tageseinträgen verschiedener Schülerinnen. Das Kriegstagebuch der Schülerinnen profitiert von den der Faszination des Papiers begleitenden Erfindungen wie Draht- oder Fadenheftmaschinen, die etwa in der *Papier-Zeitung* offensiv beworben wurden. Die hybride Materialität eröffnet zudem eine Parallele zu den im Feld verfassten Truppentagebüchern, die sich zunehmend vom Kodex lösten.

Das Sammeln ist ein kollektiver Prozess, der direkt zum Schreiben in Gemeinschaft führt: „Zunächst zweckte ich ein Blatt an die Wandtafel, auf dem wir wichtige Ereignisse fürs Kriegstagebuch sammelten", führt der Lehrer aus. „Sodann brachte ich regelmäßig Freitags die ‚Hilfe' mit und las den Mädchen vor, was Gertrud Bäumer in der ‚Heimatchronik' schrieb. Manche Anregung, manche tiefere Auffassung, auch manchen Anklang findet man."[157] Die tage-

---

153 Siehe ausführlicher Renate Wöhrer, Einleitung, in: Wie Bilder Dokumente wurden. Zur Genealogie dokumentarischer Darstellungspraktiken, hg. von Renate Wöhrer, Berlin 2015, 7–24, hier 15–16.
154 Vgl. Wöhrer, Einleitung, 22.
155 Vgl. Zeissig, Art. Tagebuch des Schülers, 98.
156 [Anonym], Ein Jahr Kriegstagebuch, 380.
157 [Anonym], Ein Jahr Kriegstagebuch, 380.

buchartige Chronik der Frauenrechtlerin Gertrud Bäumer, die der geistigen Mobilmachung ein weibliches Gesicht gab,[158] kommt auch in anderen Schulen zum Einsatz und ermöglicht dort nach Aussagen der Schuldirektorin Anny Schulze die Kontinuität des Tagebuchschreibens in „einer sonst nur schwer zu interessierenden Klasse".[159] Das schulische Tagebuchschreiben ist damit immer materialbasiert: Nicht nur das Sammlungsgut, sondern auch eine Bewertung der aktuellen Geschehnisse durch eine Frauenrechtlerin stehen den Mädchen zur Verfügung, bevor das eigene Schreiben beginnen kann.

Dass am Anfang und Ende jeder Woche aus den Kriegstagebüchern im Unterricht vorgelesen worden sei, verweist auf die Kontrollmechanismen, in die das Tagebuchschreiben eingebunden ist.[160] Die Schultagebücher werden inhaltlich stark vorgeformt durch die Auswahl gemeinsamen Materials, hinzu kommen dessen Einordnung sowie die regelmäßige Kontrolle. Wenn Friedrich Kittler beim Aufschreibesystem 1800 den „kontinuierliche[n] Übergang von Autoren zu Lesern zu Autoren" für die Proliferation des Buchwesens verantwortlich macht und damit „Mutationen der Diskurspraxis selber" in den Blick nimmt, so findet sich diese als „Mobilmachung"[161] bezeichnete Bewegung eben auch auf dem Schauplatz der Schulen im Ersten Weltkrieg: Die Kinder werden von Materialsammler:innen und Leser:innen zu Autor:innen, deren Tagebücher wiederum gemeinsam gelesen und ausgewertet werden. Anstelle des Begriffs der Autor:innen bietet es sich aber an, von Schreibenden zu sprechen: Die „allgemeine[ ] Alphabetisierung" wird mit Kittler formuliert statt einem gelehrten Schreiben zu einer „Fertigkeit der Finger"[162], das Aufschreibe- wird zum Abschreibesystem.

Erklärbar wird das Wechselspiel aus Sammeln, Abschreiben und Freischreiben, wenn man das Tagebuchschreiben in Praxis und Diskurs des Deutschunterrichts der Zeit verortet. Zwar postulieren sowohl die Schuldirektorin Schulze als auch der Lehrer aus Dresden den Neuheitswert des Kriegstagebuchschreibens, jedoch schließen beide an etablierte Unterrichtsmethoden an. Dabei verweisen beide nicht auf das Schülertagebuch, sondern auf den Schulaufsatz, dem die angefügten Tagebuchauszüge ähneln. Diese behandeln typische Kriegssituationen

---

158 Die Frauenrechtlerin Gertrud Bäumer veröffentlichte ab Kriegsbeginn ein Tagebuch unter dem Titel „Heimatchronik" wöchentlich in der von Friedrich Naumann herausgegebenen Zeitschrift *Die Hilfe* und monatlich in der Zeitschrift *Die Frau*. Vgl. Gertrud Bäumer, Heimatchronik während des Weltkrieges. 1. August 1914–29. Dezember 1916, Berlin 1930.
159 Anny Schulze, Kriegstagebücher, in: Die Lehrerin 32 (1. Mai 1915), H. 5, 34–36, hier 34.
160 Vgl. Schulze, Kriegstagebücher, 35.
161 Friedrich A. Kittler, Aufschreibesysteme. 1800/1900, 3. Aufl., München 1987, 115–116.
162 Kittler, Aufschreibesysteme, 118–119.

aus der Perspektive der Mädchen, etwa die Abfahrt der Truppen ins Feld, Kriegsweihnachten oder die Vorbereitung der Feldpost.[163] In einer anderen Schule treten die Kriegstagebücher explizit an die Stelle der Schulaufsätze, wodurch die Lehrerin ihre monatliche Kontrolle legitimiert.[164]

Das Verhältnis von Tagebuch- und Aufsatzschreiben muss daher näher beleuchtet werden. Bereits 1905 berichtete ein Lehrer in einer fachspezifischen Publikation, dass er seine Schüler „wöchentlich drei bis vier Aufsätze ins Tagebuch schreiben lasse", ohne sie zu korrigieren. Ziel ist, das Gehörte der Unterrichtsstunde zur „Befestigung des Lehrstoffes und sodann als Stilübung"[165] zu notieren. Das Tagebuch ist der materielle Träger, in dem relativ freies Schreiben in Form des Schulaufsatzes geübt werden kann. Der Schulaufsatz war indes Dreh- und Angelpunkt von reformpädagogischen Diskussionen des Deutschunterrichts um 1900 und wurde zum „paradigmatischen Prüfstein des kindlichen Konzentrationsvermögens",[166] wobei verschiedene Aufsatzmodelle miteinander konkurrierten: Der im 19. Jahrhundert verbreitete Imitationsaufsatz, der auf die Nachahmung der Stile von Dichtern abzielte, wurde zunehmend ersetzt durch den Reproduktionsaufsatz, für den der Lehrer bereits Satz- und Wortreihen vorgab, die vom Schüler verarbeitet werden mussten. Dem setzten einige Reformpädagog:innen den freien Aufsatz entgegen, bei dem Schüler die Materialien selbst sammelten, ordneten und danach einen Text verfassten (allerdings war das Thema vorgegeben, es handelte sich also nicht um ein Freithema).[167]

Der Einsatz der Reformpädagogik lässt sich explizit in der Mädchenschule in Dresden nachweisen. Dort überträgt der Lehrer rezente Methoden des Aufsatzverfassens, die Wahl selbstständiger Überschriften nach Jensen-Lamszus,[168] auf das

---

163 Die Tagebuchauszüge weisen große Ähnlichkeiten zu im Jahr 1915 publizierten Schüleraufsätzen auf. Siehe Max Reiniger, Der Weltkrieg im persönlichen Ausdruck der Kinder. 150 Schülerkriegsaufsätze, Langensalza 1915.
164 Vgl. Schulze, Kriegstagebücher.
165 Richard Lange, Wie steigern wir die Leistungen im Deutschen? Gespräche über den Betrieb und die Methode des deutschen Unterrichts in der Volksschule, 4. Aufl., Leipzig 1914, 84, 86.
166 Mareike Schildmann, Poetik der Kindheit. Literatur und Wissen bei Robert Walser, Göttingen 2019, 237.
167 Vgl. zum Aufsatzunterricht im 19. Jahrhundert sowie zur Periodisierung des deutschen Schulaufsatzes Otto Ludwig, Der Schulaufsatz. Seine Geschichte in Deutschland, Berlin und New York 1988, 287–291, 449–451.
168 Vgl. [Anonym], Ein Jahr Kriegstagebuch, 380. Der Lehrer bezieht sich auf die breit rezipierte reformpädagogische Publikation der Hamburger Volksschullehrer Adolf Jensen und Wilhelm Lamszus zum freien Aufsatzschreiben. Vgl. Adolf Jensen und Wilhelm Lamszus, Unser Schulaufsatz ein verkappter Schundliterat. Ein Versuch zur Neugründung des deutschen Schulaufsatzes für Volksschule und Gymnasium, Hamburg 1910. Deren Verwendung als Grundlage kriegsaffirmativer Aufzeichnungen ist ihnen indes nicht eingeschrieben. Besonders

Kriegstagebuchschreiben, das damit Methoden des Aufsatzschreibens perpetuiert. Auch darüber hinaus ist das eigenständige Sammeln von Materialien, die gemeinsame Bewertung und Anordnung im Klassenraum und schließlich die Verschriftlichung in Schülertagebüchern als Anschluss an die reformpädagogische Aufsatzpraxis zu werten. Gleichwohl sind die dabei entstehenden Tagebuchaufsätze weit entfernt vom neuen Aufsatz nach reformpädagogischem Ideal, welcher der Phantasie des Kindes freien Lauf lässt,[169] und bekräftigen somit die Widersprüche von reformpädagogischen Ideen der Vorkriegszeit und Erziehungsprinzipien des alten Kaiserreichs.[170] Der Gleichklang der den Erfahrungsberichten beigefügten Tagebuchauszüge und ihre Phrasenhaftigkeit sind mithin dezidierte Ergebnisse der Schreibpraxis in der Schule. Darüber hinaus legen sie einen Verweis auf die Formgeschichte des Tagebuchs innerhalb des pädagogischen Systems nahe, in welchem die Übernahme und Tradierung der Tagebuchform mit der Erziehung zur Folgsamkeit verbunden war.[171] In der Kriegspädagogik schließlich wird der Aufsatz zum Maßstab ihrer Wirksamkeit über den Krieg hinaus erklärt: „Welche *dauernde* Förderung kann der Deutsch-Unterricht durch die Erfahrungen der Kriegszeit erfahren, welche Erfahrungen sind für ihn an die Zukunft zu stellen?",[172] fragt so ein Professor nach seinen 1916 dargelegten Überlegungen zur Kriegspädagogik des Deutschunterrichts.

Wilhelm Lamszus trat bereits vor dem Krieg als dezidiert pazifistischer Schriftsteller in Erscheinung.
169 Vgl. das Kapitel „Das Kind arbeitet wie der Künstler", in welchem Jensen und Lamszus die Fähigkeit des Kindes sich selbst zu lesen und zu schreiben behandeln: Jensen und Lamszus, Unser Aufsatz ein verkappter Schundliterat, 146–160.
170 Siehe dazu ausführlicher Barbara Stambolis, Kindheit in ‚eisernen Zeiten'. Mentalitätsgeschichtliche und transgenerationale Aspekte von Kriegskindheiten im Ersten Weltkrieg, in: Kinder und Krieg. Von der Antike bis zur Gegenwart, hg. von Alexander Denzler, Stefan Grüner und Markus Raasch, Berlin und Boston 2016, 273–292, hier 279.
171 Vgl. Bernfeld, Trieb und Tradition im Jugendalter, 146–147.
172 Walther Janell, Der deutsche Unterricht, in: Kriegspädagogik. Berichte und Vorschläge, hg. von Walther Janell, Leipzig 1916, 17–39, hier 23–24. Auch eine Berliner Lehrerin vertritt in einem Artikel, der in einer reformpädagogischen Zeitschrift erscheint, die These, dass der Krieg den Schulaufsatz als solchen reformieren könne. Vgl. Kati Lotz, Anregungen von der Ausstellung „Schule und Krieg" im Zentralinstitut für Erziehung und Unterricht in Berlin. III. Kriegstagebücher, in: Die Arbeitsschule 29 (1915), H. 9, 317–319, hier 319. Das Verhältnis von Reform- und Kriegspädagogik gilt bislang als wenig erforscht. Vgl. dazu Andreas von Prondczynsky, Kriegspädagogik 1914–1918. Ein nahezu blinder Fleck der Historischen Bildungsforschung, in: Geisteswissenschaftliche Pädagogik, Krieg und Nationalsozialismus. Kritische Fragen nach der Verbindung von Pädagogik, Politik und Militär, hg. von Thomas Gatzemann und Anja-Silvia Göing, Frankfurt am Main 2004, 37–67.

Schauen wir nach diesem Blick in den Fachdiskurs noch einmal in das eingangs vorgestellte Tagebuch der Schülerin Marie Friedrichsen, werden erstaunliche Parallelen deutlich: Das im zweiten Teil des Hefts geführte Kriegstagebuch endet bereits mit dem Eintrag vom 1. September 1914, Schulaufsätze zu Kriegsthemen werden jedoch bis ins Jahr 1915 eingetragen. Am 13. Januar 1915 verfasst sie einen Aufsatz zum Thema „Das Wirken der Frauen im Kriege": Vorangestellt ist eine Gliederung, im Aufsatz werden die kriegsgemäßen Aufgaben der Frauen vorgestellt und auch auf die Mädchen übertragen. Von der Relektüre durch die Lehrerin zeugen die Korrekturzeichen in anderer Schrift.[173] Das Nebeneinander von Schulaufsätzen und Tagebuchnotizen in einem materiellen Träger bestätigt auch die Berliner Lehrerin Kati Lotz bei der Durchsicht zahlreicher Kriegstagebücher von Schüler:innen im Jahr 1915.[174]

Dass der Diskurs über Kriegstagebücher in der Schule auch die fachpädagogischen Zeitungen verließ und Schreibpraktiken von Schüler:innen beeinflusste, verdeutlicht ebenso das Tagebuch der 1902 geborenen Käthe Moos. Die Schülerin aus Wiesbaden begann ihr Kriegstagebuch am letzten Ferientag im April 1916 und führte es in einem Heft mit festem Einband. Mehr noch als bei Marie Friedrichsen wird bei Käthe Moos erkennbar, wie der Unterricht das Kriegstagebuchschreiben vorformatiert, etwa wenn die Diaristin ein Telegramm von Hindenburg zur fünften Kriegsanleihe mit den Worten abschließt:

> Ein Mann, der sich solchen Anspruch auf die Dankbarkeit und das Vertrauen des deutschen Volkes erworben hat wie unser Hindenburg, darf nicht vergebens gesprochen haben. Jeder Deutsche muß jetzt das Seine tun, dass die Erwartung des großen Feldherrn sich erfüllt.[175]

Die Formulierung klingt floskelhaft, so als ob sie einem Diktat der Lehrerin folgen würde. Zahlreiche Einträge im Tagebuch werden mit einem einordnenden Satz in der Wir-Perspektive mit Lehrcharakter beschlossen, der auf das gemeinsame Verfassen im Unterricht zurückgeführt werden kann.[176]

Im Januar 1915 erreichten die Schülertagebücher schließlich auch das Interesse des Staates. Das neu gegründete Zentralinstitut für Erziehung und Unterricht,[177] eine vom preußischen Kultusminister eröffnete Institution re-

---

173 Vgl. Friedrichsen/Werner, Tagebuch.
174 Vgl. Kati Lotz, Kriegstagebücher von Schülern, in: Schule und Krieg. Sonderausstellung im Zentralinstitut für Erziehung und Unterricht Berlin, Berlin 1915, 59–62, hier 61.
175 Käthe Moos, Tagebuch, DTA 1361, 1, 21.09.1916.
176 Siehe beispielsweise Moos, Tagebuch, 17.05.1916, 18.08.1916.
177 Das Zentralinstitut entstand vor dem Hintergrund reformpädagogischer Strömungen und der Formierung einer geisteswissenschaftlichen und pragmatischen Erziehungswissenschaft. Es vereinte gleich einem nationalen Schulmuseen die Aufgaben des Sammelns, Prüfens und

formpädagogischer Prägung, die Kurse und Vorträge für Lehrer:innen anbot und Arbeitsmaterialien verteilte, wurde mit der Sonderausstellung „Schule und Krieg" eröffnet und bot in dieser auch Tagebüchern von Schüler:innen einen Raum. Das damit gezeigte Interesse an den Schriften war zeittypisch, wurden ab der Jahrhundertwende doch Kurzgeschichten, Gedichte oder Sprüchesammlungen von Kindern vermehrt ausgestellt, ediert und publiziert.[178] Im Ausstellungskatalog charakterisiert eine Lehrerin die Kriegstagebücher durch die „Freiheit und Selbständigkeit der Darstellung", wohingegen die „Lenkenden" nur ab und zu auf „grobe Verstöße gegen Grammatik oder Rechtschreibung aufmerksam" gemacht, den „Wortlaut"[179] jedoch nie verändert hätten. Dies macht auf einen generellen Widerspruch reformpädagogischer Maßnahmen aufmerksam: Die Rolle des Lehrers besteht darin, auf das Kind Einfluss zu nehmen, ohne es in seiner freien Entfaltung zu hindern. Obwohl das Kriegstagebuchschreiben gleich einer Kulturtechnik im Unterricht gelehrt wird, charakterisiert die Lehrerin es als spontan und unbeeinflusst.[180]

Mehr als um die freie Entfaltung des Kindes im Tagebuchschreiben geht es auch in den Schulen um eine Arbeitsteilung und Ersatzleistung im Krieg, die bereits innerhalb von Familienkonstellationen nachgewiesen werden konnte. „[I]n einer Zeit, in der die Erwachsenen vielfach restlos von dringenden Tagesforderungen in Anspruch genommen sind", ist es der Lehrerin Kati Lotz zufolge „ein außerordentlich glücklicher Gedanke, die Schüler zu Aufzeichnungen ihrer Erlebnisse aus dieser großen Zeit anzuhalten."[181] Im Zuge der Mobilisierung der Nation für den Krieg werden auch die Kinder verpflichtet, ihren Teil beizutragen – wenn sie nicht schon ohnehin von der Zeit ergriffen sind, dann doch zumindest dadurch, dass sie mehr freie Zeit als die Erwachsenen haben.

Ordnens von Materialien der pädagogischen Arbeit. Hinzu kamen separate Abteilungen für die pädagogische Arbeit und für Auskünfte über aktuelle pädagogische Entwicklungen. Siehe zur Entstehung des Zentralinstituts im Kontext der Reformpädagogik Günther Böhme, Das Zentralinstitut für Erziehung und Unterricht und seine Leiter. Zur Pädagogik zwischen Kaiserreich und Nationalsozialismus, Neuburgwieder und Karlsruhe 1971, 10–34 sowie zu dessen Wirken im Krieg genauer 64–66, 73–74. Das Zentralinstitut kann als besonders aktiver Initiator des Tagebuchschreibens in den Schulen gelten, darauf verweist eine Essener Lehrerin, die nach einem Vortrag des Instituts das Kriegstagebuchschreiben als Unterrichtsmethode in ihrer Essener Mädchenschule einführte. Siehe Schulze, Kriegstagebücher, 36.

178 Siehe dazu Schildmann, Poetik der Kindheit, 62–63.
179 Lotz, Kriegstagebücher von Schülern, 59.
180 Barbara Wittmann weist dieses Paradox innerhalb reformpädagogischer Methoden anhand der freien Kinderzeichnung nach. Vgl. Barbara Wittmann, Bedeutungsvolle Kritzeleien. Eine Kultur- und Wissensgeschichte der Kinderzeichnung, 1500–1950, Zürich 2018, 171, 178.
181 Lotz, Kriegstagebücher von Schülern, 59.

Die Schule fungiert damit als ein Schreibraum, der gleich einem Katalysator das Tagebuchschreiben in die Familien bringt und die Eltern mit einer konformen Sicht über den Krieg ausstattet.[182] Tagebuchschreiben ist damit keine freie Wahl des persönlichen Ausdrucks mehr, es wird vielmehr zu einer vaterländischen Pflicht erklärt, die Implikationen für Gegenwart und Zukunft hat. Schon in die nächsten Schulbücher sollten Schülertagebücher aus dem aktuellen Krieg aufgenommen werden und dort als Quellen und Vorbildtexte ihre Wirkung entfalten[183] – ein Zirkelschluss, der einer weiteren gezielten Förderung des Tagebuchschreibens in der Heimat gleichkommt.

Tagebuchschreiben als Kriegsdienst: Lehrertagebücher als Chroniken der Heimatfront

Jakob Loewenbergs 1916 publiziertes *Kriegstagebuch einer Mädchenschule* nimmt eine Sonderstellung unter den bisher vorgestellten am Schreibort Schule entstandenen Tagebuchaufzeichnungen ein.[184] Gelesen werden kann es als dokumentarischer Bericht des Hamburger Reformpädagogen aus seiner Unterrichtspraxis im Krieg an der Höheren Mädchenschule[185] genau wie als propagandakonforme Fiktionalisierung – immerhin erschien das Buch in der Romanreihe *Feldbücher* und richtete sich damit an eine soldatische Leserschaft, die von der Mobilisierung der Heimatfront in Kenntnis gesetzt werden sollte.[186] Das Buch ist mit einem Schutzumschlag versehen, der eine Erklärung zum Versand des Buchs ins Feld mitliefert.

---

182 Siehe dazu [Anonym], Ein Jahr Kriegstagebuch, 380–381 sowie Schoenichen, Schulleben in der Kriegszeit, in: Schule und Krieg. Sonderausstellung im Zentralinstitut für Erziehung und Unterricht Berlin, Berlin 1915, 13–38, hier 24. Die Rolle von Kindern als Multiplikatoren der Kriegspropaganda untersucht auch Demm, Kinder und Propaganda im Ersten Weltkrieg, 121–122.
183 Vgl. Lotz, Kriegstagebücher von Schülern, 61–62.
184 Siehe Jakob Loewenberg, Kriegstagebuch einer Mädchenschule, Berlin 1916.
185 Vgl. zu dieser Lesart unter besonderer Berücksichtigung des jüdischen Hintergrunds von Loewenberg und seinen Bezügen zur Reformpädagogik Reiner Lehberger, Die höhere Mädchenschule von Dr. Jakob Loewenberg. Äußere Geschichte und pädagogische Gestaltung, in: „Den Himmel zu pflanzen und die Erde zu gründen" – Die Joseph-Carlebach-Konferenzen. Jüdisches Leben, hg. von Miriam Gillis-Carlebach und Wolfgang Grünberg, Hamburg 1995, 199–222.
186 Der Verlag Egon Fleischel & Co beschreibt die Feldbücher als „Romane und Novellen, die in Ausstattung und Inhalt den besonderen Bedürfnissen unserer Feldsoldaten Rechnung tragen. In gut leserlichem Druck, in handlichem Format, das in jeder Tasche unterzubringen ist [...]." Vgl. zur Reihe Olga Szydlowski, Die Feldbücher, in: Weltliteratur – Feldliteratur. Buchreihen des Ersten Weltkriegs. Eine Ausstellung, hg. von Thorsten Unger, Hannover 2015, 197–200.

Insofern stellt dieses Kriegstagebuch eine besonders offensichtliche Umwertung des Zivilen fürs Militärische dar.

Es handelt sich nicht – wie der Titel nahelegen könnte und man aus den Erfahrungsberichten der Lehrer:innen aus den Fachzeitschriften entnehmen konnte – um ein kollektives Tagebuch oder eine Sammlung von Tagebuchseiten der Schülerinnen, sondern um einen aus der Perspektive des Lehrers verfassten tagebuchartigen Bericht über den Einsatz und das Engagement der Schule im Krieg. Die Einträge sind meist zeitlich situiert sowie thematisch überschrieben: Besondere Ereignisse wie der erste Schultag nach Kriegsbeginn werden genauso wiedergegeben wie bald typische, zum Kriegsalltag gehörende Situationen, beispielsweise in der Schule durchgeführte Sammlungen sowie der Versand und die Lektüre der Feldpost.

Das Tagebuch des Lehrers bezieht die Schülerinnen insofern mit ein, als Zeugnisse aus dem Schulalltag eingeflochten werden: allen voran Abschriften der eingesandten Feldpostbriefe der Schülerinnen an Soldaten sowie – weit umfangreicher – die Antworten der Soldaten an die Mädchen.[187] Dem Abdruck der Briefe im Lehrertagebuch gingen Prozeduren der Vervielfältigung und Archivierung voraus, denn „[d]ie Abschrift der Briefe wurde für das Schularchiv aufbewahrt, die Urschriften nahmen die Kinder mit nach Hause".[188] Wie schon bei in der Familie situierten Tagebüchern bemerkt, entstehen auch hier Abschreibeketten, indem die Schülerinnen die Feldpostkarten reproduzieren, um sie für verschiedene Archivorte verfügbar zu machen und dabei der performativen Dimension des Abschreibens beiwohnen. Jakob Loewenberg sammelt zudem im Unterricht gezielt Positionen der Mädchen für sein Tagebuch und stellt diese zusammen: Während die Aussagen der älteren Schülerinnen nicht wiedergegeben werden, da sie „nicht wesentlich von dem ab[wichen], was von Mund zu Mund oder von Zeitung zu Zeitung geht", werden die Aussagen der Schülerinnen von ersten bis zum dritten Schuljahr als Zitate wiedergegeben und nach dem jeweiligen Entwicklungsstand eingeordnet.[189]

Die Mädchen nehmen die Rolle sammelnder und (ab)schreibender Beobachterinnen ein, die über Loewenbergs Kriegstagebuch in einer *mise en abyme* inszeniert wird. Als Feldlektüre gewinnt das kollektive Tagebuch so symbolische Bedeutung, denn die soldatische Leserschaft wird über die Mobilisierung der Mädchen für den Krieg informiert und das einzelne Tagebuch für die Soldaten als Lesepublikum multipliziert. Loewenbergs *Kriegstagebuch* – ob Dokument

---

187 Vgl. Loewenberg, Kriegstagebuch einer Mädchenschule, 29–36, 49–68.
188 Loewenberg, Kriegstagebuch einer Mädchenschule, 78.
189 Vgl. Loewenberg, Kriegstagebuch einer Mädchenschule, 105–111.

oder Fiktion – verweist auf einen kriegsbegeisterten Lehrer als Tagebuchautor, der die Indienstnahme der Schule für den Krieg genau dokumentiert und dabei auf Schulaufsätze und in der Schule verfasste Feldbriefe als Belege der inneren und äußeren Mobilisierung zurückgreift.

Erneut wird hier deutlich, inwiefern Tagebuchschreiben einer Ersatzleistung der vermeintlichen Nicht-Teilnahme am Krieg gleichkommt, die Lehrer:innen entweder kompensieren, indem sie ihre Schüler:innen zum Schreiben bringen oder selbst ein Schultagebuch führen. Vor Beginn des Weltkriegs war es Aufgabe der Lehrer:innen, in jährlichen Schulberichten Rechenschaft über den vermittelten Stoff aller Fächer und Klassen abzulegen. Diese Pflicht wurde in einem Brief des Kultusministeriums an die Preußischen Provinzialschulkollegien vom 17. Dezember 1914 aufgehoben, stattdessen jedoch angewiesen, für eine nach dem Krieg zu erscheinende Beilage „Aufsätze[ ] über die verschiedenen Beziehungen des höheren Schulwesens zum Kriege und statistische[ ] Nachweisungen über die Beteiligung der Lehrer und Schüler am Feldzuge" zu sammeln und in eine zusammenhängende Schilderung zu überführen. Ergänzt um Feldpostbriefe von Lehrern und Schülern sollten diese schließlich an das Ministerium gesandt werden.[190] Schließlich verpflichtete das im Jahr 1916 von General Erich Ludendorff initiierte Programm des „Vaterländischen Unterrichts" Lehrer:innen, Propagandakurse zu besuchen.[191]

Jedoch erging der Auftrag der Kriegsdokumentation aus Schulperspektive schon deutlich früher: Bereits im fachpädagogischen Diskurs der Kriegsanfangstage wurden Lehrer:innen nicht nur als Anleitende der diaristischen Praxis ihrer Schüler:innen, sondern selbst als Tagebuchautor:innen adressiert.[192] Neben pädagogischen Aufgaben wird ihnen damit die Verantwortung der Ortschronik attribuiert und entsprechende Vorbilder empfohlen: Die bereits zitierte *Fröschweiler Chronik* des Pfarrers Klein aus dem Deutsch-Französischen Krieg oder Kriegschroniken aus Zeitungen sowie zeittypische Nachschlagewerke wie die Publikation *Was muß ich jetzt vom Militär wissen*. Die Schreibarbeit des Leh-

---

190 Vgl. Kultusministerium, Die Sammlung von Briefen und Tagebüchern aus deutschen Kriegszeiten, GhSt PK 1. HA Rep. 76, Nr. 77, Bd. 1, Bl. 199–199r. Häufig wurde die Form des Schulberichts beibehalten und nun als Kriegstagebuch der Schule weitergeführt. Vgl. dazu Schoenichen, Schulleben in der Kriegszeit, 14.
191 Vgl. Demm, Kinder und Propaganda im Ersten Weltkrieg, 107.
192 Insbesondere in den folgenden Aufrufen: P. Fähnle, Der Lehrer als ortsheimatlicher Kriegschronist. Eine Anregung, in: Das Lehrerheim. Freie Württembergische Lehrerzeitung 29 (12. September 1914), H. 37, 401–403; Wolf, Kriegstagebuch 1914; [Anonym], Schul-Kriegschroniken, in: Freie Schul-Zeitung 41 (13. März 1915), H. 11, 230; Jos. Friedel-Marienloh, Wie ich in meiner Landschule Kriegs-Geschichte und Kriegs-Erdkunde unterrichtete, in: Pädagogische Woche 12 (18. November 1916), H. 47, 349–350.

rers wird insofern erforderlich, als dass die publizierten Chroniken Vorbilder seien, die Kriegsereignisse jedoch nur und stets dann notiert werden sollen, wenn sie im Ort bekannt gegeben werden.[193] Der Verweis auf edierte, überprüfte Quellen soll dabei der Unzuverlässigkeit der Zeitungen begegnen.[194]

Die Anrufung der Lehrer:innen durch Aufrufe blieb nicht ohne Resonanz, wie ein Blick in den Schulnachlass der Präparandenanstalt im ostpreußischen Rastenburg offenbart. Das *Kriegstagebuch zu dem Weltkriege 1914*, der vom Oskar Eulitz-Verlag als bescheidenes Hilfsmittel angepriesene Tagebuchvordruck, wird vom dortigen Schuldirektor und Lehrer Basarke eifrig gefüllt.[195] Er weist sich in dem formularartigen Titelblatt als Verfasser des Kriegstagebuchs aus und dokumentiert die aufgrund der Nähe zur Front hohe Implikation der Schule in den Krieg nicht täglich, sondern in retrospektiven Zusammenfassungen wichtiger Ereignisse. An diesem Nachlass lässt sich die Erstellung von Lehrerkriegstagebüchern als Schulchroniken beispielhaft nachvollziehen: Das Kriegstagebuch der Präparandenanstalt schließt an die seit dem Jahr 1911 von Basarke geführte Chronik an, die er begann, „da eine Chronik bislang nicht geführt worden war" und die er am 26. August 1915 mit dem Verweis „Fortsetzung der Chronik im Kriegstagebuch!" beendet, obwohl das Heft noch einige unbeschriebene Seiten bereitstellt. Das letzte in der Chronik beschriebene Ereignis ist die Einweihung eines Spielplatzes im Juni 1914, bei der die Präparandenanstalt ein Gedenkblatt überreicht.[196]

Dass der Lehrer die Schulchronik als Kriegstagebuch fortführt und überhaupt wieder zu Schreiben beginnt, ist ganz offensichtlich durch das Vordrucktagebuch angeregt worden. Zwar zeigt sich in dem berichtenden Schreibstil im Kriegstagebuch durchaus eine Fortführung der Schulchronik, die Wahl eines spezifischen Vordrucks für die Aufzeichnungen über den Krieg hebt nun aber die Besonderheit der Kriegszeit hervor: Der Vordruck mit Sammeltasche und vorformatierten, formularartigen Abschnitten zu typischen Formen der Kriegsdokumentation stellt die Schulberichte in den Dienst des Kriegs. Folgt der Lehrer auf der Titelseite noch den vorgegebenen Feldern des Formulars, so ignoriert er sie an anderen Stellen: etwa die vorgeschlagene Dreiteilung in Zeittafeln des Frontgeschehens, Berichte aus der Heimat und die Sammlung kriegsrelevanter Papiermaterialien, und schreibt stattdessen im Stil der Schulchronik weiter

---

193 Siehe [Anonym], Das Kriegstagebuch, in: Freie Bayerische Schulzeitung, 232.
194 Vgl. Wolf, Kriegstagebuch 1914, 18.
195 Präparandenanstalt Rastenburg, Kriegstagebuch der Anstalt zum Weltkrieg, GhSt PK I. HA Rep. 76 Seminare, Nr. 13402.
196 Vgl. Präparandenanstalt Rastenburg, Chronik der Königlichen Präparandenanstalt zu Rastenburg O./Pr., GhSt PK 1. HA, Rep. 76, Nr. 13401.

(Abb. 25). Insofern führt der Tagebuchvordruck nur zu einer bedingten Formalisierung und Uniformierung des Geschriebenen, die als wichtige Funktion von Formularen gilt.[197]

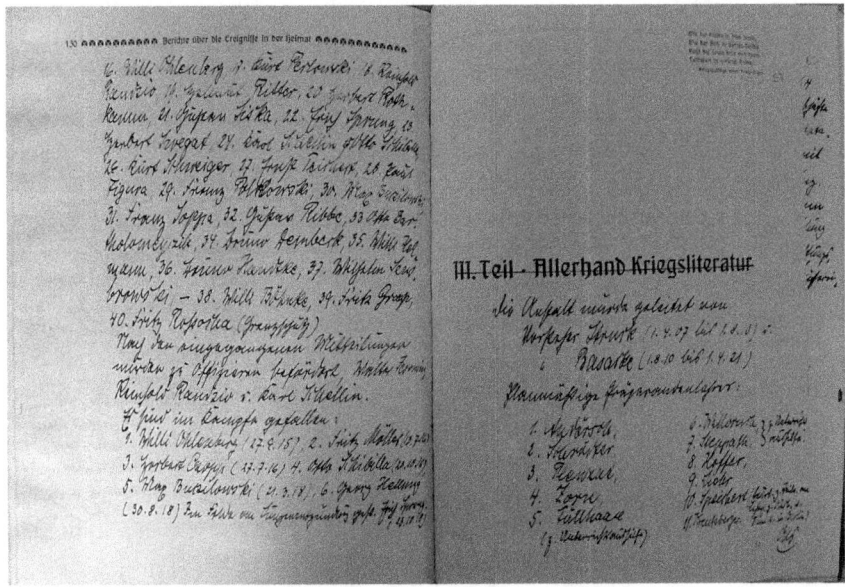

Abb. 25: Gegen den Vordruck schreiben im Schultagebuch aus Rastenburg.

Obwohl der Lehrer das Kriegstagebuch erst am 26. August 1915 beginnt, thematisiert der erste Bericht die Ermordung des österreichischen Thronfolgers Franz Ferdinand, von der Lehrer und Schüler bei einem Schulausflug am 29. Juni 1914 erfahren hätten und schreibt damit über ein Jahr an den Kriegsbeginn zurück. Die für die Schule wesentlichen Kriegsgeschehnisse der ersten Monate folgen in den nächsten Berichten. Ermöglicht wird diese nachträgliche Rekonstruktion durch zahlreiche Zeitungsartikel aus der Rastenburger Zeitung sowie Sonderblätter, die der Lehrer gesammelt hat und nun beleghaft in den Text aufnimmt, indem er sich verschiedener Verfahren der Verkleinerung bedient.[198] Das Kriegstagebuch der Präparandenanstalt wird vom Vorsteher Basarke noch bis 1921 fortgeführt, das

---

[197] Vgl. Vismann, Akten, 161.
[198] Siehe dazu Marie Czarnikow, Umpragmatisierung durch Verkleinerung. Die Genese des Kriegstagebuchs zu dem Weltkriege 1914, in: Verkleinerung. Epistemologie und Literaturgeschichte kleiner Formen, hg. von Maren Jäger, Ethel Matala de Mazza und Joseph Vogl, Berlin 2021, 141–156.

Kriegsende jedoch nur beiläufig erwähnt. Die Dokumentation der Auswirkungen des Kriegs manifestiert sich in Form von Bilanzen über „die vaterländische Tätigkeit der Schüler im Weltkriege" oder die Liste aller gefallenen Schüler.[199] 1921 endet das Lehrertagebuch mit der Schließung der Präparandenanstalt.

Der Schauplatz Schule wurde zu einem paradigmatischen Ort des Kriegstagebuchschreibens in der Heimat, an dem sich das Zusammenspiel von Akteuren und Aktanten, die das Tagebuchschreiben förderten, besonders zeigt. Nicht nur Lehrer:innen warben für das Tagebuchschreiben im Unterricht und berichteten aus der Praxis, auch die eigens für die Schulen hergestellten Vordrucke regten zum Schreiben an. Die – glaubt man den Unterrichtsberichten in Fachzeitschriften – begeisterte Integration des Tagebuchschreibens in den Unterricht gelang, da das Tagebuchschreiben unter Schüler:innen bereits eine etablierte Schreibpraxis war und mithilfe bekannter Schreibformen wie dem Aufsatz aktualisiert wurde. Lehrer:innen wurden nicht nur zu Initiator:innen von Schülertagebüchern, sondern auch selbst zu Kriegstagebuchautor:innen, die bereits geführte Schulchroniken in den Dienst des Kriegs stellten. Das dokumentierende Tagebuchschreiben in der Schule zeichnete sich, noch stärker als dies in den Schauplätzen der Besatzung und der Familie deutlich wurde, als materialbasiertes Ab- und Umschreiben aus. Das Sammeln und Lesen von Zeitungen genau wie die Zuhilfenahme von bereits chronikalischen Formaten erklären den Gleichklang von vielen in diesem Raum entstandenen Kriegstagebüchern.

2.5 Das Studium der ‚Kriegsnatur' an der Heimatfront

Während diaristische Schreibpraktiken sowohl in den Familien als auch in den Schulen oft darauf abzielten, den Krieg an den Fronten mittels seiner Spuren zu dokumentieren und nachzuvollziehen, mithin seine ‚sekundären Daten' auszuwerten, soll auf den letzten Seiten dieses Kapitels die Gegenseite in Form der Beobachtung und Dokumentation der näheren Umgebung, für deren ‚Kriegszustand' Belege im Tagebuch gesammelt werden, untersucht werden. Diese durch den Krieg veränderte Umgebung wird in verschiedenen Formen dokumentiert, die auf Verfahren der Naturbeobachtung verweisen und zudem geschlechtlich differenziert sind: Skizzen finden sich überwiegend in Tagebüchern von Jungen, Sammelstücke wie Pflanzenteile in den Tagebüchern von Mädchen. Beide Verfahren sollen hier anhand prägnanter Beispiele kurz vorgestellt und die Um-

---

[199] Vgl. Präparandenanstalt Rastenburg, Kriegstagebuch der Anstalt zum Weltkrieg, 113–133.

pragmatisierung von der Natur- hin zur Kriegsbeobachtung ersichtlich gemacht werden.

Erwin Schreyers Heft trägt den Titel „Skizzen – Notizen u.s.w.", in dem er ein stichwortartiges Tagebuch führt.[200] In den Sommerferien 1914 erkundet der Jugendliche die Berliner Umgebung, Ausflüge führen ihn nach Grünau und Friedrichshagen, die Ferien verbringt er schließlich im Riesengebirge. Stets dabei ist das kleine portable Heft, in das er Stadtansichten von Seidorf oder die Heinrichsburg zeichnet, parallel dazu malt er Aquarelle, die er mehrfach in seinem Notizheft erwähnt.[201] Die Ansichten von Landschaft und Architektur verschwinden jedoch mit Kriegsbeginn und werden durch Skizzen des Frontverlaufs, der von ihm bewunderten kaiserlichen Flotte und den ins Feld rollenden Eisenbahnzügen, die er am 1. September 1914 auf dem Bahnhof Lichtenberg-Friedrichsfelde beobachtet, ersetzt.

Die Beobachtung und Dokumentation der sichtbaren Ausprägungen des Kriegs in der unmittelbaren Umgebung tritt mithin die Nachfolge der früheren Natur- und Architekturdokumentation an, unter Nutzung der habitualisierten Praxis des Zeichnens. Anknüpfen kann Erwin Schreyer an in der Schule erworbene Fähigkeiten, in der das Zeichenheft als ein „unentbehrliches Schülertagebuch" zum Einsatz kommt und „Vorstellungsstützen"[202] bieten soll. In diesem Licht werden erstaunliche Parallelen zum Kriegstagebuch des französischen Jungen Yves Congar ersichtlich, der bereits auf der Titelseite des ersten Tagebuchhefts auf die enthaltenen „42 gravures et 2 cartes" [42 Zeichnungen und 2 Karten] hinweist. Die wahrscheinlich mit Tusche angefertigten Zeichnungen zeigen eindrückliche Vorkommnisse der Besatzungszeit, etwa eine Menschenmenge vor der Bäckerei, Versuche der Bewohner:innen Widerstand zu leisten oder eine Geiselnahme.[203]

Neben den gezeichneten Szenen des Kriegsgeschehens aus der unmittelbaren Umgebung enthalten die Tagebücher gezeichnete Typenstudien, die sich der Form der Porträtdarstellung bedienen: beispielsweise die Gegenüberstellung eines „Français saluant" [salutierender Franzose] mit einem „boche saluant" [salutierender Boche] (Abb. 26 und 27), Zeichnungen der Kaiser Wilhelm

---

200 Vgl. zur Nähe von Skizzen- und Tagebuch Christiane Schachtner, Eine Typologie des Zeichnens und Schreibens im Skizzenbuch, in: Skizzenbuchgeschichten. Skizzenbücher der Staatlichen Graphischen Sammlung München, hg. von Christine Schachtner und Andreas Strobl, Berlin und München 2018, 16–61, insbesondere 22–23.
201 Vgl. Erwin Schreyer, Tagebuch, DTA 1057, 1, 16.07.1914, 19.07.1915.
202 Zeissig, Art. Tagebuch des Schülers, 101.
203 Siehe Congar, Journal de la guerre, 39, 47–48. Das französische Wort „gravure" akzentuiert stärker den Aspekt der Malerei.

und Nikolaus oder eine gemalte Reihe von Soldaten in ihren je typischen Uniformen.²⁰⁴ Zeichnungen dieser Art erstellt auch Erwin Schreyer, der deutsche Soldaten über ihre Kopfbedeckung mit Soldaten anderer Armeen vergleicht (Abb. 28). Die Darstellungen erinnern an Naturstudien, die verschiedene Vertreter einer Art nebeneinanderstellen und im Prozess des naturalistischen Zeichnens ein Studium der Phänomene ermöglichen sollen. Begreift man das Zeichnen einmal mehr nicht nur als darstellendes, sondern als epistemisches Verfahren, so kann man schlussfolgern, dass die klischeebeladenen Typendarstellungen helfen sollen, die Mannigfaltigkeit des Kriegs zu durchdringen und letztlich besonders die Unterschiede zwischen den einzelnen Nationen hervorzuheben.

Abb. 26 und 27: Typenstudien im Tagebuch von Yves Congar.

Die Typendarstellungen verweisen jedoch ebenso auf die im 19. Jahrhundert populäre Papierform der Bilderbögen, welche man ausmalen, ausschneiden und aufstellen konnte und deren Repertoire an Papiersoldaten um immer exotischere Typen von entlegenen Streitmächten ergänzt wurde.²⁰⁵ Erwin Schreyer betitelt eine seiner Typenskizzen als „Humoristische[n] Kriegsbilderbogen 1914"²⁰⁶ und verweist so dezidiert auf diese Form. Zwar verloren die Papiersoldaten im Laufe des Ersten Weltkriegs zunehmend an Popularität, doch ist die kontrastierende, meist gezeichnete Darstellung in Tagebüchern zu Kriegsbeginn noch

---

204 Vgl. Congar, Journal de la guerre, 57–58, 75, 62–63.
205 Dazu Sigrid Metken, Geschnittenes Papier. Eine Geschichte des Ausschneidens in Europa von 1500 bis heute, München 1978, 159–161.
206 Schreyer, Tagebuch, September 1914.

Abb. 28: Typenstudien im Tagebuch von Erwin Schreyer.

weit verbreitet und zeugt zudem von einer stark gendergeprägten Darstellung des Kriegs, welche die Zukunft der Jungen im Soldatensein imaginiert.[207] Ob es sich bei den Zeichnungen in den Tagebüchern Yves Congars und Erwin Schreyers um abgezeichnete Bilderbögen oder selbst erstellte Studien mit dem Ziel des Vergleichs handelt, muss offenbleiben. In der Pädagogik der Jahrhundertwende konkurrierten verschiedene Verfahren: Während noch bis 1900 im Zeichenunterricht in der Schule vor allem das Abzeichnen von Modellen, beispielsweise „Idealköpfen" gängige Praxis war, rückte ab den 1880er Jahren und verstärkt durch die Reformpädagogik das freiere Zeichnen nach der Natur ins Zentrum, bei dem die Aktivität des Zeichnens als wichtiger als ihr Produkt angesehen wurde.[208]

Zeichnungen und Skizzen der Kriegsumgebung finden sich vermehrt in den Kriegstagebüchern von Jungen, männlichen Jugendlichen und Männern, deutlich weniger in den Tagebüchern von Mädchen und Frauen. Möglicherweise war das Studium der Umgebung mittels Zeichnungen damals vorwiegend in Schulen für Jungen verbreitet. Diese These stützt eine reformpädagogische Publikation aus dem Jahr 1915, die dafür plädiert, den Zeichenunterricht an Mädchenschulen praktischer zu gestalten und ihn vor allem als Grundlage für Handarbeiten zu nutzen. In diesem Sinne ist das Studium von Phänomenen im Prozess des Zeichnens nicht relevant; vielmehr geht es um das Erlernen und Darstellen von Ornamenten, die schließlich in der Handarbeit umgesetzt werden können.[209] Dies könnte erklären,

---

207 Siehe zum Zeichnen von Jungen im Krieg auch die Studie über zwei Pariser Schulen im Ersten Weltkrieg: Manon Pignot, La Guerre des crayons. Quand les petits Parisiens dessinaient la Grande Guerre, avec la collaboration de Roland Beller, Paris 2004.
208 Siehe zur Konkurrenz dieser Konzepte in einer transnationalen Perspektive auch Wittmann, Bedeutungsvolle Kritzeleien, 145–147.
209 Vgl. Josef Haberfellner, Das schaffende Arbeiten der Mädchen in Verbindung mit dem Zeichnen. Ein Wegweiser zu eigener Erfindung, zum Selbstschaffen und zur Durchführung des

warum in Tagebüchern vieler junger Frauen kaum Zeichnungen der unmittelbaren Kriegsumgebung eingefügt sind.

In Tagebüchern von Diaristinnen wird die Umgebung mittels eines anderen Verfahrens studiert: dem Sammeln, Präparieren und Einordnen aller möglichen Objekte, von denen im Folgenden die Pflanzenteile betrachtet werden sollen. Einmal mehr lässt sich dieses Verfahren beispielhaft am Tagebuch Milly Haakes untersuchen, die seit Schreibbeginn regelmäßig Blumen in ihrer Umgebung sammelt und zu Hause ins Tagebuch klebt. Im Kontrast zum Zeichnen der Jungen findet die Fixierung der Naturbeobachtung nicht am Ort des Geschehens, sondern am heimischen Schreibtisch statt. Eine Traditionslinie dieser diaristischen Praxis ist das Naturtagebuch, das im 19. Jahrhundert seine Hochzeit erlebte, und als Träger für Wetterdaten oder Beobachtungen der Umwelt die vergleichende Untersuchung verschiedenster Naturphänomene ermöglichte.[210] Diese Funktion erfüllt das Tagebuch für Milly Haake nur bedingt, auch wenn sie darauf abzielt, viele verschiedene Pflanzen zu sammeln und diese Mannigfaltigkeit in ihrem Tagebuch abzubilden. Insofern liegt auch das Herbarium als verwandte Form nahe, das ein nachträgliches Studium der Phänomene der Natur anhand der gesammelten Pflanzen ermöglichen soll.[211]

Die gesammelten Pflanzenteile werden von Milly Haake bestimmt, getrocknet und in ihr Tagebuch geklebt. Oft ergänzt sie diese um Gedichte, die den Blumen bestimmte Eigenschaften zuschreiben – eine um 1900 in Form des Poesiealbumspruchs sehr verbreitete Praxis, die Mädchen helfen sollte, sich an bestimmten, von den Blumen besetzten Eigenschaften zu orientieren.[212] Die gesammelten Pflanzen werden in Form einer Gabe an das Tagebuch indexikalisch aufgeladen. Eine typische Naturszene kreiert Milly Haake, indem sie neben ein Stück eingeklebtes Heidekraut folgende Worte notiert:

Arbeitsprinzipes in Schule und Haus, Prag, Wien und Leipzig 1915, 7–9. Auch eine Auswertung der Exponate der Ausstellung „Schule und Krieg" des Zentralinstituts weist auf die geschlechtlichen Unterschiede von Kriegszeichnungen hin. Siehe C. Kik, Kriegszeichnungen der Knaben und Mädchen, in: Jugendliches Seelenleben und Krieg. Materialien und Berichte, hg. von William Stern, Leipzig 1915, 1–21.

210 Vgl. Bellanca, Daybooks of Discovery, 2–4.
211 Siehe den Überblick zu zahlreichen, Ende des 19. Jahrhunderts publizierten Anleitungen zum Erstellen von Herbarien bei Christlob Mylius, Das Anlegen von Herbarien der deutschen Gefäßpflanzen. Eine Anleitung für Anfänger in der Botanik, Stuttgart 1885.
212 Vgl. Berbeli Wanning und Urte Stobbe, Zwischen Abstraktion und Anschaulichkeit. Pflanzengedichte (Guggenmos, Huchel, Wagner) als kleine literarische Formen im Deutschunterricht, in: Kleine Formen für den Unterricht. Historische Kontexte, Analysen, Perspektiven, hg. von Julia Heideklang und Urte Stobbe, Göttingen 2020, 225–244, hier 234.

> O, Tagebuch, wie habe ich mich danach gesehnt, dir ein wenig Heide zu schenken. [...] Gestern war ich „Im Wald und auf der Heide". O, welche Wonne, wiedermal einen Berg heraufzukrabbeln. Sieh' diese zarten Glöckchen an. Ich denke mir sie können nur Frieden u. Liebe läuten. Liebe, Liebe zu Enzio?[213]

Ausgehend vom gesammelten Naturobjekt entwickelt Milly Haake ihre Tagesgedanken. Durch die indexikalische Aufladung des Heidekrauts ist eine Richtung des Eintrags vorgegeben – wieder einmal geht es um ihre nicht erwiderte Liebe für den Mathematiklehrer Enzio. Auch in anderen Einträgen liest sie aus den gesammelten Blumenblüten das Schicksal ihrer erträumten Beziehung zum Lehrer ab und fixiert im Tagebuch so ein Stück „Enzian" für „Enzio".[214] Die von ihr davon angetretenen Überlegungen zur Entwicklung ihres Selbst weisen auf die enge Verzahnung von Natur- und Selbstbeobachtung im Tagebuch hin.[215]

Genau an dieser Stelle lässt sich nun eine weitere Verschiebung beobachten: Ihr Tagebuch, das zwischen persönlichen Reflexionen und der Kriegsdokumentation changiert, nimmt eine Umpragmatisierung der Pflanzensammlung vor, indem gesammelte Stücke ab August 1914 stets hinsichtlich des Kriegsverlaufs gedeutet werden. Insofern findet ein Dreischritt von der Natur- über die Selbst- zur Kriegsbeobachtung und -dokumentation statt. Ein eingeklebtes Kleeblatt dient als Gradmesser für das Glück Deutschlands im Krieg, gesammelte Kornblumen lassen sie an den „greisen Heldenkaiser" und Königin Luise denken, die aus diesen einst einen Kranz flocht. Die Aufnahme eines Eichenblatts anlässlich der Sedanfeier schreibt sich in diese Deutungslinie ein:

> Heute feiern wird zum letzten Mal die Schlacht bei Sedan. Nächstes Jahr werden wir, wills Gott, andere Siege feiern, Siege, die ich selbst erlebt habe. Daran soll mich dies Eichenblatt erinnern. Die deutsche Eiche ist der schönste Baum. Eichenblätter werden die Stirn unsrer braven Krieger umkränzen, wenn sie aus blutigem Kampfe, den sie zu Gunsten unsres lieben, deutschen Vaterlandes entscheiden werden, heimkehren werden.[216] (Abb. 29)

Das Naturobjekt, das sie allerdings im Kriegskontext gesammelt hat, avanciert in ihrer Einbindung ins Tagebuch zu einem Souvenir, das mit einer poetogenen Funktion und einem narrativen Kern versehen wird.[217] So verbindet sich die Erinnerung an die eben erlebte Feier des Gedenkens an den Deutsch-Französischen Krieg mit dem Wunsch einer zukünftigen Erinnerung an neue Siege im Weltkrieg.

---

213 M. Haake, Tagebuch, 31.08.1914.
214 Vgl. M. Haake, Tagebuch, 25.09.1914.
215 Vgl. Bellanca, Daybooks of Discovery, 13.
216 M. Haake, Tagebuch, 02.09.1914.
217 Dazu Oesterle, Souvenir und Andenken, 38.

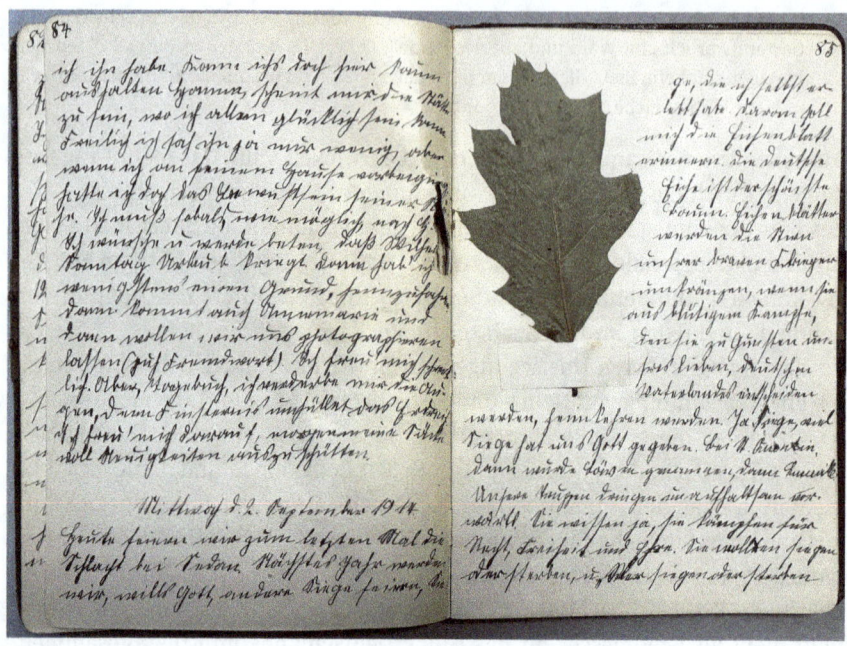

Abb. 29: Eichenblatt als gesammeltes Kriegsobjekt bei Milly Haake.

Das Eichenblatt eröffnet eine stoffliche und ästhetische zur Kriegsgedenkfeier und steht als kleines Sammelobjekt *pars pro toto* für den ‚großen Krieg' ein.

Dass Zeichnen und Sammeln verbreitete, jedoch geschlechtlich differenzierte Verfahren der Naturbeobachtung sind, die zur Kriegsdokumentation umpragmatisiert werden, lässt sich vergleichend besonders an den zahlreichen Bahnhofsszenen in Kriegstagebüchern studieren. Bahnhöfe waren insofern paradigmatische Orte des Kriegs, als dass sie die Kriegsbegeisterung an der Heimatfront sichtbar machten, als von dort die zu Kriegsbeginn umjubelten Züge an die Fronten abfuhren. Bahnhofsszenen sind somit wesentliche Orte des gefeierten Augusterlebnisses[218] und werden in den Tagebüchern verschieden dokumentiert. Meta Iggersheimer, die den Kriegsbeginn in Amberg erlebt, klebt in ihr Tagebuch „[e]in Blümchen aus Anny's Strauß, den sie an die fortziehen-

---

218 Als ‚Augusterlebnis' bezeichne ich hier die realhistorische Dynamik und nicht das in den ersten Kriegsmonaten retrospektiv verfasste Narrativ der Volksgemeinschaft und der ‚Ideen von 1914'. Die realhistorische Dynamik wurde in der Forschung mittlerweile stark ausdifferenziert und als vorwiegend bildungsbürgerliches, städtisches Phänomen bestimmt. Vgl. Koch, Der Erste Weltkrieg als kulturelle Katharsis und literarisches Ereignis, 104–106.

den Truppen verteilte".[219] Spiegelbildlich liest sich ein Eintrag im Tagebuch Hertha Strauchs, die „auf der Bahn" einen Fliederstrauß aus dem „berüchtigten Thiaucourt" nahe Verdun erhält und von diesem ein Blümchen in ihr Tagebuch presst.[220] In beiden Fällen sind die Blumen vom Krieg gleichsam ‚imprägniert' und dienen als Dokumente für seinen Beleg im Tagebuch.

Nüchterner dokumentiert hingegen der Berliner Schüler Erwin Schreyer die Bahnhofseuphorie in Form einer Skizze: „Militärzug" ist die Zeichnung überschrieben, umgeben ist sie von typischen „Militärzuginschriften" (Abb. 30).[221] Die Sprüche auf den Zügen gehörten schon für die Zeitgenoss:innen zum bemerkenswerten Kuriosum,[222] das viele Tagebuchautor:innen nicht nur erwähnen, sondern wörtlich zitieren. „Sonntag in Paris großes Tangotanzen, alle sind eingeladen", liest Milly Haake am 13. August 1914 auf dem Bahnhof in Hamm, und beschreibt noch dazu die „Gemälde" auf den Wagen: „Einmal baumelte der Zar, Einmal der deutsche Adler, einmal das Eiserne Kreuz." Sie schließt den Eintrag mit den Worten „Schade, daß man's nicht alles behalten hat"[223] und beschreibt damit, wie die Abschiede auf dem Bahnhof zwar einerseits eindrücklich die Kriegsstimmung vermitteln, andererseits aber auch für den Entzug des Kriegs stehen – schließlich bewegen sich die Züge ins Feld und damit in das Kriegsgeschehen hinein. Auch Elfriede Kuhr aus Schneidemühl fällt beim Tagebuchschreiben eine Eisenbahninschrift ein: „Gleich ob Russen oder Serben, wir hauen sie zu Scherben! Ich möchte mit! Ich will nicht zurückbleiben und ein Kind sein!"[224] Hinter diesen Worten verbirgt sich *in nuce* der dokumentarische Impetus, welcher für die Zwänge genau wie die Möglichkeiten des Kriegstagebuchschreibens vieler Menschen an der Heimatfront bestimmend war.

---

219 Meta Iggersheimer, Tagebuch, DTA 3276, 1, 10.10.1914.
220 Vgl. Adrienne Thomas, Aufzeichnungen aus dem Ersten Weltkrieg. Ein Tagebuch, hg. von Günter Scholdt, Köln 2004, 33. Adrienne Thomas ist das Pseudonym von Hertha Strauch.
221 Schreyer, Tagebuch, August 1914.
222 Vgl. zu Zuginschriften und zeitgenössischen Dokumentationsversuchen dieser Michael Fischer, Soldatenhumor und Volkspoesie? Eisenbahnwaggon-Aufschriften im Ersten Weltkrieg, in: Populäre Kriegslyrik im Ersten Weltkrieg, hg. von Nicolas Detering, Michael Fischer und Aibe-Marlene Gerdes, Münster, New York, München et al 2013, 155–190. Bereits im September 1914 erschien die erste Publikation, die sich mit den Eisenbahninschriften als Zeitphänomen auseinandersetzte, im Laufe des Kriegs kamen zahlreiche Anthologien hinzu.
223 M. Haake, Tagebuch, 13.08.1914.
224 Vgl. Mihaly, ... Da gibt's ein Wiedersehn!, 29–30.

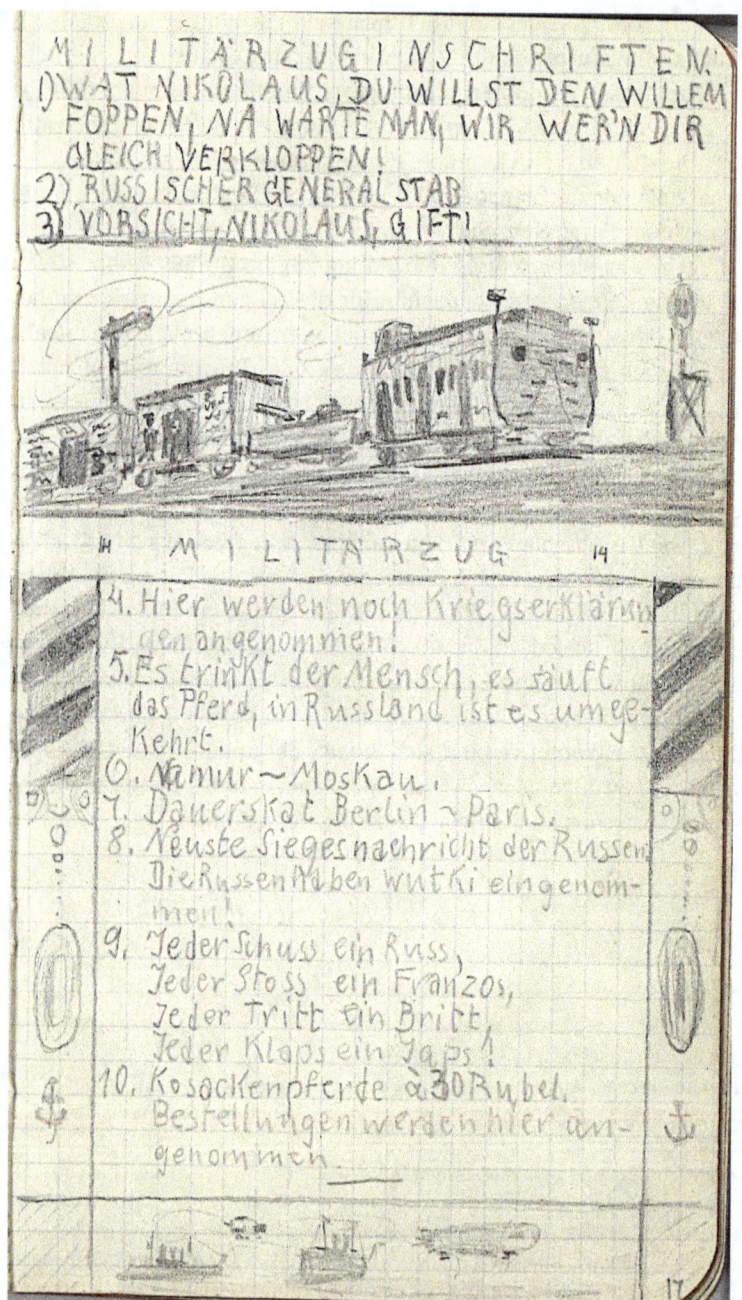

Abb. 30: Zuginschriften im Tagebuch von Erwin Schreyer.

3 Kriegsdiaristik im Spannungsfeld von Historismus, Volkskunde und Kriegsliteratur

Nachdem in den vergangenen Kapiteln das Feld der Kriegstagebücher auf den Schauplätzen Front und Heimat ausdifferenziert und je typische Schreibverfahren der Kriegsdokumentation genau wie Gebrauchsroutinen des Tagebuchschreibens an meist unveröffentlichten Tagebüchern herausgearbeitet wurden, begibt sich dieses Kapitel auf eine andere Ebene. Es erweitert den Zeitraum 1914 bis 1918 und blickt sowohl zurück als auch nach vorn, indem es das private, tausendfach vollzogene Tagebuchschreiben in der Kriegszeit in Entwicklungen der Gesellschaft, Geschichtskultur, Wissenschaft und Publizistik des Kaiserreichs mit einem Ausblick auf die Nachkriegszeit verortet. Die These, dass das Tagebuchschreiben durch den Ersten Weltkrieg „nachhaltig befördert" wurde und dabei schon von Entwicklungen der Vorkriegszeit profitierte,[1] soll in vier Unterkapiteln detaillierter untersucht werden. Die Tagebücher der Protagonist:innen dieser Studie werden somit in größeren, teils auf nationaler Ebene ausgehandelten Gefügen kontextualisiert: Schreiben über den Krieg fand oft im Dienst der Nation statt, und auch das Abschreiben, Sammeln und Veröffentlichen der Tagebücher wurde zur patriotischen Aufgabe erklärt. Das Kapitel folgt dabei weitgehend einer chronologischen Linie und begibt sich an verschiedene Schauplätze, die Diskurse über Kriegstagebücher und diaristische Praktiken prägen.

Zunächst widmet sich das Kapitel dem Ausgang des 19. Jahrhunderts und den Vorkriegsjahren: Der Historismus als gesellschaftliches Phänomen wie disziplinäre Verhandlung, die Militarisierung der wilhelminischen Gesellschaft nach den Reichseinigungskriegen sowie ein steigendes Interesse an den Schriften ‚kleiner Leute' durch Vertreter der neuen Disziplinen Volkskunde und Soziographie waren Wegbereiter für Kriegstagebuchsammlungen, welche die einst privaten Aufzeichnungen zu wichtigen Quellen der Historiographie erklärten und sich damit zur zeitgleichen Nachlass- und Autographenpolitik ‚großer Männer' positionierten. Mit Beginn des Kriegs im Jahr 1914 gerieten die Tagebuchsammlungen der Reichseinigungskriege etwas ins Abseits, dienten dann jedoch zur Vorbereitung der Geschichtsschreibung über den aktuellen Krieg.

Derweil nutzten viele Tagebuchautor:innen die Möglichkeit, ihre persönlichen Aufzeichnungen auf dem auf Kriegsliteratur eingestellten Buchmarkt zu

---

[1] Vgl. Steuwer und Graf, Selbstkonstitution und Welterzeugung in Tagebüchern des 20. Jahrhunderts, 23–24.

publizieren und erhielten breite Unterstützung von Verlagen, welche die ökonomischen Erfolgsaussichten der Kriegsdiaristik rasch erkannten. Anders als im Sammlungskontext dienten die Tagebücher hier weniger einer zukünftigen Nationalgeschichte, als dass sie persönliche Kriegserfahrungen für ein breites Publikum aufarbeiteten und damit Teil der Erlebnisliteratur des Weltkriegs wurden. Mit dieser kontrastierten von Kriegsbeginn an, jedoch verstärkt in der zweiten Kriegshälfte, die von Familienangehörigen publizierten Kriegstagebücher Gefallener, welche am Ausgangspunkt der Erinnerungskultur des Kriegs stehen. Mit dem Kriegsende und in Anbetracht der für viele unerwarteten Niederlage wurden die privaten Notizen von der Front und der Heimat, aus Archiven und mithilfe von Verlagen in diverse neue Formen gebracht und entfalteten eine diaristische Nachkriegserzählung.

3.1 1910/14: Tagebuchsammlungen für die ‚kleinen Leute'

Am Ausgangspunkt der historischen Kriegstagebuchsammlungen steht eine Initiative des dänischen Schriftstellers Karl Larsen. Dieser wurde 1860 in Rendsburg in Schleswig-Holstein geboren, das 1864 zum Zentrum des Deutsch-Dänischen Kriegs wurde, in dem sein Vater fiel. Larsen wuchs daraufhin bei seinen Großeltern in Kopenhagen auf und erlebte im Besonderen in der Schule, wie prägend die Niederlage im Krieg für die Nation Dänemark war. Durch Literatur und Kultur fühlte er sich jedoch gleichermaßen Dänemark und Deutschland verbunden, das Aufwachsen unter dem Einfluss beider Kulturen hätte seinen „Sinn zum Beobachten und Vergleichen" geweckt.[2] Im Jahr 1895 wandte Larsen sich per Rundschreiben an Prediger, Ärzte, Lehrer, Vereine und Militärpersonen in Dänemark und rief über die dänische Presse dazu auf, Briefe und Tagebücher aus dem Deutsch-Dänischen Krieg aus allen Bevölkerungsschichten an zentralen Stellen zu sammeln. 1896 wurden beinahe 2 000 Briefe und Tagebücher von 292 Personen – Militärangehörigen und Zivilist:innen – eingesandt, welche er im Jahr 1897 in Auszügen veröffentlichte. Über einen persönlichen Kontakt zum Landesbibliothekar in Kiel, Rudolf von Benzon-Fischer, gelang es Larsen, eine deutsche Übersetzung seiner Tagebuchsammlung zu initiieren, welche 1907 erschien. Der deutsche Herausgeber sparte nicht mit Lob, er bezeichnete Larsens Vorgehen als „einzig in seiner Art" und wies auf die Übertragbarkeit seines Vorgehens

---

[2] Vgl. Karl Larsen, Ein Däne und Deutschland, Berlin 1921, 3–5.

in anderen Nationen und Kulturen hin.³ Larsens Sammelprojekt lieferte, wie im Folgenden herausgearbeitet werden soll, wichtige Impulse für die Tagebuchsammlungen des Kaiserreichs. Dabei schrieb sich seine Initiative einerseits in Vorgehensweisen des Historismus⁴ ein, griff andererseits aber auch Impulse der sich um die Jahrhundertwende vorwiegend in Vereinen formierenden Volkskunde auf.

Historismus, Volkskunde und Soziographie

Den Blick auf die eigene Vergangenheit zu richten und materielle Relikte von ihr öffentlichkeitswirksam zu sammeln – dies war im Historismus in der zweiten Hälfte des 19. Jahrhunderts gang und gäbe. Die Historisierung vieler Lebensbereiche war dabei durch eine Paradoxie gekennzeichnet: Sie ging mit dem Wissen um eine historische Distanz einher, die es jedoch beständig zu überwinden galt, indem das Vergangene in den eigenen Lebensbereich gezogen wurde.⁵ Einen besonderen Schub erfuhr der Historismus im Zuge der Gründung des Kaiserreichs nach den Reichseinigungskriegen, indem er eine enge Allianz mit dem Nationalismus einging. Während Identitätskonzepte der Aufklärung noch eine universelle Menschheit vor Augen hatten, dienten Praktiken und

---

[3] Vgl. Karl Larsen, Ein modernes Volk im Kriege in Auszügen aus dänischen Briefen und Tagebüchern der Jahre 1863/64, deutsche Ausgabe unter Mitwirkung von Prof. Karl Larsen besorgt von Prof. Dr. R. v. Fischer-Benzon, Kiel und Leipzig 1907, III–IV, Zitat VII. Larsen beschäftigte sich auch in seinem literarischen Werk mit diaristischen Formen, so veröffentlichte er 1907 ein fiktionales Tagebuch: Karl Larsen, Daniel Daniela. Aus dem Tagebuch eines Kreuzträgers, Berlin 1907. Im Ersten Weltkrieg setzte er sich in mehreren Vorträgen und einer Publikation mit der breit rezipierten französischsprachigen Sammlung von Kriegstagebüchern deutscher Gefangener von Joseph Bédier auseinander. Siehe dazu Karl Larsen, Professor Bédier und die Tagebücher deutscher Soldaten, Berlin 1915.
[4] Der Begriff des Historismus ist vielschichtig. Er bezeichnet einerseits im weiteren Sinne die Historisierung vieler Lebensbereiche in der zweiten Hälfte des 19. Jahrhunderts, die sich im öffentlichen Raum beispielsweise durch Denkmalsetzungen oder die Begehung von Jahrestagen manifestierte, im privaten Reich durch das Sammeln von Relikten der Vergangenheit. Vgl. dazu Katharina Grätz, Musealer Historismus. Die Gegenwart des Vergangenen bei Stifter, Keller und Raabe, Heidelberg 2006, 7–8. Andererseits bezeichnet der Begriff des Historismus die dominante Strömung in der Geschichtswissenschaft seit dem 19. Jahrhundert, welche die empirischen Verfahren der Quellenkritik und Hermeneutik als Zugänge zu einer abgeschlossenen Vergangenheit wählt. Siehe dazu Friedrich Jaeger und Jörn Rüsen, Geschichte des Historismus. Eine Einführung, München 1992, 57, 61.
[5] Vgl. Grätz, Musealer Historismus, 7–9.

Rituale im Kontext des Historismus der Konsolidierung nationaler Identität.[6] Dies vollzog sich beispielsweise in der Gründung zahlreicher Museen um 1900, die mithilfe historischer Traditionslinien eine nationale Identität des deutschen Volkes begründen wollten. Im Kaiserreich waren Nationalismus und Historismus zudem stark mit dem Militarismus verbunden, der sich paradigmatisch in den Kriegervereinen manifestierte, in welchen sich ehemalige Soldaten in meist regionalen Gruppen zusammenschlossen. Nach den Reichseinigungskriegen wuchsen die Kriegervereine zur größten Massenorganisation des Kaiserreichs und erhöhten das Prestige des Heeres sowie die Sichtbarkeit des Kriegsgedenkens in der breiten Bevölkerung beträchtlich. Zu ihren Aufgaben gehörten neben der Unterstützung bedürftiger Kameraden die Gestaltung von Feiern, Gedenktagen und Umzügen. So wurde beispielsweise das Sedanfest, das dem Sieg im Deutsch-Französischen Krieg galt, alljährlich im großen Rahmen gefeiert.[7] In den 1910er Jahren geriet das Kaiserreich in eine innen- sowie außenpolitische Krise, zu deren Überwindung die Rückbesinnung auf die Befreiungs- und Einigungskriege geeignet schien.[8] Das 100-jährige Jubiläum der Reichseinigungskriege rückte auch diese erneut in Erinnerung und ging mit einem regelrechten Boom an Erinnerungsliteratur dieser Kriege einher.[9]

Pejorativ hatte bereits 1874 Friedrich Nietzsche die historistischen Initiativen in der Gesellschaft wie akademischen Geschichtsschreibung in seiner zweiten *Unzeitgemäßen Betrachtung* als „historische[s] Fieber" beschrieben. Sowohl die monumentalische Historie – die das ‚Große' der Vergangenheit glorifiziert und etwa bei kriegerischen Gedenktagen zelebriert wurde – als auch die antiquarische Historie, die sich in einer „blinden Sammelwut, eines rastlosen Zusammenscharrens alles einmal Dagewesenen" manifestierte, würden bei falschem Einsatz die Verbindung zum Leben kappen.[10] Das historische Fieber wird Nietzsche zufolge schließlich vor allem von der sich als Wissenschaft definierenden Disziplin Geschichte verbreitet, die jedes Phänomen als historisches untersuche und

---

6 Vgl. Jaeger und Rüsen, Geschichte des Historismus, 51.
7 Siehe Thomas Rohkrämer, Der Militarismus der „kleinen Leute". Die Kriegervereine im deutschen Kaiserreich 1871–1914, München 1990, 15–18. Besonders ausgeprägt war der Militarismus im Kleinbürgertum und im adelig geprägten Offizierskorps. Siehe dazu ausführlicher Münkler, Der Große Krieg, 62–71.
8 Vgl. Michael Herkenhoff, „Briefe und Tagebücher des deutschen Volkes aus Kriegszeiten". Die preußischen Kriegssammlungen 1911–1914/18, in: Kriegssammlungen 1914–1918, hg. von Julia Freifrau Hiller von Gaertringen, Frankfurt am Main 2014, 31–48, hier 32.
9 Siehe dazu ausführlicher Hagemann, Umkämpftes Gedächtnis, 189–208, 255–293.
10 Siehe Friedrich Nietzsche, Vom Nutzen und Nachteil der Historie für das Leben (1874), hg. von Joachim Vahland, Stuttgart, Düsseldorf, Berlin et al 1995, 6, 14, 19.

in der Gegenwart nur die Wiederkehr vergangener Zeiten erkenne.[11] Larsens Initiative, Tagebücher aus vergangenen Kriegen zu sammeln, steht für das historistische Vorgehen innerhalb der Geschichtswissenschaft selbst ein, das im 19. Jahrhundert seine Hochzeit erlebte. Dieses grenzte sich von der spekulativen Geschichtsphilosophie ab, indem das hermeneutische Interpretieren von Quellen zum Kern der Disziplin erklärt wurde,[12] anstelle von Theorien traten die Sammlung, Kritik und Auswertung von Textmaterialien. Johann Gustav Droysen formulierte die historistische Arbeitsweise maßgeblich in seinen Vorlesungen zur Historik und begründete damit die moderne Quellenkritik.[13] In der Metapher der „diachron arbeitende Papiermaschine"[14] manifestiert sich die historische Vorliebe, beständig neue Handschriften zu erschließen.

Mit seinem Vorstoß, Tagebücher und Briefe aus den Reichseinigungskriegen zu sammeln, schien sich Karl Larsen also das historistische Vorgehen zum Vorbild genommen zu haben. Jedoch gab er diesem eine eigene Wendung, stand der Historismus in seiner Hochzeit doch für die Geschichte der ‚großen Männer'[15] in epischen Darstellungsformen ein, in denen etwa Heinrich von Treitschke das Wirken Martin Luthers für die deutsche Nation oder Johann Gustav Droysen das Leben Alexander des Großen untersuchte. Anhand ihrer Biographien sollte erkenntlich werden, wie Geschichte gemacht wurde und was sich daraus für die Gegenwart ableiten ließ.[16] Über die ‚großen Männer' der Geschichte wurden entsprechend große, umfangreiche Werke verfasst, die sich oft der Dichtung bedienten, um zu einem tieferen Verständnis dieser Figuren zu gelangen.[17] Auch Friedrich Nietzsche verharrte in seiner Historismuskritik an der Rolle der ‚großen Männer' und kritisierte dezidiert die Popularisierung der

---

11 Vgl. Nietzsche, Vom Nutzen und Nachteil der Historie für das Leben, 21.
12 Vgl. Jaeger und Rüsen, Geschichte des Historismus, 57.
13 Siehe Johann Gustav Droysen, Historik. Bd. 1: Rekonstruktion der ersten vollständigen Fassung der Vorlesungen (1857). Grundriß der Historik in der ersten handschriftlichen (1857/1858) und in der letzten gedruckten Fassung (1882), hg. von Peter Leyh, Stuttgart 1977.
14 Müller, Weiße Magie, 280.
15 Michael Gamper untersucht den ‚großen Mann' als eine Diskursfigur, die im 19. Jahrhundert machtpolitisch und epistemologisch wirkte und das soziale Imaginäre der Epoche entscheidend prägte. Während bis zur Französischen Revolution die Figur von mehreren der ‚grand homme' vor allem die Idee der Nation gegen den absolutistischen Hof vertrat, entwickelte sie sich im 19. Jahrhundert als Gegenpol zur Masse, die Ordnung und Orientirung versprach. Siehe Michael Gamper, Der große Mann. Geschichte eines politischen Phantasmas, Göttingen 2016, 11–13.
16 Vgl. zur Verbindung des Historismus und der Wirkkraft des ‚großen Mannes' Gamper, Der große Mann, 9–10, 243–255, 282.
17 Vgl. Gamper, Der große Mann, 255.

Wissenschaft, das Zuschneiden des Rocks auf das „gemischte[ ] Publikum".[18] Die Massen als Gegenpole zu den ‚großen Männern' interessierten ihn nur „als verschwimmende Kopien der großen Männer, auf schlechtem Papier und mit abgenutzten Platten hergestellt, sodann als Widerstand gegen die Großen und schließlich als Werkzeuge der Großen" – sonst seien für sie „Teufel" oder „Statistik" zuständig. Dementsprechend galt seine Kritik denjenigen Historikern, die nun die Bewegungen der Masse als Hauptsächliches der Geschichte untersuchen würden.[19]

Karl Larsen war kein Vertreter jener Wissenschaftler, die in besonderem Maße das Konzept der Masse aufgreifen würden.[20] Stattdessen galt sein Versuch, Quellen aus der breiten Bevölkerung zu sammeln und in Auszügen zu veröffentlichen, einer Vielzahl von Menschen, die allesamt einte, dass sie keine ‚großen Männer' im Verständnis der Zeit waren – beispielsweise als Tochter eines höheren Beamten oder als Mann, der nur die Volksschule besucht hatte. Er schloss in diesem Sinne auch an literarische Texte des 19. Jahrhunderts an, in denen sich zunehmend ein Interesse an den vielen Orten, an denen die Geschichte der Nation rezipiert wurde, entwickelte und häusliche Szenen im Zentrum standen, deren geteilte nationale Kultur herausstach und deren Protagonist:innen in Person des ‚kleinen Mannes' zum Symbol der Nation avancierten.[21] Ein weiteres Beispiel dafür sind die Handwerker-Geschichten Peter Roseggers aus dem 19. Jahrhundert, in denen dieser Vertreter:innen aussterbender Berufe genau beschrieb und an das Sammeln verschwindender Mundarten appellierte. 1914 rief er zum Tagebuchschreiben auf und war damit – wie ich bereits zeigen konnte – sehr erfolgreich.[22]

Betrachtet man die Versuche des Schriftstellers Larsen sein Anliegen in Europa publik zu machen genauer – Vortragsreisen führten ihn nach Berlin, Wien und Frankreich –, dann muss die Hinwendung zur Quellensammlung aus der breiten Bevölkerung in einem weiteren Kontext situiert werden: der sich zunehmend in verschiedenen Ländern als Disziplin (jedoch noch außerhalb der Universitäten)

---

18 Siehe Nietzsche, Vom Nutzen und Nachteil der Historie für das Leben, 41.
19 Vgl. Nietzsche, Vom Nutzheil und Nachtheil der Historie für das Leben, 53.
20 Siehe zur ‚Masse' als diskursivem Phänomen umfassend Michael Gamper, Masse lesen, Masse schreiben. Eine Diskurs- und Imaginationsgeschichte der Menschenmenge 1765–1930, München 2007.
21 Vgl. Peter Fritzsche, Drastic History and the Production of Autobiography, in: Controlling Time and Shaping the Self. Developments in Autobiographical Writing since the Sixteenth Century, hg. von Arianne Baggerman, Rudolf Dekker und Michael Mascuch, Leiden und Boston 2011, 77–94, hier 91–92.
22 Siehe zu Peter Roseggers volkskundlichen Bestrebungen genauer Schöpfer, Peter Rosegger.

formierenden Volkskunde. Larsen traf bei seiner Deutschlandreise auf zahlreiche seit Ende des 19. Jahrhunderts gegründete regionale volkskundliche Vereine, die 1904 in die Gründung des Verbands deutscher Vereine für Volkskunde mündeten und über ein breites Zeitschriftenwesen verfügten.[23] Larsen forderte die deutschen Volkskundler:innen explizit dazu auf, sich sein Sammlungsprojekt zum Vorbild zu nehmen und den „Schatz" aus Tagebüchern und Briefen zu heben.[24]

Bislang hatte sich die Volkskunde insbesondere der Fotografie als wissenschaftlichem Verfahren bedient.[25] Sie adressierte – ganz ähnlich wie bei den Schreib- und Sammelaufrufen für Tagebücher – ‚Amateure' und bat diese, die durch Industrialisierung, Modernisierung und Landflucht vom Verschwinden bedrohte ‚Volkskultur' (womit meist die bäuerliche, nationale Kultur bezeichnet wurde) mittels Fotografie zu dokumentieren. Das besondere Potential der Fotografie lag laut einem zeitgenössischen Aufruf darin, einem Museum Stellvertreter der gewünschten Objekte zur Verfügung zu stellen und diese in ihrer ‚natürlichen' Umgebung zu zeigen. So konnten mittels Fotografie beispielsweise Volkstänze festgehalten und im Museum ausgestellt werden. Die Aufrufe lieferten genaue Anweisungen, wie die Fotografien zu erstellen seien und proklamierten dabei eine technische wie sachliche Verwendung der Fotografie, sodass diese in erster Linie als Beweisträger fungieren sollte.[26]

Infolge der Initiative von Karl Larsen erklärten die volkskundlichen Vereine neben Fotografien auch Tagebücher zu ihrem Sammlungsgut. So diskutierte der Verband deutscher Vereine für Volkskunde im Jahr 1909 die Möglichkeit einer „Sammlung alter Soldatenbriefe und Tagebuchaufzeichnungen aus Kriegszeiten" als eigenen Punkt auf seiner dritten Tagung. Sein genuines Sammlungsinteresse beschreibt der Verband folgendermaßen:

---

23 Vgl. Bernd Jürgen Warneken, Die Ethnographie popularer Kulturen. Eine Einführung, Wien 2006, 19–20.
24 Siehe dazu seinen Vortrag „Der Mensch und der Krieg" publiziert in Larsen, Ein Däne und Deutschland, 7–36, Zitat 35.
25 Dabei nahm sie sich auch die sozialdokumentarische Fotografie der Reporter zum Vorbild. Siehe dazu ausführlicher Michael Homberg, Reporter-Streifzüge. Metropolitane Nachrichtenkultur und die Wahrnehmung der Welt 1870–1918, Göttingen 2017, 151–157.
26 Siehe beispielsweise den Aufruf, welcher der Gründung des Museums für Volkskunde Wien vorausging: M[artin] Haberlandt, Die Photographie im Dienste der Volkskunde, in: Zeitschrift für österreichische Volkskunde 2 (1896), H. 5/6, 183–186. Zur Kontextualisierung hinsichtlich des zeitgenössischen Verständnisses der Dokumentation siehe Herbert Justnik, Ein Text als Symptom. Michael Haberlandts „Die Photographie im Dienste der Volkskunde", in: Wie Bilder Dokumente wurden. Zur Genealogie dokumentarischer Darstellungspraktiken, hg. von Renate Wöhrer, Berlin 2015, 85–100.

> Zahlreiche Briefsammlungen von Teilnehmern an diesen Kriegen liegen bereits gedruckt vor. Aber es sind fast alles Briefe von Gebildeten an ihre Angehörigen: was uns noch fehlt, das sind Briefe oder Aufzeichnungen des *gemeinen Soldaten, des Mannes aus dem Volke,* der ohne irgendwelche Reflexion das Leben im Felde, die Kämpfe, die Freuden und Leiden in Feindesland schildert und die Eindrücke wiedergibt, die dies alles auf sein Gemüt gemacht hat.[27]

Der ‚gemeine Soldat', der gerade nicht reflektiert und dadurch gleich einem Prisma große und kleine Eindrücke spiegelt, liefert besondere Aufzeichnungen und evoziert Fragen nach den Subjekten der Geschichtsschreibung und den Objekten der Wissenschaft. In der Beschreibung des Verbands der Vereine für Volkskunde wird der gemeine Soldat als Gegenbild weniger zu einem ‚großen Mann' im Sinne des Historismus, als vielmehr zu einer gebildeten Oberschicht, die eine rege Briefkultur pflegte, entworfen. Der Begriff des ‚gemeinen Mannes' ist dabei selbst erklärungsbedürftig; als zeittypische Bezeichnung für untere und kleinbürgerliche Schichten weist er Parallelen zu Begriffen wie den ‚einfachen' oder ‚kleinen Leuten' auf.[28] Das Grimmsche Wörterbuch vermerkt im Eintrag „gemein" eine grundlegende Doppeldeutigkeit: Ursprünglich bezeichnete der Begriff das Allgemeine, das von allen ausgeht. Gerade am „gemeinen Mann" lasse sich jedoch das „Herunterkommen des Begriffes" nachverfolgen: Aus der Allgemeinheit zogen sich immer mehr Bedeutungsebenen heraus, sodass der Begriff nunmehr vor allem von seinen Gegensätzen bestimmt wurde: Der gemeine Mann steht im Gegensatz zum Adel, zu den Gelehrten, zu Vornehmheit und geistiger Bildung. Gleichzeitig nähert sich der Begriff dem der Menge an.[29]

Die Volkskunde verschrieb sich also – flankiert von der frühen Soziographie[30] – der Aufgabe, den bislang durch Gegensätze und Abgrenzungen definierten, wenig beachteten ‚gemeinen Mann' und ‚gemeinen Soldaten' genau zu beschreiben und somit jene Bevölkerungsgruppen zu erforschen, die bislang unter dem Radar der Wahrnehmung lagen. Eine praxeologische Umsetzung die-

---

27 E. M., Sammlung alter Soldatenbriefe und Tagebuchaufzeichnungen aus Kriegszeiten, in: Mitteilungen des Verbandes deutscher Vereine für Volkskunde 5 (1909), H. 9, 3–4, hier 3 [meine Hervorhebung, M.C.].
28 Vgl. Warneken, Populare Autobiographik, 8.
29 Dazu Art. gemein in: Jacob Grimm und Wilhelm Grimm (Hg.), Deutsches Wörterbuch von Jacob und Wilhelm Grimm. 16 Bände. In 32 Teilbänden, Leipzig 1854–1961. Quellenverzeichnis Leipzig 1971, Trier 2004, http://www.woerterbuchnetz.de/DWB?lemma=gemein. [18.11.2021].
30 Die Soziographie sah ihre Aufgabe in der „Beschreibung mit allen Mitteln von allen Verhältnissen und Zuständen eines Volkes zu einer bestimmten Zeit" und damit als Äquivalent zur Ethnographie. Grundlegende Methode war die Statistik, mit deren Hilfe der theoretischen Sozialwissenschaft der Soziologie forschungsrelevantes Material geliefert werden sollte. Siehe dazu Rudolf Steinmetz, Die Stellung der Soziographie in der Reihe der Geisteswissenschaften, in: Archiv für Rechts- und Wirtschaftsphilosophie 6 (1913), H. 3, 492–501, hier 493.

ser Prämissen nahm beispielsweise der Sozialwissenschafter Gottlieb Schnapper-Arndt[31] gleich einem Feldforscher in seinem 1906 veröffentlichten „sozialstatistische[n] Kleingemälde" über das „Nährikele", eine arme, von ihm anonymisierte Näherin, vor und rückte somit eine Person ins Zentrum der Beobachtung, die unterhalb der Wahrnehmung vieler Menschen lag und bislang kaum wissenschaftlich beschrieben wurde. Er führt so eine „wirtschaftliche Biographie" vor, die darauf abzielt, über die Vertiefung in ein exemplarisches das Leben vieler zu erzählen. Schnapper-Arndt wertet dieses Leben mithilfe von Gesprächen, die er mit der Näherin geführt hat, der Besichtigung ihrer Wohnung sowie insbesondere anhand eines „durch mehrere Jahre hindurch geführte[n] *Einnahme-* und *Ausgabebuch[s]"* aus. Es handelt sich dabei nicht nur um ein einfaches Rechenbuch, sondern auch um eine gelegentlich geführte Chronik, in der Ein- und Ausgaben neben Überlegungen zu ihrem Befinden und Erleben stehen und deren Materialität, Seitenaufteilung und Führung der Forscher genau beschreibt.[32] Auf mehr als dreißig Seiten nimmt Schnapper-Arndt eine ausführliche Auswertung ihrer wirtschaftlichen Verhältnisse, Ernährung und Gesundheit vor, bevor er dazu übergeht, Nährikeles „für das äußere und namentlich innere Leben weiter Volkskreise so charakteristische[ ] Lebensgeschichte" zu beschreiben, eine neue Praxis, die bislang eher in „Biographien hervorragender Persönlichkeiten"[33] vorgenommen worden sei. Kontinuierlich bindet Schnapper-Arndt Zitate der Näherin in dialektaler Form ein, welche zum einen auf ihre einfache Herkunft verweisen, zum anderen für die Authentizität der mündlichen und schriftlichen Aussagen bürgen. Die Beschreibung des Nährikeles mithilfe ihres bescheidenen Nachlasses und im Besonderen mithilfe des von ihr geführten Hybrids aus Rechen- und Tagebuch zeigt an, wie in der entstehenden Soziographie am Beginn des 20. Jahrhunderts die in diesem Fall ‚gemeine Frau' zum legitimen, genau untersuchten Forschungsobjekt wurde.

---

[31] Gottlieb Schnapper-Arndt (1846–1904) war Sozialstatistiker und Wirtschaftshistoriker. Inspiriert von den Schriften Karl Marx' sowie den Familienmonographien Frédéric Le Plays untersuchte er in zahlreichen sozialen Miniaturen das Leben einfacher Menschen. Seine bekannteste Studie beschäftigt sich mit Heimarbeiterfamilien im Taunus. Neben seinen Privatforschungen arbeitete er im Preußischen Statistischen Büro. Siehe weiterführend zu seinen Forschungen mit zahlreichen Verweisen auf Sekundärliteratur Hendrik Fischer, Messen ohne Maß. Wege und Irrwege des Gottlieb Schnapper-Arndt, in: Kuriosa der Wirtschafts-, Unternehmens- und Technikgeschichte. Miniaturen einer „fröhlichen Wissenschaft", hg. von Christian Kleinschmidt, Essen 2008, 106–112.
[32] Vgl. Gottlieb Schnapper-Arndt, Nährikele. Ein sozialstatistisches Kleingemälde aus dem schwäbischen Volksleben, in: Gottlieb Schnapper-Arndt, Vorträge und Aufsätze, hg. von Leon Zeitlin, Tübingen 1906, 190–253, hier 190–192.
[33] Schnapper-Arndt, Nährikele, 210.

1910 erreichten die aus Dänemark kommenden Sammlungsbestrebungen für Kriegstagebücher auch im Kaiserreich nationale Reichweite. Edgar von Ubisch, der Direktor des Berliner Zeughauses, nahm sich die Geschichtspolitik der im Deutsch-Dänischen Krieg unterlegenen Nation zum Vorbild für die deutsche Museumspraxis. Von Ubisch hatte bereits 1896 im Verlag Mittler & Sohn seine *Kriegserinnerungen eines preußischen Offiziers 1870/71* veröffentlicht und war somit ein typischer Vertreter der Memoirenliteratur der Reichseinigungskriege der zweiten Hälfte des 19. Jahrhunderts.[34] Sein Aufruf in den nationalkonservativen *Grenzboten* schlug die Sammlung von Briefen und Tagebüchern aus den Reichseinigungskriegen vor, ein in Zeughäusern bislang ganz und gar unübliches Sammlungsgut. Briefe und Tagebücher wurden gegenüber dem umfangreich vorhandenen gedruckten Quellenmaterial wie Zeitungsberichten, Kriegserinnerungen und Memoiren aufgrund ihres „dokumentarischen Wert[s]" hervorgehoben. Von Ubischs Unterfangen war genau wie die Aktion in Dänemark auf breite Unterstützung angewiesen: Nicht nur der einzelne Bürger müsse beteiligt werden, sondern der Sammelgedanke „in die Kriegervereine, die Schützen-, Turn-, Gesang-, Arbeiter- und zahllosen anderen Vereine" getragen werden; „natürliche[ ] Sammelstellen" seien die „Provinzial-, Stadt- und Staatsarchive". Die Zugänglichmachung der gesammelten Quellen durch Veröffentlichung war schließlich erklärtes Ziel des Zeughaus-Direktors von Ubisch,[35] der insofern einen Sonderfall des offenen, betretbaren Archivs postulierte.[36]

Welches Archiv jedoch der geeignete Aufbewahrungsort für die Tagebücher und Briefe aus der breiten Bevölkerung sein könnte, war in den 1910er Jahren keinesfalls leicht zu beantworten. Bislang wurden diese Schriften, wenn überhaupt, im Familienkreis gesammelt. Familienarchive waren vorwiegend in dem Adel angehörenden Familien verbreitet, die Tagebücher und Schreibkalender schon seit dem 18. Jahrhundert konserviert hatten, um mögliche innerfamiliäre Streitfälle später abklären zu können. Geschrieben wurde mit dem Archiv als stetigem Horizont und Bestimmungsort der Aufzeichnungen und gleichzeitig eine neue Tradition – das kontinuierliche, in der Adelsfamilie stattfindende

---

34 1915 erschien eine Neuausgabe bei der Union Deutsche Verlagsgesellschaft Berlin. Edgar von Ubisch widmete ein Exemplar der Kriegssammlung der Königlichen Bibliothek Berlin. Vgl. zur Memoirenliteratur der Reichseinigungskriege, die vorwiegend von höheren Offizieren verfasst wurde Hämmerle, The Self Which Should be Unselfish, 102–103.
35 Siehe Edgar von Ubisch, Briefe und Tagebücher des deutschen Volkes aus Kriegszeiten, in: Die Grenzboten 69 (1910), H. 2, 30–33, hier 31–33.
36 Dazu Knut Ebeling und Stephan Günzel, Einleitung, in: Archivologie. Theorien des Archivs in Wissenschaft, Medien und Künsten, hg. von Knut Ebeling und Stephan Günzel, Berlin 2009, 7–28, hier 20.

Schreiben fürs Archiv – gestiftet.[37] Im 19. Jahrhundert etablierten zunehmend bürgerliche Familien eigene Familienarchive, in denen Tagebücher für kommende Generationen bewahrt werden sollten. Die Zeitschrift *Archiv für Stamm- und Wappenkunde* veröffentlichte schließlich im Jahr 1904 Hinweise zum Verfassen und zur Auswertung von Tagebüchern, mit deren Hilfe es die eigene Familiengeschichte zu schreiben galt.[38]

Die Initiative für neue Tagebuchsammlungen in den 1910er Jahren begab sich in die Nachfolge der Familienarchive in zweierlei Hinsicht: Zum einen löste sie bestehende Familienarchive ab, zum anderen nahm sie Dokumente auf, für die es bislang kein Familienarchiv gegeben hatte. Nachdem auch der preußische Reichskanzler Theobald von Bethmann-Hollweg von den Sammlungsbestrebungen in Kenntnis gesetzt worden war, entspann sich eine Debatte um mögliche Sammlungsorte. Sowohl die Quellengattung (Tagebücher und Briefe) als auch ihre Verfasser:innen legten zunächst kein bereits existierendes Archiv nahe. Sein eigenes Museum, das Berliner Zeughaus und damit den zentralen Sammlungsort für Kriegsgut aller Art, schlug von Ubisch nicht vor; zur Diskussion standen schließlich die Staatsarchive, die Archive des Generalstabs und die Königliche Bibliothek in Berlin. Letztere erklärte sich aufgrund ihrer Sammlung von Literatur aus den Reichseinigungskriegen sowie dem nicht nur militärischen, sondern auch kulturhistorischen Schwerpunkt am besten vorbereitet und geeignet, die Tagebücher und Briefe zu sammeln und zu bearbeiten.[39]

Die Wahl der Königlichen Bibliothek unterstrich zudem den nationalen Charakter der Tagebuchsammlungen, die damit neben den armeeeigenen Bestrebungen Form annahm. Die Entscheidung gegen die Staatsarchive, welche vorwiegend Schriften von Staatsvertretern bewahrten, trug der Spezifik ihrer Verfasser:innen Rechnung. Am 22. August 1911 wurde per Erlass zur Sammlung

---

37 Vgl. zum Zusammenhang von autobiographischem Schreiben am Beispiel von Schreibkalendern und Tagebüchern und der Konstituierung von adligen Familienarchiven Helga Meise, Das archivierte Ich. Schreibkalender und höfische Repräsentation in Hessen-Darmstadt 1624–1790, Darmstadt 2002, 23–26.
38 Siehe E. Weissenborn, Tagebücher und Familiengeschichte, in: Archiv für Stamm- und Wappenkunde 5 (1904), H. 2, 17–20 sowie weiterführend zu Familienarchiven im 19. Jahrhundert Lessau, Sammlungsinstitutionen des Privaten, 352–353.
39 Siehe Kultusministerium, Die Sammlung von Briefen und Tagebüchern aus deutschen Kriegszeiten, Bl. 11–12r. Die Kriegssammlung der Königlichen Bibliothek Berlin zum Deutsch-Französischen Krieg stammte aus der Privatbibliothek von Wilhelm I. und wurde – eine Neuerung im Vergleich zu Sammlungen früherer Kriege – bereits in der Kriegszeit begonnen. 1873 ging sie in den Bestand der Königlichen Bibliothek ein. Siehe dazu Peter Berz, Weltkrieg/System. Die ‚Kriegssammlung 1914' der Staatsbibliothek Berlin und ihre Katalogik, in: Krieg und Literatur / War and Literature 5 (1993), H. 10, 105–130, hier 105–106.

von Briefen und Tagebüchern der Reichseinigungskriege aufgerufen und der Aufruf in 100 Auflagen an die zentralen Sammelstellen, die Königlichen Bibliotheken der Provinzen, versandt und in der Presse veröffentlicht.[40] 1912 trafen erste Berichte über gesammelte Dokumente ein, 1913 wurde der Aufruf wiederholt. 1914 wandte sich schließlich die populärhistorische Zeitschrift *Zeiten und Völker* an das für die Sammlung zuständige Ministerium der geistlichen und Unterrichtsangelegenheiten mit der Bitte, einige Dokumente zu veröffentlichen.[41] Volkskundliche und staatliche Akteure begannen somit, beim Quellenzugriff zu kooperieren.

Die Sammlungsbestrebungen von Dokumenten aus den Reichseinigungskriegen waren im August 1914 in vollem Gang und wurden auch in Anbetracht des neuen Kriegs fortgeführt. In den halbjährlich verfassten Berichten der beteiligten Bibliotheken wurde jedoch auf die zunehmend fehlenden Kapazitäten hingewiesen die Sammlungen zu betreuen, schließlich waren nicht wenige Bibliothekare selbst an den Fronten.[42] Auch wenn nicht mehr im Detail überprüfbar ist, inwieweit die einzelnen Vereine und Archive tatsächlich aktiv wurden und in welchem Umfang der Aufruf die deutsche Bevölkerung erreichte, so kann doch davon ausgegangen werden, dass die Popularität und die Bedeutung von Kriegstagebüchern vielen Menschen, die bislang von historiographischen Prozessen und Praktiken ausgeschlossen waren, bewusst gemacht wurde. In der Symbiose aus dokumentierendem und historisierendem Sammeln wurden die Kriegstagebücher als ernstzunehmende Quellen der Geschichtsschreibung etabliert,[43] für die eine Sammlung als Apriori des Archivs geschaffen wurde.[44]

Durch die preußische Sammelinitiative war das Bewusstsein für die Praxis der Kriegsdiaristik in der breiten Bevölkerung geweckt und eine Infrastruktur zur Sammlung von Kriegsdokumenten geschaffen, die es zu nutzen galt, um den aktuellen Krieg, der doch bereits als geschichtswürdig zählte, dokumentierend zu begleiten. Das Sammeln von Tagebüchern und Briefen aus dem Weltkrieg begann jedoch nicht sofort im August 1914; wohl nahm man in Anbetracht der verbreiteten Erwartung eines kurzen Kriegs an, dass Quellen für die künftige Kriegsgeschichte nach dessen Abschluss zusammengetragen werden könnten.

---

40 Vgl. Herkenhoff, „Briefe und Tagebücher des deutschen Volkes aus Kriegszeiten", 35.
41 Vgl. Kultusministerium, Die Sammlung von Briefen und Tagebüchern aus deutschen Kriegszeiten, Bl. 160–161.
42 Vgl. Herkenhoff, „Briefe und Tagebücher des deutschen Volkes aus Kriegszeiten", 41.
43 Vgl. Gerdes, Ein Abbild der gewaltigen Ereignisse, 59.
44 Vgl. Ebeling und Günzel, Einleitung, 14.

Appelliert wurde hingegen, das hat die vorliegende Studie bereits an zahlreichen Beispielen gezeigt, an jeden Einzelnen Tagebuch zu schreiben, um der „Kulturforschung künftiger Zeiten"[45] Material zu liefern. Schließlich schien sich Friedrich Nietzsches 1874 formulierte Kritik an der umgreifenden Historisierung der Gegenwart, die einen Krieg, noch bevor er beendet sei „in bedrucktes Papier hunderttausendfach" umsetzte, um „als neuestes Reizmittel dem ermüdeten Gaumen der nach Historie Gierigen vorgesetzt"[46] zu werden, jedoch einmal mehr zu realisieren. So rief am 20. Oktober 1914 die Königliche Bibliothek Berlin, bislang zentrale Sammelstelle für Tagebücher und Briefe aus den Reichseinigungskriegen, dazu auf, Dokumente des aktuellen Kriegs zu sammeln und einzusenden, und reihte sich damit in die zahlreichen, an verschiedenen Orten im Kaiserreich entstehenden Kriegssammlungen ein.[47] Zwar lag der Sammlungsschwerpunkt der Königlichen Bibliothek auf den vielfältigen Druckerzeugnissen des Kriegs, etwa Plakaten, Flugblättern und Zeitungen. Ebenso sammelte sie jedoch „[h]andschriftliche Kriegsberichte und Kriegsschilderungen, auch von gegnerischer Seite, Feldpostbriefe in Original und Abschrift, Autographen von bemerkenswerten Persönlichkeiten."[48] Kriegstagebücher wurden in diesem Aufruf nicht explizit genannt.

Diese Lücke schloss das Märkische Museum Berlin: Es erklärte sich, vertreten unter anderen durch den Museumsdirektor Otto Pniower, den Zweiten Bürgermeister Berlins Georg Reicke und einige Professoren, nur einen Monat später zur „Zentralstelle" für die Sammlung von Feldpostbriefen und Kriegstagebüchern.[49] Bedeutung und nationale Tragweite dieses Aufrufs stehen im Kontext einer breiten geistigen Mobilmachung für die Nation – schließlich unterzeichnete Georg Reicke im September 1914 auch den Aufruf *An die Kulturwelt!*, jenes Manifest der 93, das maßgeblich als Ausdruck der geistigen Mobilisierung

---

45 Rosegger, Heimgärtners Tagebuch, in: Roseggers Heimgarten, 66.
46 Nietzsche, Vom Nutzen und Nachteil der Historie für das Leben, 26.
47 Vgl. zu den Kriegssammlungen in Deutschland umfassend Gerdes, Ein Abbild der gewaltigen Ereignisse. Zur Sammlungsspezifik und Katalogik der Sammlung „Krieg 1914" der Königlichen Bibliothek siehe ausführlicher Peter Berz, Weltkrieg/System.
48 Aufruf der Königlichen Bibliothek Berlin zit. n. Gerdes, Ein Abbild der gewaltigen Ereignisse, 87. Der Aufruf wurde am 20. Oktober 1914 im Berliner Tageblatt und im Reichsanzeiger veröffentlicht, Anfang 1915 erschien er auch in deutschsprachigen US-Zeitungen. Vgl. Gerdes, Ein Abbild der gewaltigen Ereignisse, 179.
49 Siehe den Sammlungsaufrufs des Märkischen Museums Berlin, veröffentlicht in der Schlesischen Zeitung vom 24.11.1914, zit. n. Kultusministerium, Die Sammlung von Briefen und Tagebüchern aus deutschen Kriegszeiten, Bl. 225.

der Intellektuellen galt.⁵⁰ Neben der „Zentralstelle" im Märkischen Museum entstanden zeitgleich weitere Sammlungen. Der Düsseldorfer Bibliothekar (und Autor eines Kriegstagebuchs) Constantin Nörrenberg erklärte Bibliotheken in ganz Deutschland zu Sammelstellen mit der Aufgabe, in ihren Lesesälen wichtige Quellenschriften, darunter Tagebücher und Sammlungen von Kriegsbriefen, zur Verfügung zu stellen.⁵¹ Einmal mehr wurde damit für einen offenen Archivort plädiert. Auch der Verband der Vereine für Volkskunde adaptierte in der Person seines Vorsitzenden John Meier seinen Aufruf Kriegstagebücher zu sammeln und diese mittels Abschriften dem Archiv des Großen Generalstabs zur Verfügung zu stellen. Damit wurde die nationale Dimension dieser Aufgabe unterstrichen.⁵² Indem Kriegstagebücher des ‚gemeinen Mannes' aus dem laufenden Krieg zum legitimen Sammlungsgut der Volkskunde erklärt wurden, erhielten sie eine ähnliche Bedeutung wie das deutsche Volksliedgut, für das John Meier 1914 ein Archiv in Freiburg gegründet hatte.⁵³ Dabei versuchte gerade die Volkskunde als noch junge Disziplin mithilfe ihrer Tagebuch- und Feldpostsammlungen eine Forschungslücke zu schließen und ihren eigenen Platz zu behaupten: Während die Geschichte des Kriegs einerseits durch den „unparteiische[n] Griffel des Großen Generalstabes", andererseits durch „die unbestechliche Feder des Geschichtsforschers" geschrieben werde, sollten neben diesem „rein Geschichtliche[m]" auch die „Spiegelungen des großen Weltkrieges in der *Volksseele*"⁵⁴ durch Volkskunde und Kulturgeschichte erforscht werden.

Die allgegenwärtig geforderte Pluralisierung der Kriegsquellen bestimmte auch die Ausstellung „Schule und Krieg" des neu gegründeten Zentralinstituts für Erziehung und Unterricht in Berlin, die in den Kontext der volkskundlichen Bewegung, welche zum großen Teil von Gymnasial- und Volksschullehrern getragen wurde, gestellt werden muss.⁵⁵ Das Institut wandte sich zu Jahresbeginn

---

50 Dazu Jürgen von Ungern-Sternberg und Wolfgang von Ungern-Sternberg, Der Aufruf ‚An die Kulturwelt!'. Das Manifest der 93 und die Anfänge der Kriegspropaganda im Ersten Weltkrieg, Stuttgart 1996.
51 Vgl. Constantin Nörrenberg, Die deutschen Bibliotheken und der Weltkrieg, in: Universität und Schulen im Kriege, hg. von Leo Colze, Berlin, Leipzig und Wien 1915, 24–28, hier 24, 26.
52 Siehe John Meier, Sammlung deutscher Kriegsbriefe und deutscher Tagebuchaufzeichnungen aus dem Kriege, in: Mitteilungen des Verbandes deutscher Vereine für Volkskunde 11 (1915), H. 21, 43–44, hier 44–45.
53 Zur Gründung des Deutschen Volksliedarchiv siehe Hermann Bausinger, Volkskunde. Von der Altertumsforschung zur Kulturanalyse (1971), unveränderter Nachdruck der Ausgabe von 1971, Darmstadt 1979, 266–267.
54 [Anonym], Sammelt Soldatenbriefe!, in: Mein Heimatland. Badische Blätter für Volkskunde, ländliche Wohlfahrtspflege, Denkmal- und Heimatschutz 3 (1916), H. 3/4, 103–105, hier 103.
55 Vgl. Warneken, Die Ethnographie populärer Kulturen, 56–57.

1915 an höhere und niedere Schulen im Kaiserreich und in Österreich-Ungarn mit dem Aufruf, „Zeugnisse[ ] für das Kriegserleben unserer Kinder"[56] einzusenden. In der Ausstellung, die 1915 in Berlin stattfand, nehmen die Tagebücher einen besonderen Platz ein. Fasziniert bemerkt der Ausstellungsbesucher Hermann Reich, Professor in Berlin, die regionale Vielfalt der Tagebücher, die aus allen Himmelsrichtungen des Kaiserreichs und Österreichs eingesandt wurden.[57] Innerhalb der Kindertagebücher sind Unterschiede hinsichtlich der regionalen Herkunft genau wie des Bildungsniveaus Ausdruck für jene Vielfalt der Nation, die den Krieg von ganz verschiedenen Orten aus dokumentierend begleitet. Schriften, die in Dialekten verfasst sind, werden im Ausstellungskatalog daher sinnbildlich für diese Pluralität hervorgehoben.[58] Sie erlauben nicht nur historische, sondern auch volks- und stilkundliche Forschungen.[59] Das in Plattdeutsch verfasste Tagebuch von Hans D. aus Hamburg-Fuhlsbüttel wird aus diesem Grund auch in das aus der Ausstellung hervorgegangene *Buch Michael* aufgenommen, eine Textzusammenstellung, die explizit „von dem Kampfe hinter der Front in den weiten deutschen Landen" erzählen und „mit leiseren Worten von dem Kriege der Mütter, der Kinder und der Familien reden"[60] möchte.

Die schon in der Vorkriegszeit geforderte Pluralisierung der Quellen mit dem Ziel einer multiperspektivischen Sicht auf den Krieg wurde schließlich von den Bedingungen des Ersten Weltkriegs selbst noch einmal verstärkt. So liest man im Aufruf des Märkischen Museums, der „Zentralstelle" der Sammlung dieser Quellen:

> Die Schlachtfelder sind so ungeheuer groß und unübersichtlich geworden, die Schlachten lösen sich so sehr in viele räumlich und zeitlich getrennte Kämpfe auf, daß es unmöglich

---

56 Hermann Reich, Das Buch Michael. Mit Kriegsaufsätzen, Tagebuchblättern, Gedichten, Zeichnungen aus Deutschlands Schulen, hg. aus den Archiven und mit Unterstützung des Zentralinstituts für Erziehung und Unterricht, Berlin 1916, 19.
57 Vgl. Reich, Das Buch Michael, 19–21.
58 Vgl. Lotz, Kriegstagebücher von Schülern, 60.
59 Obgleich Tagebuchsammlungen zunächst mit deutlich formulierten historiographischen Absichten begründet wurden, erklärte man die Tagebücher von Beginn an als gleichermaßen relevante Forschungsobjekte für die Stilforschung. Bereits Karl Larsen hatte in seinem Aufruf in Dänemark diese als eine Profiteurin der Sammlungsaktion von Tagebüchern benannt. Ein prominentes Beispiel dieser alternativen Lektüre von Egozeugnissen vollzog auch der Romanist Leo Spitzer, der im Ersten Weltkrieg in der Zensurabteilung des gemeinsamen Zentralnachweisebüros für Kriegsgefangene in Wien arbeitete und Stilforschungen an Briefen italienischer Kriegsgefangener durchführte. Siehe Leo Spitzer, Italienische Kriegsgefangenenbriefe. Materialien zu einer Charakteristik der volkstümlichen italienischen Korrespondenz, Bonn 1921.
60 Reich, Das Buch Michael, 15–16.

ist, von einem Punkte aus das Bild der modernen Schlacht zu geben. Unendlich schwierig wird aber die Darstellung des ganzen Krieges sein, dessen einzelne Feldzüge ihre Schauplätze in den verschiedensten Ländern und Erdteilen haben, und der ungeheure Menschenmassen in vielen selbständigen Heereskörpern in Bewegung setzt.[61]

Die Multiperspektivität der Quellen über den Krieg wird nunmehr durch die moderne Kriegserfahrung *in nuce* vorgegeben: Es gibt keinen allumfassenden Blick vom Feldherrenhügel mehr wie in vergangenen Kriegen und genauso wenig ist es möglich, *ein* Werk über den Krieg aus der Sicht *eines* ‚großen Mannes' zu verfassen. Das „Bild der modernen Schlacht", das sich aus einem Mosaik von Tagebuchauszügen und Feldpostbriefen zusammensetzen soll, nutzt eine Metapher aus dem Bereich des Visuellen, die in Ästhetik und Kunstwissenschaft Verwendung findet, um den noch wenige Jahre zuvor suggerierten Überblick des Einzelnen über das Schlachtfeld durch viele Perspektiven aus den Schützengräben zu ersetzen. Das Tagebuchmosaik tritt an die Stelle des Schlachtengemäldes, das gleich einem Panorama den Überblick über die Kämpfe suggerierte und für das die Weltkriegsfotografie in Anbetracht eines Kriegs, der zunehmend im Verborgenen stattfindet, kein Äquivalent mehr bieten kann.

Nachdem von Seiten der Armee selbst nur vereinzelt Sammelaufrufe nach privaten Tagebüchern ergangen waren,[62] zeigte das Kriegsministerium noch später, im Dezember 1915, Interesse an diesen und erklärte, dass ausschließlich der stellvertretende Generalstab mit deren Sammlung betraut werden dürfe und alleinigen Anspruch auf die Auswertung und Veröffentlichung der Dokumente habe. Alle anderen Sammelstellen sollten aufgelöst werden, notfalls auch unter Einsatz der Polizei.[63] An ihrer Stelle sollte fortan ein Zentralarchiv den Zugang zu den Quellen regeln und damit bestimmen, was sichtbar würde und was unsichtbar bliebe. Der Chef des stellvertretenden Generalstabs Helmuth von Moltke plädierte jedoch kurz darauf für eine dezentrale Sammlung in den Armeebezirken.[64] Im Juni 1916 regte der Kultusminister August von Trott

---

[61] Sammlungsaufrufs des Märkischen Museums Berlin, veröffentlicht in der Schlesischen Zeitung vom 24.11.1914, zit. n. Kultusministerium, Die Sammlung von Briefen und Tagebüchern aus deutschen Kriegszeiten, Bl. 225.
[62] Der 9. Armeekorps appellierte im Dezember 1914 an seine Mitglieder, persönliche Schriften für das geplante Generalstabswerk über den Weltkrieg einzusenden. Vgl. Peter Sprengel, Geschichte der deutschsprachigen Literatur 1900–1918. Von der Jahrhundertwende bis zum Ersten Weltkrieg, München 2004, 780.
[63] Dazu Kultusministerium, Die Sammlung von Briefen und Tagebüchern aus deutschen Kriegszeiten, Bl. 235.
[64] Siehe Kultusministerium, Die Sammlung von Briefen und Tagebüchern aus deutschen Kriegszeiten, Bl. 265–267.

zu Solz an, künftig auch erbeutete Schriftstücke der Kriegsgegner zu sammeln, und schloss damit an gängige, in Armeeverordnungen festgehaltene Vorschriften an. Den trotz Protesten von Seiten der Armee und des Kriegsministeriums weiterhin dezentral stattfindenden Tagebuchsammlungen wurde im August 1916 die „Sichtungsstelle für Kriegsbeute und Bibliothekswesen" vorgeschaltet, welche in einer eigentümlichen Doppelfunktion Objekte der gegnerischen Nationen und der nationalen Kriegsdokumentation sammelte. Im Jahr 1917 konnte ihr Leiter, Oberstleutnant Albert Buddecke, der vor dem Krieg Vorstand der Bibliothek des Großen Generalstabs war, erste Ergebnisse der Sammlungsbestände von 217 deutschen Kriegssammlungen vorlegen: 23 Sammlungen verfügten über Tagebuchbestände.[65]

Der Wunsch, die Perspektiven auf den Krieg zu pluralisieren, durchzog die meisten Sammlungsaufrufe: Zeugnisse von der Front und aus der Heimat, Tagebücher von Soldaten und Offizieren, Beamtentöchtern und Bauern wurden nun zu legitimen Quellen erklärt. Dass zunehmend auch Kriegstagebücher von Frauen gesammelt wurden, ist sicher auch dem Einfluss der Volkskunde zuzuschreiben, die mehr als beispielsweise die zeitgenössische Geschichts- oder Literaturwissenschaft für die Rolle von Frauen in Kulturen berücksichtigte.[66] Das gestiegene Interesse an Tagebuchaufzeichnungen von Kindern muss auch in der Wissensgeschichte und pädagogischen Entwicklungen der Jahrhundertwende situiert werden, bei der Texte von Kindern zunehmend Eingang in die Öffentlichkeit fanden.[67] Erkennbar wird eine deutliche Verschiebung zum Historismus und seinen Werken über die ‚großen Männer' genau wie zur räumlichen Beschränkung der Kriegs- als Truppentagebücher auf die Front, wie sie noch der Große Generalstab im 19. Jahrhundert vorgenommen hatte. Trotzdem adressierten die Sammlungsaufrufe keinen homogenen ‚kleinen' in Opposition zum ‚großen Mann', sondern differenzierten nach Geschlecht, Klasse, Nationalität, Rang in der Armee und dem Ort des Kriegserlebens und nahmen insofern eine gesellschaftliche Soziographie vor. Erst in den 1930er Jahren wurde das Tagebuch wortwörtlich zur Ausdrucksform des ‚kleines Mannes' erklärt und damit eine Verallgemeinerung vorgenommen, die den multiperspektivischen Ansprü-

---

65 Vgl. Albert Buddecke, Die Kriegssammlungen: Ein Nachweis ihrer Einrichtung und ihres Bestandes, Oldenburg 1917.
66 Da sich die Volkskunde den Bereichen der alltäglichen Reproduktion zuwandte, musste Tätigkeiten von Frauen unweigerlich mit in die Betrachtung einbezogen werden. Siehe Warneken, Die Ethnographie popularer Kulturen, 70.
67 Vgl. Schildmann, Poetik der Kindheit, 62–63.

chen der Tagebuchsammlungen des Ersten Weltkriegs nicht mehr gerecht wird.[68] Die retrospektiv, vor allem ab den 1970er Jahren verwendete verallgemeinernde Bezeichnung des ‚kleinen Mannes', wahlweise der ‚kleinen Leute' ist insofern eine, die eher Unschärfe in den historischen Diskurs bringt.[69]

Indem appelliert wurde, Tagebücher zu schreiben, zu sammeln und auszuwerten, akquirierte man verschriftlichte Erfahrungen und Erlebnisse von Menschen, die für die *Vielfalt* der Nation einstanden. Die Tagebuchsammlungen schrieben sich somit auch in Verfahren einer modernen Soziographie ein. In den späten 1920er Jahren war es vor allem Siegfried Kracauer, der mit seiner *Soziologie der Angestellten* oder dem Blick auf das *Straßenvolk in Paris* für die nun auch so bezeichneten „kleinen Leute" – Arbeiter, Gewehrbetreibende, Schaffner – eine soziologische Literatur einforderte, die sich eher als

---

[68] Seit dem 18. Jahrhundert sei das Tagebuch „immer mehr das Werk des ‚kleinen Mannes bei großen Ereignissen'" geworden. Siehe Bernfeld, Trieb und Tradition im Jugendalter, 135.

[69] In der Forschungsliteratur zum Ersten Weltkrieg mit dem Schwerpunkt Erfahrungsgeschichte ist oft vom ‚kleinen Mann' die Rede, der fast immer in Anführungszeichen gesetzt wird. Der Militärhistoriker Wolfram Wette prägte den Begriff maßgeblich durch seinen 1992 erschienenen, vielzitierten Sammelband *Der Krieg des kleinen Mannes. Eine Militärgeschichte von unten*. Jedoch bleibt darin unscharf, welche Bevölkerungsgruppe dieser Begriff umschreibt und wovon er sich abgrenzt. Wette leitete den Begriff aus Schriften der Volkskunde aus den 1970er Jahren her. Diese charakterisieren die ‚kleinen Leute' über ihr anonymes Auftreten in Gruppen, ihren Mangel an herausragenden Gütern, Rechten oder Privilegien sowie über den fehlenden gesellschaftlichen Einfluss. (Werner K. Blessing, Staat und Kirche in der Gesellschaft, Göttingen 1982, 15–16.) Die Mentalität des ‚kleinen Mannes' wird als „im allgemeinen unbewußt, vielfach unreflektiert" beschrieben; er brauche als Gegenüber „den ‚Großen (Mann)', mit dem zusammen er die bürgerliche Gesellschaft bildet, die sich wirtschaftlich und geistig betätigt, aber von einer postfeudalen, geburts- und briefadeligen Führungsschicht, welche die Spitze der staatlichen Bürokratie und Verwaltung stellt, politisch und auch ideell bis zur Revolution von 1918 fast ausschließlich gelenkt und geformt wird." (Karl Bosl, Der Kleine Mann – Die Kleinen Leute, in: Dona Ethnologica. Beiträge zur vergleichenden Volkskunde, hg. von Helge Gerndt und Georg R. Schroubek, München 1973, 97–111, hier 99–101.) Die Unbestimmtheit des Begriffs wird gelegentlich hervorgehoben, der Begriff jedoch dennoch verwendet, um den „Gegensatz zu den reichen und einflußreichen Bevölkerungsgruppen mit hohem Sozialprestige" zu markieren. Behauptet wird ferner, dass von ‚kleinen Leuten' kaum autobiographische Schriften vorliegen würden. (Rohkrämer, Der Militarismus der „kleinen Leute", 36, 25–26.) Im Rahmen der Forschungen zur popularen Autobiographik innerhalb der Volkskunde wurde zunehmend Abstand von der Begriffsverwendung ‚kleiner Mann'/‚kleine Leute' genommen. (Warneken, Populare Autobiographik, 7–8.) Im Hinblick auf die Pluralisierung der Tagebuchhistoriographien des Ersten Weltkriegs erscheint mir dieser Begriff demnach zu unspezifisch, da diese auch Perspektiven aus bürgerlichen Klassen genau wie Offiziere zu Wort kommen lassen und zudem personalisierte Geschichten schreiben möchten.

„improvisiertes Mosaik"⁷⁰ darstellt, denn als Roman oder umfassende Biographie.⁷¹ Mit Hans Falladas nach sozialwissenschaftlichem Vorbild konstruiertem Roman *Kleiner Mann – was nun?* wurde die Bezeichnung durch die Titelwahl einmal mehr popularisiert und der ‚kleine Mann' zum legitimen Gegenstand des Schriftstellers.

Abschriften und Autographen

Die Tagebuchsammlungen der Reichseinigungskriege und des Ersten Weltkriegs entstanden also vor dem Hintergrund eines historistischen Gesellschaftsklimas und enthielten wesentliche Impulse von der noch jungen Volkskunde sowie der Soziographie. Liest man die Sammlungsaufrufe genau, so werden jedoch noch andere Disziplinen als potentielle Profiteurinnen benannt. Schon Karl Larsen bemerkte, der Sammlungsschwerpunkt läge weniger „auf dem Gebiete des Historischen [...], sondern auf dem des Psychologischen und des Stils."⁷² Insbesondere der Verweis auf das Psychologische eröffnet einen interessanten Kontext, der zunächst auf die zeittypische Nähe der damaligen Volkskunde zur Psychologie hinweist.⁷³ Die Rolle der Psychologie soll im Folgenden mit den spezifischen Modi der Tagebücher in den Sammlungen – wahlweise Autographen oder Abschriften – konfrontiert werden. Dabei kann die Psychologie der Jahrhundertwende gleichwohl kaum im Singular behandelt werden, da sie sich in zahlreiche Richtungen ausdifferenzierte, darunter empirisch vorgehende, welche die Disziplin innerhalb der Naturwissenschaften verorteten, aber auch geisteswissenschaftlich inspirierte Annäherungen der Lebensphilosophie. Die preußische Sammlungsaktion lässt sich in ihren Anfängen aufgrund einiger Begrifflichkeiten an letztere Position anschließen, die einmal mehr von Wilhelm Dilthey theoretisch dargelegt wurde. Schließlich bieten die

---

70 Siegfried Kracauer, Das Straßenvolk in Paris (1927), in: Schriften. Aufsätze 1927–1931, Bd. 5.2, hg. von Inka Mülder-Bach, Frankfurt am Main 1990, 39–43, hier 40.
71 Siehe zu Kracauers soziologischer Literatur mit einem Fokus auf den ihr eigenen kleinen Formen Ethel Matala de Mazza, Der populäre Pakt. Verhandlungen der Moderne zwischen Operette und Feuilleton, Frankfurt am Main 2018, 46–61, 99–101.
72 Larsen, Ein modernes Volk im Kriege, VI.
73 Zu den Parallelen von entstehender Volkskunde, Psychologie und Psychoanalyse, die an die evolutionäre Anthropologie des 19. Jahrhunderts anschließen, siehe Warneken, Die Ethnographie populärer Kulturen, 24–26.

Tagebücher aber auch Material, mit dem empirisch arbeitende Psycholog:innen über vorwiegend zwei Gruppen forschten: Kinder und Kriegsgefangene.[74]

Wilhelm Diltheys Plädoyer zur Einrichtung von Archiven für Literatur, in denen insbesondere Handschriften aus Schriftstellernachlässen bewahrt werden sollten, wurde und wird wegen seiner Impulse für die Einrichtung für Literaturarchive und daraus resultierenden Nachlasspolitiken bekannter Schriftsteller anhaltend diskutiert. Zwar beschäftigt sich Dilthey darin trotz seines proklamierten breiten Literaturverständnisses vorwiegend mit den Nachlässen bekannter Schriftsteller, zu deren Mythos insbesondere Handschriften den Zugang geben, wohingegen die Sammlungsaufrufe für Tagebücher eine multiperspektivische, demokratische Geschichtsschreibung mithilfe der breiten Bevölkerung versprechen. Dennoch erscheint ein Vergleich der Appelle für Literaturarchive mit denen für Tagebuchsammlungen in mehrerlei Hinsicht fruchtbar. Naheliegend ist er nicht nur durch die zeitliche Nähe der Veröffentlichung und eine ähnliche Verortung in der geschichtspolitischen Konsolidierung des Kaiserreichs als Nationalstaat. Die Aufwertung nicht publizierter Texte, die handschriftlich verfasst sind, ist eine offensichtliche Parallele zwischen hoch- und breitenkultureller Sammlung und sie stellt die Frage nach dem Archivort neu: In dem Fall der Schriftsteller soll sie zur Gründung von Archiven für Literatur führen, im Fall der Kriegstagebücher zu Tagebuchsammlungen.[75] Mit anderen Worten: Tagebücher, die sich immer an der Schnittstelle von Dokumentation, Selbstreflexion und Literarisierung bewegen, haben keinen selbstverständlichen Archivort. Genau wie Tagebuchsammlungen sollen Literaturarchive an die Stelle der Familienarchive treten und als selbstständige Institutionen neben den Geheimen Staatsarchiven und den naturhistorischen Sammlungen etabliert werden.[76] Eine weitere Parallele zwischen dem Zusammentragen der Schriftstellernachlässe in Archiven für Literatur und den Tagebuchsammlungen ist ihre Definition als nationale Aufgabe. Dilthey nimmt dabei eine enge Verknüpfung von literarischer Manuskriptkultur und dem Kulturnationalismus vor, denn die Nachlässe der Dichter sollen der Repräsentation der Nation dienen.[77]

---

74 Siehe zu psychologischen Lektüren von Gefangenentagebüchern die stark propagandistisch geprägte Untersuchung von Hazard, Un Examen de conscience, welche ich in Kapitel 1.4 näher untersucht habe.
75 Die in dieser Studie behandelten Sammlungsaufrufe nehmen keine explizite Differenzierung von Archiv und Sammlung vor; implizit situieren sie die Sammlung als Teil des Archivs und weisen auf eine Erschließung der Dokumente hin.
76 Vgl. Wilhelm Dilthey, Archive für Literatur, in: Deutsche Rundschau 16 (1889), H. LVIII, 360–375, hier 362–367.
77 Siehe dazu weiterführend Carlos Spoerhase, Neuzeitliches Nachlassbewusstsein. Über die Entstehung eines schriftstellerischen, archivarischen und philologischen Interesses an

Tagebücher in der Charakterisierung Diltheys genau wie im Sammlungsdiskurs infolge Larsens haben ähnliche Potentiale, die auf die große Rolle des Authentischen in dieser Zeit verweisen: Aus ihnen tritt mit den Worten Diltheys der „Athem der Menschen" hervor, „es ergießt Farbe, Wärme und Wirklichkeit des Lebens".[78] Die preußische Sammelaktion erklärt „Natürlichkeit" und „Einheit zwischen Darstellung und Darsteller"[79] zu Charakteristika der Kriegstagebücher. Damit wird eine Unmittelbarkeitszuschreibung an Tagebücher übernommen, die es erlaubt, Tagebücher als Quellen gegenüber Briefen zu bevorzugen. Diese kann mithilfe des Diltheyschen Psychologiebegriffs, der von anderen Auffassungen der Psychologie der Zeit beträchtlich abweicht, erhellt werden. Diltheys Verständnis des Psychologischen, das Teil seiner Anthropologie sowie des Projekts der Geisteswissenschaften ist, grenzt sich von einer modernen, sich als empirisch-überprüfbarer Disziplin definierenden Psychologie ab. Seine lebensphilosophisch geprägte Psychologie zielt darauf ab, anhand der verstehenden Lektüre von Texten einer Person, etwa ihren Tagebüchern und Briefen, deren Lebenszusammenhang und letztlich eine Einheit und Ganzheit der Seele deskriptiv zu rekonstruieren und hermeneutisch zu lesen.[80]

Der stetige Verweis auf Eigenschaften wie Unmittelbarkeit und Gegenwärtigkeit der Tagebücher im Diskurs der Zeit dient einer *inhaltlichen* Aufwertung dieser Texte. Zugleich ist jedoch ihre *Materialität* von ephemerem Charakter und bedarf daher der Konservierung. „Liegt somit in den Briefen und Tagebüchern aus Kriegszeiten ein großer Schatz, so soll hier dringend gemahnt werden, diesen schleunigst zu heben. Ihrer Natur nach sind diese Dinge doch täglich und stündlich gefährdet!",[81] schreibt etwa Edgar von Ubisch in den *Grenzboten*. Die handschriftlichen Papiere erinnern in dieser Beschreibung an die Diltheyschen „hülflosen Papiermassen".[82] Auch in den die staatliche Sammlungsaktion begleitenden Briefwechseln ist die Rede von „gefährdete[n] Papiere[n]"[83] und im Sammelaufruf selbst vom „äußerst vergängliche[n] [...] Material" und

---

postumen Papieren, in: Nachlassbewusstsein. Literatur, Archiv, Philologie 1750–2000, hg. von Kai Sina und Carlos Spoerhase, Göttingen 2017, 21–48, hier 23, 41–42.
78 Dilthey, Archive für Literatur, 364–365.
79 Edgar von Ubisch, Briefe und Tagebücher des deutschen Volkes aus Kriegszeiten, in: Die Grenzboten 70 (1911), H. 4, 441–443, hier 441.
80 Vgl. Olaf Schwarz, Das Wirkliche und das Wahre. Probleme der Wahrnehmung in Literatur und Psychologie um 1900, Kiel 2001, 63–68.
81 Ubisch, Briefe und Tagebücher des deutschen Volkes aus Kriegszeiten 1910, 32.
82 Dilthey, Archive für Literatur, 368.
83 Kultusministerium, Die Sammlung von Briefen und Tagebüchern aus deutschen Kriegszeiten, Bl. 26–28.

von Dingen, die „ihrer Natur nach" „täglich und stündlich" „gefährdet"[84] seien. Auch diese Archive kommen eigentlich zu spät, denn ihr Archivgut liegt verstreut und muss gemäß dem Gebot der „Schadensbegrenzung" rasch zusammengetragen werden.[85] Wenn Dilthey die Handschriften gegenüber den publizierten literarischen Werken aufwertet, so tun dies die Verfechter der Tagebuchsammlungen gegenüber gedruckten Quellen. Die Handschriften treten in beiden Fällen „das Erbe der Formel ‚aus den Papieren von ... ' an", einer häufig in (auto)biographischen Buchtiteln der Literatur seit dem 17. Jahrhundert verwendeten Floskel, die für Authentizität bürgte.[86] Diese wird nun durch den Archivort ersetzt, an dem das Material persönlich überprüft werden kann. Jedoch fällt in den Diskussionen um die Sammlung und Archivierung von Kriegstagebüchern ein entscheidender Unterschied zur Diltheyschen Forderung der Sammlung von Handschriften ins Auge: Im Fall der Kriegstagebücher ist eine Abschrift vollauf genügend.[87]

Die hervorgehobene Legitimität der Abschriften legt es nahe, eine editionsgeschichtliche Perspektive vergleichend heranzuziehen. „Das in Buchform veröffentlichte Tagebuch vermittelt [...] nur ein kümmerliches Bild von dem, was das Tagebuch selbst ist, und ein arg verkleinertes von seiner Bedeutung",[88] schreibt der Tagebuchforscher Philippe Lejeune. Dabei wird die Gattung in ihrem Innersten angegriffen, denn Materialität, Format, Handschrift oder Schreibmaterial lassen sich nicht mehr rekonstruieren.[89] Die präferierte

---

84 Kultusministerium, Die Sammlung von Briefen und Tagebüchern aus deutschen Kriegszeiten, Bl. 36.
85 Dazu Ulrich Raulff, Sie nehmen gern von den Lebendigen. Ökonomien des literarischen Archivs, in: Archivologie. Theorien des Archivs in Wissenschaft, Medien und Künsten, hg. von Knut Ebeling und Stephan Günzel, Berlin 2009, 223–232, hier 230.
86 Vgl. Müller, Weiße Magie, 279–280. Im 17. Jahrhundert begann die Aufwertung des unbedruckten Papiers gegenüber den zahlreichen Druckschriften. Publikationen, welche die Floskel „aus den Papieren von" im Titel tragen, verweisen auf die Autorität des Ungedruckten, welche das Gedruckte jederzeit aktualisieren, ergänzen oder infrage stellen kann. Ein bekanntes, vielfach aufgelegtes Beispiel für diese Literatur ist Gabriele von Bülow. Tochter Wilhelm von Humboldts. Ein Lebensbild, aus d. Familienpapieren Wilhelm von Humboldts u. seiner Kinder, 3. Aufl., Berlin 1894.
87 Siehe Ubisch, Briefe und Tagebücher des deutschen Volkes aus Kriegszeiten 1910, 32 sowie Kultusministerium, Die Sammlung von Briefen und Tagebüchern aus deutschen Kriegszeiten, Bl. 22.
88 Philippe Lejeune, Das Tagebuch als „Antifiktion", in: Philippe Lejeune, „Liebes Tagebuch". Zur Theorie und Praxis des Journals, hg. von Lutz Hagestedt, München 2014, 321–338, hier 335.
89 Vgl. Dusini, Tagebuch, 50–54.

Archivierungsform der Abschrift kontrastiert also offensichtlich mit den Unmittelbarkeitszuschreibungen an die Kriegstagebücher. In der preußischen Sammlungsaktion werden die Tagebücher vor allem auf ihren Inhalt reduziert, der sich in Textform erschließen lässt und damit auch vom Abschreiben unberührt bleibt.

Abschreiben als Aufgabe und Praxis steht jedoch zur Diskussion, zuallererst: Wer schreibt die zu wertvollen Dokumenten erklärten Papiere ab? Diese Aufgabe könnte entweder den Bibliotheken oder den einsendenden Personen (meist also den Nachkommen der Tagebuchautor:innen) zukommen. Die Sammlungsaktion verfügt über wenige finanzielle Mittel und appelliert daher an jeden Einzelnen, entweder die „Urschrift" einzusenden oder eine Abschrift zu erstellen. Obgleich es in den Aufrufen nicht präzisiert wird, handelt es sich wahrscheinlich um handschriftliche Abschriften, da Schreibmaschinen noch kaum in privaten Haushalten vorhanden waren. Im Jahr 1911 reagierte Edgar von Ubisch auf die Anfrage einer Einsenderin eines Tagebuchs aus den Reichseinigungskriegen, „ob die Behörde gegebenenfalls Abschriften von Kriegsbriefen usw. auf ihre Kosten und Gefahr besorgt" und deklarierte die Gabe an eine Sammlung als „ein patriotisches, ganz freiwilliges Opfer",[90] das ohne die Erstattung von Kosten eingereicht werden müsse. Er erklärte die Einsenderin des Tagebuchs gleichsam zur Nachlassverwalterin ihres Mannes, die sich dafür typischer, vor allem im Bildungsbürgertum verbreiteter Praktiken bedienen müsse: dem Ordnen, Sammeln, Hüten und Bewahren der Schriften des Verstorbenen, genau wie dem Erstellen von Abschriften, beispielsweise von Briefen.[91]

Einmal mehr wird hier jedoch eine implizite Unterscheidung zwischen den Nachlassschriften aus der breiten Bevölkerung und jenen der ‚großen Männer' vorgenommen. Betrachtet man vergleichend, wie trauernde Witwen bekannter Schriftsteller und Wissenschaftler die Nachlässe ihrer Männer verwalteten, mit Verlagen und Archiven um Honorare und Rechte verhandelten, um ihre eigene Zukunft ökonomisch abzusichern,[92] so treten die Unterschiede zu den preußischen Tagebuchsammlungen eklatant hervor. Dass Tagebücher und Briefe aus der breiten Bevölkerung überhaupt gesammelt werden und damit den Familienkreis verlassen, ist schon außergewöhnlich – einen finanziellen Ausgleich gibt es nicht und auch die Rechte an den Schriften gehen an die Tagebuchsammlung über. Während noch vor dem Krieg die kostenlos von Familienmitgliedern angefertigte Abschrift die legitime Archivierungsform für das Kriegstagebuch aus

---

90 Ubisch, Briefe und Tagebücher des deutschen Volkes aus Kriegszeiten 1911, 43.
91 Dazu ausführlicher Ursula Machtemes, Leben zwischen Trauer und Pathos. Bildungsbürgerliche Witwen im 19. Jahrhundert, Osnabrück 2001, 114–117.
92 Vgl. Machtemes, Leben zwischen Trauer und Pathos, 42–43.

der breiten Bevölkerung war, so fand im Ersten Weltkrieg dahingehend eine Professionalisierung durch sogenannte Schreibbüros statt, die sich anhand des im *Literarischen Echo* inserierenden Schreibbüros Segata aus Charlottenburg rekonstruieren lässt: Vor dem Krieg bot es Vervielfältigungen von Romanen und Gedichten nach Abschrift oder Diktat an. Ab der Maiausgabe 1915 wurde die Anzeige kriegsgerecht angepasst und damit geworben, „Kriegserlebnisse / Manuskripte jeder Art [...] richtig u. preiswert mittels Schreibmaschine" zu schreiben und zu vervielfältigen (Abb. 31). Die Schreibbüros traten damit die Nachfolge der in den Familien betriebenen Nachlasspolitik an, indem sie einen eigenen Markt für die ‚Tagebuchwirtschaft' etablierten, dessen Bedarf freilich schon im Februar 1916 gesättigt schien, denn ab dann warb das Büro wieder für kriegsunspezifische Schreibarbeiten.[93]

Abb. 31: Anzeige des Schreibbüros Segata im *Literarischen Echo*.

Wenn allenthalben Kriegsberichte per Stift oder Schreibmaschine vervielfältigt und in Archive gegeben wurden, dann weist ein erneuter Blick in den Aufruf der Königlichen Bibliothek Berlin für ihre große Kriegssammlung doch auf einen weiteren Unterschied hin: Die gewünschten „handschriftlichen Berichte" werden darin separat aufgeführt von den „Autographen von bemerkenswerten Persönlichkeiten".[94] Der Begriff ‚Autograph' hebt stärker die Bindung an den Urheber hervor, eine meist bedeutende Persönlichkeit, die das Blatt Papier berührt hat.[95] Zudem sind Autographen dezidiert mit dem Konzept des Nachlasses im 19. Jahrhundert verbunden, im Zuge dessen Relikte des Autors genau wie das moderne Manuskript aufgewertet wurden, das Autographische als unikal, intim und au-

---

[93] Die Anzeigen des Schreibbüros von Emmy Segata erschienen von 1914 bis 1917 im *Literarischen Echo*.
[94] Aufruf der Königlichen Bibliothek Berlin zit. n. Gerdes, Ein Abbild der gewaltigen Ereignisse, 87.
[95] Vgl. Müller, Weiße Magie, 288.

thentisch galt und eigene, ihm gewidmete Forschungsdisziplinen wie die Graphologie entstanden.[96] Auch auf der Ebene der Materialität wird demnach eine dezidierte Unterscheidung zwischen den ‚großen Männern' und allen anderen vorgenommen: Autographen stehen für Reliquien des Kriegs, bei denen man Text und Gegenstand konsumiert, Tagebücher aus der breiten Bevölkerung hingegen für Quellen mosaikartiger Kriegserfahrungen, die verlustlos in ein anderes Medium übertragen werden können. Erstere sind demnach auch prädestiniert als authentische Exponate in Kriegsausstellungen,[97] während Tagebuchabschriften im Familienkreis, dem Lesesaal der Bibliothek oder als Veröffentlichung in der Zeitung zirkulieren.[98] Dabei kann einmal mehr ein Bezug zum zeitgenössischen Verständnis der Fotografie hergestellt werden: Genau wie die hand- oder maschinenschriftliche Abschrift galt die Fotografie als Verfahren, mit dem Stellvertreterdokumente der vom Verschwinden bedrohten Kulturgüter hergestellt werden konnten. Auch die Reproduktion ermöglicht die Konservierung der Quelle und ihre Sammlung an einem zentralen Ort und schafft damit die Voraussetzung für Vergleichbarkeit.[99]

Wie Tagebücher zeitgenössisch ausgestellt wurden, lässt sich in Ansätzen mithilfe des Katalogs der Ausstellung „Schule und Krieg" des Zentralinstituts für Erziehung und Unterricht, die Tagebücher von Schüler:innen aus ganz Deutschland in Berlin präsentierte, rekonstruieren. Eines der wenigen Fotos im Ausstellungskatalog zeigt die „Gesamtdarbietung[ ]" der 181. Gemeindeschule Berlin, die in Form eines Wandbildes verschiedene Dokumente ihres Kriegsschulmuseums[100] arrangiert. Zwischen den Themen „Von mündigen und unmündigen Dichtern" und dem „Jugendverein zur Kriegszeit" befindet sich „Ein

---

96 Dazu Spoerhase, Neuzeitliches Nachlassbewusstsein, 34.
97 Die Königliche Bibliothek Berlin eröffnete im Dezember 1914 eine Ausstellung zu den Reichseinigungskriegen, in welcher Autographen (beispielsweise von Bismarck und Fallersleben) breiten Raum einnahmen. Vgl. dazu die Rezension von J. K., Kriegsausstellung in der Stabi, in: Berliner Tageblatt 43 (18. Dezember 1914), H. 643, 3. Einige Kriegsausstellungen gingen explizit aus Autographenausstellungen hervor. Vgl. Zwach, Deutsche und englische Militärmuseen im 20. Jahrhundert, 58.
98 Dass der unikale Status von Tagebüchern weniger wichtig ist, bestätigen auch Hinweise auf das dezidierte Kürzen der Abschriften. So schreibt ein Vertreter des 7. Armee-Korps an den Rektor der Westfälischen Wilhelms-Universität: „Wer Abschriften einschickt, kann alle persönlichen und Familienangelegenheiten fortlassen und möge dann ihre Stelle durch Punkte ………………….. markiren (sic)." Siehe Kultusministerium, Die Sammlung von Briefen und Tagebüchern aus deutschen Kriegszeiten, Bl. 344.
99 Vgl. M[artin] Haberlandt, Die Photographie im Dienste der Volkskunde.
100 Kriegsschulmuseen waren eine Form der Kriegsheimatmuseen und ein Produkt der starken Militarisierung der wilhelminischen Gesellschaft. Schüler:innen und Lehrer:innen trugen

Tagebuch aus der Kriegszeit", das zum Durchblättern und Analysieren der Materialität anregt (Abb. 32).[101] Der Großteil der ausgestellten Tagebücher wird jedoch „im langen Saal teils auf dem großen freistehenden Tische [...], teils bei den Schüleraufsätzen auf den Fenstertischen ausgelegt".[102] Der Hinweis, dass die Tagebücher in „unscheinbaren Mappen"[103] präsentiert wurden, lässt dabei nicht vermuten, dass Authentizität im Besonderen ausgestellt oder gar inszeniert würde, wie dies bei zeitgleichen Autographenausstellungen der Fall war.[104] Die Aufbewahrung in Mappen weist vielmehr auf eine erste archivarische Praxis der Objektivation hin.[105] Auch bei dieser Ausstellung wird, dies bekräftigen die Begleittexte im Ausstellungskatalog, der Inhalt der Tagebücher fokussiert, der sich erst in der sorgsamen Lektüre erschließt. Auf diesem Weg interessierte sich schließlich auch eine Gruppe empirisch arbeitender Psychologen aus Breslau unter Leitung von William Stern für die ausgestellten Tagebücher. Dieser „psychologische[ ] Rohstoff" diente ihnen als Grundlage, um die Auswirkungen des Weltkriegs auf das „Seelenleben"[106] der Kinder und Jugendlichen zu erforschen und steht damit am Ausgangspunkt der zeitgenössischen Jugendkunde und -erziehung.

Gefährdete Schriften für die noch junge Nationalhistoriographie bewahren – dieser Aufgabe verschrieben sich ab den 1910er Jahren zahlreiche Institutionen, indem sie die Tagebücher aus den vergangenen und dem gegenwärtigen Krieg sammelten. Sinnbildlich für diese teils zentral geleiteten, häufiger jedoch dezentral von ganz verschiedenen Akteuren vorangetriebenen Sammlungsbestrebungen steht eine Metapher: Bereits Edgar von Ubisch bezeichnet die Briefe und Tagebücher aus den vergangenen Kriegen als „große[n] Schatz",[107] den es zu heben gelte. Die Sammlung von Kindertagebüchern im Zentralinstitut für Erzie-

---

gemeinsam Exponate zusammen. Dabei wurden sowohl kriegstypische Exponate von der Front als auch aus der Heimat gesammelt. Vgl. Beil, Der ausgestellte Krieg, 123–127.
101 Vgl. Schoenichen, Schulleben in der Kriegszeit, 18.
102 Lotz, Kriegstagebücher von Schülern, 62.
103 Reich, Das Buch Michael, 20.
104 Vgl. kontrastierend zur Inszenierung von Authentizität mittels (Original-)Tagebüchern am Beispiel des Tagebuchs von Anne Frank und der gefälschten Hitler-Tagebücher Sonja Neef, Abdruck und Spur. Handschrift im Zeitalter ihrer technischen Reproduzierbarkeit, Berlin 2008, 213–257.
105 Vgl. Raulff, Sie nehmen gern von den Lebendigen, 228–229.
106 Siehe Otto Bobertag, Bericht über die Ausstellung „Schule und Krieg" im Zentralinstitut für Erziehung und Unterricht, in: Jugendliches Seelenleben und Krieg. Materialien und Berichte, hg. von William Stern, Leipzig 1915, 134–164, hier 137. Lesenswert ist darüber hinaus auch das Vorwort von William Stern im selben Band, III–VI.
107 Ubisch, Briefe und Tagebücher des deutschen Volkes aus Kriegszeiten 1910, 32.

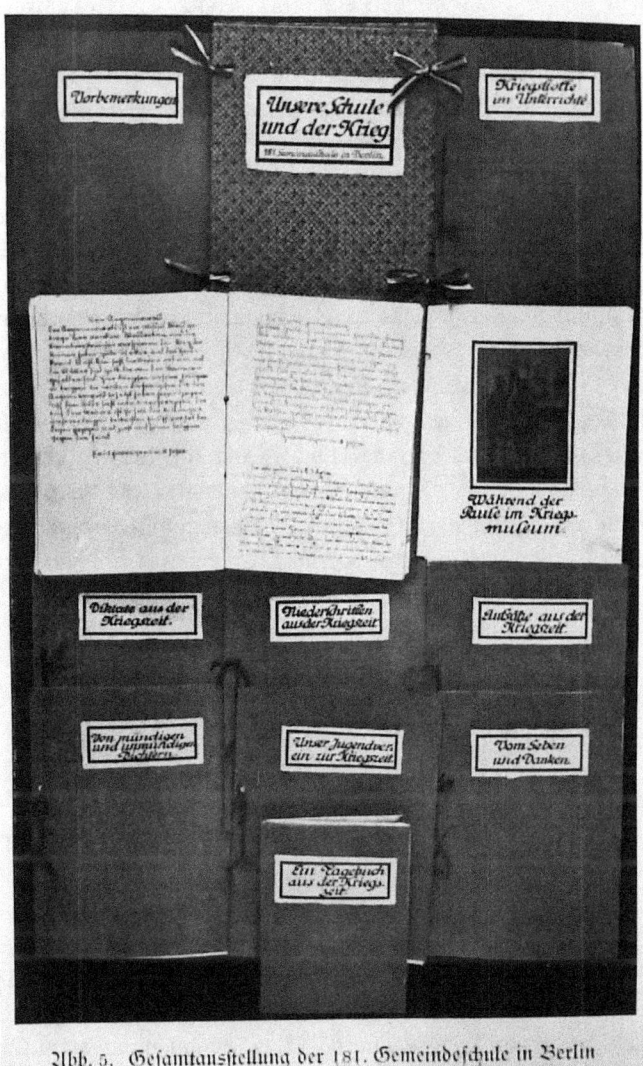

Abb. 32: Tagebuchexponat in der Ausstellung „Schule und Krieg".

hung und Unterricht wird gar beschrieben als „Volksschatz wie etwa unsere alten Märchen und Sagen"[108] und damit einmal mehr mit dem Sammlungsgut der Volkskunde sowie der Germanistik verbunden. Im Verborgenen, so lässt sich diese Metapher interpretieren, wird die Geschichte der Nation tausendfach geschrieben und muss jetzt an zentralen Orten bewahrt werden. Der ‚Schatz' ist wiederum eine oft genutzte Archivmetapher: Das Archivierte gerinnt zum Schatz des Wissens, auf den man sich berufen kann.[109] Bis dato nur den Familienkreis betreffende Schriften wurden im Kontext historistischer Bestrebungen in Geschichtswissenschaft und Gesellschaft sowie im Klima des auf den Fundamenten dreier Kriegssiege gegründeten Kaiserreichs zu relevanten und bewahrenswerten Quellen für die Nationalgeschichtsschreibung erklärt. Die Volkskunde lenkte gleich einem Katalysator den Blick von den einzelnen ‚großen Männern' auf viele verschiedene Menschen, die den Krieg an den verschiedensten Orten in Tagebüchern dokumentierten. Anstelle des epischen Einzelwerks traten vielstimmige Quellensammlungen fragmentierter, als unmittelbar charakterisierter Schriften. Die Appelle und Initiativen Tagebücher zu sammeln, müssen mithin als eine Voraussetzung betrachtet werden, warum 1914 so viel Tagebuch geschrieben und von Schreibbeginn an eine breite Leserschaft adressiert wurde.

3.2 1914/16: Frühe Tagebuchpublizistik – Erlebnis, Erzählbarkeit und Ökonomie

Während die seit den 1910er Jahren wachsenden Tagebuchsammlungen Material als Forschungsquellen für Historiographie und Volkskunde zur Verfügung stellten, erhöhte sich die Sichtbarkeit für Kriegstagebücher aus der breiten Bevölkerung gleichermaßen durch Entwicklungen in der Publizistik. Am schnellsten erschienen Tagebuchauszüge zu Kriegsbeginn als Rubrik in Zeitungen – wie die per Durchschreibeblock erstellten Tagebuchblätter Cornelius Breuningers, die seine Eltern in der Lokalzeitung veröffentlichten, aber auch Auszüge aus erbeuteten Tagebüchern von Kriegsgegnern.[110] Das Tagebuchblatt steht für die authentische Stimme aus dem Feld, deren Verfassen mit der sofort avisier-

---

108 Reich, Das Buch Michael, 23.
109 Dazu Ebeling und Günzel, Einleitung, 21.
110 Vgl. dazu die Tagebuchblätter abgedruckt in der Freien Bayerischen Schulzeitung 16 (2. September 1915), H. 18, 135–138. Zur Praxis, Tagebuchblätter aus dem Feld zu senden oder erbeutete Tagebücher zu veröffentlichen, siehe Kapitel 1.4 in dieser Studie.

3.2 1914/16: Frühe Tagebuchpublizistik – Erlebnis, Erzählbarkeit und Ökonomie — 187

ten Publikation kurzgeschlossen werden kann, und erfüllt damit eine ähnliche Funktion wie die vielerorts abgedruckten Feldpostbriefe. Die schon zeitgenössisch postulierte „Herrschaft des Feldpostbriefes"[111] in der Publizistik, die sich zuallererst in deren Veröffentlichung in den Tageszeitungen, später in Anthologien manifestierte, subsumiert auch die Veröffentlichung von Auszügen aus Tagebüchern.[112]

Die publizistische Aufmerksamkeit, die Kriegstagebücher erfuhren, schreibt sich in Entwicklungen der Jahrhundertwende ein. Nicht nur erschienen zahlreiche Editionen von Tagebuchwerken von Autor:innen des 19. Jahrhunderts wie Hebbel und Kierkegaard. Auch in der Literaturwissenschaft wurde zur Entwicklungsgeschichte und Poetik des Tagebuchs geforscht.[113] In die literarische Öffentlichkeit trat das Tagebuch wirkungsvoll durch die Verwendung der Tagebuchform in Erzählungen und Romanen, die gerade in der Unterhaltungsliteratur häufig eingesetzt wurde. Um Identitäts- und Lebenskrisen darzustellen, war – gleich einer „epochale[n] Signifikanz" – das Tagebuch das Mittel der Wahl. Darüber hinaus erschienen zunehmend Rubriken in Zeitungen, die sich des diaristischen Prinzips bedienten genau wie Tagebücher, die dezidiert das historisch-politische Geschehen begleiteten, etwa die Schriften Theodor Herzls oder Harry Graf Kesslers.[114] Einen Schub erhielt die Gattung des Tagebuchs in der Öffentlichkeit just durch zahlreiche veröffentlichte Kriegstagebücher aus den Reichseinigungskriegen, die meist zu Kriegsmemoiren überarbeitet wurden sowie durch die neue Welle an Erinnerungsliteratur, darunter auch Tagebücher, anlässlich des 100-jährigen Gedenkens an die Befreiungskriege.[115] Zu Beginn des Ersten Weltkriegs standen also schon Tagebücher aus vergangenen Kriegen bereit, die mit Vorworten der neuen Militärs rasch aktualisiert

---

111 Walter von Hollander, Die Entwicklung der Kriegsliteratur, in: Die neue Rundschau 17 (1916), H. 9, 1274–1279, hier 1275.
112 Vgl. Ulrich, Die Augenzeugen, 106–125. Ein Beispiel dafür ist die 1915 von der Zentralstelle für die Sammlung von Feldpostbriefen und Kriegstagebüchern im Märkischen Museum herausgegebene Anthologie vom Pniower, Schuster, Sternfeld et al (Hg.), Briefe aus dem Felde 1914/1915.
113 Siehe insbesondere Richard M. Meyer, Gestalten und Probleme, Berlin 1905, 281–298 sowie Richard M. Meyer, Deutsche Stilistik, München 1906, 159–160.
114 Vgl. Sprengel, Geschichte der deutschsprachigen Literatur 1900–1918, 702–704.
115 Ab 1908 erschienen zahlreiche Reihen, Nachdrucke und Neuausgaben mit autobiographischer Erinnerungsliteratur aus den Napoleonischen Kriegen. Dabei wurden – im Gegensatz zu früheren Publikationen über diesen Krieg – zunehmend lokale Erinnerungen von Frauen publiziert. Siehe dazu Hagemann, Umkämpftes Gedächtnis, 189–208, 255–293.

und als Schützengrabenlektüre empfohlen wurden.[116] Postuliert wird darin noch ein allseits einheitliches Erleben des Kriegs, das in authentischen Aufzeichnungen nachvollzogen und zum Vorbild genommen werden kann. Gleichzeitig schreibt sich auch der ‚große Krieg' in die kriegerische preußische Geschichte ein, die in populären Formen vermittelt wird.

Die publizistische Mobilmachung der ersten Kriegsmonate war das Signum des Weltkriegs: Der „Einsatz der Dichtung" von etablierten Autor:innen wie Amateur:innen begleitete den Krieg von den Mobilmachungserklärungen an. Vor allem zu Kriegsbeginn versuchten Schriftsteller explizit Einfluss auf den Verlauf des Kriegs zu nehmen, in den späteren Kriegsjahren kann die Beziehung zwischen Literatur und Krieg eher als mittelbar beschrieben werden.[117] Im August 1914 manifestierte sich der Einsatz der Dichtung im Besonderen in der massenhaft produzierten Kriegslyrik sowie in Schriften der Intellektuellen, die ihrer Begeisterung für den Krieg in „‚Akut'-Schrifttum" Ausdruck verliehen, wohingegen Reflexionen und Begründungsversuche später verfasst wurden. Zahlreiche Dichter wie Richard Dehmel und Walter Flex zogen an die Fronten und wurden für ihre Kriegsliteratur – im Übrigen oft tagebuchartige Schriften – von Kaiser Wilhelm dem Zweiten mit dem Roten Adlerorden Königlicher Krone ausgezeichnet. Andere Autoren wie Thomas Mann oder Rainer Maria Rilke blieben in der Heimat zurück und leisteten ihren Beitrag in apologetischen Kriegsschriften. Kriegskritische Stimmen wie die Hermann Hesses oder Heinrich Manns blieben unerhört.[118] Das Erscheinen von pazifistischen oder Antikriegsschriften wurde hingegen von einer dezentralen und oft chaotisch agierenden Zensur verhindert.[119]

Der Erfolg der Kriegsliteratur kann als vierstufiges Phänomen beschrieben werden, bei dem Inhalte, Autor:innen, Verlage und nicht zuletzt das Publikum mobilisiert wurden: Alle Zeichen und Praktiken standen auf Krieg.[120] Die publi-

---

116 Siehe beispielsweise Gustav Trott, Das Kriegstagebuch des Premierleutnants Trott aus den Jahren 1800–1815, hg. vom Vaterländischen Frauen-Verein, Berlin 1915. Diese Art der „Umwidmungen" früherer Kriegsliteratur für den aktuellen Krieg bemerken auch Monika Estermann und Stephan Füssel, Belletristische Verlage, in: Geschichte des deutschen Buchhandels im 19. und 20. Jahrhundert: Das Kaiserreich 1871–1918. Bd. 1: Teil 2, hg. von Georg Jäger, Frankfurt am Main 2003, 164–299, hier 290.
117 Vgl. Honold, Einsatz der Dichtung, 13, 18.
118 Vgl. Honold, Einsatz der Dichtung, 218–244.
119 Vgl. Siegfried Lokatis, Der militarisierte Buchhandel im Ersten Weltkrieg, in: Geschichte des deutschen Buchhandels im 19. und 20. Jahrhundert: Das Kaiserreich 1870–1918. Bd. 1: Teil 3, hg. von Georg Jäger, Berlin und New York 2010, 444–469, hier 446–456.
120 Siehe zu dieser vierstufigen Mobilisierung im literarischen Feld Nicolas Beaupré, Ecrire en guerre, écrire la guerre. France–Allemagne, 1914–1920, Paris 2006, 111.

zistische Mobilmachung wurde von Verlagen getragen, die ihre Programme auf Kriegsliteratur umstellten: Während einige Verlagshäuser in Anbetracht eines erwarteten kurzen Kriegs zögerten, ihr Programm auf Kriegsthematiken auszurichten, produzierten andere größtenteils Kriegsliteratur. Der Verlag S. Fischer stellte sein Programm zur Hälfte auf Kriegstitel um, der Langen Verlag konnte durch seine kriegsspezifischen Reihen gar höhere Absätze als vor dem Krieg erzielen.[121] Viele Verlage kontaktierten gezielt höhere Offiziere, um ihre Sparte der Kriegsliteratur zu befüllen und lehnten eingesandte Schriften einfacher Soldaten ab.[122] Bereits im Dezember 1914 zählte man 1 400 Neuerscheinungen zum Thema Krieg, im September 1915 gar 6 395 Neuerscheinungen.[123]

Das Interesse der Leser:innen an authentischen Kriegsberichten in Tagebuchform bestand von Kriegsbeginn an, führten doch nicht wenige selbst ein Tagebuch oder lasen Aufzeichnungen ihrer Angehörigen, die regelmäßig aus dem Feld gesandt wurden. Nach den rasch publizierten Tagebuchblättern in Zeitungen dauerte es jedoch einige Monate, bis sich die ersten Verlage entschieden, Tagebücher aus dem Feld in ihre Programme aufzunehmen. Kriegsliteratur in Form von Erlebnisberichten erschien ab Weihnachten 1914;[124] in diese Tendenz schrieben sich auch die ersten, Anfang 1915 publizierten Kriegstagebücher aus dem aktuellen Krieg ein, die für die Popularität der *Gattung* genau wie für die Verbreitung der *Praxis* sprechen. Namhafte Verlage wie Mittler & Sohn, Ullstein und Langen konkurrierten um die Aufmerksamkeit des Publikums. Dass Kriegstagebücher schließlich in Zeitschriften rezensiert wurden, spricht für ihre Kanonisierung als anerkannte Literatur auf dem Buchmarkt.[125]

Anhand der Tagebuchsammlungen konnte bereits gezeigt werden, dass deren bevorzugte Archivierungsform die Abschrift ist – durch ein Familienmitglied oder ein professionelles Schreibbüro, und sich die Tagebücher dadurch vom zeitgenössischen Umgang mit Autographen unterscheiden. Treffen Kriegs-

---

121 Vgl. Estermann und Füssel, Belletristische Verlage, 287–289.
122 Siehe dazu beispielsweise die Verlagspolitik von Cotta bei Wolfgang G. Natter, Literature at War, 1914–1940. Representing the „Time of Greatness" in Germany, New Haven und London 1999, 178–179, 186.
123 Vgl. Lokatis, Der militarisierte Buchhandel im Ersten Weltkrieg, 459.
124 Siehe Natter, Literature at War, 1914–1940, 129.
125 Vgl. Ulrich Baron und Hans-Harald Müller, Die „Perspektive des kleinen Mannes" in der Kriegsliteratur der Nachkriegszeiten, in: Der Krieg des kleinen Mannes. Eine Militärgeschichte von unten, hg. von Wolfram Wette, München 1995, 344–360, hier 344–345. Rezensionen von Kriegstagebüchern erschienen beispielsweise von Fr[iedrich] Niebergall, Zwei Brüder. Feldpostbriefe u. Tagebuchblätter, in: Theologische Literaturzeitschrift 43 (1918), H. 21/22, 284–285 sowie in der Rubrik „Kriegsliteratur" in der Pädagogischen Woche 11 (18. September 1915), H. 38, 293–294.

teilnehmer die Entscheidung mittels der Publikation ihres Tagebuchs die Kriegsöffentlichkeit zu betreten, so wird das Schreiben über den Krieg in Tagebuchform adaptiert, denn die veröffentlichten Tagebücher sind mehr als Abschriften: Sie werden dramaturgisch aufbereitet und ausformuliert, mit Paratexten versehen sowie häufig als Titel einer Reihe in eine öffentlich akzeptierte, konventionelle Tagebuchform überführt.

Die sieben Titel der Reihe *Kriegstagebücher* des Verlags Mittler & Sohn stehen für diese Tagebuchförmigkeit ein. Der dem kaiserlichen Hof wie der Armee nahestehende Verlag wies eine dezidierte Profilierung für verschiedenste Kriegsliteratur auf und hatte vor dem Krieg Felddienstordnungen, einen jährlichen Almanach für die Freunde der deutschen Wehrmacht und die Generalstabswerke veröffentlicht, außerdem gab er das dreimal wöchentlich erscheinende *Militär-Wochenblatt* heraus. Der Verlag, der 1914 sein 125-jähriges Bestehen feierte, publizierte auch amtliche Verlautbarungen, Armeebefehle und Erlasse des Kaisers.[126] Die Reihe *Kriegstagebücher* schließt insofern an Verlagsschwerpunkte an und greift zugleich eine neue, populäre Form der Kriegsdokumentation auf. In der Reihe erschienen zumeist anonymisierte tagebuchartige Berichte von Offizieren, welche die Kriegszeit als Abenteuer und Erlebnis schildern und sich durch ihre offensive Bewerbung im *Militär-Wochenblatt* an ein militäraffines Publikum richteten (Abb. 33).[127]

Anhand dieser Verlags-Reihe lassen sich typische Merkmale der in der Euphorie der Anfangstage veröffentlichten Kriegstagebücher herausarbeiten. Im Gegensatz zu den in meist kurzen Stichworten verfassten Tagebüchern von der Front, die Daten sicherten und Platz für alle möglichen Notizen der täglichen Lebensverwaltung boten, zeichnen sich die Publikationen durch ausformulierte, teils datierte Einträge aus, die oft thematisch überschrieben sind und typische Stationen im Krieg bezeichnen: „Unterwegs", „Reise ins Unbekannte" und schließlich „Der Heimgekehrte" sind Abschnitte im Tagebuch von Walter Reinhardt, die für geteilte Kriegserfahrungen stehen und als Narrativ fungieren,

---

[126] Siehe zum Verlag ausführlicher Georg Jäger, Preußischer Militarismus und die Kultur von Weimar – der Verlag E. S. Mittler & Sohn, in: Geschichte des Deutschen Buchhandels im 19. und 20. Jahrhundert: Das Kaiserreich 1870–1918. Bd. 1: Teil 1, hg. von Georg Jäger, Frankfurt am Main 2001, 339–346, hier 339–341.
[127] Erhalten sind die folgenden Bände der Reihe: [Anonym], Unser Vormarsch bis zur Marne. Aus dem Kriegstagebuch eines sächsischen Offiziers, 8. Aufl., Berlin 1915; [Anonym], Kampf- und Siegestage 1914. Feldzugsaufzeichnungen eines höheren Offiziers, veröffentlicht zu Gunsten des Roten Kreuzes, 5. Aufl., Berlin 1915 und Walther Reinhardt, Sechs Monate Westfront. Feldzugserlebnisse eines Artillerie-Offiziers in Belgien, Flandern und der Champagne, 2. Aufl., Berlin 1915. Siehe zur Reihe insgesamt Marina Knol, Kriegstagebücher, in: Weltliteratur – Feldliteratur. Buchreihen des Ersten Weltkriegs. Eine Ausstellung, hg. von Thorsten Unger, Hannover 2015, 148–150.

Abb. 33: Anzeige für die Reihe *Kriegstagebücher* im *Militär-Wochenblatt*.

das Struktur in den Kriegsverlauf bringt. Ergänzt werden sie um die in Tagebüchern durchaus typischen kleinen Formen des Kriegsgedichts und der Umgebungsskizze. Das Kriegserlebnis endet mit der Verwundung und Heimkehr, und das Tagebuch gelangt mit seinem Verfasser zurück in die Heimat, wo es in der erzwungenen Unterbrechung der kämpfenden Teilnahme am Krieg für die Publikation vorbereitet wird.[128]

---

[128] Siehe Reinhardt, Sechs Monate Westfront.

Der Weg von persönlichen Notizen in kleinen Heften zum dramaturgisch aufbereiteten Erlebnisbericht aus dem Feld wird dabei reflektiert und die Veröffentlichung selbst als kriegswichtige Aufgabe (meist in einem Vorwort) ausformuliert. Beschreibungen der Materialität wie der Verweis auf „das vergriffene Feldzugsnotizbuch"[129] und die Schreibpraxis „im Felde jeden Abend"[130] sind Teil gängiger Authentifizierungsstrategien. Einmal mehr muss hier auf den zeitgenössischen Diskurs des Kriegserlebnisses eingegangen werden: Zahlreiche Soldaten wählten diesen gleich einem Motto für die zukünftigen Aufzeichnungen im Tagebuch; für Diarist:innen an der Heimatfront warf das vermeintlich fehlende Kriegserlebnis hingegen die Frage nach der Legitimität des eigenen Schreibens an sich auf.

Der zu Beginn des Ersten Weltkriegs noch junge Begriff des Erlebnisses führt zwei Nuancen zusammen, die das schon länger übliche Verb ‚erleben' in sich trägt: Zum einen das *selbst* Erlebte und damit eine starke Unmittelbarkeit, zum anderen suggeriert der Begriff, dass das Erlebte einen bleibenden Gehalt hat. Produktiv zusammengeführt werden diese beiden Bedeutungsebenen durch die Begriffsverwendung in der (auto-)biographischen Literatur: Das Erlebte hinterlässt eine Bedeutung, die festgehalten werden soll.[131] Diese enge Bindung von Erlebnis und Literatur hat Wilhelm Dilthey auf die Formel vom Erlebnis und der Dichtung gebracht: Literatur soll sich nicht mehr an vorgegebenen Ideen, sondern am eigenen Erleben und Erfahren orientieren. Aufgabe der Dichtung ist es, in der ästhetischen Darstellung des Erlebnisses „eine ursächliche Verkettung von Vorgängen und Handlungen sichtbar [zu machen]" und das Erlebnis damit in einen größeren Sinnzusammenhang einzuordnen. Damit wird die persönliche Erfahrung grundlegend aufgewertet für das eigene Schreiben.[132]

Die Situierung der Tagebuchpublikationen in Erlebnisform in Diltheys Verständnis von Erlebnis und Dichtung ist in mehrerlei Hinsicht aufschlussreich, denn das Erlebte und die Überführung in die Dichtung sind intrinsisch miteinander verbunden: Das Erlebnis *muss* dokumentiert und in eine Erzählung überführt werden.[133] Die Wirkmächtigkeit des Diltheyschen und anderer philosophischer und poetischer Konzepte auf literarische und wissenschaftliche Verarbeitungen des Weltkriegs wurde von Eva Horn als „Poetologie des Er-

---

129 Reinhardt, Sechs Monate Westfront, 92.
130 [Anonym], Kampf- und Siegestage 1914, o. S.
131 Vgl. ausführlicher zur Begriffsgeschichte des Erlebnisses Gadamer, Wahrheit und Methode, 56–58.
132 Siehe Wilhelm Dilthey, Das Erlebnis und die Dichtung. Lessing Goethe Novalis Hölderlin, 2. erw. Aufl., Leipzig 1907, 177–179.
133 Vgl. zu dieser Lesart Diltheys ausführlicher Horn, Erlebnis und Trauma, 131–133.

3.2 1914/16: Frühe Tagebuchpublizistik – Erlebnis, Erzählbarkeit und Ökonomie — 193

lebnisses" beschrieben, die „zur Norm dessen wurde, was an Erfahrung im Krieg gemacht und was über sie gesagt werden konnte."[134] Dies spiegelt sich auch in den Tagebüchern, welche in eine am Erlebnis orientierte Publikationsform gebracht werden: Während in den Notizheften und Kriegsmerkbüchern aus dem Feld mit der Betitelung ‚Kriegserlebnisse' stattdessen fragmentierte Eindrücke mit dem Ziel der Orientierbarkeit stehen, die *in nuce* verdeutlichen, dass sich dieser Krieg in der zeitnahen Dokumentation in kein sinnhaftes Narrativ überführen lässt, ist das Ausformulieren und Weiterschreiben für eine Publikation der Versuch, die Notate in eine lineare Struktur zu bringen, die mit der geglückten Rückkehr aus dem Krieg endet. Publizierte Kriegstagebücher aus der Kriegszeit erscheinen als kohärente Geschichten ohne Leerstellen oder Brüche und sind überschrieben mit Stichworten, die auf kollektive Erfahrungen verweisen.

Gemäß dem Ideal der Erzählbarkeit avancierten Kriegserzählungen, die sich häufig als Kriegstagebuch und Augenzeugenbericht authentifizieren, so zu einer populären Gattung der Kriegsliteratur. Eigene Reihen entstanden, etwa die *Ullstein Kriegsbücher*, sowie als Pendant in Frankreich die Reihe *La Guerre – Les récits des témoins*.[135] Die Texte dieser Reihen kombinieren Elemente aus Tagebuch, Roman und Bericht;[136] einige Vertreter gehören zu den meistverkauften Titeln der Kriegszeit. So wird der mit einer Tagebuchschreibszene im Hinterland eröffnende *Wanderer zwischen beiden Welten* von Walter Flex bis 1920 in fast 90 000 Exemplaren verkauft und Paul Höckers Kriegstagebuch *An der Spitze meiner Kompagnie* bis 1918 in 400 000 Exemplaren.[137]

Warum man mit einem Tagebuch in die Kriegsöffentlichkeit trat, bedurfte einer Begründung und kann besonders in den Paratexten nachgelesen werden, die das Tagebuch in einen neuen Kontext stellen: Die Tagebücher werden oft

---

134 Horn, Erlebnis und Trauma, 131. Eva Horn untersucht die Poetologie des Erlebnisses anhand von Frontromanen der 1920er und 30er Jahre sowie Fallgeschichten aus der Kriegspsychiatrie.
135 Vgl. zu Buchreihen im Ersten Weltkrieg, die sich der Tagebuchform bedienen Beaupré, Ecrire en guerre, écrire la guerre, 51–57. Auslöser für die Herausgabe der Reihe *La Guerre – Les récits des témoins* ist die Tagebuchpublikation von Charles Leleux, Feuilles de route d'un ambulancier. Diese authentifiziert sich im Vorwort als Tagebuch und bestätigt das Tagebuchschreiben als Massenphänomen der Zeit.
136 Nicolas Beaupré hebt Einflüsse dreier Gattungen hervor: fiktionale Elemente des Romans, die Datierung und Präzision des Tagebuchs und die chronologische und lineare Erzählung des Berichts. Siehe zur Konjunktur und Spezifik von Kriegsliteratur an der Schnittstelle dieser drei Gattungen Beaupré, Ecrire en guerre, écrire la guerre, 100–101.
137 Siehe zu den Verkaufszahlen dieser Kriegsliteratur im Kontext zeitgenössischer Publikationen Beaupré, Ecrire en guerre, écrire la guerre, 108–109 sowie Estermann und Füssel, Belletristische Verlage, 291.

der Kompanie oder gefallenen Kameraden gewidmet und stehen in diesem Sinne für das Gemeinschaftserlebnis an der Front ein. Die meist selbst, teils auch von Autoritäten verfassten Vorworte begründen die Legitimität, an der Kriegsöffentlichkeit zu partizipieren. Dabei wird Authentizität postuliert, auch wenn auf Änderungen und Erweiterungen verwiesen wird;[138] häufig wird auch der „Gefühlswert"[139] der Aufzeichnungen hervorgehoben, der auf die Unmittelbarkeit der Erlebnissituation verweist. Gleich einem autobiographischen Pakt sind die Vorworte unterzeichnet, datiert und manchmal räumlich verortet, zusätzlich wird ein „‚antifiktionaler' Pakt"[140] mit den Leser:innen geschlossen.

Die trotz der Überarbeitung zum Erlebnisbericht als authentisch ausgewiesenen Tagebücher betraten den Buchmarkt mit einem dezidierten Ziel: „Und nun geht dies kleine Buch in die Öffentlichkeit hinaus zu einem Zeitpunkt, wo ich hoffen darf, bald selbst wieder im Felde meinen Mann stellen zu dürfen",[141] schreibt der Autor von *Kampf- und Siegestage 1914* und funktionalisiert die Veröffentlichung zu einer Form der Ersatzteilnahme am Krieg. Stets geht es dabei auch um die Sichtbarmachung der eigenen Kriegsteilnahme: Es sei „gut und notwendig [...], wenn einmal einer von draußen zu Worte kommt, um von unserer Zuversicht, unseren großen und kleinen Schmerzen zu erzählen".[142] Auch deshalb werden viele Tagebücher der Kompanie oder gefallenen Kameraden gewidmet, die selbst nicht mehr vom Kriegserlebnis berichten können. Die Tagebuchpublikationen tragen damit zur Sichtbarkeit der Schreibkonjunktur der Anfangszeit des Kriegs bei und werden Teil der geistigen Mobilmachung, die an die Fortführung des Kriegs über die Mobilisierung neuer Menschen appelliert.

Der Vielzahl der Publikationen von Soldatentagebüchern steht eine geringe Anzahl von publizierten Kriegstagebüchern von Zivilist:innen gegenüber.[143] Nur

---

138 Vgl. Reinhardt, Sechs Monate Westfront, V.
139 [Anonym], Kampf- und Siegestage 1914, o. S. Ab der achten Auflage ist als Autor der Generalleutnant Otto von Moser angegeben.
140 Vgl. zur Weiterentwicklung des autobiographischen Pakts nach Philippe Lejeune seine eigene Problematisierung anhand des Tagebuchs in Lejeune, Das Tagebuch als „Antifiktion", 324. Die Ergänzung von unveröffentlichten Tagebüchern um Elemente des autobiographischen Pakts auf dem Weg in die Veröffentlichung kann als beginnende Autobiographierung gelesen werden. Vgl. Lejeune, Das Tagebuch als „Antifiktion", 334.
141 [Anonym], Kampf- und Siegestage 1914, 74.
142 Reinhardt, Sechs Monate Westfront, V–VI.
143 Die wenigen publizierten Tagebücher von weniger bekannten Menschen von der Heimatfront stammen von Menschen, die paradigmatische Rollenbilder von Tagebuchschreibenden der Zeit entwerfen. Soldatenmütter und Lehrer:innen gelten zudem als entscheidend für die geistige Mobilmachung der Nation. Vgl. dazu Wehner, Kriegstagebuch einer Mutter und Loewenberg, Kriegstagebuch einer Mädchenschule.

auf den ersten Blick ist dies ein Widerspruch zu Schreibappellen und Tagebuchvordrucken, rückt doch gerade bei den Tagebuchpublikationen das Fronterlebnis des Kriegs besonders prononciert ins Zentrum. In einer Zwischenposition befinden sich Krankenschwestern, die hinter den Fronten Verwundete pflegten und damit nah am Kriegsgeschehen waren. Ihre veröffentlichten Tagebücher stellen den zumindest in der publizistischen Öffentlichkeit Männern vorbehaltene Gattung somit ein weibliches Pendant an die Seite.[144] Das Kriegstagebuch von Emilie Albrecht ist ihren „lieben Schwestern draußen im Felde und in der Heimat"[145] gewidmet und erweist sich schon in diesem Paratext als Pendant zu jenen den eigenen Regimentern gewidmeten Kriegstagebüchern von Soldaten und Offizieren. Es stilisiert den Einsatz als Krankenschwester zu einem ebensolchen Gemeinschaftserlebnis wie den Einsatz im Feld.

Auf die als authentisch ausgestellten Tagebücher folgten rasch Publikationen, die von einer deutlichen Popularisierung der Gattung zeugen: Fiktionale Schriften, welche den Eindruck erwecken, der Krieg werde allenthalben in Tagebüchern dokumentiert. So erweist sich die Reclam-Reihe *Unsere feldgrauen Helden. Aus Tagebüchern und Briefen* durch ihren Untertitel als in der Realität des Kriegs verankert, präsentiert jedoch weniger datierte Kriegsaufzeichnungen als vielmehr Erlebnisberichte in der Ich-Perspektive, deren Autoren mit Kürzeln angegeben werden. Das Label „Aus Tagebüchern" verspricht die spannende Aufarbeitung einer kollektiven, ähnlich erlebten Kriegserfahrung.[146] Eines ähnlichen Musters bedient sich die bereits erwähnte Reihe *Original-Tagebücher kriegsgefangener Gegner* von Willy Norbert, einem Autor populärer historischer Romane.[147] Ob man diese Texte als fiktionale Tagebücher, Tagebuchfälschungen oder Tagebuchromane bezeichnet, bleibt zu diskutieren. Sie bedienen sich wie Tagebuchromane „Tagebucheffekten", welche den Text, nur scheinbar pa-

---

144 Vgl. Ruth Amossy, Les Récits des infirmières de 1914–1918, in: Des Femmes écrivent la Guerre, hg. von Frédérique Chevillot und Anna Norris, Paris 2007, 17–35, hier 18. In Frankreich wurden früher und in größerer Anzahl Tagebücher und auf Tagebüchern basierende Berichte von Krankenschwestern veröffentlicht als in Deutschland. Vergleiche dazu das Literaturverzeichnis im Aufsatz von Amossy.
145 Emilie Albrecht, Aus meinem „Kriegs-Tagebuch". Badischer mobiler Lazarett-Trupp 2. Zug, Heidelberg 1917, 5.
146 Siehe Unsere feldgrauen Helden. Aus Tagebüchern und Briefen. I. Tagebuch des Grenadiers St.; II. Die Blitzteufel. Nach Aufzeichnungen des Oberjägers K.; III. Ulanen der Luft. Nach Aufzeichnungen von Fliegern, bearbeitet von Robert Heymann, Leipzig 1915. Wahrscheinlich handelt es sich um Tagebuchromane, denn der Herausgeber Robert Heymann, Schriftsteller und Drehbuchautor, erscheint im Untertitel als Bearbeiter der Schriften.
147 Siehe Tommy's Tagebuch sowie Passionels Tagebuch.

radox, als fiktional ausstellen.[148] Dazu gehören beispielsweise die abrupten Enden der Texte und die inszenierte Unlesbarkeit der Schrift. Mit der Tagebuchfälschung teilen sie die typische Narration vom Auffinden des Dokuments, das zur Veröffentlichung überlassen wird und dessen Zweifel an der Echtheit durch die spannende Lektüre überwunden werden. Dass der Krieg scheinbar überall in Tagebuchform festgehalten wird und diese Gattung beständig den Wert des Authentischen profiliert, ermöglicht es somit überhaupt erst, diese Art der Fälschung zu schreiben.[149] Für die Popularität der Gattung Kriegstagebuch spricht zudem die Verfilmung eines der *Original-Tagebücher*, die 1916 in den deutschen Kinos lief.[150]

Im Jahr 1916 waren auf dem Buchmarkt zahlreiche Tagebücher aus dem Weltkrieg erhältlich und auch die in diesem Krieg neue Waffengattung des U-Boots wurde diaristisch begleitet. Das frisch erschienene Kriegstagebuch des U-Boot-Kommandanten Edgar von Spiegel wurde nicht nur zu einer der meistverkauften Publikationen der Kriegszeit und in zahlreiche Sprachen übersetzt.[151] Zugleich karikiert es die Inflation der Kriegsdiaristik, denn im Vorwort heißt es:

> [...] um diese Eigenart des U-Bootlebens im Rahmen der Kriegsereignisse der Öffentlichkeit näher zu bringen, deshalb schreibe ich dieses Buch. Mein Verleger meinte, mein Tagebuch würde sich gut dafür eignen, um obigen Zweck zu erfüllen. Gut – also mein Tagebuch! – Natürlich, warum sollte ich nicht mein Tagebuch dazu benutzen. Doch muß ich gleich hier betonen, daß ich nicht nur mein eigenes, sondern an manchen Stellen auch die Tagebücher anderer U-Boote benutzt habe, um diese oder jene Episode zu bringen, die wert ist, bekannt zu werden. So sind z. B. die vielen versenkten Fischdampfer auf Seite 50 fremde, die Erlebnisse im Hexenkessel, das mit der englischen Bulldogge, sowie die meisten übrigen Kapitel eigene Federn, mit denen ich dies Büchlein schmücke. Das ist die einzige dichterische Freiheit, die ich mir erlaube.[152]

Das Tagebuch über den U-Boot-Krieg ist das Ergebnis einer verlegerischen Entscheidung, die diese Gattung als geeignetes Darstellungsmittel für eine explizit adressierte Öffentlichkeit bestimmt. Es handelt sich kaum mehr um persönliche

---

148 Dazu Lejeune, Das Tagebuch als „Antifiktion", 330.
149 Vgl. Anne-Kathrin Reulecke, „Ein Kulturdenkmal unserer Zeit". Geheimnis und Psychoanalyse im „Tagebuch eines halbwüchsigen Mädchens" (1919), in: Weimarer Beiträge 59 (2013), H. 4, 485–505, hier 496–498, 501.
150 Informationen zum Film *Passionels Tagebuch* finden sich unter https://www.filmportal.de/film/passionels-tagebuch_b4ee12b2ea0e48928570c77ed7e11e38. [04.11.2021].
151 Das Buch erschien in einer Auflage von 360 000 Exemplaren. Siehe Beaupré, Ecrire en guerre, écrire la guerre, 108–109. Noch während des Kriegs erschienen Übersetzungen ins Norwegische, Schwedische, Polnische und Spanische.
152 Edgar Spiegel von und zu Peckelsheim, „U 202": Kriegstagebuch. Angefangen d. 12. Apr. 19 ... Abgeschlossen d. 30. Apr. 19 ... , Berlin 1916, 8.

3.2 1914/16: Frühe Tagebuchpublizistik – Erlebnis, Erzählbarkeit und Ökonomie — 197

Aufzeichnungen, da diese mit zahlreichen Perspektiven – stets in Tagebuchform – angereichert werden. An die Stelle der authentischen Stimme, die per Tagebuchblatt schnellstmöglich aus dem Feld berichtet, tritt unterhaltsame Literatur, die von der Kriegsrealität mit einer abenteuerlichen Kriegserzählung ablenkt und damit die von der germanistischen Weltkriegsforschung vertretene These widerlegt, dass publizierte Tagebücher der Information, jedoch kaum der Unterhaltung gedient hätten.[153] Die Entscheidung für diesen Abenteuerbericht in Tagebuchform wird schließlich als eine zweifach ökonomische begründet: „Tagebuchstil ist so schön einfach, und Tagebücher werden gern gekauft."[154] Die Tagebuchform garantiert gute Verkaufszahlen und dient dabei nicht nur der Verlagsökonomie, sondern immer dann auch Ökonomie des Kriegs, wenn der Erlös des Verkaufs der Kriegstagebücher an das Rote Kreuz gespendet wird.[155] Auf dem Buchmarkt entwickelt sich somit eine ganz wortwörtliche ‚Tagebuchökonomie', die Verdienstmöglichkeiten offeriert, welche die Tagebuchsammlungen gerade nicht bieten können. Die Publikation von Kriegstagebüchern nützt der Kriegspolitik in zweierlei Hinsicht: Sie stimmt die Leser:innen moralisch auf den Krieg ein und unterstützt durch den Buchpreis seine Finanzierung.

Einige der publizierten Kriegstagebücher in Erlebnisform gehörten also zu den auflagenstärksten Werken der Kriegsliteratur und adressierten ausgehend von der eigenen Kompanie oft eine breite Leserschaft. Weniger leicht ist zu bestimmen, welches Publikum diese Kriegstagebücher tatsächlich las. Da viele der Kriegstagebücher im taschentauglichen Format erschienen, ist anzunehmen, dass sie auch als Soldatenlektüre gedacht und Teil der transportablen Feldbüchereien waren, die beispielsweise von Reclam entwickelt und vertrieben wurden.[156] Vor dem Krieg empfahl ein Verzeichnis für Soldatenbüchereien Tagebücher von zahlreichen Kriegsschauplätzen des 19. Jahrhunderts in den Bestand aufzunehmen,[157] eine ähnliche Empfehlung aus dem Jahr 1915 stellte jedoch eine Auswahl zusammen, in der die Kriegsliteratur keinen prominenten Platz einnimmt.[158] Eine statistische Auswertung der fahrbaren Kriegsbücherei aus dem

---

153 Vgl. Hans-Harald Müller, Der Krieg und die Schriftsteller. Der Kriegsroman der Weimarer Republik, Stuttgart 1986, 17.
154 Peckelsheim, „U 202", 8.
155 So im Fall [Anonym], Kampf- und Siegestage 1914 und Albrecht, Aus meinem „Kriegs-Tagebuch", 5.
156 Für einen ersten Überblick zur Organisation der Versorgung von Soldaten und Offizieren im Feld mit Büchern siehe Lokatis, Der militarisierte Buchhandel im Ersten Weltkrieg, 457–463.
157 Siehe Soldatenbüchereien. Verzeichnis empfehlenswerter Schriften für die Mannschaften in Heer und Marine, Berlin 1909.
158 Dazu Erwin Uderknecht, Billiger Lesestoff für Lazarette und Feldtruppen, München 1915.

Jahr 1918 kam schließlich zu dem Schluss, dass Kriegsliteratur von den meisten Soldaten und Offizieren abgelehnt wurde, obwohl gerade diese den Feldbüchereien geschenkt wurde. Zu den meistgelesenen Büchern im Feld gehörten Werke von Gottfried Keller, Theodor Storm sowie Peter Rosegger – jenem Schriftsteller, der 1914 zum Tagebuchschreiben aufgerufen hatte. Die Abenteuerliteratur des Kriegs, zu der wohl auch die erlebnisförmigen Tagebücher gezählt werden müssen, wurde hingegen verhältnismäßig wenig gelesen.[159]

Der Buchmarkt genau wie die Publizistik waren 1914 ein beliebtes Feld für Tagebuchpublikationen, sei es als Auszug in der Zeitung, Zusammenstellung in einer Anthologie oder Einzelpublikation. Kriegstagebücher avancierten zu einer beliebten Publikationsform, um persönliche Kriegserfahrungen in die Öffentlichkeit zu tragen. Frühe Publikationen nutzten die Poetologie des Kriegserlebnisses, um eine gemeinschaftliche Kriegserfahrung zu erzählen, die mit der geglückten Rückkehr aus dem Krieg endete und mittels der Publikation zur anhaltenden Kriegsbegeisterung beitragen sollte. Die Popularisierung der Form Tagebuch ging dabei mit einem klaren ökonomischen Kalkül einher: Texte in Tagebuchform, sei ihre Fiktionalisierung noch so offensichtlich, garantieren gute Verkaufszahlen.

3.3 1916/18: Aus Tagebuchblättern Verstorbener – Ausgangspunkte der Erinnerungskultur des Kriegs

Die im Hinblick auf eine Geschichtsschreibung der Sieger vollzogenen Sammlungsbestreben der ersten Kriegsjahre genau wie die Erlebnispublikationen in Tagebuchform wurden im Zuge des in stetig weitere Ferne rückenden Sieges oder vielmehr ungewissen Kriegsendes zunehmend infrage gestellt. Die Sammlungsbestände wuchsen nicht mehr im gewünschten Maße,[160] und auch das Interesse an kriegsaffirmierender Tagebuchliteratur ließ ab dem Jahr 1916 nach, sowohl von Seiten der Leser:innen, als auch im Bereich der Literaturkritik.[161] Der Tod, der diesen Krieg vom ersten Tag an begleitet hatte, erforderte einen

---

[159] Vgl. Walter Hofmann, Vom Leseinteresse im deutschen Heere, in: Volksbildungsarchiv. Zentralblatt für Volksbildungswesen 6 (1918), H. 1, 1–32, hier 2, 6–14.

[160] So meldet die Universitätsbibliothek Göttingen im Juni 1917 an den Kultusminister, dass ihre Sammlung für den gegenwärtigen Krieg bislang „nur wenige und geringfügige Stücke" enthalte, darunter „drei ausführliche Tagebücher eines intelligenten Kriegsteilnehmers." Vgl. Kultusministerium, Die Sammlung von Briefen und Tagebüchern aus deutschen Kriegszeiten, Bl. 350.

[161] Vgl. Müller, Der Krieg und die Schriftsteller, 14.

anderen Umgang mit den Kriegstagebüchern. Dieser konnte jedoch in keiner kritischen Auseinandersetzung mit dem Krieg bestehen, da die militärische Zensur das Erscheinen solcher Aufzeichnungen unterband.[162] Der Weg der Tagebücher in die Öffentlichkeit wurde jedoch als Nachlasspublikation möglich: Die in den Sammlungsaufrufen der Archive nüchtern beschriebene Arbeit an den Schriften Gefallener verlangte nach einer individuellen Umsetzung.

Die Eltern Alfred Lamparters sahen sich bereits im September 1914 mit dem Nachlass ihres Sohns konfrontiert: Dieser fiel am 31. August 1914, bis kurz vorm Tod hatte er täglich ein kleines rotes Tagebuchheft geführt und im Innenband vermerkt, dass das Heft im Todesfall an die in Stuttgart lebenden Eltern gesandt werden sollte. Dieser Bitte wurde offensichtlich, trotz teils in Felddienstordnungen formulierter Verbote der Versendung von Tagebüchern, nachgekommen. In einem der Todesbenachrichtigung beigelegten Begleitbrief berichtet der Vorgesetzte, dass der Verstorbene stets darum gebeten habe, das Tagebuch den Eltern zuzusenden. Im September 1915 dient es dem Vater als Grundlage für eine Gedenkschrift. „In den Tagen, da ich diese Zeilen niederschreibe", so der Vater, „kehren unsere Gedanken immer wieder zu unserem gefallenen Sohn Alfred zurück, immer wieder tritt uns das Bild des jugendfrischen, lebensfrohen Jünglings vor die Seele."[163]

Der Werdegang und das Schicksal des gefallenen Sohns werden retrospektiv aufgearbeitet: Die Zeit vor der Einberufung wird aus der Erinnerung der Eltern rekonstruiert, der Monat im Feld mithilfe des Kriegstagebuchs. Lamparters Kriegstagebuch, das in bruchstückhaften Einträgen mitten in die Kampfzone verweist und dort Orientierung bieten sollte, vom Scheitern dieser jedoch durch durchgestrichene Uhrzeiten und Ortsangaben zeugte, soll nun den Eltern Aufschlüsse über das Handeln und Denken des Sohns im Krieg bieten. Tatsächlich nutzt der Vater die auf die Minute genauen Zeitangaben auch in den Gedenkblättern; besonders eindrückliche Notate wie der Verweis auf das Eintreffen des Kronprinzen an der Front mit den Worten „Endlich, endlich"[164] werden wortwörtlich zitiert. Die Gedenkschrift dient der Trauerarbeit und ist an verschiedene Praktiken geknüpft: das Abschreiben, Interpretieren und Vervollständigen des vom Gefallenen hinterlassenen, oft nur bruchstückhaft geführten Tagebuchs.[165]

---

162 Vgl. Müller, Der Krieg und die Schriftsteller, 14.
163 Lamparter, Gedenkschrift, 5.
164 Lamparter, Gedenkschrift, 12.
165 Vgl. zum Zusammenhang von Praktiken des Trauerns und der Verbalisierung von Trauer Seraina Plotke und Alexander Ziem, Sprache der Trauer im interdisziplinären Kontext: Einführende Bemerkungen, in: Sprache der Trauer. Verbalisierungen einer Emotion in historischer Perspektive, hg. von Seraina Plotke und Alexander Ziem, Heidelberg 2014, 1–15, hier 2–3.

In gedruckter und gebundener Form können diese Gedenkblätter im Familienkreis zirkulieren.

Die Nachlasspublikationen als Trauerarbeit stehen damit am Ausgangspunkt der Erinnerungskultur des Weltkriegs, denn das hinterlassene, nun aufgearbeitete Tagebuch vereint Inhalte und Repräsentationsformen der Erinnerung und stattet sie mit einer sozialen Funktion aus. Trauer und Verlust sind zentrale Bestandteile der Erinnerung an den Krieg, in ihr verschränken sich familiäres und nationales Gedenken.[166] Gelten Soldatenfriedhöfe und Denkmäler in der Heimat als wohl sichtbarste Ausprägung für das Gedenken Gefallener des Ersten Weltkriegs, für die in Deutschland jedoch kein zentraler Gedenkort entstand,[167] so gehen ihnen die Nachlasspublikationen oft voraus. Das im familiären Kreis stattfindende Gedenken bringt eigene Textformen hervor, welche die Trauer verbalisieren; die Gedenkblätter werden im Familienkreis gelesen und betreten als Veröffentlichungen den Raum der Kriegspublizistik. Der Übergang von der Familie in die lesende Öffentlichkeit ist dabei fließend: So werden die Aufzeichnungen der gefallenen Brüder von Rohden „zuerst als Handschrift gedruckt", bevor sie aufgrund „der dringenden Nachfrage vieler Freunde" über die Publikation „der breiten Oeffentlichkeit [hingegeben]"[168] werden. Schon anhand dieses Beispiels wird der rituelle Charakter der Trauer deutlich: Die Familie trauert für sich, aber sie macht ihre Trauer auch im Umkreis und im öffentlichen Raum sichtbar.[169] Man könnte zuspitzen: Die private Erinnerung wird durch die Wahl einer zugänglichen Tagebuchpublikation Teil der populären Erinnerungskultur und wendet sich von der Familie an das breite Publikum – die Nation.[170]

Auffällig bei dieser Form der Tagebuchpublikation ist der meist schon im Titel angegebene Verwandtschaftsgrad der Herausgeber: Väter, Mütter und an-

---

166 Siehe zu dieser Begriffsbestimmung des vielschichtigen Begriffs der Erinnerungskultur Barbara Korte, Sylvia Paletschek und Wolfgang Hochbruck, Der Erste Weltkrieg in der populären Erinnerungskultur. Einleitung, in: Der Erste Weltkrieg in der populären Erinnerungskultur, hg. von Barbara Korte, Sylvia Paletschek und Wolfgang Hochbruck, Essen 2008, 7–24, hier 11–12.
167 Vgl. Manfred Hettling und Jörg Echternkamp, Deutschland – Heroisierung und Opferstilisierung. Grundelemente des Gefallenengedenkens von 1813 bis heute, in: Gefallenengedenken im globalen Vergleich. Nationale Tradition, politische Legitimation und Individualisierung der Erinnerung, hg. von Manfred Hettling und Jörn Echternkamp, München 2013, 123–158, hier 136 sowie Krumeich, Die unbewältigte Niederlage, 247–249.
168 Rohden, Zwei Brüder, VI.
169 Siehe zur rituellen Dimension der Trauerbekundung im Ersten Weltkrieg Jay Murray Winter, Sites of Memory, Sites of Mourning. The Great War in European Cultural History, Cambridge 1995, 93, 96–97.
170 Siehe zur populären Erinnerungskultur Korte, Paletschek und Hochbruck, Der Erste Weltkrieg in der populären Erinnerungskultur, 13.

dere Verwandte erweisen und bezeichnen sich als die Nachlassverwalter ihrer verstorbenen Kinder. Waren es im Fall der Erlebnispublikationen in Tagebuchform oft Eingriffe von Verlegern und Herausgebern, welche die Texte buchförmig machten, so übernehmen diese Aufgabe im Fall der Nachlasspublikationen Angehörige. In ihrer Ab- und Umschrift von Tagebüchern und Briefen entstehen verschiedene Textsorten: für den Familienkreis vorgesehene Gedenkblätter und -schriften sowie Publikationen, die das Authentizitätsversprechen durch Formulierungen wie „Aus den Papieren von ..." im Titel tragen. Die Tagebücher werden auf verschiedene Weise in die Publikationen eingebunden: als Auszug in einer Dokumentensammlung der Verstorbenen oder als Grundlage für einen ausformulierten Bericht, der den Werdegang rekonstruiert – oft mit einer Betonung des Augusterlebnisses und dem Ende der Kriegsbegeisterung durch den plötzlichen Tod – und das Kriegstagebuch nur an besonders eindrücklichen Passagen zitiert. Es handelt sich mithin um einen Fall der „Inter-Textualität trauernder Autorschaft", die in den eigenen Text Diskurse und Erinnerungspartikel des anderen einbindet. Dabei ist das Abschreiben nicht nur eine Vervielfältigungstechnik, sondern eine Aneignung des Geschriebenen, das die Grenze zwischen eigenem und anderem Schreiben durchlässig macht.[171]

Die ähnlichen Narrative dieser Textsorten deuten dabei auf die zeittypischen Konventionen hin, worüber in welcher Form und mit welchen sprachlichen Mitteln Trauer angemessen erscheint.[172] In diesem Fall wird die Trauerarbeit in der Montage von Briefen und Tagebuchauszügen geleistet, welche kommentiert werden. Während die Briefe an die Familienmitglieder adressiert sind, ist dies bei den Tagebüchern oft nicht der Fall. Genau dies dient der Differenzierung von Brief- und Tagebuchpassagen und einer Profilierung des Tagebuchs als Zugang zur Seele. „Was die Karten und Briefe verschweigen, reden die Tagebuchblätter aus den Tagen von Verdun", schreibt Amalie Hellwich über die Aufzeichnungen ihres Sohns; und: „Den Tagebuchblättern ward anvertraut, was die Eltern nicht betrüben sollte."[173] In der auf dem Buchmarkt erfolgreichsten Publikation bestehend aus Tagebuchblätter und Briefen, *Aus nachgelassenen Schriften eines Frühvollendeten* von Otto Braun, lesen wir im Vorwort der Herausgeberin, dass er

---

[171] Vgl. Horn, Trauer schreiben, 27, 170–178.
[172] Vgl. Plotke und Ziem, Sprache der Trauer im interdisziplinären Kontext, 3.
[173] Hero Hellwich, Werdegang eines deutschen Jünglings im Weltkriege (1914–1916). Nach Briefen und Tagebuchblättern dargestellt von seiner Mutter, hg. von Amalie Hellwich, Freiburg im Breisgau 1917, 29, 34.

diese „ohne an Leser zu denken, aus innerer Notwendigkeit niederschrieb" und die Tagebuchblätter „[t]rotz ihrer unliterarischen Form"[174] wiedergegeben würden.

Das vom Vater herausgegebene Kriegstagebuch des gefallenen Hans Wöhlers treibt den Gegensatz von hinterlassenen Tagebüchern und Briefen auf die Spitze. Im Briefwechsel mit dem Vater reflektiert der Sohn beständig die mithilfe des Tagebuchs vollzogene persönliche Weiterentwicklung. Nur aufgrund dieser schickt er nun das Tagebuch und den zugehörigen Schlüssel getrennt an die Eltern, ergänzt um einige Lesehinweise:

> Warum ich Euch das bischen (sic) Tagebuch, das mich Euch doch wieder so nahe bringen kann, vorenthalten? Und doch möchte ich es vorerst nur Dir geben. – Du kennst mich am besten, bist vielleicht denselben Entwicklungsweg gegangen; Du allein vermagst mich nach den Schmierereien im Tagebuch richtig zu beurteilen. […] Wollen Mutter und die Anderen es auch lesen, so lies es bitte vor, doch laß Gefühlsergüsse, die ihnen doch unverständlich sein müssen, fort. Daß Du mich darin recht verstehst, weiß ich.[175]

Der Brief offenbart – oder inszeniert – die starke Vater-Sohn-Beziehung, die nun die Übergabe des verschließbaren Papierobjekts erlaubt. Als Zugang zur Seele des Sohns und dessen Entwicklungsinstrument gibt das Tagebuch den Eltern im Todesfall stellvertretend Auskunft. Dabei artikuliert der nun verstorbene Tagebuchautor die Hoffnung, dass der Vater mittels seiner Lektüre an den Kriegserlebnissen des Sohns teilhaben kann und führt das Diltheysche Erlebnisverständnis fort: Über die posthume Lektüre soll eine verstehende Rückübersetzung des Tagebuchs hin zum Kriegserlebnis des Sohns stattfinden; wer die Schmierereien entziffern kann, der wird auch die Person verstehen.

Im Trauerprozess der Familien ist der Moment des Todes, der für diese Publikationsform konstitutiv ist, zentral. Viele Angehörige wollen das Wissen und die Gefühle des Gefallenen im Moment vor dem Tod teilen und damit eine Lücke füllen, die auch typische Beigaben an den Toten wie das Begleitschreiben des Vorgesetzten offenlassen. Die letzten beim Soldaten hinterlassenen Materialien gerinnen zu den Anfangsstadien der Trauer,[176] wobei in diesem Zusammenhang Briefe nur mehr eine untergeordnete Rolle einnehmen und an ihrer Stelle der letzte Tagebucheintrag immense Bedeutung gewinnt. Hans Wöhler schreibt in diesem: „Ich höre auf zu schreiben, weil ich eben die Nachricht bekomme, daß ich morgens früh mit zum Sturm nach vorn gehe. / 2. Juni

---

174 Otto Braun, Aus nachgelassenen Schriften eines Frühvollendeten, hg. von Julie Vogelstein, 79. Aufl., Berlin 1921, 9.
175 Hans Wöhler, Des Kriegsfreiwilligen Hans Wöhler Kriegstagebuch vom 11. Nov. 1915 bis zum 30. April 1916. 2. Pionier-Bat. Nr. 4-4. Feldkomp., Magdeburg 1916, 42.
176 Siehe dazu weiterführend Winter, Sites of Memory, Sites of Mourning, 34–36.

und 3. Juni 1916 / Sturm auf Baur."[177] Der Todesmoment als solcher ist kontingent – quasi jeder Eintrag könnte der letzte vorm Tod sein und in vielen Tagebüchern wird diese Möglichkeit nie artikuliert. Der Kontingenz des Todes im Feld begegnen die trauernden Autor:innen der Nachlasspublikationen nun, indem sie den Todesmoment der Gefallenen interpretatorisch aufladen: Geschrieben wird bis an den Tod und das abrupte Abbrechen der Tagebücher erhöht die Authentizität dieser. So wird erklärbar, dass in einer aus zahlreichen Dokumenten zusammengestellten Gedenkschrift für einen gefallenen Soldaten ausgerechnet die so betitelte „letzte Notiz aus dem Tagebuch!"[178] aufgenommen wird. Sie schreibt sich in den zeit- wie kriegstypischen Topos des Letzten ein.[179] Die Aufladung des letzten Eintrags im Tagebuch kann jedoch nicht darüber hinwegtäuschen, dass der Tod eine Lücke hinterlässt. Überdeutlich – nämlich graphisch – wird diese in der Nachlassschrift Gustav von Rohdens für seinen Sohn Gotthold. Sie erscheint als visualisierte Leerstelle, die der Tod hinterlässt, als das Schreiben abrupt abbricht (Abb. 34).[180]

Die Leerstelle muss gefüllt werden, indem eine Arbeit am Unverfügbaren stattfindet.[181] Alle Nachlassschriften, ob für die Familie oder die breite Öffentlichkeit, umkreisen den Augenblick des Todes, indem sie Dokumente akkumulieren. Dies geschieht beispielsweise bei der Nachlasspublikation Hans Wöhlers, deren Untertitel bereits auf jene die Leerstelle des Todes füllenden Dokumente hinweist: Begleitschreiben, Briefe und mit der Grabrede eine konventionelle Gattung der Trauerbekundung. Diese Textakkumulation steht paradigmatisch für die Intertextualität der Trauer ein und rekurriert genau auf jene Leerstelle des Todes, welche die Erlebnisliteratur aussparte. In einigen Gedenkpublikationen wird die Todeslücke durch die Beschreibung des Besuchs am Todesort sowie ein Foto des Grabes zu schließen versucht.[182] Dies erinnert an den Versuch vieler Familien, die gefallenen Soldaten von den Schlachtfeldern in die Heimat zurückzuholen – eine Praxis, die nach dem Krieg in Frankreich zunächst verboten war und durch

---

177 Wöhler, Des Kriegsfreiwilligen Hans Wöhler Kriegstagebuch, 41.
178 Heinrich Bruns, Private Gedenkschrift, BfZ N 17.8.
179 Den Topos des Letzten konnte diese Studie bereits an mehreren Stellen ausweisen: Er bestimmt die Beschreibung der letzten Schriftstücke gefallener Gegner, die etwa in Zeitungen veröffentlicht wurden (vgl. Kapitel 1.4). In der diaristischen Trauerarbeit Milly Haakes konnte gezeigt werden, wie der „letzte Brief eines Feldgrenadiers" abgedruckt in der Zeitung als Stellvertreterdokuments ihres gefallenen Bruders in ihr Tagebuch kopiert wurde (vgl. Kapitel 2.4). Auch im Amerikanischen Bürgerkrieg war das ‚Letzte' ein gängiger Topos, so etwa die letzte Zeitung, die man bei gefallen Soldaten im Feld fand. Siehe dazu Garvey, Writing with Scissors, 105.
180 Siehe Rohden, Zwei Brüder, 57.
181 Vgl. Encke und Öhlschläger, Arbeit am Unverfügbaren, 135–137.
182 Siehe Lamparter, Gedenkschrift, 23–27 sowie Rohden, Zwei Brüder, 100.

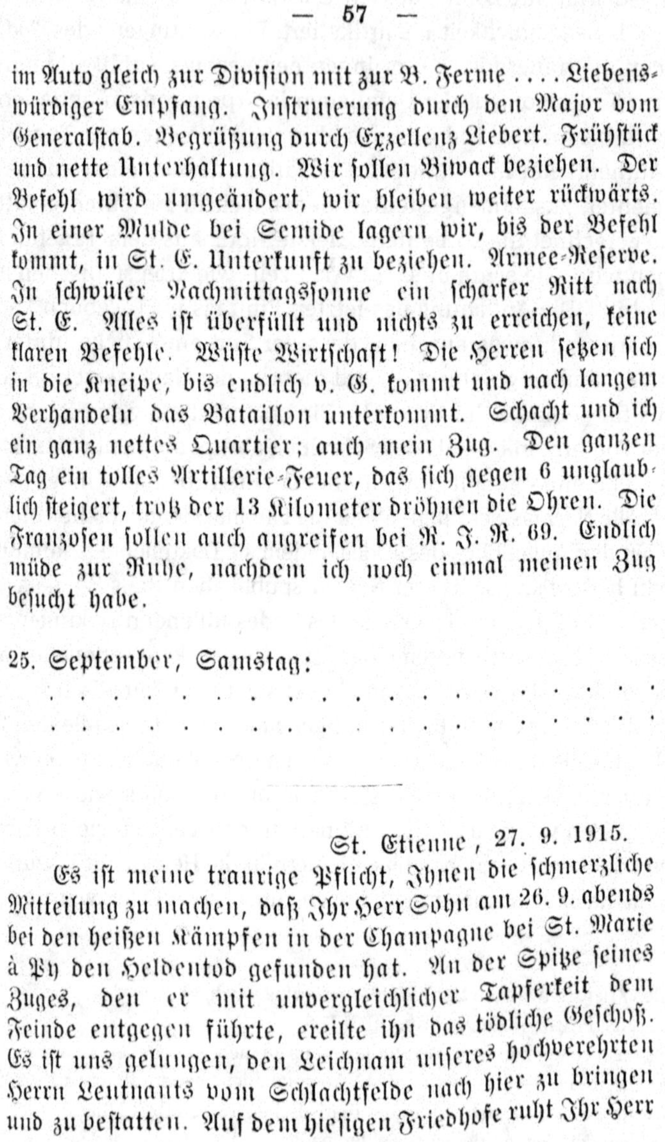

— 57 —

im Auto gleich zur Division mit zur B. Ferme .... Liebenswürdiger Empfang. Instruierung durch den Major vom Generalstab. Begrüßung durch Exzellenz Liebert. Frühstück und nette Unterhaltung. Wir sollen Biwack beziehen. Der Befehl wird umgeändert, wir bleiben weiter rückwärts. In einer Mulde bei Semide lagern wir, bis der Befehl kommt, in St. E. Unterkunft zu beziehen. Armee-Reserve. In schwüler Nachmittagssonne ein scharfer Ritt nach St. E. Alles ist überfüllt und nichts zu erreichen, keine klaren Befehle. Wüste Wirtschaft! Die Herren setzen sich in die Kneipe, bis endlich v. G. kommt und nach langem Verhandeln das Bataillon unterkommt. Schacht und ich ein ganz nettes Quartier; auch mein Zug. Den ganzen Tag ein tolles Artillerie-Feuer, das sich gegen 6 unglaublich steigert, trotz der 13 Kilometer dröhnen die Ohren. Die Franzosen sollen auch angreifen bei R. J. R. 69. Endlich müde zur Ruhe, nachdem ich noch einmal meinen Zug besucht habe.

25. September, Samstag:

. . . .
. . . .

St. Etienne, 27. 9. 1915.

Es ist meine traurige Pflicht, Ihnen die schmerzliche Mitteilung zu machen, daß Ihr Herr Sohn am 26. 9. abends bei den heißen Kämpfen in der Champagne bei St. Marie à Py den Heldentod gefunden hat. An der Spitze seines Zuges, den er mit unvergleichlicher Tapferkeit dem Feinde entgegen führte, ereilte ihn das tödliche Geschoß. Es ist uns gelungen, den Leichnam unseres hochverehrten Herrn Leutnants vom Schlachtfelde nach hier zu bringen und zu bestatten. Auf dem hiesigen Friedhofe ruht Ihr Herr

Abb. 34: Visualisierte Todeslücke in der Nachlassschrift Gustav von Rohdens.

das Ritual der Aufnahme des unbekannten Soldaten in den Arc de Triomphe ersetzt wurde. In Deutschland war die Kriegsdeutung hingegen so uneinheitlich, dass es für einen unbekannten Soldaten keinen gemeinsamen Gedenkort gegeben hätte.[183]

Wenngleich die Trauerarbeit im Rahmen der Familie aus den Textstrukturen dieser Nachlasspublikationen hervortritt, werden doch zugleich Intentionen mit der Publikation verbunden, welche die persönliche Verarbeitung überschreiten. So soll das Gedenken generationell verankert,[184] die Sichtbarkeit der unsichtbaren Gefallenen erhöht und einmal mehr der individuellen als kollektiver Erfahrung gedacht werden.[185] Von der Sichtbarmachung der Übersehenen ist es nur ein kleiner Schritt hin zum politischen Einsatz der Publikationen: So ist es Aufgabe der hinterlassenen Kriegstagebücher weiteren Kriegsbeteiligten „zum Trost und zur Stärkung zu dienen"[186] und „Gutes [zu] wirken auf die Jugend, welche herangewachsen ist während des großen Krieges".[187]

Die Veröffentlichung von Tagebüchern Gefallener verbindet folglich persönliches und nationales Ereignis. Das Trauern der Familie wird in eine Publikation überführt, die kommende Generationen für den Krieg vorbereiten soll. Die Totenerinnerung wird damit zum politischen Totenkult, bei der für die Angehörigen des Gemeinwesens eine Sinnzuschreibung – die Fortführung des aktuellen Kriegs – stattfindet.[188] Der Eindruck dieser Tagebuchpublikationen Gefallener bleibt ambivalent. Auf der einen Seite ist die große Trauer spürbar, die in die Rekonstruktion der Todeslücke mündet, auf der anderen Seite sind viele der Publikationen mit einem deutlichen Appell den Krieg fortzuführen verbunden. Die Trauer schlägt nicht um in eine pazifistische Haltung – diese einzunehmen, würde den Einsatz der gefallenen Kinder im Krieg in ein zweifelhaftes Licht rücken. So teilen hingegen die Eltern die Begeisterung der Kinder für den Krieg und betrauern sie, indem sie an die zukünftigen Generationen appellieren, das Schicksal der eigenen Nation in die Hand zu nehmen.

Dass das persönliche Gedenken sich in nationale Trauerarbeit einschreibt, manifestiert sich in der Nachkriegszeit auch in den Arbeiten der Künstlerin

---

183 Siehe Winter, Sites of Memory, Sites of Mourning, 24–28.
184 Vgl. Lamparter, Gedenkschrift, 5.
185 Vgl. Hellwich, Werdegang eines deutschen Jünglings im Weltkriege, 48, 3.
186 Rohden, Zwei Brüder, VI.
187 Arthur Schicht, Ein Held der Garde. Meines Neffen Kriegstagebuch und Briefe aus dem Felde, hg. von Oskar Häring, Altenburg 1917, 5.
188 Vgl. Manfred Hettling, Nationale Weichenstellungen und Individualisierung der Erinnerung. Politischer Totenkult im Vergleich, in: Gefallenengedenken im globalen Vergleich. Nationale Tradition, politische Legitimation und Individualisierung der Erinnerung, hg. von Manfred Hettling und Jörg Echternkamp, München 2013, 11–42, hier 14.

Käthe Kollwitz, die wie viele andere im August 1914 die Kriegsbegeisterung teilte. Ihr Sohn Peter fiel im ersten Kriegsmonat. Zwar entwickelte Kollwitz schon kurz nach dessen Tod Entwürfe für ein Denkmal, verwarf diese jedoch immer wieder und veränderte die Anordnung von Eltern und Kind, die deren Verhältnis darstellen sollte. In dem Maße, in dem sie den Idealismus des Sohns infrage zu stellen begann, wurde ihre Trauerarbeit immer schmerzhafter. Auch wenn sich die Künstlerin in zahlreichen Arbeiten mit dem Krieg auseinandersetzte, verwirklichte sie das Denkmal *Die trauernden Eltern* für den Sohn erst im Jahr 1932. Auf dem Soldatenfriedhof in Roggefelde, nahe dem Todesort des Sohns stehend, zeigt es nun kniende Eltern, die ihren gefallenen Sohn betrauern.[189] Hier hat sich die aus der Sprachlosigkeit überführte Trauer in eine Geste des Verzeihens gewandelt.

Die Ambivalenz, den Krieg zu dokumentieren, obwohl er für viele durch den Tod ihrer Angehörigen sein Antlitz völlig verändert hatte, fand ihr Spiegelbild in den Sammlungsbestrebungen, die sich ab dem Jahr 1916 zunehmend schwieriger gestalteten. Einmal mehr stand zur Debatte, wo Kriegstagebücher gesammelt und wer über ihre Verwendung entscheiden sollte. In seinem Sammelaufruf erbat der Deutsche Bund für Erziehung und Unterricht die Einsendung von Briefen, Tagebüchern und Zeichnungen von Kriegsfreiwilligen, welche statistisch ausgewertet werden sollten, um künftige Soldaten bereits in der Schule besser auf den Krieg vorzubereiten. Hier tritt noch einmal der Einfluss der zeitgenössischen Soziographie hervor, deren wichtigste Methode die statistische Erfassung und genaue Beschreibung von Volksgruppen ist. Jedoch unterscheidet sich der Sammlungsaufruf deutlich von jenen aus der Kriegsanfangszeit: Zynisch wird das 1916 bereits millionenfache Sterben als Gemeinschaftserfahrung, die von der Begeisterung in den Tod für das Vaterland mündet, in den der Sammlung würdigen Dokumenten kristallisiert. Aus diesen trete „das seelische Erlebnis" genauso hervor wie „das bitter-süße Sterben fürs Vaterland" – aus dem Erlebnis wie aus dem Tod spreche die „heiße und unberührte Jugend."[190]

---

189 Vgl. Winter, Sites of Memory, Sites of Mourning, 108–111. Siehe zu einer weiterführenden Lesart von Käthe Kollwitz' Holzschnitten und Skulpturen zum Krieg, in welchen diese ihre Trauer verarbeitete, in einer stärker auf das ambigue ihrer Kunst hinweisenden Lesart Margaret Higonnet, Maternal Cosmopoetics. Käthe Kollwitz and European Women Poets of the First World War, in: The First World War. Literature, Culture, Modernity, hg. von Santanu Das und Kate McLoughlin, Oxford 2018, 197–222, hier 199–214.
190 Willi Warstat (Hg.), Das Erlebnis unserer Kriegsfreiwilligen. Nach den Feldpostbriefen, Tagebüchern, Gedichten und Schilderungen jugendlicher Kriegsfreiwilliger aus der Sammlung des „Deutschen Bundes für Erziehung und Unterricht", Gotha 1916, III–IV.

Entgegen der Verharmlosung des Aufrufs trat in anderen Gefügen ab 1916 immer stärker eine Legitimationskrise der Quellenbeschaffung des aktuellen Kriegs hervor. Der Streit zwischen den verschiedenen Ministerien um die zentrale oder dezentrale Sammlung und Auswertung von Kriegstagebüchern in den Jahren 1915 und 1916 ist auch in diesem Kontext zu verorten. Verhandelt wurden Chancen und Risiken, die mit der Veröffentlichung der Tagebücher einhergingen; zur Debatte standen dabei nicht nur militärisch brisante Informationen, sondern auch die Gefährdung der Moral der Truppen und der Heimatfront. 1917 wurde in einem Schreiben des Kriegs- an das Kultusministerium bekräftigt, dass weiterhin möglichst viele Tagebücher gesammelt werden müssten, obgleich deren Veröffentlichung eingeschränkt bleibe: Der Zensur oblag es unerwünschte Äußerungen zu unterbinden, andere Schriften jedoch, deren Verbreitung wünschenswert sei, freizugeben. Veröffentlichungen aus Sammlungen müssten demnach bei den zuständigen militärischen Zensurstellen vorgelegt werden und falls die Zensur sie zu beanstanden hätte, bis zum Friedensschluss geheim gehalten werden. Zugang hatte allenfalls der Generalstab.[191]

Im letzten Kriegsjahr plädierte Rudolf Buttmann, Bibliothekar am bayerischen Landtag, für die Einrichtung von „Ehrenhallen für Krieger" in den Bibliotheken, in welchen Schriften der Gefallenen aus ihren Nachlässen veröffentlicht werden sollten. Die Kriegssammlung tritt dabei explizit an die Stelle der Familienarchive, ihre Sammlungsrhetorik unterscheidet sich jedoch deutlich von der 1916 durch den Bund für Erziehung und Unterricht formulierten. Auch im Jahr 1918 soll weiterhin gesammelt werden, jedoch ruft der Tod nun Trauer hervor, anstatt euphemistisch überhöht zu werden.[192] Im Vergleich zu den Aufrufen der Kriegsanfangstage fällt die Wortwahl ‚Krieger' im Titel des Artikels auf, die gegenüber der Begriffswahl ‚Soldat' die Erhabenheit und freiwillige, kämpfende Teilhabe von Zivilpersonen am Krieg akzentuiert.[193] Buttmann hebt einmal mehr die Notwendigkeit und Pflicht hervor, der künftigen Geschichtsschreibung möglichst viele Quellen zur Zeit- und Kriegsgeschichte zur Verfügung zu stellen und appelliert damit an ein Apriori des Archivs. Schon im nächsten Satz beklagt er den Tod zahlreicher Zeugen durch die Kriegsereignisse und schlägt darum vor, dass bereits vor dem Einzug ins Feld Tagebücher in die Sammlung gegeben werden könnten.[194]

---

191 Siehe Kultusministerium, Die Sammlung von Briefen und Tagebüchern aus deutschen Kriegszeiten, Bl. 363–364.
192 Vgl. Rudolf Buttmann, Ehrenhallen für Kriegernachlässe, eine neue Kriegsaufgabe unserer Bibliotheken, in: Zentralblatt für Bibliothekswesen 35 (1918), H. 9/10, 205–208, hier 205.
193 Vgl. Hettling, Nationale Weichenstellungen und Individualisierung der Erinnerung, 32.
194 Vgl. Buttmann, Ehrenhallen für Kriegernachlässe, 206.

Die Nachlasspolitik des Bibliothekars wird hier um eine Perspektive des Vorlasses ergänzt: Auch Buttmann nimmt „gern von den Lebendigen",[195] bevor deren Schriften durch die Bedingungen des Kriegs verlorengehen. Jedoch ist die Idee des Vorlasses hier weniger verbunden mit dem Gedanken, eine intendierte postume Interpretation zu ermöglichen, sondern schlicht der existentiellen Bedrohung der Tagebücher durch den Tod ihrer Autoren im Krieg geschuldet. Die hier skizzierte Archivpolitik antizipiert den Tod als sehr wahrscheinliche Konsequenz der Kriegsteilnahme und schaltet ihm die Ehrenhalle für Krieger zugleich vor und nach. Die Handschriften der Gefallenen sollen wissenschaftlich arbeitenden Gästen zur Verfügung gestellt und zeitnah in Form einer Zeitschrift veröffentlicht werden.[196] So greifen Sammelaufruf, Archiv und Publizistik ineinander und bereiten die künftige Erinnerungskultur des Kriegs vor.

3.4 1918/30: Tagebücher im Nachkrieg

Die deutsche Niederlage im November 1918 gilt als historisch einzigartig: Die letzte große deutsche Offensive, das sogenannte Unternehmen Michael, schwächte die Alliierten nachhaltig und noch im Sommer 1918 schien der deutsche Sieg unvermeidlich. Der deutschen Bevölkerung in der Heimat sollte dieser Erfolg an der Westfront die Kraft geben, bis zum Sieg den schwierigen Lebensumständen standzuhalten. Dass sich die Kriegslage im Herbst 1918 umkehrte, war ebenso der Erschöpfung der deutschen Soldaten wie dem Einsatz amerikanischer Streitkräfte auf Seiten der Alliierten zuzuschreiben.[197] Historisch einzigartig war die deutsche Niederlage – darauf hat Wolfgang Schivelbusch im Vergleich mit der französischen Niederlage 1870/71 und dem Amerikanischen Bürgerkrieg hingewiesen – vor allem dadurch, dass die deutschen Armeen in den Ländern der Gegner geschlagen wurden und die Lebensorte vieler Menschen genau wie das politische Zentrum mit der Hauptstadt Berlin mehr als 1 000 Kilometer vom Ort der Niederlage entfernt lagen.[198]

Für das Schicksal der Tagebücher in der Weimarer Republik ist der genaue Ablauf der Ereignisse und Verwicklungen des Kriegsendes sowie der Neugründung der Republik weniger relevant als das gesellschaftliche Klima in der Zeit des *Nachkriegs* – sind wesentliche Entwicklungen der 1920er Jahre doch nur

---

195 Raulff, Sie nehmen gern von den Lebendigen, 232.
196 Vgl. Buttmann, Ehrenhallen für Kriegernachlässe, 207–208.
197 Siehe Krumeich, Die unbewältigte Niederlage, 83–88.
198 Vgl. Wolfgang Schivelbusch, Die Kultur der Niederlage. Der amerikanische Süden 1865 – Frankreich 1871 – Deutschland 1918, Berlin 2001, 229–242.

durch die anhaltende Auseinandersetzung mit dem Weltkrieg zu verstehen. Der Historiker Gerd Krumeich hat erst jüngst erneut darauf hingewiesen, dass die Niederlage eine unbewältigte und die Gesellschaft der Weimarer Republik nachhaltig traumatisiert war. Etwa sechs Millionen Männer kehrten nach dem 11. November 1918 in die Heimat zurück und wurden dort beispielsweise vom Reichspräsidenten Friedrich Ebert empfangen, der wie viele andere die Niederlage durch die Formel „Im Felde unbesiegt" als eine ungerechtfertigte, durch die bloße Masse des Gegners erlangte, interpretierte. Die heimkehrenden Soldaten wurden von den Menschen in der Heimat unterschiedlich begrüßt, allerdings war der Kontrast im Vergleich zum August 1914 immens und kann als gänzlich unheroisch beschrieben werden.[199]

Ebenso unheroisch gestaltete sich auch die Rückkehr der Tagebücher aus dem Krieg. Noch im August 1918 hatte die Zeitschrift *Photographie für alle* den heimkehrenden Soldaten die Erstellung eines Kriegsalbums empfohlen, in dem Fotografien neben Tagebuchauszügen stehen. Genau wie Vordrucke, Schreibmuster und Aufrufe zu Kriegsbeginn an die Kriegsdokumentation in Tagebuchform appellierten und diese zugleich verordneten und formatierten, wurde nun die Überarbeitung der Aufzeichnungen aus dem Feld normiert und die Hürde zu ihrer Überarbeitung gesenkt. So werden die heimgekehrten Kriegsteilnehmer zur emphatischen Relektüre der „kleine[n], zum Teil recht vertragen aussehende[n] Büchlein" angeregt, mit dem Ziel, den meist unter Zeitdruck, in Dunkelheit und unter Anspannung verfassten Notaten eine „dem Inhalt [...] angemessene, beständige Form" zu geben. Das „Erlebte und Geleistete" soll „in ausführlicher Schilderung" niederlegt werden. Die Zeitschrift empfiehlt zudem, dass „[w]ie in einer illustrierten Reisebeschreibung Bild und Text einander ergänzen", und zwar in einem handlichem, dem „Bücherschranke angepaßten Format gehaltene[n] Album".[200] Der Vergleich mit einem Erinnerungsalbum für eine Reise schreibt sich in die zeitgenössisch übliche Interpretation des Kriegs als Erlebnis ein, die auch im Sommer 1918 als ästhetischer wie narrativer Maßstab für die eigene Verarbeitung des Kriegs vorgeschlagen wird. Dass diese mit den mitgebrachten Dokumenten aus dem Feld – seien es Tagebuchaufzeichnungen oder Fotografien – schwer vereinbar sein könnte, wird hingegen nicht thematisiert.

Im Fall des Tagebuchs von Wilhelm Schwalbe gehört es zur Ironie der Geschichte, dass die von der Zeitschrift *Photographie für alle* als zum Collagieren

---

199 Vgl. Krumeich, Die unbewältigte Niederlage, 229–236. Zur für das deutsche Niederlagendenken typischen Formel „Im Felde unbesiegt" siehe Schivelbusch, Die Kultur der Niederlage, 243–244.
200 H., Kriegstagebücher, 132–133.

fürs Album besonders prädestiniert hervorgehobenen Tagebuchblätter, die Schwalbe mittels Durchschreibverfahren erstellte und verschickte, nicht von ihm, sondern nach seinem frühen Tod von seiner Verlobten in ein Album abgeschrieben wurden. Diese Praxis reiht sich damit in die seit Kriegsbeginn von Familienmitgliedern Verstorbener angefertigten Nachlasspublikationen ein. Daran wird jedoch auch ersichtlich, dass vor allem Kriegstagebücher von Frontteilnehmern es wert sind, mittels Abschrift oder Fotocollage in eine dauerhafte Form wie die Familienchronik oder Tagebuchpublikation überführt zu werden. Kaum ab- oder fortgeschrieben, an Archive gegeben oder veröffentlicht werden hingegen die jenseits der Fronten, zu Kriegsbeginn oft enthusiastisch wie engagiert verfassten Tagebücher von Frauen, Kindern und daheimgebliebenen Männern.

Im öffentlichen Raum der Nachkriegszeit nahmen Tagebücher indes von Beginn an im Kampf um die Deutung des Kriegs und die Verarbeitung der Niederlage eine wichtige Rolle ein. Nachdem die Kriegszensur, die das Erscheinen kritischer Tagebücher verhindert hatte, abgeschafft worden war, standen rasch publizierte Tagebücher für die ungetrübte Darstellung des Kriegs und eine Gegenperspektive zur Kriegspropaganda ein: Das vom *Vorwärts*-Redakteur Artur Zickler bereits 1919 auf dünnem Papier herausgegebene Tagebuch *Anklage der Gepeinigten!* genau wie Martin Beradts *Erdarbeiter. Aufzeichnungen eines Schanzsoldaten* sind frühe Tagebuchpublikationen der Weimarer Republik, die ein Gegennarrativ zum Krieg als Erlebnis eröffnen und die Kriegsverantwortlichen anklagen.[201] In den folgenden Jahren dienten die Tagebücher der Affirmation wie auch der Ablehnung des Kriegs.

Im Jahr 1920 erschien mit Ernst Jüngers zunächst noch im Untertitel als „Tagebuch eines Stoßtruppenführers" bezeichneten *In Stahlgewittern* eine Publikation, welche die Rezeption der Kriegstagebücher des Ersten Weltkriegs noch heute stark prägt. Die zugrundeliegenden fünfzehn Tagebuchhefte wurden – wie Jünger schon im Feld avisierte – ausformuliert, gekürzt und anschaulicher gestaltet, Phasen und Höhepunkte deutlicher herausgearbeitet; mit jeder neuen Ausgabe wurde das Kriegstagebuch um Metaphern bereichert, bis schließlich die Gattungsbezeichnung „Tagebuch" selbst aus dem Untertitel verschwand.[202] Obgleich die *Stahlgewitter* heute das kanonische Werk in der germanistischen Auseinandersetzung mit den Weltkriegstagebüchern darstellen, muss betont werden, dass sie zeitgenössisch sowohl in der demokratischen, liberalen Öf-

---

[201] Siehe [Anonym], Anklage der Gepeinigten! Geschichte eines Feldlazaretts. Aus den Tagebüchern eines Sanitäts-Feldwebels (1914–1918), mit einem Vorwort von Artur Zickler, Berlin 1919 sowie Martin Beradt, Erdarbeiter. Aufzeichnungen eines Schanzsoldaten, Berlin 1919.
[202] Siehe dazu insbesondere Jünger, In Stahlgewittern.

fentlichkeit als auch in der politischen Linken wenig Aufmerksamkeit erfuhren,[203] gleichwohl die Erstausgabe bereits 1921 als Truppenlektüre in einem Heeres-Verordnungsblatts empfohlen wurde.[204]

Jünger beschreibt den Krieg in den *Stahlgewittern* als Stimmungspalette, die ihn als Autor produktiv anregt.[205] Dabei behauptet er in seinen Tagebuchpublikationen ein souveränes Subjekt zu sein, das im Krieg stets den Überblick in den Menschen vernichtenden Materialschlachten behält und diesen heroisiert;[206] die Kriegs- und Gewaltdarstellung wird ikonographisch fixiert.[207] Julia Encke hat hinlänglich gezeigt, dass Jünger sich bei der Überarbeitung der Tagebuchnotate hin zur Publikation die Fotografie zum Vorbild nahm, um die Effekte des Augenblicks und der Plötzlichkeit zu verstärken oder vielmehr überhaupt erst zu integrieren. Seine Tagebuchpublikation diente so einer Schulung der Sinne zur Vorbereitung auf einen erneuten Krieg.[208] Jüngers *Stahlgewitter*-Diaristik des Kriegs ist insofern hochspezifisch und muss im Kontext der Aufrüstung für den nächsten Krieg gelesen werden. Erst anhand der posthumen Veröffentlichung der transkribierten Tagebuchoriginale lassen sich Parallelen auf der Ebene der Gebrauchsroutinen zu den Protagonisten dieser Studie erkennen – beispielsweise dem adressierten Schreiben an ein Familienmitglied –, wenngleich sich auch dieses bei Jünger schon durch eine Stilisierung im Feld auszeichnet.[209]

Stärker in der Öffentlichkeit wahrgenommen wurde hingegen die Tagebuchhistoriographie aus dem Reichsarchiv. Die vor dem Krieg zwar zentral geplante, im Krieg jedoch weitgehend dezentral verlaufende Sammlung von Kriegstagebüchern wurde nach dem Krieg zumindest in Teilen zentralisiert und in das Reichsarchiv überführt. Diese Institution sollte über die Kapazitäten verfügen, die Quellen zusammenzuführen, zu systematisieren und für die eigene Geschichtsschreibung zu nutzen. Das nach der Auflösung des Großen Generalstabs und seiner kriegsgeschichtlichen Abteilungen im Jahr 1919 gegründete Reichsarchiv wurde in Potsdam eingerichtet und 1920 dem Ministerium des Inneren, einer zivilen Behörde, unterstellt. Bereits 1921 arbeiteten in

---

203 Vgl. Müller, Der Krieg und die Schriftsteller, 25.
204 Vgl. Encke, Augenblicke der Gefahr, 108–109.
205 Siehe zu einer Lektüre der *Stahlgewitter* unter dem Aspekt der Stimmung ausführlicher Reents, Stimmungsästhetik, 353–363.
206 Siehe dazu beispielsweise Honold, Einsatz der Dichtung, 27.
207 Vgl. Joseph Vogl, Kriegserfahrung und Literatur. Kriterien zur Analyse literarischer Kriegsapologetik, in: Der Deutschunterricht 35 (1983), H. 5, 88–102, hier 101.
208 Vgl. Encke, Augenblicke der Gefahr, 94–96, 102–107.
209 Er schickte die Tagebuchhefte an seine Mutter. Dem vierten Heft stellte er ein der Mutter gewidmetes heroisches Gedicht voran: Ernst Jünger, Kriegstagebuch 1914–1918, hg. von Helmuth Kiesel, Stuttgart 2010, 80.

seiner kriegsgeschichtlichen Forschungsabteilung sowie in der Historischen Kommission 99 wissenschaftliche Mitarbeiter, deren Ziel die Erarbeitung eines Weltkriegswerks war. Im Jahr 1920 wurden die Originale der Truppentagebücher verschiedener militärischer Einheiten des Großen Generalstabs dem Reichsarchiv übergeben.[210] Damit schloss sich ein Kreis, waren es doch die kriegsgeschichtlichen Abteilungen des Großen Generalstabs gewesen, die im 19. Jahrhundert die Bestimmungen zum Führen von Kriegstagebüchern erlassen hatten, um exakte und anschauliche Quellen für die Historiographie der Armee, insbesondere die Generalstabswerke, zu generieren.[211]

Zusätzlich zu diesen akquirierte das Reichsarchiv in den 1920er Jahren private Briefe und Tagebücher aus dem Weltkrieg mit dem Ziel einen diversen Quellenbestand zusammenzustellen, der das Reichsarchiv zu einer zentralen Sammelstätte des deutschen Nationalgedenkens machen sollte.[212] So wurden in den Personalakten umfangreiche Abschriften oder von den Verfassern selbst ausgewählte Auszüge von Briefen und Tagebüchern gesammelt, die der Rekonstruktion der Entscheidungsfindung im Krieg dienen sollten, wodurch einmal mehr Tagebücher von höheren Militärs und Offizieren präferiert wurden.[213] Spätere Publikationen des Reichsarchivs deuten jedoch auf eine durchaus diverse Quellensammlung von Frontteilnehmern hin. 1925 stellte die Fachzeitschrift *Archiv für Politik und Gesellschaft* fest, dass die zahlreichen, im Krieg erstellten Kriegstagebücher (private sowie Truppentagebücher) diejenigen Quellen seien, zu denen ein Historiker zuallererst greifen müsse, wenn er einen Zeitabschnitt studiere.[214] Das seit dem späten 19. Jahrhundert bewusst avisierte Apriori des Archivs konnte nun unmittelbar nach dem Krieg genutzt werden, um seinen Verlauf zu studieren und seine Geschichte zu schreiben.

Die klare Verortung der Tagebücher als Quellen der Geschichtsschreibung ist insofern erstaunlich, als die kriegsgeschichtlichen Abteilungen des Großen Generalstabs bereits während des Kriegs vorwiegend Schriftsteller beauftragt hatten unterhaltsame Kriegsgeschichten zu schreiben, die in der Reihe *Der Große Krieg in Einzeldarstellungen auf der Grundlage amtlicher Quellen* erschienen. Ab 1921 gab das Reichsarchiv die Folgereihe *Schlachten des Weltkrieges* heraus, für die Romanschriftsteller, die selbst an den je verarbeiteten Kriegsschauplätzen gewesen

---

210 Vgl. zur frühen Geschichte des Reichsarchivs umfassender Pöhlmann, Kriegsgeschichte und Geschichtspolitik, 78–104.
211 Siehe zum Verhältnis von Schreibbestimmungen, Praxis und Archivierung der Truppentagebücher auch Kapitel 1.1 der vorliegenden Studie.
212 Vgl. Pöhlmann, Kriegsgeschichte und Geschichtspolitik, 137.
213 Vgl. Pöhlmann, Kriegsgeschichte und Geschichtspolitik, 174–175.
214 Vgl. Otto, Die Kriegstagebücher im Weltkriege, 647.

waren, auf der Grundlage amtlicher Dokumente Schlachtenberichte verfassten.[215] Eine auf dem Buchmarkt erfolgreiche Publikation dieser Reihe aus dem nationalen Lager ist Werner Beumelburgs sich ans breite Publikum richtende Schrift *Douaumont*, die sich in vielerlei Hinsicht auf das Archiv und seine Dokumente beruft und „[a]us vergilbten Blättern, aus Erinnerung, aus nüchternen Zahlen und erschütternden Aufzeichnungen" „ein wahrhaftiges Bild erstehen"[216] lassen möchte. Auf die Vorläufigkeit der kurz nach Kriegsende praktizierten Archivarbeit verweist ein Anhang, der Angaben korrigiert und einen Bericht ergänzt, der Beumelburg noch nicht zur Erstellung dieser Aufzeichnungen vorlag.

Die umfangreichen Truppentagebücher des Reichsarchivs, die oft in großer Eile im Feld, ab 1916 zunehmend in Musterbögen verfasst wurden, kopierten Mitarbeiter des Reichsarchivs maschinenschriftlich und übernahmen dabei zunächst die Darstellungsmuster. In duplizierter Form dienten sie im Folgenden als Grundlage für die unter dem Sammeltitel „Erinnerungsblätter deutscher Regimenter" bei verschiedenen Verlagen veröffentlichten Regimentsgeschichten, die sich an die ehemaligen Mitglieder des Regiments sowie deren Angehörige richteten. Auszüge aus den Truppentagebüchern wurden ausformuliert und Standortwechsel sowie Truppenstärken wiedergegeben, ohne diese in einen größeren Zusammenhang zu stellen, zu kommentieren oder zu kritisieren. Dies ist auch auf den Einfluss des Reichsarchivs zurückzuführen, das in jeden Band den Hinweis drucken ließ, die Kriegstagebücher der Truppenteile würden „nach besonderen Vorschriften" dem Verfasser zur Verfügung gestellt und dieser trage allein die Verantwortung für das Dargestellte.[217] Auch für die Erstellung dieser kollektiven Kriegsgeschichten wurden – genau wie für die privaten Abschriften – Anleitungen verfasst, welche die exakte Erstellung vorschreiben und vorformatieren. Die auf Kriegstagebüchern basierenden Regimentsgeschichten erwiesen sich als eine besonders populäre Form der Kriegsgeschichtsschreibung aus dem

---

215 Vgl. zu beiden Reihen Sprengel, Geschichte der deutschsprachigen Literatur 1900–1918, 787. Im Weltkrieg verfasste beispielsweise Walter Flex Beiträge für die Reihe *Der Große Krieg in Einzeldarstellungen*.
216 Werner Beumelburg, Douaumont. Unter Benutzung der amtlichen Quellen des Reichsarchivs bearbeitet, Oldenburg und Berlin 1923, 8. 1930 erschien Beumelburgs Kriegsroman *Die Gruppe Bosemüller*, der dieselbe Schlacht aus der Perspektive einer kleinen Gruppe von Soldaten schildert. Zu dokumentarischen Strategien der beiden Texte im Vergleich schreibt Matthias Uecker, Wirklichkeit und Literatur. Strategien dokumentarischen Schreibens in der Weimarer Republik, Bern 2007, 264–269.
217 Siehe etwa bei Eugen Schulz, Arnold Kißler und Paul Schulze, Geschichte des Reserve-Infanterie-Regiments Nr. 209 im Weltkrieg 1914–1918. Nach den amtlichen Kriegstagebüchern und persönlichen Aufzeichnungen, Oldenburg und Berlin 1930, o. S.

Reichsarchiv: Im Jahr 1928 waren bereits 250 Bände veröffentlicht, 1938 annähernd 800.[218]

Die Regimentsgeschichten auf der Grundlage von Kriegstagebüchern schrieben sich gleichzeitig in die zeitgenössische Gedenkkultur ein, war doch eine wesentliche Funktion dieser Schriften, an die Gefallenen des eigenen Regiments zu erinnern. Während die alliierten Siegernationen (insbesondere Frankreich) das Gedenken von staatlicher Seite zentral gestalteten, wurde in den frühen 1920er Jahren in Deutschland kein zentrales Denkmal für die Gefallenen des Weltkriegs errichtet. Stattdessen überließ man diese Aufgabe verschiedenen militärischen Institutionen sowie militaristischen Gruppen.[219] So wie Ehrenmäler für die Gefallen auf Regimentsebene initiiert und umgesetzt wurden, waren auch die mithilfe der Quellen des Reichsarchivs geschriebenen Regimentsgeschichten Ergebnisse einer durch den Krieg eingeschworenen Gemeinschaft, die nun ihre eigene Geschichte schrieb.

Im Gegensatz zu diesen zahlreichen auf Truppentagebüchern beruhenden Einzelschriften von den verschiedensten Schauplätzen des Kriegs unternahm der Oberarchivrat Wolfgang Foerster in seinem umfangreichen Werk *Wir Kämpfer im Weltkrieg* den Versuch, die privaten Kriegstagebücher aus dem Archiv in die Publikationsform einer heroischen Gesamtgeschichte des Kriegs zu überführen.[220] Foerster hatte bislang vor allem umfangreiche Werke über ‚große Männer' verfasst, beispielsweise das mehrbändige Werk *Graf Schlieffen und der Weltkrieg* (ab 1921). Demgegenüber präsentiert das 1929 erschiene Frontkämpferbuch zahlreiche Kriegstagebücher aus dem Archiv in Form des Auszugs und ermöglicht so ein Nebeneinander verschiedener Stimmen, die um Briefe und Fotografien ergänzt werden. Foerster richtete sich mit diesem Quellenwerk gegen die literarische Verarbeitung von Tagebüchern – immerhin erschien es Ende der 1920er Jahre zusammen mit zahlreichen anderen Schriften zur Kriegsliteratur – und postulierte stattdessen den dokumentarischen Wert der Kriegstagebücher. Unmittelbarkeit und Multiperspektivität gerannen so zu Maximen der Historiographie des Reichsarchivs. Zwar blieben die Tagebuchautoren anonym, jedoch wurden Dienstgrad, Einheit und das Datum des jeweiligen Tagebucheintrags angegeben, die den Eindruck vermitteln, der Krieg sei von den verschiedensten Männern allerorten in Tagebuchform dokumentiert worden.

---

218 Vgl. Pöhlmann, Kriegsgeschichte und Geschichtspolitik, 199.
219 Vgl. Krumeich, Die unbewältigte Niederlage, 248–249.
220 Siehe Wolfgang Foerster (Hg.), Wir Kämpfer im Weltkrieg. Feldzugsbriefe und Kriegstagebücher von Frontkämpfern aus dem Material des Reichsarchivs, unter Mitwirkung von Helmuth Greiner, Berlin 1929.

Die letzten Seiten dieser monumentalen Montage von Dokumenten des Kriegs schließen an die zahlreichen Tagebuchvordrucke, die zu Beginn des Kriegs erhältlich waren, an: Hier können die Leser des Buchs die eigene Biographie in eine „Ehrenliste" eintragen und Stationen im Krieg, Verwundungen, Orden- und Ehrenzeichen sowie mitgemachte Gefechte notieren; auf den folgenden Seiten ist Platz für „[e]igene Aufnahmen und Erinnerungen aus dem Felde" sowie „[b]esondere Kriegserlebnisse". Foersters Weltkriegsband schreibt sich damit in die auch von der Zeitschrift *Photographie für alle* postulierte Zweitform des Kriegstagebuchs, das Kriegsalbum, ein, einer beständigen, geordneten Abschrift und Montage der Dokumente des eigenen Erlebens im Feld. Zudem suggeriert dieses Geschichtswerk ausdrücklich, die eigene Geschichte an die aus den Quellen des Reichsarchivs herausgegebene anzuschließen; abgeschlossen wird der zum Ausfüllen initiierende Teil mit der „Ehrenliste gefallener Angehöriger".[221] Elfriede Pflugk-Harttung gab 1936 mit ihrem sogenannten Ehrenbuch für Frontschwestern ein Pendant heraus, das Kriegstagebücher in ähnlicher Weise verwendet, um eine Kriegsgeschichte der Krankenschwestern im Weltkrieg zu schreiben und damit eine weibliche Perspektive auf den Krieg in Form der vielstimmigen Montage zu schaffen.[222]

Von der Militarisierung der Wilhelminischen Gesellschaft, die vergangener Kriege in Feiern, Sammlungen und Literatur gedachte, lässt sich anhand der Kriegstagebücher eine Geschichte erzählen, die bis in den Nachkrieg führt – schließlich wurden die 1920er Jahre stets als eine solche Zeit wahrgenommen. Ausgehend von den Tagebuchsammlungen der 1910er Jahre, die Vielstimmigkeit zum Sammlungsprinzip erklärten, über die Kriegsliteratur, die Tagebücher gemäß der Poetologie des Erlebnisses oder Trauer verarbeitete, bis hin zu den Regimentsgeschichten oder Frontkämpfermontagen der späten Weimarer Jahre sollten Kriegstagebücher Vielstimmigkeit in die Historiographien des Kriegs bringen, ihn von möglichst verschiedenen Standpunkten aus beleuchten – lokal, sozial, geschlechtlich. Dass das Kriegstagebuch vom Einzelzeugnis hin zur beliebten dokumentarischen und literarischen Form avancierte, um Kriegserfahrung zu authentifizieren, zu repräsentieren und zu verallgemeinern, muss auch auf die vielfältigen Bestrebungen der Popularisierung der Gattung in der ersten Hälfte des 20. Jahrhunderts zurückgeführt werden, die das vorliegende Kapitel zusammengetragen hat.

---

221 Vgl. Foerster (Hg.), Wir Kämpfer im Weltkrieg.
222 Vgl. Elfriede von Pflugk-Harttung (Hg.), Frontschwestern. Ein deutsches Ehrenbuch, unter Mitarbeit von zahlreichen Frontschwestern, Berlin 1936.

Teil II: **Zeitgeschichten**

4 Aktualität und Gegenwart als Zeithorizonte der Diaristik

Abb. 35: „Zeitungsverkäufer" im Tagebuch Erwin Schreyers.

Im Oktober 1914 skizziert der Berliner Schüler Erwin Schreyer gemäß der Verschiebung von der Natur- hin zur Kriegsbeobachtung eine paradigmatische Szene der Kriegsanfangstage in sein Tagebuch (Abb. 35): An Laternenpfählen stehen Zeitungsverkäufer umgeben von Menschen, welche die neuesten Ausgaben bereits in der Hand halten und lesen. Im Hintergrund ist eine Litfaßsäule erkennbar, die Plakate und Aushänge zeigt. Unter der Skizze hat Schreyer Zeitungstitel und die entsprechenden Preise vermerkt: „Im Krieg" kostet 5, „Die Zukunft" 50 Pfennig. Dass er die jeweiligen Zeitungstitel und die Verkaufspreise dreimal untereinander notiert hat, deutet darauf hin, dass er die Rufe der Zeitungsverkäufer festhalten wollte, welche die neuesten Ausgaben lautstark bewerben.[1] Die Skizze kondensiert auf diese Weise eine lebhafte, unübersichtliche und laute Situation, deren Beschreibung in Worten wohl mehrere Seiten eingenommen hätte. Eingebettet zwischen die sonst kurzen Tagesnotizen vollzieht die Szene eintreffender aktueller Nachrichten einen Medienwechsel vom Wort zum Bild, kondensiert das Hier und Jetzt und bringt Aktualität

---

1 Vgl. Schreyer, Tagebuch, 10.10.1914.

und Gegenwärtigkeit somit auf eindrückliche Weise zur Darstellung.[2] Sie verdeutlicht, wie es sich Kriegstagebücher zu Kriegsbeginn zur Aufgabe machten, die Aktualität des Kriegs zu dokumentieren und damit die Medienkultur der Zeit zu reflektieren, die zeitgleich Karl Kraus pointiert als „Epoche, die so leicht geneigt ist, die Extraausgabe für das Ereignis zu halten"[3] charakterisierte. Die Tagebuchautor:innen warten gespannt auf die Meldungen der neuesten Kriegsereignisse und ihre Tagebücher treten in ein besonderes Folgeverhältnis zu den omnipräsenten Zeitungen.

Gilt der Erste Weltkrieg gemeinhin als eine Zeit, in der die Gegenwart alles dominierte, so das Tagebuch qua Gattungslogik als paradigmatisches Mittel der Gegenwartsbeobachtung und -reflexion. Sicher erklärt dieses Zusammentreffen die enorme Popularität des Tagebuchschreibens im Krieg, denn die über ihren „Aktualitätscharakter"[4] definierte Gattung Tagebuch gewährt eine solche Gegenwartsbeobachtung in besonderem Maße. Indem jeden Tag neu im Sammeln, Schreiben und Skizzieren angesetzt wird, verspricht das Tagebuch, der zentralen Informationskategorie des Kriegs – dem Ereignis, als das er empfunden wird – gerecht zu werden. Das Ereignis steht für „das Einmalige, Neue, noch nicht Dagewesene".[5] Es ist mehr als ein Geschehen, es *widerfährt* und drängt sich den Adressaten auf, es irritiert und verändert „den erwarteten/erwartbaren Gang der Dinge".[6] Die Kategorie des Ereignisses wird im Ersten Weltkrieg nicht nur durch ihr gehäuftes Auftreten, das ihren unikalen Charakter infrage stellt, problematisiert. Auch die Wahrnehmbarkeit der Ereignisse erfährt eine wesentliche Veränderung. Wies die bis ins 18. Jahrhundert existierende Schreibweise „Eräugnis" auf das Potential des Ereignisses hin, etwas vor Augen zu stellen, existiert eine weitere, vom *Historischen Wörterbuch der Philosophie* als falsch ausgewiesene Bedeutung des Ereignisses

---

[2] Vgl. zum Zusammenhang von Bildlichkeit, kleinen Formen und Gegenwärtigkeit Gamper und Mayer, Erzählen, Wissen und kleine Formen, 15.
[3] Karl Kraus, In dieser großen Zeit, in: Karl Kraus, Ausgewählte Werke: 1914–1925. In dieser großen Zeit, Bd. 2, hg. von Dietrich Simon, München 1971, 9–22, hier 19.
[4] Dieser ist geprägt durch den Fokus des Tagebuchs auf „den Augenblick, den eben vergangenen Tag, das eben abgeschlossene Erlebnis". Siehe Bernfeld, Trieb und Tradition im Jugendalter, 13.
[5] Nikolaus Müller-Schöll, Vorwort, in: Ereignis. Eine fundamentale Kategorie der Zeiterfahrung. Anspruch und Aporien, hg. von Nikolaus Müller-Schöll, Bielefeld 2003, 9–17, hier 9.
[6] Martin Seel, Ereignis. Eine kleine Phänomenologie, in: Ereignis. Eine fundamentale Kategorie der Zeiterfahrung. Anspruch und Aporien, hg. von Nikolaus Müller-Schöll, Bielefeld 2003, 37–47, hier 39–40.

als An- oder Zueignung.⁷ Die Mittelbarkeit der Wahrnehmung und Beobachtung aktueller Kriegsereignisse, die oft gerade *nicht* vor Augen stehen, sondern weit entfernt stattfinden und schließlich mittels Darstellung im Tagebuch angeeignet werden, erweitern und problematisieren daher den Begriff des Ereignisses als solchen.

Die diaristischen Praktiken der Verwaltung aktueller Ereignisse unterminieren die bislang in dieser Arbeit eröffnete Differenz zwischen dokumentarischen Praktiken an der Front und in der Heimat. Über Gegenwart und Aktualität zu schreiben, sei es aus literarischer, journalistischer oder persönlicher Perspektive, wurde noch bis ins 19. Jahrhundert von einem geteilten Raum von Beobachter und dem Ort des Geschehens hergedacht – dies verlieh der Person des Korrespondenten ihre Legitimität.⁸ Mit der Multiplikation der Fronten und Entscheidungsebenen ist die Beobachtung der Aktualität der Kriegsereignisse durch verschiedene Kriegsdiarist:innen jedoch ganz wesentlich eine medial vermittelte, und zwar an den verschiedensten Orten des Kriegs. Sie zeugt von einem erweiterten Verständnis von Gegenwart und wirft die Frage auf, ob die Aktualität als solche nicht das Ereignis verdrängt, erfahren die Menschen doch nun nicht mehr nur täglich in geordneter Übersicht einer Tageszeitung von den jüngsten Ereignissen, sondern stündlich, minütlich, auf der Straße, im Hinterland und zu Hause. Der Berliner Schüler Erwin Schreyer kondensiert diese Nachrichtensituation in einer anschaulichen Skizze, doch wie schlägt sich dieser Ereignisdruck in den Tagebüchern anderer Zeitgenoss:innen des Kriegs nieder?

Das folgende Kapitel nimmt daher die spezifischen ästhetischen Eigenzeiten der Tagebücher in den Blick. Stärker als in den vorangegangenen Kapiteln stehen Praktiken der zeitlichen Bezugnahme auf das Kriegsgeschehen und der Darstellung der Zeithorizonte Gegenwart und Aktualität im Zentrum der Überlegungen und Analysen. Der Fokus auf den ästhetischen Eigenzeiten der Kriegstagebücher ermöglicht eine doppelte Perspektive: Zum einen wird erkennbar, wie sich an einzelnen Artefakten Zeit darstellt, wodurch allgemeiner „relevante Einsichten in die Erscheinungsformen von Temporalität" ermöglicht werden. Zum anderen soll ersichtlich werden, wie „jeder Darstellungsprozess zeitlich or-

---

7 Vgl. D. Sinn, Art. Ereignis, in: Historisches Wörterbuch der Philosophie. Völlig neubearbeitete Ausgabe des ‚Wörterbuchs der philosophischen Begriffe' von Rudolf Eisler, hg. von Joachim Ritter, Darmstadt 1972, Sp. 608–609, hier Sp. 608.
8 Vgl. Nicola Kaminski, 25. Oktober 1813 oder Journalliterarische Produktion von Gegenwart, mit einem Ausflug zum 6. Juli 1724, in: Aktualität. Zur Geschichte literarischer Gegenwartsbezüge vom 17. bis zum 21. Jahrhundert, hg. von Stefan Geyer und Johannes F. Lehmann, Hannover 2018, 241–270, hier 261.

ganisiert ist und durch die temporale Ausdehnung seine Eigenzeit gewinnt."[9] Die ästhetischen Eigenzeiten der Kriegstagebücher schlagen sich nicht nur in der sprachlichen Verfasstheit der Einträge, sondern auch in der Gestaltung der Tagebuchseiten nieder.

Die Aktualität medial beobachteter Kriegsereignisse wird zur Schreibprämisse vieler Diarist:innen des Kriegs. Dass ihr Tagebuch zugleich Beschreibungs- wie Bewusstmachungsform über die neue Kultur der Aktualität ist, soll in einer historisch arbeitenden Darlegung zu Beginn des Kapitels herausgearbeitet werden. Bereits seit dem 17. Jahrhundert zeigt sich in Zeiten verstärkter Gegenwartsbezüge und Aktualitätsschübe, wie die verschiedenen Pole der Diaristik – das Kalendarische, das Journalistische und seine Nähe zur Historiographie – in ein produktives Verhältnis treten und sich das Tagebuch zur legitimen Gattung der Aktualität entwickelt. Daran anschließend soll untersucht werden, wie sich individuelle diaristische Praktiken an der Aktualität im Krieg orientieren: als Schreiben im Takt der Extrablätter einerseits, durch die retrospektive Verwaltung der Nachrichten multipler Kriegsschauplätze andererseits. Der zeitgenössische Imperativ der Aktualität, so soll abschließend ausgeführt werden, ist nur durch die Abkehr von der Innerlichkeit des Tagebuchs zu gewährleisten und versieht die Geschichte des Tagebuchs somit mit einer entscheidenden Wendung.

4.1 Wegbereiter diaristischer Aktualität: Kalender – Zeitungen – Zeitgeschichte

Tagebücher sind im Besonderen mit ihrer jeweiligen Gegenwart verbunden, sie geben im täglich neuen Ansetzen der Aktualität einen Raum. Jenseits dieser überzeitlichen These treten in einer historischen Perspektive jedoch Kristallisationspunkte heraus, an denen das Potential von Tagebüchern, Gegenwart bewusst wahrzunehmen und zur Darstellung zu bringen, sich besonders prononciert entfaltet. Immer dann geben Tagebücher der Darstellung von Gegenwart einen Raum *und* schaffen für ihre Wahrnehmung ein spezifisches Bewusstsein. Ein solcher Kristallisationspunkt manifestiert sich in dem wahrscheinlich Ende 1914 er-

---

9 Michael Gamper und Helmut Hühn, Einleitung, in: Zeit der Darstellung. Ästhetische Eigenzeiten in Kunst, Literatur und Wissenschaft, hg. von Michael Gamper und Helmut Hühn, Hannover 2014, 7–23, hier 7. Ich schließe hiermit an Forschungen zu ästhetischen Eigenzeiten an, die diese an Beispielen aus Kunst, Literatur und Wissenschaft untersuchen und dabei den Begriff der Ästhetik auch auf Formen, die stark durch ihre Pragmatik (wie die Kriegstagebücher dieser Studie) geprägt sind, anwenden.

schienenem Vordruck *Kriegstagebuch 1914/15 für___. Was ich sah und erlebte*.[10] Der Name des Schreibers – oder doch eher Nutzers[11] – soll auf dem Titelblatt eingetragen werden, um den Vordruck zu personalisieren; der Untertitel legt durch die Verwendung der Ich-Perspektive eine subjektive Darstellung der *gesehenen* und *erlebten* Kriegswirklichkeit nahe und rekurriert damit auf die zeitgenössische Rhetorik des Kriegserlebnisses, sein Erleben in Schreiben zu übersetzen. Es handelt sich bei diesem Tagebuchvordruck folglich um ein Format im besten Sinne des Worts, das mehr noch als eine Form vorgibt, was mit ihm zu tun ist.[12]

Die eingeschriebene Praxeologie wird in einer zweispaltigen Darstellung sichtbar: Gilt es zunächst nur, das persönliche Erleben auf der linken Seite neben die auf der rechten Seite vorgedruckten Ereignisse zu notieren, so sollen ab dem Zeitpunkt, der durch den Vordruck nicht mehr bedruckt ist, beide Spalten gefüllt werden. Von einem Fort- und Sich-Einschreiben in eine vorgedruckte Chronik jüngst geschehener findet eine Bewegung hin zum Beobachten und Dokumentieren aktueller Kriegsereignisse statt, die von den Diarist:innen auf zwei Ebenen festgehalten werden soll: auf der privaten, persönlichen auf der linken, auf der offiziellen, politischen auf der rechten Seite. Damit verkörpert dieser Kriegstagebuchvordruck *in nuce* das Verhältnis der Gattung Tagebuch zur Kriegswelt und formalisiert das Verfassen von Kriegsgeschichten an zahlreichen Orten des Kriegs durch diverse Autor:innen. Gemäß dem Vordruck werden aktuelle Geschehnisse beobachtet, erlebt und zur Darstellung gebracht. Er ist mithin ein Indiz für die gestiegene Bedeutung der Gegenwart und gibt dem Ereignisdruck des Kriegs eine Darstellungsform, welche die Schreibhürde senkt – und, so soll später noch gezeigt werden –, gängige Topoi des Tagebuchschreibens wie die freie Themenwahl und den Blick auf das Innere „ausschaltet" (Abb. 36).

Eine Rezension empfahl den Vordruck als „gutes Geschenk für jeden Krieger", jedoch gleichermaßen geeignet „zur Aufzeichnung kurzer Kriegsereignisse von jedermann".[13] Wird damit Tagebuchschreiben im Krieg einmal mehr zu einem allerorten praktizierbaren Dokumentationsphänomen erklärt, so nivelliert diese Gleichsetzung die Verschiedenheit von Erfahrungswelten im Krieg

---

10 Kriegstagebuch 1914/15 für ___. Was ich sah und erlebte, München 1914 o. 1915. Zu Tagebuchvordrucken und der Rolle der Schreibwarenindustrie im Ersten Weltkrieg vgl. ausführlicher Kapitel 1.2 dieser Studie.
11 Hier ergibt sich ein Spannungsverhältnis zwischen dem Tagebuchvordruck in Formularform und dem Autorbegriff. Lisa Gitelman schlägt daher vor, bei Vordrucken von Nutzern anstelle von Autoren zu sprechen. Vgl. Gitelman, Paper Knowledge, 25, 31.
12 Vgl. Jonathan Sterne, MP3. The Meaning of a Format, Durham und London 2012, 25. Zu Vordruckbüchern als ‚Meta-Microgenres' und ihrer Dokument-Werdung siehe Gitelman, Paper Knowledge, 23.
13 [Anonym], Kriegsliteratur, 294.

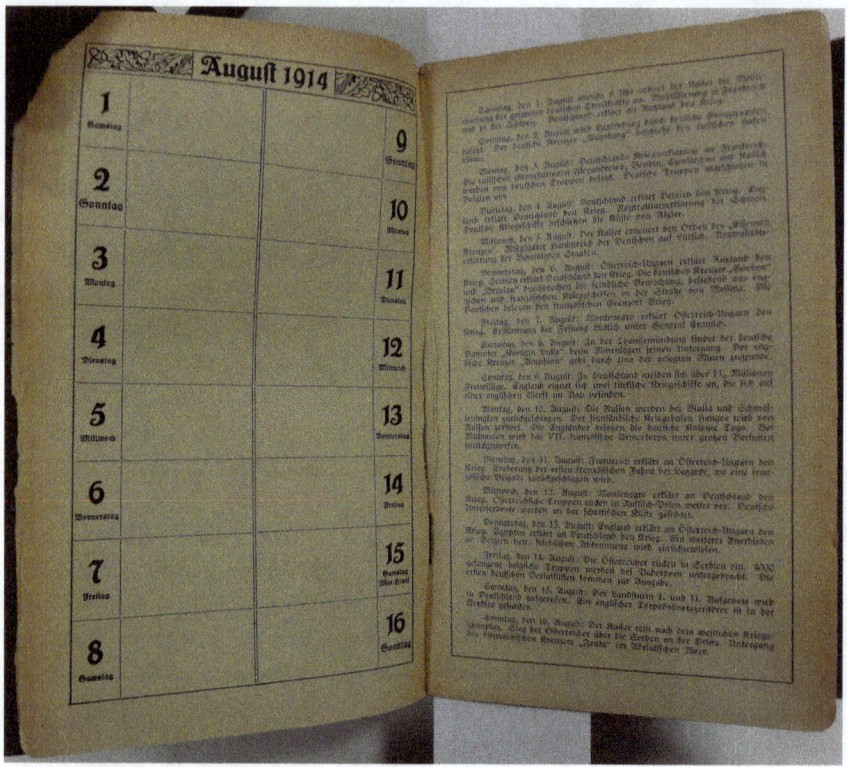

Abb. 36: Vordruck *Kriegstagebuch* 1914/14 für ___. Was ich sah und erlebte.

sowie räumliche und zeitliche Differenzen hinsichtlich der Beobachtung der Kriegsrealität einzelner Akteure: Die Kriegsereignisse können überall beobachtet, ihre Aktualität allzeit in diesen Vordruck notiert werden.

Zum paradigmatischen Beispiel für das zeitgenössische Verständnis einer an der Gegenwart orientierten Privathistoriographie avanciert der eingangs vorgestellte Tagebuchvordruck, indem er sich formal in die mediale Genealogie des Kalenders einschreibt. Dabei handelt es sich nicht um einen Kalender im heutigen Sinne, in dem zukünftige Termine vermerkt und koordiniert werden, sondern um ein Medium, das die Beobachtung und Dokumentation der Kriegsgegenwart ermöglichen soll. Die Selbstverortung dieses Kriegstagebuchvordrucks als Register aktueller Kriegsereignisse betont nachdrücklich die Bedeutung der Gegenwart für das eigene Schreiben, die zahlreiche literarische und dokumentarische Formen dieser Zeit bestätigen. Seine Multifunktionalität lässt sich jedoch noch besser herausarbeiten, indem ein kurzer Exkurs ins 17. Jahrhundert unternommen wird, in welchem der Historiker Achim Landwehr prominent die „Geburt der Gegenwart"[14] situiert hat.

Ab dem 17. Jahrhundert verlor die heilsgeschichtliche Vorbestimmung des Endes der Welt an Strahlkraft genau wie die Bedeutung der Vergangenheit gleich einer Autorität als Maßstab der individuellen und kollektiven Orientierung abnahm. Infolgedessen wurde Gegenwärtigkeit als „Möglichkeitszeitraum" entdeckt, der nicht mehr von der Vergangenheit vorbestimmt war und dessen Zukunft gezielt gestaltet werden musste.[15] Auf das neue Zeitmodell der Gegenwart verwiesen bereits im 17. Jahrhundert Adjektive wie „jetzt-lebend", „jetzt-herrschend" und „jetzt-laufend", im 18. Jahrhundert verschob sich der Begriff ‚Gegenwart' demgemäß von einem geteilten Raum hin zu einer geteilten Zeit.[16] Zu Spiegeln wie Katalysatoren des neuen Zeitbewusstseins für die Gegenwart avancierten ab dem 17. Jahrhundert schließlich verschiedene neue Massenmedien.

Insbesondere Kalender waren Ausdruck des neuen Zeitbewusstseins genau wie sie an seiner Ausprägung mitwirkten.[17] Noch im 16. und 17. Jahrhundert glichen sie Nachschlagewerken, die medizinische Hinweise, astronomische sowie astrologische Angaben enthielten und halfen, konkrete lebenspraktische Fragen zu beantworten.[18] Ab dem frühen 18. Jahrhundert umfassten die Kalender zunehmend unbedrucktem Schreibplatz, der einerseits zum Notieren eigener Beobachtungen und Erfahrungen einlud – es handelte sich nun zunehmend um *Schreib*kalender –, andererseits aber auch zum aktiven Gestalten der Gegenwart aufforderte.[19] In der Forschung wurden Kalender dieser Zeit auch als Bibliothek oder Medium des gemeinen Mannes bezeichnet, wobei dies ihre Nutzergruppe zu sehr einschränkt. Kalender wurden von der breiten Bevölkerung genutzt, zum Schreiben dienten sie jedoch zunächst Menschen höherer

---

14 Als „Geburt der Gegenwart" bezeichnet Landwehr das Emergenzphänomen sowie die Erfindung eines noch heute gültigen Verständnisses von Gegenwart, das aus einem Wechsel der Zeithorizonte im 17. Jahrhundert hervorging. Vgl. Achim Landwehr, Geburt der Gegenwart. Eine Geschichte der Zeit im 17. Jahrhundert, Frankfurt am Main 2014, 16–17.
15 Siehe Landwehr, Geburt der Gegenwart, 17–18.
16 Vgl. Landwehr, Geburt der Gegenwart, 171–172. Nach der Französischen Revolution wurde ‚Gegenwart' als Tempusbegriff rasant verbreitet. Vgl. Ingrid Oesterle, Der ‚Führungswechsel der Zeithorizonte' in der deutschen Literatur. Korrespondenzen aus Paris, der Hauptstadt der Menschheitsgeschichte, und die Ausbildung der geschichtlichen Zeit ‚Gegenwart', in: Studien zur Ästhetik und Literaturgeschichte der Kunstperiode, hg. von Dirk Grathoff, Frankfurt am Main 1985, 12–75, hier 17–18.
17 Vgl. Landwehr, Geburt der Gegenwart, 25.
18 Vgl. Landwehr, Geburt der Gegenwart, 22.
19 Dazu ausführlicher Landwehr, Geburt der Gegenwart, 9–14.

Schichten und trugen ihren Teil zum Übergang von der Kalenderführung zum persönlichen Tagebuchschreiben bei.[20]

Für die vorliegende Studie von besonderer Relevanz ist der Einsatz historischen Materials in den Kalenderdrucken: Während noch im 16. Jahrhundert die Blickrichtung der Zukunft mit Prognosen und Horoskopen bedient wurde, traten an deren Stelle an der Wende zum 17. Jahrhundert Historienspalten, die Ereignisse der frühen Geschichte darstellten.[21] Aus dieser Kombination von Chronik und Kalender entwickelte sich eine neue Form, die – so Christiane Holm – „kreative Wechselwirkungen mit dem zeitgleich entstehenden Tagebuch einging":[22] das sogenannte *calendarium historicum*. Dieser Begriff umfasst Kalender, die kirchliche und historische Gedenktage vermerken und unter diesen Schreibplatz, auf dem die Autor:innen retrospektiv das Geschehen an diesem Tag des Jahres notieren konnten. Das eigene Schreiben wird in diesen Kalendern an die europäische Geschichte angeschlossen, die bis in die Antike reicht. Dass diese Form der Kalender damit neben Formaten der Buchhaltung eine weitere mediale Genealogie des Tagebuchs darstellt, lässt sich am Untertitel *Tagbuch* eines im Jahr 1557 veröffentlichten *Calendarium Historicum* explizit nachweisen.[23]

Im 17. Jahrhundert thematisierten die Kalender zunehmend die jüngere Vergangenheit, die historischen Referenzen wurden aktueller und griffen beispielsweise auf Inhalte von Zeitungen aus dem vergangenen Jahr zurück.[24] Folgt man Landwehrs Argumentation, so waren diese Kalender sowohl Ausdruck als auch Darstellung eines veränderten Zeitbewusstseins, trugen aber auch dazu bei, dass sich dieses erst herausbildete und verstärkte. Im Nebeneinander von historischem Ereignis und der Verzeichnung aktueller Begebenheiten traten in der Folge Vergangenheit, Gegenwart und Zukunft als distinkte Zeiten hervor.[25] Abraham Seidels von 1678 bis 1849 erschienener *Alter und Neuer Kriegs- Mord- und Todt- Jammer- und Noht-Calender* ist ein Beispiel für einen historischen Kalender mit Kriegsbezug, der politische Ereignisse und die

---

20 Vgl. zur Nutzung von Kalendern als Nachschlagewerken des gemeinen Mannes Landwehr, Geburt der Gegenwart, 24. Siehe zu den Adressat:innen und Nutzer:innen von Schreibkalendern Meise, Das archivierte Ich, 18, 41–46.
21 Vgl. Landwehr, Geburt der Gegenwart, 95.
22 Holm, Montag Ich, Dienstag Ich, Mittwoch Ich, 12. Vgl. beispielsweise den bekannten historischen Kalender von Paul Eber, Calendarium historicum, Wittenberg 1550.
23 Siehe Michael Beuther, Calendarium Historicum. Tagbuch, Allerley Furnhemer, Namhafftiger vnnd merckllicher Historien, Frankfurt am Main 1557. Vgl. zu Übergängen in der Wortgeschichte von Kalendern und Tagebüchern auch Meise, Das archivierte Ich, 31–32.
24 Vgl. Landwehr, Geburt der Gegenwart, 95.
25 Vgl. Landwehr, Geburt der Gegenwart, 13.

4.1 Wegbereiter diaristischer Aktualität: Kalender – Zeitungen – Zeitgeschichte — 227

Militärpolitik der jüngeren Vergangenheit darstellt.[26] Für viele seiner Nutzer:innen war er das Medium der Aktualität, aus dem sie, wenn auch mit Verzögerungen, die heutigen Maßstäben von Aktualität nicht mehr entsprechen, von jüngeren Entwicklungen fernab der eigenen Lebenswelt lesen und ihre eigenen Erfahrungen notieren konnten.[27]

Der Vergleich von Tagebüchern aus dem Ersten Weltkrieg mit (historischen) Kalendern ist nicht nur aufgrund deren gegenwartskonstituierender Funktion nötig, sondern auch, weil sich anhand von Schreibkalendern die Genese von Innerlichkeit im Tagebuch praxeologisch beobachten lässt. Innerlichkeit, die Beobachtung und Reflexion des Selbst, zählt gemeinhin als wichtiges Merkmal des Tagebuchs; und anhand der Geschichte des Tagebuchs kann die Ausprägung von Innerlichkeit im Laufe der Jahrhunderte nachvollzogen werden.[28] Die für viele Tagebücher grundlegende Funktion der Selbsterkundung wurde im Ersten Weltkrieg besonders herausgefordert und führt ins Zentrum der vorliegenden Untersuchung. „Der beständige Gebrauch, sei es beim Lesen von Informationen, sei es beim Eintragen von Notaten oder deren neuerlichem Abruf, lenkte den Blick des Benutzers unweigerlich auf sein eigenes Ich", heißt es in einer Studie über Schreibkalender der Frühen Neuzeit, die diese daher als Katalysatoren des autobiographischen Schreibens bezeichnet.[29] Die Übergänge vom kalendarischen zum Tagebuchschreiben sind dabei graduell: Der vorgegebene Platz neben dem Datum kann genutzt und respektiert werden, viele Schreibende bedienen sich aber auch zunehmend der enthaltenen unbedruckten Seiten, notieren nur noch auf diesen und wählen schließlich ein Buch mit leeren Seiten, das neben dem Kalender als Tagebuch geführt wurde.[30] Es fand dabei eine Verschiebung von der Welt- zur Selbstbeobachtung statt, mit der die Literarisierung der Einträge, häufigere Aussagen über das Ich sowie Reflexions- und Erzählansätze einhergingen.[31]

Pietistische Schreibkalender verstärkten diese Konzentration auf Innerlichkeit: Ausgehend von der Niederschrift religiöser Empfindungen entwickelte sich eine Tagebuchform, die der Gewissenserforschung diente und damit ganz

---

26 Siehe Abraham Seidel, Alter und Neuer Kriegs- Mord- und Todt- Jammer- und Noht-Calender. Auf das Jahr nach der Geburt Jesu Christi/ M DC LXXXV. so benebens der Beschreibung Deß Gewitters/ Erwehlungen und anderer Zufälle der Planeten und Aspecten Lauff und Gang, Nürnberg 1684.
27 Vgl. dazu ausführlicher Landwehr, Geburt der Gegenwart, 150–151.
28 Siehe dazu Flasch, Der Wert der Innerlichkeit, 220.
29 Siehe Meise, Das archivierte Ich, 18.
30 Vgl. Meise, Das archivierte Ich, 76–77.
31 Vgl. Meise, Das archivierte Ich, 30.

wesentlich zur Form- und Funktionsveränderung des Tagebuchs hin zum Ausdrucksort für Innerlichkeit beitrug.[32] Eine weitere verwandte mediale Genealogie stellt schließlich das Losungsbüchlein dar. 1731 erschien die erste von der Herrnhuter Brüdergemeine herausgegebene Sammlung mit Losungen für jeden Tag im Leben der Gemeine: Es handelt sich um eine Art Vademecum, dessen Parolen jedem Einzelnen zur inneren und äußeren Ausrichtung an Gotteswort dienen und eine konkrete Hilfe im Alltag sein sollten.[33] Im 19. Jahrhundert verbreiten sich Losungsbüchlein zunehmend auch außerhalb der Gemeine und gingen neue Allianzen mit Kalenderdrucken ein. Dies wird etwa ersichtlich am *Notiz-Kalender für Freunde des göttlichen Wortes, mit täglichen Losungen und Lehrtexten auf das Schalt-Jahr 1860*, der für jeden Tag des Jahres eine Losung sowie Schreibraum für eigene Notizen bereitstellt.[34] Die Besinnung auf Innerlichkeit leitet so das tagtägliche Schreiben an.

Die Schreibkalender in der Tradition der historischen Kalendarien sowie Losungsbüchlein können also als „historische Referenzformen"[35] des eingangs vorgestellten Tagebuchvordrucks *Was ich sah und erlebte* gelten. Nutzten Schreibwarenprodukte wie der *Notiz-Kalender für Offiziere aller Waffen* aus dem Jahr 1880 noch das Referenzprinzip der historischen Kalender und vermerkten Daten der Militärgeschichte,[36] so aktualisiert der Vordruck aus dem Ersten Weltkrieg diese mediale Genealogie, indem er die Gegenwart der Kriegsereignisse selbst zum Referenzpunkt des eigenen Schreibens erklärt und die beobachtete und erlebte Gegenwart des Kriegs nebeneinanderstellt. Dabei nutzt der Vordruck das dem Kalender inhärente Potential zur Synchronisation:[37] Er fordert seine Nutzer:innen auf, einen Bezug zwischen Ereignissen, die an verschiedenen Orten und möglicherweise zu verschiedenen Zeiten

---

32 Vgl. ausführlicher zur Entstehung pietistischer Tagebücher und ihrem Verhältnis zu Chroniktagebüchern Bernfeld, Trieb und Tradition im Jugendalter, 138–141. Sibylle Schönborn kritisiert die Unschärfe des Pietismus in der stetigen Verbindung zum Tagebuch, da unklar bleibe, ob es sich um Vertreter der Religionsgemeinschaft handele oder um das individualpsychologische und kultursoziologische Phänomen. So zeichneten sich viele Tagebücher, die in pietistischen Gemeinden entstanden, weniger durch Innerlichkeit als vielmehr durch das Verzeichnen täglicher Abläufe aus. Vgl. Schönborn, Das Buch der Seele, 32–36.
33 Vgl. dazu Helmut Schiewe, Aus der Geschichte der Losungen, in: Alle Morgen neu. Die Herrnhuter Losungen von 1731 bis heute, hg. von der Direktion der Evangelischen Brüder-Unität Distrikt Herrnhut, Berlin 1976, 7–19, hier 7–9.
34 Notiz-Kalender für Freunde des göttlichen Wortes, mit täglichen Losungen und Lehrtexten auf das Schalt-Jahr 1860, hg. von Christoph Möller, Berlin 1859.
35 Holm, Montag Ich, Dienstag Ich, Mittwoch Ich, 12.
36 Siehe Notiz-Kalender für Offiziere aller Waffen.
37 Vgl. Landwehr, Geburt der Gegenwart, 253.

stattgefunden haben, schriftlich festzuhalten, indem sie im Kalender auf einer Seite in zwei Spalten nebeneinander gestellt werden und somit die Gleichzeitigkeit der Ereignisse zur Darstellung kommt. Auch andere Tagebuchvordrucke schreiben genau diese Funktion der Synchronisation der Kriegsaktualität und des eigenen Erlebens vor, beispielsweise das *Kriegs-Taschen-Notizbuch* der Geschäftsbücherfabrik Otto Enke (Abb. 37), das der Soldat Josef Nüthen als Kriegstagebuch nutzt. Im doppelseitigen vergleichenden Kalendarium ist das letzte Ereignis am 1. September 1914 vorgedruckt. Nüthen trägt auf dieser Seite zum ersten Mal am 30. Oktober 1914 etwas ein, einen Tag vor seiner Abfahrt ins Feld. Im Folgenden füllt er beide Seiten parallel, wobei im Kalendarium auch persönliche Orts- und Bewegungsangaben anstelle von Verweisen auf die große Kriegsgeschichte stehen.[38]

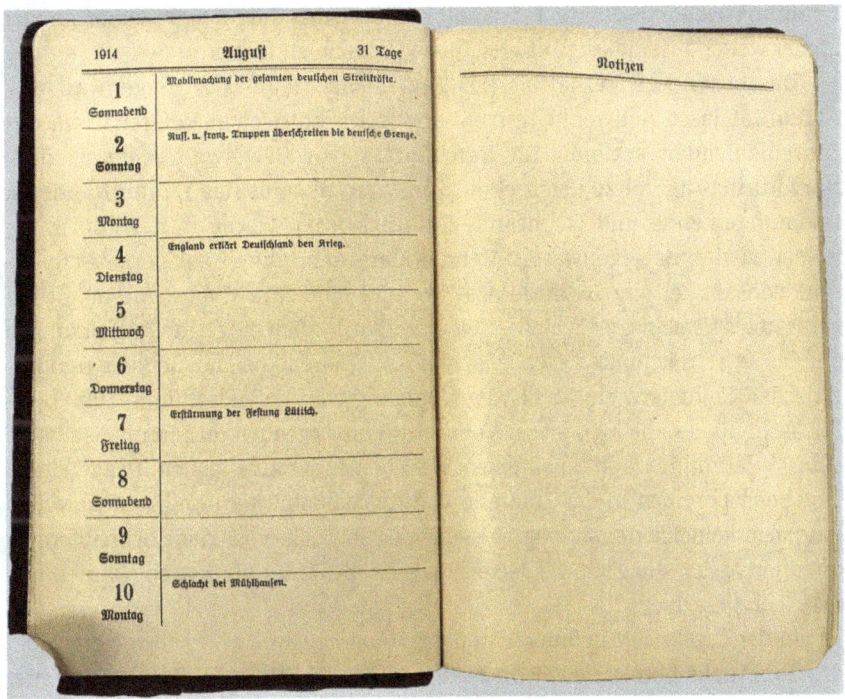

Abb. 37: Doppelseitige Kriegsdokumentation im *Kriegs-Taschen-Notizbuch*.

---

38 Vgl. Nüthen, Tagebuch.

Der eigens für die Heimatfront konzipierte Vordruck *Kriegstagebuch zu dem Weltkriege 1914* des Oskar Eulitz-Verlags regt an, unter einer Zeitangabe Kriegsereignisse an West- und Ostfront sowie in der Heimat in Tabellenform nebeneinanderzustellen (Abb. 38). Aus diesem Tagebuchvordruck wird besonders ersichtlich, inwiefern der Krieg bereits zu einer regelrechten Ereignisexplosion geführt hat, die nun in eine systematische, geordnete Form der Darstellung überführt werden soll. Verwendung findet dieses Kriegstagebuch in der Präparandenanstalt in Rastenburg, in der es vom Schuldirektor Basarke gewissenhaft geführt wird, wobei dieser die Tabellen überspringt, um stattdessen auf freien Seiten zu schreiben.[39] Auch wenn die Vordrucke also nicht immer im Sinne ihrer Erfinder:innen ausgefüllt wurden, so treten ihre besonderen Ambitionen in diesem Krieg, der einerseits als Zeit der Simultaneität und Synchronisation verschiedener Orte mittels medialer Innovationen galt,[40] während andererseits Erfahrungswelten zwischen Front und Etappe, Schlachtfeld und Klassenzimmer immer weiter auseinanderdrifteten, doch prononciert hervor.

Das besondere Verhältnis des Tagebuchschreibens zu Gegenwart und Aktualität lässt sich nicht nur anhand der historischen Referenzform des Schreibkalenders erklären. Die Beschreibung von Gegenwart genau wie ihre Hervorbringung vollzog sich ebenso im Journalismus des 17. Jahrhunderts. Das aufsteigende und wachsende Zeitungswesen wurde in der Forschung immer wieder als gegenwartsstiftend erklärt, denn durch das periodische Erscheinen der Zeitungen wurde das Hier und Jetzt zum Thema und damit Gegenwart als gemeinsame, geteilte Zeit erfahrbar.[41] Auch dies hatte Auswirkungen auf das sich firmierende Tagebuchschreiben. Während bei den Schreib- und historischen Kalendern ein fließender Übergang vom Kalenderführen zum Tagebuchschreiben naheliegt, ist im Verhältnis von Tagebuch und Journalismus ab dem 18. Jahrhundert eher von einem Nebeneinander auszugehen: Das moderne Tagebuchschreiben in der Tradition von Ausgabenbüchern und medizinischen Journalen koinzidierte mit dem entstehenden Journalismus. Beide Schreibformen orientieren sich am Zeittakt, setzen mal abrupt, mal pointiert ein, präferieren Skizze und Fragment.[42]

In der Tagebuchforschung wird die Zeitung daher oft als nächste Verwandte des Tagebuchs bezeichnet, denn beiden ist die Aufteilung in Tagesabschnitte,

---

[39] Siehe Präparandenanstalt Rastenburg, Kriegstagebuch der Anstalt zum Weltkrieg.
[40] Dazu ausführlicher Kern, The Culture of Time and Space: 1880–1918, XIII, 67–68, 279, 286, 295.
[41] Siehe Landwehr, Geburt der Gegenwart, 154.
[42] Vgl. Günter Oesterle, Die Intervalle des Tagebuchs – Das Tagebuch als Intervall, in: Absolut privat!? Vom Tagebuch zum Weblog, hg. von Helmut Gold und Wolfgang Albrecht, Heidelberg 2008, 100–103, hier 102.

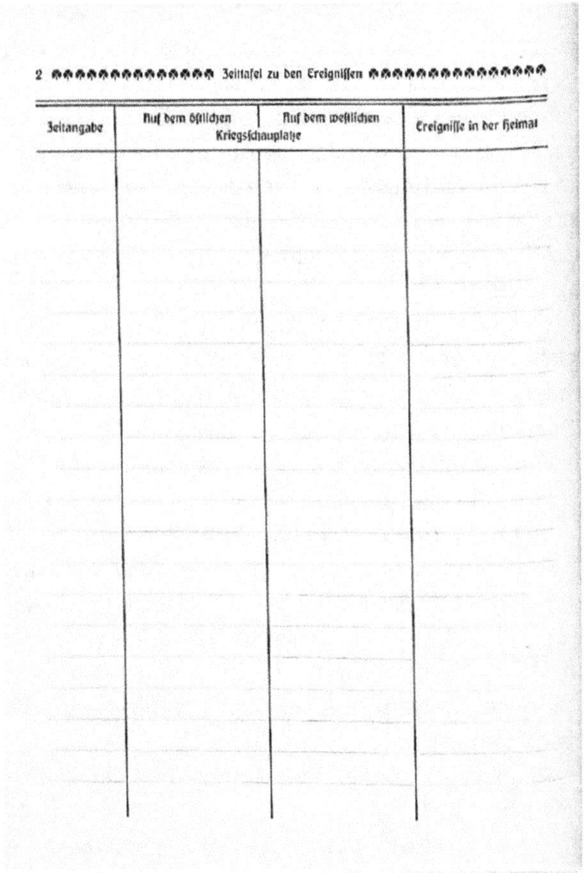
2 Zeittafel zu den Ereignissen

Zeitangabe	Auf dem östlichen Kriegsschauplatze	Auf dem westlichen Kriegsschauplatze	Ereignisse in der Heimat

Abb. 38: Zeittafeln im *Kriegstagebuch zu dem Weltkriege 1914.*

die Regelmäßigkeit der Berichterstattung sowie die zeitliche Nähe zu den berichteten Ereignissen gemein.[43] Die historische und mediengeschichtliche Nähe von Zeitungen und Tagebüchern schlägt sich auch in der Etymologie nieder, die den Bezug auf den Tag bewahrt. So bezeichnet ‚journal' im Französischen beide Formen, das *journal intime* hingegen nur eine Sonderform des Tagebuchs im 19. Jahrhundert. Im Deutschen sind die Begrifflichkeiten verschieden, allerdings ist sowohl die Rubrik ‚Tagebuch' in Zeitungen gängig als auch die Bezeichnung der

43 Vgl. Peter Boerner, Tagebuch, 12.

Gesamtausgabe einer Zeitung als Tagebuch.[44] Mit dem Nebeneinander von Zeitungen und Tagebüchern ab dem 18. Jahrhundert ergab sich zudem auch aus der Perspektive der gegenseitigen Bezugnahme eine neue Konstellation: Waren zuvor die historischen Kalendarien eine Form des persönlichen Buchführens, das dem In-Bezug-Setzen der eigenen Gegenwart zu wichtigen Ereignissen der Vergangenheit diente, ermöglichte die Lektüre und Auswertung von Zeitungen *im Tagebuch* diese Referenz auf das aktuelle Geschehen hinzuverschieben. Die Zeitungsmeldung in Abschrift, später der Zeitungsausschnitt, wurden häufig als Komplemente zum eigenen Eintrag hinzugezogen.[45]

Kalender, Journalismus und das persönliche Tagebuchführen waren also zunehmend auf die Wahrnehmung und Dokumentation der eigenen Gegenwart ausgerichtet und sie brachten diese Wahrnehmung in ihren jeweiligen Darstellungsformen mit hervor. Damit traten sie in ein interessantes Verhältnis zu der sich als Disziplin formierenden Geschichte, in deren Selbstverständnis in mehrfacher Hinsicht ein Wechsel der Zeithorizonte mit Implikationen für die Gattung Tagebuch stattfand. An der Schwelle vom 18. zum 19. Jahrhundert veränderten sich in dem Maße, in dem Gegenwart nicht mehr nur als individuell und lokal erfahrbar gedacht wurde, sondern sich zu einem lokal und temporal erweiterten Zeitbewusstsein entwickelte, auch Fokus und Methode dieser Disziplin: Sie kehrte vom Augenzeugen, der Raum und Zeit des Ereignisses teilte, ab und damit auch von einer spezifischen Untersuchung der eigenen Gegenwart, die jahrhundertelang ihre Aufgabe gewesen war.

Stattdessen widmeten sich viele Historiker der methodischen, quellenbasierten Erforschung, für die insbesondere der Historismus eintrat. Durch zunehmende Abstraktion wurde die Gegenwart zu einer „geschichtsimmanente[n] reflexive[n] Zeit", die sich sowohl der Erfahrung des Einzelnen als auch der Geschichtsschreibung entzog.[46] Die Gegenwart wurde infolgedessen eher durch ihre Mängel wahrgenommen, sodass sich die Geschichtswissenschaft vorwiegend der Erforschung vergangener Geschichte mittels verschiedener Quellen zuwandte.[47] Auch die Sperrfrist von Akten erschwerte die nach neuen Maßstäben der Quellenkritik arbeitende Auswertung von Text- und Bildmaterial aus

---

[44] So erschien beispielsweise von 1920 bis 1933 die politisch-literarische Wochenschrift *Das Tage-Buch* in der Weimarer Republik, von 1933 bis 1940 die Exilausgabe unter dem Titel *Das Neue Tage-Buch*.
[45] Vgl. zum Verhältnis von Tagebuch, Presse und Kalender auch Daniel Weidner, Täglichkeit. Tagebuch und Kalender bei Walter Kempowski und Uwe Johnson, in: Weimarer Beiträge 59 (2013), H. 4, 505–525, hier 506–507.
[46] Vgl. Oesterle, Der ‚Führungswechsel der Zeithorizonte' in der deutschen Literatur, 18.
[47] Vgl. Oesterle, Der ‚Führungswechsel der Zeithorizonte' in der deutschen Literatur, 20.

der Gegenwart, „[d]ie Aktualität der Geschichte war also noch auf eine jahrhundertelange Dauer eingestellt."[48] Neben den dominanten historistischen Schriften gab es auch im deutschsprachigen Raum Forschungen zur sogenannten Zeitgeschichte, wobei mit diesem Begriff die etwa dreißig- bis sechzigjährige Vorzeit der Gegenwart erfasst wurde, die ganz wesentlich von der Französischen Revolution, später von den entscheidenden Jahren 1815 und 1848 geprägt wurde.[49] Das Gros der Historiker interessierte sich jedoch für die weiter zurückliegende Vergangenheit.

In der Geschichtsschreibung war im 19. Jahrhundert die Suche nach Ursprüngen und Wurzeln, wie sie wohl am prominentesten die sich etablierende Nationalgeschichtsschreibung betrieb, dominierend. Mit der deutschen Reichsgründung galt es nun, die eigene Nationalgeschichte zu begründen und das Jahr 1871 wurde zum Zielpunkt der Forschungen, beispielsweise in Heinrich von Treitschkes *Geschichte des neunzehnten Jahrhunderts*.[50] Zudem gewannen ab 1870 zunehmend Konzepte an Strahlkraft, die retrospektiv unter dem Begriff der *longue durée* gefasst wurden: Sie zeichnen sich durch die Relativierung des einzelnen Ereignisses und seine Einordnung in einen Verlauf aus, der das Ereignis selbst nicht mehr als herausragend beziehungsweise Initialzündung für den weiteren Verlauf der Geschichte interpretiert.[51]

Gleichwohl bedeutete der starke Fokus der Geschichtswissenschaft auf der weiter zurückliegenden Vergangenheit nicht das Ende der Gegenwartsbeschreibung, -erforschung und -reflexion, sondern vielmehr eine Verschiebung der Zuständigkeiten: Während sich der entstehende Historismus der abgeschlossenen Vergangenheit zuwandte, entdeckten Literaten und Philosophen ab den 1830er Jahren die eigene Gegenwart als Schreibthema und die wachsende Publizistik mit einem ausdifferenzierten Zeitschriftenmarkt gab ihnen dafür ein geeignetes Podium. So gewannen pragmatische Gattungen, die „Mitzeitigkeit" garantierten, an Prominenz: Gespräche, vor allem jedoch Briefe in verschiedenen Formen. Der Schreibaugenblick wurde in diesen Gattungen besonders in den Blick genommen, über mehrere Ausgaben von Zeitschriften hinweg konnten Dialoge

---

48 Reinhart Koselleck, Begriffsgeschichtliche Anmerkungen zur ‚Zeitgeschichte', in: Die Zeit nach 1945 als Thema kirchlicher Zeitgeschichte, hg. von Victor Conzemius, Martin Greschat und Hermann Kocher, Göttingen 1988, 17–31, hier 26.
49 Siehe Ernst Schulin, Zeitgeschichtsschreibung im 19. Jahrhundert, in: Festschrift für Hermann Heimpel zum 70. Geburtstag am 19. September 1971. Bd. 1, Göttingen 1971, 102–139, hier 104–107, 112–120. Siehe darin zum Verhältnis von Historismus und Zeitgeschichte im 19. Jahrhundert 107–112.
50 Vgl. Schulin, Zeitgeschichtsschreibung im 19. Jahrhundert, 135–139.
51 Dazu ausführlicher Ulrich Raulff, Der unsichtbare Augenblick. Zeitkonzepte in der Geschichte, Göttingen 1999, 13–49.

fortgesetzt werden.[52] Auf dem sich parallel etablierenden Zeitungsmarkt entwickelten sich zwar nur wenige Textformen, die sich reflexiv auf die Gegenwart bezogen, jedoch waren dort mit aktualitätsbezogenen Informationen spezifische Ausprägungen der Gegenwart takt- und themengebend.[53]

In einer Zeit, die sich durch ein reflexives Verhältnis zur eigenen Gegenwart auszeichnete, dieses aber weder von der Historiographie noch von den Zeitungen in gebührendem Maße beachtet wurde, blieb eine Leerstelle, in die sich andere Formen einschreiben konnten: Zeitschriften und Rubriken, die sich den Titel „Tagebuch der Zeit" gaben und seit den 1830ern regelmäßig erschienen. Sie übernahmen nicht nur die Aufgabe der Gegenwartsanalyse, sondern begegneten auch einem Problem der neuen aktualistischen, gegenwartsreflexiven Literaturformen, die von der Dauer der Darstellung und ihrer Zeitbewegung selbst überholt wurden. Das publizistische Tagebuch bot nun eine geeignete Form, Materialien für die Geschichte des Tages bereitzustellen.[54] In diesem Sinne entwickelte diese Gattung schon in der ersten Hälfte des 19. Jahrhunderts einen besonderen „Aktualitätssinn".[55] Die Bezeichnung ‚Tagebuch' wurde durchaus auch metaphorisch verwendet, etwa von Heinrich Heine, der seine Berichte aus Paris als ein „daguerreotypisches Geschichtsbuch" betitelte und damit auf die besondere Nähe zur frühen Fotografie rekurrierte, die von der Faszination den Augenblick festzuhalten angetrieben wurde. Die Aktualisierung der Gegenwart ist der Darstellung in Tagebuchform eingeschrieben, sie ist damit „[ü]berholbar, korrigierbar, relativierbar". Dabei steht das Tagebuch für ein Zeitbewusstsein, „dem in geschichtswissenschaftlicher Darstellung nicht mehr beizukommen ist, das sich gleichwohl aber jenem Reflexivwerden der Geschichte verdankt, aus dem sich auch der Historismus herleitet."[56]

Friedrich Nietzsches Kritik am historischen Positivismus und der Übermacht der Historie – sowohl im Sinne von Geschichte als auch von Geschichtsschreibung – sowie sein Plädoyer für eine am Leben und der Gegenwart orientierte Geschichtsschreibung, in welcher der gelebte Augenblick aufgewertet wird,[57] sind nur ein Indiz für einen Wechsel der Zeithorizonte in der Geschichtsschreibung in der zweiten Hälfte des 19. Jahrhunderts. Während Vertreter des Historismus wie Leopold von Ranke und Heinrich von Treitschke sich zwar in Zeitungen zu tages-

---

52 Vgl. Oesterle, Der ‚Führungswechsel der Zeithorizonte' in der deutschen Literatur, 33–35.
53 Vgl. Oesterle, Der ‚Führungswechsel der Zeithorizonte' in der deutschen Literatur, 24.
54 Vgl. Oesterle, Der ‚Führungswechsel der Zeithorizonte' in der deutschen Literatur, 25–26.
55 Siehe zum Aktualitätssinn vermeintlich minderer Genres Matala de Mazza, Der populäre Pakt, 26–27.
56 Vgl. Oesterle, Der ‚Führungswechsel der Zeithorizonte' in der deutschen Literatur, 26.
57 Vgl. Nietzsche, Vom Nutzen und Nachteil der Historie für das Leben.

politischen Fragen äußerten, in ihren Forschungen jedoch Maximen des Historismus treu blieben und demnach keine Zeitgeschichte als Gegenwartsanalyse betrieben, traten zuerst neben, später anstelle der im 19. Jahrhundert dominanten Geschichtskonzepte des Ursprungs und der langen Dauer im 20. Jahrhundert multiple Konzepte, die mit Begriffen wie Gegenwart, Aktualität, Präsenz, dem Ereignis oder Augenblick gefasst wurden.[58] Für die wiederkehrende Prominenz der Zeitgeschichte im Ersten Weltkrieg spricht ein 1915 erschienenes Lehrbuch, das diese zum Forschungsgebiet der Geschichtswissenschaft erklärte. Genau wie in zeitgeschichtlichen Werken des 19. Jahrhunderts soll dieses „Hilfsorgan[ ]" der Geschichtswissenschaft die „(nähere) Vorgeschichte des gegenwärtigen Zustands" untersuchen, für die der Begriff der „aktuelle[n] Geschichte" zwar passender, wegen des zeitgenössisch inflationären Gebrauchs des Ausdrucks der Aktualität jedoch ungeeignet sei.[59]

Die 1915 vorgenommene Abgrenzung der Zeitgeschichte von der Aktualität spielt wahrscheinlich auf die omnipräsente Situation der Tagespresse an, die nicht erst im Ersten Weltkrieg zur Trägerin einer regelrechten Kultur der Aktualität wurde. Durch diese Eigenschaft avancierte sie zur Umgebung wie zum Katalysator des Tagebuchschreibens im Krieg. Gegenüber dem Zeitbegriff der Gegenwart akzentuiert der Begriff der Aktualität Veränderungen in der laufenden Gegenwart, die in stetig neue Gegenwarten überführen.[60] Aktualität ist eng mit dem Informationsbegriff Niklas Luhmanns verbunden: Das System der Massenmedien unterscheidet die Information von der Nichtinformation durch das Kriterium der Differenz zur Information des Vortags und ihre Nicht-Wiederholbarkeit.[61] Luhmann definiert Aktualität neben der „markante[n] Diskontinuität" als einen Selektor von Information, der zur Konzentration auf von zum Zeit-

---

58 Dazu ausführlicher Raulff, Der unsichtbare Augenblick, 50–84.
59 Siehe Hashagen, Das Studium der Zeitgeschichte, 10, 15. Justus Hashagen war Privatdozent in Bonn und leitete von 1917 bis 1918 den ‚Vaterländischen Unterricht' beim Stellvertretenden Generalkommando in Koblenz. (Vgl. Klaus Große Kracht, Kriegsschuldfrage und zeithistorische Forschung in Deutschland. Historiographische Nachwirkungen des Ersten Weltkriegs. https://zeitgeschichte-online.de/themen/kriegsschuldfrage-und-zeithistorische-forschung-deutschland, 2004 [01.11.2021].) Er muss als Vorreiter der sich in Deutschland gemeinhin erst nach 1945 als Disziplin konstituierenden Zeitgeschichte begriffen werden. (Siehe zu dieser Einordnung Gabriele Metzler, Zeitgeschichte – Begriff – Disziplin – Problem, in: Zeitgeschichte – Konzepte und Methoden, hg. von Frank Bösch und Jürgen Danyel, Göttingen 2012, 22–46, hier 24.)
60 Vgl. Stefan Geyer und Johannes F. Lehmann, Einleitung, in: Aktualität. Zur Geschichte literarischer Gegenwartsbezüge vom 17. bis zum 21. Jahrhundert, hg. von Stefan Geyer und Johannes F. Lehmann, Hannover 2018, 9–33, hier 22–23.
61 Vgl. Niklas Luhmann, Die Realität der Massenmedien, 5. Aufl., Wiesbaden und Heidelberg 2017, 28, 69, 31.

punkt der Meldung bereits geschehenen Einzelfällen führt.[62] Zwei Semantiken der Aktualität können unterschieden werden: Einerseits die im zeitlichen Horizont betrachtete Gültigkeit einer Information, die aktualisiert werden kann, andererseits die zeitliche Nähe zwischen einem Ereignis und seiner Meldung, die ein zentraler Maßstab der Publizistik ist. Aktualität ist in dieser Hinsicht medial hergestellt, historisch variabel und veränderbar durch die neueste Informationstechnologie.[63]

Bereits im 19. Jahrhundert wurde die Tageszeitung zum Medium der Aktualität, indem sie dem „Echo des Tages" folgte, wohingegen Zeitschriften sich zwar an der Gegenwart orientierten, jedoch schon eine Auswahl trafen und eine Deutung über das Wichtige und Zufällige des Tages vornahmen.[64] Die Presse war das Massenmedium des Kaiserreichs, politische und offiziöse Presse sowie die Generalanzeiger konkurrierten um Leserschaften.[65] Dabei galten insbesondere die Generalanzeiger, welche erst gratis verteilt, später zu recht geringen Preisen vor allem in Großstädten verkauft wurden, als erster Schritt in Richtung Massenpresse.[66] Bereits seit den 1830er Jahren gab es sogenannte Korrespondenzbüros, die Nachrichten bündelten und damit die Grundlage für die Kopfzeitung bildeten, die von der jeweiligen Redaktion um Lokalnachrichten und Anzeigen ergänzt wurde.[67] Die Erfindungen der Eisenbahn, der Telegraphie und des Telefons müssen als Katalysatoren der Aktualität gelten,[68] welche die Zeit zwischen einem Ereignis und seiner Meldung stetig verkürzten. Depeschen- und Telegraphenagenturen traten die Nachfolge der Korrespondenzbüros an und mussten den Erfordernissen der höchsten Aktualität genügen.[69] In der Folge entstand eine Form des Journalismus, welche die neuesten Telegramme in kurzem Schreibstil abdruckte und darüber den Eindruck von Unmittelbarkeit erweckte, indem sie die Neuigkeit mit der Zeitung kurzschloss.[70]

---

62 Vgl. Luhmann, Die Realität der Massenmedien, 42–43, 49.
63 Vgl. Geyer und Lehmann, Einleitung, 16–18.
64 Vgl. Groth, Die Zeitung I, 55–56.
65 Vgl. Bernhard Rosenberger, Zeitungen als Kriegstreiber? Die Rolle der Presse im Vorfeld des Ersten Weltkrieges, Köln, Weimar und Wien 1998, 72–73.
66 Siehe bei Rudolf Stöber, Deutsche Pressegeschichte. Einführung, Systematik, Glossar, Konstanz 2000, 232 und Anke te Heesen, Der Zeitungsausschnitt. Ein Papierobjekt der Moderne, Frankfurt am Main 2006, 71–72.
67 Vgl. Heesen, Der Zeitungsausschnitt, 74–75. Ausführlicher zu den Korrespondenzbüros Groth, Die Zeitung I, 442–470.
68 Vgl. Groth, Die Zeitung I, 54, 554–556.
69 Vgl. Groth, Die Zeitung I, 482–484.
70 Siehe dazu am Beispiel der britischen und US-amerikanischen Presse Stuart Allan, News Culture, Buckingham und Philadelphia 1999, 19–21.

4.1 Wegbereiter diaristischer Aktualität: Kalender – Zeitungen – Zeitgeschichte ⎯ 237

Zunehmend erhielt so das Medienereignis Aufschub, das eigene, immer neue Nachrichten generierte und damit auf einen Zug der Epoche hinweist: Das Ereignis musste um 1900 schon beständig aktualisiert werden, um sich bei den Leser: innen einzuprägen.[71]

Die Erhöhung der Aktualitätsdichte im Kaiserreich lässt sich auch quantitativ belegen: Im Jahr 1856 erschienen nur 11 Prozent der Nachrichten am Folgetag ihres Geschehens, 1906 bereits 95 Prozent.[72] Die neu erfundene Rotationspresse genau wie die expandierende Papierproduktion bildeten Voraussetzungen, um aktuelle Nachrichten in immer kürzerer Zeit zu veröffentlichen.[73] So hatte das Wachsen des Zeitungsmarktes – 1906 gab es in Deutschland ca. 4 000 Tageszeitungen mit einer Gesamtauflage von etwa 25,5 Millionen Exemplare – die „fortschreitende Überlagerung von Nation und Zeitungspublikum" zur Folge.[74] Zwar waren Abonnements im Kaiserreich der gängigste Vertriebsweg für Zeitungen, ab der Jahrhundertwende etablierte sich jedoch auch der Straßenverkauf, wodurch Zeitdruck und Aktualität erneut zunahmen.[75]

Die eben skizzierte gestiegene Bedeutung von Gegenwart und Aktualität in der Medienkultur wie auch Historiographie des 19. und frühen 20. Jahrhunderts, die retrospektiv als „Charakter der ganzen Kultur"[76] bezeichnet wurde, eröffnet für die Autor:innen der Kriegstagebücher sowohl eine Rezeptions- als auch eine Produktionsperspektive. In der Traditionslinie des Kalenders und dessen Gegenwartsbezug stellt sich zunächst die Frage, wie die Aufwertung der Gegenwart in Tagebücher aufgenommen, darüber hinaus wie sie von diesen systematisiert, geplant und in Form gebracht wird. In der Traditionslinie der Zeitung wird einerseits virulent, wie Kriegstagebücher auf deren Aktualität reagieren, andererseits, wie sie sich diese für das eigene Schreiben zum Vorbild nehmen und möglicherweise selbst inszenieren. Kalender wie auch Zeitung teilen mit dem Tagebuch die Darstellung auf einer Seite, die wiederum mehrseitig gebunden ist. Das Kriegstagebuchschreiben im Ersten Weltkrieg bewegt sich in seiner Formenvielfalt in einem Spannungsfeld zwischen dem Ausfüllen vorformatierter Vordrucke ei-

---

71 Vgl. Homberg, Reporter-Streifzüge, 20.
72 Vgl. Stöber, Deutsche Pressegeschichte, 164.
73 Vgl. Müller, Weiße Magie, 273–274.
74 Vgl. Müller, Weiße Magie, 268. Lothar Müller leitet diese Beobachtung aus Heinrich Manns 1906 erschienenem Roman *Der Untertan* ab. Ausführlicher zu Medienrezeption und -wirkung im Kaiserreich aus kommunikationswissenschaftlicher Perspektive vgl. Frank Bösch, Zeitungsberichte im Alltagsgespräch. Mediennutzung, Medienwirkung und Kommunikation im Kaiserreich, in: Publizistik 49 (2004), H. 3, 319–336.
75 Vgl. Florian Altenhöner, Kommunikation und Kontrolle. Gerüchte und städtische Öffentlichkeiten in Berlin und London 1914/1918, München 2008, 27–28.
76 Groth, Die Zeitung I, 54.

nerseits und dem Beschreiben weißer Seiten andererseits, sollte man sich für ein traditionelles *journal intime* oder Notizheft entschieden haben.[77] Im Kontext konkurrierender Zeitordnungen in der Historiographie muss diskutiert werden, wie sich Kriegstagebücher als populäre Formen der Privathistoriographie zwischen den Polen der langen Dauer und des Augenblicks beziehungsweise Ereignisses verorten.

Tagebücher sind durch ihre zeitlich und räumlich herstellbare Nähe zu den Kriegsereignissen ideale Rezeptionsmedien einer Kultur der Aktualität, indem sie sich deren Prämissen einverleiben. Der Eintrag im Tagebuch teilt das Potential vieler kleiner Formen, etwas Geschehenes ohne Umschweife pointiert zu melden und kann damit einem Anspruch auf Zeitgemäßheit gerecht werden, wie er infolge der eben skizzierten medialen Innovationsschübe wie dem Extrablatt und dem Telegramm, die zu höheren Publikationstakten führen, vorgegeben wird.[78] Daran muss die Frage angeschlossen werden, inwiefern sich Tagebücher auch den neuen zeit- und raumökonomischen Diktaten dieser unterwerfen, um ihrem eigenen Aktualitätsanspruch gerecht zu werden.[79] Die Grundstruktur des Tagebuchs – das Schreiben von Tag zu Tag – impliziert zudem, dass stets neu angesetzt wird, um etwas bereits Notiertes fortzusetzen, zu revidieren oder etwas zu thematisieren, das im letzten Eintrag nicht relevant war. Damit können Tagebücher zwei verschiedene Ordnungen der Aktualität bedienen: einerseits eine sukzessiv-additive, die plurale Gegenwarten aufeinander folgen lässt, andererseits eine substitutive Ordnung, welche die Informationen des Vortags aktualisiert und durch neue ersetzt.[80]

4.2 Tagebuchschreiben im Takt der Extrablätter

Im Jahr 1914 stand die Tagespresse auf dem Höhepunkt ihrer Entwicklung und war als Informationsmedium nahezu konkurrenzlos.[81] In Deutschland erschie-

---

[77] Jedoch nimmt auch das weiße Blatt eine Formatierung des Schreibens vor. Siehe Thomas Macho, Shining oder: Die weiße Seite, in: Weiß, hg. von Wolfgang Ullrich und Juliane Vogel, Frankfurt am Main 2003, 17–28, hier 20.
[78] Vgl. Interview mit Ethel Matala de Mazza, 37:20.
[79] Vgl. Ethel Matala de Mazza und Joseph Vogl, Graduiertenkolleg „Literatur- und Wissensgeschichte kleiner Formen", in: Zeitschrift für Germanistik, Neue Folge XXVII (2017), H. 3, 579–585, hier 584.
[80] Siehe zu diesen zwei verschiedenen Zeit-Schrift-Ordnungen am Beispiel der Journalliteratur aus den Napoleonischen Kriegen Kaminski, 25. Oktober 1813 oder Journalliterarische Produktion von Gegenwart, 242–243.
[81] Vgl. Altenhöner, Kommunikation und Kontrolle, 25.

nen etwa 4 200 verschiedene Tageszeitungen, häufig in mehreren Auflagen;[82] allein in der Stadt Berlin etwa 115 Tages- und Wochenzeitungen, das heißt 2 200 000 Exemplare pro Tag. Mit Kriegsbeginn konnten vorwiegend größere Zeitungen ihre Auflagen steigern (um 15 bis 20 Prozent), wobei nationalistische Zeitungen vom Krieg stärker profitierten als pazifistische.[83] Viele Zeitungen erschienen von da an mehrmals täglich,[84] wodurch die Prämisse der Aktualität selbst an Tempo gewann. Damit war der Erste Weltkrieg zwar keine mediengeschichtliche Zäsur,[85] jedoch sehr wohl eine Zeit der Intensivierung und Ausdehnung von Kommunikation, denn sowohl militärische als auch zivile Bedürfnisse nach aktueller Information nahmen zu.[86]

Dabei ist jedoch von einer zunehmenden Uniformierung der Nachrichten sowie der Zeitungen selbst auszugehen. Im Zuge der Rückkehr zum Chronikalischen wurden Nachrichten vorwiegend gesammelt und aufbewahrt, für die Rubriken wie auch Einlagen mit dem Titel ‚Kriegschronik' einstanden, die gesammelte Kriegsdepeschen weitgehend unkommentiert veröffentlichten.[87] Das Prinzip des Chronikalischen, das anstelle selbst verfasster Artikel Meldungen fremden Ursprungs nutzt, schloss sowohl an Presseentwicklungen der Vorkriegsjahre als auch der Kriegszeit selbst an. Bereits in den Vorkriegsjahren wurden Hintergrundberichte zunehmend durch Pressestimmen, Auszüge aus anderen Zeitungen oder Agenturberichte ersetzt und die Selbstreferentialität der Presse als solcher erhöht.[88] Diese Uniformität wurde im Ersten Weltkrieg von anderer Seite befördert: Mit der Einführung des Kriegspresseamts und der Nachrichtenabteilung des Aus-

---

82 Siehe bei Groth, Die Zeitung I, 205–206.
83 Vgl. Stöber, Deutsche Pressegeschichte, 147.
84 Vgl. Groth, Die Zeitung I, 273. Dies war zudem ein Spezifikum der deutschen Presse, das insbesondere im Vergleich mit der englischen Pressesituation hervortritt. Vgl. Altenhöner, Kommunikation und Kontrolle, 26.
85 Vgl. Hannes Leidinger, Der Erste Weltkrieg als eine mediengeschichtliche Zäsur? Gedanken zu einer kontroversiellen Forschungsdebatte, in: Epochenbrüche im 20. Jahrhundert. Beiträge, hg. von Stefan Karner, Gerhard Botz und Helmut Konrad, Wien, Köln und Weimar 2017, 35–54.
86 Vgl. Siegfried Quandt, Krieg und Kommunikation. Der Erste Weltkrieg als Beispiel, in: Der Erste Weltkrieg als Kommunikationsereignis, hg. von Siegfried Quandt, Gießen 1993, 5–14, hier 5.
87 Vgl. Walter Schöne, Zeitungswesen und Statistik. Eine Untersuchung über den Einfluss der periodischen Presse auf die Entstehung und Entwicklung der staatswissenschaftlichen Literatur, speziell der Statistik, Jena 1924, 114. Schöne verweist nur auf die Sammlungen mit dem Titel „Kriegschronik", in anderen Zeitungen wurden diese Nachrichtensammlungen als „Kriegstagebuch" betitelt. Siehe beispielsweise Kriegstagebuch der Belagerung von Tsingtau 23. Juli bis 29. November 1914, hg. von der „Tageblatt für Nord-China A.-G", Tientsin 1915.
88 Zur Selbstreferentialität der Presse des Kaiserreichs anhand der sogenannten Marokko-Krise und der Juli-Krise siehe Rosenberger, Zeitungen als Kriegstreiber?, 295–300. Die Auswir-

wärtigen Amtes wurden sowohl die Pressezensur als auch die Inlandspropaganda vorangetrieben; das Kriegspresseamt gab zudem Korrespondenzen heraus, die von den Zeitungen teils verpflichtend übernommen werden mussten.[89]

Das Erscheinungsbild und Layout der Zeitungen, welche die Diarist:innen tagtäglich bei ihrer Lektüre vor Augen hatten, wurde von den Bedingungen des Kriegs bestimmt. Aktualität als Prämisse der Berichterstattung war ab Kriegsbeginn vorwiegend auf den Text beschränkt. Die Fotografie als verhältnismäßig junges Medium, das stärker für den Augenblick der Kriegsbeobachtung einsteht als ein redaktionell bearbeiteter Text, verschwand zunehmend aus den Zeitungen, da die verschlechterten Postbedingungen ihre Zustellung an die Redaktionen erschwerten und dadurch dem Anspruch der Aktualität nicht gerecht werden konnten. Zudem zwangen Sparmaßnahmen und Papierknappheit die Zeitungen mit dem vorhandenen Platz so ökonomisch wie möglich umzugehen.[90] Das Layout betreffend spiegelte sich die Orientierung an der Aktualität also weniger an der Inszenierung von Kriegsfotografien als Medien der Unmittelbarkeit und Gegenwärtigkeit, als vielmehr an der sogenannten „Amerikanisierung" der deutschen Presse, im Zuge derer die Überschriften stetig vergrößert wurden und Schlagzeilen für die neuesten Meldungen bürgten.[91]

Zeitungen als Keimzellen von Kriegstagebüchern

Als Leopold Boehm-Bezing am 14. August 1914 sein Kriegstagebuch eröffnet, wendet er seinen Blick zunächst auf die vergangenen zwei Wochen: „Es sind bereits 14 Tage seit Bekanntmachung der Mobilmachung verstrichen, ich wollte täglich damit beginnen, meine Eindrücke zu Papier zu bringen und bin nicht dazu gekommen." Die folgende Zusammenfassung der Kriegsereignisse der ers-

---

kungen dieser „culture of reprinting" auf die Erstellung von *scrapbooks* im 19. Jahrhundert in Amerika untersucht Garvey, Writing with Scissors, 29–30.
89 Vgl. Heesen, Der Zeitungsausschnitt, 111–112.
90 Vgl. Groth, Die Zeitung I, 1025.
91 Die sogenannte Amerikanisierung der deutschen Presse wurde bereits im Ersten Weltkrieg breit diskutiert. Siehe beispielsweise den Vortrag von Karl Bücher, Die Presse und der Krieg (1915), in: Karl Bücher, Gesammelte Aufsätze zur Zeitungskunde, Tübingen 1926, 269–306, hier 295–296. Der Leiter des militärischen Nachrichtendienstes Walter Nicolai wandte sich ebenfalls gegen diese Entwicklung, da sie das Volk in den Zustand einer „Blasiertheit den Kriegsereignissen gegenüber" versetze. Vgl. Nicolai zit. n. Kurt Koszyk, Deutsche Pressepolitik im Ersten Weltkrieg, Düsseldorf 1968, 81. Der Streit um die Amerikanisierung der Presse sei „mit Leidenschaft" in den Zeitungen selbst ausgetragen worden; erst im oder nach dem Krieg nahmen viele Zeitungen von dieser Formatierung Abstand. Vgl. Groth, Die Zeitung I, 347–348.

ten Augusttage genau wie der Verweis auf die Feldpost seiner drei Söhne, die bereits an verschiedene Fronten gereist sind, beschließt er mit den Worten: „Ich sammele seit dem 23. Juli die Deutsche Tageszeitung, später auch noch zum Teil das Polkwitzer Stadtblatt und die neue Niederschles. Zeitung aus Glogau."[92] Dass ein Krieg zunehmend wahrscheinlich wird, sein mögliches Ausbrechen beobachtet und dokumentiert werden muss, liegt für den Oberst a. D. bereits in den letzten Julitagen nahe, sodass er beginnt eine Zeitungssammlung mit mehreren lokalen und nationalen Zeitungen anzulegen. Diese Entscheidung zeigt nicht nur seine gestiegene Sensibilität für einen möglichen Kriegsausbruch und sein gesteigertes Aktualitätsbewusstsein, sie verweist darüber hinaus auf die verschiedenen zeitgenössischen Zeitvorstellungen der Zeitung: einerseits das Medium des Tages, das am nächsten schon überholt ist, andererseits den Speicher relevanter Meldungen, die bewahrt werden müssen, da sie einen „Geschichtswert" haben.[93]

Mithilfe dieser Sammlung hält Boehm-Bezing nun im verspätet begonnenen Kriegstagebuch die Abläufe des Kriegsbeginns fest: „In Nr. 403 d. D. Tages Zeitung sind hauptsächlich die Belgischen Gräuel enthalten, auch in 406", außerdem rekonstruiert er die Entwicklung an den Fronten. Er beschließt die Bemerkungen zur Zeitungssammlung mit dem Hinweis auf das „Kriegstagebuch v. 1–11. August",[94] eine chronikalische Rubrik in der Deutschen Tageszeitung, die in besagter Ausgabe auch erschien.[95] Sie legt zumindest hypothetisch nahe, als „Keimzelle"[96] für sein eigenes Tagebuchschreiben fungiert zu haben, denn die Rezeption einer kleinen Presserubrik ist an die Produktion eines ersten Tagebucheintrags gekoppelt. Boehm-Bezing setzt sein Tagebuch mithin in Bezug zur täglich wachsenden Zeitungssammlung genau wie er sich an Formaten der Zeitungsseite selbst orientiert. Sein Tagebuch verweist nicht nur auf die

---

92 Boehm-Bezing, Tagebuch, 14.08.1914.
93 Dazu Anke te Heesen, Geistes-Angestellte. Das Welt-Wirtschafts-Archiv und moderne Papiertechniken, ca. 1928, in: Wie Bilder Dokumente wurden. Zur Genealogie dokumentarischer Darstellungspraktiken, hg. von Renate Wöhrer, Berlin 2015, 195–221, hier 198.
94 Boehm-Bezing, Tagebuch, 14.08.1914.
95 Diese Tagebuchrubrik erschien in der Deutschen Tageszeitung (H. 405) vom 12.08.1914. In amerikanischen Zeitungen erschienen Anfang des 20. Jahrhunderts eigene Rubriken fürs *scrapbook*, die meist mit einem Scherensymbol ausgewiesen wurden. Vgl. Garvey, Writing with Scissors, 8.
96 Elisabeth Décultot beschreibt mit dem Begriff der ‚Keimzelle', wie Schriftsteller und Gelehrte im 18. Jahrhundert mithilfe von Exzerpten („Lesefrüchten") begannen eigene Texte zu verfassen. Vgl. Élisabeth Décultot, Einleitung. Die Kunst des Exzerpierens – Geschichte, Probleme, Perspektiven, in: Lesen, Kopieren, Schreiben. Lese- und Exzerpierkunst in der europäischen Literatur des 18. Jahrhunderts, hg. von Elisabeth Décultot, Berlin 2014, 7–47, hier 9.

Rubrik ‚Kriegstagebuch' der Deutschen Tageszeitung, die Sammlung der Zeitung beginnt zudem am 23. Juli 1914, als die Möglichkeit des Kriegs zunehmend zu einer Wahrscheinlichkeit wurde und sich dies auch im Layout der Deutschen Tageszeitung widerspiegelte, die ab dem 24. Juli die Überschriften immer größer setzte. Die von der Prämisse der Aktualität bestimmte Layout-Veränderung der Zeitung, die in Form der Schlagzeile die Neuigkeit als solche privilegiert, wird ins Tagebuch in Form einer Überschriftenkopie übernommen, ohne dass eine Zusammenfassung des Artikels folgen würde. Dabei zeigt ein Blick ins Manuskript – ein Wachstuchheft mit unbedruckten Seiten – eine bewusste Seitengestaltung mit einer ähnlichen Zweiteilung wie ihn der eingangs des Kapitels vorgestellte Tagebuchvordruck nahelegt. Die Verweise auf die Kriegsereignisse und die entsprechende Zeitungsreferenz befinden sich auf der linken Seite, ihre Einordnung, andere Erlebnisse des Obersts sowie Abschriften der Feldpost der Söhne auf der rechten Seite.[97]

Das Tagebuch fungiert folglich zum einen als Register oder Komplement der Zeitungssammlung, das einige Artikel mit dem Kommentar „lesenswert" herausstellt, zum anderen ist es vom selben Aktualitätssinn wie die Zeitung ergriffen, bei dem die auf eine Überschrift gebrachte Neuigkeit wichtiger als die Darstellung und Erläuterung dieser im Artikel ist. Erkennbar wird somit vor allem ein gewecktes Interesse an der Aktualität des Kriegs, die den von Karl Kraus beschriebenen Anspruch der Presse, dass „die wahren Ereignisse ihre Nachrichten über die Ereignisse seien",[98] bestätigt. In der Verarbeitung dieses Anspruchs der Presse in Kriegstagebüchern wird deutlich, wie stark sich diese an der Aktualität ausrichten, sich wie in diesem Fall an Rhythmus, Format und Layout der Kriegszeitungen orientieren. Es kann daher von einer befruchtenden Wirkung der Kriegszeitungen auf Kriegstagebücher ausgegangen werden.[99]

Auch wenn die Zeitungen im niederschlesischen Dorf Polkwitz wie Boehm-Bezing bemerkt verspätet eintreffen,[100] kommt kaum ein Tagebucheintrag ohne einen Verweis auf die neuesten lesenswerten Artikel aus. Sein Aktualitätsanspruch kann nur und ausschließlich über Medien – zumeist die Zeitungen – eingelöst werden. „Das *Zeitungslesen* des Morgens früh ist eine Art von realistischem Morgensegen", notierte schon Hegel in seinem *Wastebook,* denn „[m]an

---

[97] Diese parallele Buchführung wird im Verlauf des Tagebuchschreibens nicht konstant durchgehalten. Je mehr Boehm-Bezing sich jedoch auf die Auswertung der Zeitungen konzentriert, desto eher verwendet er diese doppelseitige Anordnung.
[98] Kraus, In dieser großen Zeit, 14.
[99] Siehe zum Zusammenhang vom Takt der Medien und kleinen chronikalischen Textsorten auch Honold, Einsatz der Dichtung, 209.
[100] Vgl. Boehm-Bezing, Tagebuch, 16.08.1914.

orientiert seine Haltung gegen die Welt an Gott oder an dem, was die Welt ist."[101] Die mit umfassender Bedeutung für das persönliche wie das nationale Schicksal eintreffende Nachrichtensammlung in Zeitungsform führt so zur Herausbildung zweier eng verzahnter Rituale: Auf die Lektüre der Zeitung folgt das Führen des Tagebuchs, das auf eine Auswahl des Gelesenen Bezug nimmt und es in Form eines Verweises notiert. Darüber zeigt sich zugleich, wie voraussetzungsreich das Kriegstagebuchschreiben ist: Ihm geht der Erwerb, die Lektüre und Auswahl relevanter Artikel sowie die mal mehr oder weniger systematische Verzettelung der Zeitung voraus; im Tagebuch werden die aktuellen Nachrichten schließlich gefiltert und selektiert. Während Leopold Boehm-Bezing systematisch die Ausgabennummer der Zeitung vor oder nach der kopierten Überschrift des Artikels notiert, geht Milly Haake zunächst eher unsystematisch vor: „Will mal eben nachsehn ob ich den Zeitungsabschnitt noch finde", vermerkt sie anlässlich von Erfolgen der deutschen Flotte, „dann klebe ich ihn ein."[102] Die Bemerkung könnte jedoch ebenso auf Lesehierarchien der Zeitung innerhalb der Familie oder eine gemeinsam angelegte und genutzte Sammlung hinweisen;[103] in diesem Fall wird der Abschnitt nicht mehr in ihr Tagebuch eingefügt.

Viele Tagebuchautor:innen verfolgen den Krieg zunächst durch die Lektüre und Sammlung von Zeitungen, bevor sie ein Kriegstagebuch schreiben. „Gerade der Krieg ist wie kein anderes Ereignis geeignet, das Interesse an den Vorgängen des Tages zu steigern",[104] bemerkte im Jahr 1916 auch der Leiter des hessischen Kriegszeitungsarchivs Ernst Götz und plädierte daran anschließend für die Einrichtung von Zeitungsausschnittsammlungen, in denen das aktuellste Quellenmaterial gesammelt werden sollte, sodass der „Geschichtswert" der Zeitung einmal mehr unterstrichen wird. Bereits um die Jahrhundertwende wurden Zeitungsausschnittbüros und -archive gegründet, die im Ersten Weltkrieg entweder durch Privatleute oder durch Bibliotheken sowie Kriegssammlungen fortgeführt oder neu angelegt wurden. Die Zeitungsausschnittsammlungen traten durchaus in einen „Aktualitätswettbewerb"[105] mit Kriegstagebüchern, was

---

101 Georg Wilhelm Friedrich Hegel, Werke 2, Bd. 2: Jenaer Schriften 1801–1807, neu edierte Ausgabe redigiert von Eva Moldenhauer und Karl Markus Michel, Frankfurt am Main 1986, 547.
102 M. Haake, Tagebuch, 23.12.1914.
103 Vgl. zu familiären Lesehierarchien der Zeitung am Beispiel des Amerikanischen Bürgerkriegs und ihren Implikationen auf die Erstellung von *scrapbooks* Garvey, Writing with Scissors, 97.
104 Ernst Götz, Sammlung und Nutzbarmachung der Zeitungen, in: Die Grenzboten 75 (1916), H. 43, 122–127, hier 123.
105 Matala de Mazza und Vogl, Graduiertenkolleg „Literatur- und Wissensgeschichte kleiner Formen", 584.

sich beispielsweise anhand von Eberhard Buchners *Kriegsdokumenten* belegen lässt, die genau wie Kriegstagebücher in gedruckten Ausgaben schnell auf den Buchmarkt gebracht wurden.[106] Wie Anke te Heesen gezeigt hat, war bei Sammlungsbeginn nicht immer klar definiert, warum und was konserviert werden sollte, vielmehr war das cut & paste der Zeitungen zunächst eine Reaktion auf die „als Druck empfundene[ ] Informationsfülle der täglichen Berichterstattung",[107] die sich zu Kriegsbeginn aufgrund des aktualistischen Klimas und der bereits erläuterten Situation der Presse verstärkte und die eine Reaktion auf das täglich mehrfache Eintreffen von Meldungen über Kriegsereignisse erforderte.

Der Düsseldorfer Tagebuchautor und Bibliothekar Constantin Nörrenberg profitierte von seinem privilegiertem Nachrichtenzugang: In seiner Bibliothek sammelte er verschiedene lokale und nationale Zeitungen, im Januar 1915 äußerte er zudem die Absicht – übrigens genau wie der Zeitungsausschnittsammler Eberhard Buchner[108] – Feldzeitungen zu bestellen, um sich noch breiter über die Kriegslage zu informieren und schließlich eine systematische Kriegssammlung zu erstellen.[109] Sein Tagebuch nimmt eine regelmäßige Auswertung der Zeitungen vor, die unter Angabe der Zeitungsausgabe Nachrichten kurz zusammenfasst. Auf Grundlage der Sammlung kann er Nachrichten zum selben Vorfall verschiedener Zeitungen vergleichen.[110]

In Berlin wiederum notiert der Schüler Erwin Schreyer in seinem von Notiz- und Skizzenbuch zum Kriegstagebuch umpragmatisierten Aufzeichnungen eine Liste mit 134 gesammelten Kriegszeitungen, darunter 59 illustrierten Ausgaben. Auch wenn er in seinen täglichen Einträgen nicht auf diese verweist, nutzt er gleichwohl Gelegenheiten, um ausführlichere Auswertungen vorzunehmen: So ist die im Oktober 1914 notierte Kriegschronik mit großer Wahrscheinlichkeit aus einer Zeitung abgeschrieben, im Januar 1915 vermerkt er zudem eine Reihe der im Dezember 1914 in der New Yorker Staatszeitung und dem New York He-

---

106 Vgl. Eberhard Buchner, Kriegsdokumente: Der Weltkrieg 1914 in der Darstellung der zeitgenössischen Presse. Erster Band: Die Vorgeschichte / Der Krieg bis zur Vogesenschlacht, München 1914. Der erste Band erschien 1914, bis 1917 folgten acht weitere Bände.
107 Heesen, Geistes-Angestellte, 206.
108 Buchner bittet die Leser:innen im Vorwort des zweiten Bandes, ihm Soldatenzeitungen zuzusenden. Siehe Eberhard Buchner, Kriegsdokumente: Der Weltkrieg 1914 in der Darstellung der zeitgenössischen Presse. Zweiter Band: Von der Vogesenschlacht bis zur Einnahme von Suwalki, München 1914, VIII.
109 Dies notiert er sowohl im Tagebuch (vgl. Constantin Nörrenberg, Düsseldorf im ersten Weltkrieg. Das Kriegs- und Revolutionstagebuch des Constantin Nörrenberg, hg. von Max Plassmann, Saarbrücken 2013, 95), als auch in einer Fachpublikation aus dem Jahr 1915 (siehe Nörrenberg, Die deutschen Bibliotheken und der Weltkrieg).
110 Vgl. Nörrenberg, Düsseldorf im ersten Weltkrieg, 115–116.

rald erschienenen Telegramme, woraus eine Faszination für die weltumspannende Aktualität spricht, die er nachträglich in sein Kriegstagebuch kopiert.[111] Die Beispiele der in so verschiedenen Orten wie Düsseldorf und Hamm, Berlin und Polkwitz von Mädchen, Jungen und Erwachsenen geführten Kriegstagebücher zeigen, dass der geteilte Aktualitätsanspruch zu ganz ähnlichen Schreibformen im Tagebuch führt, nämlich zur Imitation der aktualistischen Strukturen der Zeitung selbst.[112] Nicht nur der Bibliothekar Constantin Nörrenberg zeigt dabei ein beinahe wissenschaftlich-systematisches Bestreben, die eingehenden Nachrichten aktueller Kriegsereignisse zu verwalten, das man mit dem Begriff einer ‚Ereignisphilologie' fassen könnte. Diese manifestiert sich entweder im gezielten Nebeneinander einer differenzierten Gestaltung der Doppelseiten im Tagebuch (Boehm-Bezing), in der Erstellung von Listen und Abschriften von Chroniken und Meldungen (Erwin Schreyer) oder in der gezielten und komparativen Auswertung verschiedener Zeitungen, die im Notieren der Überschrift oder eines Stichworts eine ausgeprägte Selektion und Reduktion der Zeitungsnachrichten vornimmt (Nörrenberg).

Dass Tagebuchschreiben in der Heimat sich in vielerlei Hinsicht an den Zeitungen orientierte, liegt nahe. Wo findet der Krieg statt, wenn nicht an den zahlreichen Fronten, über die in den Zeitungen berichtet wird? Demgegenüber legen nicht nur zeitgenössische Aufrufe sondern auch Titel der Fronttagebücher wie ‚Kriegserlebnisse' ein stärker auf die eigene Beobachtung angelegtes Tagebuchschreiben nahe. Ein Blick in einige Kriegstagebücher bringt jedoch zutage, dass auch für diese Autoren die Orientierung des Tagebuchschreibens an einer vermittelten Kriegsaktualität sehr wichtig war. Während viele Offiziere von einem exklusiven Nachrichtenzugang profitierten, waren andere Frontteilnehmer auf die Zusendung von Zeitungen durch Verwandte angewiesen. Die Offiziere Bernhard Bing und Richard Piltz erwähnen die ihnen zur Verfügung stehenden Zeitungen gelegentlich: So verteilt Richard Piltz unter anderem die Tägliche Rundschau, die Frankfurter Zeitung, die Berliner Illustrierte und die Zeitung des deutschen Sprachvereins an seine Kompanie.[113] Bernhard Bing liest die Kölnische Zeitung, erwähnt aber auch die New York World, die Westminster Gazette, die Times und immer wieder französische Zeitungen.[114]

---

111 Vgl. Schreyer, Tagebuch, 28.–30.09.1914, 6.–14.10.1914, 10.01.1915.
112 Auch amerikanische *scrapbooks* spiegelten journalistische Arbeitspraktiken. Siehe Garvey, Writing with Scissors, 4.
113 Vgl. Piltz, Tagebuch, 18.11.1915.
114 Vgl. Bing, Tagebuch, 07.01.1916, 11.05.1916, 25.05.1916, 22.08.1916.

Der militärische Nachrichtendienst sowie das Kriegspresseamt gingen sogar davon aus, dass Zeitungen hinter den Fronten aufmerksamer als in der Heimat gelesen wurden.[115] Soldaten und Offiziere sollten an der Kriegsaktualität teilhaben, zusätzlich sollte über die Lektüre kleinerer Heimatzeitungen eine Brücke zwischen Heimat und Front gebaut werden. Daher wurde ihre Zustellung nicht nur in das Feldpostsystem integriert, sondern Zeitungen auch in Feld- und Bahnhofsbuchhandlungen verkauft;[116] zudem organisierte das Rote Kreuz seit Kriegsbeginn einen Zeitungsversand.[117] Je nach Standort an der Front und der Mobilität der Einheit erreichten Soldaten und Offiziere also verschiedene Presseerzeugnisse; Offiziere hatten auch Zugang zu ausländischen Zeitungen.

Schon im September 1914 verbreiteten sich außerdem eigens für die Front konzipierte Zeitungen. Armeezeitungen entstanden in größeren Kampfeinheiten und wurden von der Militärführung, Schützengrabenzeitungen hingegen von soldatischen Redakteuren herausgegeben.[118] Sie wurden meist von Männern betreut, die vor dem Krieg als Journalisten oder Lehrer gearbeitet hatten, und veröffentlichten Schriften von Soldaten der eigenen Einheit. Der Druck erfolgte in statischen Zeiten, wenn Zugang zu Papier und Druckern bestand, die Verteilung erfolgte über das Feldpostsystem. Die Zahl der im Laufe des Kriegs erschienen Soldatenzeitungen wird auf 218 geschätzt.[119] Nicht nur aufgrund der erschwerten Herstellungsbedingungen, sondern auch durch redaktionelle Entscheidungen waren diese Zeitungen inhaltlich weniger an der Kriegsaktualität orientiert, denn sie druckten im Auftrag der militärischen Führung vorwiegend Propaganda- und Erbauungsnachrichten. Von Seiten der Soldaten wurden hingegen oft eher ablenkende und unterhaltende Inhalte sowie soldatische Erlebnisberichte geschätzt.[120] Durch die erschwerten Herstellungsbedingungen erschienen die Armee- und Schützengrabenzeitungen weniger regelmäßig als andere Tageszeitungen im Krieg.

Dem militärischen Nachrichtendienst zufolge sollten die Armeezeitungen für die Truppen die Bedeutung einnehmen, die Lokalblättern an der Heimat-

---

115 Siehe bei Koszyk, Deutsche Pressepolitik im Ersten Weltkrieg, 34, 36.
116 Vgl. Walter Nicolai, Nachrichtendienst, Presse und Volksstimmung im Weltkrieg, Berlin 1920, 69–71.
117 Vgl. [Anonym], Lesehunger im Schützengraben, in: Liller Kriegszeitung 2 (11. August 1915), H. 4, o. S.
118 Dazu Julien Collonges und Carine Picaud, Erlebnisberichte und Propaganda: die Frontzeitungen des Ersten Weltkriegs, in: In Papiergewittern: 1914–1918. Die Kriegssammlungen der Bibliotheken, hg. von Christophe Didier und Gerhard Hirschfeld, Paris 2008, 104–107, hier 105.
119 Vgl. ausführlicher zu deutschen Soldatenzeitungen Nelson, German Soldier Newspapers of the First World War, 19–36.
120 Vgl. Collonges und Picaud, Erlebnisberichte und Propaganda, 104.

front zukam.[121] Diese Rolle erfüllten sie nur bedingt und so fällt auf, dass in den von mir untersuchten Tagebüchern keinerlei Bezug auf die feldspezifischen Presseerzeugnisse genommen wird. Dass sich viele Autoren, die nicht von einem privilegierten Nachrichtenzugang profitierten, regionale Zeitungen an die Front schicken ließen und diese mit deutlicher Verspätung lasen, zeigt vielmehr auf, dass nicht nur ein Aktualitätsanspruch die Lektüre leitete, sondern über diese auch eine Verbindung zur Heimat hergestellt werden sollte, in Form einer wenn auch zeitlich versetzten *imagined community*.[122] So bittet der Offizier Cornelius Breuninger seine Eltern mittels versandtem Tagebuchblatt aus dem Durchschreibeheft, ihm ein Abonnement für die Süddeutsche Zeitung zu beschaffen.[123] Otto Gehrke vermerkt schon am 16. September 1914 die erste Zeitung aus der Heimat erhalten zu haben, die nun „eifrig studiert"[124] würde.

Nur sehr wenige Autor:innen distanzieren sich von dieser Nachrichtenauswertung im Tagebuch. Annie Küppers vermerkt, dass ihre „Kriegsbetrachtungen [...] nicht aus Zeitungen geschöpft" seien, da sie diesen „nicht so recht traue",[125] und auch der Kaufmann Carl Emil Werner unterbricht schon im September 1914 sein regelmäßiges Tagebuchschreiben, da er „in der Hauptsache doch nur das hätte eintragen können, was in den Zeitungen stand".[126] Hingegen verfasst er just an dem Tag einen Eintrag, als bei ihm in der Stadt die Fahnen gehisst werden, um einen Sieg zu feiern und privilegiert somit sein eigenes Erleben im Tagebuch.[127] Für die meisten Autor:innen sind Zeitungen hingegen nicht nur Keimzellen des Schreibens, sondern auch Taktgeber der Eintragungen. Die Mimesis von Formaten und Inhalten der Zeitungen ist dabei mehr als ein stupider Kopiervorgang, der nicht Anlass geben sollte, den historischen Wert von Kriegstagebüchern zu nivellieren oder ihre Zugehörigkeit zur Gattung Tagebuch infrage zu stellen.[128] Ergiebiger ist es, der kulturellen Bedeutung der

---

121 Vgl. Nicolai, Nachrichtendienst, Presse und Volksstimmung im Weltkrieg, 66.
122 Vgl. Benedict Anderson, Die Erfindung der Nation. Zur Karriere eines erfolgreichen Konzepts, Frankfurt am Main 1988, 40–41. Ellen Gruber Garvey argumentiert, dass sich im Amerikanischen Bürgerkrieg durch eine von Soldaten und ihren Familien an verschiedenen Orten vollzogene Zeitungslektüre eine nationale *imagined community* gebildet hätte. Vgl. Garvey, Writing with Scissors, 87.
123 Vgl. Breuninger, Kriegstagebuch 1914–1918, 8.
124 Gehrke, Tagebuch, 16.09.1915.
125 Küppers/Gilgin-Küppers, Tagebuch, April 1915.
126 Carl Emil Werner, Tagebuch, DTA 1798, 6, 12.09.1914.
127 Vgl. Werner, Tagebuch, 18.02.1915.
128 Teils werden solche Tagebücher stattdessen als „revue de presse" bezeichnet, beispielsweise bei Pignot, Allons Enfants de la Patrie, 203. Zum geringen historischen Quellenwert solcher Materialsammlungen siehe kritisch Garvey, Writing with Scissors, 211.

beständigen Bezugnahmen auf aktuelle Nachrichten nachzugehen, den Praktiken ihrer Auswahl und Anordnung, die den Blick auf ästhetische Eigenzeiten in den Tagebüchern lenken.

Schreibtakt der Aktualität

Das Warten auf den Krieg, das häufig mit der Sammlung von Zeitungen gefüllt wurde, kulminierte am 1. August 1914 in die Erklärung der deutschen Mobilmachung – eine Auf- und Einlösung der Kriegserwartung, die für viele Autor:innen zu dem Tag gerät, ab dem Aktualität zur Prämisse des Tagebuchschreibens wird. „Um 2 Uhr erhielt Papa eine Depesche", notiert Erwin Schreyer in seinen Schulferien, „[a]uf dem Rückwege, in Seidorf, erfuhren wir um ¼ 9 die MOBILMACHUNG."[129] Bislang wurden in den Tagebuchnotizen kaum Uhrzeiten notiert, nun wird der Moment des Eintreffens einer bedeutenden Nachricht verzeichnungswürdig, das Ereignis selbst in Großbuchstaben notiert, ohne näher erläutert zu werden. Die gestiegene Bedeutung der auch so bezeichneten „Jetzt-Zeit"[130] schlägt sich bei vielen Autor:innen zudem in einem Zeitformenwechsel nieder: „Am Samstag den 1. August abends 6 Uhr wurde die Allgemeine Mobilmachung erklärt. d. h. Kriegserklärung an Rußland u. Frankreich. Ungeheure Begeisterung bei alt u. jung!", schreibt Elisabeth Schwarz im Präteritum in ihrem soeben begonnen Kriegstagebuch, und fährt im Präsens fort: „Arm u. reich reicht sich die Hand, spricht zusammen auf den Straßen, alles ist eins in dem Gedanken: Zusammenhalten, was da kommen mag."[131] Besonders eindrücklich wird dieser Perspektiv- und Zeitwechsel auch im Tagebuch des französischen Jungen Yves Congar. Noch am 27. Juli schreibt er, wahrscheinlich retrospektiv im Präteritum formuliert, „[c]e jour là on parlait déjà des bruits de guerre", am 29. Juli notiert er hingegen in präsentischem Ton: „Je ne suis pas du tout rassuré. Je ne penses qu'à la guerre".[132]

Wenn man nur noch an den Krieg denkt, wird auch das Tagebuch von dessen aktualistischer Stimmung erfasst. Viele Autor:innen halten daher nicht nur Nachrichten als solche fest, sondern Situationen und Szenen, in denen diese im

---

129 Schreyer, Tagebuch, 01.08.1914.
130 Küppers/Gilgin-Küppers, Tagebuch, Oktober 1914; Steinmetz, Tagebuch, 05.04.1915, 27.08.1915, 29.10.1916.
131 Schwarz/Jungel, Tagebuch, August 1914.
132 Congar, Journal de la guerre, 21. [An diesem Tag sprachen wir schon von Kriegsgerüchten. [...] Ich bin beunruhigt. Ich denke nur an den Krieg.]

öffentlichen Raum übermittelt werden. Am 2. September 1914 notiert Constantin Nörrenberg über die Stadt Düsseldorf:

> Gegen ½ 10 ein Herr mit der Nachricht von <u>der großen Sedanschlacht zw Verdun u Rheims</u> [sic]. An Hilgers' tph, um es E zu sagen. Ecke Uhl/Graf las ein Herr das Extrablatt dem Publikum vor. Im Malkasten lebhafte Stimmung. Telegr vom <u>Österr Kriegsschauplatz</u> wurde verlesen. Man sang: ‚In solchen ... ' Ein Herr erst herein: auch Lemberg günstig; hinaus, um Quelle zu erfahren. Die Glocken läuteten. Köln Z Morgenbl mit guten Nachr von sö Lemberg. – M Massau n H. Nahe Rochuskirche Gruppen, denen Extrablätter vorgelesen wurden.[133]

Die auf den Versammlungsplätzen der Stadt per Telegramm zusammenlaufenden Nachrichten von verschiedenen Kriegsschauplätzen überprüft Nörrenberg anhand des Morgenblatts, bevor er auf dem nächsten Weg der Verlesung neuer Extrablätter beiwohnt. Die in der Juli-Krise dominierende Temporalität der Simultaneität, in der Diplomaten um Lösungen rangen, mittels der neuesten Kommunikationstechnologien Ultimaten ausgetauscht wurden und die Öffentlichkeit auf die aktuellen Nachrichten wartete,[134] bestimmt in ähnlicher Manier den Alltag Constantin Nörrenbergs in Düsseldorf im September 1914. Dabei etabliert die Aktualität der Kriegsanfangstage ihren eigenen Takt in hoher Geschwindigkeit, dem der Bibliothekar mit seinen abgekürzten Notizen in Echtzeit zu folgen scheint. Der im Telegrammstil formulierte Eintrag ist durch die Situation der Nachrichtenübermittlung sowie die Hast des Notierens geprägt und die den Eintrag kennzeichnende Kürze wird „zugleich Ausdruck und Katalysator einer Kultur der Aktualität und Gegenwärtigkeit".[135]

Solch aufgeheizte Situationen werden in vielen Kriegstagebüchern beschrieben. In den letzten Julitagen 1914 fanden besonders in Berlin Massenkundgebungen für und gegen den Krieg statt, bei denen die Versammelten auf die Übermittlung neuer Nachrichten warteten; am 1. August 1914 kam die bis dato größte Menschenmenge vor dem Hohenzollernschloss zusammen.[136] Auch in den ersten Kriegswochen versammelten sich viele Menschen im öffentlichen Raum, bei Straßenverkäufern wie es Erwin Schreyer skizziert hat oder vor Redaktionen, um bei der Verkündigung oder dem Aushang der neuesten Nachrichten dabei zu sein. Orte, an denen man im Zentrum Berlins auf die neuesten

---

[133] Nörrenberg, Düsseldorf im ersten Weltkrieg, 70. In der Publikation sind die Abkürzungen ausnotiert. Auch in vielen weiteren Eintragungen im Tagebuch notiert Nörrenberg in abgekürztem Stil.
[134] Dazu ausführlicher Kern, The Culture of Time and Space: 1880–1918, 258–286.
[135] Gamper und Mayer, Erzählen, Wissen und kleine Formen, 9.
[136] Vgl. Altenhöner, Kommunikation und Kontrolle, 150–151.

Meldungen wartete und sensationelle Nachrichten austauschte, wurden von der Presse als ‚Lügenecken' bezeichnet.[137] Meldungen über die aktuelle Lage waren zu Beginn des Kriegs zudem sichtbar im öffentlichen Raum: In Form von Plakaten und Anschlägen, oft nur textbasiert, informierten sie kostenlos teils sogar noch vor der Presse über die neuesten Entwicklungen.[138] Die erhöhte Bedeutung der Aktualität korrespondierte mit einer Gemeinschaftserfahrung: Die Zeitungslektüre fand nun oft nicht mehr im Privaten statt, sondern wieder in einen geteilten Raum, in dem die *vorgestellte* Gemeinschaft der Nation zu einer von der Aktualität des Kriegs *erfahrenen* Gemeinschaft wurde.[139]

Indem diese Szenen in den Tagebüchern entweder ausführlich beschrieben oder skizziert werden, nehmen sie mehr als die bloße Darstellung des Erlebten vor. Sie weisen die Tagebuchautor:innen als aufmerksame Beobachter:innen und Zeug:innen der Aktualität aus, die schon wenig später im Tagebuch vermerkt wird. Die Dokumentation solcher Nachrichtenszenen ist gleichwohl in den meisten Fällen ein Ritual der Kriegsanfangstage und damit typisch für die ersten Einträge in Kriegstagebüchern. Unter bestimmten Bedingungen im Krieg, etwa unter Besatzung oder in Gefangenschaft, war die Verkündung nationaler Nachrichten im öffentlichen Raum sogar verboten. Dass Aktualität gerade in diesen Situationen zu einem Wert an sich wurde, der auch im Verlauf des Kriegs nicht an Strahlkraft verlor, wird anhand des in deutscher Gefangenschaft geführten Tagebuchs von André Warnod deutlich, der eine Szenerie des Wartens auf Nachrichten in Form einer Skizze in seinem Tagebuch festhält.[140]

Bereits im Warten auf den Krieg sind die Tagebücher von einem Aktualitätsbedürfnis affiziert, das befriedigt werden muss, indem auf ein weit verbreitetes Phänomen der Kriegsanfangstage zurückgegriffen wird: das Gerücht.[141] Notiert werden Gerüchte in Tagebüchern aufgrund ihrer Einordnung als wichtige, bedrohliche oder skurrile Neuheit, hingegen wird die alltägliche Kommunikation von Gerüchten eher selten beschrieben.[142] Die Abgrenzung von Gerüchten und Nachrichten kann nicht auf der Grundlage von wahr oder falsch getroffen wer-

---

137 Vgl. dazu ausführlicher Altenhöner, Kommunikation und Kontrolle, 161–162.
138 Vgl. Catherine Maurer, Medien im Alltag: Maueranschläge und Plakate zur Mobilisierung der Zivilbevölkerung in Straßburg, in: In Papiergewittern: 1914–1918. Die Kriegssammlungen der Bibliotheken, hg. von Christophe Didier und Gerhard Hirschfeld, Paris 2008, 54–60, hier 54.
139 Zu Übergängen von der *imagined* zur *experienced communities* anhand städtischer Öffentlichkeiten zu Beginn des Ersten Weltkriegs siehe Altenhöner, Kommunikation und Kontrolle, 17.
140 Vgl. Warnod, Prisonnier de guerre, 161.
141 Vgl. zur Konjunktur von Gerüchten zu Beginn des Ersten Weltkriegs Altenhöner, Kommunikation und Kontrolle, 1.
142 Dies konstatiert Florian Altenhöner anhand von publizierten Tagebüchern und Erinnerungen aus dem Ersten Weltkrieg. Vgl. Altenhöner, Kommunikation und Kontrolle, 20, 23.

den, vielmehr führt ein grundlegender Informationsmangel bei einem gleichzeitig sehr starken Informationsbedürfnis vor allem bei kollektiver Erregung – wie sie zu Beginn des Ersten Weltkriegs konstatiert werden kann – zur Bildung zahlreicher Gerüchte.[143] Genau wie bei den eben beschriebenen Nachrichtenszenen wird dabei auf die öffentliche Austauschsituation rekurriert, die gleichzeitig recht unbestimmt bleibt: „Man hörte nur gerüchtweise, daß drüben im Elsaß viel gekämpft wird",[144] vermerkt Carl Emil Werner, der damit auf die Nähe, wenn auch nicht Ausschließlichkeit des Gerüchts zur Mündlichkeit verweist.[145] Constantin Nörrenberg analysiert das Verhältnis von Gerücht und Nachricht bezeichnend in seinem Kriegstagebuch am 3. August: „Keine Nachrichten. Das Fehlen fast aller Nachrichten wirkt niederdrückend. Gerüchte: Paris brennt; Frankreich in Revolution. 20 000 Serben gefangen." Auch die Zeitungen befriedigen das Aktualitätsbedürfnis nur in Teilen, so beschwert sich Nörrenberg darüber, dass nichts als „Brunnenvergiftungsnachrichten" in diesen stünden und gibt damit der Presse Mitschuld an der Verbreitung dieser Gerüchte.[146]

Beim Versuch, die sich überschlagenden Ereignisse des 31. Julis zu beschreiben, rekurriert Annemarie Haake daher gleichermaßen auf Nachrichten und Gerüchte:

> Am Montag kam Vater aus Marburg, grad so Optimist wie Pfarrer Bachmann. Aber beruhigen konnten wir uns nicht, denn immer wieder tauchten Kriegsgerüchte auf, nur nichts bestimmtes; endlich Freitag den 31. Juli erfuhren Gretel Nabel und ich unten (wir waren zum Haarwaschen) die russische Mobilmachung und unsere Antwort: Kriegszustand. Doch schon etwas sichereres und auch Pfarrer Bachmann war am Samstag besorgter. Abends als wir dann am Essen saßen fingen die Glocken plötzlich an zu läuten und schon kam der Briefträger mit der Nachricht: „Mobil". Wie ein Blitzschlag wirkte dies eine Wort. Ein Seufzer der Erleichterung: Gott sei Dank, endlich Gewißheit.[147]

Während das Gerücht noch diffus ist, ist das Glockenläuten bereits ein Zeichen für die Mobilmachung, das mit der Nachricht der Kriegserklärung bestätigt wird. Eine ähnliche Struktur findet sich im Tagebuch von Leopold von Boehm-Bezing, der vermerkt, dass sich „[g]estern" ein Gerücht um die Schlacht in Paris

---

143 Vgl. Altenhöner, Kommunikation und Kontrolle, 6.
144 Werner, Tagebuch, 11.08.1914.
145 Gerade im Ersten Weltkrieg wurden Gerüchte nicht nur von Massenmedien motiviert und stimuliert (sei es durch das Ausbleiben erwarteter Informationen oder durch Falschmeldungen), sondern ebenso aktiv von Zeitungen verbreitet und hatten damit auch eine schriftliche Form der Zirkulation. Vgl. Altenhöner, Kommunikation und Kontrolle, 10–11.
146 Vgl. Nörrenberg, Düsseldorf im ersten Weltkrieg, 35. Das Vergiften von Brunnen galt seit der Antike als militärische Strategie, im Mittelalter wurde dies zunehmend unabhängig von Kriegen Juden zugeschrieben und ist seitdem stark antisemitisch konnotiert.
147 A. Haake, Tagebuch, 09.09.1914.

verbreitete und dies mittels des „heut" erschienenen „25. Polkwitzer Extra Blatt[s]"[148] bestätigt wird. Dies stellt eine Aktualisierung im Sinne einer „Fortsetzung folgt" dar, bei der sich Gerücht und Nachricht komplementär verhalten.[149] Verzeichnungswürdig ist das Gerücht folglich dadurch, dass es vor der Nachricht kursiert und schließlich durch sie bestätigt wird.

Während die Gerüchteküche an der Heimatfront vor allem zu Kriegsbeginn kochte, tauchten in den einzelnen Einheiten an den Fronten phasenweise Gerüchte auf, die in Ermangelung von Nachrichten notiert wurden. Gerade im Tagebuch Bernhard Bings, der häufig systematisch Zeitungen auswertet, wird immer wieder auf die kursierenden, teils auch durch die Zeitung verbreiteten Gerüchte hingewiesen. „Gerüchte aller Art schwirren wieder einmal durch das Heer!", heißt es, „tollste[ ] Gerüchte" kursieren, „blöde Gerüchte" laufen um.[150] Richard Piltz verwendet das zeittypische Wort der „Tartarennachricht",[151] um auf die unsichere Nachrichtenlage hinzuweisen. Hier bestätigt sich, dass der Krieg in gewisser Weise zu einem Labor gerinnt, in welchem Informationen, ihre Weitergabe und Überlieferungen getestet werden.[152]

Der Kriegsbeginn erhöht die Schreibfrequenz vieler Tagebuchautor:innen, nicht nur, indem nun jeden Tag geschrieben, sondern indem auf die kriegsspezifische Pressesituation als solche eingegangen wird. Ist das Tagebuchschreiben ein Schreiben von Tag zu Tag, so lassen gleichwohl „Normverstöße" gegen diesen Schreibtakt Rückschlüsse auf den Takt der Aktualität zu, der beschleunigt, unterbrochen oder verlangsamt werden kann.[153] „Soeben Vorm. 10 Uhr kommt die Nachricht, daß Brüssel gewonnen ist, Hurrah!!!",[154] vermerkt Boehm-Bezing und zeigt damit neben seiner Euphorie an, wie die Eigenlogik des Mediums Zeitung, hier wahrscheinlich in Form eines Extrablatts, unerwartet zum sofortigen Verfassen eines Eintrags führt und die Aktualitätsmaxime der Presse seinen Schreibrhythmus bestimmt.

Extrablätter waren mit dem Kriegsbeginn wie kein anderes Medium verbunden, sie avancierten zum „Massenmedium der intensivierten Erfahrung der Gegenwart als ‚historischer Moment'", mithin zum „Schlüsselmedium der Aktualität".[155] Vor allem in den ersten beiden Kriegsmonaten konnten sie zu einem

---

148 Boehm-Bezing, Tagebuch, 10.09.1914.
149 Vgl. Altenhöner, Kommunikation und Kontrolle, 8–9.
150 Bing, Tagebuch, 25.–26.01.1916.
151 Piltz, Tagebuch, 03.05.1915.
152 Siehe dazu ausführlicher Raulff, Ein Historiker im 20. Jahrhundert, 205.
153 Vgl. Kaminski, 25. Oktober 1813 oder Journalliterarische Produktion von Gegenwart, 243–244.
154 Boehm-Bezing, Tagebuch, 21.08.1914.
155 Müller, Weiße Magie, 312.

geringen Preis erworben werden, später wurden sie für einen höheren Preis vertrieben, bis ihr Verkauf im Zuge der Papierkontingentierung im Mai 1917 schließlich ganz eingestellt wurde.[156] Das Signum des Extrablatts ist weniger die Schlagzeile, als vielmehr der dichte, enge Rhythmus, der das Tempo der sich überstürzenden Kriegsereignisse widerspiegelt.[157] Etablierte Erscheinungsrhythmen der Zeitungen werden durch das Extrablatt unterlaufen und anhand des neuen, unregelmäßigen Tempos lässt sich die gestiegene Bedeutung der Aktualität besonders deutlich ablesen. So geben Extrablätter Anlässe, einen zweiten Tageseintrag zu verfassen und den gängigen Schreibrhythmus zu erhöhen.[158] Manchmal müssen bereits notierte durch neu eintreffende Nachrichten korrigiert werden, indem auf ein substitutives Aktualitätsmodell zurückgegriffen wird. Es zeigt sich besonders deutlich, dass der Aktualitätsanspruch nur durch Medien eingelöst werden kann. Genau dann, wenn deren Eigenlogiken zu immer schnelleren Publikationstakten und damit auch der Vermittlung falscher Informationen führen, muss sich das Tagebuch, das vom Takt der Zeitung bestimmt ist, dazu verhalten.

Hinsichtlich des durch die Aktualität vorgegebenen Schreibtakts unterscheiden sich die Fronttagebücher deutlich von den in der Heimat verfassten, aber auch untereinander. Bernhard Bing, der als Offizier in seiner Schreibstube täglich eine große Auswahl von Zeitungen sichtet, kann auch beinahe täglich auf diese Bezug nehmen. Eugen Miller hingegen wartet stets auf die per Post an ihn versandten lokalen Zeitungen. Hier wird nun ein deutlicher Wechsel des Schreibtakts deutlich: In mehreren Einträgen erwähnt er im Tagebuch, dass er die Ipf- und Jagstzeitung lese, regionale Presseerzeugnisse aus seiner Heimat Schwaben.[159] Sein Tagebuchschreiben findet dabei fast um eine Woche versetzt zur Aktualität der Zeitungen statt. Möglicherweise vermerkt er deshalb immer nur die Tätigkeit der Zeitungslektüre und kaum, was er in der Zeitung gelesen hat. Ein genuines Interesse an der Kriegsaktualität scheint bei ihm erst im letzten Kriegsjahr geweckt zu werden. So verwendet er die Formulierung „Zeitungen gelesen. *Das Neueste* aber wird erst am Mittag bekannt" erst anlässlich der Antrittsrede des Reichskanzlers Max von Baden und dessen Friedensnote an den amerikanischen Präsidenten Wilson. Ab diesem Eintrag bedient er sich mehrfach der in den ersten vier Jahren in seinem Kriegstagebuch ausgelassenen Formulierung „das Neueste" und verweist nun auch öfter auf die Zeitungslektüre „von

---

156 Vgl. Koszyk, Deutsche Pressepolitik im Ersten Weltkrieg, 251, 255–260.
157 Siehe Honold, Einsatz der Dichtung, 228.
158 Beispielsweise bei Schreyer, Tagebuch, 29.08.1914 und Boehm-Bezing, Tagebuch, 11.11.1914.
159 Am 14.03.1916 liest er die Jagstzeitung vom 06.03.1916, am 31.03.1916 die Ipfzeitung vom 24.03.1916, am 05.04.1916 die Jagstzeitung vom 29.03.1916. Siehe Miller, Tagebuch.

heute".¹⁶⁰ Die bis dato stets nachträglich verarbeitete Kriegsaktualität in Form der verspätet eintreffenden Regionalzeitung wird nun zu einem Schreiben im Takt der Aktualität, das viele Kriegstagebücher zu Beginn des Weltkriegs auszeichnete.

Waren die Kriegsereignisse täglich einziges Thema der meisten Zeitungen, so entwickelten sich einige Kriegsschauplätze vor allem in den ersten Monaten des Kriegs zu regelrechten Medienereignissen. Ein Beispiel dafür ist die Belagerung der Stadt und Festung Antwerpen, die in vielen Kriegstagebüchern Erwähnung findet, und der in den meisten Fällen mehrere Einträge gewidmet werden, die von der medialen Erhitzung zeugen. Nach dem Fall von Lüttich zog sich der belgische König Albert I. in Richtung Antwerpen zurück, mit dem Ziel, auf der Festung bis zur Ankunft der Alliierten als Garant der belgischen Neutralität auszuharren. Deutschland schickte nach der Marne-Schlacht 120 000 Soldaten nach Antwerpen und begann die Festung am 28. September 1914 zu beschießen. Es folgten heftige Kämpfe, bis der belgische König den Rückzug befahl und die belgische Regierung ins Exil ging. Am 10. Oktober 1914 bot der Antwerpener Bürgermeister schließlich die Kapitulation der Stadt an.¹⁶¹

In vielen Kriegstagebüchern wird die Zeitlichkeit der Antwerpen-Belagerung zu einer „markante[n] Form- bzw. Struktur-Komponente".¹⁶² So nimmt Elisabeth Schwarz in ihrem Tagebuch eine intensive Dokumentation der sich ankündigenden und hinziehenden Belagerung vor. Am 21. August erwähnt sie erstmalig Antwerpen, da der belgische König dorthin geflohen sei. In dem zu diesem Zeitpunkt täglich geführten Tagebuch wird die Belagerung im Monat September an sechs Tagen erwähnt. Fahrt nimmt diese Aktualitätsdokumentation in der ersten Oktoberwoche auf: „Ein Zeppelinkreuzer bombardiert Antwerpen, großer Schaden", notiert sie am 3. Oktober, wahrscheinlich setzt sie den Eintrag anlässlich einer neuen Nachricht am selben Tag fort: „4 Forts v. Antwerpen gefallen."¹⁶³ Am 4. Oktober vermerkt sie, dass „3 weitere Forts" gefallen seien, verfolgt gleich einer aufmerksamen Zuschauerin jede Weiterentwicklung des Geschehens, am 7. Oktober „kommt der innere Festungsgürtel an die Reihe". Am 8. Oktober berichtet sie vom Spaziergang mit einer Freundin, während dem beide Artilleriegeräusche aus dem Elsass hören. Ergänzt wird der Eintrag um die Neuigkeit, dass die Belagerung andauere und der belgische König geflohen sei. Im Modus

---

160 Vgl. Miller, Tagebuch, 06.10.1918, 15.10.1918, 11.11.1918 [meine Hervorhebung, M.C.].
161 Vgl. Laurence van Ypersele, Art. Antwerpen, in: Enzyklopädie Erster Weltkrieg, hg. von Gerhard Hirschfeld, Markus Pöhlmann und Irina Renz, 2. Aufl., Paderborn, München, Wien et al 2004, 336–337.
162 Gamper und Hühn, Einleitung, 12.
163 Dieses und die folgenden Zitate entnehme ich Schwarz/Jungel, Tagebuch, 01.–08.10.1914.

einer minutiösen Dokumentation ist schließlich der Eintrag vom 9. Oktober verfasst:

> Die Beschießung d. Stadt Antwerpen beginnt. Schon großer Schaden angerichtet. Abends 8 ½: <u>Antwerpen gefallen!</u> Wir Alle waren im warmen Zimmer versammelt, die Tanten zu Besuch da, als plötzlich in die tiefe Stille mächtiges Glockenläuten schwoll. Wir natürlich auf und ans Fenster, was ist los? Kein Mensch wußte es. Drum schnell hinein in die Stadt u. die neuesten Telegramme gelesen. Die 1. Hurras u. die Wacht a. Rh. erklingen, nun wissen wir's, auch lesen wir's: Antwerpen gefallen! Schon am Abend noch wird überall geflaggt, die Begeisterung ist groß, auf allen Kirchen läuten d. Glocken eine ganze Stunde. Schon am Nachmittag glaubte man an einen schnellen Fall dieser gewaltigen Festung. In der letzten Not ließen die Belgier 32 deutsche Schiffe, darunter prächtige Lloyd-Dampfer, im Hafen v. Antwerpen in die Luft sprengen. Die Schiffe waren bei Kriegserklärung daselbst beschlagnahmt worden u. sollten nun zum Transport d. Antwerpener Flüchtlinge dienen. Die Holländer verweigern deren Durchfahrt d. neutrales holl. Gebiet, deshalb lieber Vernichtung d. Schiffe. Da es durchweg deutsche Schiffe waren u. die Tat auf engl. Anraten u. Anstiften geschah nennt man auch dies: „Englische Gemeinheiten"![164]

Der Eintrag zeichnet sich durch einen aktualistischen Ton und ein von der Aktualität vorgegebenes Tempo aus: Der erste Satz vermittelt den Eindruck großer Spannung der Autorin, wahrscheinlich wurde er zu Tagesbeginn notiert. Der Zeitpunkt, zu dem die Siegesnachricht überbracht wird, ist mit dem „Abend" genau eingeordnet. Anschließend rekonstruiert die Autorin, wie diese Nachricht übermittelt wurde: Zuerst kündigt das Glockengeläut die unspezifische Nachricht des Sieges an, welche die ausgehängten Telegramme schließlich belegen, bevor die Stadt Freiburg in Begeisterung ausbricht. Nach dieser Schilderung der Kriegsbegeisterung schließt Elisabeth Schwarz eine Rekonstruktion des Tagesgeschehens an, in dessen Verlauf sie nichts ins Tagebuch schreiben konnte, da sie auf eine neue Nachricht wartete. Diese Spannung in der Heimat („schon am Nachmittag glaubte man an einen schnellen Fall dieser gewaltigen Festung") kann nun durch die Zusammenfassung der Eroberung aufgelöst werden.

In den folgenden Tagen ergänzt sie noch die Flucht der Festungsbesatzung, den Hinweis, dass die Stadt nur gering beschädigt wurde und beschließt die Dokumentation des Medienereignisses mit einer Bilanz über die Kriegsbeute. Antwerpen wird in ihrem Kriegstagebuch künftig keine Erwähnung mehr finden. Am Beispiel ihres Tagebuchs wird deutlich, wie ein additives Aktualitätsmodell[165] die Einträge motiviert und das Schreiben vorantreibt: Sukzessive verfolgt sie das

---

164 Schwarz/Jungel, Tagebuch, 09.10.1914.
165 Dazu ausführlicher Kaminski, 25. Oktober 1813 oder Journalliterarische Produktion von Gegenwart, 242–243.

Kriegsgeschehen und sammelt immer neue Informationen, welche die zersplitterten Informationen aus Antwerpen zu einem Gesamtbild zusammensetzen sollen. Die additive Aktualitätsordnung legt dabei ein emphatisches, affirmatives Miterleben der aktuellen Lage nahe. Gleichzeitig ist aber eine eigene Ereignisdramaturgie erkennbar: die Vorgeschichte, der Beginn, die volle Entfaltung und das Ende des Ereignisses kommen in ihrem Tagebuch zur Darstellung. Der Moment, in dem die Antwerpen-Belagerung kulminiert, wird zum Höhepunkt innerhalb der Ereigniszeit selbst, der *im Schreiben* gesetzt wird, da das Tagebuchschreiben eine retrospektive Perspektive auf dieses Medienereignis per se nicht ermöglichen kann.[166]

So wird an den Kriegstagebüchern der Kriegsanfangsmonate deutlich, dass die Pressekultur ganz der Amerikanisierung der Überschriften folgend darauf abzielte, die „Aufregung des neuigkeitsdurstigen Publikums außerordentlich [zu steigern]", jedoch kaum ihre Aufmerksamkeit und Nachdenklichkeit anzusprechen.[167] Die Medienkultur der Zeit führte zu Kriegsbeginn zu einem Phänomen, dass die Nachricht oder Meldung jedweden Ereignisses gegenüber dem Ereignis selbst privilegierte. Aktualität wurde zum Zeichen der Epoche und wichtiger als der eigentliche Kriegsverlauf.

Im Laufe des Kriegs schwächte sich diese Kultur der Aktualität aus verschiedenen Gründen ab. Ab 1917 wurde im Zuge der Papierkontingentierung das täglich mehrfache Erscheinen der Zeitungen eingeschränkt, genau wie ihr Aushang in Schaufenstern, an Anschlagsäulen oder in Verkaufsstellen verboten wurde.[168] Viele Tagebuchschreiber an der Front waren aufgrund der chaotischen Kriegslage und der verzögerten Zustellung von Zeitungen „von allem Volk wie abgeschnitten".[169] Viel früher und in anderen Erfahrungswelten war das Ausbleiben jeglicher verzeichnungswürdiger aktueller Neuigkeiten insofern Taktgeber einiger Kriegstagebücher, als dass beinahe jeder Eintrag mit den Worten „nichts Neues"[170] begonnen wird und damit die Zirkulationsbedingungen der Zeitungen das Tagebuchschreiben stören, denn ein der Gattung Tagebuch inhärentes Aktualitätsverständnis besteht darin, mit dem aktuellen Tageseintrag dem des Vortags eine neue Information hinzuzufügen, die nun jedoch ausbleibt.

---

166 Die These, dass Antwerpen zu einem Medienereignis gerinnt, das die Struktur zahlreicher Kriegstagebücher bestimmt, lässt sich anhand folgender Tagebücher belegen: Iggersheimer, Tagebuch, 25.08.1914, 10.10.1914, 10.10.1915; Boehm-Bezing, Tagebuch, 10.10.1914; M. Haake, Tagebuch, 01.11.1914; Mihaly, ... Da gibt's ein Wiedersehn!, 86–87.
167 Siehe dazu Bücher, Die Presse und der Krieg, 295.
168 Vgl. Groth, Die Zeitung I, 273 sowie Koszyk, Deutsche Pressepolitik im Ersten Weltkrieg, 254–256.
169 Bing, Tagebuch, 01.10.1917.
170 Siehe beispielsweise Link, Tagebuch.

Yves Congars im besetzten Sedan oft vermerkte Floskeln „rien de nouveau" oder „rien de neuf"[171] [nichts Neues] markieren, dass die Aktualität der fernen wie nahen Kriegsereignisse aufgrund der restriktiven Nachrichtenlage schlicht nicht zu vermelden ist, ihr Ausbleiben gleichwohl Taktgeber der Eintragungen bleibt.

4.3 Tagebuchseiten: Gegenwärtigkeit – Synchronisation – Ereignisdichten

„Die Aktualität herrscht" – konstatierte der Literaturkritiker Hans Natonek 1915 in seinem vielzitierten Pamphlet *Der Dichter und die Aktualität*. Zwar kritisiert Natonek die allerorten entstehende aktualitätsbezogene Kriegsliteratur, muss jedoch bekennen, dass Oppositionen zwischen Schreiben und Aktualität nicht mehr aufrechterhalten werden können, da alles Schreiben von der Aktualität erfasst wurde.[172] Dies betrifft auch die Diarist:innen im Krieg. Während in den eben vorgestellten Fällen gezeigt werden konnte, wie die Tagebücher von einer Kultur der Aktualität affiziert sind, die sich in ihre Tageseinträge und Strukturen einschreibt, soll im Folgenden stärker in den Fokus gerückt werden, wie die beobachtete Aktualität der Kriegsereignisse in den Tagebüchern in eine Strategie aktualitätsnahen Schreibens überführt wird, die dazu dient, sich als zeitgemäßer wie zeitbewusster Schreiber auszuweisen.

Hierbei muss noch einmal in Erinnerung gerufen werden, dass die Kriegsereignisse als solche vorwiegend medial vermittelt wahrzunehmen sind. Trotzdem, so die These, geben viele Tagebuchautor:innen vor, die Ereignisse verschiedenster Kriegsschauplätze aus nächster Nähe zu dokumentieren. So wertet der Offizier Bernhard Bing trotz seiner Stationierung an der Westfront mitten im Kriegsgeschehen regelmäßig verschiedene Zeitungen aus, sodass in der Schreibstube gleichsam ein Pressebüro hinter der Frontlinie entsteht.[173] Dabei bedient er sich genau wie viele andere Diarist:innen Strategien, die schon Reporter im Deutsch-Französischen Krieg nutzten. Die „Schreibtischwirklichkeit" – so ein Begriff Michael Hombergs, den er in Auseinandersetzung mit journalistischen Praktiken der Aktualitätsauswertung in Ermangelung von Augenzeugenberichten entwickelt hat – erweckt den Eindruck des Dabei-Gewesen-Seins, indem Meldungen von Agenturen und Berichte mittels Schere und Kleber montiert und perspektiviert werden.[174] Im Folgenden sollen daher verschiedene Strategien, derer

---
171 Congar, Journal de la guerre, 24, 51, 98, 173.
172 Siehe Hans Natonek, Der Dichter und die Aktualität, in: Die Schaubühne 11 (1915), H. 2, 6–8.
173 Vgl. Bing, Tagebuch, 07.01.1915, 14.05.1916. 31.07.1916.
174 Vgl. Homberg, Reporter-Streifzüge, 275, 290–292.

sich die Diarist:innen bedienen, untersucht werden: zum einen die Erzeugung von Gegenwärtigkeit, zum anderen die Synchronisation verschiedener Kriegsschauplätze. Dabei bietet es sich im Besonderen an, die Gestaltung der Tagebuchseite wahlweise Doppelseite in den Blick zu nehmen.

Käthe Moos, Schülerin aus Wiesbaden, beginnt erst im dritten Kriegsjahr ein Kriegstagebuch zu führen, vermutlich auf Anregung der Schule. Es handelt sich um ein Kompendium für aktuelle Nachrichten, was insofern überrascht, als der Krieg zu Schreibbeginn schon über zwei Jahre andauert. Gleichwohl inszeniert sie die Schule am 28. August 1916 gleich einer Lokalredaktion mit ihr in der Rolle der Redakteurin am Telegraphenapparat. „Von Berlin aus wird heute amtlich gedrahtet", schreibt sie, und lässt die Meldung folgen, dass die rumänische Regierung Österreich-Ungarn den Krieg erklärt habe.[175] Der Eintrag des nächsten Tages liefert dem up-to-date-Prinzip folgend weitere Informationen:

> Nachdem, *wie bereits gemeldet*, Rumänien unter schmählichem Bruch der mit Österreich-Ungarn und Deutschland geschlossenen Verträge unseren Bundesgenossen gestern den Krieg erklärt hat, ist der kaiserliche Gesandte in Bukarest angewiesen worden, seine Pässe zu verlangen und der rumänischen Regierung zu erklären, dass sich Deutschland nunmehr gleichfalls im Kriegszustand mit Rumänien befindlich betrachtet.[176]

In den Einträgen fällt die stetige Verwendung des Präsens auf, das den Eindruck einer zeitnahen Nachrichtenzustellung in die Schule vermittelt und die Lehrerin als auswählende und möglicherweise diktierende Person der Kriegsmeldungen zurücktreten lässt. Im Tagebuch werden die aktuellen Nachrichten nicht nur niedergeschrieben, sondern das Hier und Jetzt der Kriegsereignisse selbst thematisiert. „Folgendes Manifest wird heute durch den kaiserlichen Generalgouverneur in Warschau, General der Infanterie *von Beseler*, verkündet",[177] leitet Käthe Moos einen Eintrag ein, und lässt dann eine Abschrift des Manifests folgen. Als Tagebuchschreiberin begibt sie sich hier imaginär in die Rolle einer Reporterin am Rande des Geschehens und damit in einen Beruf, der noch im Ersten Weltkrieg vorwiegend Männern vorbehalten war.[178] Realiter hatten Frauen zu dieser Zeit ihren Platz auf der anderen Seite der Nachrichtenkette, als Leserinnen von Zeitungen, die seit der Jahrhundertwende auch in den neu gegründeten Zeitungs-

---

175 Vgl. Moos, Tagebuch, 28.08.1916.
176 Moos, Tagebuch, 29.08.1916 [meine Hervorhebung, M.C.].
177 Moos, Tagebuch, 05.11.1916.
178 Siehe zur Rolle von Reporterinnen innerhalb eines sich zunehmend professionalisierenden Reporterwesens ab 1870 Homberg, Reporter-Streifzüge, 161–169.

ausschnittbüros arbeiteten und dabei gerade nicht an der Produktion, sondern der Auswertung aktueller Nachrichten mitwirkten.[179]

Käthe Moos erfüllt in ihrem aktualitätsbasierten, Gegenwart und Gegenwärtigkeit inszenierenden Schreiben Maximen, die der Lehrer Max Hantke schon 1915 in seiner Schrift *Die Schule und der Krieg* festgehalten hat. Die Pflicht der Schule sei es, „die Kinder zum aufmerksamen Miterleben der großen Gegenwart zu führen." Als Ergebnis dieser erzieherischen Pflicht zeige sich schon rasch, „[w]ie [...] die Schüler miteinander [wetteiferten], immer das Neueste aus Telegrammen und Zeitungsnachrichten melden zu dürfen". Die Auswahl des Wichtigen vom Nebensächlichen erfolgt schließlich in der Niederschrift im Kriegstagebuch.[180] Das Miterleben der ‚großen Zeit' ist damit ganz wesentlich an das Verfolgen, Sortieren und Aufschreiben der Aktualität der Kriegszeitungen gebunden, die dadurch auch in Kontrast zu zeitgenössischen Schreibaufrufen steht, die plädieren das aufzuschreiben, was „wir jetzt erleben" und nicht, was man in Zeitungen liest.[181]

Die Verzeichnung der Kriegsaktualität hat für viele Tagebuchautor:innen Priorität. Wenn Elisabeth Schatz ihre Zeitungsschau einleitet mit den Worten „Ein paar *neue* Nachrichten v. Kriegsschauplatz *müssen* unser Interesse erreichen",[182] dann spricht aus diesen eine Verpflichtung, dem Kriegsgeschehen unbedingt zu folgen. Auch im Tagebuch von Käthe Moos könnte man ein Aktualitätsvorrecht konstatieren, welches sie anlässlich des Ausbleibens aktueller Nachrichten im Eintrag vom 14. November 1916 erläutert: „Da heute keine besonderen kriegerischen Ereignisse gemeldet wurden, will ich einzelne Begebenheiten nachtragen."[183] Für Milly Haake, die mehr als andere Autor:innen ihr Tagebuch als verschwiegene, ihre Einträge erwartende Gesprächspartnerin versteht, geht das Schreiben im Krieg daher mit der Verpflichtung einher, das Tagebuch stets auf dem Laufenden zu halten. So beschließt sie am 31. August den Eintrag mit der Formulierung „Ich freu' mich darauf, morgen meine Säcke voll Neuigkeiten aus-

---

179 Frauen kam dort die Aufgabe der Suche und Markierung relevanter Artikel zu, die dann von Männern ausgeschnitten wurden, um schließlich wiederum von Frauen in Fächer sortiert zu werden. Siehe zu dieser Rollenverteilung ausführlicher *Der Herr der tausend Scheren*, zit. n. Anke te Heesen, cut & paste um 1900, in: Cut & paste um 1900. Der Zeitungsausschnitt in den Wissenschaften, hg. von Anke te Heesen, Edith Hirte und Heidrun Mattes, Leipzig 2002, 20–37, hier 24–25.
180 Vgl. Hantke, Die Schule und der Krieg, 3–4. Manon Pignot argumentiert gegensätzlich, dass solche „Zeitungstagebücher" von Kindern dazu gedient hätten, eine Distanz zum Kriegsgeschehen herzustellen, da diese sich gerade nicht mit ihrer unmittelbaren Umgebung auseinandergesetzt hätten. Vgl. Pignot, Allons Enfants de la Patrie, 203.
181 Siehe Rosegger, Heimgärtners Tagebuch, in: Roseggers Heimgarten, 66.
182 Schatz/Bosse, Tagebuch, Heft 7, 05.08.1914 [meine Hervorhebung, M.C.].
183 Moos, Tagebuch, 14.11.1916, 19.11.1916.

zuschütten",[184] und überträgt damit ihre eigene Spannung täglich auf neue Nachrichten warten zu müssen auf das Tagebuch. Im Umkehrschluss heißt dies auch, dass sie zur Vermittlerin der Kriegsnachrichten wird und journalistische Termini verwendet, wenn sie dem Tagebuch „eine Trauerkunde" oder „[e]ine ganz neue Botschaft" „melden"[185] muss. Wenn sie anlässlich von Siegesmeldungen ihre Einträge mit einem schwarz-weiß-roten Streifen rahmt und damit eine Layoutgestaltung der zeitgenössischen Presse übernimmt oder stets dasselbe Jubelgedicht Emanuel Geibels notiert,[186] zeigt dies, wie die aktualistische Stimmung auf das Tagebuch selbst übertragen und in diesem inszeniert wird.

Die Verfolgung der Kriegsaktualität ist die einzige Möglichkeit, das sich fernab abspielende Kriegsgeschehen zu rekonstruieren und eine Gegenwärtigkeit des Kriegs im Tagebuch zu inszenieren. Ausdruck dafür ist die Einbindung von Zitaten von Autoritäten in den eigenen Tagebuchtext, die diesen mit einer Stimme anreichern.[187] Eindrücklich führt dieses Verfahren Elisabeth Schatz vor, die den Reden des Reichskanzlers und des Kaisers anlässlich der Mobilmachung besondere Aufmerksamkeit schenkt. Die Entwicklungen der ersten Augusttage an der Ostfront dokumentiert sie mithilfe einiger Zeitungsausschnitte, schließlich ergänzt sie handschriftlich die Worte: „Von der furchtbaren Begeisterung wird ein jeder mitgerissen, auch unser Kaiser hat folgende Worte gesprochen, die seinen ganzen Zorn zeigen". Es folgt nun ein Zeitungsausschnitt, der diesen Zorn beschreibt und mit einem Zitat belegt. Elisabeth Schatz verändert mittels annotierter Ziffern die Wortreihenfolge im Zeitungsausschnitt, um ihn in die Satzstellung ihres Tagebuchtextes einzupassen:

> ~~dann nach dem Händedruck~~ machte (II) er (I) mit der Hand und mit geballter Faust eine kurze energische Geste, wie einen Hieb nach unten. Und **„Nun aber wollen wir sie dreschen!"** rief er vor sich hin, nickte und ging. „Nun aber wollen wir sie dreschen!" Das Kaiserwort wird in ganz Deutschland ein begeistertes Echo wecken.[188] (Abb. 39)

An diesem Vorgehen zeigt sich, wie mittels des cut & paste-Verfahrens ein Zitat aus der Zeitung herausgelöst und in den Tagebuchtext eingebunden wird. Der Ausschnitt wird beleghaft verwendet, um den eigenen Text mit der emotional aufgeladenen Stimme des Kaisers anzureichern und an eine Präsenzsituation –

---

184 M. Haake, Tagebuch, 31.08.1914.
185 M. Haake, Tagebuch, 13.12.1914, 27.12.1914.
186 Vgl. M. Haake, Tagebuch, 13.09.1914, 4.10.1914, 20.11.1914, 13.12.1914.
187 Käthe Moos kopiert Telegramme des Kaisers (vgl. Tagebuch, 16.09.1916), Nörrenberg ein Telegramm in der Ich-Perspektive des Kriegsschiffs Augsburg, das den Hafen Libau bombardiert (siehe Nörrenberg, Düsseldorf im ersten Weltkrieg, 32).
188 Schatz/Bosse, Tagebuch, Heft 7, 06.08.1914.

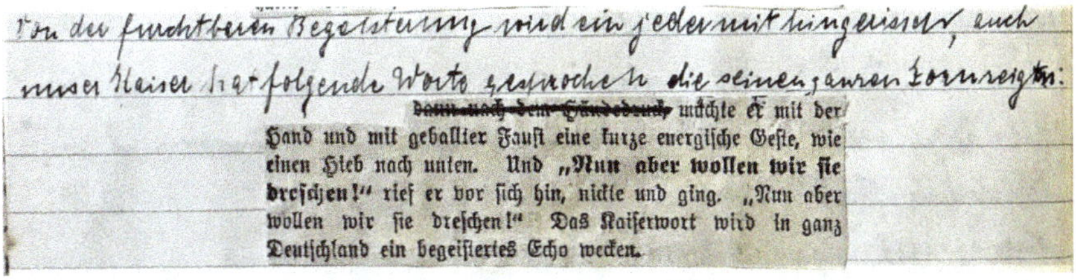

4.3 Tagebuchseiten: Gegenwärtigkeit – Synchronisation – Ereignisdichten — 261

[handschriftlicher Text:] Von der furchtbaren Begeisterung wird ein jeder mit hingerissen, auch unser Kaiser hat folgende Worte gesprochen die seinen ganzen Zorn zeigten:

[Zeitungsausschnitt:] möchte Er mit der Hand und mit geballter Faust eine kurze energische Geste, wie einen Hieb nach unten. Und „Nun aber wollen wir sie dreschen!" rief er vor sich hin, nickte und ging. „Nun aber wollen wir sie dreschen!" Das Kaiserwort wird in ganz Deutschland ein begeistertes Echo wecken.

Abb. 39: Cut & Paste im Tagebuch von Elisabeth Schatz.

die der Rede – anzuschließen. Der Zeitungsausschnitt als solcher offenbart seine Eigenschaft als „das mit Rand versehene Unabgeschlossene schlechthin",[189] das zur Ergänzung einlädt. Elisabeth Schatz' Tagebuchtext schließt damit direkt an die Rede des Kaisers an und befindet sich selbst in einer „Ambivalenz zwischen Verfassen und Dokumentieren".[190]

Bei der mehr oder weniger strukturierten Auswertung der Zeitungen am heimischen Schreibtisch schließt sich die Frage an, wie das aktuell Notierte im Tagebuch arrangiert und auf der Tagebuchseite miteinander in Beziehung gesetzt wird. Wenn die Tagebuchautorin Käthe Moos sich in die Rolle einer Redakteurin am Telegraphenapparat in der Heimat versetzt, bei der alle Fäden zusammenlaufen, liegt die Verbindung zum eingangs dieses Kapitels vorgestellten Tagebuchvordruck in Kalendermanier nahe, der in Spaltenform eine parallele Darstellung des Gleichzeitigen an verschiedenen Orten vorschreibt. Die Synchronisation des Gleichzeitigen oder zumindest gleichzeitig Übermittelten entwickelt sich dabei zu einer Form der ästhetischen Eigenzeiten der Kriegstagebücher, die darauf abzielt, disparat erfahrene Zeiterscheinungen zu ordnen und zu strukturieren.[191]

Disparate Zeitlichkeiten gilt es etwa dann zu rekonstruieren, wenn eigene Familienmitglieder an der Front sind und ihr Fortschreiten nur mithilfe des Heeresberichts nachvollzogen werden kann.[192] Genau wie Milly Haake so die Stationen ihres Bruders Wilhelm mittels des Heeresberichts verfolgt (Abb. 40), kann der in Roubaix stationierte Soldat Carl Bayer über eine Heimatzeitung, die er seit langer Zeit erhält, von der Auszeichnung seines Bruders mit dem Eisernen Kreuz erfahren (Abb. 41). Beide integrieren den jeweiligen Beleg in ihren

---

189 Heesen, Der Zeitungsausschnitt, 60.
190 Heesen, Der Zeitungsausschnitt, 44–45.
191 Vgl. Gamper und Hühn, Einleitung, 16.
192 Siehe beispielsweise Boehm-Bezing, Tagebuch, 21.08.1914. Diese Praxis schreibt sich in das zeittypische Phänomen ein, Redaktionen mit der Recherche zum Wohlbefinden der Angehörigen zu beauftragen. Vgl. Altenhöner, Kommunikation und Kontrolle, 162.

Tagebuchtext und stellen so unterschiedliche Kriegsschauplätze in verschiedener Materialität nebeneinander.[193]

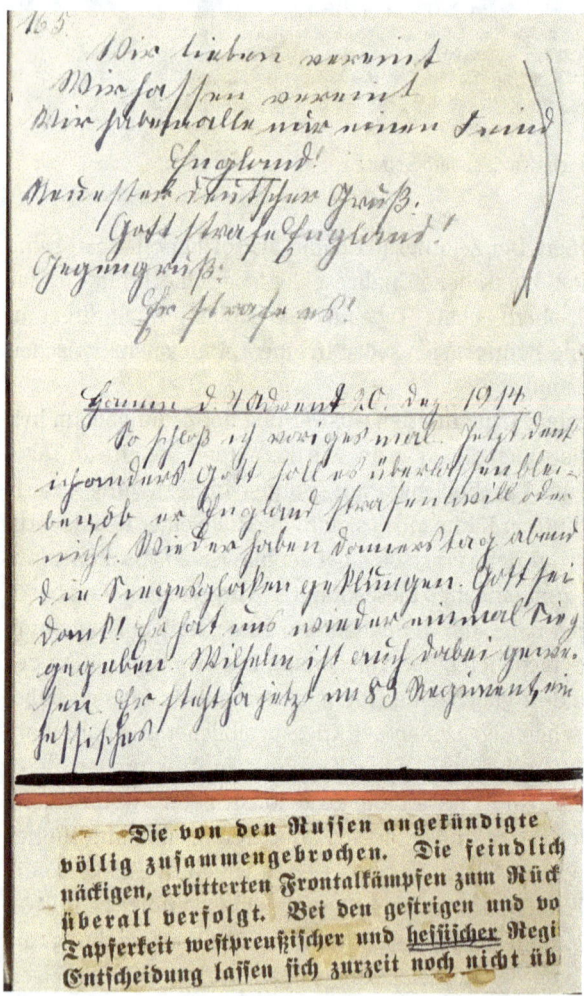

Abb. 40: Heimat und Front auf einer Tagebuchseite bei Milly Haake.

Man könnte vermuten, dass diese Synchronisation disparater Zeitlichkeiten anders oder gar nicht stattfinden muss, wenn man über sein eigenes Kriegserleben schreibt. Jedoch ist auch das nahe der Ostfront geführte Kriegstagebuch

---

193 Siehe bei M. Haake, Tagebuch, 20.12.1914 und bei Bayer, Tagebuch, Januar 1918.

4.3 Tagebuchseiten: Gegenwärtigkeit – Synchronisation – Ereignisdichten — 263

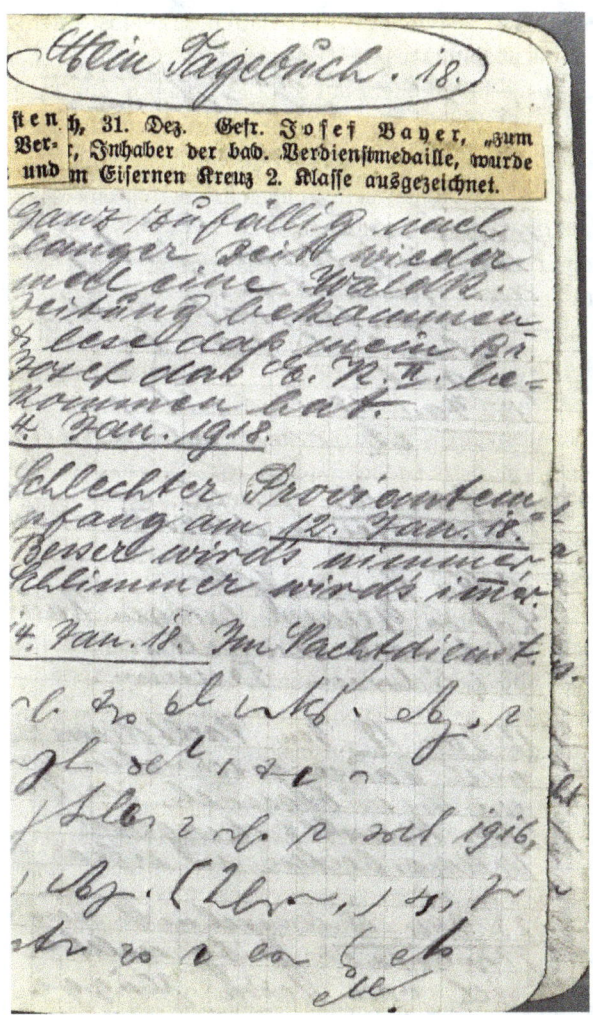

Abb. 41: Heimat und Front auf einer Tagebuchseite bei Carl Bayer.

der Präparandenanstalt Rastenburg ein Versuch erlebte und berichtete Zeit zusammenzubringen, indem zahlreiche Artikel über das aktuelle Geschehen in der ostpreußischen Stadt sowie über die Schule, an der das Tagebuch geführt wird, montiert werden.[194] Genauso versuchen viele Frontsoldaten und Offiziere die eigene Kriegsaktivität mittels Zeitungen zu beobachten und im Tagebuch

---

194 Vgl. Präparandenanstalt Rastenburg, Kriegstagebuch der Anstalt zum Weltkrieg.

festzuhalten.[195] Die gesammelten aktuellen Artikel statten das selbst Erlebte hier mit einer eigenen Realität aus, indem sie es belegen und fügen eine mit der Autorität des Gedruckten ausgestattete Sicht auf das Geschehen in das Tagebuch hinzu, welche die Perspektive des Einzelnen erweitert. Hier zeigt sich, dass die schon zeitgenössisch oft verwendete Floskel der Schlacht ohne Überblick auch von den teilnehmenden Soldaten selbst mit einer Überblicksperspektive aus den aktuellen Nachrichten ergänzt werden soll.

In einem nächsten Schritt unternehmen die Tagebuchautor:innen immer wieder den Versuch, verschiedene Kriegsschauplätze zu synchronisieren, eine Funktion, welche die Kriegskalendervordrucke dezidiert vorschrieben. Käthe Moos notiert am 10. August 1916, dass „[i]n der Nacht vom 8. zum 9. August" deutsche Zeppeline England angegriffen hätten. „Gleichzeitig wird uns gemeldet", dass deutsche Seeflugzeuge in Flandern englische Streitkräfte bombardiert hätten. „Am gleichen Tage" werden außerdem russische Flugstationen von deutschen Wasserflugzeugen angegriffen.[196] Die Schülerin führt verschiedene Schauplätze des Kriegs mittels der Aneinanderreihung der Sätze im Tagebuch zusammen und vereint damit das disparate Kriegsgeschehen in einem Eintrag. Mehrfach verweist sie mittels der Konjunktion ‚gleichzeitig' auf die Simultaneität der Nachrichtenüberstellung von Kriegsereignissen auf verschiedenen Schauplätzen und kann so beispielsweise den Krieg an Ost- und Westfront synchronisieren.

Die Form dieser Synchronisation des Gleichzeitigen findet häufig in Form von konjunktionslos aneinandergereihten Ereignismeldungen statt:

> Papst Pius X. verschied. – Telegr. aus Kiautschou: „Einstehe für Pflichterfüllung bis aufs Äußerste." Gouverneur. – Die Deutschen besetzen Brüssel. Große Schlacht & bedeutender Sieg bei Metz. 10 000 Gefangene u. zahlreiche Gefangene fallen in unsere Hände. – Sieg bei Gumbinnen. 3 000 Gefangene. Von allen Häusern wehen festlich die Fahnen, es herrscht ein großer Jubel. Hurra & Hochrufe u. zahlreiche Freudenschüsse ertönen. – Mittags teilweise Sonnenfinsternis von ¼ 1–½ 3 Uhr.[197]

Die parataktische Reihung ist hierbei Ausdrucksmittel des Tagebuchs, ein Nebeneinander der Ereignisse herzustellen, ohne eine Gewichtung vorzunehmen,[198] die Gedankenstriche verstärken diese Parallelführung verschiedener Kriegsschau-

---

195 So klebt Richard Piltz einen Zeitungsausschnitt über die Eroberung der Stadt Hooge ein, an der er beteiligt war (Tagebuch, 06.06.1916). Otto Link dokumentiert die zentrale Schlacht am Hartmannsweilerkopf, an der er beteiligt war, mit mehreren ineinander gefalteten Zeitungsausschnitten.
196 Vgl. Moos, Tagebuch, 10.08.1916.
197 Iggersheimer, Tagebuch, 20.08.1914. Ähnlich auch bei Bing, Tagebuch, 26.04.1916.
198 Dazu ausführlicher Jennifer Sinor, Reading the Ordinary Diary, in: Rhetoric Review 21 (2002), H. 2, 123–149, hier 132–133.

plätze. Man könnte dieses Verfahren auch als „Deskription durch Reihenbildung"[199] beschreiben, das keine syntaktische Verknüpfung zwischen zwei Meldungen mehr vornimmt. Hier wird nur noch registriert, nicht mehr bewertet oder geordnet.

Bei Erwin Schreyer und Milly Haake dient die Synchronisation aktueller Meldungen dem In-Bezug-Setzen zwischen eigenem Erleben und aktueller Nachrichten vom Kriegsschauplatz und erzielt besonders dann einen skurrilen Effekt, wenn ersichtlich wird, wie weit die Erfahrungswelten auseinander liegen: „Vorm war ich nach dem Stadtpark mit Magdan. Nachm fiel Warschau und Iromgorod",[200] notiert Erwin Schreyer am 5. August. Milly Haake bringt die verschiedenen Erfahrungswelten auf die Differenz von Heimatbeobachtung und dem Blick nach „draußen in der Welt".[201] Die Unterscheidung erinnert an jenes Nebeneinander, das der Kalendervordruck *Was ich sah und erlebte* vorschreibt; hier wird es anstatt einer tabellarischen in eine lineare Darstellung überführt. Bei Elisabeth Schatz wird der Vergleich zwischen den Kriegsschauplätzen und den Ereignissen in ihrer Heimatstadt Magdeburg über die Arbeit mit Schere, Kleber und Zeitungsausschnitten geleistet. Der kurzen Beschreibung des Besuchs des Vaters beim Bruder, der kriegswichtige Arbeit leistet, folgt ein Ausschnitt, der von der Arbeit des zwölfjährigen Erbprinzen Luitpold aus Bayern berichtet. Durch die „stückhafte[ ] Materialität"[202] der Zeitungsausschnitte wird in der Montage eine Vergleichbarkeit zwischen dem Bruder in Magdeburg und dem Prinzen in Bayern eröffnet. Nach einer graphischen Trennung berichtet sie „[n]un v. Kriegsschauplatz selbst" mithilfe von Zeitungsausschnitten.[203] Die eigene Lebenswelt in Magdeburg wird somit stetig in Beziehung gesetzt zu Kriegsbegebenheiten auf diversen Schauplätzen.

Die Synchronisation des Gleichzeitigen in handschriftlicher Abschrift oder als Text-Ausschnitt-Montage, die sich gleichwohl in die Linearität des Tagebuchschreibens fügt, gerät angesichts der vielen Schauplätze des Kriegs sowie der aufgeheizten medialen Situation an ihre Grenzen. Diese Ereignisdichte ver-

---

199 Horstkotte, „Augenblicksbeobachtungen", 162–163. Silke Horstkotte beschreibt damit Franz Kafkas „Augenblicksbeobachtungen" in seinem Tagebuch beim Besuch des Kaiserpanoramas, einer Vorform des Kinematographen, dessen Eindrücke er stilistisch verknappt in Reihen vermerkt. Die Perspektive visueller Augenblicksbeobachtungen kann auf die schlaglichtartige Notation der Ereignismeldungen im Tagebuch übertragen werden.
200 Schreyer, Tagebuch, 05.08.1914. Dies erinnert aufgrund des lakonischen Stils zudem an Kafkas vielzitierten Eintrag zum Kriegsbeginn: „Deutschland hat Rußland den Krieg erklärt. – Nachmittag Schwimmschule." Kafka, Tagebücher, 418.
201 M. Haake, Tagebuch, 05.09.1914 [meine Hervorhebung, M.C.].
202 Heesen, Der Zeitungsausschnitt, 132.
203 Vgl. Schatz/Bosse, Tagebuch, Heft 7, 06.08.1914.

langt nach anderen, zeiteffizienteren Darstellungsformen im Tagebuch. Bei Elisabeth Schatz, die von 1914 bis 1918 mindestens zwanzig Tagebuchbände füllt, die je 80 bis 200 Seiten umfassen, entscheidet sich das Verhältnis aus handschriftlichen Einträgen und Zeitungsausschnitten zunehmend zugunsten letzterer. Das Nebeneinander diverser Schauplätze wird zur häufigsten Form der Darstellung im Kriegstagebuch, wie auch eine Doppelseite aus dem September 1915 zeigt, auf welcher Ausschnitte über den westlichen, östlichen, südöstlichen, russischen und italienischen Kriegsschauplatz angeordnet sind (Abb. 42).[204] In der rechten unteren Ecke klebt eine Hochzeitsannonce aus Magdeburg, die damit einmal mehr das heterogene Nebeneinander simultaner Ereignisse vor Augen führt, die auch im Tagebuch unverbunden bleiben.

Eine Grundbedingung der Moderne wird somit in eine simultane Darstellungsform überführt.[205] Die Darstellung in der Zweidimensionalität ermöglicht es, die geteilte Gegenwart dieser Ereignisse aufzuzeigen, sie zu einer mitgeteilten Gegenwart zu machen und zugleich – über die Form der Ausschnitte, die ihre Ränder offen ausstellen – als eine aufgeteilte Gegenwart auszuweisen. Gleichzeitig tritt uns besonders an diesem Tagebuch die enorme Dichtigkeit der Ereignisse vor Augen: Das Geschehen des Tages passt kaum mehr auf eine Tagebuchdoppelseite, manchmal werden Ausschnitte daher auch zusätzlich eingelegt oder ineinander geklebt (Abb. 43), sodass aus der Montage im Tagebuch beinahe eine statistische Dichte der Kriegsereignisse ersichtlich wird. Die Dokumentation am Material vereint Stofflichkeit und Aktualität und gerinnt so zum Aufzeichnungsautomatismus.

Die Vorstellung eines linearen Textes wurde schon um 1900 von vielen Schriftstellern zugunsten einer neuen Form der zeitlichen und räumlichen Organisation ersetzt, welche die Elastizität und Flächigkeit der Darstellung betont.[206] Diese neuen Formen der Materialanordnung sprechen auch aus vielen aktualitätsorientierten Kriegstagebüchern. Dass es sich dabei um eine durch und durch moderne Form der Darstellung handelt, wird ersichtlich, wenn man Debatten zur Typographie von Buch und Zeitschrift in den 1920er Jahren vergleichend hinzuzieht. Schriftsteller und Künstler wie Paul Valéry, Walter Benjamin und El Lissitzky sprachen sich dafür aus, die *Seite* als eine neue Einheit zu betrachten, da sie nicht nur eine simultane Darstellung des Gleichzeitigen durch den Schriftsteller, sondern auch eine simultane Wahrnehmung des Dar-

---

204 Siehe Schatz/Bosse, Tagebuch, Heft 16, 73–74.
205 Vgl. Heesen, Der Zeitungsausschnitt, 279–281.
206 Vgl. Susanne Knaller und Rita Rieger, Zwischenräume: Bewegung und Schreiben, in: Schreibprozesse im Zwischenraum. Zur Ästhetik von Textbewegungen, hg. von Jennifer Clare, Susanne Knaller, Rita Rieger et al, Heidelberg 2018, 189–192, hier 190.

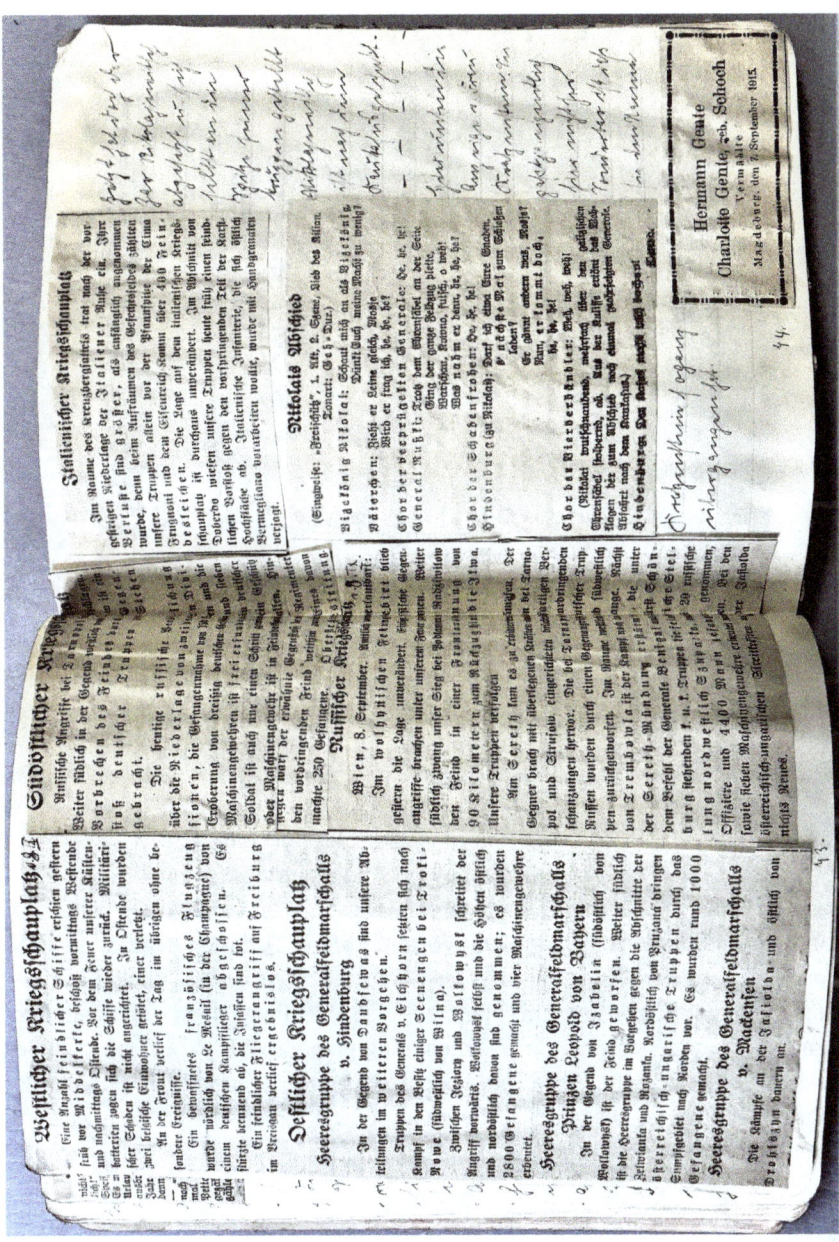

Abb. 42: Geklebte Ereignisdichte im Tagebuch von Elisabeth Schatz.

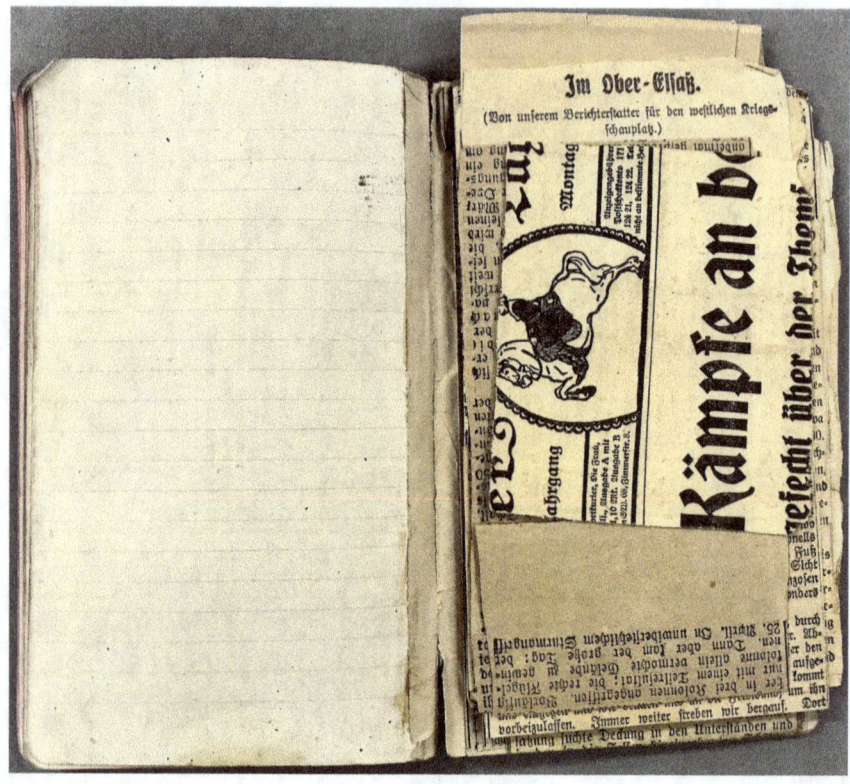

Abb. 43: Zeitungsstapel im Tagebuch von Otto Link.

gestellten durch die Leser:innen ermögliche.[207] Das Buch entwickelte sich somit von der Linie zur Fläche. Die Vorreiter dieser Debatten begründeten die Notwendigkeit der Neugestaltung der Buchseite auch in der Druckkultur der Zeit, in der Zeitungsseiten und Plakate – also zweidimensionale Darstellungsformen – dominierten und die Wahrnehmung prägten.[208] Hand in Hand mit der Neugestaltung der Seite gingen ein Rollenwechsel des Schriftstellers und der Bedeutungsverlust der linearen Schrift: Die autonome ästhetische Praxis wurde von einer heteronomen Praxis *materialästhetisch* überholt.[209] Im Jahr 1927 forderte das

---

207 Vgl. Carlos Spoerhase, Linie, Fläche, Raum. Die drei Dimensionen des Buches in der Diskussion der Gegenwart und der Moderne (Valéry, Benjamin, Moholy-Nagy), Göttingen 2016, 11, 17, 31, 33.
208 Vgl. Spoerhase, Linie, Fläche, Raum, 15, 27, 29, 35.
209 Vgl. Spoerhase, Linie, Fläche, Raum, 37.

Gutenberg-Jahrbuch, dass Schriftsteller beim Satz ihres Buchs dabei sein sollten, um das „Gesicht des Buches" mitzugestalten und damit seine Visualität, Körperlichkeit und Materialität zu formen.[210] In Anbetracht „der engen Verbindung mit der Aktualität des allgemeinen Geschehens" müsse der „Sehnerv[ ]" zugespitzt werden, um mit der Gesellschaftsentwicklung Schritt zu halten; das Mittel dafür solle die „neue Arbeit im Innern des Buches"[211] sein. Betrachtet man einige der handschriftlichen Tagebücher aus dem Ersten Weltkrieg – die veröffentlichten bedienen sich weiterhin eines konventionellen, linearen Satzes[212] – so erscheinen die Debatten der 1920er Jahre zur Typographie des Buchs beinahe anachronistisch und sie offenbaren die Potentiale der Manuskripttagebücher: Die begrenzten Möglichkeiten der Typographie werden in einem unbeschriebenen, handschriftlichen Buch aufgesprengt, um die durch Simultaneität und Disparatheit geprägte Kriegswahrnehmung zur Darstellung zu bringen.

Der Versuch der Synchronisation ist kompatibler mit dem additiven Modell der Aktualitätsordnung. Jeden Tag geraten neue Kriegsschauplätze in den Fokus der Tagebuchautor:innen und führen dazu, dass diese Tagebücher nicht selten den Eindruck aneinandergereihter Zeitungsüberschriften erwecken, die von einer konstanten, gleichwohl an ihre Grenzen geratenden Medienbeobachtung zeugen. Begriffe wie das „Medien-Tagebuch" oder die „Zeitmitschrift", welche die Tagebuchforschung prominent für Tagebücher verwendet hat, deren Struktur von der Berichterstattung über Mauerfall und Wende geprägt wurde,[213] könnten in diesem Sinne schon für Kriegstagebücher im Ersten Weltkrieg, wahrscheinlich auch schon für früher verfasste Tagebücher verwendet werden.

Dass zahlreiche Kriegstagebücher und zwar nicht nur die an der Heimatfront geführten ihren Bezug zur Aktualität vor allem über deren mediale Vermittlung herstellen, nämlich indem Zeitungen in Form der Schreibtischwirklichkeit ausgewertet werden, zeugt von einem erweiterten Verständnis von Gegenwart genau wie von der Multiplikation der Orte des Kriegs, der nirgendwo mehr unmittelbar beobachtet werden kann. Damit wird auch eine Erweiterung des Ereignisbegriffs vorgenommen: Die Ereignisse treten hier nicht mehr ‚vor Augen', wie es die Ety-

---

210 Dazu El Lissitzky, Unser Buch, in: Gutenberg-Jahrbuch 2 (1927), 172–178, hier 174.
211 Lissitzky, Unser Buch, 177.
212 Montierte Pressemeldungen werden trotzdem in eine lineare Form gebracht. Die Dichte der Ereignisse lässt sich anstelle der Seitengestaltung anhand des Umfangs des einzelnen Tagebuchhefts ablesen. Siehe beispielsweise Engel, Vom Ausbruch des Krieges bis zur Einnahme von Antwerpen.
213 Vgl. Lutz Hagestedt, Der richtige Ort für systematische Überlegungen. Philippe Lejeune und die Tagebuchforschung, in: Philippe Lejeune, „Liebes Tagebuch". Zur Theorie und Praxis des Journals, hg. von Lutz Hagestedt, München 2014, VII–XXXII, hier XXVI–XXVIII. Lutz Hagestedt bezieht sich auf die Tagebücher von Walter Kempowski und Rainald Goetz.

mologie des Worts nahelegte, da sie nicht mehr sichtbar sind, sondern nur in Form medialer Erzeugnisse zirkulieren. Gleichwohl wird die unterschwellig mitlaufende Bedeutung von ‚Ereignis' im Sinne des ‚Aneignens' vielfältig praktiziert: Indem die Spuren der Ereignisse gesucht, gesammelt und montiert werden, versuchen die Tagebuchautor:innen der Kriegsereignisse habhaft zu werden, was ihnen jedoch nur unzureichend gelingt. Die verwendeten Strategien sind dabei bei verschiedenen Autor:innen wie auch an verschiedenen Schauplätzen des Kriegs auffallend ähnlich.

4.4 Imperativ der Aktualität – Vernichtung von Innerlichkeit

„Es eilt die Zeit, wir eilen mit!",[214] notiert die neunzehnjährige Meta Iggersheimer am 12. Februar 1915. Die als ungeheure Beschleunigung erfahrene Kriegszeit, die durch täglich neue Nachrichten Antrieb erhält, ist Anlass für einen neuen Tagebucheintrag wie sie wohl auch der Grund dafür ist, dass die Autorin sechs Wochen keinen Eintrag in ihr Tagebuch verfasste. Aktualität wurde im Ersten Weltkrieg als Imperativ empfunden, sie war das Zeichen der Epoche, zu der man sich verhalten musste. Sich dazu eines Tagebuchs zu bedienen und in der Dokumentation der Kriegsereignisse den Prämissen der Aktualität treu zu bleiben, versprach zweierlei: eine besondere Form der Teilnahme an der Materialisierung des Kriegs und eine neue Form der Geschichtsschreibung. Diese Punkte sollen ausgeführt werden, um den Bogen zu den eingangs des Kapitels vorgestellten Wegbereitern der Aktualität herstellen zu können. Abschließend muss diskutiert werden, inwiefern das Tagebuch für diese Aufgaben zwar einerseits die geeignete Gattung zu sein scheint, andererseits jedoch in seinem Innersten infrage gestellt wird.

Dass das Tagebuchschreiben eine Form der schreibenden, sammelnden, zeichnenden Teilnahme am Krieg ermöglicht, hat diese Studie bereits anhand typischer dokumentarischer Praktiken von in der Heimat verfassten Texten gezeigt. Es fällt jedoch auf, dass Tagebücher, die dezidiert dem Imperativ der Aktualität folgen, diese Teilnahme besonders stark reflektieren. So ist auch der Literaturhistoriker und Schriftsteller Eduard Engel nur einer „der zum Zuhausebleiben Verurteilten", dem sein „Tagebuch die Rettung aus einer Tatenlosigkeit, die mich sonst geistig und körperlich vernichtet hätte",[215] bietet, indem er

---

[214] Iggersheimer, Tagebuch, 12.02.1915. Es handelt sich um eine Reminiszenz an das Gedicht „Es eilt die Zeit im Sauseschritt"/ „Julchen", erschienen in: Wilhelm Busch, Reifezeit, bearbeitet von Hans Ries, hg. von Herwig Guratzsch, 2. Aufl., Hannover 2007, Sp. 764–831.
[215] Engel, Vom Ausbruch des Krieges bis zur Einnahme von Antwerpen, II.

täglich die neuesten Nachrichten notiert. Wie an anderer Stelle etwa anhand der kriegsverarbeitenden Praktiken Aby Warburgs gezeigt werden konnte – einem Nachrichten verzeichnenden Tagebuch und der Zeitungsausschnittsammlung – geht es fernab der Front darum, durch die Verzettelung der Zeitungen den Krieg gleichermaßen zu durchdringen, wobei – scheinbar paradox – einerseits ein emotionales Miterleben ermöglicht, andererseits Distanz zwischen den Kriegsereignissen und der eigenen Person gewonnen werden soll.[216]

Ähnlich wie in den zeitgleich entstehenden Zeitungsausschnittsammlungen kann die historisierende Verarbeitung der täglichen Ereignisse, sei es in Form des Ausschnitts per Schere oder der Abschrift mit dem Stift, auch als Ersatzhandlung der Daheimgebliebenen interpretiert werden, die in der Verarbeitung der Kriegsaktualität ihren Beitrag zum Krieg leisten.[217] Gleichzeitig wird diese schreibende (sammelnde, verzettelnde) Teilnahme am Krieg, die ich bislang an ethnographische Methoden in der Tradition Bronisław Malinowskis angeschlossen habe, um eine historiographische Perspektive erweitert. Dass die Medialisierung der Ereignishaftigkeit des Kriegs seine Wahrnehmung grundlegend und an vielen Schauplätzen prägt, lässt sich just an jenen Tagebüchern von Soldaten und Offizieren belegen, die ebenso auf aktuelle Nachrichten verwiesen, Zeitungen verzettelten und ihre Kriegsteilnahme an den Fronten um die systematische Verwaltung der Kriegsaktualität ergänzten.

Der Imperativ aktuell zu sein, wird dann verstärkt, wenn ein aktualitätsbezogenes Tagebuch zeitnah veröffentlicht wird und sich in die Kriegsdiskurse hineinbegibt. In diesem Sinne zielt die Publikation eines aktualitätsbezogenen Tagebuchs auf den Ausweis des Aktuell-Seins: Diese Texte wollen so die „Grundzüge der eigenen ‚Gegenwart'" erfassen und möglichst schnell auf diese einwirken.[218] Paradigmatisch steht dafür das Vorwort im Tagebuch Hugo Münsterbergs ein, in dem er die Veröffentlichung seiner in Amerika verfassten Kriegstagebücher – im Übrigen im Wesentlichen Auseinandersetzungen mit amerikanischen Kriegszeitungen – rechtfertigt, da diese „den Krieg nicht nur zum Inhalt [hatten], sondern [...] auch selbst Teil des Krieges [waren]."[219] Als Auseinandersetzung und Ergebnis der Kriegsaktualität sollen die Tagebücher nun auf den weiteren Verlauf des Kriegs, in diesem Fall die wahrhafte Darstellung des Kaiserreichs in der amerikanischen Presse, einwirken und dies, indem sie sich Prämis-

---

216 Vgl. Anke te Heesen, Schnitt 1915. Zeitungsausschnittsammlungen im Ersten Weltkrieg, in: Kasten 117. Aby Warburg und der Aberglaube im Ersten Weltkrieg, hg. von Gottfried Korff, Tübingen 2007, 71–85, hier 80–84.
217 Dazu Heesen, Der Zeitungsausschnitt, 120.
218 Vgl. Geyer und Lehmann, Einleitung, 20.
219 Münsterberg, Amerika und der Weltkrieg, 9.

sen der Aktualität zu eigen machen – immerhin handelt es sich bei seinen Aufzeichnungen um „*das erste Buch* über den Krieg, das überhaupt erschien."[220] Damit erweist sich das Tagebuch als eine besonders legitime Gattung, um Stellung zur aktuellen Lage zu beziehen.[221]

Erscheinen die Kriegstagebücher in ihrer Schreibstruktur von der Kriegsaktualität motiviert genau wie als Ort, an dem disparate Kriegsschauplätze und -erfahrungen inszeniert, synchronisiert oder geordnet werden können, so ist die Gegenbewegung eine oft mitgedachte spätere Relektüre, für die es die aktuellen Ereignisse zu historisieren gilt. Wenn Milly Haake eine Zeitungsmeldung im Tagebuch „verewigen" möchte und eine Abschrift folgen lässt,[222] nimmt sie damit einerseits Bezug auf das flüchtige Material der Zeitung, andererseits erklärt sie ihr Tagebuch zum Archiv, in welchem sie den Ausschnitt auch beim späteren Durchblättern wiederfinden wird. Dabei liegt eine performative Perspektive nahe, die das per Abschrift oder Ausschnitt materialisierte Ereignis in eine spätere Zukunft überführt. Wie Ellen Gruber Garvey anhand von *scrapbooks* gezeigt hat, ist der Moment, der als historischer, bewahrenswerter Augenblick empfunden wird, auch emotional stark aufgeladen. Indem ein solcher Moment mittels Zeitungsausschnitten bewahrt wird, gerinnt das Archivieren selbst zum performativen Akt. Eine spätere Relektüre ermöglicht es, diese Emotionen nachzuempfinden.[223] Auch auf den ersten Blick weniger aktualitätsbezogene Artikel und Ausschnitte, beispielsweise Gedichte, die ins Tagebuch aufgenommen werden (Milly Haake), stehen für diese gleichwohl auf den Moment der Archivierung bezogene emphatische Praxis ein.[224]

Dabei grenzen nicht wenige Autor:innen ihre mehr oder weniger bewusste Archivierung und damit Historisierung aktueller Ereignisse von der „gelehrte[n] Geschichte" ab, die erst „in mehr als einem Menschenalter" zu schreiben sei. Dies formuliert Eduard Engel „am Tage, da Antwerpen deutsch wurde" in seinem Kriegstagebuch, das seit Kriegsbeginn regelmäßig veröffentlicht wird. Er hingegen verfolgt ein anderes Ziel: „Gegenwart soll auf diesen Blättern festgebannte Geschichte werden; Augenblick soll Dauer werden".[225] Mit dieser Formulierung greift Engel typische Zeitkonzepte der Geschichtsschreibung des 20. Jahrhunderts – Gegenwart, Augenblick, später auch die Stunde als Signum

---

220 Münsterberg, Amerika und der Weltkrieg, 137 [meine Hervorhebung, M.C.].
221 Welche Gattung als angemessen gilt, um zum aktuellen Geschehen in der Öffentlichkeit Stellung zu nehmen, ist historisch variabel. Vgl. Geyer und Lehmann, Einleitung, 23.
222 Vgl. M. Haake, Tagebuch, 09.08.1914.
223 Siehe Garvey, Writing with Scissors, 95.
224 Dazu ausführlicher Garvey, Writing with Scissors, 115–121.
225 Engel, Vom Ausbruch des Krieges bis zur Einnahme von Antwerpen, IV, II.

der Aktualität – auf, um diese in eine Dauer zu überführen, die noch im 19. Jahrhundert Diktum der Historiker war.[226] Über seine Affinität zur Aktualität grenzt Engel das Tagebuch von retrospektiven Geschichtswerken ab und schafft anstelle dessen eine eigene Geschichte, die gerade keine Geschichtsschreibung sein möchte. Vom wichtigen Charakter seiner Aufzeichnungen ist Hugo Münsterberg ebenso überzeugt wie Eduard Engel, gleichwohl möchte auch er nicht den „Ehrgeiz des Geschichtsforschers"[227] befriedigen und rekurriert in diesem Zusammenhang auf das Potential der Vorläufigkeit des Tagebuchs: „[M]anches, das im Herbst gesagt werden mußte, wäre im Frühling kaum noch am Platze gewesen."[228] Er kritisiert mit dieser Sichtweise einen den Leitlinien des Historismus verpflichteten Historiker des 19. Jahrhunderts und eröffnet darüber auch eine Kontinuität zu der bereits im 19. Jahrhundert üblichen Form des Tagebuchs, das in die zwischen Gegenwartsliteratur und Historiographie hinterlassene Leerstelle trat und in seiner vorläufigen, aktualisierbaren Textverfassung einem Zeitbewusstsein entsprach, das mit den gängigen geschichtswissenschaftlichen Darstellungen – umfangreichen epischen Werken – nicht mehr erfasst werden konnte.[229]

Das „geschichtliche[ ] Tagebuch[ ]" wird so immer wieder zur Gattung der Zeit erklärt, zur „einzigen dankbaren Form",[230] mit der man der Dokumentation dieses Kriegs gerecht werden könne. Dafür scheinen es sein Potential der Vorläufigkeit und der täglich erneut möglichen Aktualisierung zu prädestinieren. Die bei verschiedenen Autor:innen vorgenommene Verbindung von Kriegsaktualität und dem Tagebuch als der am besten geeigneten Form der Darstellung ist damit mehr als eine Bewerbung der eigenen Aufzeichnungen, denn sie rekurriert auf verbreitete Temporalitätsvorstellungen und -wahrnehmungen der damaligen Zeit, die nicht zuletzt in deren Medienkultur begründet liegen.

Sie verweist aber auch auf ein genuines Interesse am Material: Das Diktat der Aktualität lenkt den Blick weg vom Inhalt auf die Form und die Materialität des Notierten. Der Imperativ aktuell zu sein und sich Tagebuch schreibend zum Ereignis Krieg zu verhalten, bringt ein Quellenbewusstsein hervor, dass die Anhäufung verschiedenster Materialien zur Folge hat. So beginnt der zehnjährige Tagebuchautor Yves Congar zwar im August 1914 „une histoire écrite par un en-

---

226 Vgl. Raulff, Der unsichtbare Augenblick, 21–23, 37–40.
227 Münsterberg, Amerika und der Weltkrieg, 138.
228 Münsterberg, Amerika und der Weltkrieg, 11. Hugo Münsterberg veröffentlichte das Tagebuch in zwei Teilen in Amerika. Die übersetzte deutsche Ausgabe enthält beide Teile.
229 Vgl. Oesterle, Der ‚Führungswechsel der Zeithorizonte' in der deutschen Literatur, 26.
230 Engel, Vom Ausbruch des Krieges bis zur Einnahme von Antwerpen, II sowie Vorwort von Heft 1, o. S.

fant" [eine von einem Kind verfasste Geschichte], bezeichnet diese im Juni 1918 jedoch als „documents rassemblés au jour le jour" [von Tag zu Tag gesammelte Dokumente].[231] Große Werke im Sinne des Historismus lassen sich mit den gesammelten Materialien des Tages nicht schreiben. Wohl aber kleine und individuelle, die das Tempo der Zeit erfassen und von ihm erfasst sind, die den metonymischen Kontakt mit den Kriegsereignissen suchen, indem sie *pars pro toto* seine Berichterstattung in Papierform sammeln, selektieren und anordnen und damit eine ästhetische und stoffliche Nähe zum Ereignis ermöglichen sollen.

Aus alltagsgeschichtlicher Perspektive sind viele Tagebücher, die dem Imperativ der Aktualität folgen, daher wenig ergiebig. Vor allem jedoch ist die Vernichtung von Innerlichkeit Kollateralschaden des Aktualitätszwangs. In einem zur aktualitätsbasierten Materialsammlung umpragmatisierten Tagebuch hat die Befragung und Dokumentation des Selbst keinen Platz mehr. Alle Appelle, den Krieg als Erlebnis darzustellen und damit auf seine psychische Dimension zu verweisen, sind dadurch zum Scheitern verurteilt und werden durch montierende Ereignissynchronisationen ersetzt. Dies lässt sich einerseits auf den „Entselbstungsrausch"[232] zu Kriegsbeginn zurückführen, bei dem Individualismus wie Subjektivismus zugunsten der Massenbegeisterung und eines dominanten Staats aufgegeben wurden. Geht man noch einen Schritt zurück und betrachtet die Aufrufe der Tagebuchsammlungen, die vor dem Krieg noch ganz in Diltheyschem Geist auf Quellen abzielten, aus denen man den Atem der Schlacht spürte, so merkt man eine deutliche Verschiebung. In der diaristischen Praxis selbst wird der für das 19. Jahrhundert so typischen Psychologisierung ein Ende bereitet, denn der subjektive Ausdruck und die Innerlichkeit, die in besonderem Maße mit dem bürgerlichen Tagebuch in Form des *journal intime* (oft als ‚Buch der Seele' bezeichnet) verbunden sind, verschwinden zugunsten von Materialsammlungen.

Mit dieser Gattungsveränderung vom Tagebuch zur Dokumentensammlung tritt auch eine Rollenveränderung der Tagebuchautor:innen hervor. Nun scheint es legitim, von Verwalterinnen des Zeitungswissens, Reportern am Schreibtisch und Nutzer:innen von Vordrucken zu sprechen, die sich akribisch den materiellen Erzeugnissen des Kriegs widmen. Paradigmatisch steht dafür die Arbeit von Elisabeth Schatz ein, die in ihren im Krieg geführten Tagebuchbänden von zunächst sorgfältig angelegten Text-Ausschnitt-Montagen, die Zitate des Kaisers

---

231 Congar, Journal de la guerre, 30, 218.
232 Kurt Flasch, Die geistige Mobilmachung. Die deutschen Intellektuellen und der Erste Weltkrieg: Ein Versuch, Berlin 2000, 262. Vgl. dazu weiterführend auch 262–263, 282–283.

einbetten, dazu übergeht, Zeitungsausschnitte nebeneinander oder übereinander zu kleben oder nur noch einzulegen. Ihr Tagebuch nähert sich immer mehr einem *scrapbook* an und die Ausschnitte selbst werden weniger kommentiert, weniger durchdrungen, kurz: Die Distanz der Autorin zu ihren Arbeitsmaterialien tritt stärker hervor.[233]

Damit nehmen viele dem Imperativ der Aktualität folgende Tagebücher Entwicklungen vorweg, die in den 1920er Jahren Breitenwirkung entfalten werden: Einerseits wenn dann in der von stabilen Konventionen weit entfernten Gesellschaft der Nachkriegszeit im Zuge einer „Psychologie des Außen" der moderne, auf Innerlichkeit angelegte Begriff des Subjekts entpsychologisiert wird, indem an die Stelle des inneren Erlebnisses die retrospektiv so bezeichneten Verhaltenslehren der Kälte treten.[234] Andererseits erlebt das Tagebuch einen neuen Auftritt durch das Interesse am Material in roher Form wie es im unter anderen von dem sowjetischen Schriftsteller und Avantgardisten Sergej Tretjakow vorangetriebenen Projekt der Faktographie als neuer Gegenwartsliteratur vertreten wird, die das Tagebuchschreiben als materialgenerierende Praxis empfiehlt.[235]

Die 1920er Jahre sind jedoch noch in anderer Hinsicht für meine Untersuchung aufschlussreich, denn in dieser Zeit nahm die frühe Tagebuchforschung ihren Ausgang, jedoch nicht in der Literaturwissenschaft, sondern in der Psychologie und Psychoanalyse. Man könnte vermuten, dass gerade diese Disziplinen ein besonderes Interesse an der Innerlichkeit im Tagebuch haben und Titel wie Siegfried Bernfelds Monographie *Trieb und Tradition im Jugendalter*, in welcher er kulturpsychologische Studien an zeitgenössischen handschriftlichen genau wie Tagebüchern bekannter Autor:innen vornimmt, bekräftigen dies. Jedoch konstatiert auch Bernfeld eine gewisse Krise der Diaristik innerhalb der letzten Jahrzehnte, in der die „Agitation für das Tagebuch" schwächer geworden sei und „Fertigtagebücher" für Kinder und Jugendliche auf weniger Interesse stießen.[236] Dies scheint zunächst ganz eklatant Beobachtungen dieser Studie zu widersprechen, welche die Konjunktur des Tagebuchschreibens in der Kriegszeit

---

233 Auch im Amerikanischen Bürgerkrieg entwickelten sich zahlreiche Tagebücher hin zu *scrapbooks*; bei parallel geführten Tagebüchern und *scrapbooks* sei zunehmend letzteres bevorzugt worden. Siehe Garvey, Writing with Scissors, 15–16, 91.
234 Dazu ausführlicher Helmut Lethen, Verhaltenslehren der Kälte. Lebensversuche zwischen den Kriegen, 8. Aufl., Frankfurt am Main 2018, 3, 51, 58, 102.
235 Siehe zu Sergej Tretjakows Interesse am Material genauer Sergej Tretjakow, Die Arbeit des Schriftstellers. Aufsätze Reportagen Porträts, hg. von Heiner Boehncke, Reinbek bei Hamburg 1972, 41–42 sowie zum Tagebuch innerhalb der Faktographie darin 207.
236 Vgl. Bernfeld, Trieb und Tradition im Jugendalter, 165.

anhand zahlreicher Beispiele und Entwicklungen belegen konnte. Doch Bernfeld präzisiert seine These: Die Krise manifestiere sich weniger in der Anzahl der Tagebücher als vielmehr im Bedeutungsverlust des Tagebuchs für den einzelnen Verfasser. Er spricht in diesem Zusammenhang von einer „Verringerung der Teilnehmer am Brauch", der nur mit Innovationen begegnet werden könne. Zweifelhaft ist für ihn, ob die zahlreichen publizierten Kriegstagebücher dafür geeignet seien. Hingegen erwartet er Innovationen von den neuen „Aufschriebformen" der Karthothek, des Wunderblocks und der Schreibmaschine sowie von „modernen Unterrichtsweisen, die das Schreiben ‚spielend' tradieren".[237]

Bernfeld verabschiedet sich von der Fokussierung auf lebensphilosophisch-psychologisierende Tagebuchinterpretationen Diltheyscher Prägung und verweist stattdessen ganz den sozial- wie naturwissenschaftlichen Strömungen der Psychologie folgend zum einen auf die Reformpädagogik, zum anderen auf Materialinnovationen. Obgleich der Titel seiner Untersuchung suggeriert, dass das Tagebuch Zugang zu den Trieben des Jugendalters gäbe, er im historischen Kapitel besonders pietistisch geprägte Tagebücher herausstellt und mit den Schriften Otto Brauns ein Kriegstagebuch zitiert, das dem Erlebnis im Besonderen verpflichtet zu sein scheint, verweist er auch dezidiert auf das Potential des Tagebuchs Erlebnisse – „Kategorien von höchster psychischer Bedeutsamkeit"[238] – auszublenden. Mehr als eine Geschichte von Trieb und Tradition im Jugendalter schreibt Bernfeld eine Form- und Materialgeschichte des Tagebuchs, in welcher dem Sammeln, Ordnen und Kopieren von Andenken, Reliquien und so bezeichneten Fetischen eine mindestens ebenso große Rolle zukommt wie der Psychologie des Selbst. In diesem Sinne bestätigt der Tagebuchforscher die veränderte Wahrnehmung der Gattung infolge des Kriegs.

Für die Diarist:innen der Zeit ist der Verzicht auf Innerlichkeit im Tagebuch zugunsten einer materialbasierten Kriegsdokumentensammlung jedoch oft eine schwierige Gewissensentscheidung. Aus der Erschöpfung am Material wie aus der Erschöpfung am Krieg als solchen stellen viele recht bald ihr aktualitätsbasiertes Schreiben ein, das doch zu Kriegsbeginn mit der Wahl der Aufzeichnungsform Kriegstagebuch intrinsisch verbunden schien, um den Kriegsverlauf mitzuerleben und in täglich neuen Eintragungen gleich einem additiven Aktualitätsmodell neue Informationen ins Tagebuch zu tragen. In dem Maße, in welchem das Verfolgen der Nachrichten zunehmend schwerer erträglich wird, verliert die diaristische Praxis ihre Leichtigkeit und Lebensnähe. Wenn die Zei-

---

[237] Siehe Bernfeld, Trieb und Tradition im Jugendalter, 165.
[238] Bernfeld, Trieb und Tradition im Jugendalter, 19.

tung zum Medium wird, das täglich an den Krieg erinnert,[239] bleibt die Abkehr von den Zeitungen nicht ohne Folge für das Verfassen eines Tagebuchs im Krieg, wie es Milly Haake im Dialog mit ihrem Tagebuch im März 1915 formuliert: „Tagebuch, du bist ganz aus der Verbindung gekommen. Ich habe auch in der letzten Zeit gar keine Zeitung mehr gelesen, wills aber jetzt wieder anfangen."[240] Im Mai 1915 kommt sie zu dem Schluss: „Weißt du, Tagebuch, ein Kriegstagebuch bist du doch nicht. Damit mußt du dich nun einmal zufrieden geben."[241]

---

[239] So formuliert bei M. Haake, Tagebuch, März 1915 (genaue Datierung nicht lesbar).
[240] M. Haake, Tagebuch, 21.03.1915.
[241] M. Haake, Tagebuch, 29.05.1915.

5 Zeitzeugenschaft avant la lettre

Bei einer Sichtung der Bestände des Deutschen Literaturarchivs Marbach anlässlich des 100-jährigen Beginns des Ersten Weltkriegs zeigte sich der damalige Leiter Ulrich Raulff erstaunt über den Befund des Archivs: Die Nachlässe deuteten einmal mehr auf eine „Explosion des Schreibens" zu Kriegsbeginn hin, die sich primär in der Gattung des Tagebuchs vollzog. Das ausgeprägte „Bewusstsein von Zeitzeugenschaft eines ungeheuren Ereignisses"[1] habe viele Menschen zum Schreiben gebracht – wobei Raulff ausschließlich auf männliche Schriftsteller verweist und in diesem Sinne eine kanonisierende Archivgeschichte des Ersten Weltkriegs fortschreibt. Interessieren soll an dieser Stelle weniger der erneute Hinweis auf die Tagebuchkonjunktur zu Kriegsbeginn, die diese Studie bereits auf verschiedene Faktoren wie Schreibaufrufe oder den Aktualitätsdruck zurückgeführt hat. Im Folgenden soll es vielmehr um das Bewusstsein von Zeitzeugenschaft gehen, mithin den Versuch, die Gegenwart für die Zukunft zu historisieren.

Damit schließt das Kapitel in mehrerlei Hinsicht an die Ergebnisse des vorhergehenden an und stellt gleichsam seine Spiegelseite dar: In Kapitel 4 konnte ich zeigen, wie das gestiegene Bewusstsein für die erlebte Gegenwart des Kriegs die Tagebuchautor:innen antreibt, regelmäßig über die neuesten Kriegsereignisse im Tagebuch zu berichten. Dabei bestimmt der Imperativ aktuell zu sein das Schreiben: So geben Nachrichten den Schreibtakt vor und werden am Schreibtisch sortiert und synchronisiert. Viele Tagebücher gerinnen unter dem Einfluss dieser Schreibmaxime zu Materialsammlungen, die als Grundlagen für eine künftige Geschichtsschreibung herhalten sollen. Hier setzt das folgende Kapitel an: Auch wenn Aktualität die Schreibmaxime ist, so behalten die Autor:innen die Zukunft fest im Blick, genau wie sie einen Schnitt zur Vergangenheit konstatieren. Zwar geht damit kein Imperativ des Geschichtsschreibens einher, das erst Aufgabe der Historiker in der Zukunft sei, wohl aber eine persönliche Vorbereitung dieser Gegenwart in Hinblick auf eine Zukunft, in der diese als historisch erinnert werden soll. Das Verfassen einer kleinen Geschichte findet im Modus der Zeugenschaft statt: Als Zeitgenosse hat man Teil an einem epochalen Ereignis und eine Verantwortung zur Quellenproduktion.

Zeuge zu sein im Ersten Weltkrieg tritt in eine Spannung zum Imperativ der Aktualität. Das Tempo und der Rhythmus der Gegenwart sowie die Ereignisdichte

---

[1] Über Bewusstsein und Gedächtnis des Ersten Weltkriegs. Fritz Stern im Gespräch mit Ulrich Raulff, in: August 1914. Literatur und Krieg, hg. vom Deutschen Literaturarchiv, Marbach am Neckar 2013, 90–120, hier 114.

im Takt der Nachrichtenblätter bringen Schwierigkeiten mit sich, die Historizität des Kriegs einzuordnen. Ist das Verschwinden von Innerlichkeit eine Konsequenz des Versuchs das Tagebuch aktuell zu halten, so zielt das Bezeugen darauf ab, dem persönlich Erlebten im Krieg Nachdruck zu verleihen und eine individuelle Sicht auf den Krieg aufzuzeichnen. Genau wie der Imperativ aktuell zu sein, ist Zeugenschaft eine Prämisse des Tagebuchschreibens, die oft programmatisch auftaucht, wenn nicht schon die Praxis ein Kriegstagebuch zu beginnen und regelmäßig zu führen ein Beleg für das Bewusstsein von Zeitzeugenschaft ist.

Raulffs Begriffsverwendung der Zeitzeugenschaft ist anachronistisch, handelt es sich beim Begriff des Zeitzeugen doch um eine Wortschöpfung aus den 1970er Jahren, die eng mit der Geschichte des Nationalsozialismus und der Shoah verbunden ist. Im Jahr 2012 haben die Zeithistoriker Martin Sabrow und Norbert Frei gleich einem Kanonisierungsversuch die „Geburt des Zeitzeugen nach 1945" ausgerufen.[2] Der Begriff des Zeitzeugen steht zwischen dem enger gefassten Begriff des Tat- oder Augenzeugen und dem allgemeineren Begriff des Mitlebenden oder Zeitgenossen.[3] Die erste Begriffsverwendung des Zeitzeugen lässt sich auf eine Reihe von Publikationen von Schriftstellern und Historikern in den 1970er Jahren rückführen, die mit dem Zeitzeugen einen glaubhaften Chronisten beschrieben. Auch wenn der Begriff kurzfristig auf entlegenere Zeiten angewandt wurde – etwa auf die „Urzeitzeugen" in einem Buch über Paläontologie – etablierte er sich doch spätestens ab Ende der 1980er Jahre als Begriff für Menschen, welche die NS-Zeit miterlebt hatten und in der Gegenwart an der Verfassung einer Gegengeschichte mitwirkten, indem sie ihre öffentlich und akademisch bislang zu wenig beachteten Sichtweisen einbrachten. Verstärkt wurden die Popularisierung und Figurierung des Zeitzeugen durch Auftritte im Fernsehen. Bereits 1961 lief in der ARD eine Dokumentation über die NS-Zeit, die sich auf „Erlebniszeugen" stützte und mit dieser Bezeichnung Menschen, die Zeitzeugen und Experten gleichermaßen waren, betitelte.[4] Wesentliche Impulse aus der Disziplin der Geschichte erfuhr die Figurierung des Zeitzeugen durch die Methode des Erinnerungsinterviews der Oral History. Diese entwickelte sich in den 1940er Jahren in den USA, um Geschichte zu schrei-

---

2 Vgl. den so betitelten Sammelband von Martin Sabrow und Norbert Frei (Hg.), Die Geburt des Zeitzeugen nach 1945, Göttingen 2012.
3 Vgl. Martin Sabrow, Der Zeitzeuge als Wanderer zwischen zwei Welten, in: Die Geburt des Zeitzeugen nach 1945, hg. von Martin Sabrow und Norbert Frei, Göttingen 2012, 13–32, hier 13.
4 Zu dieser Begriffsgeschichte des Zeitzeugen siehe ausführlicher Sabrow, Der Zeitzeuge als Wanderer zwischen zwei Welten, 14–16.

ben, für die keine schriftlichen Quellen zugänglich oder vorhanden waren.[5] Ab den 1970er Jahre etablierte sie sich zunehmend in Europa mit dem Anspruch, die Geschichte um die Perspektive der von Vertreter:innen der Oral History so benannten ‚kleinen Leute' zu bereichern.[6]

Im Ersten Weltkrieg, in dem aller Orten an die Quellenproduktion für eine zukünftige Geschichtsschreibung appelliert wurde, adressierte man also keine Zeitzeugen, wohl aber *Augenzeugen* und *Zeitgenossen*, mithin die Pole, zwischen denen der Zeitzeuge steht. Dabei verweisen Augenzeuge und Zeitzeuge auf heterogene Diskurse über Zeugenschaft.[7] Auf der einen Seite der Auseinandersetzungen mit dem Phänomen Zeugenschaft steht ein epistemologischer Zugang, bei dem der Zeuge als Wissensquelle und Beweismittel fungiert. Dieser Diskurs führt beispielsweise zum Zeugen in der Rechtswissenschaft, dem Augenzeugen in der Historiographie, aber auch – und dies ist für eine Studie, welche die Zeit um 1900 in den Blick nimmt, wichtig – zur sogenannten Zeugen- oder Aussagepsychologie der Jahrhundertwende. Auf der anderen Seite steht ein ethisch-politischer Zugang zum Zeugen, der stärker die Subjektivität des Zeugnisses und die Rolle des Zeugen als Erzähler betrachtet. So interessiert sich die Oral History für den Zeugen als Träger einer subjektiven Erfahrung, die im Gespräch erinnert wird. Der Überlebenszeuge als moralischer Zeuge, der das Erbe des Märtyrers antritt, erfährt Beachtung, auch wenn sein Zeugnis (etwa von extremer Gewalt) keine positive Sinnstiftung für das Kollektiv bietet. Der ethisch-politische Diskurs mündet in postmoderne Positionen zur Zeugenschaft wie sie Giorgio Agamben und Jacques Derrida formuliert haben, welche die Möglichkeitsbedingung des Zeugnisses über die Person des Zeugen selbst hinterfragen. So trennscharf wie diese Systematisierung Diskursstränge

---

[5] Die Oral History entwickelte sich in den USA aufgrund spezifischer Bedingungen insbesondere in zwei Bereichen: Zum einen wurden Interviews mit politischen Führungskräften geführt, da schriftliche Quellen über deren Tätigkeit nicht in staatlichen Archiven aufbewahrt wurden, sondern ihr persönliches Eigentum waren. Zum anderen wurden Erinnerungsinterviews mit indigenen Gruppen und den Nachfahren der afrikanischen versklavten Menschen geführt, über deren Geschichte kaum schriftliche Quellen vorhanden waren. Vgl. Dorothee Wierling, Oral History, in: Aufriß der Historischen Wissenschaften, Bd. 7: Neue Themen und Methoden der Geschichtswissenschaft, hg. von Michael Maurer, Stuttgart 2003, 81–151, hier 83.
[6] Vgl. Wierling, Oral History, 85.
[7] Die folgende Systematisierung entnehme ich Sibylle Schmidt, Wissensquelle oder ethisch-politische Figur? Zur Synthese zweier Diskurse über Zeugenschaft, in: Politik der Zeugenschaft. Zur Kritik einer Wissenspraxis, hg. von Sybille Schmidt, Sybille Krämer und Ramon Voges, Bielefeld 2011, 47–66, hier 47–51. Zu einer alternativen Typologie der Figur des Zeugen siehe Aleida Assmann, Der lange Schatten der Vergangenheit. Erinnerungskultur und Geschichtspolitik, München 2006, 85–92.

sichtbar und verständlich macht und damit ein hilfreiches Analysemittel bildet, so liegt die spezifische Brisanz der Figur des Zeugen doch in ihrer Verknüpfung der epistemischen mit der ethisch-politischen Funktion.

Die Entwicklungen von den für dieses Kapitel zentralen Akteuren des Augenzeugen, Zeitgenossen und Zeitzeugen verlaufen parallel; ihre Rollen changieren im Laufe der Zeit oder existieren nebeneinander – und dies gerade im Hinblick auf Zeugenschaft vom Krieg. Dies soll zu Beginn des Kapitels in zwei Unterkapiteln ausgeführt werden, welche die intrinsische Verbindung von Krieg und Zeugenschaft von zwei Seiten beleuchten. Zum ersten sollen drei zu Kriegstagebüchern alternative Modi der Zeugenschaft vorgestellt werden, die als paradigmatische Augenzeugen des Kriegs galten, deren Zeugenschaft jedoch ab 1914 zunehmend an ihre Grenzen geriet: Kriegsberichte, Fotografien und Feldpostbriefe. Zum zweiten soll gezeigt werden, wie sich bereits im 19. Jahrhundert Tagebücher zum Medium des Zeitzeugen entwickelten und sich anhand dieser eine Zäsur, die mit der Begriffswerdung des Zeitzeugen selbst verbunden ist – seine ‚Geburt' nach 1945 – infrage stellen lässt. Der Tagebuchdiskurs des Ersten Weltkriegs liefert hierfür entscheidende Hinweise.

Daran anknüpfend untersuche ich, mit welchen Metaphern und Vergleichen eine Rede im Modus der Zeugenschaft in den einzelnen Tagebüchern stattfindet und wie die Autor:innen selbst ihre Rolle als Zeugen konturieren: Rekurrieren sie auf den engeren, epistemischen Begriff des Augenzeugen oder nehmen sie eine Form früher Zeitzeugenschaft vorweg? Abschließend soll anhand zweier Diskursknotenpunkte in Form eines Ausblicks das Wirken der Weltkriegszeugen und ihrer Tagebuchzeugnisse nach dem Krieg beleuchtet werden: Erstens anhand von Jean Norton Crus Ende der 1920er Jahre erschienener Schriften, die das Prinzip Zeugenschaft zum Leitmotiv der Kriegsliteratur erklären, zweitens – nach einem großen zeitlichen Sprung – dem Verhältnis der ‚letzten Zeitzeugen' des Weltkriegs zu ihren Tagebüchern. Dies ermöglicht es, die Zeitzeugenschaft des Ersten Weltkriegs in einer Wissenschaftsgeschichte des Zeugen zu verorten und historische an aktuelle Diskurse anzuschließen.

5.1 Augenzeugen des Kriegs in der Krise

Der Augenzeuge ist mit der Historiographie und ihrem Selbstverständnis intrinsisch verbunden, denn er steht am Ursprung aller mündlichen und schriftlichen Überlieferungen. Ohne ihn gibt es kein Ereignis und damit ist er der „‚erste Autor' der Historie", die stets zwei Autoren hat: den beobachtenden und berichtenden Augenzeugen auf der einen, den abwägenden und Geschichte schreibenden Historiker auf der anderen Seite. Dabei waren Augenzeuge und Historiker noch in der griechischen Geschichtsschreibung in einer Person verbunden.[8] Diese Rollenidentität hielt auch im 18. Jahrhundert an und lässt sich etwa an der *Histoire de mon temps* Friedrich des Zweiten belegen, in der er sich als Augenzeuge und Zeitgenosse bezeichnet.[9] Die Geschichtswissenschaft definierte sich zu diesem Zeitpunkt als Disziplin, die ihre eigene räumliche und zeitliche Gegenwart erforschte. Dies änderte sich Ende des 18. Jahrhunderts, als sich ein abstraktes Verständnis von Zeit als geteilter Gegenwart durchsetzte, das den Rahmen der Augenzeugenschaft überschritt. Augenzeugen, denen bis dato Unparteilichkeit, Wahrhaftigkeit und eine angemessene Wiedergabe des Geschehens zugetraut wurden, verloren an Bedeutung.[10] Im 19. Jahrhundert wandte sich die Historiographie im Zeichen des Historismus den vorwiegend schriftlichen, zeitlich abgeschlossenen Quellen aus vergangenen Zeiten zu und die Begriffe des Augenzeugen und Zeugnisses wurden zunehmend durch die der Quelle und Urkunde verdrängt.[11] Damit ging ein Rollenwechsel einher: Der Historiker war nicht mehr selbst Augenzeuge, sondern Richter über die Zeugen und ihre Zeugnisse. Trotz aller Kritik am Augenzeugen gingen Historiker aber weiterhin von der Möglichkeit eines wahrheitsmächtigen Zeugen aus.[12]

Die epistemische Perspektive auf Zeugenschaft geriet um 1900 in vielen Disziplinen in Bewegung: Zeugenschaft stand auf dem Prüfstand und wurde in ihrer Struktur und ihren Möglichkeiten interdisziplinär erforscht. Im Zentrum der zunächst von der Psychologie natur- und sozialwissenschaftlicher Prägung vorangetriebenen Forschungen standen die Zeugenaussagen, wodurch sich für die Disziplin die Bezeichnung Aussagepsychologie, später die der Zeugenpsychologie etablierte. Vorangetrieben wurde die Forschung in Deutschland von William Stern, der es zur Leitfrage seiner Forschungen erklärte, Aussagen von Menschen über früher Erlebtes auf ihre „logische Richtigkeit" wie auch ihre „moralische Aufrichtigkeit" zu überprüfen, um zunächst auf die diesbezüglichen Grenzen aufmerksam zu machen. Ziel der Aussagepsychologie war es zum

---

8 Vgl. Raulff, Ein Historiker im 20. Jahrhundert, 209–210.
9 Vgl. Achim Saupe, Zur Kritik des Zeugen in der Konstitutionsphase der modernen Geschichtswissenschaft, in: Die Geburt des Zeitzeugen nach 1945, hg. von Martin Sabrow und Norbert Frei, Göttingen 2012, 71–92, hier 77.
10 Vgl. Reinhart Koselleck, Standortbindung und Zeitlichkeit. Ein Beitrag zur historiographischen Erschließung der geschichtlichen Welt, in: Reinhart Koselleck, Vergangene Zukunft. Zur Semantik geschichtlicher Zeiten, Frankfurt am Main 2015, 176–207, hier 182–183.
11 Vgl. ausführlicher zu dieser Entwicklung Saupe, Zur Kritik des Zeugen in der Konstitutionsphase der modernen Geschichtswissenschaft, 79–85.
12 Vgl. Raulff, Ein Historiker im 20. Jahrhundert, 208–210.

einen Kriterien zur Beurteilung von Aussagen, zum anderen Mittel zu entwickeln, mit deren Hilfe verlässlichere Aussagen von Zeugen gewonnen werden können.[13]

Die Anwendungsgebiete der Aussagepsychologie erstreckten sich auf den juristischen Zeugen vor Gericht genau wie auf die Psychiatrie und Pädagogik, die historische Kasuistik, das militärische Meldewesen und die journalistische Reportage.[14] Die Aussagepsychologie machte aber auch Anleihen bei der jüngst in der Geschichtswissenschaft entwickelten Quellenkritik: So arbeitete William Stern mit dem Historiker Ernst Bernheim zusammen, der einen Beitrag über *Das Verhältnis der historischen Methodik zur Zeugenaussage* verfasste, in welchem er auf den produktiven Austausch zwischen dem Umgang mit Zeugnissen in der Geschichtswissenschaft und den neuen Möglichkeiten, Aussagen des Zeugen zu überprüfen und zu bewerten, einging. Ziel war es, die in der Geschichtswissenschaft dem Zeugen entgegengebrachte Skepsis beizulegen.[15]

Augenzeugenschaft ist nicht nur intrinsisch mit der Disziplin Geschichtswissenschaft, sondern auch mit dem Phänomen Krieg verbunden. Das Grimmsche Wörterbuch führt als Belegstelle zur lateinischen Übersetzung von ‚testis ocularis' ein Goethe-Zitat an, das auf eine epische Schilderung der Aufstandskriege Serbiens, deren entscheidende Augenblicke am besten durch einen Augenzeugen dargestellt werden können, verweist.[16] Hier wird auf den *Augenzeugen des Kriegs* rekurriert und damit auf das Dabei-Sein, das *Sehen* und *Beobachten* des kriegerischen Geschehens durch den Zeugen. Im kriegerischen 19. Jahrhundert waren es vor allem Kriegsberichterstatter, die zu paradigmatischen Augenzeugen des Kriegs avancierten. Die professionalisierte Kriegsberichterstattung mit der Person des Kriegsreporters[17] entstand im Krimkrieg (1853–1856), in welchem an die im frühen 19. Jahrhundert üblichen Formen der Kriegsberichterstattung – internationale Meldungen und Briefe von Soldaten – ein Netz aus Reportern und Sonderberichterstattern trat, die

---

13 Vgl. William Stern, Aussagestudium, in: Beiträge zur Psychologie der Aussage. Mit besonderer Berücksichtigung von Problemen der Rechtspflege, Pädagogik, Psychiatrie und Geschichtsforschung, hg. von William Stern, Leipzig 1904, 46–78, hier 47.
14 Vgl. Stern, Aussagestudium, 63–66.
15 Vgl. Ernst Bernheim, Das Verhältnis der historischen Methodik zur Zeugenaussage, in: Beiträge zur Psychologie der Aussage. Mit besonderer Berücksichtigung von Problemen der Rechtspflege, Pädagogik, Psychiatrie und Geschichtsforschung, hg. von William Stern, Leipzig 1904, 110–116, hier 113.
16 Vgl. Art. Augenzeuge in: Jacob Grimm und Wilhelm Grimm (Hg.), Deutsches Wörterbuch von Jacob und Wilhelm Grimm, http://www.woerterbuchnetz.de/DWB?lemma=augenzeuge. [18.11.2021].
17 Die Rolle von Kriegsreporterinnen war marginal. Vgl. zur geschlechtlichen Ausprägung des Reporterwesens ausführlicher Homberg, Reporter-Streifzüge, 161–169.

direkt aus den Kriegen berichteten.[18] In den Reichseinigungskriegen und insbesondere im Deutsch-Französischen Krieg entsandten zahlreiche Zeitungen Kriegsberichterstatter an die Front, wodurch sich das Reporterwesen und mit ihm der Kriegsbericht professionalisierten. Anstelle protokollierter Fakten aus dem militärischen Bereich beleuchteten sie vorwiegend das Anekdotische und Exemplarische des Kriegs und orientierten sich an einem Paradigma des Neuen.[19]

Die Selbst- und Fremdbeschreibung der Kriegsberichterstatter als Augenzeugen war dabei sehr verbreitet.[20] Als Augenzeugen vor Ort erlebten die Kriegsberichterstatter Geschichte im Geschehen und ermöglichten ihren Leser:innen, diese Kriegsgeschichte in narrativen Darstellungen „lesend mitzuerleben".[21] Die Kriegsberichterstatter inszenierten sich als „erzählende[ ] Teilhaber am Geschehen", indem sie dem Publikum gewissermaßen ihre Augen liehen und die Figur des Augenzeugen als einen eminent wichtigen Bestandteil der Narratio etablierten.[22] Dies entsprach der privilegierten Position von Kriegsberichterstattern als Beobachtern in Schlachtgebieten, in denen diese meist auf Anhöhen und Türmen das Geschehen – ein damals noch begrenztes Schlachtfeld – überblicken und somit der Prämisse der visuell belegten Zeugenschaft treu werden konnten.[23] Bei der Zerstörung von Sedan im Jahr 1870, einem internationalen Medienereignis, war Augenzeugenberichterstattung die dominante Form.[24]

Jedoch geriet die Augenzeugenschaft im Modus des Kriegsberichts in zweierlei Hinsicht in eine Krise. Zum ersten durch mediale Innovationen der Zeit, denn mit der Erfindung der Telegraphie gewann die kurze, knappe Meldung vom Kriegsschauplatz, welche die Redaktionen früher als ein narrativer Zeugenbericht

---

18 Vgl. Homberg, Reporter-Streifzüge, 263–264.
19 Vgl. Homberg, Reporter-Streifzüge, 264.
20 Vgl. Ute Daniel, Bücher vom Kriegsschauplatz. Kriegsberichterstattung als Genre des 19. und frühen 20. Jahrhunderts, in: Geschichte für Leser. Populäre Geschichtsschreibung in Deutschland im 20. Jahrhundert, hg. von Wolfgang Hardtwig und Erhard Schütz, Stuttgart 2005, 93–121, hier 94. Als die prägende Verkörperung des Augenzeugen-Kriegsberichterstatters verweist die diesbezügliche Forschung auf den Times-Reporter William Howard Russell, der mit seinen Berichten aus dem Krimkrieg sowohl die Form des Kriegsberichts als auch das Selbstverständnis des Kriegsberichterstatters entscheidend prägte. Vgl. Daniel, Bücher vom Kriegsschauplatz, 100–103.
21 Daniel, Bücher vom Kriegsschauplatz, 96.
22 Vgl. Daniel, Bücher vom Kriegsschauplatz, 102.
23 Vgl. Homberg, Reporter-Streifzüge, 278. Vgl. zur Beobachterposition detaillierter Manuel Köppen, Im Krieg gegen Frankreich. Korrespondenten an der Front. 1870 vor Paris – 1916 an der Westfront – 1940 im Blitzkrieg, in: Kriegskorrespondenten. Deutungsinstanzen in der Mediengesellschaft, hg. von Barbara Korte und Horst Tonn, Wiesbaden 2007, 59–75, hier 61.
24 Vgl. Homberg, Reporter-Streifzüge, 279.

erreichte, zwangsläufig. Sie trat mit dem Korrespondentenbericht in einen Wettbewerb und die Aktualität der Nachricht konkurrierte fortan mit der Autorität des Augenzeugen.[25] Dass Korrespondenten neben narrativen Formen des Augenzeugen-Kriegsberichts zunehmend die Form des publizierten Tagebuchs wählten,[26] ist ein Indiz, dass Zeugenschaft und Aktualitätsanspruch miteinander in Einklang gebracht werden sollten. Der Korrespondentenbericht in Tagebuchform wurde in einer täglichen Einheit veröffentlicht und damit eine Vorläufigkeit und Aktualisierbarkeit impliziert, wie sie für die publizistische Form des Tagebuchs im 19. Jahrhundert gang und gäbe war. Die Medienkultur der Zeit bedingte also eine Spannung aus Aktualität und Zeugenschaft – und zwar sowohl für den Korrespondenten als auch für die Leser:innen seines Berichts. Andererseits gerieten Kriegsberichterstatter selbst in eine Krise der Augenzeugenschaft, denn sie waren immer seltener Augenzeugen im eigentlichen Sinn des Wortes. Schon im Deutsch-Französischen Krieg bezogen sie ihre Informationen häufiger aus Berichten aus zweiter Hand, indem sie sich mit Offizieren und Soldaten austauschten.[27] Dies verschärfte sich im Ersten Weltkrieg, in welchem die panoramatische Übersicht über ein begrenztes Schlachtfeld nicht mehr gegeben war und sich Soldaten zunehmend in Schützengräben verschanzten.[28]

Gleichwohl entstanden zahlreiche Formate, in denen die vermeintlichen Augenzeugenberichte veröffentlicht werden konnten, etwa die ab 1914 publizierte Zeitung *Der Kriegsberichterstatter* oder Monographien einzelner Korrespondenten im Feld.[29] Kriegsberichte als Zeugnisse von Augenzeugen waren im Ersten Weltkrieg mithin sehr populär, was nicht zuletzt die Prominenz eines Spottgedichts mit dem Titel „Der Augenzeuge" stützt: „Er ist der Mann, der niemals flieht, / Er ist der Mann, der alles sieht, / Was in dem Kriegsgebiet geschieht – / Der Augenzeuge", lauten die ersten Zeilen.[30] Der Berichterstatter wird über seine visuellen Fähigkeiten charakterisiert, er berichtet als Sehender

---

25 Vgl. Köppen, Im Krieg gegen Frankreich, 63. Um diesem Wettbewerb etwas entgegenzusetzen, begab sich beispielsweise Theodor Fontane, der Kriegsberichterstatter in Frankreich war, in die Rolle des „reflektierenden Augenzeugen", der ein „betont nachträgliche[r] Beobachter" ist. Vgl. Köppen, Im Krieg gegen Frankreich, 63. Obgleich Fontane im Kriegsgeschehen war, eignete er sich Positionen einzelner Augenzeugen an und verwertete selbst Material aus Zeitungen, das er collagierte und so eine „fiktive ‚Augenzeugenschaft'" kreierte. Vgl. dazu ausführlicher Homberg, Reporter-Streifzüge, 281–284, 290.
26 Vgl. Köppen, Im Krieg gegen Frankreich, 60.
27 Vgl. Homberg, Reporter-Streifzüge, 277.
28 Siehe Köppen, Im Krieg gegen Frankreich, 64–65.
29 Vgl. Köppen, Im Krieg gegen Frankreich, 64.
30 Es handelt sich um ein anonymes Gedicht aus dem Jahr 1915, das der englische Kriegsberichterstatter Swinton in *Eyewitness. Being Personal Reminiscences of Certain Phases of the*

mitten aus dem Geschehen. „[B]ei jeder Heldentat" ist er präsent und schreibt „[...] zwischen Bomben und Granat" „akkurat sein Referat". Das Spottgedicht rekurriert auf einen klassischen Augenzeugen, der den Krieg epistemisch erfasst und gleich einem Diktiergerät aufzeichnet. Die abschließenden Verse nehmen jedoch ironisch Stellung zur Omnipotenz des Augenzeugen und zu dessen Funktion für die Kriegsöffentlichkeit: „So lange noch ein dummer Wicht / Liest den berühmten Kriegsbericht, / Bleibt unverletzt und stirbt noch nicht / Der Augenzeuge." Die kritische Dimension des Gedichts verweist auch auf die politische Einflussnahme, welche die Augenzeugenschaft der Kriegsberichterstatter einschränkte: Bereits Anfang des 20. Jahrhunderts wurde der Zugang zum Feld reglementiert, eine Zensur der Kriegsberichte eingeführt und mit Kriegsbeginn nur eine strenge Auswahl von Kriegsberichterstattern an die Front gelassen. Sie reisten fortan nicht mehr individuell, sondern vorwiegend in Gruppen, und ihre patriotische Einstellung dem Krieg gegenüber war durch die Vorzensur gesichert.[31]

Von diesen wenig abenteuerlichen Arbeitsbedingungen der Kriegsberichterstatter im Ersten Weltkrieg berichtet so der Tagebuchautor Cornelius Breuninger. Ihr Besuch an der Front wird als lästiger Zwischenfall vermerkt, der allein durch eine kurzzeitig einsetzende Bombardierung einen Einblick in den Kriegsalltag der Männer im Feld gewährt. Die Erfahrungen von Kriegsteilnehmern und Berichterstattern seien jedoch im Allgemeinen keinesfalls vergleichbar.[32] Der Modus der Augenzeugenschaft des Kriegsberichterstatters lässt sich in der Lesart dieses Tagebuchautors nur noch schwer legitimieren, denn ein kurzer Besuch an der Front kann nur ansatzweise das bezeugen, was andere jeden Tag erleben und was täglich ihr Leben bedroht. Die Prominenz von Tagebuchzeugnissen aus dem Krieg, so lässt sich hypothetisch formulieren, ergibt sich also auch aus der institutionell, medienkulturell wie auch kriegsspezifisch bedingten Legitimationskrise der Texte von Kriegsberichterstattern.

Viele Kriegsberichte waren von visuellen Darstellungsformen des Kriegs inspiriert.[33] Die Erfindung und Popularisierung der Fotografie, eines Mediums, das Augenzeugenschaft im Sinne einer apparativ-hergestellten, abgebildeten Wirklichkeit versprach, beeinflusste dementsprechend auch die Kriegsberichterstattung.

Great War aufgreift. Ich zitiere hier aus der gekürzten Fassung, abgedruckt bei Homberg, Reporter-Streifzüge, 297.
31 Vgl. Daniel, Bücher vom Kriegsschauplatz, 115–119 und Köppen, Im Krieg gegen Frankreich, 64. Einige Kriegsberichterstatter kämpften jedoch auch gegen die Zensur an. Vgl. dazu Homberg, Reporter-Streifzüge, 303.
32 Vgl. Breuninger, Kriegstagebuch 1914–1918, 52.
33 Vorbild war das Tafelbild (das Genrebild einerseits, das Schlachtpanorama andererseits). Vgl. Köppen, Im Krieg gegen Frankreich, 63.

Einerseits traten Fotografien und Kriegsberichte zunehmend in eine Konkurrenz der Augenzeugenschaft, die sich einmal mehr unter der Prämisse der Aktualität vollzog und insofern jene mit der telegraphischen Meldung ergänzte. Andererseits entstanden kombinierte Formen, denn zunehmend wurden Bildkorrespondenten entsandt und Kriegsberichte von Fotografien begleitet.[34] So versprach die neue Form der Kriegsbildreportage Augenzeugenschaft im doppelten Sinne, indem der Reporter-Augenzeuge seinen Bericht zusätzlich durch selbst erstellte Fotografien beglaubigte.[35]

Gleichwohl wurde die mittels Fotografie, in Ansätzen auch Film, eingeforderte Fähigkeit der Augenzeugenschaft gerade im Ersten Weltkrieg zunehmend infrage gestellt, erlaubten es doch weder der Stand der Technik noch die Spezifika der Kriegsführung in den Schützengräben den Krieg in spektakulären Bildern festzuhalten. Schlachtfeldfotografien zeichneten sich durch Gleichartigkeit aus, denn oft wurden Fotoapparate über den Kopf aus dem Graben gehalten, um den gefährlichen Augenblick der Fotografie, der die Augenzeugenschaft der Kämpfe zwischen Schützengräben hätte festhalten können, auf ein Minimum zu reduzieren.[36] Die Augenzeugenschaft der visuellen Medien geriet an ihre Grenzen – typische Aufnahmen vom leeren Schlachtfeld oder statische Aufnahmen von Soldaten in Ruhezeiten korrespondierten nicht mit Erwartungen an eine spektakuläre Kriegsführung, die es zu bezeugen galt. Wie Julia Encke aufweisen konnte, ist die Augenzeugenschaft der gefährlichen Augenblicke des Kriegs eine weitgehend hergestellte, die anhand von Retuschen am Fotomaterial selbst nachgewiesen werden kann, welche besonders in Bildbänden der Nachkriegszeit veröffentlicht wurden und damit den historischen Moment des Ereignisses gegenüber den Möglichkeiten der Fotografie privilegierten.[37] Hergestellt wurde Augenzeugenschaft jedoch auch über nachgestellte Schlachtszenen, die als authentische Aufnahmen ausgegeben wurden.[38] Insofern kann ein Funktionswechsel festgestellt werden: Fotografie und Film verloren im Krieg ihre Rollen als Augenzeugen, avancierten aber Ende der 1920er Jahre zum Beispiel für Ernst Jünger zum Vorbild für das literarische Schreiben über den Krieg, das sich vom journalistischen Schreiben dadurch nicht mehr unterscheiden sollte.[39]

Fotografie und Film konnten den großen Hoffnungen der apparativ-hergestellten Augenzeugenschaft im Ersten Weltkrieg nicht gerecht werden. Die

---

34 Vgl. Homberg, Reporter-Streifzüge, 268–270.
35 Vgl. Köppen, Im Krieg gegen Frankreich, 67.
36 Dazu Encke, Augenblicke der Gefahr, 33, 35.
37 Vgl. Encke, Augenblicke der Gefahr, 54.
38 Vgl. Köppen, Im Krieg gegen Frankreich, 65–68.
39 Vgl. Encke, Augenblicke der Gefahr, 94, 96.

anfangs euphorisch aufgenommenen militärischen Luftaufnahmen, Fotoeditionen und privaten Fotoalben und eine in der zweiten Hälfte des Kriegs entstehende Filmindustrie ließen eine Lücke, in die der Feldpostbrief trat. Während Fotografie und Film zunehmend in den Verdacht der Manipulation gerieten, sei der Feldpostbrief, so Bernd Ulrich in seiner einschlägigen Monographie, als Mittel der direkten Kommunikation genau wie durch seine Aufwertung in der zeitgenössischen Publizistik zum paradigmatischen Augenzeugen des Kriegs geworden. Durch seine unmittelbare Beteiligung garantierte er Authentizität und galt als unabhängig von Zensur und Propaganda.[40] Dabei wurde den Briefverfassern die Rolle der Augenzeugen attribuiert und ihre Briefe als „Blutzeugen" bezeichnet, die an Glaubwürdigkeit gewannen, wenn ihr Verfasser verwundet oder gar gefallen war.[41] Ulrichs Bezeichnung der Feldpostbriefe als *Augen*zeugen schreibt trotzdem eine Unschärfe in diesen Begriff ein: Eine dezidiert visuelle Perspektive, nämlich die Übersetzung des Beobachteten ins Geschriebene, nimmt er nicht in den Fokus. In diesem Sinne unterscheidet er auch nicht zwischen dem Augenzeugen und dem Augenzeugnis. Nicht beachtet ist bei Ulrich die Möglichkeit, dass Feldpostbrief und -karte durch ihr kurzes wie kleines Format eine Möglichkeit bieten, den Augenblick so kondensiert zu beschreiben, dass die Kategorie der Augenzeugenschaft dafür unter Umständen angemessen erscheint.

Die Krise der Augenzeugenschaft im Ersten Weltkrieg wird an Kriegsbericht, Fotografie und Feldpost je exemplarisch sichtbar. Einige Kriegsberichterstatter begegneten ihr, indem sie stattdessen politische Aufklärungsberichte verfassten, sich also von dem Bezeugen eines konkreten Gesehenen abwandten. Im Fall der Fotografie deuten Tendenzen des Nachstellens wie der Retusche darauf hin, dass ein Erlebnis inszeniert wurde, das mit den technischen Möglichkeiten des Mediums nicht festgehalten, sondern nur nachträglich produziert werden konnte. Feldpostbriefe wiederum wurden mithilfe der Methoden der Aussagepsychologie auf ihren Wahrheitsgehalt hin untersucht und ihre Glaubwürdigkeit infrage gestellt. Es standen also die epistemischen Möglichkeiten dieses vermeintlichen Augenzeugnisses in Anbetracht des Kriegs in der Kritik. Davon wurde die breite Rezeption der Briefe, die von einer Sicht auf den Zeugen getragen wurde, welche weit mehr auf dessen Erfahrung rekurrierte, jedoch kaum berührt. Über den Wert eines Feldpostbriefs in Krieg und Nachkriegszeit entschied vorwiegend der Grad

---

40 Vgl. Ulrich, Die Augenzeugen, 26–28. Siehe zu einer solchen Charakterisierung der Feldpostbriefe als Medien der Unmittelbarkeit und Wahrhaftigkeit auch das Vorwort in Pniower, Schuster, Sternfeld et al (Hg.), Briefe aus dem Felde 1914/1915, 1–2.
41 Vgl. Ulrich, Die Augenzeugen, 34.

innerer Beteiligung – gleich einem religiösen Zeugen, dem Märtyrer, offenbarte dieser dem Publikum das Erlebte.⁴²

Die drei alternativen Modi der Augenzeugenschaft eröffnen einige Parallelen zur Form des Kriegstagebuchs. Die vorliegende Untersuchung hat bereits gezeigt, wie Fotografien im Feld in Tagebüchern verwaltet und ergänzend zu den Einträgen aufgenommen wurden und dass Fotografieren wie auch Tagebuchschreiben im Gefüge verschiedener dokumentarischer Praktiken stattfinden. Sie konnte außerdem ersichtlich machen, dass sich der Umgang mit Feldpostbriefen und Tagebüchern in Form des Ausschnitts oder Tagebuchblatts durch ähnliche Gebrauchsroutinen im Feld und auf dem Weg in die Öffentlichkeit auszeichnete. Der dialogische Charakter vieler Kriegstagebücher, der sich im Besonderen an den Durchschreibebüchern offenbarte, legt es zudem nahe, Parallelen zum Kriegsbericht zu ziehen genau wie die oft in Tagebüchern vorgenommen Beschreibungen typischer Situationen im Krieg, die mit dem Anekdotischen und Exemplarischen des Kriegsberichts korrespondieren. Alle Augenzeugnisse dieser Art entstanden jedoch ausschließlich an den Fronten, wodurch sie die Perspektive der Zeugenschaft mit dem Fronterlebnis kurzschließen.

5.2 Das Tagebuch als Medium des Zeitzeugen

Ulrich Raulff bewertete die Zeitzeugenschaft im Ersten Weltkrieg, die sich im Tagebuchschreiben manifestiert, als eine „Bewusstseinstatsache[ ], die für das 20. Jahrhundert gültig sein [wird]."⁴³ Wie bereits erwähnt, fand der Begriff des Zeitzeugen erstmals in den 1970er Jahren Verwendung. Seine Entwicklung ist in der zeitgeschichtlichen Forschung eng mit der Erinnerungskultur und Geschichtsschreibung des Zweiten Weltkriegs verbunden. Flankiert von den Medien- und Kulturwissenschaften konstatiert die Zeitgeschichte daher eine „Zeitzeugenepoche", deren Beginn kurz nach dem Zweiten Weltkrieg zu situieren ist, als eine systematische Befragung von Menschen jüdischer Herkunft einsetzte, die Konzentrations- und Vernichtungslager überlebt hatten. Diese hatte etwa die Gründung des Zeitzeugenarchivs in Yad Vashem zur Folge.⁴⁴

---

42 Vgl. Ulrich, Die Augenzeugen, 32–34. Insofern lässt sich in diesem Fall die Bedeutung des Märtyrers für die Figurierung des Zeugen exemplifizieren: Nicht allein der Tod, sondern erst der Bericht über den Tod konstituieren das Martyrium und überführen damit den Tod in ein herausragendes Zeugnis, welches das Erlebte offenbart. Siehe dazu ausführlicher Assmann, Der lange Schatten der Vergangenheit, 87–88.
43 Über Bewusstsein und Gedächtnis des Ersten Weltkriegs, 116.
44 Vgl. Sabrow, Der Zeitzeuge als Wanderer zwischen zwei Welten, 16.

Die starke Zäsur, welche die von ihnen gesetzten Begriffe der „Geburt des Zeitzeugen" und „Zeitzeugenepoche" suggerieren, relativieren Martin Sabrow und Norbert Frei etwas: Auch vor 1945 habe es Zeitzeugen und Formen der Zeitgeschichte als wissenschaftlicher Disziplin gegeben. Gleichwohl sei der Zweite Weltkrieg die „entscheidende Zäsur", die den „Zeitzeuge[n] und das Prinzip der Zeugenschaft gleichsam neu begründet[e]".⁴⁵ Dieses neue Prinzip der Zeugenschaft wird wesentlich dadurch charakterisiert, dass der Zeitzeuge weniger ein von ihm beobachtetes Geschehnis beglaubigt wie es der Tat- oder Augenzeuge vornimmt, sondern er vielmehr über seine Erzählung des Vergangenen eine eigene Geschehenswelt schafft.⁴⁶ Als grundlegende Station auf dem Weg zur Figurierung des Zeitzeugen gilt der Eichmann-Prozess im Jahr 1961, bei dem die Szenographie des Prozesses in großen Teilen auf Zeugenbefragungen beruhte. Aufgabe der Zeugen war es, ihre Geschichte der Verfolgung in der Shoah zu erzählen, ohne dass dabei ein direkter Bezug zu den Taten Adolf Eichmanns hergestellt wurde. Im Verlauf des Prozesses, der ins Fernsehen übertragen wurde, verlagerte sich das Interesse zunehmend auf die Zeugenaussagen.⁴⁷ Die Zeugen des Eichmann-Prozesses waren nicht mehr nur als wahrnehmende Beobachter:innen, sondern in erster Linie als Träger:innen von Erfahrung gefragt. Damit war ein entscheidender Schritt der Entwicklung hin zum Zeitzeugen vollzogen.⁴⁸

Raulffs Aussage legt es nahe, die Zäsur 1945 infrage zu stellen und über eine frühe Form der Zeitzeugenschaft im Ersten Weltkrieg nachzudenken, ohne dabei gleich eine neue Zäsur zu setzen, denn Krieg und Zeitzeugenschaft waren bereits im 19. Jahrhundert intrinsisch miteinander verbunden. Dass Kriege eine Zäsur setzen, ihre Gegenwart als erinnerungswürdige Zeit bewertet wird, das gilt zweifellos für den Ersten Weltkrieg und kristallisiert sich wohl nirgendwo so stark wie in der Metaphorik des ‚Großen' und dem Verweis auf die ‚Weltgeschichte', die dieser Krieg schreibe. Gleichwohl nutzten Beschreibungen von Kriegen im 19. Jahrhundert ähnliche Metaphern – bereits damals eröffnete ein Krieg ein neues Kapitel im Buch der Weltgeschichte.⁴⁹ Auch die Charakterisie-

---

45 Martin Sabrow und Norbert Frei, Vorwort, in: Die Geburt des Zeitzeugen nach 1945, hg. von Martin Sabrow und Norbert Frei, Göttingen 2012, 9–10, hier 9.
46 Vgl. Sabrow, Der Zeitzeuge als Wanderer zwischen zwei Welten, 14.
47 Siehe ausführlicher zu der sogenannten „Entstehung des Zeugen" im Rahmen des Prozesses Annette Wieviorka, Die Entstehung des Zeugen, in: Hannah Arendt revisited. „Eichmann in Jerusalem" und die Folgen, hg. von Gary Smith, Frankfurt am Main 2000, 136–159.
48 Vgl. zu dieser Doppelfunktion des Zeitzeugen Sabrow, Der Zeitzeuge als Wanderer zwischen zwei Welten, 14.
49 Vgl. Daniel, Bücher vom Kriegsschauplatz, 93. Siehe dazu beispielsweise Johann Wolfgang von Goethes autobiographische Schrift *Campagne in Frankreich* über den ersten Koalitionskrieg

rung eines Kriegs mit dem Attribut ‚groß' kann mindestens bis in die Napoleonischen Kriege zurückverfolgt werden; sie wurde später als geläufige Titelformel von Tagebuchmemoiren der Reichseinigungskriege verwendet.[50]

1789/1813: Autobiographische Kriegsliteratur von Zeitzeugen

Frühe Formen der Zeitzeugenschaft resultieren aus der Erfahrung von Kriegen oder einschneidenden Ereignissen. Die Französische Revolution war ein solches einschneidendes Ereignis, deren Gegenwart als eine erinnerungswürdige Zeit, die es zu bezeugen galt, erlebt wurde. Reinhart Koselleck hat die Zeit um 1800 als eine Schwelle beschrieben, an der Vergangenheit, Gegenwart und Zukunft als distinkte Zeiten hervortraten. Die von ihm entwickelten Begriffe des ‚Erfahrungsraums' und ‚Erwartungshorizonts' stehen mit der Zeugenschaft in enger Verbindung, ist es doch das Überschreiten des bislang Erlebten, welches das Bezeugen nötig macht und den Blick auf die Zukunft richten lässt.[51] Im Zuge der Französischen Revolution entwickelte sich eine frühe Form von Zeitzeugenschaft: Viele Menschen reagierten auf den komplexen, neuen Charakter der Ereignisse, an denen sie entweder aktiv oder beobachtend teilhatten, indem sie persönlich Zeugnis ablegten.[52] Ab den 1790er Jahren bis etwa 1840 erschienen in Frankreich zahlreiche Memoirenbände unterschiedlichster Autor:innen, deren diverse Textsorten – darunter Lebenserinnerungen, Tagebucheinträge und Notizen sowie Abhandlungen über Einzelereignisse der Revolution – häufig von Verlagen in der gebündelten Form der *Collection* auf den Markt gebracht wurden und dort hohe Auflagen erreichten.[53]

Es liegt nahe, dieses Phänomen als eine Form der „Zeitzeugenschaft avant la lettre" zu fassen, die sich nicht mehr als bloße objektive Augenzeugenschaft

---

Preußens und Österreichs, in der er die Schlacht von Valmy als Zäsur der Weltgeschichte und Anfangspunkt einer neuen Epoche setzt sowie die diesbezügliche Interpretation bei Christoph Deupmann, Ereignisgeschichten. Zeitgeschichte in literarischen Texten von 1968 bis zum 11. September 2001, Göttingen 2013, 31–32, 57, 59.
50 Vgl. beispielsweise Fritz Ehrenberg, Kleine Erlebnisse in großer Zeit. Aus dem Tagebuch eines Kriegsstudenten von 1870/71, Straßburg 1890.
51 Vgl. dazu grundlegend Reinhart Koselleck, ‚Erfahrungsraum' und ‚Erwartungshorizont' – zwei historische Kategorien, in: Reinhart Koselleck, Vergangene Zukunft. Zur Semantik geschichtlicher Zeiten, Frankfurt am Main 2015, 349–375.
52 Vgl. Anna Karla, Zeugen der Zeitgeschichte. Revolutionsmemoiren im Frankreich der Restaurationszeit, in: Politik der Zeugenschaft. Zur Kritik einer Wissenspraxis, hg. von Sibylle Schmidt, Sybille Krämer und Ramon Voges, Bielefeld 2011, 225–242, hier 234.
53 Vgl. Karla, Zeugen der Zeitgeschichte, 228–229.

ausweist, sondern eine konkrete, subjektive Erfahrung bezeugen will – für die nachfolgenden Generationen, welche die Revolution nicht miterlebt haben.[54] Augenzeugenschaft lässt sich in diesem Fall nicht von Erfahrungszeugenschaft trennen, denn die Revolutionszeugen trugen mittels ihrer verschriftlichten und publizierten Zeugnisse entscheidend dazu bei, die in der Gegenwart ablaufenden Ereignisse zu einem Thema der Zeitgeschichte zu transformieren.[55] Frühe Zeitzeugen entwickelten sich dabei außerhalb der akademischen Disziplin Geschichte, die sich ab etwa 1800 stärker von der Gegenwart und damit auch vom Zeugen in seiner spezifischen Ausprägung des Augenzeugen abwandte, um stattdessen in historistischer Manier vorwiegend schriftliche Quellen über weiter zurückliegende Vergangenheiten auszuwerten. Die Einsatzgebiete früher Zeitzeugen waren demgegenüber die populäre Geschichtsschreibung und die autobiographische Revolutionsliteratur, welche oft auf die Form des Tagebuchs zurückgriff.[56]

In den deutschen Provinzen wurde weniger die Französische Revolution, umso mehr aber die in ihrer Folge statthabenden Napoleonischen und Antinapoleonischen Kriege als einschneidende, historische Zeit empfunden und ebenso von einer Welle autobiographischer Literatur begleitet, die eine frühe Form der Zeitzeugenschaft nahelegt. Die Erinnerungskultur der Napoleonischen Kriegen zeigt, wie diese Ereignisse als Umbruch und ihre Dauer als eine Zeit erfahrener Gegenwart wahrgenommen wurden, die zahlreiche Zeitgenossen in Autobiographien und Kriegserinnerungen, welche meist auf Notizen aus der Kriegszeit beruhten, festhielten.[57]

Der Begriff des *Zeitgenossen* erlangte just in dieser Zeit Prominenz: Bezeichnete er ab dem 16. Jahrhundert ein interpersonelles Verhältnis – Menschen, die in derselben Zeit leben –, verschob sich seine Bedeutung im letzten Drittel des 18. Jahrhunderts analog mit der Entstehung des Begriffs der Gegenwart und bezeichnete nun das Verhältnis des Menschen zu seiner Zeit. Die Gegenwart als Zeit stand dabei metonymisch für soziale und politische genau wie technische und mediale Verhältnisse. Im Begriff der Zeitgenossenschaft begegnen sich

---

54 Vgl. Karla, Zeugen der Zeitgeschichte, 227, 236–237.
55 Dazu Karla, Zeugen der Zeitgeschichte, 227, 241–242. Anna Karla bezieht sich bei ihrer Zeitzeugendiskussion auf den zum Zeitpunkt des Erscheinens ihres Artikels noch unveröffentlichten Sammelband von Sabrow und Frei (Hg.), Die Geburt des Zeitzeugen nach 1945.
56 Ähnliche Beobachtungen zum Nexus von Zeugenschaft, autobiographischer Literatur und der Französischen Revolution macht Peter Fritzsche, der feststellt, Geschichte sei in diesem Zuge zum Massenmedium geworden. Vgl. Fritzsche, Drastic History and the Production of Autobiography, 83–85.
57 Vgl. Hagemann, Umkämpftes Gedächtnis, 221.

eine passive und eine aktive Seite: Der ursprünglich ständische Begriff der Genossenschaft verweist auf geteilte Voraussetzungen und gemeinsame Teilhabe – alle Zeitgenossen leben in derselben Zeit, und innerhalb dieses Verhältnisses gibt es keine Standesunterschiede. Die aktive Seite der Zeitgenossenschaft umfasst eine Aufgabe: gegenwärtig zu sein und zu erkennen, was aus der Gegenwart für die Zukunft relevant sein wird.[58] Aus dem Leben in *einer* Zeit ergibt sich zudem eine „topische[ ] Kopplung" von Zeitgenosse und Denkungsart.[59]

Die Napoleonischen sowie Antinapoleonischen Kriege wurden als großer Einschnitt erfahren und immer wieder als ‚groß' charakterisiert.[60] Zeitgenoss:innen verfassten Texte, in denen um Narrative des Kriegs gekämpft wurden, die im Kontrast zu Meistererzählungen der Historiker standen.[61] Insofern nahmen sie hier die für die Zeitzeugenschaft nach dem Zweiten Weltkrieg so typische Form der Gegenerzählung vorweg. Die auf dem sich zunehmend als national konstituierenden Literaturmarkt des 19. Jahrhunderts publizierten Kriegserinnerungen und Autobiographien der Zeitzeugen waren auch Wegbereiter für die Kriegspublikationen folgender Kriege und wurden oft gleichzeitig mit diesen rezipiert: Anlässlich der Kriegsjubiläen erschien stetig mehr Kriegsliteratur, sei es in Form neuer Publikationen oder gekürzter sowie überarbeiteter Ausgaben, die von den zunehmend spezialisierten Verlagen häufig in Reihenform herausgebracht wurden.[62] So koinzidierte das 100-jährige Kriegsgedenken an die Napoleonischen Kriege just mit dem Beginn des Ersten Weltkriegs und Publikationen, die dem Gedenken des vergangenen Kriegs gelten sollten, wurden mit Vorworten rasch aktualisiert, um eine historische an eine gegenwärtige Zeugenschaft anzuschließen.[63]

---

[58] Vgl. zum Begriff des Zeitgenossen in diesem Absatz ausführlicher Johannes F. Lehmann, Art. Zeitgenossen; Zeitgenossenschaft, in: Formen der Zeit. Ein Wörterbuch der ästhetischen Eigenzeigen, hg. von Michael Gamper, Helmut Hühn und Steffen Richter, Hannover 2020, 447–455, hier 447–450.
[59] Siehe Johannes F. Lehmann, Gegenwart und Moderne. Zum Begriff der Zeitgenossenschaft und seiner Geschichte, in: Eigenzeiten der Moderne, hg. von Helmut Hühn und Sabine Schneider, Hannover 2020, 355–369, hier 365.
[60] Vgl. Hagemann, Umkämpftes Gedächtnis, 282.
[61] Vgl. Hagemann, Umkämpftes Gedächtnis, 376. Karen Hagemann bezeichnet die Zeitgenoss:innen der Napoleonischen Kriege als Zeitzeugen, reflektiert ihre Begriffsverwendung jedoch nicht.
[62] Dazu Hagemann, Umkämpftes Gedächtnis, 255–256, 293.
[63] Siehe beispielsweise Trott, Das Kriegstagebuch des Premierleutnants Trott aus den Jahren 1800–1815.

1914: Tagebücher als Spiegel der Zeit

Trotz der historischen Konstante, dass ein Krieg mit dem bereits Bekannten bricht und sich der ‚Erwartungshorizont' nicht mehr aus dem ‚Erfahrungsraum' ableiten lässt, ist die Situation im Ersten Weltkrieg eine spezifische. Die Rede vom ‚Weltkrieg' verbreitete sich bereits seit der Jahrhundertwende und führte mit sich, dass dieser Krieg als ein besonderes Ereignis in der Gegenwart als gelebter Geschichte erwartet wurde.[64] Der Kriegsbeginn schien die geschürten Erwartungen noch zu übertreffen, denn durch die Mobilisierung eines Großteils der männlichen Bevölkerung, die geistige Mobilmachung an der Heimatfront und die rasch ansteigenden Totenzahlen brach der Krieg mit vielen bekannten Dimensionen und das alltägliche Leben von Menschen und Institutionen kam zum Erliegen. Die Bezeichnung als ‚großer Krieg', die äquivalent auch im Französischen und Englischen Verwendung fand, war von Kriegsbeginn an verbreitet und regte zu zahlreichen Wortspielen und Vergleichen an. Groß war der Krieg, aber auch die Zeit, wie etwa der Herausgeber des *Kunstwarts* Ferdinand Avenarius in seinem Editorial der September-Ausgabe 1914 in gänzlich kriegsaffirmativem Gestus bekannte,[65] wohingegen Karl Kraus im November 1914 diese ironisch zur „dicke[n]" und „schwere[n] Zeit"[66] erklärte.

Vor diesem Hintergrund verwundert es kaum, dass diese Metaphern auch in Aufrufen zum Tagebuchschreiben verwendet wurden. Besonders der in fachpädagogischen Zeitungen geführte Diskurs zum Tagebuchschreiben im Schulunterricht bedient sich beständig der Metaphern von Größe und Zeitenbruch. „In jedem Hause wird heut ein Stück Weltgeschichte erlebt – lassen wir diese Werte festhalten, indem wir unsere Schüler ein Kriegstagebuch führen lassen",[67] heißt es in einem Aufruf zum Tagebuchschreiben. In ähnlicher Weise legt die *Deutsche Schulpraxis* das Tagebuchschreiben aus dem Grund nahe, da das, „was die Kinder jetzt erleben, [...] zu den Ereignissen [gehört], die für Jahrhunderte Bedeutung bekommen; die größte Zeit für Deutschland bricht an, wie auch der Würfel fallen möge. Eine Zeit, in der jeder einzelne, auch das Kind Ge-

---

64 Dazu ausführlicher mit Literaturverweisen auf den zeitgenössischen Diskurs und Sekundärliteratur Sabine Mischner, Das Zeitregime des Krieges: Zeitpraktiken im Ersten Weltkrieg, in: Die Zukunft des 20. Jahrhunderts. Dimensionen einer historischen Zukunftsforschung, hg. von Lucian Hölscher, Frankfurt am Main 2017, 75–100, hier 77–79.
65 Vgl. Ferdinand Avenarius, Wie groß ist die Zeit!, in: Kunstwart und Kulturwart 27 (1914), H. 23, 301–305, hier 301–302.
66 Kraus, In dieser großen Zeit, 9.
67 [Anonym], Kriegsgedenkbüchlein in den Schulen, 37.

schichte mit erlebt."⁶⁸ Ebenso pathetisch, aber um explizite Hilfestellung bei der Kriegsdokumentation in Tagebuchform bemüht, ist der bereits vorgestellte Tagebuchvordruck des Oskar Eulitz-Verlags: „Wir stehen am Anfang einer Zeit, deren Größe und Folgen wir wohl ahnen, aber noch nicht zu begreifen vermögen. Der gewaltigste Krieg, den die Welt je gesehen hat, ist über uns hereingebrochen." Man stehe vor einem „Riesenkampf", und auch die Nachwelt werde einst „[e]rschüttert vor den großen Taten dieser Tage stehen." Die „tausend und aber tausend Zeichen unserer Zeit" müssten bewahrt werden, denn sie trügen „die großen weltgeschichtlichen Taten"⁶⁹ in sich.

In diesem Diskurs wird konsequenterweise häufig auf Zeitgenossenschaft rekurriert. Im Kontext des Kriegstagebuchschreibens in der Schule legitimiert eine Lehrerin daher diese Unterrichtsmethode mit der Rolle der Kinder als Zeitgenossen des Kriegs:

> Wir veranlaßten in unserer Schule die Führung von Kriegstagebüchern, um die Schülerinnen zu bewegen, dem gewaltigen Geschehen, dessen Zeitgenossen zu sein sie gewürdigt sind, auch für sich in ihrem persönlichen Erleben Dauer zu verleihen, sodann wollten wir aber auch die Schülerinnen, die da Zeitgenossen des Krieges sind, erziehen zu einem Verantwortlichkeitsgefühl des Erlebens: den nach uns Kommenden sind wir, die Miterlebenden, mit unserem Erleben verpflichtet.⁷⁰

Viermal rekurriert die Lehrerin auf das ‚Erleben'; so werden sogar die ‚Mitlebenden' zu ‚Mit*er*lebenden' des Kriegs. Die Bedeutung des zeitgenössischen Kriegserlebnisses wird in dieser Aussage offensichtlich, gleichzeitig wird es auf das Leben an der Heimatfront, das vom Kriegserlebnis doch eigentlich ausgeschlossen ist, erweitert. Schließlich ist die passivische Konstruktion, welche die Schülerinnen als Zeitgenossinnen eines gewaltigen Geschehens und sie damit als besonders privilegiert bezeichnet, signifikant. In der grammatischen Konstruktion erscheinen die Schülerinnen und der Krieg auf einer Ebene – sie begegnen sich in der Zeit als Zeitgenossen. Überträgt man die Semantiken und Implikationen der Zeitgenossenschaft auf die Überlegungen der hier zitierten Lehrerin, so wird zweierlei deutlich: Einerseits weist sie ihre Schülerinnen damit als dem Krieg ebenbürtig aus. Andererseits gibt sie ihnen jedoch auch eine Aufgabe mit auf den Weg: das Wichtige in der Gegenwart zu erkennen und in ihren Tagebüchern zu notieren. Besonderen Nachdruck erhält die Bezeichnung der Schülerinnen als Zeitgenossinnen auch dadurch, dass der Begriff der Zeitgenossenschaft häufig zur

---

68 H., Das Kriegstagebuch in der Schule.
69 Kriegstagebuch zu dem Weltkriege 1914, 2.
70 Schulze, Kriegstagebücher, 34.

Beschreibung der Jugend verwendet wurde, die prädestiniert scheint, an der Gegenwart teilzuhaben.[71]

Zur gelebten Zeitgenossenschaft und dem Appell, die ‚große Zeit' festzuhalten, durchzieht den Tagebuchdiskurs ein weiteres Indiz, dass die Verbindung von Tagebuchschreiben und Bezeugen, Tagebuchautor und Zeitzeugen nahelegt: die Metapher des Spiegels. Sowohl in der Geschichte des Tagebuchs als auch in der Geschichte der Zeugenschaft wird häufig auf den Spiegel rekurriert, wenngleich unter verschiedenen Vorzeichen. Im Tagebuchdiskurs des Ersten Weltkriegs kommt Kriegstagebüchern die Funktion eines *„Spiegelbild[es]* [...], was an allerwichtigsten Tatsachen uns bewegt",[72] zu. Die Spiegelfunktion verweist dabei in zwei Richtungen: Das Kriegstagebuch soll einerseits für den Lehrer „ein wertvoller *pädagogischer Spiegel* sein",[73] eine Anspielung auf die lange Tradition des Tagebuchs in der Geschichte der Pädagogik, die bis zu den pietistischen Wurzeln des Tagebuchs zurückreicht.[74] Andererseits soll es „des Schülers persönliches Erleben *spiegeln*".[75] Damit wird eine weitverbreitete Unmittelbarkeitszuschreibung an das Tagebuch aufgegriffen, die sich besonders in der Tradition des *journal intime* wiederfindet, bei der mit der Metapher des Spiegels die Funktion der Selbstbeobachtung oder auch des Gesprächs mit dem Tagebuch hervorgehoben wird.[76] In einer Linie mit der bisherigen Argumentation dieser Studie spiegelt das Tagebuch jedoch im Fall dieses Schreibaufrufs nicht das Selbst, sondern das Erleben der Schüler im Krieg. Der Lehrer und Tagebuchautor Jakob Loewenberg verbindet schließlich die Begriffe von Spiegel und Zeugnis explizit.[77] Die Metapher des Spiegels wird damit ebenso häufig verwendet wie die des Dokuments, des Sammelns und – wie im letzten Kapitel herausgearbeitet – des *Materials*. Als typische Schlagworte des Tagebuchdiskurses der Zeit stehen sie als Ausgangspunkte einer noch zu schreibenden Geschichte. War der Spiegel

---

71 Vgl. Lehmann, Art. Zeitgenossen; Zeitgenossenschaft, 449.
72 [Anonym], Das Kriegstagebuch, in: Freie Bayerische Schulzeitung, 232 [meine Hervorhebung, M.C.].
73 [Anonym], Kriegsgedenkbüchlein in den Schulen, 37 [meine Hervorhebung, M.C.].
74 Zu einer Ausdifferenzierung des Verhältnisses von Tagebuch und Pietismus siehe Schönborn, Das Buch der Seele, 32–36.
75 [Anonym], Kriegsgedenkbüchlein in den Schulen, 38 [meine Hervorhebung, M.C.].
76 Vgl. Wuthenow, Europäische Tagebücher, 9. Ralph-Rainer Wuthenow zitiert an dieser Stelle Gottfried Keller, der schrieb, ein Mann ohne Tagebuch sei wie eine Frau ohne Spiegel. Die neuere Tagebuchforschung setzt sich kritisch mit dieser Funktion auseinander. Philippe Lejeune vergleicht das Tagebuch gerade nicht mit einem Spiegel, sondern einem Filter. Siehe Lejeune, Kontinuum und Diskontinuum, 362.
77 Sein Tagebuch soll „Zeugnis davon ablegen, wie sich die gewaltige Zeit des Weltkrieges in unsern Kindern widergespiegelt hat". Loewenberg, Kriegstagebuch einer Mädchenschule, o. S.

bis in das 18. Jahrhundert eine gängige Metapher für den Augenzeugen der Historiographie,[78] verzahnt er sich nun mit den Begriffen des Zeugnisses, Tagebuchs sowie Tagebuchautors und nimmt dabei immer wieder auf den zeitgenössisch zentralen Begriff des Erlebnisses Bezug.

Der These, dass das Tagebuchschreiben im Ersten Weltkrieg als frühe Form der Zeitzeugenschaft betrachtet werden kann, soll im Folgenden in zwei Schritten nachgegangen werden: In einem ersten untersuche ich, wie verschiedene Tagebuchautor:innen über die Geschichtsträchtigkeit der Zeit schreiben, welche historischen wie perspektivischen Vergleiche sie herstellen und welcher Metaphern sich ihre Rede im Modus der Zeugenschaft bedient. In einem zweiten Schritt soll dargestellt werden, wie einzelne Autor:innen die Möglichkeiten und Grenzen ihrer Zeugenschaft reflektieren und legitimieren.

5.3 Kriegsbeschreibungen im Superlativ

Das von Ulrich Raulff so bezeichnete Bewusstsein für Zeitzeugenschaft drückt sich in der Praxis des Tagebuchschreibens selbst aus und wird durch die Charakterisierung der Gegenwart als historisch bedeutsamer Epoche noch begründet und verstärkt. Bereits die Aufrufe zum Tagebuchschreiben in Schulen legitimieren ihren Appell mit Verweisen auf die Zäsur, welche dieser Krieg hinsichtlich aller bisherigen Erfahrungen setze, und schreiben sich damit in einem breiten Diskurs ein. Beim Verfassen der Tagebücher muss davon ausgegangen werden, dass zirkulierende Deutungsmuster über Kriege das Schreiben der kleinen Kriegsgeschichten beeinflussten und nicht immer mit einer erfahrenen Wirklichkeit des Kriegs korrespondierten. Der Schulunterricht, Gespräche in der Familie, die Zeitungslektüre oder die Vorbereitung in der Kaserne auf den Krieg haben auf das Tagebuchschreiben gerade zu Kriegsbeginn stark eingewirkt. Wie bereits gezeigt wurde, bestehen diaristische Praktiken elementar aus der bewussten Verarbeitung von Kriegsdokumenten, mithin auch in einer inhaltlichen Auseinandersetzung mit Interpretationen des Kriegs. Den Kriegsbeginn als Zäsur und den Krieg als „geschichtsmächtiges Subjekt" zu interpretieren, ist zudem ein Phänomen, das sich vor allem bei Tagebuchautor:innen des Besitz- und Bildungsbürgertums, bei Lehrern, Intellektuellen und Studenten findet.[79]

---

78 Vgl. Koselleck, Standortbindung und Zeitlichkeit, 182–183.
79 Vgl. zu diesem Absatz Peter Knoch, Erleben und Nacherleben: Das Kriegserlebnis im Augenzeugenbericht und im Geschichtsunterricht, in: Keiner fühlt sich hier mehr als Mensch. Erlebnis und Wirkung des Ersten Weltkrieges, hg. von Gerhard Hirschfeld, Gerd Krumeich und Irina Renz, Essen 1993, 199–219, hier 200–210.

„Meine Zuversicht wird täglich größer. Die Stimmung kann 1870 gar nicht entfernt so gewesen sein wie jetzt", vermerkt so der Düsseldorfer Bibliothekar Constantin Nörrenberg am 6. August 1914, und fährt fort: „Jeder fühlt jetzt, daß es um alles geht, daß der Ruin von jedem einzelnen Geschäft, Fabrik u[nd] s[o] w[eiter] klein, nichts ist gegenüber dem Untergang der Selbständigkeit der Nation."[80] Die Zäsur des Kriegsbeginns vergleicht Nörrenberg mit dem Deutsch-Französischen Krieg, um davon ausgehend die neuen Dimensionen des aktuellen Kriegs zu bewerten. Der Vergleich des Kriegsausbruchs 1914 mit dem letzten der Reichseinigungskriege wird häufig vorgenommen, der 1862 geborene Nörrenberg hat ihn, genau wie Hugo Münsterberg, als Kind erlebt. Letzterer stellt seinem Tagebuch programmatische Überlegungen voran, in denen er auf seine Kindheit während der Reichseinigungskriege verweist: So war seine erste Schreibarbeit ein Kriegsgedicht, das er anlässlich der Erklärung des Deutsch-Französischen Kriegs verfasste. Pathetisch beschließt er diesen Vergleich: „Ich konnte nicht ahnen, daß ich vierundvierzig Jahre später, in weiter Ferne jenseits der Meere, meine Tagebuchseiten noch einmal beginnen müsste: ,Der Krieg ist erklärt.'"[81]

Die historischen Vergleiche dienen stets dazu, auf die Kontinuität der Kriege zu verweisen und doch den aktuellen Krieg als größer und bedeutender, ja demgegenüber als gelebte Geschichte abzuheben.[82] Die Feierlichkeiten anlässlich des 100-jährigen Endes der Napoleonischen Kriege bieten Anlässe, den vergangenen Krieg mit dem aktuellen zu vergleichen, genauso der Gedenktag der Schlacht von Sedan.[83] Auch Cornelius Breuninger, Offizier im Feld und Autor eines kontinuierlich geführten Durchschreibebuchs, dessen Blätter er regelmäßig per Feldpost verschickt, stellt seine Kampferfahrung in eine Kontinuität zu den vergangenen kriegerischen Ereignissen: Am Tag von Champigny, an welchem der Veteranen des Deutsch-Französischen Kriegs gedacht wird, konstatiert er, dass „wir mehr zu ertragen [haben] als die Krieger von 70."[84]

Im Fall der unter Besatzung verfassten Tagebücher ist der Deutsch-Französische Krieg gänzlich gegensätzlich konnotiert: Für die zu Kriegsbeginn 72-jährige Tagebuchautorin Alexandrine Toussaint bedeutet der Kriegsbeginn die zweite Eroberung

---

80 Nörrenberg, Düsseldorf im ersten Weltkrieg, 41.
81 Münsterberg, Amerika und der Weltkrieg, 20–21.
82 Den im Rahmen des ‚Kriegs der Geister' häufig vorgenommenen Vergleich zwischen 1914 und 1789 findet man hingegen kaum in den Kriegstagebüchern dieser Studie. Siehe zu diesem Vergleich ausführlicher Honold, Einsatz der Dichtung, 286–292.
83 Siehe beispielsweise Boehm-Bezing, Tagebuch, 18.06.1915; Mihaly, … Da gibt's ein Wiedersehn!, 53; M. Haake, Tagebuch, 02.09.1914, 12.01.1915.
84 Breuninger, Kriegstagebuch 1914–1918, 14, 34.

ihrer Stadt durch Deutsche in ihrem Leben;[85] für den zehnjährigen Yves Congar, der den Krieg im besetzten Sedan und damit in der Stadt der 1870 entscheidenden Schlacht verbringt, ist er gelebte Geschichtspolitik, die durch die Erzählungen seinen Großvaters in Erinnerung gerufen wird.[86] Die Kriegserfahrung der Besatzung in Sedan erlebt der französische Junge als so herausragend, dass er Vergleiche mit weit zurückliegenden Zeiten vornimmt, nämlich dem gewaltsamen Durchzug der Hunnen in Frankreich, den er wahrscheinlich im Schulunterricht behandelt hat. Die Lektion über die Hunnen wird nun auf den aktuellen Krieg übertragen: „Est-il donc permis après 1 400 ans de civilisations de retrouver en Europe une race aussi barbare et aussi incendière [... ?]",[87] fragt Yves sich und seine antizipierten Leser:innen. Im Oktober 1915 vergleicht er Wilhelm den Zweiten mit Karl dem Großen, um die legitime Nachfolge des „petit empereur" [kleinen Kaisers] infrage zu stellen, denn „le Grand Charlemagne, il y a 11 siècles n'en aurait pas fait autant" [der große Karl der Große hätte nicht auf diese Weise gehandelt].[88]

Die Vergleiche mit vorangegangenen kriegerischen Ereignissen sind zwar markant, werden aber in vielen Tagebücher nur sehr selten vorgenommen. Dies stützt die Argumentation dieser Studie, die bislang zeigen konnte, dass es gerade Gegenwart und Aktualität sind, die zur Schreibmaxime der Tagebuchautor:innen gerinnen. Wenn die Diarist:innen die Gegenwart im Modus der Zeugenschaft mit wiederkehrenden zeittypischen Schlagworten wie der Größe des Kriegs und dem Zeitalter der Weltgeschichte beschreiben, lässt sich daran die Geschichtsmächtigkeit des aktuellen Kriegs ablesen, der gerade keine Vergleiche erlaubt, die auf Kontinuitäten zu vergangenen Kriegen schließen lassen könnten. Der Weltkrieg eröffnet das epochal Neue.

In welchem Maße dieser Krieg die bislang bekannten Dimensionen sprengt, geht besonders deutlich aus dem ersten Tagebucheintrag im Krieg der Ambergerin Meta Iggersheimer hervor:

> Wir weilten noch in Kolberg an der Ostsee, wo es uns trefflich gefiel, besonders das unermeßliche Meer bewegte mich tief. Ein Telegramm brachte uns in größte Aufregung:
> „Rußland erklärte an Deutschland den Krieg!"

---

85 Vgl. Toussaint, La vie quotidienne à Saint Mihiel sous les bombes en 1914, 24.09.1914.
86 Vgl. Congar, Journal de la guerre, 31.
87 Congar, Journal de la guerre, 39. [Ist es gestattet, dass nach 1 400 Jahren der Zivilisation in Europa wieder eine so barbarische und Brand stiftende Rasse agiert [...] ?] Infolge der deutschen Invasion in Belgien und der begangenen Kriegsverbrechen war die Hunnenmetapher in der alliierten Kriegspropaganda weit verbreitet. Siehe dazu Oliver Janz, 14. Der große Krieg, Frankfurt am Main 2013, 75–81.
88 Congar, Journal de la guerre, 133.

> Wie ein Lauffeuer verbreitete sich die Kunde durch die Stadt. Mächtig klangen die Glocken, sie wollten das große Ereignis der geängstigten Menge kundtun. Tausende von Fremden ergriffen eiligst die Flucht: die Züge waren riesig überfüllt. Mich überkam ein eigenartig dumpfes Gefühl, ich konnte das Schwere noch nicht ganz fassen.[89]

Von der Augustbegeisterung ist hier nichts zu spüren, wohl eher zeigt sich ein Gefühl der Überforderung, in dem sie die kurzfristigen Auswirkungen der Kriegserklärung beschreibt. Groß ist nicht nur das Ereignis Krieg, auch all seine Begleiterscheinungen erreichen eine neue Dimension, wovon Adjektive wie ‚mächtig', ‚riesig' und ‚schwer' zeugen. Fassen kann sie die neuen Dimensionen des Kriegs noch nicht, und diese Ungewissheit wird auch im weiteren Verlauf ihres Tagebuchs thematisiert. „Mit zagenden Schritten u. ungewissen Ahnungen trete ich heuer hinüber in dies große Kriegsjahr 15", notiert sie am ersten Tag des neuen Jahres und verweist auf „eine überreiche Fülle Erlebnisse" der vergangenen Monate. Dies bleibt auch für ein privates Ereignis wie ihren 19. Geburtstag am 26. Mai 1915 nicht folgenlos, der „ganz im Zeichen der Zeit, der Großen, Schweren, Ernsten [steht]", und bei dem sie „zeitgemäße[ ] Geschenke[ ]" an „die große Zeit" erinnern, beispielsweise Postkartenalben und Bilder vom Kriegsschauplatz.[90] Die Deutung persönlicher Ereignisse und Reflexionen unter dem Zeichen des Großen erinnert auch an die Aufzeichnungen Milly Haakes, die sich das Schreiben über „sich u. seine Angelegenheiten" verbietet und ihren Vater zitiert, der anlässlich des Todes des Bruders bekennt, dass man „[i]n dieser großen Zeit" nicht trauern dürfe.[91]

Die Rede von der großen Zeit wird also konkretisiert, indem sie in Bezug zu persönlichen Erfahrungen gesetzt wird. Darin manifestiert sich jedoch auch ein grundlegendes Wahrnehmungsproblem der Zeit: Obgleich allenthalben suggeriert wurde, dass jetzt Weltgeschichte geschehe und vorangetrieben würde, mussten die komplexen Zusammenhänge hinter den epochalen Ereignissen den Einzelnen verborgen bleiben. Das Allumfassende und gleichzeitig Unkonkrete dieser Formulierung ist in einigen Tagebüchern daher auch Anlass für Kritik. So schreibt Elfriede Kuhr, deren Mutter in ihren Briefen die Unvergleichbarkeit der „große[n], herrliche[n], erhebende[n] Zeit" hervorhebt, dass sie in ihren eigenen Formulierungen dieser Zeit nicht gerecht würde.[92] Im Juni 1916 formuliert sie, dass „[d]er Krieg so riesengroß" geworden sei, „ein Koloß, der gar nicht mehr aufzuhalten ist." Dies zeigt nicht nur, wie sich die Erwartung an

---

89 Iggersheimer, Tagebuch, 01.08.1914.
90 Vgl. Iggersheimer, Tagebuch, 01.01.1915, 26.05.1915.
91 Siehe M. Haake, Tagebuch, 09.10.1914; 12.04.1915.
92 Vgl. Mihaly, … Da gibt's ein Wiedersehn!, 93.

den Krieg nicht mehr mit seiner Wirklichkeit deckt, sondern auch die spezifischen Herausforderungen für das Tagebuchschreiben, denn Kuhr fragt sich: „Wo soll man da anfangen?"[93] Sie verweist so gleichsam implizit auf eine Schwierigkeit, der viele Tagebücher mit einer Selektion und Reduktion der materiellen Kriegswelt im Tagebuch begegnen und doch zumeist an ihr scheitern. Kritische Auseinandersetzungen mit dem Begriffsfeld des ‚großen Kriegs' finden jedoch nur am Rande vieler Tagebücher statt. Oftmals verschwinden die pathetischen Rufe nach den ersten Monaten, ohne explizit thematisiert zu werden. Auch wenn sich nicht alle Autor:innen dieser Metapher bedienen, so findet das Schreiben über den Krieg doch häufig im Superlativ statt – sei es nun die „allerschönste[ ] Zeit"[94] oder der „schrecklichste[ ] aller Kriege".[95]

Mit dem Schreiben im Superlativ ist ein Gefühl von Überwältigung verbunden: Größe und Geschichtsmächtigkeit des Kriegs werden zwar oft in Zahlen ausgedrückt, um die neuen Dimensionen festzuhalten. Letztlich bleibt das Gefühl, in einer neuen Epoche zu leben, jedoch ein diffuses, an dem man selbst zwar teilhat, es jedoch nicht gut fassen kann. So lesen wir im Tagebuch Cornelius Breuningers am 17. Oktober 1914, dass heute vor einem Jahr das 100-jährige Jubiläum der Völkerschlacht gefeiert worden sei, „Tage der Erinnerung an eine große Zeit." Von der Erinnerung findet ein Sprung in die Gegenwart statt, denn „[h]eute nach Jahresfrist hat uns der eherne Gang der Geschichte in eine große Epoche hineingestellt."[96] Der „eherne Gang der Geschichte" verweist verstärkt durch die Formulierung im Passiv auf die Ohnmächtigkeit zu handeln, die letztlich auch der Vergleich mit vergangenen Kriegen nicht auflöst. Der „Gang der Geschichte", an dem man als Zeitgenosse partizipiert, ist vorbestimmt und das Tagebuchschreiben stellt eine Möglichkeit dar, auf einer persönlichen und praktischen Ebene diesem Gefühl der Überwältigung zu begegnen.

Kaum weniger gigantomanisch als die Referenzen auf das Große und damit die neuen Dimensionen ist die Bewertung einzelner Ereignisse oder des gesamten Kriegs als ‚Weltgeschichte'. Schon Johann Wolfgang Goethe hatte in seiner autobiographischen Schrift *Campagne in Frankreich* die Kanonade von Valmy als Ausgangspunkt einer „neue[n] Epoche der Weltgeschichte"[97] bezeichnet. Das Erlebte wird in einem globalhistorischen Maßstab gesteigert und als epochale Zäsur gesetzt, sodass die Kanonade dadurch erst zu einem Ereignis, das

---

93 Mihaly, … Da gibt's ein Wiedersehn!, 219.
94 Engel, Vom Ausbruch des Krieges bis zur Einnahme von Antwerpen, IV.
95 Boehm-Bezing, Tagebuch, 23.08.1914.
96 Breuninger, Kriegstagebuch 1914–1918, 14.
97 Johann Wolfgang von Goethe, Campagne in Frankreich 1792 (1822), Stuttgart 1948.

durch Singularität gekennzeichnet ist, gerinnt.[98] Der Topos ‚Weltgeschichte' wurde auch im Ersten Weltkrieg zum Anlass wie zur Legitimation für das eigene Bezeugen, wobei er bereits im Vorkriegsdiskurs aktualisiert wurde. Die ‚Weltgeschichte' wurde in den ab der Jahrhundertwende erscheinenden populären Weltgeschichten konkretisiert und materialisiert. In diesen meist mehrbändigen Werken versammelte ein Herausgeber Beiträge verschiedener Autoren, die zwar nicht Teil der akademischen Geschichtsschreibung, wohl aber präsent in der gesamtgesellschaftlichen Geschichtskultur waren.[99] Die von verschiedenen politischen Strömungen publizierten Weltgeschichten reagierten auf Entwicklungen wie die zunehmende Kolonisation, den Imperialismus und die von Deutschland proklamierte Weltpolitik. Genauso zeugten sie von dem gesteigerten Bewusstsein einer globalisierten Welt, das durch technische Innovationen wie die Telegraphie oder den Ausbau der Eisenbahn und Dampfschifffahrt entstanden war.[100] Je nach Ausrichtung des einzelnen Werkes verbanden sie die Geschichte mit Disziplinen wie der Völkerkunde, Geographie und Kulturgeschichte; dabei war gemeinsames Merkmal der Weltgeschichten eine grundlegende Erweiterung des Raumes als auch häufig eine Infragestellung üblicher Periodisierungen, die sich im Präfix ‚Welt' manifestierten, das für die räumliche wie zeitliche Erweiterung gleichermaßen eintrat.[101] Auch wenn der Anspruch eine Abkehr von der Nationalgeschichtsschreibung war, die der zunehmend globalisierten Welt nicht mehr gerecht zu werden schien, eint die populären Weltgeschichten doch ihre eurozentrische Perspektive: Europa steht im Zentrum der Weltgeschichte, seine Bedeutung soll durch den Imperialismus noch zunehmen.[102]

Wenn die Tagebuchautor:innen auf *die* Weltgeschichte rekurrieren, nehmen sie eine Perspektive ein, die den Krieg großen zeitlichen und räumlichen

---

98 Siehe zu dieser Lesart Goethes Deupmann, Ereignisgeschichten, 31–32, 57, 59.
99 Vgl. Hartmut Bergenthum, Weltgeschichten im wilhelminischen Deutschland. Innovative Ansätze in der populären Geschichtsschreibung, in: Comparativ. Leipziger Beiträge zur Universalgeschichte und vergleichenden Gesellschaftsforschung 12 (2002), H. 3, 16–56, hier 17–18. Siehe darin auch weiterführend zum Verhältnis von populären Weltgeschichten und akademischer Geschichtsschreibung der Zeit 48–55.
100 Vgl. Bergenthum, Weltgeschichten im wilhelminischen Deutschland, 16–18.
101 Vgl. dazu die Analysen der Weltgeschichten von Hans Ferdinand Helmolt, *Weltgeschichte* (neun Bände, erschienen von 1899 bis 1907) und Julius von Pflugk-Harttung, *Weltgeschichte. Die Entwicklung der Menschheit in Staat und Gesellschaft, in Kultur und Geistesleben* (sechs Bände, erschienen von 1907 bis 1910) bei Bergenthum, Weltgeschichten im wilhelminischen Deutschland, 20–48.
102 Vgl. dazu ausführlicher Bergenthum, Weltgeschichten im wilhelminischen Deutschland, 30–33, 45–47.

Vergleichen aussetzt. Auf die Einmaligkeit des Weltkriegs in einer weltgeschichtlichen Perspektive verweist beispielsweise Hugo Münsterberg:

> Kriege hat es gegeben, solange wie sich die Menschheit zurückbesinnen kann; doch diesem Krieg gleicht keiner der anderen. Dies ist ein Krieg, der in der Weltgeschichte wie ein Riese unter den Zwergen hervorragen wird. Dies ist ein Krieg, in dem Heere von ungeträumter Gewalt aufeinander prallen werden, ein Krieg, in dem Schlachten zu Land und Wasser, unter Wasser und hoch in der Luft geschlagen werden – ein Krieg, der den Boden des ganzen Erdballes erzittern lassen wird.[103]

Der „Riese unter den Zwergen" zeugt von einer immensen Geschichtsträchtigkeit und -mächtigkeit des Kriegs, die von diesem Tagebuch – immerhin das laut Autor erste Buch, das in diesem Krieg erschien – noch bestärkt und in gewisser Weise auch hervorgebracht wird. Mit der Bewertung des Kriegs als Weltgeschichte steht er jenseits des Vergleichs – denn „niemals zuvor in der Geschichte der Welt haben tausend Millionen Menschen mit solcher Spannung von Stunde zu Stunde auf neue Ereignisse gewartet".[104] Auch dass ein noch größerer Krieg kommen könnte, antizipiert Münsterberg nicht. Die Rede vom Weltgeschichte schreibenden Weltkrieg durchzieht viele Kriegstagebücher.[105] Eindrücklich vermerkt Constantin Nörrenberg dabei die große Diskrepanz zum eigenen Erleben in Düsseldorf: Am 23. August 1914 notiert er, „daß in diesen Stunden vielleicht die größte Entscheidung der Weltgeschichte fällt" – und dies umso schwieriger zu fassen ist, als dass in der Stadt „[n]ichts, gar nichts [...] an Krieg [erinnert]".[106]

In Fronttagebüchern findet sich die Rede von der Weltgeschichte vor allem in Tagebüchern von Offizieren. Bernhard Bing, der an der Front in Frankreich das internationale Kriegsgeschehen qua Zeitungslektüre verfolgt, spart nicht mit dem Prädikat ‚weltgeschichtlich'.[107] Anlässlich des Jahreswechsels 1914/15 notiert auch Cornelius Breuninger in sein Durchschreibebuch:

> Das Jahr 1914 ist zu Ende, das Jahr 1914, das eines der entscheidungsreichsten in der Weltgeschichte gewesen war. Es war Wirklichkeit geworden, was man so lange fürchtete u. doch nie recht glaubt, der Weltkrieg. Deutschland steht in schwerem Ringen um seine Existenz u. seine Geltung unter den Weltvölkern. Es kämpft mit all seiner Kraft „ein einig Volk von Brüdern". Große Tage haben wir schauen dürfen, um die uns Geschlechter beneiden, herrliche Siege haben wir erfahren dürfen, die sich würdig an die größten Taten

---

103 Münsterberg, Amerika und der Weltkrieg, 13.
104 Münsterberg, Amerika und der Weltkrieg, 137.
105 Aussagekräftige Beispiele finden sich bei Iggersheimer, Tagebuch, 05.08.1915; 27.10.1915 und M. Haake, Tagebuch, 23.12.1914.
106 Nörrenberg, Düsseldorf im ersten Weltkrieg, 60–61.
107 Vgl. Bing, Tagebuch, 29.03.1916; 04.09.1916; 08.10.1917.

der Weltgeschichte reihen dürfen. Aber viel Blut, edles deutsches Blut ist drum geflossen. Wo sind all die Freunde u. guten Kameraden, mit denen wir freudig hinausgezogen sind? Manchen deckt schon der grüne Rasen."[108]

Der Eintrag steht in eigentümlicher Spannung zu vorherigen, in denen er über die Beschwerlichkeiten des Lebens im Feld, das erste Weihnachten an der Front und beständige Todesangst schreibt. Er beschließt den Tagebucheintrag mit den Worten: „– Diese Gedanken habe ich in der kurzen Ansprache [...] entwickelt, zu der ich meinen Zug am Abend versammelte."[109] Von der Geschichtsmächtigkeit des Kriegs sollen hier vor allem die Mitglieder der Kompanie überzeugt werden. Es muss aber ebenso bedacht werden, dass die Tagebuchblätter als Durchschlag zu den Eltern geschickt wurden, die so von der Kriegsbegeisterung des Sohns Zeugnis erhielten; erst die Kontextualisierung der Gebrauchsroutinen erhellt die zeitgeschichtlichen Prämissen dieses Tagebuchautors. Auch später stellt Breuninger, nachdem er einen Bericht von einer Bombardierung von Schützengräben hört, das Kriegsgeschehen in einen Bezug zur Weltgeschichte. Nun steht jedoch grundlegend infrage, ob der Krieg noch das Potential habe Weltgeschichte zu schreiben: „Ohne Zweifel ein Wagnis, das die Zentralmacher unternommen haben. Dazu müssen sie festen Grund unter den Füßen haben, dass sie sicher sind, sich vor der Weltgeschichte nicht zu blamieren."[110]

Die Rede über die große Zeit und ihre Geschichtsträchtigkeit nutzt in einigen Tagebucheinträgen eine markante zeitliche Struktur, welche die These einer frühen Zeitzeugenschaft stützt: Die Tagebuchautor:innen blicken aus einer zukünftigen Position auf ihre eigene Gegenwart und bedienen sich dabei oft des vollendeten Futurs; dabei tritt die Verantwortung des Einzelnen, Quellen wie Tagebücher und Feldpostbriefe für eine zukünftige Geschichtsschreibung zu produzieren, besonders prononciert hervor.[111] Beim Schreiben im vollendeten Futur rückt das Potential von Tagebüchern, die Gegenwart heute zu beschreiben und sie damit zum Teil einer Vergangenheit zu machen, die für die Zukunft festgehalten und in dieser lesbar sein wird, in den Blick. Man schreibt damit an der Vergangenheit seiner Zukunft und das Tagebuchschreiben als Praxis greift in die Wahrnehmung der Gegenwart als zukünftiger Vergangenheit ein.[112] Dies ist freilich keine Spezifik von Kriegstagebüchern, und so lesen wir schon im Jahr 1913 im Tagebuch der damals siebzehnjährigen Meta Iggersheim folgenden Gedanken: „Als Großmütterchen im weißen Haare nehme ich dann vielleicht

---

108 Breuninger, Kriegstagebuch 1914–1918, 41.
109 Breuninger, Kriegstagebuch 1914–1918, 41.
110 Breuninger, Kriegstagebuch 1914–1918, 184.
111 Dazu Mischner, Das Zeitregime des Krieges, 81, 99.
112 Vgl. dazu ausführlicher Dusini, Tagebuch, 154 und Weidner, Täglichkeit, 509–510.

mein liebes, trautes Tagebuch zur Hand u. lese mit verschleierten Blicken von all der Jugendfreue u. dem Maienglück?"[113] Sie beschreibt ihr Tagebuch hier als eine Art „Erinnerungsmaschine[ ], die das „Ineinandergleiten von Vergangenheit und Zukunft [ritualisiert]".[114] Gleichzeitig adressiert sie explizit ein zukünftiges Selbst und macht damit auf die grundlegende Dialogizität des Tagebuchschreibens aufmerksam. Auch antizipiert sie bereits eine nostalgische Grundhaltung, in der sie die Relektüre ihres Tagebuchs vollziehen wird.

Die diaristische Wahrnehmung der Gegenwart als zukünftiger Vergangenheit wird durch die Bedingungen des Ersten Weltkriegs noch einmal verstärkt. Bereits im Schreibaufruf des Schriftstellers Peter Roseggers wurde die Perspektive auf das Tagebuchschreiben als ein Blick der Nachwelt auf den Krieg beschrieben, heißt es doch darin: „Es sollen heute recht viele Menschen Tagebücher führen über das, was wir jetzt erleben. [...] So daß wir es gleichsam persönlich unsern fernen Enkeln erzählen, was wir erlebt und erlitten haben."[115] Auch in den Tagebüchern der Mädchen Milly Haake und Elfriede Kuhr wird so das Schreiben für die Enkel als ein Grund für die Kriegsdokumentation hervorgehoben.[116] Dabei tritt das Bezeugen einmal mehr in eine Spannung zur Aktualitätsverwaltung. Konnte im vorangegangenen Kapitel gezeigt werden, dass der Aktualitätsdruck gerade zu Kriegsbeginn das Tagebuchschreiben bestimmte und die Autor:innen von der rasanten Ereignisabfolge in Nachrichtenform getrieben wurden, so markieren viele Diarist:innen gleichermaßen herausragende Tage und Ereignisse als erinnerungswürdig.[117] Elisabeth Schwarz meint eine Zugfahrt am 1. August 1914 „nie [zu] vergessen",[118] äquivalent liest man bei der französischen Autorin Henriette de Saint-Jouan, dass dieser Tag für immer in der gemeinsamen Erinnerung [souvenir] bleiben werde.[119] Elisabeth Schatz wechselt in ihrem Zeitungstagebuch von der Ebene persönlicher Erinnerung auf die nationale Ebene und bezeichnet einen der ersten Kriegstage als einen „bedeutenden, denkwürdigen Tag in d. Geschichte" und lässt einen Zeitungsausschnitt folgen, der den Reichskanzler bei der Sitzung des Reichstags in Berlin zitiert mit den Worten „der 4. August 1914 wird bis in alle Ewigkeit hinein einer der größten

---

113 Iggersheimer, Tagebuch, 26.05.1914.
114 Neef, Abdruck und Spur, 217–218.
115 Rosegger, Heimgärtners Tagebuch, in: Roseggers Heimgarten, 66.
116 Vgl. M. Haake, Tagebuch, 12.01.1915 und Mihaly, ... Da gibt's ein Wiedersehn!, 290.
117 Damit realisiert sich das Potential des Tagebuchs, Gedenk- und Erinnerungstage zu schaffen. Siehe dazu Philippe Lejeune, Auf Mauern schreiben, im Gehen schreiben, in: Portable media. Schreibszenen in Bewegung zwischen Peripatetik und Mobiltelefon, hg. von Martin Stingelin, Matthias Thiele und Claas Morgenroth, München 2010, 71–88, hier 72, 84.
118 Schwarz/Jungel, Tagebuch, 01.08.1914.
119 Vgl. Henriette de Saint-Jouan, Dans la tourmente de fer et de feu, APA 2592, 01.08.1914.

Tage Deutschlands sein."[120] Daran wird einmal mehr deutlich, dass sich die Geschichtsmächtigkeit der Zeit sowohl aus dem persönlichen Erleben, als auch aus dem kriegsverherrlichenden Propagandadiskurs speist.

Wenn man aus dem Blickwinkel der Zukunft auf das gegenwartsbezogene Schreiben schaut, stellt sich unwillkürlich die Frage nach den Adressat:innen des eigenen Tagebuchs. Das zukünftige Ich, Familienmitglieder an der Front oder eine noch zu schreibende National- oder Weltgeschichte werden dabei häufig als Schreibempfänger benannt. Milly Haake dient ein eingeklebtes Eichenblatt der Erinnerung an die Sedanfeier, doch schon im nächsten Jahr sollen andere Siege gefeiert werden, „Siege, die ich selbst erlebt habe. Daran soll mich dieses Eichenblatt erinnern."[121] Auch im besetzten Sedan feiern die Deutschen 1917 die Sedanfeier, argwöhnisch beobachtet vom mittlerweile dreizehnjährigen Yves Congar. Der „[j]our funeste ou il y a un demi-siècle, l'armée Française se choquait à l'armée allemande" [unheilvoller Tag, an dem vor einem halben Jahrhundert die französische und die deutsche Armee aufeinanderprallten] sei „date mémorable et qui crie vengeance" [erinnerungswürdiges Datum, das nach Rache schreit].[122] ‚Mémorable', also denk-, aber auch erinnerungswürdig ist er genau wie der Tag, an dem sein Hund von den Deutschen getötet wird und der Jahrestag, an dem die Familie zum ersten Mal die Kanonengeräusche von der Front hörte und dem Yves Congar nun mit einem Gedicht gedenkt.[123]

In vielen Tagebüchern wird also dezidiert benannt, dass an einer künftigen Erinnerungsarbeit und Geschichtsschreibung mitgewirkt wird, und zwar über den persönlichen Rahmen hinaus. Bei Leopold Boehm-Bezing soll das Abschreiben der Briefe des Sohns aus dem Feld „späterhin einen Anhalt für seine Erinnerungen geben."[124] Und wenn Yves Congar seine Aufgabe Tagebuch zu führen mit den Worten „Que la France sache par ces documents rassemblés au jour le jour ce qu'on souffert les pays envahis, ce que souffrent les prisonniers, les émigrés, les pauvres gens des Ardennes"[125] beschreibt, wird deutlich, dass das Zeugnis in Tagebuchform nichts weniger als eine Dokumentensammlung für die zukünftige Korrektur der französischen Nationalgeschichtsschreibung

---

120 Schatz/Bosse, Tagebuch, Heft 7, 12–13.
121 M. Haake, Tagebuch, 02.09.1914.
122 Congar, Journal de la guerre, 176.
123 Vgl. Congar, Journal de la guerre, 106, 121.
124 Boehm-Bezing, Tagebuch, Ende August 1914.
125 Congar, Journal de la guerre, 218. [Damit Frankreich aus diesen von Tag zu Tag gesammelten Dokumente erfährt, wie sehr die überfallenen Länder, wie sehr die Gefangenen, die Geflohenen, die armen Menschen aus den Ardennen gelitten haben.]

aus der Perspektive der von den Deutschen im Krieg unterdrückten Gruppen sein soll. Der in Amerika lebende Psychologie-Professor Hugo Münsterberg, dessen Tagebuchpublikation sich bewusst in die politischen Deutungskämpfe des Kriegs begibt, fragt schon am 2. September 1914 anlässlich des Beginns des zweiten Kriegsmonats, „[w]ie viele [...] noch folgen [werden]" und wann er in dieses Tagebuch die Überschrift „Nach dem Kriege"[126] setzen könne. Bei der Veröffentlichung der deutschen Ausgabe im Frühjahr 1915 ist diese optimistische Sicht auf eine Nachkriegszeit verschwunden; stattdessen spricht Münsterberg nun von einer „ungünstige[n] Zeit für den Propheten"[127] und wagt insofern gerade keinen Blick aus der vollendeten Zukunft mehr auf die Gegenwart.

Dass sich in Tagebüchern von Soldaten und selten in denen von Offizieren die Rede von einer ‚großen Zeit' findet, steht einmal mehr im Gegensatz zum erwarteten Kriegserlebnis, das dieser Krieg dem Einzelnen versprach. So liest man etwa in einem Tagebuch in Briefen eines Soldaten an seine Eltern: „Wie groß der Erfolg von heute ist, weiß ich nicht. Ich glaube aber, ich habe einen weltgeschichtlichen Tag miterlebt." An den folgenden Tagen verweist er auf die schlechte Nachrichtenlage und bemerkt, dass er zwar nicht wisse, was vor sich gehe und welche Schlacht stattfinde, er aber trotzdem das Gefühl habe, dass „ein großer Schlag im Gange ist".[128] In einem Brief an die Eltern, die ebenfalls von der Kriegsbegeisterung affiziert sind, liegt es nahe, das Gefühl Teil der Weltgeschichte zu sein offensiver als in einem Tagebuch zu äußern. Aus diesem Zitat tritt zudem eine grundlegende Diskrepanz zu Tage: Mitten im weltgeschichtlichen Geschehen zu sein, bedeutet für einen einfachen Soldaten im Schützengraben, nichts Genaues zu wissen und keinen Überblick zu haben. Wenn die persönliche Wahrnehmung im Mittelpunkt steht, werden auch keine Vergleiche mit anderen Kriegen vorgenommen. Dass in Tagebüchern von Soldaten also kaum die Rede vom ‚großen Krieg' oder der ‚Weltgeschichte' ist, verdeutlicht, wie schnell sich die Wahrnehmung von der Erwartung des Kriegs entfernte und wie sehr sich darüber auch die Maßstäbe, was für wen bezeugt werden soll, verschoben haben.

---

[126] Münsterberg, Amerika und der Weltkrieg, 103.
[127] Münsterberg, Amerika und der Weltkrieg, 273.
[128] „Ein Tagebuch in Briefen" in Pniower, Schuster, Sternfeld et al (Hg.), Briefe aus dem Felde 1914/1915, 222, 225. Julia Encke zitiert diesen Eintrag und interpretiert ihn folgendermaßen: „Der Rückzug der Kämpfer ins Erdreich brachte eine Landschaft hervor, mit der für die Soldaten eine grundlegende Ambivalenz verbunden war: Man war auf dem Schlachtfeld zuhause, gleichzeitig aber war es die Wohnstatt einer verborgenen allgegenwärtigen Bedrohung. Das Schlachtfeld war menschenleer, in der Opazität der Gräben aber wimmelte es nur so von Menschen [...]." Encke, Augenblicke der Gefahr, 33.

Diese Diskrepanz reflektierte der Historiker Marc Bloch, der sich vor dem Krieg mit den neuen Erkenntnissen zur Zeugenschaft der Aussagepsychologie beschäftigt hatte, aus seiner Perspektive des Soldaten im Krieg.[129] Im Zuge einer Verletzung, auf die eine Unterbrechung seiner aktiven Teilnahme am Krieg folgte, verfasste er auf Grundlage seines *carnet de route* aus dem Jahr 1914 die *Souvenirs de guerre*. Ob die Aufzeichnungen zur Veröffentlichung bestimmt waren, ist nicht bekannt. Ulrich Raulff hat Blochs Auffassung vom Krieg als die eines Labors bezeichnet, in welchem die Effizienz des Erwerbs und der Behandlung von historischen Informationen getestet werde mit der Person des Historikers Bloch im Zentrum.[130] Komplett isoliert im Feld, in dem er zu Kriegsbeginn keine Zeitungen erhält und ihn nur selten Briefe über den Fortgang der größeren Entwicklungen informieren,[131] gibt es keinen Anlass, die Geschichtsträchtigkeit einzelner Ereignisse zu beschwören. Am 6. September 1914 sieht er mit seinen Kameraden die Verletzten einer großen Schlacht, „que l'histoire devait connaître sous le nom de bataille de la Marne" [welche die Geschichte unter dem Namen ‚Schlacht an der Marne' kennen sollte].[132] Dies ist einer der raren Einträge, aus denen das Beiwohnen am Gerade-noch-nicht-Geschichtlichen im Feld deutlich und hier beiläufig von einem Historiker reflektiert wird.

5.4 Möglichkeiten und Grenzen der Tagebuchzeugnisse

Viele Autor:innen wählen einen bescheidenen Modus der Zeugenschaft, der nur in besonderen Momenten zum Tragen kommt und dann Erwähnung im Tagebuch findet. So ist das Fronterlebnis des Offiziers Richard Piltz nur in bestimmten Situationen eines, bei dem er seine Rolle als Zeuge herausstellt oder diese anderen zuerkennt. Die Begegnung mit einem Mitglied einer anderen Kompanie findet Erwähnung, da dieser „Zeuge der Kämpfe um Pont à Mousson gewesen war." An anderer Stelle ist Piltz selbst „Zeuge, wie eines der Flugzeuge schräg über mir herunter geschossen wurde."[133] Die Zeugenschaft wird hier

---

[129] Vgl. zu seiner Rezeption der Aussagepsychologie und deren Übertragung auf ein streng epistemisches Ideal des Zeugen der Historiographie Marc Bloch, Critique Historique et critique du témoignage, in: Marc Bloch, L'Histoire, la Guerre, la Résistance, hg. von Annette Becker und Etienne Bloch, Paris 2006, 97–107.
[130] Vgl. Raulff, Ein Historiker im 20. Jahrhundert, 205.
[131] Vgl. Marc Bloch, Souvenirs de guerre. 1914–1915, in: Marc Bloch, L'Histoire, la Guerre, la Résistance, hg. von Annette Becker und Etienne Bloch, Paris 2006, 117–167, hier 135.
[132] Bloch, Souvenirs de guerre, 123.
[133] Piltz, Tagebuch, 06.09.1914; 28.09.1915.

situativ bestimmt, denn bezeugt wird mit dem Fliegerabsturz eine spezifische, herausragende Situation des Kriegs. Die Beschreibung verweist durch die Perspektive der Beobachterposition auf das Paradigma der Augenzeugenschaft. Auch in der Stadt Rastenburg in Ostpreußen kann man sich als Augenzeuge der Ereignisse bezeichnen: „Bald sollten wir Zeuge des deutschen Truppenaufmarsches zur Schlacht an den masurischen Seen werden",[134] heißt es in einem Eintrag über den September 1914, der damit den Vorgang des Sehens und Beobachtens herausstellt. Marc Bloch, der sich in seinen Forschungen mit einem streng epistemischen Zeugenideal auseinandergesetzt hat, bekennt: „[... J]e ne puis parler que de ce que j'ai vu et le champ de mon expérience est forcément demeuré très étroit".[135]

Das Paradigma des Tagebuchautors als Augenzeugen wird jedoch sehr selten aufgerufen, was die These stützt, dass Augenzeugenschaft im Ersten Weltkrieg in eine Krise geriet, die, wie schon gezeigt, auch die neuen Medien Fotografie und Film nur bedingt überwinden konnten. Kriegstagebuchschreiben überschreitet den Rahmen und die Bedingungen der typischen Medien des Augenzeugen im Ersten Weltkrieg jedoch auf andere Weise: Die Ausdehnung des Tagebuchschreibens auf verschiedenste Orte führt eine Debatte um die Grenzen des Kriegserlebnisses, das es zu bezeugen gilt, mit sich. Die Bewusstwerdung einer historischen Zeugenschaft vollzieht sich dabei in ebenso starken, wenn nicht in stärkerem Maße an den Heimatfronten. Der Anspruch, legitimer Zeuge des Kriegs zu sein und der Aufgabe der Quellenproduktion nachkommen zu müssen, wird gerade dort dezidiert formuliert und zur Programmatik des Kriegstagebuchschreibens erhoben.

Gleichwohl ist das situative Dabei-Sein ein Aspekt, der die Zeugenschaft einiger Tagebuchautor:innen an der Heimatfront immer wieder herausfordert. Ein herausragendes Beispiel ist in dieser Hinsicht das Tagebuch von Elfriede Kuhr, welche die Kriegszeit in Schneidemühl nahe der Ostfront verbringt. Aus der Zeitung erfährt sie von der Schlacht um Warschau, welche die aktuelle Kriegsberichterstattung dominiert, und kommentiert dies folgendermaßen: „Nun bin ich zwar kein Zeuge vom Fall von Warschau, doch ist es bestimmt wichtig, daß ein Mensch auch etwas über das Hinterland im Krieg aufschreibt."[136] Damit erweitert sie das Bezeugenswerte auf Gebiete jenseits der aktiven Kriegsentscheidungen, auf einen Bereich, dessen Augen- und Erfahrungszeugin sie ist. Gleichwohl sind ihr der Umfang und die Grenzen dessen, was bezeugt werden soll,

---

134 Präparandenanstalt Rastenburg, Kriegstagebuch der Anstalt zum Weltkrieg, 49–50.
135 Bloch, Souvenirs de guerre, 160. [Ich kann nur von dem sprechen, das ich gesehen habe, und mein Erfahrungsfeld ist gezwungenermaßen sehr beschränkt geblieben.]
136 Mihaly, ... Da gibt's ein Wiedersehn!, 189.

bewusst, und so fragt sie sich am ersten Jahrestag der Mobilmachung: „Soll ich wirklich weiter Kriegstagebuch schreiben? Der Krieg kann ewig dauern, und ich kritzle und kritzle wie der Geschichtsschreiber Plinius, den wir in der Geschichtsstunde gerade durchnehmen." Sie sucht daher das Gespräch mit einem Bekannten, der sie bekräftigt, ihr Tagebuchschreiben fortzuführen. Seine Worte „Zeugen müssen sein" und „Wenn ein neuer Krieg kommt, wird man diesen Krieg ganz vergessen" zitiert sie wortwörtlich in ihrem Tagebuch, beschließt gleichwohl daraufhin, nur noch bei besonderen Anlässen zu schreiben und damit von der Regelmäßigkeit ihrer bisherigen diaristischen Praxis abzukehren.[137] Ihr Bruder bezeichnet sie im September 1916 als „weibliche[n] Plinius", der „Erkenntnisse in schriftlicher Form für die Nachwelt"[138] aufschreibt. Kuhrs recht vorsichtig formulierte, gleichwohl stark reflektierte Zeugenschaft ist mithin eine, die von Augenzeugenschaft ausgeht, jedoch eine Zeitzeugenschaft im Sinne des subjektiven Bezeugens einer Erfahrung für die Nachwelt vornimmt. Zudem kann hier eine ausgeprägte Selbsthistorisierung konstatiert werden.[139]

Beim Schreiben unter Besatzung ist die Zeugenschaft eine besondere, da diese Situation als herausragendes Unrecht erfahren wird, das noch dazu der Außenwelt verschlossen bleibt. Damit ergibt sich ein Konflikt zwischen dem Bedürfnis objektiv zu sein und seiner Rolle als Zeuge gerecht zu werden, wie Eugène Riboud in Armentières in einem für seine Angestellten verfassten Tagebuch am 15. Oktober 1914 notiert:

> Je m'excuse, le moi étant haïssable, de parler aussi fréquemment de ma personne au cours de ces notes journalières, mais il me semble assez difficile de ne pas faire intervenir dans ce récit, sans nuire à sa clarté, le témoin qui note ses impressions et raconte du drame auquel il assiste ce qu'il en voit et ce qu'il en sait.[140]

Der Zeuge verschriftlicht seine Eindrücke, er notiert, was er sieht und weiß. Riboud rekurriert damit einmal mehr auf die epistemische Dimension der Zeugenschaft,

---

137 Vgl. Mihaly, ... Da gibt's ein Wiedersehn!, 182–183. Vermutlich bezieht sie sich auf Plinius den Älteren, der das Werk *Bella Germaniae* verfasste.
138 Mihaly, ... Da gibt's ein Wiedersehn!, 225.
139 Die starke Reflexion über Zeugenschaft in diesem Tagebuch könnte gleichwohl der nachträglichen Bearbeitung durch die Autorin Elfriede Kuhr (Pseudonym: Jo Mihaly) geschuldet sein, die das Tagebuch 1982 erstmalig herausgab und damit unter dem Eindruck des Zweiten Weltkriegs und ihm folgender Diskurse über Zeugenschaft stand. Der Herausgeber sowie die Edition geben jedoch keine konkreten Hinweise zur Überarbeitung dieses Tagebuchs.
140 Riboud, 1914 à Armentières, 15.10.1914. [In Anbetracht der Tatsache, dass das Selbst hassenswert ist, entschuldige ich mich, so häufig von mir in diesen täglichen Aufzeichnungen zu sprechen, aber es erscheint mir recht schwierig in diesen Bericht nicht den Zeugen eingreifen zu lassen, der seine Eindrücke notiert und vom Drama, dem er beiwohnt, die Teile zu berichten, die er sieht und erfährt, ohne seiner Klarheit zu schaden.]

die in ihrer subjektiven Perspektive gleichwohl der avisierten Objektivität des Berichts eines Chronisten entgegentritt. Die Rolle des erzählenden Zeugen läuft im gewählten Vokabular mit: Zwar ist zunächst von Tagesnotizen („notes journalières") die Rede, im Folgenden spricht er jedoch von einem Bericht („récit") und einer Erzählung („narration"), mithilfe derer er von dem Drama („drame") des Kriegs erzählt („raconte") und dieses in eine Form („forme") bringt.

Ebenfalls unter Besatzung schreibt die Jugendliche Henriette Thiesset Kriegstagebuch, deren Zeugenschaft in ähnlicher Manier zwischen der epistemischen und der politisch-moralischen Funktion changiert. Da die Menschen unter Besatzung Zeugen von Kriegsverbrechen der Deutschen ohne geschichtlichen Vergleich seien,[141] ergibt sich daraus für sie nicht nur die Pflicht, so kontinuierlich wie möglich Tagebuch zu schreiben, sondern ihre eigene Zeugenschaft auch durch Berichte anderer zu ergänzen: So nimmt sie einen Zeugenbericht des Nachbarn auf, der in deutscher Gefangenschaft war, und notiert anlässlich der Flucht aus ihrer Heimatstadt Ham einen Bericht der Mutter über die anstehende Evakuierung, der ihre eigene als prekär empfundene Zeugenschaft mit Augenzeugenberichten anderer ergänzt.[142] Dies stellt ein Äquivalent und gleichzeitig einen Gegenpol zum Sammeln aktualitätsbasierter Zeitungsartikel dar, die diese Studie im vorangegangenen Kapitel untersucht hat. Auch bei dieser Praxis geht es darum, möglichst umfassende Perspektiven auf den Krieg anzusammeln, die der eigene Blick unmöglich erfassen kann. Aus einer Perspektive, die sich für Unmittelbarkeit und Gegenwärtigkeit interessiert, ist gleichzeitig eine Abgrenzung nötig: Geht es beim Sammeln von Zeitungsausschnitten um das Verwalten der medialen Kriegswelt, so sollen hier möglichst unvermittelte Stimmen zusammengestellt werden. Aktualität und Zeugenschaft treten in einen Wettbewerb.

Anders als die eben zitierten situativen Zeugenschaften, die stets die Nähe zur Augenzeugenschaft bewahren und sei es, indem Augenzeugenberichte anderer gesammelt werden, bedienen sich einige Autor:innen einer Form der Zeugenschaft, welche die eigene Zeugenrolle überhöht. An diesen wird je deutlich, inwiefern Zeugenschaft als eine rhetorische Strategie, die auf dem Pathos der Authentizität gründet, genutzt wird.[143] Yves Congars in Form vierer Tagebücher verfasste „histoire écrite par un enfant" [von einem Kind verfasste Geschichte][144]

---

141 Vgl. Thiesset, Journal de Guerre 1914–1920, 130–131.
142 Vgl. Thiesset, Journal de Guerre 1914–1920, 91–93, 207–209.
143 Siehe dazu Sibylle Schmidt und Ramon Voges, Einleitung, in: Politik der Zeugenschaft. Zur Kritik einer Wissenspraxis, hg. von Sibylle Schmidt, Ramon Voges und Sybille Krämer, Bielefeld 2011, 7–20, hier 13–14.
144 Congar, Journal de la guerre, 30.

wird mit einem Deckblatt eröffnet, das durch den Hinweis „on publiera la suite" [die Veröffentlichung der Fortsetzung folgt] nicht nur auf ein Fortschreiben, sondern auf die Publikation des Tagebuchs – und zwar von Kriegs- und Schreibbeginn an – hinweist. Der ebendort notierte Hinweis auf 42 enthaltene Zeichnungen, zwei Karten und diverse ins Tagebuch integrierte Kriegserklärungen lässt keinen Zweifel aufkommen, dass hier ein Zeuge am Werk ist, der unter keinen Umständen überhört werden darf, da er an einem wertvollen Zeugnis schreibt (Abb. 44). Mehrfach notiert Yves Congar seinen Namen unter von ihm verfasste Kriegsgedichte, er verweist auf seine Urheberrechte und notiert in Klammern bereits seine Lebensdaten, wobei für das Sterbedatum noch eine Lücke fungiert.[145]

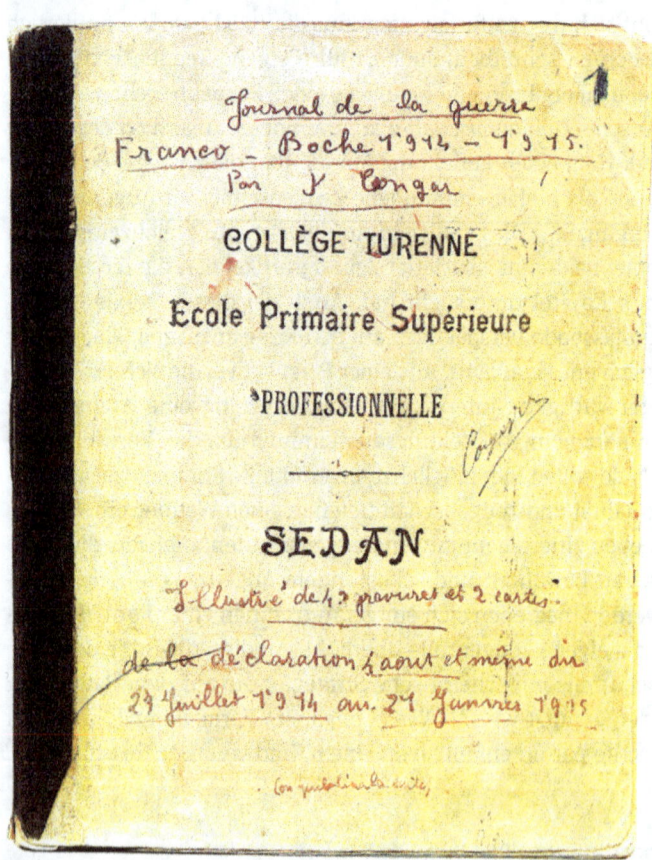

Abb. 44: Deckblatt des Tagebuchs von Yves Congar.

---

145 Siehe Congar, Journal de la guerre, 67, 81, 108–109, 115.

Das Tagebuch-Zeugnis eines zu Kriegsbeginn zehnjährigen Jungen lässt hier eigentümliche Parallelen aufkommen zu den Schriften von Männern, die auf der anderen Seite des Kriegs stehen und doch in ähnlich pathetischer Form von ihm zeugen wollen wie beispielsweise der Literaturhistoriker Eduard Engel, dessen Tagebuchblätter „Zeugen allerschönster Zeit"[146] seien, oder Hugo Münsterberg, welcher über sich schreibt: „Ich will als Zeuge vortreten, der in tiefster Seele das Verlangen fühlt, sein Bekenntnis und seine Überzeugung auszusprechen."[147] Die Selbstbeschreibung des Zeugen ist eine, die Abstand nimmt vom Historiker, der Geschichte mit Distanz zur Gegenwart schreibt. Sie steht gleichermaßen für die Ambition ein, das Material des Kriegs zu sammeln und im Tagebuch zusammenzustellen. Szene des Zeugen, der *vortreten* will, ist normalerweise die Verhandlung im Gericht. Münsterberg kontrastiert diese Beschreibung aber sogleich, indem er sich als Zeuge ausweist, der vor allem „sein Bekenntnis und seine Überzeugung" aussprechen will und damit von der rein epistemischen Funktion des Zeugnisses Abstand nimmt, um stattdessen der politisch-moralischen Funktion Platz einzuräumen. An dieser Stelle sollte nicht unerwähnt bleiben, dass Münsterberg noch im Jahr 1908 mit der Publikation *On this Witness Stand* nach Möglichkeiten, die Glaubwürdigkeit von Zeugen im Gericht wissenschaftlich zu belegen, suchte, und sich damit als Vertreter der Forschungen zur Aussagepsychologie profilierte.[148] Dieser wissenschaftlichen Suche weicht nun ein Bekenntnis im pathetischen Modus der Zeitzeugenschaft, ein Kriegstagebuch verfasst auf der anderen Seite des Atlantiks.

Auch im Sprechen für und mit Anderen wird der Modus der Zeugenschaft über ein Kriegstagebuch gelegt. Jakob Loewenberg verfährt so mit seinem *Kriegstagebuch einer Mädchenschule,* dem er die Überlegung voranstellt, dass das so entstandene Zeugnis nicht singulär sei, sondern für eine kollektive Erfahrung einstehe:

> In Tausenden Schulen wird dasselbe oder doch Ähnliches erlebt oder geschehen sein wie bei uns; doch nur wenige werden es festgehalten haben. Sind aber dieselben Erfahrungen und Beobachtungen allerorten gemacht worden, so ist das Bild, das diese Aufzeichnungen geben, kein vereinzeltes, sondern ein allgemeingültiges. Und dann um so besser.[149]

Die einleitenden Worte stehen für einen affirmativen, pathetischen Gestus der Zeugenschaft und für eine große Bereitschaft, die Kriegserfahrung als geteiltes,

---

146 Engel, Vom Ausbruch des Krieges bis zur Einnahme von Antwerpen, IV.
147 Münsterberg, Amerika und der Weltkrieg, 138.
148 Dazu weiterführend Ulrich Raulff, Münsterbergs Erfindung oder Der elektrifizierte Zeuge, in: Freibeuter 7 (1985), H. 24, 33–42, hier 38–39.
149 Loewenberg, Kriegstagebuch einer Mädchenschule, o. S.

nationales Erlebnis zu bezeugen. Damit unterscheidet sich Loewenbergs Bekenntnis deutlich von späteren Zeugnissen der Shoah, die als singulär gelten und in einer Konstellation (ent-)stehen, die von einer Hierarchie zwischen dem Zeugen und seinen Leser:innen oder Zuhörer:innen geprägt ist, in der für letztere die Erfahrung des Zeugen prinzipiell unzugänglich ist. Zeugnisse der Überlebenden der Shoah gelten zudem als unvereinbar mit der Rede für ein Kollektiv, gleichwohl es in der sogenannten „Erfahrungsliteratur" immer wieder zu Vermischungen von „identitätsstiftenden Bekenntnistexten mit den Zeugnissen von Überlebenden" kommt.[150]

Dieses Kapitel hat bereits gezeigt, dass die vermeintlichen Subjekte des Kriegserlebnisses – Soldaten und Offiziere an den Fronten – weit seltener auf die Größe und weltgeschichtlichen Dimensionen der Gegenwart verweisen und auch ihre Position als Zeugen kaum reflektieren. Erklärbar ist dies zum einen dadurch, dass das Kriegstagebuchschreiben an der Front weniger Legitimation als in der Heimat bedarf und mehr auf private Relektüren abzielt, zum anderen dadurch, dass sich das Erfahrene weniger gut fassen und in eine bezeugbare Form bringen lässt. Der Appell den Krieg zu bezeugen, geht im aktiven Kampfgeschehen schnell unter und das Tagebuch wird, wie diese Studie bereits im ersten Kapitel herausgearbeitet hat, zum Instrument der täglichen Lebensverwaltung, dessen knappe Notate kaum der Verfassung von Erlebnissen dienen können. Auch ist der Abstand zwischen dem Erlebten und der Niederschrift oft so groß, dass die Erinnerung kaum fassbar ist und in diesem Sinne keine offensive Zeugenschaft formuliert werden kann.[151] Stattdessen wandert eine nachträgliche Programmatik der Zeugenschaft umso prononcierter in zahlreiche Tagebuchpublikationen über das Fronterlebnis im Krieg ein.

Vorworte oder erste Einträge in Publikationen bieten Raum, die eigene Zeugenrolle auszuführen und als Augen- oder Zeitzeugenschaft auszuweisen, bevor dann ein in Erlebnisform gebrachter Tagebuchbericht folgt, der ein eigenes Ideal der Tagebuchförmigkeit prägt.[152] Das Vorwort – verfasst von den Autoren selbst oder von namhaften militärischen oder politischen Persönlichkeiten – entwickelt sich so zu einer eigenen paratextuellen Form, in die das Bekenntnis zur Zeugen-

---

150 Vgl. Sigrid Weigel, Zeugnis und Zeugenschaft, Klage und Anklage. Die Geste des Bezeugens in der Differenz von „identity politics", juristischem und historiographischem Diskurs, in: Zeugnis und Zeugenschaft, hg. von Rüdiger Zill, Berlin 2000, 111–135, hier 115.
151 Über ebensolche Schwierigkeiten des Zeugnisablegens im Krieg, die sich aus Distanz und fehlender Wahrnehmung des Kriegs ergeben, reflektiert Marc Bloch, Souvenirs de guerre, 119, 125, 133, 165.
152 Siehe zur Poetologie des Erlebnisses und ihrem Zusammenspiel mit ökonomischen Faktoren Kapitel 3.2 der vorliegenden Studie.

schaft ausgelagert und die Kriegserfahrung zwischen den Polen der Augenzeugenschaft und der geteilten kollektiven Erfahrung situiert wird. Dezidiert stellt die Reihe *La Guerre – Les récits des témoins* des französischen Militärverlags Berger-Levrault Möglichkeiten und Modi der Zeugenschaft im Krieg aus. Die Reihe wird mit Charles Leleux' *Feuilles de route d'un ambulancier* eröffnet, einem Tagebuch, aus dem Leleux bereits im Oktober 1914 einige Tagebuchseiten bei *Lectures pour tous* veröffentlichte.[153] Die Ausgabe für Berger-Levrault entstand, indem er das Tagebuch eines anderen Feldmediziners hinzuzog und damit den kollektiven Charakter seines Tagebuchs explizit betont.[154]

Die Legitimation seiner Zeugenschaft ist in eine zweifache Rahmung des Tagebuchs ausgelagert: Vorangestellt ist das Vorwort eines Mitglieds der Académie française, das an Leleux adressiert ist und betont, dass sich die Leserschaft aufgrund der schwierigen Informationslage nach „témoignages plus directs, plus détaillés, surtout moins impersonnels" [unmittelbareren, detaillierteren, vor allem weniger unpersönlichen Erlebnisberichten] sehne. Die Bedingungen der modernen Schlacht erforderten neue Perspektiven, die mit diesen Zeugnissen eingelöst würden.[155] Damit kommt dem Tagebuchzeugnis eine Funktion zu, wie sie etwa auch das Märkische Museum Berlin bei der Einrichtung der zentralen Sammlung für Kriegstagebücher in Deutschland proklamierte, zu deren Ziel Multiperspektivität in Zeiten eines unübersichtlichen Schlachtgeschehens erklärt wurde. Schließlich wird der Tagebuchbericht als eine besonders unmittelbare Form charakterisiert:

> Ce que vous avez vu, vous le faites voir par la netteté de votre vision et par la simplicité de votre récit. On n'oublie pas certaines de vos pages où s'étale la sauvagerie de nos ennemis. Ah! vous n'avez pas besoin de hausser le ton, de forcer la voix: l'horreur de telles scènes se dégage d'elle-même et parle assez haut.[156]

Das Vokabular aus dem Bereich der Visualität entwirft einen Augenzeugen, dessen klarer, einfacher Bericht seinen Leser:innen ermöglicht, sich das Beschriebene vor Augen zu führen. Ähnlich legitimiert auch Leleux seine Rolle als

---

153 Vgl. zur Publikationspolitik des Verlags Berger-Levrault unter dem Aspekt der Akquise von Zeugnissen Beaupré, Ecrire en guerre, écrire la guerre, 53–57.
154 Siehe Charles Leleux, Feuilles de route d'un ambulancier, complétées d'après le Carnet de route du Dr Henri Liégard. Préface de M. René Doumic, Paris und Nancy 1915, XII–XIII.
155 Vgl. Leleux, Feuilles de route d'un ambulancier, V–VII.
156 Leleux, Feuilles de route d'un ambulancier, VI. [Was Sie gesehen haben, lassen Sie uns sehen durch die Klarheit Ihrer Sicht und durch die Einfachheit Ihres Berichts. Man vergisst einige Seiten nicht, auf denen sich die Rohheit unserer Feinde zur Schau stellt. Ah! Sie haben es nicht nötig, lauter zu werden, die Stimme zu erheben: Die Grausamkeit solcher Szenen wird aus dieser selbst ersichtlich und spricht laut genug.]

Zeuge, indem er sich in seinem Vorwort an die Leser:innen wendet: „C'est un témoin qui s'exprime ici, non un juge. Il s'agit donc d'un récit purement objectif, nullement d'une œuvre de critique ou de polémique."[157] Zeugenschaft wird mit Objektivität gleichgesetzt, damit das epistemische Ideal eines Augenzeugen proklamiert, der sich des Beobachteten sicher ist, und von einer Positionierung in der Kriegsöffentlichkeit abgegrenzt. Dies sei keine Aufgabe des Zeugen, sondern die von „gens compétents" [kompetenten Menschen], ein „travail de demain" [Aufgabe für die Zukunft].[158] Im Rückbezug auf Schreibszenen aus dem Feld, die ihm ein besonderes Nachempfinden des Kriegs ermöglichen, adressiert Leleux häufig seine Leserschaft und hebt unter Verweis auf die Materialität des Tagebuchs, in die sich die Kriegserfahrung eingeschrieben habe, das Authentische des Berichts hervor.[159]

Mit der Reihe *Der Krieg – Die Berichte von Augenzeugen* des schlesischen Neun Musen-Verlags – in direkter Anlehnung an die französische Reihe – fand die nachträgliche Programmatik der Zeugenschaft auch Eingang in deutschsprachige Tagebuchpublikationen.[160] In der Übersetzung des französischen ‚témoin' zum deutschen ‚Augenzeugen' wird im Hinblick auf Zeugenschaft eine Präzisierung vorgenommen, wenngleich das französische Pendant ‚témoin oculaire' weniger gebräuchlich ist. Das wahrscheinlich 1917 publizierte Kriegstagebuch von Paul Rimbault ist die gekürzte deutsche Übersetzung der französischen Ausgabe, die 1916 bei Berger-Levraut erschien. Auch diesem Text ist ein Vorwort eines Mitglieds der Académie française vorangestellt, wiederum in Form eines Briefs an den Autor. „Es genügt nicht, daß wir im großen und ganzen die Leiden und die Tapferkeit der Soldaten erfahren", heißt es in diesem, „Augenzeugen, so wie Sie, müssen uns ausführlich die Zeiten schildern, die sie für die Rettung Frankreichs durchlebt haben." Weiterhin bittet der Verfasser des Vorworts den Tagebuchautor, bei einer neuen Auflage mehr Namen zu nennen, um Kriegsteilnehmer jenseits der Generäle der Großen Armee bekanntzumachen.[161] Rimbault kämpft in Frankreich, das „Zeuge der erbitterten Kämpfe der Weltgeschichte"[162]

---

157 Leleux, Feuilles de route d'un ambulancier, XIII. [Hier spricht ein Zeuge, kein Richter. Es handelt sich also um einen rein objektiven Bericht, in keiner Weise um ein Werk der Kritik oder Polemik.]
158 Leleux, Feuilles de route d'un ambulancier, XIII.
159 Vgl. Leleux, Feuilles de route d'un ambulancier, 17, 50.
160 Leider finden sich in Nachschlagewerken zur Kriegsliteratur keinerlei Informationen zur Politik dieses Verlags.
161 Vgl. Paul Rimbault, Kriegstagebuch eines Linienoffiziers. Saarburg, La Mortagne, Wald von Apremont (August 1914–Februar 1915), mit einem Vorwort von Maurice Barrès, 2. Aufl., Lauban ca. 1917, 5.
162 Rimbault, Kriegstagebuch eines Linienoffiziers, 15.

sei. Als übersetzter und authentifizierter Augenzeugenbericht tritt sein Tagebuch im vierten Kriegsjahr in die publizistischen Deutungskämpfe auf dem deutschen Buchmarkt ein.

Leleux' und Rimbaults Tagebücher arbeiten dabei an einer Authentifizierung des Authentischen mit: Sie kommen in einem Erlebnismodus der Unmittelbarkeit daher und nutzen gleich einer Aktualisierung die Vorworte, um sich selbst zu authentifizieren oder von anderen authentifiziert zu werden.[163] Authentizität wird dabei nicht nur durch den Verweis auf die Echtheit des zugrundeliegenden Dokuments erreicht, sondern ganz wesentlich über die Autorität hergestellt, die letztlich auch den Verweis auf unzureichende Beobachtungen im Feld und die Überarbeitung der Aufzeichnungen mithilfe anderer legitimiert.[164]

Dass die nachträgliche Programmatik der Zeugenschaft in Tagebuchpublikationen aus dem Krieg an der Figurierung eines frühen Zeitzeugen beteiligt ist, lässt sich schließlich anhand einer der auflagenstärksten Publikationen auf dem Buchmarkt der Kriegsjahre belegen: Walter Flex' sich als Tagebuch authentifizierender Novelle *Der Wanderer zwischen beiden Welten,* die erstmals 1916 erschien.[165] Zumindest metaphorisch scheint hier der Zeitzeuge vorweggenommen zu sein, den Martin Sabrow als „Wanderer zwischen zwei Welten"[166] bezeichnet hat. Während Flex' Metapher auf die Opposition von Front und Heimat, Kampf und Ruhe zielt, thematisiert Sabrow das Wandern zwischen der vergangenen Erinnerung und der Gegenwart, in der das Zeugnis zur Aufführung gelangt. Die soziale Konstellation des Zeugnisablegens eint diese zwei doch scheinbar so verschiedenen Positionen. Flex' Wanderer wirkte in der Öffentlichkeit vorwiegend in Form des schriftlichen Zeugnisses, ohne auf seinen Autor als Zeitzeugen verweisen zu können, denn dieser fiel im Jahr 1917. Die Novelle avancierte nach seinem Tod in stark literarisierter Form zu einem der meistpublizierten Kriegsbücher.

Die eigene Rolle als Augen- oder Zeitzeuge können die Diarist:innen nur legitimieren, solange sie selbst am Leben sind. Nach dem Tod treten Tagebücher als *Zeugnisse* an die Stelle der *Augen-* oder *Zeitzeugen.* So heißt es in einem noch während des Kriegs veröffentlichten Sammelaufruf aus dem Jahr 1918,

---

163 Zu den sozialen Funktionen von Vorworten dieser Art von Kriegsliteratur, beispielsweise den Anschluss an ein intellektuelles Milieu, bestimmte politische Strömungen und das Prestige des Vorwort-Verfassers vgl. Beaupré, Ecrire en guerre, écrire la guerre, 68.
164 Vgl. zu den konkurrierenden Bedeutungen von Echtheit und Autorität im Begriff des Authentischen und ihrem Einsatz in Tagebuchliteratur und Fotobänden der 1920er Jahre Encke, Augenblicke der Gefahr, 49, 98–99.
165 Siehe Walter Flex, Der Wanderer zwischen beiden Welten. Ein Kriegserlebnis (1916), 23. Aufl., München 1918.
166 Sabrow, Der Zeitzeuge als Wanderer zwischen zwei Welten, 13.

dass es für eine „zukünftige[ ] Geschichtsschreibung" angesichts des „Verlust[s] sovieler Zeugen der entscheidenden Ereignisse" „[k]eine besseren Zeugnisse" als private Tagebuchaufzeichnungen und Briefe gäbe.[167] Das Tagebuch als Zeugnis tritt damit an die Stelle des Zeugen, bürgt gleich dem Bericht des Märtyrers für dessen Tod im Krieg.[168] Dabei sind der Zeuge und sein Zeugnis im Ersten Weltkrieg jedoch noch nicht so eng miteinander verbunden, wie dies auf dem Höhepunkt der „Zeitzeugenepoche" nach dem Zweiten Weltkrieg der Fall sein wird, wenn Autor und Erzählung durch ihre Verschränkung wechselseitige Legitimität gewinnen, der Zeuge Bedeutung durch sein Zeugnis und das Zeugnis Glaubwürdigkeit durch die sinnliche Präsenz des Zeugen erlangt.[169]

5.5 Frühe Zeitzeugen, letzte Zeitzeugen

Bis die teils pathetisch, teils zweifelnd im Modus der Zeugenschaft verfassten Kriegstagebücher auch unter diesem Paradigma rezipiert werden würden, sollte es einige Zeit dauern. Das Bezeugen und die Frage nach der Wahrheit im Krieg waren bereits während des Ersten Weltkriegs in eine Krise geraten, obgleich schon in der Vorkriegszeit von der Aussagepsychologie auf die Möglichkeiten und Grenzen von Zeugenschaft hingewiesen worden war. In der Kriegszeit wurden vor allem in Fachzeitschriften von Soziologen und Psychologen Debatten zu Falschmeldungen und Wahrheitsverlust im Krieg geführt, welche die Wahrhaftigkeit und Beeinflussbarkeit des menschlichen Zeugnisses hervorhoben. Der Historiker Marc Bloch, der in diesem Kapitel als Tagebuchautor im Feld zitiert wurde, hatte auf die Schwierigkeiten des Zeugnisablegens bereits in seinen in der Kriegszeit verfassten *Souvenirs de guerre* hingewiesen. Nach dem Krieg beschäftigte er sich unter Bezugnahme auf die Zeugenpsychologie mit dem massenpsychologischen Phänomen der Falschmeldungen und stellte darüber die Glaubwürdigkeit des Zeugnisses im Krieg generell infrage. Darüber hinaus entwickelte er einen eigenen Stil des Zeugenberichts, eine offensive, experimentelle Historiographie, bei welcher der Historiker selbstkritisch in den Zeugenstand trat und nicht mehr nur Texte, sondern auch Fotografien, Karten und Zeichnungen in die Arbeit miteinbezog und auf ihre epistemischen Schwierigkeiten hin untersuchte. Damit betonte Bloch die Krise des Augenzeugen im Ersten Weltkrieg explizit, es gab nun ein Subjekt, das „objektiv [...] wahrheitsunfähig"

---

167 Siehe Buttmann, Ehrenhallen für Kriegernachlässe, 206–207.
168 Siehe zum Zeugnis des Märtyrers Assmann, Der lange Schatten der Vergangenheit, 87–88.
169 Vgl. Sabrow, Der Zeitzeuge als Wanderer zwischen zwei Welten, 25.

war und das sein Forschungsinteresse hin zu Fragen der Wahrnehmung, Sprache und des Gedächtnisses verschob. Als Historiker in der Position des Augenzeugen konstatierte er dessen Krise und damit das grundlegende Problem der historischen Erkenntnis nach dem Ersten Weltkrieg.[170]

Damit stellte Bloch in seiner Zeit jedoch eine Ausnahme dar. In deutschsprachigen Tagebuchpublikationen der Nachkriegszeit, ob Regimentsgeschichten auf Grundlage der amtlichen Kriegstagebücher, Sammelwerken von Feldpostbriefen und Tagebuchblättern oder literarisierten Erlebnisberichten, wurde nur ab und an auf den Begriff des Zeugen verwiesen, ohne ihn jedoch explizit oder kritisch zu diskutieren. Anders gestaltete sich dies in Frankreich, wo sich ausgehend von der Initiative eines Einzelnen – der Publikation *Témoins* des Gymnasiallehrers Jean Norton Cru – Ende der 1920er Jahre eine lebhafte Debatte zur Zeugenschaft des Weltkriegs entspann. Cru war als Soldat im Krieg gewesen und hatte sich bereits im Schützengraben mit der erscheinenden Kriegsliteratur auseinandergesetzt und eine private Sammlung angelegt, um den spezifischen Status der Zeugen in diesem Krieg zu erforschen.[171] Im Jahr 1929 veröffentlichte er die Monographie *Témoins*, 1930 folgte der Band *Du témoignage*.[172] In beiden Bänden untersucht er zahlreiche Kriegspublikationen, darunter auch Kriegstagebücher, hinsichtlich ihres Zeugniswerts. Cru erhob Zeugenschaft zum entscheidenden Merkmal der Kriegsliteratur und führte einen Paradigmenwechsel der bis dato in Frankreich als Literatur der „écrivains combattants" [kämpfenden Schriftsteller] bezeichneten Texte ein, indem diese nun vorwiegend auf ihren dokumentarischen Wert hin untersucht und Verfälschungen wie auch etwa metaphorische Sprache als Schwächen der Texte gewertet wurden.[173] Seine Forschungen wurden zeitgenössisch kontrovers diskutiert und haben die Auseinandersetzung der französischen Historiographie mit dem Phänomen der Zeugenschaft im Ersten Weltkrieg stark geprägt.[174] Erst in den letzten Jahren wurden sie zunehmend einer kritischen

---

170 Vgl. zu diesem Absatz Raulff, Ein Historiker im 20. Jahrhundert, 210–217.
171 Vgl. zu dieser Selbstbeschreibung Jean Norton Cru, Témoins. Essai d'analyse et de critique des souvenirs de combattants édités en français de 1915 à 1928 (1929), Nachdruck der Ausgabe von 1929, Nancy 2006, 3–5.
172 Siehe Jean Norton Cru, Du témoignage, Paris 1930.
173 Dazu Beaupré, Ecrire en guerre, écrire la guerre, 11–12.
174 Vgl. zu den zeitgenössischen Diskussionen die Wiedergabe der Presserezensionen in Cru, Témoins. Auf den anhaltenden Einfluss Crus auf die französische Weltkriegshistoriographie verweist Beaupré, Ecrire en guerre, écrire la guerre, 17.

Lektüre unterzogen, wobei man zugleich darauf verwies, dass mit Crus Publikation die Ära des Zeitzeugen im 20. Jahrhundert eröffnet wurde.[175]

Cru reagierte mit seiner Monographie auf die Masse an Kriegspublikationen und analysierte daher 300 der von den ‚écrivains combattants' verfasste Titel, die von 1915 bis 1928 erschienen. Aufgrund seiner eigenen Teilnahme am Krieg sei er ein Zeuge, der gute von schlechten Zeugnissen unterscheiden könne.[176] Aus pragmatischen Gründen – er lebte und arbeitete ab 1922 in den USA – untersuchte er nur publizierte Texte, die vorwiegend von Pariser Verlagshäusern herausgegeben wurden; Manuskripte von Privatpersonen oder aus Archiven blieben daher außen vor. Divers sind hingegen die Rollen, welche die Zeugen im Krieg innehatten, so interessierte sich Cru beispielsweise für Schriften von Schützengrabensoldaten, Ärzten oder Geistlichen im Feld.[177] Unter der Sammelbezeichnung des ‚récit de guerre' entwickelt er eine Taxonomie der Kriegsliteratur, in der Tagebücher von Erinnerungen, Kriegsbriefen, Reflexionen über den Krieg und fiktiven Berichten mit dem Autor als Person unterschieden werden. Die Gattung des Tagebuchs ist wiederum hybrid und vereint durch die Datierung so diverse Textsorten wie das *carnet de route*, *journal de campagne*, *carnet intime* und Notizen. Tagebücher seien unter den hybriden Kriegsberichten die interessantesten, charakteristischsten und nützlichsten Zeugnisse des Kriegs.[178]

Crus Ideal ist der unbestechliche Augenzeuge, der unmittelbar auf den Krieg reagiert, ihn aus größter Nähe gesehen und seine Reaktionen unvermittelt ins Schreiben übersetzt hat. Besonders glaubwürdig sind demnach Schriften, in denen sich die Gefühle unmittelbar ausdrückten und nicht von oktroyierten Faktoren beeinflusst würden.[179] Damit verbunden ist eine Kritik solcher Texte, die vorwiegend die in der Presse verbreiteten Legenden und ihren Optimismus teilten, anstatt ihre Augenzeugenschaft ins Zentrum zu rücken.[180] Insofern tritt Augenzeugenschaft in Crus Sinne in ein Spannungsverhältnis zur Aktualitätsverwaltung der Tagebücher. Gleichzeitig lehnt Cru alle Texte aus zweiter Hand ab, denn „témoin" [Zeuge] und „non-témoin" [Nicht-Zeuge] dürften niemals miteinander verglichen werden.[181] Dem epistemischen Ideal des Zeugen ent-

---

[175] Vgl. Frédéric Rousseau, Pour une lecture critique de *Témoins*, in: Jean Norton Cru, Témoins. Essai d'analyse et de critique des souvenirs de combattants édités en français de 1915 à 1928, Nancy 2006, 3–52, hier 13.
[176] Vgl. Cru, Témoins, VII.
[177] Vgl. Cru, Témoins, 9–10.
[178] Vgl. Cru, Témoins, 10–11, 61, 85.
[179] Vgl. Cru, Témoins, 13.
[180] Vgl. Cru, Témoins, 68–69.
[181] Dazu Cru, Témoins, 6.

sprechend nimmt Cru eine positivistische Auswertung seines Textkorpus vor: So kondensiert er die typischsten Sätze der Kriegsdokumentation und wertet die ausgewählten Texte hinsichtlich verschiedenster Kriterien wie dem Publikationsjahr, dem Verlag oder der Autorität, die das Vorwort verfasst habe, in Tabellenform aus.[182] Mittels einer Klassifizierung bestimmt er die „vérité du témoin sincère" [Wahrheit des aufrichtigen Zeugen] jedes einzelnen Texts zwischen den Polen ‚sehr schwach' bis ‚exzellent'.[183]

Mit diesem epistemischen Ideal des Frontzeugen zielte Cru darauf ab, die Militärgeschichte zu revolutionieren, die bis dato kaum mit Dokumenten von Augenzeugen geschrieben wurde. Falls diese Verwendung gefunden hätten, seien die Militärhistoriker den Verfälschungen von Zeugen, Chronisten und Zeithistorikern erlegen. Cru gibt den Militärhistorikern ein Instrumentarium in die Hand, um Zeugenberichte neu zu bewerten und nur die glaubwürdigen zu verwenden.[184] Dass bei jedem der ausgewählten Zeugen eine umfassende Biographie angegeben wird, ist ein weiteres Indiz für seine Fixierung auf Faktographie.

Die Literatur des Zeugen ist Cru zufolge Erbe des Ersten Weltkriegs. Aufschlussreich ist daher, dass er die Zeugenberichte explizit von Kriegsromanen abgrenzt, die vermehrt im und nach dem Deutsch-Französischen Krieg erschienen.[185] Die Zeugenberichte böten nun die Möglichkeit, eine alternative Geschichte des Kriegs zu schreiben. Dies verbindet Crus Ziele dezidert mit der Entwicklung des Zeitzeugen nach dem Zweiten Weltkrieg, mit dessen Aussagen eine Gegengeschichte verfasst werden sollte. Richtet man den Blick noch einmal auf die Rolle, die Cru sich gibt, so spricht er als Zeuge für die Zeugen des Weltkriegs und grenzt sich darüber von der Rolle des Historikers ab. Sein Ziel ist es mittels der positivistischen Analyse von Kriegstagebüchern und verwandten Texten Material für eine künftige Geschichtsschreibung bereitzustellen und aufzubereiten.[186]

Auf einige Widersprüche in Crus Argumentation wurde hinreichend hingewiesen: Das normative Prinzip Zeugenschaft wird gegen jede Art von Literatur gesetzt und die extensive positivistische Auswertung entlang des Kriteriums Fakt versus Fiktion scheint dem Phänomen der Zeugenschaft im Ersten Welt-

---

182 Vgl. Cru, Témoins, 69, 664–689.
183 Vgl. Cru, Témoins, 661–663.
184 Vgl. Cru, Témoins, 13, 21.
185 Vgl. Cru, Témoins, 49–50.
186 Vgl. Cru, Témoins, 26.

krieg nicht gerecht zu werden.[187] Seine Auseinandersetzung erhebt einen Augenzeugen zum Maßstab der Dinge, ohne die Krise der Augenzeugenschaft selbst zu thematisieren. Cru verengt die Zeugenschaft jedoch auch auf den Zeugen als Frontteilnehmer und lässt all jene Zeugnisse, die an den Heimatfronten entstanden, außen vor. Daraus ergibt sich eine auffällige Diskrepanz, konnte ich doch aufweisen, dass gerade Frauen und Kinder an der Heimatfront über ihre Rollen als Zeugen reflektierten. Cru wird also weder der neuen Realität an den Fronten, die sich in einer Krise der Augenzeugenschaft manifestiert, noch der neuen Realität eines totalen Kriegs, der Zeugenschaft an den diversen Orten produziert, gerecht. Die demokratischere Form der Geschichtsschreibung, der er mit seinem kondensierten Band Material zur Verfügung stellen möchte, schließt zugleich neue Zeugen aus, indem sie ein einseitiges Frontkämpferzeugnis zum Ideal erhebt.

Gleichwohl machten Crus Publikationen die Kriegszeugen in Frankreich deutlich salonfähiger als es zeitgleich in Deutschland der Fall war, wo in vergleichbar erscheinenden Editionen immer noch auf das Kriegserlebnis rekurriert wurde.[188] Erst 1932 erschien die deutsche Übersetzung von *Du témoignage* und führte damit den Begriff des Zeugen auch in die Debatte um die deutsche Weltkriegsliteratur ein. Im Vorwort macht der Theologieprofessor Martin Rade auf Crus im Vergleich zum deutschen Diskurs innovativen Zugang zur Kriegsliteratur aufmerksam. Dessen Untersuchung sei für die Deutschen gerade deshalb interessant, da der stetige Verweis auf das Fronterlebnis nur mehr eine rein rhetorische Funktion habe, mit der die Nachkriegsgeneration nichts mehr anfangen könne. Crus Kritik an pathetischer, verfälschender Kriegsliteratur wird von Rade bekräftigt und seine Forderung nach nüchterner Wiedergabe der Kriegswahrnehmung unterstützt. Für die Deutschen habe das Buch zudem den Vorteil, dass sie bei der Lektüre mehr über die französische Mentalität erfahren würden und sich fragen müssten, ob die deutsch-französischen Gegensätze, die zum Ausbruch des Kriegs geführt hätten, nicht beigelegt werden könnten. Das Buch helfe all jenen, die über den Krieg reden und schreiben, das Gewissen zu schärfen.[189]

Ende der 1920er Jahre, zehn Jahre nach dem Ersten und zehn Jahre vor dem Zweiten Weltkrieg, gewann also eine Debatte an Auftrieb (in Frankreich ungleich

---

187 Vgl. zu dieser Kritik an Cru Beaupré, Ecrire en guerre, écrire la guerre, 104, 107 sowie Raulff, Ein Historiker im 20. Jahrhundert, 215.
188 Beispielsweise in der Ausgabe von Tagebuchblättern eines Gymnasiallehrers: Otto Uebel (Hg.), An der Front und hinter Stacheldraht. Eine Auswahl aus Kriegsbriefen und Tagebuchblättern, Bielefeld ca. 1931.
189 Siehe Jean Norton Cru, Wo ist die Wahrheit über den Krieg. Eine kritische Studie mit Berichten von Augenzeugen, mit einem Vorwort von Martin Rade, Potsdam 1932, V–VIII.

stärker), welche die Zeugenschaft des Weltkriegs in Tagebuch- und verwandten Formen breit diskutierte. Zeugenschaft – subjektive Erfahrungszeugenschaft, aber auch als objektiv erachtete Augenzeugenschaft – sorgte für einen Paradigmenwechsel, unter dem Texte aus dem Weltkrieg rezipiert wurden. Wenn an dieser Stelle die Geburt eines frühen Zeitzeugen des Ersten Weltkriegs konstatiert werden kann, der gleichwohl noch nicht so bezeichnet wurde, liegt der Wechsel an eine Station nahe, an der auch der Erste Weltkrieg aus der Perspektive von nun so bezeichneten Zeitzeugen diskutiert wurde. Breites Interesse als Zeitzeugen erfuhren die Teilnehmer des Ersten Weltkriegs erst, als ihre Menge zunehmend zählbar wurde und ihr baldiger Tod ihr Zeitzeugnis zu bedrohen schien.

Der Fokus der ab den 1980er und 1990er Jahren geführten Debatten lag einmal mehr auf den Frontkämpfern, von wenigen Ausnahmen abgesehen: So trat die Tagebuchautorin Elfriede Kuhr, die den Krieg als Jugendliche erlebt hatte und ihr Kriegstagebuch 1982 unter dem Pseudonym Jo Mihaly in der dtv-Reihe *Zeugen und Zeugnisse* veröffentlichte, auch im Fernsehen als Zeitzeugin auf. Große Aufmerksamkeit bekamen jedoch vorwiegend ehemalige Frontteilnehmer. Der Umgang mit diesen Zeitzeugen unterschied sich stark zwischen Deutschland und Frankreich hinsichtlich der nationalen Tragweite und kulturellen Bedeutung. In Frankreich wurden die sogenannten „derniers poilus"[190] ab den 1990er Jahren in Porträts und Interviews vorgestellt und ihre Stimmen als wertvolles Zeugnis stilisiert, von dem die Erinnerung an den Ersten Weltkrieg abzuhängen schien. Die Hervorhebung des Quellenwerts der Zeitzeugenaussagen für die Historiographie des Weltkriegs war insofern signifikant, als dass die Kriegsteilnehmer kaum neue Informationen mehr lieferten und sich ihre Erinnerungen als lückenhaft erwiesen. Gefragt war stattdessen die Darlegung ihrer subjektiven Erfahrungen, die dem zeitgenössischen Ideal des Zeitzeugen entsprach. Je weniger ‚letzte Zeitzeugen' in Frankreich lebten, desto mehr Angaben wurden über diese gesammelt. Dies kulminierte in einen regelrechten Countdown, der getrieben von einem Vollständigkeitsanspruch den letzten Überlebenden des Kriegs suchte. Allein das Noch-am-Leben-Sein legitimierte die Befragung dieser Zeit-

---

[190] Die Frontkämpfer des Ersten Weltkriegs wurden schon zeitgenössisch als ‚poilu' bezeichnet. Von den ‚derniers poilus' war verstärkt ab der Mitte der 1990er Jahre die Rede. Diese Bezeichnung trat an Stelle der Bezeichnungen des ‚témoin' oder ‚ancien combattant'. Ein besonderer Typus des ‚dernier poilu' war der Lokalheld. Vgl. Nicolas Offenstadt, Die „derniers poilus". Zur identitätsstiftenden Kraft von Kriegsveteranen im zeitgenössischen Frankreich, in: Burgfrieden und Union sacrée. Literarische Deutungen und politische Ordnungsvorstellungen in Deutschland und Frankreich 1914–1933, hg. von Wolfram Pyta und Carsten Kretschmann, München 2011, 313–328, hier 318–319.

zeugen.¹⁹¹ Der letzte ‚poilu' wurde in einem Staatsakt geehrt, der Ritualen für den Unbekannten Soldaten in der Zwischenkriegszeit ähnelte; der damalige Präsident Nicolas Sarkozy verglich ihn mit Résistance-Kämpfern aus dem Zweiten Weltkrieg.¹⁹²

In Deutschland nahm die Inszenierung der letzten Veteranen ungleich bescheidenere Züge an, wobei auch hier bis zum Beginn des neuen Jahrtausends die Begegnung mit Überlebenden des Ersten Weltkriegs gesucht wurde, die diese Zeugen einmal mehr als „Wanderer zwischen zwei Welten"¹⁹³ erscheinen lassen. Auch ein privates Oral History-Projekt ohne dezidiert wissenschaftlichen Anspruch griff die Rede vom letzten Zeitzeugen auf und nahm darüber hinaus zu Kriegstagebüchern Bezug. Im Rahmen des zu Anfang der 1990er Jahre initiierten Geschichtsprojekts wurden 140 Interviews mit ehemaligen Teilnehmern des Weltkriegs geführt und die per Diktiergerät festgehaltenen Aussagen thematisch geordnet und herausgegeben. Auch dieses Vorgehen wird von einer Emphase des ‚Letzten' getragen, die betont, dass auf der Suche nach den Interviewpartnern oft nur noch die Kinder der vor wenigen Wochen verstorbenen Zeitzeugen erreicht wurden. Die Begegnung mit einem Zeitzeugen des Ersten Weltkriegs sei vergleichbar mit einem „untergehenden Gegenstand", den man „am letzten Zipfel gepackt hätte".¹⁹⁴

Die Aufwertung der mündlichen Aussagen der Zeitzeugen speist sich aus einer deutlichen Abgrenzung gegenüber Tagebüchern und Briefen aus dem Krieg. Nur das Gespräch mit dem Zeitzeugen sei intensiv und unmittelbar, darin könne man Dingen auf die Spur kommen, die in diesen Quellen ausgelassen worden seien.¹⁹⁵ Implizit wird damit Mündlichkeit zum privilegierten Modus der Zeitzeugenaussage erhoben und die Verschränkung von Zeugenauftritt und -aussage, wie sie Sabrow als konstitutiv für den Zeitzeugen definiert hat, bekräftigt.¹⁹⁶ „Was sie [d. i. die Zeitzeugen] nicht erinnern, existiert für mich nicht", konstatiert der Projektinitiator, „[i]ch kann von den Original-

---

191 Vgl. Offenstadt, Die „derniers poilus", 317–320.
192 Vgl. Offenstadt, Die „derniers poilus", 322–323, 327.
193 Vgl. Sabrow, Der Zeitzeuge als Wanderer zwischen zwei Welten, 26.
194 Wolf-Rüdiger Osburg, „Und plötzlich bist du mitten im Krieg ...". Zeitzeugen des Ersten Weltkriegs erinnern sich, Münster 2000, 7–15.
195 Vgl. Osburg, „Und plötzlich bist du mitten im Krieg ...", 12. Wolf-Rüdiger Osburgs Vorgehen unterscheidet sich dadurch deutlich von dem bekannten, erstmals 1984 erschienenen Buchprojekt Heinrich Breloers, in welchem dieser Tagebuchauszüge aus dem Zweiten Weltkrieg und Interviews, in denen die Zeitzeugen ihr eigenes Tagebuchschreiben einordnen, konfrontiert. Siehe Heinrich Breloer, Geheime Welten. Deutsche Tagebücher aus den Jahren 1939 bis 1947, Erfolgsausgabe, Frankfurt am Main 1999.
196 Vgl. Sabrow, Der Zeitzeuge als Wanderer zwischen zwei Welten, 25.

aussagen der Augenzeugen nicht genug bekommen."[197] Das Vorgehen zielt also auf eine subjektive Kriegsgeschichte, die auf Erinnerungen basiert, welche grundlegend gegenüber zeitnah verfassten Schriften aufgewertet werden. Dies geschieht im Namen eines vermeintlichen Augenzeugen (der Begriff wird synonym zum Zeitzeugen verwendet), wobei die epistemische Dimension der Zeugenschaft durch das Antreffen der letzten Zeitzeugen per se ersetzt wird.

Verfolgt man die Geschichte von Tagebüchern und Kriegsteilnehmern unter dem Aspekt der Zeugenschaft einen weiteren Schritt, trifft man auf Tagebücher, welche die letzten Zeitzeugen ersetzen. Anlässlich des 100-jährigen Weltkriegsgedenkens wurde die Tagebuchzeugenschaft *im Krieg* wieder vermehrt in den Blick gerückt. Dafür stehen Buchprojekte wie die *Verborgene Chronik* des Deutschen Tagebucharchivs, die den Krieg Tag für Tag ähnlich des *Echolots* Walter Kempowskis anhand von Tagebucheinträgen nacherzählt,[198] genau wie transnationale Fernsehformate wie die Serie *14 Tagebücher des Ersten Weltkriegs*, die eine vielstimmige Kriegserzählung auf der Grundlage von Tagebüchern schafft, ein. Kriegstagebücher werden mittels Reenactment inszeniert und folgen damit dem Tod der letzten Zeitzeugen.[199] Die hier inszenierte Zeugenschaft rückt die Personen – anhand ihres Erlebens und ihrer Subjektivität – ins Zentrum. Die Tagebücher erscheinen als intime Zeugnisse, denen alles anvertraut werden konnte, als Zuhörer, die einen Ausweg aus der kollektiven Erregung des Kriegs boten.

Zeugenschaft war der die Aktualitätsbewältigung ergänzende Modus der Gegenwartsverarbeitung im Tagebuch, welcher der Medienauswertung einen stärkeren Fokus auf das Selbsterlebte, Selbstwahrgenommene gegenüberstellt, das insofern auch einen Kontrast zur Vernichtung der Innerlichkeit im Tagebuch bildet. Dies manifestierte sich im Besonderen im Anspruch der Augenzeugenschaft, der Beglaubigung wie Verschriftlichung des unmittelbar Gesehenen, dessen Potentiale sowohl an den Fronten als auch in der Heimat zur Debatte standen. Die Zeugenschaft des Ersten Weltkriegs ist jedoch keine rein epistemische mehr. Mittels der Kontextualisierung in der Wissenschaftsgeschichte der Zeugenschaft konnte ich vielmehr zeigen, wie eine Bezeugung der eigenen Erfahrung – geprägt von der Kriegsbegeisterung, dem Gefühl der Zeitenwende und den neuen Dimensionen des Kriegs – für die Zukunft festgehalten werden sollte. Damit ist ein Authentizitätswechsel verbunden. Galt das Tagebuch Historikern lange Zeit

---

197 Osburg, „Und plötzlich bist du mitten im Krieg ...", 13.
198 Siehe Deutsches Tagebucharchiv (Hg.), Verborgene Chronik 1914 sowie Verborgene Chronik 1915–1918.
199 Vgl. dazu Marie Czarnikow, „Wenn man ganz still steht, fühlt man den Erdboden unter den Füßen leise zittern." Inszenierte Unmittelbarkeit und Transnationalität in der Serie *14 Tagebücher des Ersten Weltkriegs*, Bauhaus-Universität Weimar: 2015 (unveröffentlichte Masterarbeit).

als vertrauenswürdige Quelle, erlangte es im Ersten Weltkrieg vor allem für den einzelnen Schreiber an Bedeutung, der selbst zum Quellenproduzenten wurde. Anstelle der Wahrheit der Aussage gewann die Authentizität des Erlebten. Für die Zeitgenoss:innen, die ihre Schreiblegitimation dezidiert aus ihrer Rolle als Zeugen bezogen, wurde das Tagebuch zum wichtigen, bewahrenswerten Dokument. Im Verhältnis der Rezeption der Weltkriegszeugen als frühen Zeitzeugen in den 1920er Jahren sowie als letzten Zeitzeugen an der Jahrtausendwende zeigte sich ein ebensolcher Authentizitätswechsel: War für Jean Norton Cru die epistemische Augenzeugenschaft ein Merkmal, das anhand positivistischer Kriterien nachvollzogen werden konnte, so war die Suche nach den letzten lebenden Weltkriegszeugen von dem Wunsch eines Erfahrungszugangs geprägt.

6 Diaristische Ereignisdramaturgien des Weltkriegs

Der ‚große Krieg', so wie er erwartet wurde und mit dem Aufmarsch der Armeen und der Massenbegeisterung im Volk Gestalt annahm, sollte ein kurzer Krieg werden und mit einem Sieg der deutschen Truppen enden – darauf zielte der Schlieffenplan ab, der nur bei der Umsetzung innerhalb weniger Wochen Erfolg versprach.[1] Im August 1914 ein Kriegstagebuch zu beginnen, war für die meisten Autor:innen daher mit der Erwartung verbunden, eine kurze, spannende Erfolgsgeschichte dokumentierend zu begleiten und in diesem Sinne ein typisches Kriegstagebuch zu führen, dessen Ende gleich einem Schreibziel von Schreibbeginn an absehbar ist. Dass dieser Krieg von der Erklärung der Mobilmachung an als ein herausragendes Ereignis begriffen wurde, bestätigen materialiter auch diverse Tagebuchvordrucke. Ein kleines, portables Kriegsmerkheft, das schon im September 1914 erschien, offerierte seinem Nutzer eine fortzuführende Kriegschronik als Beginn der linearen, Ereignisse verzeichnenden Kriegsdokumentation. Das kleine Heft trug dabei auch das Versprechen eines kurzen Kriegs in sich, schließlich bot es, so verkürzt im Feld auch notiert werden mochte, nur für einige Wochen der Kriegsdokumentation Raum. Ganz anders war hingegen das Versprechen großer Tagebuchalben, wie etwa des für Schulen produzierten *Kriegstagebuchs zu dem Weltkriege 1914*, das zu Beginn des zweiten Kriegsjahres als deutlich größeres Format mit einem Umfang von 264 Seiten erschien. Wer diesen Vordruck 1915 erwarb, wurde mit der nun schon nicht mehr kurzen Dauer des Kriegs materialiter konfrontiert. So verschieden diese beiden Vordrucke gestaltet sein mögen, so schlagen doch beide eine lineare Kriegsdokumentation vor und setzen einen markanten Beginn, an den das eigene Schreiben anzuschließen hat: Im Kriegsmerkheft die Kriegserklärungen diverser Nationen der ersten Augusttage, im Schultagebuch die Ermordung des österreichischen Thronfolgerpaars in Sarajewo am 28. Juni 1914, ein Ereignis, das in der klassischen Unterscheidung von Ursache und Anlass des Ersten Weltkriegs stets als letzteres galt.

Das letzte Kapitel der vorliegenden Untersuchung rückt die diaristischen Ereignisdramaturgien des Weltkriegs ins Zentrum. Diese folgen keinem Abbildungsverhältnis oder Vollständigkeitsanspruch, sondern bestehen aus den für

---

[1] Siehe zur zeitlichen Dimension des Schlieffenplans Münkler, Der Große Krieg, 72–87. Die Pläne des Generalstabs waren zudem durch Militärschriftsteller popularisiert und bekannt gemacht worden. Vgl. Münkler, Der Große Krieg, 61–62.

die Autor:innen wichtigen Einzelereignissen des Kriegs, die ausgewählt, abgeschrieben oder erzählt in eine Chronologie gebracht werden. Erneut spielt für dieses Kapitel der Ereignisbegriff eine Rolle – und zwar in seiner doppelten Ausprägung: Betrachtet werden soll, wie Tagebücher den Krieg als paradigmatisches Ereignis – Milly Haake akzentuiert mit dem Adjektiv in Großschreibung „das Furchtbare Ereignis, den Krieg"[2] –, das aus vielen tausenden Einzelereignissen besteht, in einem Heft dokumentieren und in eine Struktur bringen. Dabei soll gefragt werden, wie sie sich zu in der Geschichtswissenschaft verwendeten Kategorien des Ereignisses – der Definition von Anfang, Höhepunkten, Peripetien und dem Ende eines begrenzten geschichtlichen Abschnittes – verhalten.[3] Ziel ist es dabei nicht, eine andere Geschichte des Ersten Weltkriegs zu schreiben, sondern typische Ereignisdramaturgien von Tagebüchern herauszuarbeiten, die mit deren gattungsinhärenter Logik einhergehen. Obgleich die Ereignis-Werdung aus historiographischer Perspektive vorwiegend im Rückblick stattfindet, gibt es Ereignisse, die bereits von den Zeitgenoss:innen als eine Sinneinheit erfahren und als solche etwa im Augenzeugenbericht dargestellt wurden. Gerade Kriege gelten als Ereignisse, die auf einer bestimmten Ebene der Abstraktion oder Typologisierung miteinander verglichen werden können, da sie ähnliche diachrone Strukturen – etwa die Kriegserklärung, den Sieg auf dem Schlachtfeld oder die Unterzeichnung der Niederlage – aufweisen.[4]

Das Ereignis und die Erzählung sind eng verschaltet – sowohl in der Literaturwissenschaft,[5] als auch in der Geschichtswissenschaft, die in Ereigniserzählungen oft herausragende Individuen ins Zentrum stellt.[6] Diese Verzahnung gilt es auch bei der Untersuchung diaristischer Ereignisdramaturgien im Blick zu behalten. Inwiefern wird das Ereignis Krieg erzählt, indem Ordnung und Synthesen hergestellt werden und Kohärenz erzeugt wird? Dies soll anhand der

---

[2] M. Haake, Tagebuch, 05.09.1914.
[3] Siehe zur Definition des Ereignisses aus geschichtswissenschaftlicher Perspektive Alexander Demandt, Was ist ein historisches Ereignis?, in: Ereignis. Eine fundamentale Kategorie der Zeiterfahrung. Anspruch und Aporien, hg. von Nikolaus Müller-Schöll, Bielefeld 2003, 63–76, hier 65–66. Siehe zur Paradigmatik des Ereignisses Krieg für die Literatur Susi K. Frank, Einleitung: Kriegsnarrative, in: Zwischen Apokalypse und Alltag. Kriegsnarrative des 20. und 21. Jahrhunderts, hg. von Natalia Borissova, Susi K. Frank und Andreas Kraft, Bielefeld 2009, 7–39, hier 8–9.
[4] Vgl. Reinhart Koselleck, Darstellung, Ereignis und Struktur, in: Reinhart Koselleck, Vergangene Zukunft. Zur Semantik geschichtlicher Zeiten, Frankfurt am Main 2015, 144–157, hier 144–146.
[5] Dazu Deupmann, Ereignisgeschichten, 56–57.
[6] Hierzu einschlägig Koselleck, Darstellung, Ereignis und Struktur, 148–149.

Nähe des Tagebuchs zur Chronik einerseits, zum Roman andererseits herausgearbeitet werden.

Stärker als in den vorangegangenen Kapiteln stehen im Folgenden das Tagebuchheft als Einheit sowie einige über die gesamte Dauer des Kriegs hinweg geführte Tagebücher im Zentrum der Analysen, da sie es erlauben, nach spezifischen diaristischen Ereignisdramaturgien zu fragen, wenngleich ein früher Abbruch ebenso typisch wie aussagekräftig für die Potentiale und Herausforderungen der Zeitgeschichtsschreibung im Tagebuch ist. Es wurde bemerkt, dass das Tagebuch etwa in Abgrenzung zur Kriegslyrik, die eine hymnische Momentaufnahme verdichtet, das Potential habe, den Krieg als Ganzes zu beschreiben.[7] An kriegslang oder auch darüber hinaus geführten Tagebüchern zeigt sich im Besonderen, was als Anfangs- und Endpunkt des Ereignisses Krieg gesetzt wird, was typische Höhepunkte und Leerstellen, sprich die Diarogramme des Kriegs sind. Der Begriff des Diarogramms – ein Neologismus aus den Worten Diagramm und diarium – geht auf Philippe Lejeune zurück, der mit diesem Analyseinstrument interne und externe Rhythmen von Tagebüchern studiert.[8] Während beispielsweise Günther Oesterle das Charakteristikum des Tagebuchs im „rhythmische[n] Gleichmaß des Schreibens"[9] sieht, möchte Lejeune mit der Analyse von Diarogrammen stärker die Diskontinuitäten und Unregelmäßigkeiten des Schreibens in den Blick nehmen. Die interne Rhythmusanalyse umfasst die immanente Analyse des Tagebuchtexts und setzt Themen, ihre Formen und Wiederholungen, quantitativ in Bezug zu den Zeilen oder Seiten, die sie im Tagebuch füllen. Danach folgt die externe Rhythmusanalyse, welche die Ergebnisse der immanenten Analyse in Bezug zur verstrichenen Zeit setzt.[10] So wird ersichtlich, wie sich das Verhältnis von Tagebuch- und Kriegslänge, Eintrags- und Ereignisdichte des Kriegs genauer gestaltet.

Schon Franz Kafka betonte in seinen Überlegungen zum ‚Tagebuchführen einer Nation', dass diese Praxis andere Perspektiven als die nationale Geschichtsschreibung eröffnen könne. Den Blick auf diaristische Ereignisdramaturgien des Kriegs zu richten, ermöglicht dabei auf einer Metaebene, sich mit einer oft geäußerten These der Tagebuchforschung auseinanderzusetzen: Tagebücher würden in

---

7 Vgl. Honold, Einsatz der Dichtung, 212.
8 Vgl. Lejeune, Kontinuum und Diskontinuum, 365.
9 Oesterle, Die Intervalle des Tagebuchs – Das Tagebuch als Intervall, 100.
10 Vgl. Lejeune, Kontinuum und Diskontinuum, 364–365. Die Geschichtswissenschaft wendet dieses Verfahren unter der Bezeichnung des „Schreibhäufigkeitsprofils" schon länger zur Analyse von Tagebüchern an. Siehe beispielsweise Peter Knoch, Kinder im Krieg 1914–18. Zwei Mädchen schreiben Kriegstagebuch, in: varia historica: Beiträge zur Landeskunde und Geschichtsdidaktik. Rainer Jooß zum 50., hg. von Gerhard Hergenröder und Eberhard Sieber, Plochingen 1988, 443–488, hier 461.

besonderem Maße gegen Großerzählungen anschreiben und sich diesen schon immer verwehren, indem sie stattdessen den Blick auf die Ränder des Geschehens richten (damit ist meist der Blick auf das Private gemeint), zeitgleiches Schreiben sich der Narration von Ereignissen widersetze und andere Zäsuren betone, als sie retrospektive Erzählungen und Untersuchungen vornehmen würden. Dieses einschlägige Argument gilt es jedoch im Kontext der zeitgenössischen Mobilmachung, der Exegese des Kriegserlebnisses und dem Gleichklang der Presse zu situieren.

6.1 Diaristische Kriegserzählungen zwischen Chronik und Roman

Einige Selbstbeschreibungen der Autor:innen legen es nahe, dem Erzählen im Tagebuch mehr Aufmerksamkeit zu schenken: Die Diarist:innen bezeichnen sich nicht nur als Zeugen oder wahlweise Augenzeugen, sondern auch als Geschichtsschreiber Plinius (Elfriede Kuhr),[11] als ein *eine Geschichte schreibendes Kind* (Yves Congar)[12] oder als Epikerin, die vom Krieg *erzählt* (Milly Haake).[13] Wenn auch Erzählen und Bezeugen in keinem eindeutigen Verhältnis zueinander stehen,[14] so drücken diese Selbstbezeichnungen doch den narrativen Anspruch der Autor:innen aus. Die Selbstbeschreibung ‚Chronist', die eine stärker registrierende denn erzählende Haltung akzentuieren würde, findet sich hingegen nur selten, und das, obwohl viele Kriegstagebücher rein chronikale Züge tragen. Da viele Tagebücher an Familienmitglieder adressiert sind oder im Hinblick auf eine spätere Relektüre geschrieben wurden, gewinnt das Verfahren des Erzählens im Sinne des Ordnens, Synthetisierens und Gestaltens einer Dramaturgie zusätzlich an Relevanz.

Auf Hayden White, einen der Initiatoren des *narrative turn* der Geistes- und Kulturwissenschaften, geht die Beobachtung zurück, dass jede Form der Geschichtsschreibung, auch wenn sie ausdrücklich Objektivität als Anspruch formuliert, wie dies etwa viele Vertreter des Historismus taten, erzählend vorgeht

---

11 Vgl. Mihaly, ... Da gibt's ein Wiedersehn!, 182, 225.
12 Vgl. Congar, Journal de la guerre, 30.
13 Vgl. M. Haake, Tagebuch, 16.05.1915.
14 Die Aussagepsychologie unterscheidet in ihrer Terminologie nicht zwischen Berichten, Erzählen und Zeugnisablegen. Vgl. Stern, Aussagestudium, 47. An anderer Stelle wird zwischen Erzählen und Bezeugen unterschieden: Strategien des Bezeugens seien vermehrt seit dem Ende des 19. Jahrhunderts als Zusatz, Konkurrenz oder anti-narratives Gegenmodell der Kriegsrepräsentation zur Erzählung entstanden. Vgl. Frank, Einleitung: Kriegsnarrative, 13.

und Ereignissequenzen in eine Form der Darstellung überführt, die diesen Ereignissen nicht eignet. Anhand historistischer Schriften, die sich stets als Darstellung größtmöglicher Objektivität betrachteten und die den Ereignissen inhärente Wahrheit aufdecken wollten, hat White gezeigt, wie literarische Plotstrukturen grundlegend für die Darstellungen dieser sind. Dieser Perspektivwechsel dient nicht dazu, eine Unterscheidung von Fakten und Interpretationen vorzunehmen oder den Blick auf die künstlerische Gestaltung historischer Diskurse zu wenden. Vielmehr ist das Argument ein rhetorisches: Haupttypen historischer Diskurse können mit bestimmten Prosatypen, deren figurativen Sprachgebrauch sie nutzen, assoziiert werden und so wurden Ereignissequenzen von Historikern beispielsweise in die Gestalt einer Romanze, Komödie oder Tragödie gebracht. Die Bedeutung der Form umschreibt White mit der Metapher des Gerüsts, innerhalb dessen einzelne Elemente angeordnet, verdichtet und kodiert werden, und nähert die Arbeit des Historikers insofern der des Schriftstellers an. Sprache ist dabei keine neutrale Form – sie generiert Bedeutung und schafft Zusammenhänge zwischen distinkten Ereignissen, indem sie diese in ursächliche und folgende Ereignisse ordnet.[15]

Es liegt in diesem Zusammenhang nahe, das Tagebuch, das zeitnah zum Geschehen und meist täglich geführt wird, als eine ebenso funktionierende Form der Geschichtsschreibung zu betrachten. Hayden White bezieht Tagebücher nicht in seine Betrachtungen zu Formen der Geschichtsschreibung ein, in einigen Passagen stellt er jedoch implizite Bezüge her.[16] Dass er den Stellenwert der Narrativität für die Geschichtswissenschaften aber just ausgehend von den mit dem Tagebuch verwandten Formen der Annalen und Chronik untersucht, welche von Historikern besonders im 19. Jahrhundert als mindere Formen der Historiographie abgewertet wurden, legt die Übertragung seiner Überlegungen auf diese Studie nahe. Annalen haben kein zentrales Subjekt und weder Beginn, Höhepunkte oder Ende sind besonders markiert. Vielmehr registrieren sie in Form einer Liste erinnerungswürdige Geschehnisse über die Jahre, ohne sie miteinander in Verbindung zu setzen. Dadurch bleiben sowohl soziale als auch Naturereignisse unerklärt, genauso wenig werden Zusammenhänge zwischen den Ereignissen ersichtlich. Allein indem etwas aufgezeichnet wird, gewinnt es

---

15 Vgl. zu diesem Absatz Hayden White, Auch Klio dichtet oder Die Fiktion des Faktischen. Studien zur Tropologie des historischen Diskurses, mit einem Vorwort von Reinhart Koselleck, Stuttgart 1986, 130–137.
16 White bezeichnet einen Annalisten als schlechten Diaristen, da er sich Regeln der Narrativität verweigere. Damit definiert White das Tagebuch implizit als narrativere Form als die Annalen. Vgl. Hayden White, The Content of the Form. Narrative Discourse and Historical Representation, Baltimore 1987, 15.

an realem Wert. Während die Jahresangaben in den meisten Annalen lückenlos verzeichnet werden, ist die Spalte der Ereignisse selbst oft lückenhaft und bricht ohne Konklusion ab. Die Lückenhaftigkeit und die fehlenden Erklärungen unterscheiden die Darstellung in Annalenform wesentlich von einer modernen historischen Erzählung. Trotzdem enthalten auch Annalen erste Spuren von Narrativität: Wenn auf den Tod des Thronfolgers sein Sohn folgt, dann wird mittels der Konjunktion ‚und' eine Verbindung zwischen den beiden Ereignissen hergestellt. Diese bezeichnet White als Embryo oder Mikroelement des Narrativen.[17]

Auf der Kontrastfolie des Geschichtsschreibens in Form der Annalen wird erkennbar, was eine verständliche Erzählung ausmacht: Sie notiert Ereignisse, die einem gemeinsamen Thema angehören und verbindet diese gleich einer Kette. Dies leistet in einem höheren Maße die Chronik, die dementsprechend von Historikern als fortschrittlichere Form der Darstellung im Vergleich zu den Annalen betrachtet wird. Indem Chronisten ihr Material nach Themen sortieren und subjektzentriert sind – so wird etwa eine Gemeinde oder das Ereignis Krieg behandelt – kreieren sie mehr Narrativität als die Annalenschreiber. Jedoch wird auch die Chronik im Gegensatz zu historistischen Erzählungen nicht mit einer Zusammenfassung abgeschlossen, sondern endet meist abrupt. Damit wird eine Art Plot entfaltet, der Bezüge zwischen einzelnen Ereignissen schafft, es jedoch den Leser:innen überlässt, einen Bezug zwischen Anfang und Ende herzustellen. Viele Chronisten stellten sich in eine Linie mit anderen Geschichtsschreibern oder reflektieren die Möglichkeiten der Chronik gegenüber den Annalen – in diesem Sinne betrachtet auch White sie als eine höhere Form der Geschichtsschreibung.[18]

Das Narrativitätsparadigma der Geschichtsschreibung entspricht dem Bedürfnis, Verbindungen zwischen disparaten Ereignissen herzustellen, Kohärenz, Integrität und ein geschlossenes Bild des Lebens zu vermitteln; präsentiert wird so eine Geschichte mit zentralen Subjekten, gesetzten Anfängen, Höhepunkten und Enden. Chroniken und Annalen hingegen würden, so eine zentrale These von White, durch ihre vorwiegend registrierenden Formen die Welt eher so abbilden, wie sie sich zeigt.[19] Dies kann als wichtiger Hinweis auf die vorliegende Untersuchung übertragen werden, konnte sie doch schon an mehreren Stellen feststellen, dass sich Tagebücher in ihrer Dokumentation quasi ideal dem Krieg anzupassen scheinen: Wenn eine wesentliche Neuerung der Tagebücher des

---

17 Vgl. White, The Content of the Form, 6–14.
18 Zu diesem Absatz White, The Content of the Form, 16–18.
19 Vgl. White, The Content of the Form, 24.

Weltkriegs ist, Material zu sammeln und lose auf einer Seite anzuordnen, dann werden schließlich kaum explizite Verknüpfungen im Sinne von Folge und Ursache zwischen einzelnen Ereignissen vorgenommen.

Chroniken und Annalen, jedoch in gesteigerter Form Tagebücher unterscheiden sich von klassischen Formen der Historiographie insbesondere durch ein Merkmal: Sie entstehen beinahe zeitgleich, in jedem Fall ohne größeren Überblick, und nehmen daher andere Wertungen der Ereignisse vor als retrospektive Schriften. Dabei gilt, dass die Unterscheidung von Ereignissen und ihre Wichtung ein modernes, westliches Verfahren ist, das überhaupt erst zu einer narrativen Repräsentation der Ereignisse führt.[20] Im zeitgleichen Schreiben entscheiden die Diarist:innen stets neu, was in den Eintrag des aktuellen Tages aufgenommen werden soll: „Im TAG verleiht das *Tagebuch* dem Tag eine eigene Figur."[21] Entgegen der typischen Metapher des Spiegels – ob der Seele oder des Kriegs –, ist das Tagebuch eher mit einem Filter vergleichbar, denn es wählt aus einer Vielzahl möglicher Eindrücke und Informationen etwas Notierenswertes aus und bleibt dann eher diskontinuierlich – nicht jeder Gedanke, nicht jedes notierte Kriegsereignis wird im Verlauf des Tagebuchs weiterverfolgt. Wie diese Studie anhand von typischen Verfahren und Praktiken zeigen konnte, ist diese Auswahl zudem häufig eine der Verkleinerung: Sie selektiert aus einem größeren Ganzen (etwa der Tageszeitung), reduziert das Ausgewählte (durch den Zuschnitt mittels Schere) und transponiert es in den neuen Kontext: das eigene Tagebuch.[22]

Dabei lässt sich nun auch ein häufiger Topos der Tagebuchforschung, dass sich das Tagebuchschreiben gegen Großerzählungen per se richte,[23] präzisieren, denn damit wird je Verschiedenes akzentuiert. Das liegt zunächst am Begriff der Großerzählung, der in Feuilleton, Geschichtswissenschaft und der postmodernen Narrativitätsdebatte unterschiedliche Verwendung findet.[24] Nähert sich die Großerzählung dem Begriff der ‚Meistererzählung' an, dann bezeichnet sie „eine kohärente, mit einer eindeutigen Perspektive ausgestattete und in der Regel auf den Nationalstaat ausgerichtete Geschichtsdarstellung". Unter dem Fokus der Meistererzählung rücken so die stofflichen Seiten ge-

---

20 Siehe White, The Content of the Form, 10.
21 Dusini, Tagebuch, 93–94.
22 Siehe zu diesen Verfahren Jäger, Matala de Mazza und Vogl, Einleitung.
23 So etwa formuliert bei Holm, Montag Ich, Dienstag Ich, Mittwoch Ich, 45.
24 Siehe zu den verschiedenen Nuancen des Begriffs der ‚Meistererzählung' Konrad H. Jarausch und Martin Sabrow, „Meistererzählung" – Zur Karriere eines Begriffs, in: Die historische Meistererzählung. Deutungslinien der deutschen Nationalgeschichte nach 1945, hg. von Konrad H. Jarausch und Martin Sabrow, Göttingen 2002, 9–32, hier 9–13.

schichtlicher Narrative in den Blick, etwa die Setzung gemeinsamer Anfänge und Enden, zudem Fragen nach Argumentationsstrukturen, strukturierenden Begriffen und narratologischen Prinzipien. Dabei ist die Meistererzählung eng mit den „Meistern der Erzählung" verbunden, mithin mit den Akteuren, die Geschichtsschreibung vollziehen und vorantreiben.[25] Die Tagebücher des Ersten Weltkriegs sind in diesem Sinne Gegenerzählungen aus verschiedenen Perspektiven, die keinen Plotstrukturen folgen müssen und können, da sie täglich neu ansetzen und entscheiden, was Teil der Geschichte im Kriegstagebuch werden soll.

Der Begriff der ‚großen Geschichte', von denen das chronistische Tagebuchschreiben abgegrenzt wird, bezeichnet mitunter aber auch schlicht die „Chronik welthistorischer Ereignisse",[26] über die das Tagebuch durch die Datierung per se angebunden ist – und zwar sowohl in der Perspektive des zeitgleichen Schreibens, als auch aus der Retrospektive, dann nämlich, wenn abgeglichen werden kann, welche Daten als entscheidend gelten (etwa als Höhepunkte des Ereignisses Krieg) und wie diese zeitgenössisch dargestellt und interpretiert wurden.[27] Kriegstagebücher stehen damit zwischen den „Extreme[n] von Großer Geschichte einerseits und der diese Geschichte zu verschlingen behauptenden Lebensgeschichte andererseits".[28] Sie machen das Verhältnis zwischen den beiden Polen produktiv.

Im Vergleich mit eher registrierenden Formen der Geschichtsschreibung wie der Chronik oder den Annalen tritt also hervor, inwiefern sich auch bei Tagebüchern Mikroelemente des Narrativen finden, sie die Ereignisse jedoch dafür in recht roher Form zur Darstellung bringen. Die geringen Gattungskonventionen von Tagebüchern – festhalten kann man nur das einigermaßen regelmäßige Schreiben in Tagen, häufig kanonisierte Formen des Beginns und multiple Formen des Endes – tragen ihren Teil dazu bei, dass immer wieder argumentiert wird, dass Tagebücher nicht narrativ seien und keinen Plotstrukturen folgten. Kriegstagebücher weisen jedoch nicht nur Verwandtschaft zu diesen chronikalen Formen auf, sondern speisen sich auch aus der Genealogie des *journal intime*. Aus einer historisch-praxeologischen Perspektive ergibt sich so ein anderer Blick auf das Verhältnis von Tagebuch und Erzählung, gilt das

---

25 Vgl. Jarausch und Sabrow, „Meistererzählung" – Zur Karriere eines Begriffs, 16–18.
26 Weidner, Täglichkeit, 506.
27 Dadurch haben Tagebücher das Potential „lehrreiche Verfremdungseffekte zu erzeugen". Vgl. Steuwer und Graf, Selbstkonstitution und Welterzeugung in Tagebüchern des 20. Jahrhunderts, 36.
28 Dusini, Tagebuch, 63.

journal intime doch als die Gattung, in der sich das Individuum in einen kohärenten Entwicklungsweg einschreibt.[29]

Andreas Reckwitz hat bei seiner Untersuchung des bürgerlichen Subjekts gezeigt, wie dieses routiniert zwischen lesenden und schreibenden Tätigkeiten wechselt und sich die Übergänge zwischen den Praktiken fließend gestaltet. So wie bürgerliche Romane durch einen Realismus-Effekt gekennzeichnet sind, können in den Tagebüchern bestimmte fiktionale Strukturen aufgezeigt werden. Dabei ermöglicht die Linearität der Schrift den Diarist:innen, an die Linearität des Handelns zu glauben. Das Tagebuch dient somit nicht mehr nur der Dokumentation und Beobachtung einzelner alltäglicher Handlungen, sondern bringt das Leben in die Form einer fortlaufenden Geschichte – mit der Folge, dass neben das Kriterium der Wahrhaftigkeit Regeln der Narrativität treten. Im Schreiben erzählt das Subjekt eine Geschichte über sich und entwickelt einen Plot, ob eines gelungenen oder tragischen Lebens.[30] Dabei dienen bürgerlichen Tagebuchautor:innen die kulturellen Codes, denen sie bei ihrer Lektüre begegnen, als mögliche Deutungsmuster und Formen für die eigene Geschichte.[31] Die Nähe von Tagebuch und Roman, die Reckwitz für das bürgerliche Subjekt nachweist und damit auf deren narrative Strukturen aufmerksam macht, dient anderen als Abgrenzung von ‚wahren' und vermeintlich ‚unwahren', erfundenen Tagebüchern.[32] Aufschlussreicher erscheint es mir jedoch, anhand des Nexus von Kriegslektüre und Kriegstagebuch danach zu fragen, wie etwa Kriegsromane Deutungsmuster – den souveränen Krieger im Feld, die aufmerksame Beobachterin an der Heimatfront – und Ereignisdramaturgien für Kriegstagebücher bereitstellen können.

Dass in Tagebüchern vom Ereignis Krieg in möglichst kohärenter und spannender Form erzählt wird, muss zumindest hypothetisch auch auf die prägenden Kriegserzählungen der Zeit, insbesondere Kriegsromane und -berichte, rückgeführt werden. Kriegsromane waren spätestens seit den Napoleonischen Kriegen

---

29 Paradigmatisches Beispiel dafür ist Johann Caspar Lavaters *Tagebuch von einem Beobachter seiner Selbst*, das von seinen Leser:innen immer wieder als Roman beschrieben wurde. Das Vorwort bedient sich Legitimationsstrategien des Romans und das Tagebuch insgesamt weist eine romanhafte Konstruktion auf. Das Tagebuch wird über die Literarisierung des Selbst zum Roman des Ich. Vgl. dazu ausführlicher Schönborn, Das Buch der Seele, 95–109.
30 Vgl. Reckwitz, Das hybride Subjekt, 167–170.
31 Vgl. Reckwitz, Das hybride Subjekt, 174.
32 So wird vorm Abgleiten des Tagebuchs hin zum Abenteuerroman gewarnt bei Heinrich Breloer, Geheime Welten, 8. Philippe Lejeune bezeichnet das Tagebuch zwar einerseits als „Fortsetzungsroman mit unvorhersehbarer Handlung" (Lejeune, Kontinuum und Diskontinuum, 367), begründet jedoch an anderer Stelle dessen grundlegende Antifiktionalität (Lejeune, Das Tagebuch als „Antifiktion").

wahlweise als Zeit- oder historische Romane eine beliebte Gattung und erschienen in Monographien wie auch in fortgesetzter Form in Zeitungen und Zeitschriften.[33] Sie erzählen von einem abgeschlossenen Kriegsereignis, das beobachtet und beschrieben werden kann und zeichnen sich wie historische Romane durch die „Dreifaltigkeit von Ereignis, Charakter und Plot"[34] aus. Während sich viele Historiker von den historischen Romanen abzugrenzen versuchten, konsultierten zahlreiche Romanautor:innen akademische Geschichtswerke über vergangene Kriege als Quellengrundlage ihrer fiktionalen Schriften. Viele historische Romane avancierten im 19. Jahrhundert daher zu den Geschichtsbüchern äquivalenten Nachschlagewerken für bürgerliche Frauen. Im Zentrum der historischen Kriegsromane standen vermehrt Menschen aus der breiten Bevölkerung, wodurch diese Gattung einen Gegensatz zur historistischen Geschichtswissenschaft der ‚großen Männer' bildete. Gerade Romane über die Napoleonischen Kriege thematisierten zudem verstärkt zivilgesellschaftliche Themen und stellten häufiger Protagonistinnen ins Zentrum, um ihr Publikum – eine in großen Teilen weibliche Leserschaft – anzusprechen.[35]

Die Gattung des Kriegsromans blieb auch während und infolge der Reichseinigungskriege sehr beliebt. So richteten sich viele Kriegsromane über den Deutsch-Französischen Krieg explizit an Jugendliche und oft an die ‚kleinen Leute'.[36] Auf die Wirkmächtigkeit der Kriegsromane aus dem 19. Jahrhundert auf das Schreiben im Weltkrieg verwies, wenn auch mit eminent ideologischer Färbung, Jean Norton Cru, Autor der in dieser Studie bereits behandelten monumentalen Monographie über Zeugenschaft vom Ende der 1920er Jahre. Er führte die von den Deutschen zu Kriegsbeginn verübten Gräuel auch auf ihre Lektüren der Kriegsromane Zolas und Maupassants zurück. Gleichzeitig begründete Cru die herausragenden Schreibfähigkeiten von französischen Kriegsliteraten im Weltkrieg mit ihren Lektüren realistischer historischer Romane, die sie dazu befähigt hätten, einerseits eindrückliche Schlachtenbeschreibungen

---

33 Vgl. Hagemann, Umkämpftes Gedächtnis, 306–307. Von 1815 bis 1914 erschienen in Deutschland allein 3 388 historische Romane, darunter 412 über die Napoleonischen Kriege. Zu ihrer Popularisierung trugen Vorabdrucke in den Feuilletons der Zeitungen und ihre Verfügbarkeit in Leihbüchereien bei. Vgl. Hagemann, Umkämpftes Gedächtnis, 298–310.
34 Hayden White, Das Ereignis der Moderne, in: Die Gegenwart der Vergangenheit. Dokumentarfilm, Fernsehen und Geschichte, hg. von Eva Hohenberger und Judith Keilbach, Berlin 2003, 194–215, hier 194.
35 Vgl. Hagemann, Umkämpftes Gedächtnis, 304–314. Siehe zu Plotstrukturen dieser Romane mit zahlreichen Inhaltszusammenfassungen ausführlicher Hagemann, Umkämpftes Gedächtnis, 296–365.
36 Vgl. Rudolf Schenda, Die Lesestoffe der Kleinen Leute. Studien zur populären Literatur im 19. und 20. Jahrhundert, München 1976, 96.

zu liefern, andererseits jedoch auch ihre persönlichen Gefühle zu analysieren.[37] Explizit nennt der tagebuchschreibende Historiker Marc Bloch den Kriegsromanautor Tolstoi als Vorbild und schreibt in den *Souvenirs de guerre*, die auf seinen Kriegstagebüchern basieren, abschnittsweise sehr dramatisch.[38]

Kriegstagebücher stehen hinsichtlich ihres Potentials Ereignisdramaturgien zu gestalten zwischen Chronik und erzählenden Formen: vor allem Einflüsse des Romans, aber auch Einflüsse der sehr populären Kriegsberichte sind denkbar.[39] Die Bedeutung des Erzählens und insofern die Nähe zum Roman muss jedoch insbesondere am Kriegsbeginn herausgestellt werden, als dass dann das für viele Autor:innen zentrale Konzept des Kriegserlebnisses, das von einer erzählbaren und zu erzählenden Erfahrung ausgeht, deren Strukturen vorgibt und diszipliniert.[40]

6.2 Ereignissetzungen, Ereignislücken

„Ce jour là on parlait déjà des bruits de guerres" [An diesem Tag sprachen wir schon von Kriegsgerüchten], notiert Yves Congar unter dem Datum des 27. Julis 1914, wobei er anmerkt, dass er diesen Eintrag am 29. Juli verfasst habe. Dies erklärt die Wahl des Präteritums, die den ersten dokumentationswürdigen Tag auf dem Weg in den Krieg gleichsam historisiert. Im folgenden Satz verweist er auf die Ermordung des österreichischen Thronfolgers Franz Ferdinand und seiner Frau Sophie am 28. Juni 1914 in Sarajevo.[41] Mit der Setzung dieses Ereignisses als Anlass und Auslöser wird ein Punkt Null des Weltkriegs markiert, eine

---

37 Dazu Cru, Témoins, 47–49, 52.
38 Vgl. Bloch, Souvenirs de guerre, 127, 147.
39 Auch Kriegsberichte kommen als sehr populäre Gattung seit dem 19. Jahrhundert als Vorbild für Tagebuchautor:innen infrage, allein schon deshalb, weil sich ihre Autoren häufig als Augenzeugen authentifizieren und damit ein ähnliches Verfahren wie Tagebuchschreibende im Weltkrieg anwenden. Ähnlich wie Kriegsromane suggerieren auch Kriegsberichte die Einheit von Ereignis, Plot und Charakter. In aktuellen Zeitungsberichten in Fortsetzung oder der Monographie vom Kriegsschauplatz wurden einzelne Ereignisse in eine große Erzählung, die den Krieg mit einer sinnstiftenden Bedeutung versah, eingebunden. Die Autoren verstanden sich oft eher als Schriftsteller denn als Reporter; sie wandelten ihre Beobachtungen aus erster und zweiter Hand in eine spannende Erzählung um und bedienten sich dabei vielfältiger Plot-Strukturen. Dramaturgische Höhepunkte, die in fast jedem Kriegsbericht auftauchen, sind Stellen, welche die existentielle Seite des Kriegs schildern: Verwundungen und den Tod, die meist die Form von „Schilderungen des notorischen Rittes über das Schlachtfeld ‚am Tag danach'" annehmen. Siehe dazu Daniel, Bücher vom Kriegsschauplatz, 94, 96, 108.
40 Vgl. Horn, Erlebnis und Trauma, 133–134.
41 Vgl. Congar, Journal de la guerre, 21.

Praxis, die durchweg typisch für die an den Heimatfronten verfassten Kriegstagebücher ist.

Das Attentat von Sarajevo als Ausgangspunkt des Kriegs zu setzen, weist auf die eminente zeitgenössische Wirkkraft dieser Ereignismeldung hin. Christopher Clark hat das Attentat anlässlich des 100-jährigen Beginns des Ersten Weltkriegs als ein Ereignis bezeichnet, „dessen heißes Licht die Menschen und Orte eines Augenblicks erfasste und sie ins Gedächtnis einbrannte. Menschen erinnern sich noch genau, wo sie waren und wer bei ihnen war, als sie die Nachricht hörten."[42] Galt Sarajewo gemeinhin als *Anlass* des Weltkriegs, der die multiplen Ursachen in einen Flächenbrand entfachte, so hat es sich gerade die jüngere Weltkriegsforschung zur Aufgabe gemacht, den Hintergrund und Ablauf des Attentats selbst und die daraus folgenden Verwicklungen als höchstkomplexe sowie hochgradig kontingente Faktoren genauer zu untersuchen.[43] Aus der Perspektive der Zeitdokumentation ist freilich anderes wirkmächtig: So war Ende Juni 1914 bereits 24 Stunden nach dem Mord eine etablierte Version festgeschrieben, die Zeitungen mittels dramatischer Darstellungsformen verbreiteten und somit keine Zweifel ließen, dass es sich um ein geschichtsmächtiges Ereignis handle.

Die Signifikanz von Sarajewo als den Krieg wegbereitendes Ereignis ergibt sich erst aus der wenn auch nur aus wenigen Wochen stattfindenden Rückschau. So ist der Kriegsbeginn 1914 ein Ereignis, dessen Vorher und Nachher extrem ausgedehnt waren und dessen Interdependenzen erst der nächste Tag zeigte.[44] Trotzdem versuchen einige Tagebuchautor:innen dieses ‚Zu-spät-Kommen' zu kaschieren, indem sie nachträglich Einträge am 28. Juni 1914 einfügen. In Meta Iggersheimers Tagebuch ist das Attentat unter dem entsprechenden Datum notiert, wobei zwei Faktoren nahelegen, dass es sich um einen retrospektiv verfassten Eintrag handelt: Zum einen wurde am Tag des Attentats selbst in deutschen Zeitungen noch nicht darüber berichtet, die Meldungen dazu erschienen erst in den Morgenausgaben des 29. Juni 1914.[45] Zum anderen ist dieser Eintrag mit einem Querstrich von den vorherigen abgetrennt. Es liegt also nahe, dass er Anfang August 1914 verfasst wurde, um einen Anfangspunkt des Ereignisses Weltkrieg zu markieren. Das Attentat von Sarajewo wurde zum markanten

---

42 Christopher M. Clark, Die Schlafwandler. Wie Europa in den Ersten Weltkrieg zog, Bonn 2013, 486.
43 Siehe dazu insbesondere Clark, Die Schlafwandler, 17, 486–494, 717 sowie Münkler, Der Große Krieg, 26–32.
44 Vgl. Koselleck, Darstellung, Ereignis und Struktur, 145.
45 Zu den spezifischen Wahrnehmungen des Mordes in Deutschland und Frankreich und zur Konkurrenz mit nationalen Meldungen siehe Clark, Die Schlafwandler, 519–521.

Kriegsbeginn, bis zu dem zurückgeschrieben wurde. Die zeitgenössische Praxis der Ereignis-Werdung manifestiert sich auf diese Weise schon Anfang August in zahlreichen Kriegstagebüchern. So beginnt Elisabeth Schwarz ihr zum Kriegstagebuch umpragmatisiertes Diarium mit dem Stichwort „Kriegstagebuch Sommer 1914". Unter dem Datum des 25. Juni verweist sie auf die Ermordung des Thronfolgerpaars in Sarajevo und legt durch die falsche Datierung offen, dass es sich um einen nachträglichen Eintrag handelt.[46] Andere Autor:innen nehmen das Attentat gar in den Titel ihrer Kriegstagebücher auf.[47]

Aus diesen Rückdatierungen spricht der Wunsch, den Krieg von seinem Anfangspunkt an dokumentiert zu haben, gerade nicht zu spät gekommen zu sein, als sich das Ereignis Weltkrieg ankündigte. Somit manifestiert sich in dieser Praxis das von Alltagswahrnehmung, Geschichtsschreibung und Literatur geteilte Bedürfnis, einen konkreten, datierbaren Ausgangspunkt des Ereignisses Krieg zu setzen und damit eine neue Epoche zu eröffnen – bedeutet Epoche doch im wörtlichen Sinne das Stillstellen der Zeit.[48] Schließlich wird das Attentat von Sarajewo auch in Vordrucken zum Ausgangspunkt des Weltkriegs und damit zum Einsatzpunkt der Kriegsdokumentation erklärt. Mehr als ein Jahr nach Kriegsbeginn befolgt so der Schuldirektor Basarke im ostpreußischen Rastenburg diesen Schreibhinweis: „Am 29. Juni 1914 machte das Lehrerkollegium [...] mit den drei Klassen der Anstalt einen Schulausflug nach Crutinnen, Rudczanny-Lötzen", heißt es im ersten Eintrag des Schultagebuchs. „Hier erfuhren wir das Furchtbare: der österreichische Thronfolger Franz Ferdinand und seine Gemahlin waren einer ruchlosen Mörderhand zum Opfer gefallen. [...] Jeder fühlte, daß diese Tat schwere politische Folgen nach sich ziehen müsse."[49]

Nur wenige Ereignisse werden in den Tagebüchern so einstimmig aufgenommen wie das Attentat auf dem Balkan. Gleichwohl liegt es nahe, den Stellenwert von Ereignissen, die retrospektiv ebenso emblematisch mit den Kriegsanfangsmonaten verbunden wurden und in besonderem Maße Teil der deutschen Kriegserzählung sind, zu untersuchen. Die Mythisierung der Schlachten von Tannenberg und Langemarck begann schon während des Kriegs und wurde in der Weimarer Republik und teils bis in die 1960er Jahre fortgeschrieben. Die Erzählung von Langemarck über die gegen die feindlichen Stellungen anstürmenden,

---

46 Vgl. Schwarz/Jungel, Tagebuch, 25.06.1914.
47 Siehe beispielsweise den Titel von Anna Steinmetz' Schriften: „Tagebuch begonnen am 28. Juni 1914 wird zum Kriegs Chronik Tagebuch am 30. Juli 1914 des Weltkriegs 1914/15".
48 Vgl. Honold, Einsatz der Dichtung, 206–207. Mit der Setzung des Attentats von Sarajewo koinzidiert dabei das Ereignis Weltkrieg mit der neu eröffneten Epoche. Siehe zu dieser Koinzidenz Deupmann, Ereignisgeschichten, 32.
49 Präparandenanstalt Rastenburg, Kriegstagebuch der Anstalt zum Weltkrieg, 13.

singenden Soldaten der akademischen Jugend findet in den von mir untersuchten Tagebüchern keine Erwähnung, was insofern erstaunt, da diese Erzählung auf die bürgerliche Mittelschicht und das patriotische Kleinbürgertum ausgerichtet war, die besonders eifrig Tagebuch schrieben.[50] Hingegen erwähnen einige Diarist:innen die Schlacht von Tannenberg, die am Ende des ersten Kriegsmonats für einen großen Erfolg an der Ostfront sorgte, wobei sie oft als ein Ereignis unter zahlreichen anderen vermerkt wird.[51] Bei Leopold Boehm-Bezing hingegen kann man dem Werden des Mythos Tannenberg geradezu im Tagebuch beiwohnen: So vermerkt er am 31. August 1914 „den großartigen Sieg bei Tannenberg"[52] und präzisiert im folgenden Eintrag diese Siegesmeldung über die Schlacht nahe der Stadt Allenstein. Aus der doppelten Ortsangabe wird erkennbar, wie die von der deutschen Propaganda angestrebte Geschichtspolitik widerstandslos in das Kriegstagebuch übernommen wird. Tannenberg wurde als Bezeichnung gewählt, um eine Kontinuität des Kampfs zwischen Germanen und Slawen herzustellen, denn nahe des kleinen Örtchens Tannenberg besiegten im Jahr 1410 polnische und litauische Truppen den Deutschen Ritterorden. Der Oberst a. D. Boehm-Bezing hebt die Leistung des Generals Hindenburg hervor, dessen Aufstieg mit der Erfindung dieses Mythos an der Ostfront begann.[53] Mehrfach kommt Boehm-Bezing in seinem Tagebuch auf Tannenberg zurück, verweist auf das Hissen der Flagge, erkennt dieser Schlacht eine Vorbildwirkung für kommende Schlachten zu und vermerkt die erhaltene Postkarte eines Teilnehmers dieses Ereignisses.[54]

Viele Soldaten und Offiziere, die mit ihren Tagebüchern im Tornister in den Krieg ziehen, nehmen andere Ereignissetzungen vor. Einige Tagebücher werden ebenfalls in den ersten Julitagen begonnen, wie etwa das von Richard Piltz, der das Ultimatum Österreichs an Serbien, dessen Ablauf, einen „[b]edrohliche[n] Kriegszustand" und die erfolgte Mobilmachung vermerkt.[55] Für die meisten Soldaten und Offiziere, die einberufen werden, ist hingegen keine Zeit, in so geordneter Weise einen Ereignisbeginn des Kriegs zu markieren. Stattdessen setzen viele Tagebücher wie es die häufig gewählte Überschrift ‚Erlebnisse' verspricht mit kurzen Notaten zum Erlebten und Gesehenen, etwa der Zugfahrt an die Front, und pragmatischen Notizen ein. Die Ereigniswerdung des Kriegs lässt

---

50 Siehe zum Langemarck-Mythos Münkler, Der Große Krieg, 207–209.
51 Siehe beispielsweise Schreyer, Tagebuch, 02.09.1914, Werner, Tagebuch, 14.12.1914 und Wertheim, Tagebuch, 05.09.1914. Besonders euphorisch beschreibt Elfriede Kuhr die Schlacht von Tannenberg im Eintrag vom 1. September 1914: Mihaly, ... Da gibt's ein Wiedersehn!, 52.
52 Boehm-Bezing, Tagebuch, 31.08.1914.
53 Siehe zum Tannenberg-Mythos Münkler, Der Große Krieg, 140–155.
54 Vgl. Boehm-Bezing, Tagebuch, 31.08.1915.–14.09.1914.
55 Vgl. Piltz, Tagebuch, 23.07.–01.08.1914.

sich hingegen an einem anderen Schreibverfahren ablesen, mit dem Tagebücher eine Eigenzeit eröffnen. „Kriegstagebuch. Begonnen am 6. Mobil. Tag",[56] notiert Alfred Lamparter auf die erste Seite seines roten Notizheftes und nutzt damit eine Zählung, die an die enge zeitliche Taktung mit absehbarem Ziel des Schlieffenplans erinnert. Auch Richard Piltz orientiert sich an dieser: Unter dem Eintrag vom 2. August 1914 findet sich der schlichte Eintrag „1. Mobilmachungstag", der eine doppelte Zeitlichkeit eröffnet. Bis zum 23. August 1914 steht unter dem Kalenderdatum der jeweilige Mobilmachungstag: Der 22. Mobilmachungstag ist der letzte im Tagebuch erwähnte; ohne im Text reflektiert zu werden, wird in den folgenden Einträgen nur noch das Kalenderdatum angegeben.[57] Die subtile Änderung im Umgang mit Zeitrechnungen des Kriegs eröffnet, wie die Aussicht auf einen schnellen Sieg und damit ein nahes Ende der Kriegszeit verschwindet. Ab jetzt ist der Krieg total, sein Ende unabsehbar, nicht mehr abzählbar.

Anstelle des Verweises auf die Eigenzeitlichkeit des Kriegs nehmen andere Tagebuchautor:innen eine Setzung des Kriegsanfanges vor, indem sie ihr eigenes Erleben anhand eines Initiationsmomentes – der sogenannten Feuertaufe – beschreiben. Das Hauptelement des Fronterlebnisses war das Feuer, denn es versprach gleichermaßen Taufe, Reinigung und Läuterung.[58] Mit dem Begriff der Feuertaufe wird seit dem 19. Jahrhundert das erste „Schlachtenfeuer im Krieg"[59] bezeichnet. Der Begriff erlangte schon vor dem Ersten Weltkrieg in Kriegspublikationen Prominenz, im und nach dem Krieg erschienen zudem zahlreiche Kriegsmemoiren mit diesem Titel.[60] Franz Hiendlmaier, der am 12. November 1914 mit dem Zug in Richtung Russland abfährt, vermerkt seine Feuertaufe am 16. November und hebt sie durch eine Unterstreichung hervor: „Wir waren frech und trotzdem wir gewarnt wurden gingen wir vor", notiert er in einem durchaus an einen Abenteuerroman erinnernden Stil. „[... E]inige 100 m weiter lagen Russen die uns jämmerlich beschossen, wir mußten sprungweise zurück. Es war richtiges gezieltes Salvenfeuer." Sein Kamerad und er behalten in dieser Episode die Oberhand, denn „[w]ährend unserem Zurückgehen erwiederten

---

56 Lamparter, Tagebuch, 07.08.1914.
57 Vgl. Piltz, Tagebuch, 02.–23.08.1914.
58 Vgl. Schivelbusch, Die Kultur der Niederlage, 277.
59 Art. Feuertaufe in Friedrich Kluge, Etymologisches Wörterbuch der deutschen Sprache, unter Mithilfe von Alfred Schirmer bearbeitet von Walther Mitzka, 17. Aufl., Berlin 1957, 195.
60 Siehe beispielsweise Wilhelm von Rahden, Die Feuertaufe des kleinen Leutnants, Mai 1813, Berlin 1913 sowie Kurt Küchler, Feuertaufe. Geschichten aus dem großen Krieg, Leipzig 1915.

(sic) wir das Feuer und zwar dermassen, einer sprang einer feuerte."⁶¹ Das sonst oft nur stichwortartig verfasste Tagebuch ist in diesem Eintrag besonders narrativ und rückt den Autor und Soldaten Hiendlmaier als souveränen Krieger ins Zentrum seines Kriegserlebnisses. An der Beschreibung der Feuertaufe lassen sich zudem offensichtliche Parallelen zu publizierten Kriegstagebüchern des Ersten Weltkriegs ausmachen, deren Abenteuerstil Hiendlmaier mit diesem Eintrag beinahe zu imitieren scheint.⁶²

Mit der Setzung von Anfängen durch das Attentat in Sarajewo, der Zählung in Mobilmachungstagen oder der Beschreibung der eigenen Feuertaufe ist der Weg für eine lineare Kriegsdokumentation eröffnet. Auch der Vordruck des Oskar Eulitz-Verlags – der gemäß der Aktualitätsverwaltung mit Tabellen, die zeitgleiche Synchronisation ermöglichen, eröffnet wird – empfiehlt, die Geschehnisse „in ihrer Zeitfolge" zu notieren, da „[d]iese Art der Darstellung [...] immer die einfachste und übersichtlichste" ist. Nach dem Attentat sollen die Spannungen zwischen Österreich und Serbien, die Mobilmachung, die Einberufung der Krieger, ihr Abschied und schließlich die Wirkungen des Kriegs auf die eigenen Gemeinden beschrieben werden.⁶³ Auf diese Weise bemühen sich auch viele Tagebuchautor:innnen, die zahlreichen Kriegsereignisse in einen chronologischen Ablauf zu bringen und sind dabei bestrebt, Synthesen herzustellen, die man mit Hayden White als Mikroelemente des Narrativen beschreiben könnte. So schreibt Milly Haake in Hamm am 4. August 1914:

> Die Deutschen (sic) drei russische Städte eingenommen. Hurra! und der russische Kriegshafen Liebau (ich hoffe richtig geschrieben) von uns in Brand geschossen. Ist das nicht herrlich. *Montag* hat Rußland den Krieg erklärt. *Heute* ist Notabiturium, und *Donnerstag* fährt Wilhelm nach Paderborn. Es wurde gesagt, daß *bald* der Landsturm aufgeboten wird. *Dann* muß Enzio auch mit, o, Schreck. Und doch freu' ich mich in einer Beziehung, denn ich glaube, daß er sehr tapfer *sein wird*.⁶⁴

Ausgehend von den aktuellen Meldungen bringt sie Kriegserklärung, das Notabitur und die Einberufung des Bruders in einen Ablauf. Zugleich eröffnet sie eine Zukunftsperspektive durch die Verwendung der Präposition ‚dann' und des Futurs, welche die Einberufung des Landsturms und damit die Einberufung ihres Lehrers in Aussicht stellt. In ähnlicher Manier notiert Bernhard Bing an der Westfront:

---

61 Hiendlmaier, Tagebuch, 16.11.1914.
62 Stilistische wie narrative Parallelen lassen sich beispielsweise zum Kapitel „Feuertaufe" in einem Tagebuch der Mittler-Reihe herstellen: vgl. Reinhardt, Sechs Monate Westfront, 19–23.
63 Siehe Kriegstagebuch zu dem Weltkriege 1914, 3.
64 M. Haake, Tagebuch, 04.08.1914 [meine Hervorhebungen, M.C.].

Fort & Dorf Vaux vor Verdun *sind genommen*; inzwischen haben wir <u>Portugal</u> den Krieg erklärt, was wohl Niemand im Reiche aufregen wird. Man spricht von einer *kommenden* Offensive von Brest & gegen die Russen in Bessarabien, Rumänien wegen, dessen Neutralität fraglich zu werden scheint. *Dann*, heißt es, daß wieder Truppen von uns nach Rußland gehen. *Bis dahin* ist auch der Zweck unserer Offensive im Westen, die großen Frühjahrsangriffe der Franzosen unmöglich zu machen, Tatsache geworden.[65]

Verschiedenste Ereignisse – die Einnahme eines Dorfes genau wie die Kriegserklärung an eine weitere Nation – werden mithilfe zeitlicher Indikatoren in eine Reihenfolge gebracht: dem Zeitformenwechsel vom Präteritum ins Präsens, den Präpositionen ‚inzwischen', ‚dann' sowie dem Adjektiv ‚kommend'. Bing stellt den Ablauf verschiedener Ereignisse her, und beschließt den Eintrag mit einer Zukunftsprognose: „Dies Alles läßt aber noch auf eine lange Kriegsdauer schließen."[66] In den Tagebüchern, die an so verschiedenen Orten des Kriegs geführt werden wie die von Milly Haake und Bernhard Bing, zeigt sich an diesen Stellen der Versuch, Synthesen aus den Ereignissen an multiplen Schauplätzen und ihren Akteur:innen herzustellen und die Ereignissequenzen in einen sinnvollen Ablauf zu bringen. Eine individuelle Sicht auf die verschiedenen Kriegsschauplätze, die den Krieg in ein Ereignis synthetisiert, scheint hier noch möglich zu sein.

Der Einstieg in viele Kriegstagebücher ist also durch einen Gleichklang gekennzeichnet, indem Sarajewo als Kriegsbeginn gesetzt, in Mobilmachungstagen gezählt oder die eigene Feuertaufe beschrieben wird. Die Tagebücher schreiben sich in bestimmte schon zeitgenössisch kanonisch gewordene Daten ein, nehmen ähnliche Ereignisse, Personen und Strukturen in ihre Tagebücher auf und tragen damit durchaus zu einer gemeinsamen Erzählung, einem großen Narrativ des Kriegs bei. Man kann dies einerseits auf geteilte Erfahrungen zurückführen, andererseits auf gemeinsame Vorbilder des Schreibens: Zeitungen, die sich durch Gleichklang auszeichnen und die Setzung des Kriegsbeginns stoisch wiederholen sowie geteilte literarische Vorbilder, über den Krieg als Ereignis und Erlebnis zu schreiben. Somit lagen für den kommenden Krieg schon bestimmte Deutungsmuster und Narrative bereit, in denen er als nun individuell erlebte Geschichte geschrieben werden konnte.[67] Diskursive und kulturell stereotype Vorgaben haben so etwa die Fronterfahrung schon im Vorhinein vorgeprägt und sich als „semantische Kategorien in der Textualisierung von Erfahrungen synchron mani-

---

65 Bing, Tagebuch, 10.03.1916 [kursive Hervorhebung M.C., Unterstreichung im Original].
66 Bing, Tagebuch, 10.03.1916.
67 Dies eröffnet eine parallele zu literarischen Ereignisgeschichten: „Je lückenloser die vorauszusetzende Informatisierung des zeitgenössischen Bewusstseins erscheint, desto mehr schränkt sie die Freiheit der poetischen Darstellung ein." Deupmann, Ereignisgeschichten, 73.

festiert[ ]".[68] In diesem Sinne lässt sich auch an unveröffentlichten Tagebüchern eine These, die bislang anhand von publizierter Kriegsliteratur belegt wurde, bestätigen: Viele Tagebücher und Erlebnisberichte zeichnen sich durch einen Gleichklang aus, der für das anfängliche Engagement der Autor:innen im Krieg steht. Texte von Autor:innen verschiedener Nationalitäten und Hintergründe arbeiten an einer einzigen, auf den Sieg im Krieg ausgerichteten Großerzählung des Kriegs während des Kriegs.[69] Das Tagebuchführen der Nation richtet in diesem Sinne den Blick gerade nicht auf die Ränder, sondern auf schon zeitgenössisch kanonisierte Ereignisse.

Trotzdem sollte die je individuelle Erfahrung und der Umgang mit Vorgaben aus Zeitungen oder Tagebuchvordrucken nicht universell gesetzt werden. Alf Lüdtke hat in seinen Forschungen dafür plädiert, die Chancen und Zwänge einzelner historischer Akteure in den Blick zu nehmen. Übertragen auf diese Studie bedeutet dies, dass Diarist:innen durchaus kreativ mit Vorgaben umgehen und dementsprechend auch ihre eigenen Dramaturgien des Kriegs entwickeln – auch Tagebuchautor:innen interpretieren „Drehbücher, Rollenvorschriften, Regieanweisungen" auf je eigene Weise und „produzieren in ihren Aneignungen Eigenes, vielleicht auch ‚Eigensinn'."[70] Wenn das Kriegsmerkheft nicht im vom Vordruck abgedeckten Zeitraum, sondern viele Jahre später zum Einsatz kommt (Wilhelm Eid) oder die Logik des Nebeneinanders von ‚großer' und ‚kleiner' Geschichte nicht eingehalten wird (Josef Nüthen), manifestieren sich auch im Tagebuchschreiben Abweichungen und Versuche, Ereignisdramaturgien des Kriegs festzuhalten, die sich stärker am eigenen Erleben orientieren.

Bei fast allen Kriegstagebüchern und Tagebüchern im Krieg ist die Schreibfrequenz in den ersten Kriegsmonaten hoch: Täglichkeit und Aktualität sind die Prämissen des Schreibens, das auf eine Ereignisdichte reagiert, bei der ein Höhepunkt des Kriegs auf den nächsten folgt und eine Entscheidung, die den Weg für den sehnlichst erwarteten Sieg ebnet, jederzeit fallen kann. Die Erwartung eines kurzen Kriegs, wie ihn etwa die Parolen auf den Eisenbahnwagen verkündeten, wird häufig niedergeschrieben. Als der Krieg an der Westfront nach sechs Wochen zum Stehen kommt, bleibt für viele Diarist:innen die Hoffnung bestehen, dass er spätestens an Weihnachten vorbei sein wird.[71]

---

68 Reimann, Semantiken der Kriegserfahrung und historische Diskursanalyse, 190.
69 Dazu Beaupré, Ecrire en guerre, écrire la guerre, 172.
70 Alf Lüdtke, Alltagsgeschichte: Aneignung und Akteure. Oder – es hat noch kaum begonnen!, in: WerkstattGeschichte 6 (1997), H. 17, 83–92, hier 86–87.
71 Diese Hoffnung formulieren beispielsweise Anna Steinmetz, Milly Haake und der Offizier Cornelius Breuninger.

Im Gegensatz zu den Zeitgenossen wissen wir heute, dass der Weltkrieg noch ganze vier Jahre andauern sollte. Die Front im Westen verfestigte sich schon im Herbst 1914 auf einer über 700 Kilometer langen Linie, die sowohl von den Deutschen als auch den Alliierten immer stärker aufgerüstet wurde. Im Osten fanden zwar weiterhin beidseitige Gebietsgewinne statt, doch war dieser Kriegsschauplatz schon damals weniger präsent als die Materialschlachten im Westen. Mit dem Kriegseintritt Italiens im Jahr 1915 nahmen die Isonzoschlachten ihren Anfang, die bald ähnlich verfahren wie die Schlachten an der Westfront waren. Dort wurde vier Jahre lang um geringe Gebietsgewinne unter gigantischem Material- und Menscheneinsatz gekämpft. Herfried Münkler hat bereits das Kriegsjahr 1915 als „festgefahrene[n] Krieg" bezeichnet, auf das 1916 „Entscheidungsschlachten ohne Entscheidung" – in Verdun und an der Somme – folgten, bevor der Krieg 1917 selbst „erschöpft" war und dies nicht nur die Soldaten an den Fronten, sondern nun auch besonders hart die Menschen an den Heimatfronten im Zuge des „Steckrübenwinters" erfuhren.[72] Hinzu kamen ab 1917 Streikwellen in der Heimat, die zeigten, dass das Leben dort viel mehr von Entbehrungen im täglichen Alltag als vom aktiven Verfolgen des Kriegsgeschehens geprägt war. Front und Heimat entfernten sich immer weiter voneinander, wovon vor allem die in dieser Zeit zahlreich versandten so bezeichneten „Jammerbriefe" zeugen, in denen Frauen und Männern den Männern an der Front von ihren schlechten Lebensbedingungen berichteten und um die Zusendung von Lebensmitteln baten.[73]

Diese unerwarteten Entwicklungen fordern die Ereignisgeschichtsschreibung in den Kriegstagebüchern heraus. Was soll als Höhepunkt, was als Peripetie vermerkt werden? Viele Diarist:innen bemühen sich, den Krieg als Ereignis bis zu seinem Ende zu dokumentieren, jedoch gelingt dies nicht allen. Der Erwartungshorizont Kriegsende, der mit dem Frieden gleichgesetzt wird, rückt in immer weitere Ferne. Anna Steinmetz hofft zunächst auf Weihnachten 1914, schließlich Ostern 1915, und auch an Neujahr 1916 formuliert sie die Hoffnung, dass das neue Jahr das Kriegsende herbeiführen möge. Im Sommer 1916 schreibt sie schließlich: „Wie's mit dem Frieden aussieht weiß niemand. Wenn man auf die Kriegslage sehen wollte sähe man überhaupt kein Ende. Dieses muß ganz plötzlich kommen, anders ist es nicht möglich. [...] Wir hoffen aufs Frühjahr 1917."[74] Sie drückt damit aus, wie unübersichtlich der Krieg geworden ist und dass sich aus den bisherigen Erfahrungen und vorhandenen Informationen keine

---

72 Siehe die entsprechenden Kapitelüberschriften bei Münkler, Der Große Krieg.
73 Vgl. Krumeich, Die unbewältigte Niederlage, 48–62.
74 Steinmetz, Tagebuch, 06.08.1916.

Vorhersagen über das mögliche Kriegsende treffen lassen. Gleichzeitig stellt sie die Beobachtbarkeit des Kriegsablaufs selbst infrage, an die sich Überlegungen zur Zeitdokumentation von Ereignissen anschließen lassen, die diese Studie als zentrale Eigenschaft vieler Kriegstagebücher herausgearbeitet hat. Ein Blick in Georg Simmels 1916 veröffentlichte Überlegungen über *Das Problem der historischen Zeit* eröffnet überraschende Einsichten, die in Bezug zur Diaristik des Weltkriegs gesetzt werden sollen.[75]

Simmel beschäftigte sich in seinem Vortrag mit Wahrnehmungs- und Darstellungsproblematiken des historischen Ereignisses, ohne sich dezidiert auf die Gegenwart – etwa die Ereignisdichte des Ersten Weltkriegs oder dessen anhaltende Dauer – zu beziehen.[76] Seine Überlegungen zur historischen Zeit entwickelte er gleichwohl an für diese Studie relevanten Ereignissen – der Schlacht im Allgemeinen und dem Siebenjährigen Krieg als historischem Beispiel im Besonderen –, die wie bereits ausgeführt in der Geschichtsschreibung wie Literatur als paradigmatische Vertreter des Ereignisses gelten. Simmel untersucht, ab wann ein Wirklichkeitsgehalt historisch wird und führt als mögliches Kriterium eine „Schwelle der Zerkleinerung" ein: Würde man „jede[ ] Muskelzuckung jedes Soldaten" kennen, ginge die „einheitliche Lebendigkeit des ganzen Ereignisses, die Anfang und Ende seines zeitlichen Bildes verbindet, verloren".[77] Das darstellbare Ereignis muss sich also *oberhalb* der sogenannten Schwelle der Zerkleinerung befinden, um historisch zu werden, es muss „innerhalb unseres Zeitsystems an eine bestimmte Stelle geheftet" werden, wobei es dafür „mannigfache Genauigkeitsgrade"[78] gäbe. Genau dies leisten Tagebücher, indem sie jeden Eintrag datieren und damit das notierte Ereignis im Zeitsystem verorten. Die im ersten Kapitel dieser Untersuchung vorgestellten Notationspraktiken von Fronttagebüchern zeigen, dass es sich oft um eine minütliche Genauigkeit handelt, die dank der weit verbreiteten Armbanduhren festgehalten werden kann. Insofern kann man beo-

---

75 Georg Simmel, Das Problem der historischen Zeit, Berlin 1916.
76 Diesen Schritt vollzog Reinhart Koselleck, der seine Überlegungen zur Darstellbarkeit von Ereignissen unter Bezugnahme auf diesen Vortrag Simmels entwickelte und dabei das Beispiel des Ersten Weltkriegs anführte, ohne es allerdings auf Simmels persönliche Erfahrung oder den Zeitpunkt des Vortrags zu beziehen. Vgl. Koselleck, Darstellung, Ereignis und Struktur, 144–145.
77 Simmel, Das Problem der historischen Zeit, 29. Simmels Begriff der ‚Zerkleinerung' betont die Mannigfaltigkeit von gehäuft auftretenden Ereignissen und die Schwierigkeit, diese in einen größeren Zusammenhang einzuordnen. Der von mir herausgearbeitete Begriff der ‚Verkleinerung' stellt hingegen ein zentrales Verfahren dar, um aus der Material- und Medienflut individuell eine Sinnhaftigkeit des Kriegs zu erschaffen (mittels der Verfahren Selektion, Reduktion und Transposition).
78 Simmel, Das Problem der historischen Zeit, 3.

bachten, wie neue Formen der Zeitmessungen die Schwelle der Zerkleinerung des Ereignisses herabsetzen.

Damit beobachtete Ereignisse historisch werden, müssen sie jedoch mit anderen zusammen eine „Verstehens-Einheit" bilden. Das Verstehen ist erst möglich, wenn der Interpret erkennt, in welcher Chronologie und Begründung einzelne Ereignisse zueinanderstehen, wofür er einen Überblick über das Ganze benötigt.[79] Der Überblick über einen Weltkrieg ist für Kriegsdiarist:innen nie gegeben, gleichwohl zeigt das in den ersten Kriegstagen übliche Verfahren der Synthesenbildung aus heterogenen Kriegsereignissen, wie ebendieser Überblick immer wieder hergestellt werden soll. Mit dem Wissen um die Schwelle der Zerkleinerung lassen sich jedoch gerade die Schwierigkeiten der Ereigniswerdung des Kriegs anhand einiger Tagebücher besonders markant beschreiben: So etwa im Kriegstagebuch des Leutnants von Trommershausen, der auf einer Tagebuchseite die Einträge vom 9. bis zum 12. August notiert, welche jedoch nicht chronologisch geordnet erscheinen, sondern mit Pfeilen in den korrekten zeitlichen Ablauf gebracht werden (Abb. 11).[80] Einzeln notiert waren die Ereignisse noch unter der Schwelle der Zerkleinerung, im vermutlich dreitägigen Rückblick werden sie nun in einen Ablauf überführt, der Orientierung über das unübersichtliche Kriegsgeschehen der vergangenen Tage geben soll.

Dabei unterscheidet sich das Tagebuchschreiben ganz offensichtlich von der historischen Arbeitsweise, denn auch als Diarist:in ist man dem „wirklich erlebte[n] Geschehen" so nahe, sodass oft dessen „atomistische[ ] Struktur"[81] hervortritt und es schwieriger wird, Kontinuitäten und Zusammenhänge herzustellen. Obwohl sich Simmel an keiner Stelle seines Vortrags auf die durch Intervalle und damit Leerstellen gekennzeichnete Form des Tagebuchs oder die fragmentierte Erfahrung des gerade stattfindenden Ersten Weltkriegs bezieht, scheint er das Kernproblem diaristischer Ereignisdramaturgien mit den folgenden Sätzen zu beschreiben: „Jene lebendige, dem Zeitverlauf genau angeschmiegte Kontinuität wäre damit so wenig zu erreichen, wie man durch noch so viele Punkte die Stetigkeit der Linie besetzen kann."[82] Je mehr man weiß, je detaillierter man sich den Atomen eines Ereignisses nähert, desto mehr werden diese zerspalten, aller Sinn löst sich auf und Zusammenhänge werden gerade nicht erkenntlich.[83]

---

79 Vgl. Simmel, Das Problem der historischen Zeit, 11–12.
80 Siehe Trommershausen, Tagebuch.
81 Simmel, Das Problem der historischen Zeit, 20, 25.
82 Simmel, Das Problem der historischen Zeit, 25.
83 Vgl. Simmel, Das Problem der historischen Zeit, 26–27.

Die Struktur des Tagebuchs bewegt sich also nahe der Schwelle der Zerkleinerung und ist dadurch besonders affin, Ereignisse im Geschehen zu dokumentieren. Zieht man zudem die Spezifik des modernen Ereignisses Erster Weltkrieg in Betracht, dann lässt sich hier einmal mehr die These bestärken, dass das Tagebuch eine der Moderne besonders angemessene Gattung ist. Fragmenthafte Täglichkeit steht anstelle sinnhafter Geschichte – und das betrifft nicht nur die großen Autor:innen, sondern auch das multiperspektivische Schreiben im Kleinen.[84] Das Tagebuch ist genau dann die geeignete Gattung, wenn das große Ganze noch nicht absehbar ist oder es sich aus vielen Fragmenten zusammensetzt. Wenn die Tage nur zitiert und nicht mehr beschrieben werden können, eignet sich das Tagebuch ganz besonders als Darstellungsform.[85] Dann wird – wie im gerade zitierten Beispiel des Tagebuchs von Leutnant von Trommershausen – deutlich, dass sich der Krieg der Ereigniswerdung entzieht.

Betrachtet man im Vergleich zur Verzeichnung der atomistischen Struktur der Ereignisse mitten aus dem Kriegsgeschehen ihre Rezeption im Kriegsverlauf in der Heimat, dann kann dort in Anbetracht der zunehmenden Ununterscheidbarkeit des Entscheidungsrelevanten ebenfalls von einer Schwelle der Zerkleinerung, die unterschritten wird, gesprochen werden, nämlich dann, wenn unentscheidbar bleibt, was überhaupt noch notiert werden soll. Nachdem sich Anna Steinmetz in ihrem Tagebuch in den Jahren 1915 und 1916 vorwiegend der Dokumentation des Familienlebens im saarländischen Uchtelfingen gewidmet hat, notiert sie mehr als zwei Jahre nach Kriegsbeginn schließlich wieder ein „vielbewegendes Ereignis" – die Rückkehr des U-Boots Deutschland in die Heimat – sowie die Kriegserklärungen Italiens an Deutschland und Rumäniens an Österreich-Ungarn, die eine Verlängerung des Kriegs einleiten.[86] Diese Ereignisse scheinen die Schwelle der Zerkleinerung zu überschreiten, die neue Technologie des U-Boots, die sich gleichwohl durch ihre geringe Sichtbarkeit auszeichnet, und Kriegserklärungen, die an den Anfang des Weltkriegs erinnern, sind für den Kriegsverlauf wieder eine Erwähnung im Tagebuch wert. Ab und an verweist Steinmetz in den folgenden Jahren auf einen „entscheidenden Schlag" oder eine „baldige Offensive", die in der Presse angekündigt werden. Setzt man dies in

---

84 Vgl. zu dieser Modernethese des Tagebuchs Weidner, Täglichkeit, 507. Er verweist auf den vielzitierten programmatischen Eintrag aus den Tagebüchern Robert Musils: „Tagebücher? / Ein Zeichen der Zeit. So viele Tagebücher werden veröffentlicht. Es ist die bequemste, zuchtloseste Form. / Gut. Vielleicht wird man überhaupt nur Tagebücher schreiben, da man Alles andere unerträglich findet." Robert Musil, Tagebücher, hg. von Adolf Frisé, Reinbek bei Hamburg 1976, 11.
85 Vgl. Weidner, Täglichkeit, 522.
86 Siehe Steinmetz, Tagebuch, 27.–28.08.1916, 17.09.1916.

Bezug zu klassischen Strukturkategorien von Ereignissen, dann könnte man hier von Peripetien sprechen, die nun das Ende des Kriegs einleiten.[87] Damit spiegelt sich in den Tagebüchern auch die Kriegs- und Informationspolitik des Generalstabs, mit jeder nächsten Schlacht die endgültige Entscheidung im Krieg herbeizuführen.

Symptomatischer für viele Kriegstagebücher ist jedoch eine andere Entwicklung: Ereignisdichten werden weniger oft festgehalten, Kriegswendepunkte nicht mehr notiert. Ab dem zweiten Kriegsjahr sind viele Tagebücher besonders lückenhaft, insofern das Interesse ihrer Autor:innen am Krieg zunehmend nachlässt und stattdessen der Alltag dokumentiert wird. Damit bestätigen sie eine Entwicklung, die beispielsweise auch auf das nachlassende Interesse der Rezeption von Kriegsliteratur dieser Zeit zutrifft.[88] Dezidiert verweist auch Yves Congar bereits im Jahr 1915 auf die Monotonie des Kriegs, die auch für die Monotonie des Tagebuchs verantwortlich sei; 1918 begründet er explizit, dass er das Tagebuch nicht mehr täglich führen wolle.[89]

Demgegenüber gilt das Kriegsjahr 1917 – durch den Kriegseintritt der USA und die Oktoberrevolution in Russland – retrospektiv manchen als Epochenjahr der Weltgeschichte, als ein Jahr, das den Weltkrieg selbst mit einer Zäsur versah.[90] Der Kontrast dieser retrospektiven Auffassung zur Wahrnehmung einzelner Diarist:innen könnte kaum größer sein. Epochal ist für die meisten das Jahr 1914 und aus dieser Epochalisierung ergibt sich die individuelle Verpflichtung ein Kriegstagebuch zu schreiben, die 1917 jedoch stark abgeschwächt ist. So wird der Kriegseintritt der USA am 6. April 1917, der den Weltkrieg in die neue Dimension des transatlantischen Kriegs überführt, in den Kriegstagebüchern selten erwähnt. *The War and America*, Hugo Münsterbergs Kriegstagebuch, das sich eigens die Beobachtung des deutsch-amerikanischen Verhältnisses im Krieg zur Aufgabe gemacht hatte, ist zu diesem Zeitpunkt schon zwei Jahre in Deutschland veröffentlicht. Münsterberg selbst starb 1916 und kann seine diaristischen Reflexionen über die transatlantischen Kriegsverwicklungen dementsprechend nicht mehr fortführen. Bei vielen anderen Autor:innen, die ihre

---

87 Diese werden jedoch nur vereinzelt in anderen Kriegstagebüchern formuliert. „Der Wendepunkt in der jetzigen Kriegslage scheint nun eingetreten zu sein", mutmaßt Boehm-Bezing, Tagebuch, 18.06.1915.
88 Ein zeitgenössischer Kritiker bekannte, der Einsatz im Krieg sei im Jahr 1916 nicht weiter bemerkenswert. Siehe Hollander, Die Entwicklung der Kriegsliteratur, 1275. Die zunehmende Alltäglichkeit des Kriegs ab 1916 gilt auch als Grund für das nachlassende Interesse an autobiographischer Kriegsliteratur. Vgl. Baron und Müller, Die „Perspektive des kleinen Mannes" in der Kriegsliteratur der Nachkriegszeiten, 345.
89 Vgl. Congar, Journal de la guerre, 96–97, 222.
90 Ausführlicher zu dieser These Münkler, Der Große Krieg, 619–620.

Kriegstagebücher bis zum Kriegsende führen, erscheint das Kriegsjahr 1917 zugespitzt als Lücke oder leere Seite. Die internen Rhythmen der Tagebücher bilden mit den externen Rhythmen des Kriegs eine große Diskrepanz: Das Jahr 1917 wird auf wenige Seiten gerafft und oft nur in wenigen Stichworten in Form eines retrospektiven Berichts zusammengefasst (beispielsweise bei Nörrenberg oder Miller). In anderen Fällen ist gerade das Kriegsjahr 1917 der Moment, in dem die Krise der Kriegsdiaristik zum Tragen kommt und wie bei Anna Steinmetz statt der Kriegsereignisse niedergeschrieben wird, „[w]as mir in den Sinn kommt" – Bilanzen über die Sommerernte, aber auch Gedanken über ihr Selbst.[91]

Je deutlicher das Ende des Kriegs in weite Ferne rückt, desto mehr nimmt die Schreibdichte in vielen Tagebüchern ab, ohne dass dies, wie noch zu Kriegsbeginn üblich, ausführlich begründet würde. Es handelt sich eher um ein langsames ‚Herausschleichen' aus der dichten Kriegsdokumentation, im Zuge derer die Kriegsereignisse zu Lücken werden. Erst im letzten Kriegsjahr wird sich dies noch einmal ändern.

6.3 Kriegszyklen und die Materialisierung von Kriegszeit

Das Scheitern an der ereignisförmigen Darstellung des Kriegs lässt sich auch anhand der Abkehr von linearen Ereignismodellen nachweisen, die, so soll im Folgenden gezeigt werden, im spezifischen durch die Materialität der diaristischen Praxis begünstigt werden. Anstatt lineare Ereignisabfolgen mit dem Kriegsende als Ziel vor Augen festzuhalten, gewinnt so das Zyklische im Tagebuch, das auf die grundlegende Orientierung des Tagebuchs an der Chronik des Kalenders zurückzuführen ist. In diesem Sinne kann man die Erwartung der kurzen Dauer des Kriegs mit der diaristischen Praxis konfrontieren. Cornelius Breuninger notiert so beispielsweise am 31. Januar 1915: „Heute gerade ein halbes Jahr seit Kriegsbeginn! [...] Unglaublich, ein moderner Krieg, der ein halbes Jahr dauert, ja er wird dreiviertel Jahr, vielleicht ein ganzes dauern können."[92] Dass der Mai 1915 zum „Kriegsmai" würde, ist ihm anlässlich von „[h]eute genau ¾ Jahre[n] Krieg" einen Eintrag Wert und jeder zusätzliche Tag treibt die Länge des Kriegs voran – insbesondere der 29. Februar 1916, der Breuninger vom Kriegsende gefühlt noch weiter entfernt.[93] Wenn der Offizier etwa den Tag der Sommersonnenwende zum Anlass nimmt, um über die Länge des Kriegs

---

[91] Vgl. Steinmetz, Tagebuch, 10.–26.12.1917.
[92] Breuninger, Kriegstagebuch 1914–1918, 44.
[93] Vgl. Breuninger, Kriegstagebuch 1914–1918, 67, 133.

nachzudenken, dann kommt einmal mehr die genealogische Linie des Kalenders zum Tragen – diesmal in ihrer zyklischen Funktion. Durch die Wiederholung der Daten von Jahr zu Jahr ermöglichen es Tagebücher ihren Autor:innen, sich an alle Tage, die das gleiche Monatsdatum tragen, zu erinnern.[94]

Ab dem Zeitpunkt, an dem der Krieg länger als ein Jahr andauert und damit gänzlich mit dem Erwartungshorizont des schnellen Kriegsendes gebrochen hat, werden zudem andere Höhepunkte im Krieg markiert, die ihn stärker im zyklischen Verlauf der Zeit verorten: Dies sind Kriegsjahrestage (etwa des Kriegsbeginns, einer bestimmten Schlacht, des zweiten oder dritten Weihnachten im Feld) genau wie persönliche Jahrestage, die in Bezug zur Mehrjährigkeit des Kriegs gesetzt werden (beispielsweise der zweite Geburtstag, der im Feld gefeiert wird).[95] In die lineare Zeiterfahrung, die Tagebüchern inhärent ist, wird eine zyklische Zeiterfahrung verwoben und letztlich wird den Tagebuchautor:innen besonders an zyklisch wiederkehrenden Ereignissen bewusst, wie lang der Krieg schon andauert.[96] Unscheinbar schreibt sich das Entsetzen über das Verfließen der Kriegszeit auch in das zweite Tagebuchheft von Elisabeth Schwarz ein: „1915! 17!" – steht auf der ersten Seite geschrieben.[97] Die Jahreszahlen und Ausrufezeichen materialisieren die verstrichene Zeit stumm. Darüber wird auch die Kategorie des Ereignisses insofern herausgefordert, als dass nun die Wiederholungen zu einer eigenen Zeiteinheit für Höhepunkte und Peripetien werden und damit gerade von einer Teleologie des Ereignisses Krieg Abstand nehmen. Anstelle des Kriegs als *Ereignis* tritt der Krieg als *Zustand*, denn das Herausragende und Unvorstellbare werden durch ihre Wiederkehr zum Alltäglichen.[98]

Für die einzelnen Tagebuchautor:innen wird die zunehmende Länge des Kriegs auch materialiter ersichtlich – dann nämlich, wenn das erste Tagebuchheft gefüllt ist und das Versprechen eines kurzen Kriegs, der in einem kleinen Heft dokumentiert werden kann, nicht erfüllt worden ist. Für viele Diarist:innen ist dies der Zeitpunkt, an dem das Kriegstagebuchschreiben eingestellt wird. Andere formulieren just an den Übergängen vom beschriebenen zum

---

94 Vgl. Weidner, Täglichkeit, 506–507.
95 Zahlreiche zyklische Höhepunkte finden sich in den Kriegstagebüchern von Cornelius Breuninger, Bernhard Bing, Eugen Miller und bei Anna Steinmetz. Siehe zu diesen Zeitpraktiken als Kriegszeitrechnungen Mischner, Das Zeitregime des Krieges, 91–92.
96 Vgl. zur Repräsentation von linearen und zyklischen Zeiterfahrungen in Briefen und Tagebüchern aus dem Ersten Weltkrieg Peter Knoch, Zeiterfahrung und Geschichtsbewußtsein im Ersten Weltkrieg, in: Geschichtsbewußtsein und historisch-politisches Lernen, hg. von Gerhard Schneider, Pfaffenweiler 1988, 65–86, hier 67–69.
97 Siehe Schwarz/Jungel, Tagebuch.
98 Vgl. Knoch, Erleben und Nacherleben: Das Kriegserlebnis im Augenzeugenbericht und im Geschichtsunterricht, 204.

noch leeren Heft ihren Anspruch, den Krieg von seinem Beginn bis zu seinem Ende zu dokumentieren. Der Anspruch zeitlich kontinuierlicher Kriegsdokumentation schreibt sich dabei genuin in den Materialbedarf einiger Diaristen an der Front ein: „Heute erhielt ich zwei weitere Tagebücher in gleicher Größe und Farbe wie dieses Buch, durch Vermittlung meines Adjutanten",[99] vermerkt Hans Künzl auf den letzten Seiten des ersten Tagebuchhefts. Während das Schreiben von Tag zu Tag oft diskontinuierlich ist, durch Orts- und Wetterwechsel unterbrochen wird und sich die Morphologie der Einträge stark unterscheidet, geht der Schreiber über das gleichbleibende Material eine „Bürgschaft für Kontinuität"[100] ein. Philippe Lejeune hat diesbezüglich die These vertreten, dass Tagebuchschreibende mit der Entscheidung für gleichbleibendes Schreibmaterial ihrer Angst vor dem Tod begegnen würden. Zusätzlich verspricht ein kontinuierlich gleich gewählter materieller Träger, der in Vorratshaltung angelegt wird, sowohl Einheit für die Themen als auch Dauer für die Aufzeichnungen des Schreibers.[101]

Viele Kriegsdiarist:innen bestätigen diesen Wunsch nach kontinuierlicher Kriegsdokumentation auf gleichbleibendem Material: Richard Piltz, der im Laufe von zwei Jahren neunzehn Wachstuchhefte desselben Formats mit kleinen Notizen anlegt, Cornelius Breuninger, der erst weiterschreibt, nachdem er einen Vorrat an Durchschreibeheften im gleichen Format erstanden hat oder Milly Haake, die Kontinuität im Schreiben gewährleistet, indem sie die Seitenzählung im zweiten Band ihres Tagebuchs fortführt und ihre „Erlebnisse und Gedanken" aus der Kriegszeit in diesem Sinne als ein Werk erscheinen lässt.

Dass das Tagebuch in seiner materiellen Form Gewähr bieten soll für Kontinuität, ist im Fall der Kriegsdokumentation jedoch immer mit dem Blick auf das Kriegsende verbunden: So geht eine Bestellung von Kriegstagebüchern auf Vorrat auch mit der Befürchtung einher, dass der Krieg genau so lang andauern könnte wie es die unbeschriebenen Hefte versprechen. „Hoffentlich dauert der Krieg nicht länger, bis ich diese beiden Bücher voll habe – richtiger nicht so lange, denn sonst wärs mindestens noch 8–10 Monate",[102] formuliert Hans Künzl und plädiert im Entscheidungsfall für nicht gefüllte Tagebuchhefte. Die Engführung von Tagebuchschreiben und Kriegsdauer nimmt auch Bernhard Bing vor: „Wer hätte es gedacht, daß auch noch ein 3tes Büchlein begonnen werden sollte!", notiert er am 1. Januar 1916. *„Unbeschrieben* wie die Zukunft

---

99 Künzl, Tagebuch, 08.08.1915.
100 Lejeune, Kontinuum und Diskontinuum, 358.
101 Vgl. ausführlicher zum Zusammenhang von Kontinuität, Diskontinuität und Schreibmaterial Lejeune, Kontinuum und Diskontinuum, 358–362.
102 Künzl, Tagebuch, 08.08.1915.

des Kriegs, des Vaterlandes und die eigene liegt es vor mir, und ich wünsche mir und der ganzen gequälten Menschheit, daß bald dieser furchtbarste aller Kriege zu Ende käme!"[103] Die leeren Seiten des neuen Hefts erscheinen genauso unvorhersehbar wie die weitere Entwicklung des Kriegs. In den vorgenommenen Vergleichen erscheint das Tagebuch jeweils als das quasi natürliche Dokumentationsmedium des Kriegs – die unbeschriebenen Seiten sind genauso offen wie das in weite Ferne gerückte Kriegsende.[104] Zudem tritt hier das grundlegende Potential von Tagebüchern Zeit zu materialisieren, hervor. Die Schriftträger präfigurieren eine Kriegszeit, die es im Tagebuch zu konfigurieren gilt.[105]

Wenn Tagebuchhefte und -vordrucke Kriegszeit materialisieren, dann erstaunt es wenig, dass in den letzten Kriegsjahren kaum noch entsprechende Vordrucke auf den Markt gebracht wurden.[106] Appellierte man in den letzten Jahren des Kriegs noch an die Einzelnen Tagebuch zu führen, dann galt es fortan Schreiben und Kampf engzuführen: „Feinde ringsum – / Scher' dich nicht drum! Neue zuhauf: / Nur feste drauf!", lauten so die ersten Zeilen, welche die Schreibwarenfirma Wuhrmann einem Kriegskalender für das Jahr 1917 voranstellt. „Schreib' in das Büchlein hinein: / Wir hauen sie kurz und klein! / Schreib, wenn die Fahnen fliegen: / Wir werden siegen! / Schreib', wenn der Feind am Boden liegt: / Wir haben gesiegt!"[107] Erst wenn die Siegesnachricht ins Kriegstagebuch notiert wurde, ist der Krieg abgeschlossen, könnte man die Botschaft dieses sich nicht mehr auf höhere Ideale berufenden Schreibappells zusammenfassen. „Das Tagebuch will sein Ende", formuliert im August 1917 auch der Schriftsteller Peter Rosegger, der 1914 an die breite Bevölkerung appelliert hatte, den Krieg im Tagebuch festzuhalten. Obgleich er „auf der Höhe seines Wahnsinns" stehe, müsse die Kriegsdokumentation weitergehen und an nachfolgende Generationen übergeben werden, denn „[j]ene, die nach uns Tagebuch schreiben, werden zu berichten haben vom endlichen Siege der menschlichen Gesittung."[108]

---

103 Bing, Tagebuch, 01.01.1916 [meine Hervorhebung, M.C.].
104 Ähnliche Vergleiche zwischen Kriegslänge und Tagebuchlänge stellen auch Anna Steinmetz und Freifrau von Wertheim her.
105 Vgl. Dusini, Das Tagebuch als materialisierte Zeit, 99.
106 Dies kann freilich genauso auf die Kontingentierung des Papiers und die Kriegsmüdigkeit zurückgeführt werden.
107 [Notizkalender der Firma Wuhrmann für das Jahr 1917].
108 Peter Rosegger, Heimgärtners Tagebuch. Neue Folge (1912–1917), Leipzig 1917, 399.

6.4 Tagebuchende/n, Kriegsende/n

Hat das Kapitel bislang den Versuch unternommen, diaristische Dramaturgien des Kriegs mit dem klassischen Ereignisbegriff engzuführen um davon ausgehend das Verhältnis von kleinen Geschichten in Tagebuchform zur ‚großen Geschichte' des Kriegs zu diskutieren, so tritt das intrikate Verhältnis des Ereignisbegriffs zu Tagebuchdramaturgien des Kriegs just an einer Schnittstelle besonders prononciert hervor: dem Zeitpunkt des Kriegsendes und der Tagebuchenden, die zwischen den Polen des Abbruchs und Abschlusses einzuordnen sind. Dass verschiedenste Tagebücher ähnliche Dramaturgien des Ereignisses Weltkrieg erarbeiten, wurde vor allem zu Kriegsbeginn deutlich, als gemeinsame Anfangs- und Ausgangspunkte des Kriegs gesetzt wurden, an die sich eine lineare Kriegsdokumentation anschloss – sei es in der Zählung von Mobilmachungstagen in Fronttagebüchern oder indem das Attentat von Sarajewo als Punkt Null des eigenen Kriegstagebuchs in der Heimat gesetzt wird. An der Gestaltung der Enden von Kriegstagebüchern lassen sich einige Thesen der praxeologischen Arbeit am Material dieser Studie noch einmal bündeln und Rückbezüge zu zentralen Prämissen des Schreibens im Krieg herstellen.

Die größte Intensität erreichte das Kriegstagebuchschreiben in den ersten Monaten des Kriegs, als der Ereignisdruck den Beginn einer neuen Zeit markierte, die individuell bewältigt werden musste und Appelle an das Bezeugen für die Zukunft nach dem Krieg in Form von Schreib- und Sammelaufrufen ergingen, als Trennungen in den Familien das Schreiben beflügelten und sich Schulen zu paradigmatischen Orten des Tagebuchschreibens entwickelten. Viele typische Gebrauchsroutinen und dokumentarische Praktiken kristallisierten sich schon am Schreibbeginn heraus und so haben sich auch meine Analysen vermehrt auf die ersten Tage und Monate des Kriegs in den Tagebüchern konzentriert. Das synthetische Erzählen geordneter Kriegsereignisse und die Setzung des gemeinsamen Anfangspunktes des Kriegs finden auch in diesen ersten Monaten des Tagebuchschreibens statt, wie dieses Kapitel zeigen konnte.

Wird das Kriegstagebuchschreiben über die Anfangszeit des Kriegs hinaus fortgeführt und hält in diesem Sinne mit der Länge des Kriegs Schritt, so wird gleichzeitig ersichtlich, dass die Bewertung einzelner Kriegsereignisse nicht mehr so leicht möglich ist, da die Schwelle der Zerkleinerung unterschritten wird und es den Schreibenden zunehmend schwerfällt, Synthesen des unübersichtlichen Kriegsgeschehens zu erstellen. Je länger der Krieg andauert, desto unregelmäßiger schreiben viele Autor:innen und desto mehr Ereignislücken bilden sich in ihren Tagebüchern ab. Kriegszeit und Tagebuchzeit sind immer weniger kongruent – wenn auch in sehr verschiedenen Graden. In vielen Tagebüchern rückt anstelle der linearen, auf den Sieg ausgerichteten Kriegsdokumentation nun eine

Wahrnehmung, die das Zyklische des Kriegs betont und anhand der jahrelang gefüllten Tagebuchhefte die Materialisierung der Kriegszeit selbst vor Augen führt. Im Verhältnis von Kriegs- und Tagebuchende werden das Ereignis Krieg und seine Dokumentierbarkeit schließlich selbst infrage gestellt.

Am markantesten tritt die Nicht-Kongruenz von Tagebuch- und Kriegsende in Tagebüchern von Männern hervor, die im Kampf starben. Die Kontingenz des Todes spiegelt sich in der Kontingenz des Tagebuchendes – es fehlen Abschlussworte, Bilanzen oder Schlusspunkte. Liest man diese Tagebuchabbrüche heute, dann findet man sich noch einmal mitten ins Geschehen versetzt. „31. VIII. ½ 8 Uhr Beginn der Schlacht. Vorher noch Kaffee getrunken u. Suppe bekommen. Unter allen Umständen muß die Stellung gehalten werden. Rückzug = Vernichtung, da die Maas nur 1 km hinter unserer Front ist",[109] heißt es im Tagebuch von Alfred Lamparter, der am Ende des ersten Kriegsmonats in Frankreich fiel und dessen Kriegstagebuch an die Eltern gesandt wurde. „Italiener wollen in 8 Tagen in Triest sein – wir werden ihnen beweisen, daß dies für sie nicht möglich sein wird! Trommelfeuer dauert an. Schimmel reite ich bis Comen, dann sende selben heim. – d. h. zum Bagagetrain!"[110] So lautet der letzte Eintrag im Tagebuch des Hauptmanns Hans Künzl, der einmal mehr die Überzeugung siegen zu können artikuliert, bevor er am nächsten Tag, im Februar 1916, in der Isonzo-Schlacht bei Nova Vas fiel und das Tagebuch, wie von ihm gewünscht, an seine Ehefrau gesandt wurde. Wilhelm Schwalbe formuliert im letzten Eintrag in seinem Durchschreibebuch an die Verlobte Erna: „Für heute schnell Schluß. Die Stabsordonnanz will von hier aus die Briefe mitnehmen. – Behüt Dich Gott meine Erna! Grüße die liebe Mama herzlich. Grüße alle Lieben in Heidorn und laß Du mein Glück Dich herzlich umarmen und küssen von Deinem, ewig Deinem Wilhelm."[111] Die Verlobte Erna wartete nach diesem letzten per Post erhaltenen Tagebuchblatt vergeblich auf Fortsetzung und kopierte es nach der Todesnachricht in ihr Erinnerungsalbum für den gefallenen Verlobten. Diese Kriegstagebücher endeten mitten im Krieg, welcher indes noch mehrere Jahre andauern sollte.

Wenn man den Krieg über- und sein Ende erlebt, muss auch das Kriegstagebuch auf andere Weise beendet werden. Im Gegensatz zu den stark formalisierten und häufig konventionalisierten ersten Einträgen von Tagebüchern sind ihre Abschlüsse kaum zu typologisieren.[112] Das Führen eines Tagebuchs wird

---

109 Lamparter, Tagebuch, 31.08.1914.
110 Künzl, Tagebuch, 10.10.1916.
111 Schwalbe, Tagebuch, 19.09.1914.
112 Siehe dazu Dusini, Tagebuch, 150–151 und 156–160 sowie Holm, Montag Ich, Dienstag Ich, Mittwoch Ich, 27.

„als Schreiben ohne Ende erfahren",[113] allerdings haben – so eine gängige These der Tagebuchforschung – temporäre Tagebücher, beispielsweise Ferien-, Reise- sowie Kriegstagebücher, ein vorbestimmtes Ende: das Ende der Ferien, der Reise oder des Kriegs, sprich das Aussetzen des Schreibanlasses. Bei Tagebüchern, die über einen längeren Zeitraum geführt werden, wird hingegen häufig das „Fehlen eines sinngebenden Endes"[114] als typisches Merkmal angeführt. Gleichwohl zeichnen sich allgemeine, nicht-temporäre Tagebücher durch bestimmte „Rituale des Beendens" aus, beispielsweise das Zusammenfassen eines Zeitraums, das Ende des Hefts oder den Aufschub des Endes mittels der Verlängerung um Seiten.[115] Diese diaristischen Praktiken sollen im Folgenden ins Verhältnis zu den Enden von Kriegstagebüchern gesetzt werden und daran die Unterscheidung von temporären und länger geführten Tagebüchern problematisiert werden.

Nimmt man einmal mehr das intrikate Verhältnis von Vergangenheit, Gegenwart und Zukunft in den Blick, in das sich Tagebücher einschreiben und an dem sie mitschreiben, dann tritt eine besondere Spannung hervor. „Da das Tagebuch der Zukunft zugewandt ist, kann das, was ihm fehlt, weil es sich im Verlauf des Schreibens verschiebt, nur das Ende, nicht der Anfang sein. Wenn ich im Schreiben aufhole und an die Zukunft stoße, hat sie sich schon entzogen und vor mir neu konstituiert", schreibt Philippe Lejeune. „Ein Tagebuch ‚beenden' heißt es von der Zukunft abschneiden und in die Konstruktion der Vergangenheit aufnehmen."[116] Diese Spannung scheint sich nun beim Verfassen eines Kriegstagebuchs in ganz besonderem Maße zu stellen. Ein Ende an den die Gegenwart dominierenden Krieg zu setzen, nimmt ihn in die Geschichte auf, bedeutet jedoch gleichermaßen den Abbruch der einst so wichtigen Tätigkeit als Dokumentarist:in der Zeit.

Findet das Tagebuchschreiben unter der Prämisse der Aktualität statt, die auf die Strukturen des Schreibens selbst Einfluss ausübt und im Tagebuch gezielt geordnet wird, gerät diese Aktualitätsbewältigung rasch an ihre Grenzen. Aktualitätsbasiertes Tagebuchschreiben war besonders zu Kriegsbeginn ausgeprägt, als Extrablätter, Telegramme von Kriegsschauplätzen und Zeitungen mit großen Überschriften von den neuen Dimensionen des Kriegs berichteten: der Vielzahl der Schauplätze, der Größe der Heere und nicht zuletzt der Geschwindigkeit der getroffenen Entscheidungen. Als die Fronten ins Stocken gerieten,

---

113 Philippe Lejeune, Wie enden Tagebücher?, in: Philippe Lejeune, „Liebes Tagebuch". Zur Theorie und Praxis des Journals, hg. von Lutz Hagestedt, München 2014, 397–431, hier 399.
114 Weidner, Täglichkeit, 506.
115 Siehe Lejeune, Wie enden Tagebücher?, 400–401.
116 Lejeune, Wie enden Tagebücher?, 403.

6.4 Tagebuchende/n, Kriegsende/n

Todesnachrichten von Familienmitgliedern und Bekannten eintrafen und mehr als einmal ‚Kriegsweihnachten' gefeiert wurde, wirkte sich dies direkt auf das aktualitätsorientierte Tagebuchschreiben aus, das doch von vielen Autor:innen zur quasi natürlichen Dokumentationsform des Kriegs erklärt worden war. So verliert etwa der Offizier Bernhard Bing, der noch 1916 regelmäßig aktuelle Nachrichten ausgewertet hatte, das Vertrauen in die Berichterstattungen der Zeitungen, er schreibt im Februar 1916 in diesem Zusammenhang von „Zeitungsgequatsch", 1917 beklagt er den „Pressebandit" und „hetzerische Zeitungen".[117]

Bei vielen Autor:innen ist der Abbruch aktualitätsbasierten Tagebuchschreibens jedoch weniger einer kritischen Auseinandersetzung mit der Berichterstattung geschuldet als vielmehr der schieren Erschöpfung an der Materialflut, die es jeden Tag aufs Neue zu bearbeiten, auszuwählen und im eigenen Tagebuchtext zu kommentieren gilt. „Säcke voll Nachrichten", die zu Kriegsbeginn noch emphatisch dem Tagebuch ‚ausgeschüttet' wurden,[118] werden zu „zu viel[en] Zeitungsstöße[n]",[119] deren zeitnahe Auswertung im Tagebuch nicht mehr zu bewältigen ist und die auch später nur unzureichend gelingen kann, da sich dann „die richtige Wiedergabe dieser Empfindungen [verliert]".[120] Leopold Boehm-Bezing beschließt daher im Mai 1916, seine Zeitungssammlung auf die Neue Niederschlesische Zeitung zu beschränken, und de facto koinzidiert diese Entscheidung mit dem Abbruch des Kriegstagebuchs.[121] Unscheinbar bricht auch das aktualitätsbasierte Tagebuch von Elisabeth Schwarz aus Freiburg ab, die den letzten Eintrag im Januar 1918 mit drei Gedankenstrichen beschließt.[122]

Aus der Erschöpfung am Material wie aus der Erschöpfung am Krieg als solchem stellen viele Tagebuchautor:innen recht bald ihr aktualitätsbasiertes Schreiben ein, das doch zu Kriegsbeginn mit der Wahl der Aufzeichnungsform Kriegstagebuch intrinsisch verbunden schien, um den Kriegsverlauf mitzuerleben und in täglich neuen Eintragungen gleich einem additiven Aktualitätsmodell neue Informationen ins Tagebuch zu tragen. Findet Tagebuchschreiben unter der Prämisse der Aktualität statt, dann kann man folglich eher ein langsames

---

117 Bing, Tagebuch, 14.02.1916, 21.07.1917, 08.09.1917.
118 Vgl. M. Haake, Tagebuch, 31.08.1914.
119 Boehm-Bezing, Tagebuch, 14.05.1916.
120 Boehm-Bezing, Tagebuch, 31.10.1914.
121 Es folgen nur noch zwei Einträge im Jahr 1916 sowie einige wenige Einträge im Jahr 1918. Eine ähnliche Koinzidenz zwischen dem Sammeln von Zeitungen und der Regelmäßigkeit der Erstellung von *scrapbooks* zeigte sich bereits im Amerikanischen Bürgerkrieg. Vgl. Garvey, Writing with Scissors, 95.
122 Siehe Schwarz/Jungel, Tagebuch, 26.01.1918.

Auslaufen konstatieren: Die Diarogramme zeigen, wie das Schreiben unregelmäßiger wird und die Ereignislücken zunehmen. Wenn die Tagebücher nicht schon vorzeitig – also deutlich vor dem offiziellen Ende des Kriegs – abbrechen, so enden sie doch kaum mit einer Bilanz oder einem bewusst gesetzten Abschluss, der das Ende des Ereignisses Krieg markieren würde. So fasst etwa Erwin Schreyer die Monate Januar bis März 1917 mit den Worten „Keine besonderen Ereignisse" zusammen, es folgt noch ein Verweis auf die Teilnahme an einem Segelkurs, dann bricht das Tagebuch ab.[123]

Wenn der Krieg Stück für Stück aus dem aktualitätsorientierten Kriegstagebuch verschwindet, heißt dies jedoch nicht unbedingt, dass die diaristische Praxis eingestellt wird. Besonders bei jungen Frauen dient das Tagebuch dann wieder der Beobachtung des Selbst, die zuvor ganz oder tageweise ausgeblendet wurde. Nach dem Tod des Bruders im Dezember 1914 liest Milly Haake nur noch selten die Zeitung und widmet sich statt der Kriegsdokumentation im Tagebuch wieder häufiger ihren Schwärmereien für den Mathematiklehrer Enzio. Der Abschied vom Tagebuch fällt dementsprechend pathetisch aus und sie verwendet in ihrer Schlussrede mit der Adressierung des „treue[n] liebe[n] Freund[es], du Spiegel meiner Seele"[124] die wohl typischste Metapher für das *journal intime*. Abgeschlossen wird der Tagebuchband genau wie sein Vorgänger mit einem von ihr erstellten Inhaltsverzeichnis, das den Schreibort, das jeweilige Datum und die Seitenzahlen der Einträge im Tagebuch angibt und damit für die eigene Relektüre vorbereitet. Das mit dem Attentat von Sarajevo eröffnete Kriegstagebuch bleibt mithin nur ein Abschnitt ihres Tagebuchs, und das Ende ihres Tagebuchs vom Fortlauf des Kriegs unberührt.[125]

Bei vielen Soldaten und Offizieren enden die Tagebücher mit ihrer Rückkehr aus dem Feld. Auch in diesem Fall werden selten Abschlussworte formuliert – das Ende der aktiven Zeit im Krieg wird vielmehr recht lapidar vermerkt, so beispielsweise bei Cornelius Breuninger. Am 6. September 1918 erfährt er, dass das Gesuch seines Vaters, ihn abzuziehen, genehmigt worden sei. „So hat nun nach 4 Jahren meine Kriegslaufbahn ein unerwartetes Ende gefunden. Es fällt mir schwer, das Batl. zu verlassen, dem ich als einziger von allen Offizieren

---

123 Siehe Schreyer, Tagebuch, 01.04.1917.
124 M. Haake, Tagebuch, 01.06.1915. Zur Konzeptualisierung dieser Praxis als Trauerarbeit siehe Lejeune, Wie enden Tagebücher?, 401.
125 Auch das Tagebuch von Elisabeth Schatz, das während des Kriegs zwanzig Bände umfasst, entwickelt sich ab Dezember 1916 wieder zum *journal intime*. Anna Steinmetz, die ein dezidiertes „Kriegs Chronik Tagebuch" begann, beschließt im Dezember 1917, dies nicht mehr „hauptsächlich als Kriegstagebuch" zu verwenden, sondern alles, was ihr „in den Sinn" komme, zu notieren.

durch alle 4 J. ununterbrochenangehört (sic) habe." Im letzten Eintrag seines Tagebuchs vermerkt er, dass er die Verlegung seines Gartens angedenke.[126] Nach der Beschreibung des letzten Frühstücks auf dem Weg zurück in die Heimat schreibt Eugen Miller: „Und so kehrte ich heim! So endete diese Militärzeit nach viereinhalb Jahren Krieg. So das Ende und die Heimkehr von diesem schrecklichen Weltendrama. Herzzerreißend! Ich ruhe mich aus und packe meine Sachen aus. Dann sehe ich mich nach Zivilkleidern um."[127] Cornelius Breuninger genau wie Eugen Miller setzen kein dezidiertes Ende unter das Ereignis ‚Weltkrieg', auch wenn beide durchaus den Versuch unternehmen, einen Schlussstrich unter ihr Kriegstagebuch zu ziehen, indem sie ihre letzten Stationen vermerken. Franz Hiendlmaier legt nach Abschluss seines Tagebuchs im August 1915 sowohl einen Zeitungsausschnitt mit den bisherigen Kriegserklärungen ein als auch ein loses Blatt mit einer Übersicht der Schlachten, an denen er teilgenommen hat.[128] Dies kann man durchaus als Versuch interpretieren, einen Anschluss an die ‚große' Geschichte herzustellen, sein Kriegserlebnis in die Schlachtengeschichte des Weltkriegs einzuschreiben – wenn auch nur in Form eines losen Blattes, das nun jedoch bei der Relektüre des Tagebuchs vergleichend hinzugezogen werden kann (Abb. 45).

Viele heimgekehrte Soldaten nehmen sich ihre Aufzeichnungen in den ersten Monaten nach der Rückkehr vor und überarbeiten diese. Die mit oft knappen Notizen gefüllten Hefte werden abgeschrieben und ausformuliert, so etwa bei Wilhelm Eid, der von den Aufzeichnungen von 1914 bis 1917 eine Abschrift in ein stabiles Buch anfertigte und die zugrunde liegenden Notizen wohl als überflüssig betrachtete und daher vernichtete.[129] Mit der Titelwahl „Erlebnisse in der Gefangenschaft" schreibt er sich auch nach dem Krieg in die Perspektive und Erzählform des Kriegserlebnisses ein. Fritz Wendel fertigt 1919 eine „Zweitschrift der Kriegserlebnisse" an, die es ihm ermöglichen soll, „[a]ufs neue [...] das Kriegsleben [zu] erfahren in dem Freud + Leid, Tod + Leben so nahe beieinander standen."[130] Zur Rekonstruktion nutzt er die erhalten gebliebenen Tagebücher sowie Zeitungsausschnitte, die seine beschränkte Sicht auf den Krieg mit einer Überblicksperspektive auf den Krieg verbinden.

---

126 Vgl. Breuninger, Kriegstagebuch 1914–1918, 279.
127 Miller, Tagebuch, 18.12.1918.
128 Siehe Hiendlmaier, Tagebuch.
129 Vgl. Eid, Tagebuch.
130 Wendel, Tagebuch.

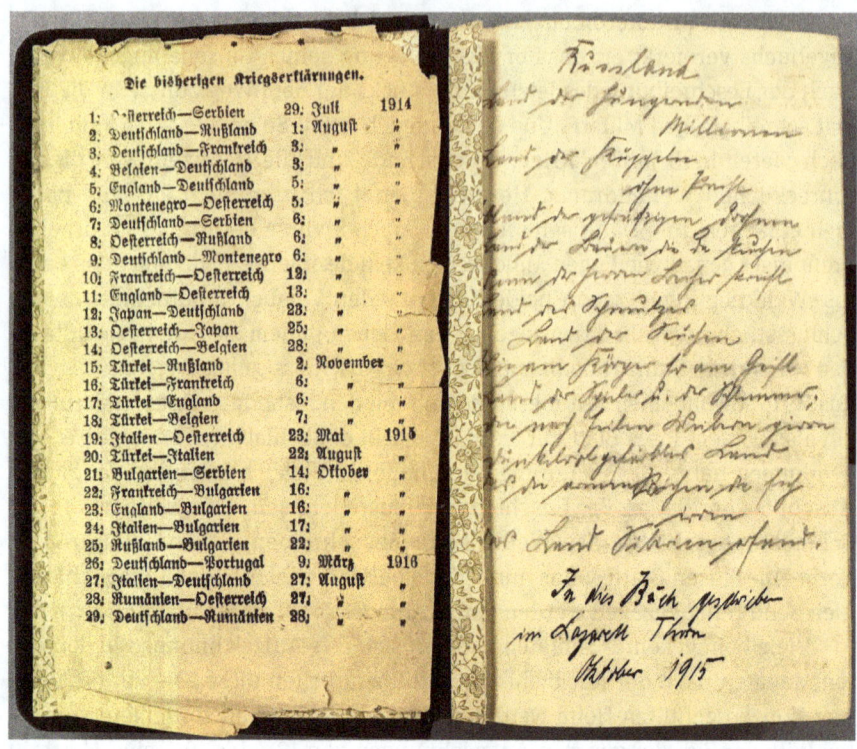

Abb. 45: Anschluss des Tagebuchs von Franz Hiendlmaier an die datierbare Kriegsgeschichte.

Das letzte Kriegsjahr 1918 entfaltete eine Dynamik, die manche Kriegsautor:innen an die Kriegsanfangstage erinnerte. Der Anfang 1918 verkündete 14-Punkte-Plan des amerikanischen Präsidenten Woodrow Wilson zeitigte keine direkten Erfolge. Die deutsche Heeresleitung wollte mit der auch so bezeichneten „großen Schlacht" den endgültigen Sieg erringen, indem die britische Armee ausgeschaltet wurde. Der mit mehrstündigem Feuerschlag im März 1918 begonnene Angriff ermöglichte einen 60 Kilometer weiten Vorstoß an der Westfront, tatsächlich hatte diese Offensive jedoch große Erschöpfung unter den deutschen Soldaten zur Folge. Ab Juli 1918 waren die deutschen Truppen endgültig in der Defensive.[131] Retrospektiv wurden die Monate Oktober und November 1918 als eine Zeit der rasanten Beschleunigung der Kriegsereignisse charakterisiert, in denen sich die Oberste Heeresleitung aus der Verantwortung zog, den Waffenstillstand zu unterzeichnen, revolutionäre Bewegungen von Kiel und Wilhelmshaven ausgingen, der neue

---

131 Hier folge ich Münkler, Der Große Krieg, 653, 674–717.

Reichskanzler Max von Baden am 9. November die Abdankung des Kaisers erklärte und schließlich am 11. November im Wald von Compiègne in einem Eisenbahnwagen der Waffenstillstand von Matthias Erzberger unterzeichnet wurde.[132]

Einige Kriegstagebücher orientieren sich just in den letzten Kriegstagen wieder verstärkt an den politischen Entwicklungen und die Schreibfrequenz nimmt zu. So vermerkt Elfriede Kuhr Ende Oktober den Rücktritt von Ludendorff, eine Information, die sie eigentlich nicht mehr interessiere, sie aber der Mutter zuliebe, die weiterhin Adressatin des Kriegstagebuchs ist, notiert. Am 4. November kündigt sie an, dass sie ihr Kriegstagebuch bald schließen werde und dies das letzte Kriegstagebuch sei, das sie im Leben führe, da es nie wieder Krieg geben dürfe. „Überall Revolution", vermerkt sie am 8. November 1918. Die Nachrichtensituation sei beinahe wieder wie zu Kriegsbeginn: Menschen stünden dicht an dicht vor den Zeitungsredaktionen, welche die neuesten Nachrichten auf Druckpapier mit Blaustift veröffentlichen.[133] Am 14. November erfährt sie nicht nur, dass Kaiser Wilhelm nach Holland geflohen sei, sondern erhält von einigen Soldaten auch einen Zeitungsartikel über das von diesen so bezeichnete „Dokument der Schande":

> Unter der Lampe habe ich dann alles gelesen. In Compiègne in Frankreich also, dahin sind die Militärautos mit den Herren der deutschen Waffenstillstandskommission gefahren und wurden von Marschall Foch empfangen. Compiègne! In der Schule werden sie jetzt eine Nadel mit einem schwarzen Fähnchen in den Namen stecken. Auf einmal werden sie wieder Interesse an der Landkarte haben. Der Vertrag ist von Staatssekretär Matthias Erzberger und seinen Begleitern auf der deutschen, von Marschall Foch und seinen Herren auf der französischen Seite unterzeichnet worden. Darauf wurden an allen Fronten die Kämpfe eingestellt.
>
> Jetzt sollten alle Glocken läuten.
> Jetzt sollten alle Fahnen flattern.
> Aber es ist ganz still. [...][134]

Elfriede Kuhr nimmt in diesem wahrscheinlich nachträglich bearbeiteten Tagebuch einen literarisierten Rückbezug zum Kriegsbeginn vor: Compiègne wird zum Endpunkt, so wie Sarajewo der Ausgangspunkt war – auch dann läuteten Glocken und wurden Fahnen gehisst. Das Ereignis Krieg wird in diesem Kriegstagebuch am ehesten in eine abgeschlossene Form überführt.

Aus anderen Tagebüchern spricht aber eher die immense Beschleunigung dieser Zeit, die sich in multiplen Formen der Enden von Kriegstagebüchern

---

132 Siehe Münkler, Der Große Krieg, 726–752.
133 Vgl. Mihaly, ... Da gibt's ein Wiedersehn!, 363–370.
134 Mihaly, ... Da gibt's ein Wiedersehn!, 375–376.

niederschlägt. Von der Erfahrung einer ungeheuren Beschleunigung zeugt Annie Küppers Eintrag aus dem November 1918, in dem sie beklagt, dass „[man] [ü]ber die Lage [...] gar nicht schreiben [mag], weil sie wohin man sieht verraten u. verkauft scheint u. Durcheinander, daß man nicht klug daraus wird";[135] genau wie der Eintrag im Tagebuch Yves Congars, das dieser im November 1918 auf der Flucht zurücklassen muss und retrospektiv mithilfe der Tagebücher der Geschwister vervollständigt: „– Nos boches nous ressassent que c'est à 11 heures l'armistice – Nous n'entendons en effet que qes coups de canon – Le bruit se confirme; on bassine l'après-midi."[136] Die Entwicklungen der letzten Kriegstage können entweder aufgrund der komplexen politischen Lage kaum in Worte überführt werden, oder das Ereignis des Waffenstillstands wird retrospektiv zwischen weitere Notate, welche die Situation des Kriegsendes fassen, verzeichnet. Gleichzeitig wird deutlich: Im Gegensatz zum Versuch einen gemeinsamen Kriegsanfang zu setzen, kann unter diesen Krieg im Tagebuch keine Konklusion, kein Abschluss gesetzt werden. Das wird auch dann ersichtlich, wenn die Tagebücher über den Krieg zu Tagebüchern über die Revolution und über den November 1918 hinaus fortgeführt werden.

Die Novemberrevolution markiert ein neues, einschneidendes und geschichtsmächtiges Ereignis, welches das Kriegsende teils überlagert und neue Unübersichtlichkeiten mit sich bringt, die einige Diarist:innen dokumentieren. So greift Anna Steinmetz am 21. November zum Tagebuch und fokussiert in Anbetracht der Ereignisse der Revolution wieder stärker das politische Geschehen. „Seit 1. Oktober bin ich zu Hause. Was hat sich seitdem alles ereignet", formuliert sie zurückblickend und verweist im Anschluss auf eine typische Schreibmaxime der Kriegsdokumentation: „Doch ich will der Reihe nach erzählen."[137] Nach einigen privaten Ortswechseln kommt sie auf den Ausbruch der Spanischen Grippe in ihrem Dorf und ihrer Familie zu sprechen sowie auf die Knappheit der gelieferten Kartoffeln. Dann jedoch fährt sie fort: „Doch genug davon, die Kartoffeln laufen einem bald nach. In letzter Zeit haben sich schwerwiegende politische Dinge ereignet." Es folgt nun eine synthetische Zusammenfassung der Ereignisse der letzten Kriegstage, die einmal mehr Ordnung schaffen möchte:

---

135 Küppers/Gilgin-Küppers, Tagebuch, November 1918.
136 Congar, Journal de la guerre, 243. [Unsere Boches wiederholen bis zum Überdruss, dass der Waffenstillstand um 11 Uhr [geschlossen wird [meine Anmerkung, M.C.]] – Wir hören tatsächlich nur einige Kanonenschläge – Der Lärm wird bestätigt; wir bereiten uns auf den Nachmittag vor.]
137 Steinmetz, Tagebuch, 21.11.1918.

> *Zuerst* fing in Kiel und Wilhelmshaven die Revolution an. Es gärte und gärte bis es in den Städten zum Ausbruch kam. Von dort verpflanzte es sich in alle Städte fort. In den Dörfern blieb alles ziemlich ruhig. Jeder wartete auf die Abdankung des Kaisers. *Endlich entschloß sich der gute Mann dazu der Krone zu entsagen,* (sein Sohn, der Kronprinz verzichtete freiwillig darauf). Es war die *höchste Zeit,* daß der Kaiser ging, sonst wäre er gestürzt worden. Ludendorf hatte schon vor der Katastrophe sein Amt niedergelegt. Der wußte woher der Wind wehte, und brachte seine Haut *beizeiten* in Sicherheit. *Nach* Wilhelms II Abdankung bildeten sich *sofort* Soldaten- und Arbeiterräte, die vorläufig die Ordnung aufrecht erhielten. *Schon* in 2–3 Tagen war die Revolution überall beendet. Es wurde ein Waffenstillstand verlangt und als der gewährt wurde waren die Soldaten an der Front nicht mehr zu halten (wenigstens sagt man so). Vielleicht ist's auch möglich, dass die Waffenstillstandsbedingungen daran Schuld waren, dass die Soldaten nicht mehr an der Front bleiben konnt (sic) wollten, u. konnten. Die Feinde verlangten die Räumung des linken Rheinufers, von unseren Truppen, bis 5.12. und jeder Mann, der den Franzosen in die Hände fiel und sich nicht ausweisen könnte würde interniert und müsse 6 Jahre für die Feinde arbeiten. *Dies trug sich zu zwischen 12. u. 18.11.*[138]

Die zeitlichen Indikatoren verweisen auf eine extreme Raffung sich überschlagender Ereignisse auf verschiedenen Schauplätzen, die nun im Tagebuch in einen chronologischen Ablauf gebracht werden. Es folgen Beschreibungen rückkehrender Soldaten, die in ihrem Dorf Uchtelfangen einquartiert werden. Außerdem formuliert sie ihre Befürchtung, dass das Dorf unter französische Besatzung gestellt werden könnte. Sie schreibt nun wieder regelmäßiger, berichtet so vom Einzug der Franzosen am 1. Dezember 1918 in Uchtelfangen, und versucht nachträglich alle Ereignisse, die zum Kriegsende führten, zusammenzutragen: „Die Zarenfamilie ist am 28.6.1918 ermordet von den Bolschewiken. Der Zar ist schon länger ermordet das Datum wird in einem der Tagebücher zu finden sein."[139] Insofern findet retrospektiv eine Rückbindung an die politischen Ereignisse statt. Sie thematisiert recht unberührt das Frauenwahlrecht, umso leidenschaftlicher jedoch ihre Angst vor der Sozialdemokratie. „Nun ist seit beinahe ½ Jahr der Krieg da draußen an den Fronten beendet", schreibt sie im letzten Eintrag des Tagebuchs. „Seit Wochen tobt aber im eigenen Lande ein grausiges Ringen: es ist der Bruderkrieg." Das sechste Heft schließt sie mit dem Hinweis: „Fortsetzung 7. Tagebuch".[140] Dieses beginnt sie jedoch nicht mehr – vielleicht wird hier ein neues Kapitel der Geschichte eröffnet, das den selbst gesetzten Rahmen des Kriegstagebuchs sprengen würde.[141]

---

138 Steinmetz, Tagebuch, 21.11.1918 [meine Hervorhebungen, M.C.].
139 Steinmetz, Tagebuch, 10.12.1918.
140 Steinmetz, Tagebuch, 12.02.1919.
141 Möglicherweise führte sie ihr Tagebuch in einem siebten Band fort und dieser gelangte nicht ins Deutsche Tagebucharchiv.

Das Fortschreiben des Tagebuchs über Revolutionszeiten hinweg führt also nicht dazu, dass dem Ereignis Krieg ein Ende gesetzt würde – vielmehr geht das eine Ereignis in das nächste über. So verlängert auch Richard Walzer, der als Soldat in Frankreich kämpfte, sein Kriegstagebuch mittels eingeklebter Papiere zum Revolutionstagebuch – das verlängerte Tagebuchheft materialisiert die verlängerte dokumentationswürdige Zeit.[142] Diese Entscheidung trifft auch der Düsseldorfer Bibliothekar Constantin Nörrenberg, Tagebuchautor und -sammler seit Kriegsbeginn, indem er seine im letzten Kriegsjahr nur noch gelegentlich verfassten Aufzeichnungen im November 1918 wieder intensiviert und die eindrücklichen Erlebnisse bis zur Besetzung des Ruhrgebiets 1923 sporadisch fortführt.[143] Die Schwierigkeit die Dokumentation des Weltkriegs für beendet zu erklären, kennzeichnet auch andere zeitgeschichtliche Projekte der Zeit: etwa die zahlreichen zu Kriegsbeginn begonnenen Kriegssammlungen, welche die Setzung des Endes des Kriegs und damit der Sammlungstätigkeit kontrovers diskutierten.[144]

Von der Unmöglichkeit unter ein Kriegstagebuch ein sinnhaftes Ende zu setzen genau wie dem Bedürfnis den Krieg in ein kohärent erzähltes Ereignis zu überführen, zeugen all jene Versuche, die Tagebücher des Weltkriegs im Nachkrieg in narrative Geschichten zu überführen – seien es die Regimentsgeschichten, die im Auftrag des Reichsarchivs in den frühen 1920ern entstehen, oder die Tagebuchromane, die im Zuge der Wiederkehr des Weltkriegs in der Literatur typenhaft vom Kriegserlebnis berichten, über das man einst Tagebuch geführt hatte. Im Kleinen nimmt die im besetzten französischen Saint Mihiel lebende Alexandrine Toussaint nach dem Ende der Besatzung indes eine Bilanz im letzten Eintrag ihres Tagebuchs auf, Rückblick auf den Krieg und Zukunftswunsch zugleich:

> Mon grand-pêre a subi trois fois l'invasion barbare
> Mes parents ont subi deux fois l'invasion barbare
> J'ai subi une fois l'invasion barbare.
> Nos enfants n'ont pas subi d'invasion.[145]

---

142 Vgl. Walzer, Tagebuch.
143 Vgl. Nörrenberg, Düsseldorf im ersten Weltkrieg, 143–185.
144 Dazu Berz, Weltkrieg/System, 120–121.
145 Toussaint, La vie quotidienne à Saint Mihiel sous les bombes en 1914. [Mein Großvater hat dreimal den barbarischen Einmarsch ertragen / Meine Eltern haben zweimal den barbarischen Einmarsch ertragen / Ich habe einmal den barbarischen Einmarsch ertragen / Unsere Kinder haben keinen Einmarsch ertragen.]

Schluss: Diaristik zwischen Alltagspragmatik und Privathistoriographie

Das Tagebuchschreiben im Ersten Weltkrieg begann als Massenphänomen, das die Kriegsbegeisterung an vielen Orten des Kaiserreichs und auf neuen Kriegsschauplätzen Tag für Tag dokumentierte. Es endete in verbrannten Tagebuchheften, unbeschriebenen Seiten und unkommentierten Zeitungsausschnittsammlungen, ausformulierten Erlebnisberichten für das private Gedenken oder die Nachkriegsöffentlichkeit. Die Forderung nach Multiperspektivität der schon in den Vorkriegsjahren initiierten Quellensammlungen für die künftige Kriegsgeschichte erfüllte sich gewissermaßen – wenn auch anders als angedacht: Die Kriegsgeschichte in Tagebuchform erwies sich als eine, die den Prämissen der Zeit vor 1914 nicht mehr gerecht werden konnte. Anstatt im Kleinen und möglicherweise ‚von unten' eine Sicht auf den ‚großen Krieg' festzuhalten, zeigte sich an den Kriegstagebüchern zunehmend die Schwierigkeit, den Erscheinungsweisen der Materialschlachten an den Fronten wie auch den Kämpfen um mediale Aufmerksamkeit in der Heimat gerecht zu werden und sie in das eigene Schreiben zu übersetzen. Dieser Krieg war kein Erlebnis mehr.

Dabei war just die Maxime des Kriegs als Erlebnis Schreibinitiator vieler Diarist:innen und versprach das Dabei- und Involviert-Sein in ein Ereignis bislang ungekannten Ausmaßes: Als Titel von Tagebuchheften leitete es das Schreiben gleich einem Motto an und in narrativen Szenen der Feuertaufe erwies sich das Erlebnis ganz im Diltheyschen Sinne als ein Erzähltes. Über die Ausdifferenzierung verschiedener Kriegserfahrungswelten konnte die vorliegende Studie die Bedeutung des Erlebnisses zugleich spezifizieren: Sein Fehlen sowie der Entzug des oft fernab stattfindenden Kriegsgeschehens provozierten etwa in den Familien Schreibpraktiken der Teilnahme, indem über die Reproduktion von Feldpostkarten Schreibszenen aus dem Feld wiederholt und das Erleben der Angehörigen im Feld nachempfunden wurde.

Ebenso wirkmächtig wie das Erlebniskonzept war für die Diarist:innen die Medienkultur der Zeit. Dabei traten die Emphase der Unmittelbarkeit und die Medialität des Kriegs in einen Konflikt und führten zu widersprüchlichen Tendenzen der Zeitgeschichten in den Tagebüchern. Leitete die Schreibmaxime des Erlebnisses dazu an, das Selbst-Beobachtete, vermeintlich Unmittelbare zu dokumentieren, galt es zugleich der Medialität des Kriegs – seinem Takt, den Meldungen von zahlreichen Schauplätzen – gerecht zu werden. Während die Haltung der Zeitgenossen- und Zeugenschaft mit der Artikulation des Gesehenen und Gefühlten sowie einer Wahrheitsverpflichtung einherging, zielten viele Diarist:innen durch ihr tägliches Auswerten der neuesten Zeitungen ebenso darauf ab, sich als aktualitätsbewusste Schreiber:innen auszuweisen. Hielten sich diese zwei Seiten des persönlichen Verhältnisses zur Kriegswahrnehmung in einigen Tagebüchern die Waage, so kippten sie in anderen Fällen hin zur puren Aktualitätsbewältigung, zum Sammeln und Bereitstellen von Material, das nicht mehr aufgearbeitet oder kommentiert werden konnte. Diese Tagebücher könnten sich kaum weiter von der Vorstellung des erlebnisbasierten Schreibens entfernen: Die Beobachtung und Reflexion über das Selbst, die im Zentrum der Praxis des *journal intime* steht und die in den Vorkriegsjahren auch von Wilhelm Dilthey als bewahrenswerte, psychologisierte Eigenschaft der Autographen postuliert wurde, spielte keine Rolle mehr. Die Gattung Tagebuch wurde in ihrem Innersten verändert.

Wenn diese Untersuchung das Erlebnis vor allem als Schreibauslöser und -motivator, später auch als poetologisch fruchtbares Konzept zur Überarbeitung der Notate hin zum Erlebnisbericht behandelt hat, so hat sie darüber hinaus grundlegender gefragt, wie diaristische Praktiken und Dokumentationsformen eine Erfahrbar- und Handhabbarkeit des Kriegs herstellen. Der Orientierungslosigkeit in Raum und Zeit an den Fronten wie der Überwältigung durch schnellgetaktete Kriegsnachrichten begegneten zahlreiche Tagebücher mit Formen der Verkleinerung: Eine rasante Zugfahrt durch unbekannte Länder wurde in filmbildgleiche Stichworte übersetzt, der Kampf im Niemandsland in den den Standort und die Uhrzeit verzeichnenden Notaten festgehalten. Frauen, Männer und Kinder sammelten kleine Objekte, etwa Pflanzenteile von Kriegsfeierlichkeiten oder Souvenirs von der Front, welche sie *pars pro toto* für das große, oft auch ferne Kriegsgeschehen in ihre Tagebücher einfügten. In der aufgeheizten medialen Atmosphäre in der Heimat reichte die Zeit oft nur noch aus, um die Überschrift der neuesten Zeitung zu notieren oder auf die Ausrufung des letzten Extrablatts zu verweisen. In ruhigeren Situationen konnten die zahlreichen Nachrichten zwar geordnet werden, jedoch galt es diese auszuwählen, zurechtzuschneiden und in das Tagebuch einzufügen. Tagebuchschreiben ist auch und vor allem Arbeit am und mit Papier, das konnte der Blick auf die Materialität und Gebrauchsroutinen offenlegen. Mithilfe verschiedener Verfahren der Verkleinerung ermöglichte die Diaristik es den Einzelnen, sparsamer mit den eigenen Zeit- und Aufmerksamkeitsressourcen umzugehen und Erkenntnisse über die oft unklare und unfassbare Kriegslage zu gewinnen.

Damit konnte diese Studie auch die Gattung Kriegstagebuch genauer bestimmen: Sie ist nicht nur thematisch kriegsbezogen und wie Tagebücher als Ganzes durch ihre Tages-Form gekennzeichnet. Was Eingang in den täglichen Eintrag findet, ist kein Spiegel des Erlebten, sondern eine Auswahl, die aus einem Verfahren der Verkleinerung hervorgeht: eine Selektion von gesehenen, gehörten oder gelesenen Informationen sowie deren anschließende Reduktion und Transposition ins eigene Tagebuchheft. Hat die vorliegende Untersuchung die Möglichkeiten der Gattung Kriegstagebuch in verschiedenen Erfahrungswelten untersucht, so konnte sie gleichzeitig problematisieren, dass die meisten Tagebücher nicht länger im Sinne einer historisch gewachsenen Form, als Gattung, bestimmt werden können. Die Tagebücher werden vielmehr über Formate definiert, die Form und Praxeologie vorgeben – etwa im Schulunterricht, durch die Wahl eines Tagebuchvordrucks der zeitgenössischen Schreibwarenindustrie oder durch die Überarbeitung und Transkription in einem professionellen Schreibbüro. Kriegstagebücher sind demnach auch eine eminent ökonomisch bestimmte Form.

Dabei konnten zugleich paradoxe Effekte beobachtet werden. Die von den Diarist:innen vollzogene Verkleinerung, welche auf Erfahrbar- und Handhabbarmachung der kriegerischen Ereignisse und eigenen Erlebnisse abzielte, wurde zugleich von der tatsächlichen Erscheinungsweise des Kriegs und seinen Abläufen herausgefordert. In gewisser Weise provozierte der Krieg zunächst das Schreiben eines Tagebuchs: Formatvorgaben und Vordrucke senkten die Schreibhürde und durch die Tagesform konnten sich die Tagebücher ideal der Kultur der Aktualität, welche zum Signum des Kriegs wurde, anpassen. Täglich konnte aufs Neue eine Übersichtlichkeit für den Einzelnen hergestellt werden. Zudem erlaubte das oft portable Format Soldaten und Offizieren, die Tagebücher mit an die Front zu nehmen und schon beschriebene Kriegserlebnisse in Blatt- oder Heftform an die Angehörigen zu schicken. Je länger der Krieg andauerte, desto mehr zeigte sich jedoch eine Gegenbewegung zur Verkleinerung. Konkret ersichtlich wurde diese etwa bei Richard Piltz, der bis zu seinem Tod im Jahr 1916 neunzehn kleine Hefte füllte oder bei Elisabeth Schatz, die über die gesamte Kriegszeit mindestens zwanzig Bände mit eigenen Notaten und Zeitungsausschnitten anlegte. Die Verkleinerung im Tageseintrag führte so einerseits zum Effekt einer Verkleinerungsexpansion: Aus zahlreichen klein gemachten Tageseinträgen entstand bis zum Kriegsende ein dicker Tagebuchstapel. Viele dieser fragmentierten und verstreuten Tagebuchhefte mussten nach dem Krieg geordnet werden und wurden in narrative, ‚erinnerungswürdige' Berichte überführt. Diese Praxis zeugt von einem Ungenügen an der Kleinheit und Partikularität der Einträge.

Andererseits bewirkte die unerwartete Länge des Kriegs, in welchem ein Ereignis auf das nächste folgte und schon bald nicht mehr erkennbar war, ab wann Wendepunkte oder gar das Kriegsende in Aussicht kommen würden, dass anstelle von Ereignissen Lücken in den Tagebüchern (ent)standen. Indem vom linearen, oft auch teleologischen Schreiben bis zum Sieg Abstand genommen wurde, konnte anhand zyklischer Daten die Länge des Kriegs selbst reflektiert werden. Just an dieser Stelle fand bei vielen Autor:innen ein Funktionswechsel des

Tagebuchs statt. Es diente dann weniger der Kriegsdokumentation als der Pragmatik des Alltags, der Beobachtung des Selbst oder dem Vermerk der erhaltenen persönlichen Post.

Die diaristische Praxis im Weltkrieg changierte damit, das hat diese Untersuchung herausgearbeitet, konstant zwischen den Polen der Alltagspragmatik und der Privathistoriographie. Je länger der Weltkrieg andauerte, desto mehr differenzierte sich der für den Kriegsbeginn so typische Gleichklang aus und gab pluralen Stimmen der Tagebuchautor:innen Raum. Einträge von Soldaten im Feld, Müttern, Lehrer:innen, Offizieren oder Schüler:innen standen zunehmend mosaikgleich für die zersplitterte Wahrnehmung und Erfahrung dieses Kriegs. Gleichwohl blieb ihre Generalmobilmachung der Tagebücher eminent verbunden mit der Mobilisierung der Nation für den Krieg: Dies zeigte sich etwa dann, als Unterzeichner des *Aufrufs an die Kulturwelt!* ebenso die Schaffung einer Zentralstelle zur Sammlung von Kriegstagebüchern aus der breiten Bevölkerung befürworteten oder daran, dass der bekannte Psychologe William Stern zum Sammler und Kommentator von Kriegstagebüchern Breslauer Kinder wurde.

Der Historiker Herfried Münkler hat den Ersten Weltkrieg als „eine Welt des Übergangs, in der sich Altes und Neues miteinander verbanden, sich vermischten, aber häufig auch bloß unverbunden nebeneinanderstanden" beschrieben, als „eine Zwischenwelt, die einerseits noch ganz vom 19. Jahrhundert geprägt war und in der gleichzeitig fast alle Merkmale des 20. Jahrhunderts entwickelt wurden."[1] Diese These lässt sich anhand einiger Beobachtungen dieser Studie belegen, die auf die so grundlegende wie herausragende Stellung der Kriegsdiaristik verweisen. So konnte ich die Zeitzeugenschaft, deren ‚Geburt' zeitgeschichtliche und medienkulturwissenschaftliche Forschungen erst nach dem Zweiten Weltkrieg verortet haben, vordatieren und Kontinuitäten der Verarbeitung kriegerischer Erfahrungen im 19. Jahrhundert herausstellen. Anhand der Darstellung simultaner Zeiterfahrungen durch eine Anpassung der Tagebuchseite konnte ich zeigen, wie Verfahren Anwendung fanden, die Ende der 1920er Jahre programmatisch unter dem Aspekt einer neuen Typographie der Seite von Vertretern der Avantgarde diskutiert wurden.

Nachdrücklich lässt sich der Charakter der „Zwischenwelt" des Kriegs darüber hinaus an dem für die vorliegende Untersuchung wichtigen Konzept der Zeitgeschichte belegen, das – besonders in Deutschland – eminent mit der Erforschung des Nationalsozialismus verbunden ist, wobei das Epochenjahr 1917/

---

[1] Münkler, Der Große Krieg, 797.

18 häufig als Ausgangspunkt zeitgeschichtlicher Forschungen gesetzt wird.[2] Die multiplen von den Tagebuchautor:innen verfassten Zeitgeschichten des Ersten Weltkriegs haben die Gegenwart des Kriegs historisiert, wobei sie sich von Prämissen historistischer Geschichtsschreibung des 19. Jahrhunderts abgrenzten und häufig auf die Vorläufigkeit und den noch unzusammenhängenden Charakter ihrer ‚Materialien' verwiesen. Zahlreiche der oft fragmentierten, mosaikartigen diaristischen Aufzeichnungen und Sammlungen wurden nach dem Krieg im privaten oder öffentlichen Rahmen aus- und umformuliert und in vermeintlich legitimere, die Perspektive auf den Krieg vereinheitlichende Formen überführt.

Die Tagebücher wurden jedoch auch zu Quellen einer sich institutionell etablierenden frühen Zeitgeschichte, die – wenngleich unter starker ideologischer Prägung – die jüngste Vergangenheit erforschte. Die Zeitgeschichte, welche im Ersten Weltkrieg in einem Lehrbuch diskursiv begründet wurde,[3] kam damit in der Mitte der Gesellschaft an und erhielt eigene Forschungsinstitutionen: im Jahr 1921 die Zentralstelle für die Erforschung der Kriegsursachen, im Jahr 1928 die Historische Reichskommission.[4] Gleichwohl befolgten diese Institutionen eine Zeitgeschichtsschreibung, die um die Kriegsschuldfrage und den Artikel 231 des Versailler Vertrags kreiste.[5] Insbesondere das Reichsarchiv, das 1919 als zivile Folgeinstitution der kriegsgeschichtlichen Abteilungen des Großen Generalstabs gegründet worden war, betrieb auf Grundlage der im Krieg gesammelten Truppentagebücher eine eigene Historiographie und akquirierte für diese zunehmend private Tagebücher. So beruhen zahlreiche Regimentsgeschichten und Erinnerungsbände der Nachkriegszeit auf den die Gegenwart verzeichnenden Kriegstagebüchern.

Die Preußische Sammlungsbewegung der Vorkriegszeit war grundlegend für die Massenbewegung des Tagebuchschreibens im Ersten Weltkrieg, sie mündete im Krieg in zahlreiche dezentrale Kriegssammlungen. Das ‚Tagebuchführen der

---

2 Einschlägig und einflussreich war die Definition der Zeitgeschichte durch Hans Rothfels als „Epoche der Mitlebenden und ihre wissenschaftliche Behandlung". Sie ist eng an das 1947/48 gegründete Institut für Geschichte der nationalsozialistischen Zeit (seit 1952 Institut für Zeitgeschichte) gebunden. In anderen europäischen Ländern, etwa Frankreich und Großbritannien, wird der Einsatz der Zeitgeschichte früher verortet, allerdings gab auch dort der Erste Weltkrieg Impulse die Disziplin zu erneuern. Siehe dazu summarisch Gabriele Metzler, Zeitgeschichte – Begriff – Disziplin – Problem.
3 Vgl. Justus Hashagen, Das Studium der Zeitgeschichte, 10.
4 Vgl. Gabriele Metzler, Zeitgeschichte – Begriff – Disziplin – Problem, 32.
5 Justus Hashagen, Autor des 1915 erschienenen *Lehrbuchs der Zeitgeschichte*, erforschte die Kriegsschuldfrage im Auswärtigen Amt. Vgl. Große Kracht, Kriegsschuldfrage und zeithistorische Forschung in Deutschland.

Nation' hatte also in vielen Fällen das Archiv als Fluchtpunkt. Auch in diesem Sinne ist es Vorreiter für ähnliche Projekte, die in den 1920er und 30er Jahren in verschiedenen Kontexten und Ländern vorangetrieben wurden und oftmals Ausgangspunkte der Alltagsgeschichtsschreibung waren. Bereits in den Zwischenkriegsjahren initiierte so das Yiddish Scientific Institute (YIVO) unter der Leitung Simon Dubnows in jiddischen Gemeinden in Polen die Sammlung von Tagebüchern und regte zum Verfassen neuer Aufzeichnungen an. Ziel war es, eine polnisch-jüdische Geschichte basierend auf neuen Quellen zu schreiben.[6] In der jungen Sowjetunion wurde im Kontext von Maxim Gorkis proletarischer Geschichtsschreibung, praktisch umgesetzt in der *Geschichte der Fabriken und Werke,* den Arbeiter:innen das Potential zugesprochen, in ihren Tagebüchern eine demokratische Geschichte der Gegenwart zu schreiben und so auf diese einzuwirken. Besonders für die den Bau der Moskauer Metro begleitende Geschichtsschreibung wurde mittels Manifesten und Schreibwerkstätten darauf abgezielt, das Infrastrukturprojekt der neuen Großmacht diaristisch aus der Perspektive verschiedener Arbeiter:innen zu dokumentieren.[7] In Großbritannien startete im Jahr 1937 das an der Universität Sussex angesiedelte Projekt der *Mass Observation,* das gleich einer Anthropologie der Nation Daten zur Stimmung der breiten Bevölkerung sammelte, um damit einen Gegenpol zu Positionen der Massenmedien zu bilden und über die anthropologische (Selbst-)Dokumentation die demokratische Öffentlichkeit zu stärken. Zu Beginn des Zweiten Weltkriegs wurden potentielle Diarist:innen direkt angesprochen und mit Fragebögen zu Schwerpunkten für die Beobachtung und Reflexion im Tagebuch versorgt. Mit dem Fluchtpunkt des *Mass Observation Archives* entstand so eine der größten Sammlungen mit Kriegstagebüchern, aus denen bereits in den ersten zehn Jahren ihres Bestehens Veröffentlichungen hervorgingen.[8]

Eine breitere Leserschaft erreichten publizierte Tagebücher des Ersten Weltkriegs zusammen mit anderer Kriegsliteratur erst zehn Jahre nach der Niederlage und Revolution. Wurde diese Auseinandersetzung mit dem Krieg oft als eine Folge der Wirtschaftskrise und der erneuten Verunsicherung begriffen, so wurde jüngst darauf hingewiesen, dass zu diesem Zeitpunkt die kollektive Traumatisie-

---

6 Vgl. Alexandra Garbarini, Numbered Days. Diaries and the Holocaust, New Haven und London 2006, 11.
7 Siehe ausführlich zu Programmatik, Umsetzung und den Ergebnissen Nancy Aris, Die Metro als Schriftwerk. Geschichtsproduktion und industrielles Schreiben im Stalinismus, Berlin 2005, 21–69, 145–151, 305.
8 Siehe James Hinton, Nine Wartime Lives. Mass-Observation and the Making of the Modern Self, Oxford 2010, 2–6, 11–12, 17.

rung in einem Maße überwunden schien, dass über Sinn und Bedeutung des Kriegs im Leben der Einzelnen diskutiert werden konnte.[9] Zeitgenössisch sprach man von der „Wiederkehr des Weltkrieges in der Literatur".[10] Während in den publizierten Tagebüchern aus den frühen Jahren der Weimarer Republik, etwa der Tagebuchhistoriographie aus dem Reichsarchiv, oft eine Einzelperson im Zentrum stand, die mit hoher Detailgenauigkeit ihr Leben in einer Einheit schildert und deren Zeugnis Referentialisierbarkeit suggeriert, haben die Tagebuch- und Erlebnispublikationen der späten 1920er Jahre keinen geringeren Anspruch, als für das Schicksal einer ganzen Generation zu sprechen.[11]

Der Sinngehalt des Kriegs wurde zu diesem Zeitpunkt in Form zahlreicher politischer Schriften neu ausgehandelt und Kriegsliteratur in hohen Auflagen verkauft, die einen wesentlichen Impuls durch den Vorabdruck von Arnold Zweigs Roman *Streit um den Sergeanten Grischa* in der FAZ im Sommer 1927 erhielt. Erich Maria Remarques Kriegsroman *Im Westen nichts Neues* gilt gemeinhin als Katalysator der Welle der Kriegsliteratur der späten 1920er Jahre und steht für das Paradigma das soldatischen Gruppen-Romans ein, während auch zahlreiche Kriegsromane veröffentlicht werden, die aus der Sicht eines Einzelnen erzählen und sich als autobiographisch bekennen.[12] Jedoch unterscheiden sich diese Darstellungen von den referentialisierenden Schriften in Tagebuchform der Kriegs- und frühen Nachkriegszeit insofern, als sie nicht mehr auf die konkrete Erfahrung in einem bestimmten Regiment oder einer bestimmten Schlacht rekurrieren, sondern als Stimme einer Generation sprechen und darüber größere Repräsentativität erhalten wollen. Remarques Erfolg wurde in der germanistischen Weltkriegsforschung auch auf die verbreitete Praxis der Kriegsdiaristik zurückgeführt.[13]

Mit den Kriegsromanen der Weimarer Republik wurde das Verhältnis von Wirklichkeit und Literatur diskursiv neu bestimmt, denn viele Romane wurden als Erfahrungsberichte aus der Wirklichkeit betrachtet und nach ihrem Realitätswert beurteilt. Die von Rezensent:innen teils vorgenommene Beschreibung als Literatur war in diesem Sinne eine pejorative und viele Autor:innen leugne-

---

9 Vgl. Krumeich, Die unbewältigte Niederlage, 258.
10 Vgl. zu dieser Periodisierung Müller, Der Krieg und die Schriftsteller. Vgl. zur Formel der „Wiederkehr des Weltkrieges in der Literatur" Kiesel, Geschichte der deutschsprachigen Literatur 1918 bis 1933, München 2017, 771.
11 Vgl. Baron und Müller, Die „Perspektive des kleinen Mannes" in der Kriegsliteratur der Nachkriegszeiten, 348.
12 Vgl. ausführlicher Kiesel, Geschichte der deutschsprachigen Literatur 1918 bis 1933, 771–775.
13 Vgl. Müller, Der Krieg und die Schriftsteller, 14.

ten dezidiert jede literarische Ambition. Hingegen erlangte das Dokumentarische vor dem von Autor:innen und Leser:innen geteilten Erfahrungshintergrund Krieg neue Relevanz. Dass viele Kriegsromane als Tagebücher oder zumindest individuelle Erlebnisberichte auftraten, ermöglichte es, den Anspruch auf Authentizität mit einer sinnvollen Deutung des Erlebten zu verbinden und führte in der Rezeption oft dazu, dass die Diskussion der Romane in eine Debatte über den Werdegang ihrer Autor:innen mündete.[14] Damit verbunden war die Abkehr vom Diltheyschen Verständnis des Erlebnisses, das – wie noch anhand der Erlebnisliteratur der Kriegszeit nachgewiesen wurde – darin besteht, Literatur gemäß einer Poetologie des Erlebnisses zu erschaffen. Viele Autor:innen der Neuen Sachlichkeit traten demgegenüber für eine an der fotografischen Reproduktion orientierte und damit vermeintlich unmittelbare Aufzeichnung des Kriegserlebnisses ein und grenzten sich dezidiert vom Vorkriegsverständnis der Dichtung ab.[15]

Die erneute Prominenz der Weltkriegsliteratur ermöglichte, und dies ist im Kontext dieser Studie, die das Kriegstagebuchschreiben als breite, Front und Heimat verbindende und von Männern, Frauen und Kindern praktizierte Dokumentationsform untersucht, wichtig, auch eine Rückkehr zur Vielstimmigkeit, die gerade die Initiator:innen der Tagebuchsammlungen der Vorkriegszeit verlangt hatten. So steht das von Ernst Buchner herausgegebene *Kriegstagebuch eines Knaben 1914–1918*, dessen Autor Gerhard weder im Titel noch in den bibliographischen Angaben erscheint, für das tausendfach praktizierte Tagebuchschreiben unter Kindern im Weltkrieg, welches nun – zwölf Jahre nach dessen Ende – „das Schicksal der deutschen Familie überhaupt" mittels „Typ[en] von tausenden und hunderttausenden deutschen Familien"[16] repräsentiert. Das Panorama der Weltkriegserinnerung wird damit um eine weit verbreitete Perspektive in Tagebuchform ergänzt – die des Kindes auf den Krieg – eine Sichtweise, die vor allem in den Kriegsanfangsmonaten aktiv eingefordert worden war, dann jedoch weitgehend aus der öffentlichen Wahrnehmung verschwand. Dass hier von Typen gesprochen wird, verweist auf die schwindende Bedeutung des Individuums zugunsten von Polarisierungen und Grenzziehungen, die charakteristisch für die zeitgleiche Literatur der Neuen Sachlichkeit sind.[17]

---

14 Vgl. dazu ausführlicher Uecker, Wirklichkeit und Literatur, 260–263.
15 Vgl. Uecker, Wirklichkeit und Literatur, 89–90.
16 Ernst Buchner, 1914–1918. Wie es damals daheim war: das Kriegstagebuch eines Knaben, Ottensoos und Nürnberg 1930, 5, 8.
17 Siehe Lethen, Verhaltenslehren der Kälte, 141.

1930 publizierte die Diaristin Hertha Strauch unter ihrem Pseudonym Adrienne Thomas den Roman *Die Katrin wird Soldat*,[18] zunächst in Fortsetzungen in der Vossischen Zeitung, dann als Roman beim Propyläen-Verlag, der Teil des Ullstein-Konzerns war.[19] Gilt Thomas' Roman gemeinhin aufgrund seiner pazifistischen Botschaft und seines Publikationskontexts als ‚weibliches Pendant' zu Erich Maria Remarques *Im Westen nichts Neues*, so stellt er darüber hinaus formal eine ganz explizite Bezugnahme auf die Weltkriegsdiaristik dar. Die aus einem gutbürgerlichen Haushalt stammende Protagonistin Katrin erhält im Jahr 1911 ein Tagebuch zum 14. Geburtstag. Ab Juli 1914 nutzt sie auch dieses fast ausschließlich zur Kriegsdokumentation und steht damit für all jene Tagebuchautorinnen ein, die ihr privates Schreiben 1914 in den Dienst des Kriegs stellten, indem sie ihr Tagebuch zum Kriegstagebuch umpragmatisierten. In der Festungsstadt Metz lebend, ist sie dem Kriegsgeschehen denkbar nahe und beklagt doch, in Anbetracht der unübersichtlichen Nachrichtenlage den Kriegsverlauf nur anhand des Kanonendonnerns erahnen zu können. Vom Versuch, den Krieg erfahrbar zu machen, zeugen Beschreibungen öffentlicher Nachrichtenszenen genau wie die kopierten Postkarten ihres Freunds Lucien, der als Soldat an der Westfront ist. Schon der Titel des Romans insinuiert, dass die Teilnahme am Krieg für eine Vertreterin dieser Generation immens wichtig war. Die Lektüre des Textes offenbart dann jedoch die Konfrontation mit einem Ereignis, das keine Teilnahme ermöglicht und sich der Erfassbarkeit entzieht. Als die Protagonistin Katrin im Jahr 1916 an einer Pneumonie verstirbt, hinterlässt sie das Tagebuch einer Freundin, die bekennt, dass sie dieses nicht für sich behalten dürfe.

Als „Ein Roman aus Elsass-Lothringen" betrat dieses fiktionale, auf den Tagebuchaufzeichnungen der Autorin beruhende Tagebuch den Buchmarkt und avancierte schnell zum Bestseller, der in fünfzehn Sprachen übersetzt wurde. An ihm zeigt sich, dass das Tagebuch im Jahr 1930 die paradigmatische Form war, um die private Kriegsdokumentation zu popularisieren. Die externe Gattungsmarkierung „Roman" verweist zwar auf eine fiktionale Schrift, gleichzeitig betonte die Autorin stets – etwa durch von ihr selbst verfasste Leserbriefe – dass

---

[18] Adrienne Thomas, Die Katrin wird Soldat (1930), München 1988. Der Tagebuchroman bezieht sich lose auf das Tagebuch, das die Autorin Herta Strauch im Krieg führte. Das Tagebuch wurde posthum veröffentlicht. Siehe Thomas, Aufzeichnungen aus dem Ersten Weltkrieg.
[19] Vgl. zur Publikationsgeschichte Sophie Häusner, „Ich glaube nicht, daß ich es für mich behalten darf". Autobiographische Veröffentlichungen von Krankenschwestern zum Ersten Weltkrieg, in: Selbstzeugnis und Person. Transkulturelle Perspektiven, hg. von Claudia Ulbrich, Hans Medick und Angelika Schaser, Köln 2012, 155–171, hier 158–160.

der Roman ein Augenzeugenbericht sei und am Kriterium der Wahrheit gemessen werden müsse.[20] Das exemplarische Tagebuch einer Krankenschwester beansprucht, als Erfahrung einer Generation gelesen zu werden – einer Generation, welche die einschneidenden Ereignissen eines fast fünf Jahre andauernden Kriegs, seine Gigantomanie und Zerstörungswucht nur noch in der tageweisen Dokumentation in Worte fassen konnte.

---

20 Vgl. Häusner, „Ich glaube nicht, daß ich es für mich behalten darf", 163–175.

Bibliographie

Archivalien

Association pour l'autobiographie et le patrimoine autobiographique Ambérieu-en-Bugey (APA)

[Anonym], Journal de campagne d'un soldat allemand, 1365 (Transkription, erstellt von der APA).
Riboud, Eugène, 1914 à Armentières, 44.00 (Transkription, erstellt von Jacques Pimoulle).
Saint-Jouan, Henriette de, Dans la tourmente de fer et de feu, 2592 (Transkription, erstellt von der APA).
Toussaint, Alexandrine, La vie quotidienne à Saint-Mihiel sous les bombes en 1914, 1372.00 (Transkription, erstellt von der APA).

Bibliothek für Zeitgeschichte Stuttgart (BfZ)

Breuninger, Cornelius, Nachlass (Tagebuch und Briefe), N 12.3 (Manuskript).
Bruns, Heinrich, Private Gedenkschrift, N17.8 (Manuskript).
Eid, Wilhelm, Tagebuch, N 17.9 (Manuskript, Transkription, erstellt von Joachim Rettig).
Fauser, Otto, Tagebuch, N 15.9 (Manuskript).
Held, Wilhelm, Tagebuch, N 11.22 (Manuskript).
Kaufmann, Felix, Tagebuch, N 16.9 (Manuskript).
Wendel, Fritz, Tagebuch, N 06 2.2–N 06 2.3 (Manuskript).

Deutsches Tagebucharchiv Emmendingen (DTA)

Die Angabe bezieht sich auf die Reg.-Nummer

Bayer, Carl, Tagebuch, 2197, 1–2 (Manuskript).
Bing, Bernhard, Tagebuch, 1920, 1–3 (Manuskript, Transkription erstellt von Gertrud Lütgemeier).
Boehm-Bezing, Leopold, Tagebuch, 2036, II, 1–3 (Manuskript, Transkription erstellt von Irene Kircher).
Bohn, Clara und Josephine Bohn, Kriegschronik, 898, 1 (Transkription erstellt von Joseph Groll).
Friedrichsen/Werner, Marie, Tagebuch, 1749, II, 1 (Manuskript).
Gehrke, Otto, Tagebuch, 1871, 1 (Manuskript, Transkription erstellt von Benno Kny).
Gilgin/Gilgin-Küppers, Annie, Tagebuch, 1663, 4–5 (Manuskript, Transkription erstellt von Markus Eisen).
Haake, Annemarie, Tagebuch, 1256, I, 1 (Manuskript, Transkription erstellt von Eva-Maria Schlegelmilch).

Haake, Milly, Tagebuch, 1256, II, 1–2 (Manuskript, Transkription erstellt von Dietlind Breuker).
Hiendlmaier, Franz Xaver, Tagebuch, 675, 1 (Manuskript, Transkription erstellt von Achim Hollmann).
Iggersheimer, Meta, Tagebuch, 3276, 1 (Manuskript, Transkription erstellt von Dorothea Heimbs).
Jordan, Otto, Tagebuch, 4152, 1–2 (Transkription erstellt von Irene Kopp).
Künzl, Hans, Tagebuch, 1844, 1–3 (Transkription erstellt von Christel Kindermann).
Lamparter, Alfred, Nachlass (Tagebuch, Gedenkschrift und Briefe), 4031, 1 (Manuskript, Transkription erstellt vom DTA).
Laukenmann, Otto, Tagebuch, 1826, 1–2 (Manuskript, Transkription erstellt von Achim Hollmann).
Link, Otto Friedrich Leopold, Tagebuch, 3033, 1 (Manuskript, Transkription erstellt von Lisbeth Exner und Markus Eisen).
Miller, Eugen, Tagebuch, 260, 1 (Transkription erstellt von Walter Miller).
Moos, Käthe, Tagebuch, 1361, 1 (Manuskript, und Transkription erstellt von Ina M. Rietzke).
Nüthen, Josef, Tagebuch, 991, II, 1 (Manuskript).
Piltz, Richard, Tagebuch, 3155, 1–19 (Manuskript, Transkription erstellt von Jutta Lenzen).
Schatz/Bosse, Elisabeth, Tagebuch, 1506, 7–24 (Manuskript).
Schreyer, Erwin, Tagebuch, 1057, 1 (Manuskript, Transkription erstellt von Achim Hollmann).
Schwalbe, Wilhelm, Tagebuch, 1386, 1 (Manuskript, Transkription erstellt von Gertrud Lütgemeier).
Schwarz/Jungel, Elisabeth, Tagebuch, 1654, 1 (Kopie des Manuskripts, Transkription erstellt von Fredegunde Daugert).
Steinmetz, Anna, Tagebuch, 1020, 1–6 (Transkription erstellt von Christa Becker).
Walzer, Richard, Tagebuch, 861, 1–2 (Manuskript, Transkription erstellt von Hella Hübsch).
Werner, Carl Emil, Tagebuch, 1798, 6 (Manuskript, Transkription erstellt von Fredegunde Daugert).
Wertheim, Freifrau von, Tagebuch, 1906, 1–2 (Manuskript, Transkription erstellt von Fredegunde Daugert).

Geheimes Staatsarchiv Preußischer Kulturbesitz (GhSt PK)

[Anonym], Kriegstagebuch des Füsilier-Bataillons, 1813–1815, IV. HA, Rep. 12, Nr. 57 (Manuskript).
[Anonym], Kriegstagebuch des Grenadier-Bataillons von Bandemer (Kompanien der Infanterie-Regimenter Nr. 1 und Nr. 23), IV. HA, Rep. 15A, Nr. 104 (Manuskript).
[Anonym], Kriegs-Tage-Buch, 23.4.1815–5.3.1816, IV. HA Preußische Armee Rep. 15A, Nr. 60 (Manuskript).
Arnim, Oberleutnant von, Kriegstagebuch der 11. Kompanie vom 1. November 1914–4. März 1916, IV. HA, Rep. 12, Nr. 177 (Manuskript).
Kultusministerium, Die Sammlung von Briefen und Tagebüchern aus deutschen Kriegszeiten, 1. HA, Rep.76, Nr. 77, Bd. 1 (Manuskripte und Typoskripte).
Präparandenanstalt Rastenburg, Chronik der Königlichen Präparandenanstalt zu Rastenburg O./Pr., 1.HA, Rep. 76, Nr. 13401 (Manuskript).
Präparandenanstalt Rastenburg, Kriegstagebuch der Anstalt zum Weltkrieg, I. HA Rep. 76, Nr. 13402 (Manuskript).

Preußisches Kriegsministerium, Bestimmungen über die Führung von Kriegstagebüchern durch höhere Truppenbefehlshaber und Truppenteile – 22. April 1850, IV. HA, Rep. 16, Nr. 44 (Manuskript).

Preußisches Kriegsministerium, Bestimmungen über die von den höheren Truppenbefehlshabern und Truppenteile zu führenden Kriegstagebücher sowie über die Einreichung derselben und der Originalkriegsakten – 17. August 1870, IV. HA, Rep. 16, Nr. 45 (Manuskript).

Trommershausen, Hauptmann, Tagebuch, IV. HA, Rep. 13, Nr. 190 (Manuskript).

Militärarchiv des Bundes Freiburg (BAarch)

[Anonym], Kriegstagebuch des III. Bataillon Reserve-Infanterie-Regiments Nr. 119, PH 10-2/685 (Typoskript und Manuskript).

Preußisches Kriegsministerium, Bestimmungen über die Führung von Kriegstagebüchern sowie über die Einreichung derselben und der Originalkriegsakten – 18. Juni 1895, PH 2, 1070 (Typoskript).

Preußisches Kriegsministerium, Bestimmungen über die Führung und Behandlung der Kriegstagebücher und Kriegsakten – 16. Juni 1916, PH 10 II 673 (Typoskript).

Gedruckte Quellen

Albrecht, Emilie, Aus meinem „Kriegs-Tagebuch". Badischer mobiler Lazarett-Trupp 2. Zug, Heidelberg 1917.

Almanach Illustré de la Gazette des Ardennes pour 1916, Charleville und München 1915.

Anleitung zum Schreibwesen für Offiziere, nach den neuesten Bestimmungen bearbeitet von Oberst Immanuel, Berlin 1917.

[Anonym], Anklage der Gepeinigten! Geschichte eines Feldlazaretts. Aus den Tagebüchern eines Sanitäts-Feldwebels (1914–1918), mit einem Vorwort von Artur Zickler, Berlin 1919.

[Anonym], Das Kriegstagebuch, in: Freie Bayerische Schulzeitung 15 (27. August 1914), H. 18, 232.

[Anonym], Das Kriegstagebuch, in: Westpreußische Schulzeitung 11 (1. Oktober 1914), H. 40, 567.

[Anonym], Das Kriegstagebuch, in: Der Volksschullehrer 8 (24. Dezember 1914), H. 52, 759–760.

[Anonym], Das Kriegstagebuch in der Schule, in: Der Österreichische Schulbote 64 (1914), H. 24, 365.

[Anonym], Das Tagebuch des Leutnants Tschun-Tschul, in: Deutsche Tageszeitung 22 (29. März 1915), H. 162, 2–3.

[Anonym], Ein Jahr Kriegstagebuch, in: Deutsche Schulpraxis. Wochenblatt für Praxis, Geschichte und Literatur der Erziehung und des Unterrichts 35 (5. Dezember 1915), H. 48, 380–382.

[Anonym], Kampf- und Siegestage 1914. Feldzugsaufzeichnungen eines höheren Offiziers, veröffentlicht zu Gunsten des Roten Kreuzes, 5. Aufl., Berlin 1915.

[Anonym], Kriegsgedenkbüchlein in den Schulen, in: Kunstwart und Kulturwart 28 (1915), H. 7, 37–38.
[Anonym], Kriegsliteratur, in: Pädagogische Woche 11 (18. September 1915), H. 38, 293–294.
[Anonym], Lesehunger im Schützengraben, in: Liller Kriegszeitung 2 (11. August 1915), H. 4, o. S.
[Anonym], Sammelt Soldatenbriefe!, in: Mein Heimatland. Badische Blätter für Volkskunde, ländliche Wohlfahrtspflege, Denkmal- und Heimatschutz 3 (1916), H. 3/4, 103–105.
[Anonym], Schul-Kriegschroniken, in: Freie Schul-Zeitung 41 (13. März 1915), H. 11, 230.
[Anonym], Tagebücher führen!, in: Kunstwart und Kulturwart 27 (1914), H. 3, 109.
[Anonym], Unser Vormarsch bis zur Marne. Aus dem Kriegstagebuch eines sächsischen Offiziers, 8. Aufl., Berlin 1915.
[Anzeige für Kriegstagebuch des Oskar Eulitz-Verlags], in: Pädagogische Woche 11 (29. Mai 1915), H. 22, 179.
Association pour l'autobiographie et le patrimoine autobiographique (Hg.), Ecrire sa guerre: 1914–1918, Ambérieu-en-Bugey 2014.
Avenarius, Ferdinand, Wie groß ist die Zeit!, in: Kunstwart und Kulturwart 27 (1914), H. 23, 301–305.
Bäumer, Gertrud, Heimatchronik während des Weltkrieges. 1. August 1914–29. Dezember 1916, Berlin 1930.
Bédier, Joseph, Les crimes allemands d'après les témoignages allemands, Paris 1915.
Benjamin, Walter, Erfahrung und Armut (1933), in: Gesammelte Schriften, Bd. 2.1, hg. von Rolf Tiedemann und Hermann Schweppenhäuser, Frankfurt am Main 1977, 213–219.
Beradt, Martin, Erdarbeiter. Aufzeichnungen eines Schanzsoldaten, Berlin 1919.
Bernheim, Ernst, Das Verhältnis der historischen Methodik zur Zeugenaussage, in: Beiträge zur Psychologie der Aussage. Mit besonderer Berücksichtigung von Problemen der Rechtspflege, Pädagogik, Psychiatrie und Geschichtsforschung, hg. von William Stern, Leipzig 1904, 110–116.
Beumelburg, Werner, Douaumont. Unter Benutzung der amtlichen Quellen des Reichsarchivs bearbeitet, Oldenburg und Berlin 1923.
Beuther, Michael, Calendarium Historicum. Tagbuch, Allerley Furnhemer, Namhafftiger vnnd mercklicher Historien, Frankfurt am Main 1557.
Bloch, Marc, Critique Historique et critique du témoignage, in: Marc Bloch, L'Histoire, la Guerre, la Résistance, hg. von Annette Becker und Etienne Bloch, Paris 2006, 97–107.
Bloch, Marc, Souvenirs de guerre. 1914–1915, in: Marc Bloch, L'Histoire, la Guerre, la Résistance, hg. von Annette Becker und Etienne Bloch, Paris 2006, 117–167.
Bobertag, Otto, Bericht über die Ausstellung „Schule und Krieg" im Zentralinstitut für Erziehung und Unterricht, in: Jugendliches Seelenleben und Krieg. Materialien und Berichte, hg. von William Stern, Leipzig 1915, 134–164.
Braun, Otto, Aus nachgelassenen Schriften eines Frühvollendeten, hg. von Julie Vogelstein, 79. Aufl., Berlin 1921.
Breuninger, Cornelius, Kriegstagebuch 1914–1918, hg. von Frieder Riedel, Leinfelden-Echterdingen 2014.
Bücher, Karl, Die Presse und der Krieg (1915), in: Karl Bücher, Gesammelte Aufsätze zur Zeitungskunde, Tübingen 1926, 269–306.
Buchner, Eberhard, Kriegsdokumente: Der Weltkrieg 1914 in der Darstellung der zeitgenössischen Presse. Erster Band: Die Vorgeschichte/Der Krieg bis zur Vogesenschlacht, München 1914.

Buchner, Eberhard, Kriegsdokumente: Der Weltkrieg 1914 in der Darstellung der zeitgenössischen Presse. Zweiter Band: Von der Vogesenschlacht bis zur Einnahme von Suwalki, München 1914.

Buchner, Ernst, 1914–1918. Wie es damals daheim war: das Kriegstagebuch eines Knaben, Ottensoos und Nürnberg 1930.

Buddecke, Albert, Die Kriegssammlungen: Ein Nachweis ihrer Einrichtung und ihres Bestandes, Oldenburg 1917.

Busch, Wilhelm, Reifezeit, bearbeitet von Hans Ries, hg. von Herwig Guratzsch, 2. Aufl., Hannover 2007.

Buttmann, Rudolf, Ehrenhallen für Kriegernachlässe, eine neue Kriegsaufgabe unserer Bibliotheken, in: Zentralblatt für Bibliothekswesen 35 (1918), H. 9/10, 205–208.

Congar, Yves, Journal de la guerre, 1914–1918, hg. von Stéphane Audoin-Rouzeau und Dominique Congar, Paris 1997.

Cru, Jean Norton, Du témoignage, Paris 1930.

Cru, Jean Norton, Wo ist die Wahrheit über den Krieg. Eine kritische Studie mit Berichten von Augenzeugen, mit einem Vorwort von Martin Rade, Potsdam 1932.

Cru, Jean Norton, Témoins. Essai d'analyse et de critique des souvenirs de combattants édités en français de 1915 à 1928 (1929), Nachdruck der Ausgabe von 1929, Nancy 2006.

Das literarische Echo. Halbmonatsschrift für Literaturfreunde, Stuttgart und Berlin 1898–1923.

Defoe, Daniel, A Journal of the Plague Year (1722), Nachdruck der Originalausgabe, hg. von John Mullan, London 2009.

Der vollkommene preußische Soldat im Kriege und im Frieden. Ein Taschenbuch für Offiziere und die Mannschaft aller Waffen, 2. Aufl., Leipzig 1836.

Deutsches Literaturarchiv Marbach (Hg.), August 1914. Literatur und Krieg, Marbach am Neckar 2013.

Deutsches Literaturarchiv Marbach (Hg.), Der Krieg im Archiv. August 1914: Ein Kalendarium, Marbach am Neckar 2013.

Deutsches Literaturarchiv Marbach (Hg.), Der Krieg im Archiv. September 1914–Dezember 1918: Ein Kalendarium, Marbach am Neckar 2013.

Deutsches Tagebucharchiv (Hg.), Verborgene Chronik 1914, zusammengestellt von Lisbeth Exner und Herbert Kapfer, Berlin 2014.

Deutsches Tagebucharchiv (Hg.), Verborgene Chronik 1915–1918, zusammengestellt von Lisbeth Exner und Herbert Kapfer, Berlin 2017.

Die neue Felddienst-Ordnung, Berlin 1908.

Dienstreglement für das kaiserliche und königliche Heer. II. Teil. Felddienst, Wien 1912.

Dietz, Heinrich (Hg.), Die Disziplinarstrafordnung für das Heer (einschließlich bayerisches Heer und kaiserliche Schutztruppen), 2. Aufl., Rastatt 1917.

Dilthey, Wilhelm, Archive für Literatur, in: Deutsche Rundschau 16 (1889), H. LVIII, 360–375.

Dilthey, Wilhelm, Das Erlebnis und die Dichtung. Lessing Goethe Novalis Hölderlin, 2. erw. Aufl., Leipzig 1907.

Droysen, Johann Gustav, Historik. Bd. 1: Rekonstruktion der ersten vollständigen Fassung der Vorlesungen (1857). Grundriß der Historik in der ersten handschriftlichen (1857/1858) und in der letzten gedruckten Fassung (1882), hg. von Peter Leyh, Stuttgart 1977.

Eber, Paul, Calendarium historicum, Wittenberg 1550.

Ehrenberg, Fritz, Kleine Erlebnisse in großer Zeit. Aus dem Tagebuch eines Kriegsstudenten von 1870/71, Straßburg 1890.

Engel, Eduard, Vom Ausbruch des Krieges bis zur Einnahme von Antwerpen, Berlin 1915.

Fähnle, P., Der Lehrer als ortsheimatlicher Kriegschronist. Eine Anregung, in: Das Lehrerheim. Freie Württembergische Lehrerzeitung 29 (12. September 1914), H. 37, 401–403.
Flex, Walter, Der Wanderer zwischen beiden Welten. Ein Kriegserlebnis (1916), 23. Aufl., München 1918.
Foerster, Wolfgang (Hg.), Wir Kämpfer im Weltkrieg. Feldzugsbriefe und Kriegstagebücher von Frontkämpfern aus dem Material des Reichsarchivs, unter Mitwirkung von Helmuth Greiner, Berlin 1929.
Frauenkriegskalender 1915, hg. vom Bund österreichischer Frauenvereine, Wien 1914 o. 1915.
Friedel-Marienloh, Jos., Wie ich in meiner Landschule Kriegs-Geschichte und Kriegs-Erdkunde unterrichtete, in: Pädagogische Woche 12 (18. November 1916), H. 47, 349–350.
Frisch, Max, Tagebuch. 1946–1949, Berlin 1987.
G., E., Aus der Praxis – Für die Praxis, in: Deutsche Schulpraxis. Wochenblatt für Praxis, Geschichte und Literatur der Erziehung und des Unterrichts 34 (20. September 1914), H. 38, 303.
Gabriele von Bülow. Tochter Wilhelm von Humboldts. Ein Lebensbild, aus d. Familienpapieren Wilhelm von Humboldts u. seiner Kinder, 3. Aufl., Berlin 1894.
Goethe, Johann Wolfgang von, Campagne in Frankreich 1792 (1822), Stuttgart 1948.
Götz, Ernst, Sammlung und Nutzbarmachung der Zeitungen, in: Die Grenzboten 75 (1916), H. 43, 122–127.
Gueugnier, Charles, Les Carnets de captivité. 1914–1918, hg. von Nicole Dabernat-Poitevin, Toulouse 1998.
H., E., Das Kriegstagebuch in der Schule, in: Deutsche Schulpraxis. Wochenblatt für Praxis, Geschichte und Literatur der Erziehung und des Unterrichts 34 (13. September 1914), H. 37, 295.
H., E., Kriegstagebücher, in: Photographie für alle 7 (1918), H. 15/16, 131–134.
Haberfellner, Josef, Das schaffende Arbeiten der Mädchen in Verbindung mit dem Zeichnen. Ein Wegweiser zu eigener Erfindung, zum Selbstschaffen und zur Durchführung des Arbeitsprinzipes in Schule und Haus, Prag, Wien und Leipzig 1915.
Haberlandt, M[artin], Die Photographie im Dienste der Volkskunde, in: Zeitschrift für österreichische Volkskunde 2 (1896), H. 5/6, 183–186.
Hantke, Max, Die Schule und der Krieg, Langensalza 1915.
Hashagen, Justus, Das Studium der Zeitgeschichte, Bonn 1915.
Hazard, Paul, Un Examen de conscience de l'Allemagne d'après les papiers de prisonniers de guerre allemands, Paris 1915.
Hellwich, Hero, Werdegang eines deutschen Jünglings im Weltkriege (1914–1916). Nach Briefen und Tagebuchblättern dargestellt von seiner Mutter, hg. von Amalie Hellwich, Freiburg im Breisgau 1917.
Hofmann, Walter, Vom Leseinteresse im deutschen Heere, in: Volksbildungsarchiv. Zentralblatt für Volksbildungswesen 6 (1918), H. 1, 1–32.
Hollander, Walter von, Die Entwicklung der Kriegsliteratur, in: Die neue Rundschau 17 (1916), H. 9, 1274–1279.
Janell, Walther, Der deutsche Unterricht, in: Kriegspädagogik. Berichte und Vorschläge, hg. von Walther Janell, Leipzig 1916, 17–39.
Jensen, Adolf und Wilhelm Lamszus, Unser Schulaufsatz ein verkappter Schundliterat. Ein Versuch zur Neugründung des deutschen Schulaufsatzes für Volksschule und Gymnasium, Hamburg 1910.
Jünger, Ernst, Kriegstagebuch 1914–1918, hg. von Helmuth Kiesel, Stuttgart 2010.

Jünger, Ernst, In Stahlgewittern. Historisch-kritische Ausgabe, hg. von Helmuth Kiesel, Stuttgart 2013.
K., J., Kriegsausstellung in der Stabi, in: Berliner Tageblatt 43 (18. Dezember 1914), H. 643, 3.
Kafka, Franz, Tagebücher. 1910–1923, hg. von Max Brod, Frankfurt am Main 1951.
Kik, C., Kriegszeichnungen der Knaben und Mädchen, in: Jugendliches Seelenleben und Krieg. Materialien und Berichte, hg. von William Stern, Leipzig 1915, 1–21.
Klein, Karl, Fröschweiler Chronik. Kriegs- und Friedensbilder aus dem Jahre 1870/71 (1870), illustrierte Jubiläumsausgabe, München 1897.
Kracauer, Siegfried, Das Straßenvolk in Paris (1927), in: Schriften. Aufsätze 1927–1931, Bd. 5.2, hg. von Inka Mülder-Bach, Frankfurt am Main 1990, 39–43.
Kraus, Karl, In dieser großen Zeit, in: Karl Kraus, Ausgewählte Werke: 1914–1925. In dieser großen Zeit, Bd. 2, hg. von Dietrich Simon, München 1971, 9–22.
Kriegsmerkbuch für den Personen- und Gepäckverkehr. Nur für den Dienstgebrauch, abgeschlossen am 1. Dezember 1915, Hannover 1915.
Kriegs-Merkbuch für Militär und Civil, mit Feldpost-Bestimmungen, Karten von den Kriegsschauplätzen, usw., o. A. 1914.
Kriegstagebuch der Belagerung von Tsingtau 23. Juli bis 29. November 1914, hg. von der „Tageblatt für Nord-China A.-G", Tientsin 1915.
Kriegstagebuch zu dem Weltkriege 1914, Lissa in Posen 1915.
Kriegstagebuch 1914/15 für ___. Was ich sah und erlebte, München 1914 o. 1915.
Küchler, Kurt, Feuertaufe. Geschichten aus dem großen Krieg, Leipzig 1915.
Kühn, Joachim (Hg.), Aus französischen Kriegstagebüchern I. Stimmen aus der deutschen Gefangenschaft, Berlin 1918.
Kühn, Joachim (Hg.), Aus französischen Kriegstagebüchern II. Der „Poilu" im eigenen Urteil, Berlin 1918.
Lange, Richard, Wie steigern wir die Leistungen im Deutschen? Gespräche über den Betrieb und die Methode des deutschen Unterrichts in der Volksschule, 4. Aufl., Leipzig 1914.
Larsen, Karl, Daniel Daniela. Aus dem Tagebuch eines Kreuzträgers, Berlin 1907.
Larsen, Karl, Ein modernes Volk im Kriege in Auszügen aus dänischen Briefen und Tagebüchern der Jahre 1863/64, deutsche Ausgabe unter Mitwirkung von Prof. Karl Larsen besorgt von Prof. Dr. R. v. Fischer-Benzon, Kiel und Leipzig 1907.
Larsen, Karl, Professor Bédier und die Tagebücher deutscher Soldaten, Berlin 1915.
Larsen, Karl, Ein Däne und Deutschland, Berlin 1921.
Lavater, Johann Caspar, Geheimes Tagebuch, Frankfurt am Main und Leipzig 1773.
Lavater, Johann Kaspar, Reisetagebücher. Teil II, hg. von Horst Weigelt, Göttingen 1997.
Leleux, Charles, Feuilles de route d'un ambulancier, complétées d'après le Carnet de route du Dr Henri Liégard. Préface de M. René Doumic, Paris und Nancy 1915.
Lissitzky, El, Unser Buch, in: Gutenberg-Jahrbuch 2 (1927), 172–178.
Loewenberg, Jakob, Kriegstagebuch einer Mädchenschule, Berlin 1916.
Lotz, Kati, Anregungen von der Ausstellung „Schule und Krieg" im Zentralinstitut für Erziehung und Unterricht in Berlin. III. Kriegstagebücher, in: Die Arbeitsschule 29 (1915), H. 9, 317–319.
Lotz, Kati, Kriegstagebücher von Schülern, in: Schule und Krieg. Sonderausstellung im Zentralinstitut für Erziehung und Unterricht Berlin, Berlin 1915, 59–62.
M., E., Sammlung alter Soldatenbriefe und Tagebuchaufzeichnungen aus Kriegszeiten, in: Mitteilungen des Verbandes deutscher Vereine für Volkskunde 5 (1909), H. 9, 3–4.

Malinowski, Bronisław, Argonauten des westlichen Pazifik. Ein Bericht über Unternehmungen und Abenteuer der Eingeborenen in den Inselwelten von Melanesisch-Neuguinea (1922), mit einem Vorwort von James G. Frazer, hg. von Fritz Kramer, Frankfurt am Main 1979.

Malinowski, Bronisław, Ein Tagebuch im strikten Sinn des Wortes. Neuguinea 1914–1918, mit einem Vorwort von Valetta Malinowska und einer Einleitung von Raymond Firth, hg. von Fritz Kramer, Frankfurt am Main 1985.

Mayr, Erich, „Der Krieg kennt kein Erbarmen". Die Tagebücher des Kaiserschützen Erich Mayr (1913–1920), hg. von Isabelle Brandauer, Innsbruck 2013.

Meier, John, Sammlung deutscher Kriegsbriefe und deutscher Tagebuchaufzeichnungen aus dem Kriege, in: Mitteilungen des Verbandes deutscher Vereine für Volkskunde 11 (1915), H. 21, 43–44.

Meyer, Richard M., Gestalten und Probleme, Berlin 1905.

Meyer, Richard M., Deutsche Stilistik, München 1906.

Mihaly, Jo, ... Da gibt's ein Wiedersehn! Kriegstagebuch eines Mädchens 1914–1918 (1982), München 1986.

Militär-Wochenblatt. Unabhängige Zeitschrift für die deutsche Wehrmacht, Berlin 1816–1943.

Müller, Fritz, „Unser täglich Brot gib uns heute!", in: Monatsblätter für den evangelischen Religionsunterricht 8 (1915), Märzausgabe, 82–87.

Münsterberg, Hugo, Amerika und der Weltkrieg. Ein amerikanisches Kriegstagebuch, Leipzig 1915.

Musil, Robert, Tagebücher, hg. von Adolf Frisé, Reinbek bei Hamburg 1976.

Mylius, Christlob, Das Anlegen von Herbarien der deutschen Gefäßpflanzen. Eine Anleitung für Anfänger in der Botanik, Stuttgart 1885.

Natonek, Hans, Der Dichter und die Aktualität, in: Die Schaubühne 11 (1915), H. 2, 6–8.

Nicolai, Walter, Nachrichtendienst, Presse und Volksstimmung im Weltkrieg, Berlin 1920.

Niebergall, Fr[iedrich], Zwei Brüder. Feldpostbriefe u. Tagebuchblätter, in: Theologische Literaturzeitschrift 43 (1918), H. 21/22, 284–285.

Nietzsche, Friedrich, Vom Nutzen und Nachteil der Historie für das Leben (1874), hg. von Joachim Vahland, Stuttgart, Düsseldorf, Berlin et al 1995.

Nörrenberg, Constantin, Die deutschen Bibliotheken und der Weltkrieg, in: Universität und Schulen im Kriege, hg. von Leo Colze, Berlin, Leipzig und Wien 1915, 24–28.

Nörrenberg, Constantin, Düsseldorf im ersten Weltkrieg. Das Kriegs- und Revolutionstagebuch des Constantin Nörrenberg, hg. von Max Plassmann, Saarbrücken 2013.

Notiz-Kalender für Freunde des göttlichen Wortes, mit täglichen Losungen und Lehrtexten auf das Schalt-Jahr 1860, hg. von Christoph Möller, Berlin 1859.

Notiz-Kalender für Offiziere aller Waffen, Magdeburg 1880.

Notiz-Kalender des Vaterländischen Frauen-Vereins für 1915. Kriegsausgabe, Berlin 1914.

[Notizkalender der Firma Wuhrmann für das Jahr 1917], Freiburg im Breisgau 1916.

Offizier-Schreib-Mappe, Berlin 1887–1910.

Otto, Ernst, Die Kriegstagebücher im Weltkriege, in: Archiv für Politik und Gesellschaft 3 (8) (1925), H. 12, 647–661.

Papier-Zeitung. Fachblatt für Papier- und Schreibwaren-Handel u. Fabrikation, Berlin 1876–1945.

Passionels Tagebuch. Hinterlassene Papiere eines gefallenen französischen Landwehrmanns bearbeitet und hg. von Willy Norbert, Berlin-Charlottenburg 1915.

Pflugk-Harttung, Elfriede von (Hg.), Frontschwestern. Ein deutsches Ehrenbuch, unter Mitarbeit von zahlreichen Frontschwestern, Berlin 1936.

Pniower, Otto, G. Schuster, R. Sternfeld et al (Hg.), Briefe aus dem Felde 1914/1915, für das deutsche Volk im Auftrage der Zentralstelle zur Sammlung von Feldpostbriefen im Märkischen Museum zu Berlin, Oldenburg 1916.
Rahden, Wilhelm von, Die Feuertaufe des kleinen Leutnants, Mai 1813, Berlin 1913.
Reich, Hermann, Das Buch Michael. Mit Kriegsaufsätzen, Tagebuchblättern, Gedichten, Zeichnungen aus Deutschlands Schulen, hg. aus den Archiven und mit Unterstützung des Zentralinstituts für Erziehung und Unterricht, Berlin 1916.
Reinhardt, Walther, Sechs Monate Westfront. Feldzugserlebnisse eines Artillerie-Offiziers in Belgien, Flandern und der Champagne, 2. Aufl., Berlin 1915.
Reiniger, Max, Der Weltkrieg im persönlichen Ausdruck der Kinder. 150 Schülerkriegsaufsätze, Langensalza 1915.
Rimbault, Paul, Kriegstagebuch eines Linienoffiziers. Saarburg, La Mortagne, Wald von Apremont (August 1914–Februar 1915), mit einem Vorwort von Maurice Barrès, 2. Aufl., Lauban ca. 1917.
Rohden, Gotthold von, Zwei Brüder. Feldpostbriefe und Tagebuchblätter: Erstes Bändchen, hg. von Gustav von Rohden, Tübingen 1916.
Rosegger, Peter, Heimgärtners Tagebuch, in: Roseggers Heimgarten. Eine Monatsschrift 39 (1914), H. 1, 58–68.
Rosegger, Peter, Heimgärtners Tagebuch. Neue Folge (1912–1917), Leipzig 1917.
Schicht, Arthur, Ein Held der Garde. Meines Neffen Kriegstagebuch und Briefe aus dem Felde, hg. von Oskar Häring, Altenburg 1917.
Schlieffen, Alfred von, Der Krieg in der Gegenwart (1909), in: Alfred von Schlieffen, Gesammelte Schriften. Erster Band, Berlin 1913, 11–22.
Schnapper-Arndt, Gottlieb, Nährikele. Ein sozialstatistisches Kleingemälde aus dem schwäbischen Volksleben, in: Gottlieb Schnapper-Arndt, Vorträge und Aufsätze, hg. von Leon Zeitlin, Tübingen 1906, 190–253.
Schoenichen, Schulleben in der Kriegszeit, in: Schule und Krieg. Sonderausstellung im Zentralinstitut für Erziehung und Unterricht Berlin, Berlin 1915, 13–38.
Schöne, Walter, Zeitungswesen und Statistik. Eine Untersuchung über den Einfluss der periodischen Presse auf die Entstehung und Entwicklung der staatswissenschaftlichen Literatur, speziell der Statistik, Jena 1924.
Schulz, Eugen, Arnold Kißler und Paul Schulze, Geschichte des Reserve-Infanterie-Regiments Nr. 209 im Weltkrieg 1914–1918. Nach den amtlichen Kriegstagebüchern und persönlichen Aufzeichnungen, Oldenburg und Berlin 1930.
Schulze, Anny, Kriegstagebücher, in: Die Lehrerin 32 (1. Mai 1915), H. 5, S. 34–36.
Seidel, Abraham, Alter und Neuer Kriegs- Mord- und Todt- Jammer- und Noht-Calender. Auf das Jahr nach der Geburt Jesu Christi/ M DC LXXXV. so benebens der Beschreibung Deß Gewitters/ Erwehlungen und anderer Zufälle der Planeten und Aspecten Lauff und Gang, Nürnberg 1684.
Simmel, Georg, Das Problem der historischen Zeit, Berlin 1916.
Slevogt, Max, Ein Kriegstagebuch. Gezeichnet von Max Slevogt, Berlin 1917.
Soldatenbüchereien. Verzeichnis empfehlenswerter Schriften für die Mannschaften in Heer und Marine, Berlin 1909.
Spengler, Wilhelm, Wir waren drei Kameraden. Kriegserlebnisse, mit einer Einführung von Dr. Philipp Witkop, Freiburg im Breisgau 1917.
Spiegel von und zu Peckelsheim, Edgar, „U 202": Kriegstagebuch. Angefangen d. 12. Apr. 19 ... Abgeschlossen d. 30. Apr. 19 ..., Berlin 1916.

Spitzer, Leo, Italienische Kriegsgefangenenbriefe. Materialien zu einer Charakteristik der volkstümlichen italienischen Korrespondenz, Bonn 1921.
Steinmetz, Rudolf, Die Stellung der Soziographie in der Reihe der Geisteswissenschaften, in: Archiv für Rechts- und Wirtschaftsphilosophie 6 (1913), H. 3, 492–501.
Stern, William, Aussagestudium, in: Beiträge zur Psychologie der Aussage. Mit besonderer Berücksichtigung von Problemen der Rechtspflege, Pädagogik, Psychiatrie und Geschichtsforschung, hg. von William Stern, Leipzig 1904, 46–78.
Stern, William, Vorwort, in: Jugendliches Seelenleben und Krieg. Materialien und Berichte, hg. von William Stern, Leipzig 1915, III–VI.
Streit, Julius, Kriegsgedenkbüchlein, in: Freie Schul-Zeitung 40 (17. Oktober 1914), H. 42, 836–837.
[Tagebuchauszüge], in: Freie Bayerische Schulzeitung 16 (2. September 1915), H. 18, 135–138.
Thiesset, Henriette, Journal de Guerre 1914–1920 d'Henriette Thiesset, annoté par Nathalie Jung-Baudoux, Amiens 2012.
Thomas, Adrienne, Die Katrin wird Soldat (1930), München 1988.
Thomas, Adrienne, Aufzeichnungen aus dem Ersten Weltkrieg. Ein Tagebuch, hg. von Günter Scholdt, Köln 2004.
Tommy's Tagebuch. Aufzeichnungen eines gefallenen Engländers, gefunden, bearbeitet u. hg. von Willy Norbert, Berlin-Charlottenburg 1915.
Trott, Gustav, Das Kriegstagebuch des Premierleutnants Trott aus den Jahren 1800–1815, hg. vom Vaterländischen Frauen-Verein, Berlin 1915.
Ubisch, Edgar von, Briefe und Tagebücher des deutschen Volkes aus Kriegszeiten, in: Die Grenzboten 69 (1910), H. 2, 30–33.
Ubisch, Edgar von, Briefe und Tagebücher des deutschen Volkes aus Kriegszeiten, in: Die Grenzboten 70 (1911), H. 4, 441–443.
Uderknecht, Erwin, Billiger Lesestoff für Lazarette und Feldtruppen, München 1915.
Uebel, Otto (Hg.), An der Front und hinter Stacheldraht. Eine Auswahl aus Kriegsbriefen und Tagebuchblättern, Bielefeld ca. 1931.
Unsere feldgrauen Helden. Aus Tagebüchern und Briefen. I. Tagebuch des Grenadiers St.; II. Die Blitzteufel. Nach Aufzeichnungen des Oberjägers K.; III. Ulanen der Luft. Nach Aufzeichnungen von Fliegern, bearbeitet von Robert Heymann, Leipzig 1915.
Warnod, André, Prisonnier de guerre. Notes et croquis rapportés d'Allemagne, Paris 1915.
Warstat, Willi (Hg.), Das Erlebnis unserer Kriegsfreiwilligen. Nach den Feldpostbriefen, Tagebüchern, Gedichten und Schilderungen jugendlicher Kriegsfreiwilliger aus der Sammlung des „Deutschen Bundes für Erziehung und Unterricht", Gotha 1916.
Wehner, Marie, Kriegstagebuch einer Mutter, Leipzig 1917.
Weinberg, Hermann, Kurzgefaßte Geschichte der Stenographie, Düsseldorf 1892.
Weissenborn, E., Tagebücher und Familiengeschichte, in: Archiv für Stamm- und Wappenkunde 5 (1904), H. 2, 17–20.
Wöhler, Hans, Des Kriegsfreiwilligen Hans Wöhler Kriegstagebuch vom 11. Nov. 1915 bis zum 30. April 1916. 2. Pionier-Bat. Nr. 4 – 4. Feldkomp., Magdeburg 1916.
Wolf, Arthur, Kriegstagebuch 1914, in: Neue Bahnen 26 (1914), H. 1, 16–26.
Wuhrmann's Durchschreibebücher für Achatstift, Freiburg im Breisgau o. J.
Zeissig, Emil, Art. Tagebuch des Schülers, in: Enzyklopädisches Handbuch der Pädagogik, hg. von Wilhelm Rein, Langensalza 1899, 84–102.

Forschungsliteratur

Allan, Stuart, News Culture, Buckingham und Philadelphia 1999.
Altenhöner, Florian, Kommunikation und Kontrolle. Gerüchte und städtische Öffentlichkeiten in Berlin und London 1914/1918, München 2008.
Amossy, Ruth, Les Récits des infirmières de 1914–1918, in: Des Femmes écrivent la Guerre, hg. von Frédérique Chevillot und Anna Norris, Paris 2007, 17–35.
Anderson, Benedict, Die Erfindung der Nation. Zur Karriere eines erfolgreichen Konzepts, Frankfurt am Main 1988.
Aris, Nancy, Die Metro als Schriftwerk. Geschichtsproduktion und industrielles Schreiben im Stalinismus, Berlin 2005.
Assmann, Aleida, Der lange Schatten der Vergangenheit. Erinnerungskultur und Geschichtspolitik, München 2006.
Atze, Marcel, „Sieht aus wie ein Lebenswerk". Vorhang auf für Notizen und Notizbücher, in: „Gedanken reisen, Einfälle kommen an". Die Welt der Notiz, hg. von Marcel Atze und Volker Kaukoreit, Wien 2017, 13–48.
Audoin-Rouzeau, Stéphane, La Guerre des enfants. 1914–1918, 2. Aufl., Paris 1993.
Audoin-Rouzeau, Stéphane, Yves Congar, un enfant de guerre, in: Yves Congar, Journal de la guerre, 1914–1918, hg. von Stéphane Audoin-Rouzeau und Dominique Congar, Paris 1997, 257–287.
Auslander, Leora und Tara Zahra, Introduction. The Things They Carried: War, Mobility, and Material Culture, in: Objects of War. The Material Culture of Conflict & Displacement, hg. von Leora Auslander und Tara Zahra, Cornell 2018, 1–21.
Bänziger, Peter-Paul, Die Moderne als Erlebnis. Eine Geschichte der Konsum- und Arbeitsgesellschaft, 1840–1940, Göttingen 2020.
Baron, Ulrich und Hans-Harald Müller, Die „Perspektive des kleinen Mannes" in der Kriegsliteratur der Nachkriegszeiten, in: Der Krieg des kleinen Mannes. Eine Militärgeschichte von unten, hg. von Wolfram Wette, München 1995, 344–360.
Bausinger, Hermann, Volkskunde. Von der Altertumsforschung zur Kulturanalyse (1971), unveränderter Nachdruck der Ausgabe von 1971, Darmstadt 1979.
Beaupré, Nicolas, Ecrire en guerre, écrire la guerre. France–Allemagne, 1914–1920, Paris 2006.
Becker, Annette, Paradoxien in der Situation der Kriegsgefangenen 1914–1918, in: Kriegsgefangene im Europa des Ersten Weltkriegs, hg. von Jochen Oltmer, Paderborn 2006, 24–31.
Becker, Annette, Les Cicatrices rouges 14–18. France et Belgique occupées, Paris 2010.
Beil, Christine, Der ausgestellte Krieg. Präsentationen des Ersten Weltkriegs 1914–1939, Tübingen 2004.
Bellanca, Mary Ellen, Daybooks of Discovery. Nature Diaries in Britain 1770–1870, Charlottesville und London 2007.
Bergenthum, Hartmut, Weltgeschichten im wilhelminischen Deutschland. Innovative Ansätze in der populären Geschichtsschreibung, in: Comparativ. Leipziger Beiträge zur Universalgeschichte und vergleichenden Gesellschaftsforschung 12 (2002), H. 3, 16–56.
Bernfeld, Siegfried, Trieb und Tradition im Jugendalter. Kulturpsychologische Studien an Tagebüchern (1931), Nachdruck der Originalausgabe, hg. von Ulrich Herrmann, Gießen 2015.

Berz, Peter, Weltkrieg/System. Die ‚Kriegssammlung 1914' der Staatsbibliothek Berlin und ihre Katalogik, in: Krieg und Literatur / War and Literature 5 (1993), H. 10, 105–130.

Blessing, Werner K., Staat und Kirche in der Gesellschaft, Göttingen 1982.

Boerner, Peter, Tagebuch, Stuttgart 1969.

Böhme, Günther, Das Zentralinstitut für Erziehung und Unterricht und seine Leiter. Zur Pädagogik zwischen Kaiserreich und Nationalsozialismus, Neuburgwieder und Karlsruhe 1971.

Borde, Christian und Eric Roulet, Introduction, in: Les Journaux de bord, XIVe–XXIe siècle, hg. von Christian Borde und Eric Roulet, Aachen 2015, VII–XVII.

Bösch, Frank, Zeitungsberichte im Alltagsgespräch. Mediennutzung, Medienwirkung und Kommunikation im Kaiserreich, in: Publizistik 49 (2004), H. 3, 319–336.

Bosl, Karl, Der Kleine Mann – Die Kleinen Leute, in: Dona Ethnologica. Beiträge zur vergleichenden Volkskunde, hg. von Helge Gerndt und Georg R. Schroubek, München 1973, 97–111.

Brandauer, Isabelle, Die Kriegstagebücher der Brüder Erich und Rudolf Mayr. Kriegserfahrungen an der Südwestfront im Vergleich, in: Jenseits des Schützengrabens. Der Erste Weltkrieg im Osten: Erfahrung – Wahrnehmung – Kontext, hg. von Bernhard Bachinger und Wolfgang Dornik, Innsbruck 2013, 243–265.

Breloer, Heinrich, Geheime Welten. Deutsche Tagebücher aus den Jahren 1939 bis 1947, Erfolgsausgabe, Frankfurt am Main 1999.

Campe, Rüdiger, Die Schreibszene, Schreiben, in: Paradoxien, Dissonanzen, Zusammenbrüche. Situationen offener Epistemologie, hg. von Hans Ulrich Gumbrecht, Frankfurt am Main 1991, 759–772.

Canning, Kathleen, Problematische Dichotomien. Erfahrung zwischen Narrativität und Materialität, in: Historische Anthropologie. Kultur Gesellschaft Alltag 10 (2002), H. 2, 163–182.

Clark, Christopher M., Die Schlafwandler. Wie Europa in den Ersten Weltkrieg zog, Bonn 2013.

Collonges, Julien und Carine Picaud, Erlebnisberichte und Propaganda: die Frontzeitungen des Ersten Weltkriegs, in: In Papiergewittern: 1914–1918. Die Kriegssammlungen der Bibliotheken, hg. von Christophe Didier und Gerhard Hirschfeld, Paris 2008, 104–107.

Cramer, K., Art. Erlebnis, in: Historisches Wörterbuch der Philosophie. Völlig neubearbeitete Ausgabe des ‚Wörterbuchs der philosophischen Begriffe' von Rudolf Eisler, hg. von Joachim Ritter, Darmstadt 1972, Sp. 702–711.

Czarnikow, Marie, „Wenn man ganz still steht, fühlt man den Erdboden unter den Füßen leise zittern." Inszenierte Unmittelbarkeit und Transnationalität in der Serie *14 Tagebücher des Ersten Weltkriegs*, Weimar 2015 (unveröffentlichte Masterarbeit).

Czarnikow, Marie, Tagebuch, in: Enzyklopädie der kleinen Formen [Audio-Enzyklopädie des Podcasts microform]. www.kleine-formen.de/enzyklopaedie-tagebuch. Berlin 2018 [01.11.2021].

Czarnikow, Marie, „Nun will ich eben eine Zeitungsmeldung hier verewigen". Kriegstagebücher als Sammelformen disparater Kriegserfahrungen, in: Zwischen Dokument und Fiktion – Kriegserfahrungen und literarische Formen im 20. Jahrhundert, hg. von Matthias Aumüller, Carolin Reimann und Johanna Wildenauer, Berlin 2021, 112–136.

Czarnikow, Marie, Umpragmatisierung durch Verkleinerung. Die Genese des Kriegstagebuchs zu dem Weltkriege 1914, in: Verkleinerung. Epistemologie und Literaturgeschichte kleiner Formen, hg. von Maren Jäger, Ethel Matala de Mazza und Joseph Vogl, Berlin 2021, 141–156.

Daniel, Ute, Bücher vom Kriegsschauplatz. Kriegsberichterstattung als Genre des 19. und frühen 20. Jahrhunderts, in: Geschichte für Leser. Populäre Geschichtsschreibung in Deutschland im 20. Jahrhundert, hg. von Wolfgang Hardtwig und Erhard Schütz, Stuttgart 2005, 93–121.

Décultot, Élisabeth, Einleitung. Die Kunst des Exzerpierens – Geschichte, Probleme, Perspektiven, in: Lesen, Kopieren, Schreiben. Lese- und Exzerpierkunst in der europäischen Literatur des 18. Jahrhunderts, hg. von Elisabeth Décultot, Berlin 2014, 7–47.

Demandt, Alexander, Was ist ein historisches Ereignis?, in: Ereignis. Eine fundamentale Kategorie der Zeiterfahrung. Anspruch und Aporien, hg. von Nikolaus Müller-Schöll, Bielefeld 2003, 63–76.

Demm, Eberhard, Kinder und Propaganda im Ersten Weltkrieg. Eine transnationale Perspektive, in: Kinder und Krieg. Von der Antike bis zur Gegenwart, hg. von Alexander Denzler, Stefan Grüner und Markus Raasch, Berlin und Boston 2016, 105–130.

Desbois, Evelyne, An die vereinigten Lügner: Tagebücher und Briefe von der Front, in: In Papiergewittern: 1914–1918. Die Kriegssammlungen der Bibliotheken, hg. von Christophe Didier und Gerhard Hirschfeld, Paris 2008, 133–139.

Deupmann, Christoph, Ereignisgeschichten. Zeitgeschichte in literarischen Texten von 1968 bis zum 11. September 2001, Göttingen 2013.

Didier, Christophe, Die Spuren des Krieges sammeln, in: In Papiergewittern: 1914–1918. Die Kriegssammlungen der Bibliotheken, hg. von Christophe Didier und Gerhard Hirschfeld, Paris 2008, 16–27.

Didier, Christophe und Gerhard Hirschfeld (Hg.), In Papiergewittern. Die Kriegssammlungen der Bibliotheken, Paris 2008.

Dijck, José van, Writing the Self. Of Diaries and Weblogs, in: Sign Here! Handwriting in the Age of New Media, hg. von José van Dijck, Eric Ketelaar und Sonja Neef, Amsterdam 2006, 116–133.

Dusini, Arno, Tagebuch. Möglichkeiten einer Gattung, München 2005.

Dusini, Arno, Das Tagebuch als materialisierte Zeit, in: Absolut privat!? Vom Tagebuch zum Weblog, hg. von Helmut Gold und Wolfgang Albrecht, Heidelberg 2008, 98–99.

Ebeling, Knut und Stephan Günzel, Einleitung, in: Archivologie. Theorien des Archivs in Wissenschaft, Medien und Künsten, hg. von Knut Ebeling und Stephan Günzel, Berlin 2009, 7–28.

Encke, Julia, Augenblicke der Gefahr. Der Krieg und die Sinne, München 2006.

Encke, Julia und Claudia Öhlschläger, Arbeit am Unverfügbaren. Ernst Jünger und die Szene des Ereignisses, in: Performativität und Ereignis, hg. von Erika Fischer-Lichte, Christian Horn, Sandra Umathum et al, Tübingen und Basel 2003, 135–148.

Epkenhans, Michael, Stig Förster und Karen Hagemann, Einführung: Biographien und Selbstzeugnisse in der Militärgeschichte – Möglichkeiten und Grenzen, in: Militärische Erinnerungskultur. Soldaten im Spiegel von Biographien, Memoiren und Selbstzeugnissen, hg. von Michael Epkenhans, Stig Förster und Karen Hagemann, Paderborn, München und Wien 2006, IV–XVI.

Estermann, Monika und Stephan Füssel, Belletristische Verlage, in: Geschichte des deutschen Buchhandels im 19. und 20. Jahrhundert: Das Kaiserreich 1871–1918. Bd. 1: Teil 2, hg. von Georg Jäger, Frankfurt am Main 2003, 164–299.

Exner, Lisbeth und Herbert Kapfer, Vorwort, in: Verborgene Chronik 1914, hg. vom Deutschen Tagebucharchiv, 7–10.

Fellner, Fritz, Der Krieg in Tagebüchern und Briefen. Überlegungen zu einer wenig genutzten Quellenart, in: Österreich und der Große Krieg 1914–1918. Die andere Seite der Geschichte, hg. von Klaus Amann und Hubert Lengauer, Wien 1989, 205–213.

Fischer, Hendrik, Messen ohne Maß. Wege und Irrwege des Gottlieb Schnapper-Arndt, in: Kuriosa der Wirtschafts-, Unternehmens- und Technikgeschichte. Miniaturen einer „fröhlichen Wissenschaft", hg. von Christian Kleinschmidt, Essen 2008, 106–112.

Fischer, Michael, Soldatenhumor und Volkspoesie? Eisenbahnwaggon-Aufschriften im Ersten Weltkrieg, in: Populäre Kriegslyrik im Ersten Weltkrieg, hg. von Nicolas Detering, Michael Fischer und Aibe-Marlene Gerdes, Münster, New York, München et al 2013, 155–190.

Fischer-Lichte, Erika, Auf dem Wege zu einer performativen Kultur, in: Paragrana. Internationale Zeitschrift für Historische Anthropologie 7 (1998), H. 1, 13–29.

Flasch, Kurt, Die geistige Mobilmachung. Die deutschen Intellektuellen und der Erste Weltkrieg: Ein Versuch, Berlin 2000.

Flasch, Kurt, Der Wert der Innerlichkeit, in: Die kulturellen Werte Europas, hg. von Hans Joas und Klaus Wiegandt, Bonn 2005, 219–236.

Foucault, Michel, Technologien des Selbst, in: Technologien des Selbst, hg. von Luther H. Martin, Huck Gutman und Patrick H. Hutton, Frankfurt am Main 1993, 24–62.

Frank, Susi K., Einleitung: Kriegsnarrative, in: Zwischen Apokalypse und Alltag. Kriegsnarrative des 20. und 21. Jahrhunderts, hg. von Natalia Borissova, Susi K. Frank und Andreas Kraft, Bielefeld 2009, 7–39.

Fritzsche, Peter, Drastic History and the Production of Autobiography, in: Controlling Time and Shaping the Self. Developments in Autobiographical Writing since the Sixteenth Century, hg. von Arianne Baggerman, Rudolf Dekker und Michael Mascuch, Leiden und Boston 2011, 77–94.

Gadamer, Hans-Georg, Wahrheit und Methode. Grundzüge einer philosophischen Hermeneutik, Tübingen 1960.

Gamper, Michael, Masse lesen, Masse schreiben. Eine Diskurs- und Imaginationsgeschichte der Menschenmenge 1765–1930, München 2007.

Gamper, Michael, Der große Mann. Geschichte eines politischen Phantasmas, Göttingen 2016.

Gamper, Michael und Helmut Hühn, Einleitung, in: Zeit der Darstellung. Ästhetische Eigenzeiten in Kunst, Literatur und Wissenschaft, hg. von Michael Gamper und Helmut Hühn, Hannover 2014, 7–23.

Gamper, Michael und Ruth Mayer, Erzählen, Wissen und kleine Formen. Eine Einleitung, in: Kurz & Knapp. Zur Mediengeschichte kleiner Formen vom 17. Jahrhundert bis zur Gegenwart, hg. von Michael Gamper und Ruth Mayer, Bielefeld 2017, 7–22.

Garbarini, Alexandra, Numbered Days. Diaries and the Holocaust, New Haven und London 2006.

Garvey, Ellen Gruber, Writing with Scissors. American Scrapbooks from the Civil War to the Harlem Renaissance, Oxford 2013.

Gerdes, Aibe-Marlene, Ein Abbild der gewaltigen Ereignisse. Die Kriegssammlungen zum Ersten Weltkrieg, Essen 2016.

Gerhalter, Li, „Einmal ein ganz ordentliches Tagebuch"? Formen, Inhalte und Materialitäten diaristischer Aufzeichnungen in der ersten Hälfte des 20. Jahrhunderts, in: Selbstreflexionen und Weltdeutungen. Tagebücher in der Geschichte und der Geschichtsschreibung des 20. Jahrhunderts, hg. von Rüdiger Graf und Janosch Steuwer, Göttingen 2015, 63–84.

Geyer, Stefan und Johannes F. Lehmann, Einleitung, in: Aktualität. Zur Geschichte literarischer Gegenwartsbezüge vom 17. bis zum 21. Jahrhundert, hg. von Stefan Geyer und Johannes F. Lehmann, Hannover 2018, 9–33.

Gitelman, Lisa, Print Culture (Other Than Codex): Job Printing and Its Importance, in: Comparative Textual Media: Transforming the Humanities in the Postprint Era, hg. von Nancy Katherine Hayles und Jessica Pressman, Minneapolis 2013, 183–197.
Gitelman, Lisa, Paper Knowledge. Toward a Media History of Document, Durham und London 2014.
Granados, Mayari, Postkarten als Souvenirs, in: Der Souvenir. Erinnerung in Dingen von der Reliquie zum Andenken, hg. von Birgit Gablowski, dem Museum für Angewandte Kunst und dem Museum für Kommunikation Frankfurt, Köln 2006, 418–428.
Grätz, Katharina, Musealer Historismus. Die Gegenwart des Vergangenen bei Stifter, Keller und Raabe, Heidelberg 2006.
Große Kracht, Klaus, Kriegsschuldfrage und zeithistorische Forschung in Deutschland. Historiographische Nachwirkungen des Ersten Weltkriegs. https://zeitgeschichte-online. de/themen/kriegsschuldfrage-und-zeithistorische-forschung-deutschland, 2004 [01.11.2021].
Groth, Otto, Die Zeitung: Ein System der Zeitungskunde (Journalistik). Erster Band, Mannheim, Berlin und Leipzig 1928.
Gruber, Verena, Versuche ideologischer Beeinflussung – Aufsatzthemen und Maturaarbeiten in Tiroler Gymnasien, in: Kindheit und Schule im Ersten Weltkrieg, hg. von Hannes Stekl, Christa Hämmerle und Ernst Bruckmüller, Wien 2015, 180–204.
Hagemann, Karen, Heimat – Front. Militär, Gewalt und Geschlechterverhältnisse im Zeitalter der Weltkriege, in: Heimat – Front. Militär und Geschlechterverhältnisse im Zeitalter der Weltkriege, hg. von Karen Hagemann und Stefanie Schüler-Springorum, Frankfurt am Main und New York 2002, 13–52.
Hagemann, Karen, Umkämpftes Gedächtnis. Die Antinapoleonischen Kriege in der deutschen Erinnerung, Paderborn 2019.
Hagestedt, Lutz, Der richtige Ort für systematische Überlegungen. Philippe Lejeune und die Tagebuchforschung, in: Philippe Lejeune, „Liebes Tagebuch". Zur Theorie und Praxis des Journals, hg. von Lutz Hagestedt, München 2014, VII–XXXII.
Hämmerle, Christa, The Self Which Should be Unselfish: Aspects of Self-Testimonies from the First World War, in: Plurality and Individuality. Autobiographical Cultures in Europe, hg. von Christa Hämmerle, Wien 1995, 100–112.
Hämmerle, Christa, Geschlechtergeschichte/n des Ersten Weltkriegs in Österreich-Ungarn. Eine Einführung, in: Heimat/Front. Geschlechtergeschichte/n des Ersten Weltkriegs in Österreich-Ungarn, hg. von Christa Hämmerle, Wien 2014, 9–25.
Hämmerle, Christa, Schau, daß Du fort kommst! Feldpostbriefe eines Ehepaares, in: Heimat/ Front. Geschlechtergeschichte/n des Ersten Weltkriegs in Österreich-Ungarn, hg. von Christa Hämmerle, Wien 2014, 55–83.
Hämmerle, Christa und Li Gerhalter, Tagebuch – Geschlecht – Genre im 19. und 20. Jahrhundert, in: Krieg – Politik – Schreiben. Tagebücher von Frauen (1918–1950), hg. von Christa Hämmerle und Li Gerhalter, Wien 2015, 7–31.
Hartmann, Andreas, Reisen und Aufschreiben, in: Reisekultur. Von der Pilgerfahrt zum modernen Tourismus, hg. von Hermann Bausinger, Klaus Beyrer und Gottfried Korff, München 1991, 152–159.
Hauser-Schäublin, Brigitta, Teilnehmende Beobachtung, in: Methoden und Techniken der Feldforschung, hg. von Bettina Beer, Berlin 2003, 33–54.
Häusner, Sophie, „Ich glaube nicht, daß ich es für mich behalten darf". Autobiographische Veröffentlichungen von Krankenschwestern zum Ersten Weltkrieg, in: Selbstzeugnis und

Person. Transkulturelle Perspektiven, hg. von Claudia Ulbrich, Hans Medick und Angelika Schaser, Köln 2012, 155–171.

Heesen, Anke te, cut & paste um 1900, in: Cut & paste um 1900. Der Zeitungsausschnitt in den Wissenschaften, hg. von Anke te Heesen, Edith Hirte und Heidrun Mattes, Leipzig 2002, 20–37.

Heesen, Anke te, The Notebook: A Paper Technology, in: Making things public. Atmospheres of democracy, hg. von Bruno Latour und Peter Weibel, Cambridge, Massachusetts und Karlsruhe 2005, 582–589.

Heesen, Anke te, Der Zeitungsausschnitt. Ein Papierobjekt der Moderne, Frankfurt am Main 2006.

Heesen, Anke te: Schnitt 1915. Zeitungsausschnittsammlungen im Ersten Weltkrieg, in: Kasten 117. Aby Warburg und der Aberglaube im Ersten Weltkrieg, hg. von Gottfried Korff, Tübingen 2007, 71–85.

Heesen, Anke te, Geistes-Angestellte. Das Welt-Wirtschafts-Archiv und moderne Papiertechniken, ca. 1928, in: Wie Bilder Dokumente wurden. Zur Genealogie dokumentarischer Darstellungspraktiken, hg. von Renate Wöhrer, Berlin 2015, 195–221.

Hegel, Georg Wilhelm Friedrich, Werke 2, Bd. 2: Jenaer Schriften 1801–1807, neu edierte Ausgabe red. von Eva Moldenhauer und Karl Markus Michel, Frankfurt am Main 1986.

Helbig, Max, Der Aufbau und die Gestaltung der Vordrucke, in: Bürger – Formulare – Behörde. Wissenschaftliche Arbeitstagung zum Kommunikationsmittel ‚Formular', hg. von Siegfried Grosse und Wolfgang Mentrup, Tübingen 1980, 44–75.

Hellbeck, Jochen, Revolution on my Mind. Writing a Diary Under Stalin, Cambridge und London 2006.

Henning, Eckart, Selbstzeugnisse, in: Die archivalischen Quellen. Mit einer Einführung in die Historischen Hilfswissenschaften, hg. von Friedrich Beck und Eckart Henning, 4. Aufl., Köln 2004, 119–127.

Herkenhoff, Michael, „Briefe und Tagebücher des deutschen Volkes aus Kriegszeiten". Die preußischen Kriegssammlungen 1911–1914/18, in: Kriegssammlungen 1914–1918, hg. von Julia Freifrau Hiller von Gaertringen, Frankfurt am Main 2014, 31–48.

Hettling, Manfred, Nationale Weichenstellungen und Individualisierung der Erinnerung. Politischer Totenkult im Vergleich, in: Gefallenengedenken im globalen Vergleich. Nationale Tradition, politische Legitimation und Individualisierung der Erinnerung, hg. von Manfred Hettling und Jörg Echternkamp, München 2013, 11–42.

Hettling, Manfred und Jörn Echternkamp, Deutschland – Heroisierung und Opferstilisierung. Grundelemente des Gefallenengedenkens von 1813 bis heute, in: Gefallenengedenken im globalen Vergleich. Nationale Tradition, politische Legitimation und Individualisierung der Erinnerung, hg. von Manfred Hettling und Jörn Echternkamp, München 2013, 123–158.

Heumann, Konrad, Archivierungsspuren, in: Der Brief – Ereignis & Objekt. Katalog der Ausstellung im Freien Deutschen Hochstift – Frankfurter Goethe-Museum, 11. September bis 16. November 2008, hg. von Anne Bohnenkamp-Renken und Waltraud Wiethölter, Frankfurt am Main 2008, 263–315.

Heymel, Charlotte, Touristen an der Front. Das Kriegserlebnis 1914–1918 als Reiseerfahrung in zeitgenössischen Reiseberichten, Berlin 2007.

Higonnet, Margaret, Maternal Cosmopoetics. Käthe Kollwitz and European Women Poets of the First World War, in: The First World War. Literature, Culture, Modernity, hg. von Santanu Das und Kate McLoughlin, Oxford 2018, 197–222.

Hinton, James, Nine Wartime Lives. Mass-Observation and the Making of the Modern Self, Oxford 2010.
Hinz, Uta, „Die deutschen ‚Barbaren' sind doch die besseren Menschen". Kriegsgefangenschaft und gefangene ‚Feinde' in der Darstellung der deutschen Publizistik 1914–1918, in: In der Hand des Feindes. Kriegsgefangenschaft von der Antike bis zum Zweiten Weltkrieg, hg. von Rüdiger Overmans, Köln, Weimar und Wien 1999, 339–361.
Hoffmann, Christoph, Festhalten, Bereitstellen. Verfahren der Aufzeichnung, in: Daten sichern. Schreiben und Zeichnen als Verfahren der Aufzeichnung, hg. von Christoph Hoffmann, Zürich und Berlin 2008, 7–20.
Hoffmann, Christoph, Schreiben, um zu lesen. Listen, Klammern und Striche in Ernst Machs Notizbüchern, in: „Schreiben heißt: sich selber lesen". Schreibszenen als Selbstlektüren, hg. von Davide Giuriato, Martin Stingelin und Sandro Zanetti, München 2008, 199–215.
Hoffmann, Christoph, Umgebungen. Über Ort und Materialität von Ernst Machs Notizbüchern, in: Portable media. Schreibszenen in Bewegung zwischen Peripatetik und Mobiltelefon, hg. von Martin Stingelin, Matthias Thiele und Claas Morgenroth, München 2010, 89–107.
Hoffmann, Christoph, Schreiber, Verfasser, Autoren, in: Deutsche Vierteljahresschrift für Literaturwissenschaft und Geistesgeschichte 91 (2017), Sonderband, 163–187.
Holm, Christiane, Montag Ich, Dienstag Ich, Mittwoch Ich. Versuch einer Phänomenologie des Diaristischen, in: Absolut privat!? Vom Tagebuch zum Weblog, hg. von Helmut Gold und Wolfgang Albrecht, Heidelberg 2008, 10–50.
Homberg, Michael, Reporter-Streifzüge. Metropolitane Nachrichtenkultur und die Wahrnehmung der Welt 1870–1918, Göttingen 2017.
Honold, Alexander, Einsatz der Dichtung. Literatur im Zeichen des Ersten Weltkriegs, Berlin 2015.
Horn, Eva, Trauer schreiben. Die Toten im Text der Goethezeit, München 1998.
Horn, Eva, Erlebnis und Trauma. Die narrative Konstruktion des Ereignisses in Psychiatrie und Kriegsroman, in: Modernität und Trauma. Beiträge zum Zeitenbruch des Ersten Weltkrieges, hg. von Inka Mülder-Bach, Wien 2000, 131–162.
Horstkotte, Silke, „Augenblicksbeobachtungen": Kurze Blicke in Kafkas Tagebüchern, in: Kulturen des Kleinen. Mikroformate in Literatur, Kunst und Medien, hg. von Sabiene Autsch, Claudia Öhlschläger und Leonie Süwolto, Paderborn 2014, 145–163.
Huff, Cynthia A., Reading as Re-Vision. Approaches to Reading Manuscript Diaries, in: Autobiography. Critical concepts in literary and cultural studies. Volume IV, hg. von Trev Lynn Broughton, London und New York 2007, 32–48.
Interview mit Ethel Matala de Mazza, in: microform. Der Podcast des Graduiertenkollegs Literatur- und Wissensgeschichte kleiner Formen. www.kleine-formen.de/interview-mit-ethel-matala-de-mazza. Berlin 2018 [01.11.2021].
Jaeger, Friedrich und Jörn Rüsen, Geschichte des Historismus. Eine Einführung, München 1992.
Jäger, Georg, Preußischer Militarismus und die Kultur von Weimar – der Verlag E. S. Mittler & Sohn, in: Geschichte des Deutschen Buchhandels im 19. und 20. Jahrhundert: Das Kaiserreich 1870–1918. Bd. 1: Teil 1, hg. von Georg Jäger, Frankfurt am Main 2001, 339–346.
Jäger, Maren, Ethel Matala de Mazza und Joseph Vogl, Einleitung, in: Verkleinerung. Epistemologie und Literaturgeschichte kleiner Formen, hg. von Maren Jäger, Ethel Matala de Mazza und Joseph Vogl, Berlin 2021, 1–12.

Janz, Oliver, 14. Der große Krieg, Frankfurt am Main 2013.
Jarausch, Konrad H. und Martin Sabrow, „Meistererzählung" – Zur Karriere eines Begriffs, in: Die historische Meistererzählung. Deutungslinien der deutschen Nationalgeschichte nach 1945, hg. von Konrad H. Jarausch und Martin Sabrow, Göttingen 2002, 9–32.
Jones Weicksel, Sarah, „Peeled" Bodies, Pillaged Homes: Looting and Material Culture in the American Civil War Era, in: Objects of War. The Material Culture of Conflict & Displacement, hg. von Leora Auslander und Tara Zahra, Cornell 2018, 111–138.
Justnik, Herbert, Ein Text als Symptom. Michael Haberlandts „Die Photographie im Dienste der Volkskunde", in: Wie Bilder Dokumente wurden. Zur Genealogie dokumentarischer Darstellungspraktiken, hg. von Renate Wöhrer, Berlin 2015, 85–100.
Kalff, Sabine und Ulrike Vedder, Tagebuch und Diaristik seit 1900. Einleitung, in: Zeitschrift für Germanistik, Neue Folge XXVI (2016), H. 2, 235–242.
Kaminski, Nicola, 25. Oktober 1813 oder Journalliterarische Produktion von Gegenwart, mit einem Ausflug zum 6. Juli 1724, in: Aktualität. Zur Geschichte literarischer Gegenwartsbezüge vom 17. bis zum 21. Jahrhundert, hg. von Stefan Geyer und Johannes F. Lehmann, Hannover 2018, 241–270.
Karla, Anna, Zeugen der Zeitgeschichte. Revolutionsmemoiren im Frankreich der Restaurationszeit, in: Politik der Zeugenschaft. Zur Kritik einer Wissenspraxis, hg. von Sibylle Schmidt, Sybille Krämer und Ramon Voges, Bielefeld 2011, 225–242.
Keegan, John, Der Erste Weltkrieg. Eine europäische Tragödie, Reinbek bei Hamburg 2000.
Kern, Stephen, The Culture of Time and Space: 1880–1918 (1983), Cambridge und Massachusetts 2003.
Kiesel, Helmuth, Geschichte der deutschsprachigen Literatur 1918 bis 1933, München 2017.
Kittler, Friedrich A., Im Telegrammstil, in: Stil. Geschichten und Funktionen eines kulturwissenschaftlichen Diskurselements, hg. von Hans Ulrich Gumbrecht und K. Ludwig Pfeiffer, Frankfurt am Main 1986, 358–370.
Kittler, Friedrich A., Aufschreibesysteme. 1800/1900, 3. Aufl., München 1987.
Knaller, Susanne und Rita Rieger, Zwischenräume: Bewegung und Schreiben, in: Schreibprozesse im Zwischenraum. Zur Ästhetik von Textbewegungen, hg. von Jennifer Clare, Susanne Knaller, Rita Rieger et al, Heidelberg 2018, 189–192.
Knoch, Peter, Kinder im Krieg 1914–18. Zwei Mädchen schreiben Kriegstagebuch, in: varia historica: Beiträge zur Landeskunde und Geschichtsdidaktik. Rainer Jooß zum 50., hg. von Gerhard Hergenröder und Eberhard Sieber, Plochingen 1988, 443–488.
Knoch, Peter, Zeiterfahrung und Geschichtsbewußtsein im Ersten Weltkrieg, in: Geschichtsbewußtsein und historisch-politisches Lernen, hg. von Gerhard Schneider, Pfaffenweiler 1988, 65–86.
Knoch, Peter, Erleben und Nacherleben: Das Kriegserlebnis im Augenzeugenbericht und im Geschichtsunterricht, in: Keiner fühlt sich hier mehr als Mensch. Erlebnis und Wirkung des Ersten Weltkrieges, hg. von Gerhard Hirschfeld, Gerd Krumeich und Irina Renz, Essen 1993, 199–219.
Knol, Marina: Kriegstagebücher, in: Weltliteratur – Feldliteratur. Buchreihen des Ersten Weltkriegs. Eine Ausstellung, hg. von Thorsten Unger, Hannover 2015, 148–150.
Koch, Lars, Der Erste Weltkrieg als kulturelle Katharsis und literarisches Ereignis, in: Erster Weltkrieg. Kulturwissenschaftliches Handbuch, hg. von Niels Werber, Stefan Kaufmann und Lars Koch, Stuttgart und Weimar 2014, 97–141.
Köppen, Manuel, Im Krieg gegen Frankreich. Korrespondenten an der Front. 1870 vor Paris – 1916 an der Westfront – 1940 im Blitzkrieg, in: Kriegskorrespondenten.

Deutungsinstanzen in der Mediengesellschaft, hg. von Barbara Korte und Horst Tonn, Wiesbaden 2007, 59–75.

Korff, Gottfried, Projektnotizen zur Kreativität des Schützengrabens, in: Kleines aus dem Großen Krieg. Metamorphosen militärischen Mülls, hg. von der Projektgruppe ‚Trench Art – Kreativität des Schützengrabens', Tübingen 2002, 6–21.

Korte, Barbara, Sylvia Paletschek und Wolfgang Hochbruck, Der Erste Weltkrieg in der populären Erinnerungskultur. Einleitung, in: Der Erste Weltkrieg in der populären Erinnerungskultur, hg. von Barbara Korte, Sylvia Paletschek und Wolfgang Hochbruck, Essen 2008, 7–24.

Kortz, Norbert und Aagje Ricklefs, Von der Veralltäglichung der Schreibgeräte, in: Populare Schreibkultur. Texte und Analysen, hg. von Bernd Jürgen Warneken, Tübingen 1987, 200–221.

Koselleck, Reinhart, Begriffsgeschichtliche Anmerkungen zur ‚Zeitgeschichte', in: Die Zeit nach 1945 als Thema kirchlicher Zeitgeschichte, hg. von Victor Conzemius, Martin Greschat und Hermann Kocher, Göttingen 1988, 17–31.

Koselleck, Reinhart, Erfahrungsraum' und ‚Erwartungshorizont' – zwei historische Kategorien, in: Reinhart Koselleck, Vergangene Zukunft. Zur Semantik geschichtlicher Zeiten, Frankfurt am Main 2015, 349–375.

Koselleck, Reinhart, Darstellung, Ereignis und Struktur, in: Reinhart Koselleck, Vergangene Zukunft. Zur Semantik geschichtlicher Zeiten, Frankfurt am Main 2015, 144–157.

Koselleck, Reinhart, Standortbindung und Zeitlichkeit. Ein Beitrag zur historiographischen Erschließung der geschichtlichen Welt, in: Reinhart Koselleck, Vergangene Zukunft. Zur Semantik geschichtlicher Zeiten, Frankfurt am Main 2015, 176–207.

Koszyk, Kurt, Deutsche Pressepolitik im Ersten Weltkrieg, Düsseldorf 1968.

Krumeich, Gerd, Kriegsgeschichte im Wandel, in: Keiner fühlt sich hier mehr als Mensch. Erlebnis und Wirkung des Ersten Weltkrieges, hg. von Gerhard Hirschfeld, Gerd Krumeich und Irina Renz, Essen 1993, 11–24.

Krumeich, Gerd, Die unbewältigte Niederlage. Das Trauma des Ersten Weltkriegs und die Weimarer Republik, Freiburg, Basel und Wien 2018.

Landwehr, Achim, Geburt der Gegenwart. Eine Geschichte der Zeit im 17. Jahrhundert, Frankfurt am Main 2014.

Le Collen, Eric, Feder, Tinte und Papier. Die Geschichte schönen Schreibgeräts, Hildesheim 1999.

Lehberger, Reiner, Die höhere Mädchenschule von Dr. Jakob Loewenberg. Äußere Geschichte und pädagogische Gestaltung, in: „Den Himmel zu pflanzen und die Erde zu gründen" – Die Joseph-Carlebach-Konferenzen. Jüdisches Leben, hg. von Miriam Gillis-Carlebach und Wolfgang Grünberg, Hamburg 1995, 199–222.

Lehmann, Johannes F., Art. Zeitgenossen; Zeitgenossenschaft, in: Formen der Zeit. Ein Wörterbuch der ästhetischen Eigenzeigen, hg. von Michael Gamper, Helmut Hühn und Steffen Richter, Hannover 2020, 447–455.

Lehmann, Johannes F., Gegenwart und Moderne. Zum Begriff der Zeitgenossenschaft und seiner Geschiche, in: Eigenzeiten der Moderne, hg. von Helmut Hühn und Sabine Schneider, Hannover 2020, 355–369.

Leidinger, Hannes, Der Erste Weltkrieg als eine mediengeschichtliche Zäsur? Gedanken zu einer kontroversiellen Forschungsdebatte, in: Epochenbrüche im 20. Jahrhundert. Beiträge, hg. von Stefan Karner, Gerhard Botz und Helmut Konrad, Wien, Köln und Weimar 2017, 35–54.

Lejeune, Philippe, Auf Mauern schreiben, im Gehen schreiben, in: Portable media. Schreibszenen in Bewegung zwischen Peripatetik und Mobiltelefon, hg. von Martin Stingelin, Matthias Thiele und Claas Morgenroth, München 2010, 71–88.

Lejeune, Philippe, Das Tagebuch als „Antifiktion", in: Philippe Lejeune, „Liebes Tagebuch". Zur Theorie und Praxis des Journals, hg. von Lutz Hagestedt, München 2014, 321–338.

Lejeune, Philippe, Kontinuum und Diskontinuum, in: Philippe Lejeune, „Liebes Tagebuch". Zur Theorie und Praxis des Journals, hg. von Lutz Hagestedt, München 2014, 357–372.

Lejeune, Philippe, Wie enden Tagebücher?, in: Philippe Lejeune, „Liebes Tagebuch". Zur Theorie und Praxis des Journals, hg. von Lutz Hagestedt, München 2014, 397–431.

Lejeune, Philippe, Datierte Spuren in Serie. Tagebücher und ihre Autoren, in: Selbstreflexionen und Weltdeutungen. Tagebücher in der Geschichte und der Geschichtsschreibung des 20. Jahrhunderts, hg. von Rüdiger Graf und Janosch Steuwer, Göttingen 2015, 37–46.

Lessau, Hanne, Sammlungsinstitutionen des Privaten. Die Entstehung von Tagebucharchiven in den 1980er und 1990er Jahren, in: Selbstreflexionen und Weltdeutungen. Tagebücher in der Geschichte und der Geschichtsschreibung des 20. Jahrhunderts, hg. von Rüdiger Graf und Janosch Steuwer, Göttingen 2015, 336–362.

Lethen, Helmut, Der Habitus der Sachlichkeit in der Weimarer Republik, in: Literatur der Weimarer Republik. 1918–1933, hg. von Bernhard Weyergraf, Rolf Grimminger und Ludger Ikas, München 1995, 371–445.

Lethen, Helmut, Verhaltenslehren der Kälte. Lebensversuche zwischen den Kriegen, 8. Aufl., Frankfurt am Main 2018.

Lokatis, Siegfried, Der militarisierte Buchhandel im Ersten Weltkrieg, in: Geschichte des deutschen Buchhandels im 19. und 20. Jahrhundert: Das Kaiserreich 1870–1918. Bd. 1: Teil 3, hg. von Georg Jäger, Berlin und New York 2010, 444–469.

Lüdtke, Alf, Alltagsgeschichte: Aneignung und Akteure. Oder – es hat noch kaum begonnen!, in: WerkstattGeschichte 6 (1997), H. 17, 83–92.

Lüdtke, Alf, Writing Time – Using Space: the Notebook of a Worker at Krupp's Steel Mill and Manufacturing – an Example from the 1920s, in: Historical Social Research 38 (2013), H. 3, 216–228.

Ludwig, Otto, Der Schulaufsatz. Seine Geschichte in Deutschland, Berlin und New York 1988.

Luhmann, Niklas, Die Realität der Massenmedien, 5. Aufl., Wiesbaden und Heidelberg 2017.

Macdonald, Charlotte und Rebecca Lenihan, Paper Soldiers: the Life, Death and Reincarnation of Nineteenth-Century Military Files across the British Empire, in: Rethinking History. The Journal of Theory and Practice 22 (2018), H. 3, 375–402.

Macho, Thomas, Shining oder: Die weiße Seite, in: Weiß, hg. von Wolfgang Ullrich und Juliane Vogel, Frankfurt am Main 2003, 17–28.

Machtemes, Leben zwischen Trauer und Pathos. Bildungsbürgerliche Witwen im 19. Jahrhundert, Osnabrück 2001.

Matala de Mazza, Ethel, Der populäre Pakt. Verhandlungen der Moderne zwischen Operette und Feuilleton, Frankfurt am Main 2018.

Matala de Mazza, Ethel und Joseph Vogl, Graduiertenkolleg „Literatur- und Wissensgeschichte kleiner Formen", in: Zeitschrift für Germanistik, Neue Folge XXVII (2017), H. 3, 579–585.

Maurer, Catherine, Medien im Alltag: Maueranschläge und Plakate zur Mobilisierung der Zivilbevölkerung in Straßburg, in: In Papiergewittern: 1914–1918. Die Kriegssammlungen der Bibliotheken, hg. von Christophe Didier und Gerhard Hirschfeld, Paris 2008, 54–60.

Meise, Helga, Das archivierte Ich. Schreibkalender und höfische Repräsentation in Hessen-Darmstadt 1624–1790, Darmstadt 2002.
Metken, Sigrid, Geschnittenes Papier. Eine Geschichte des Ausschneidens in Europa von 1500 bis heute, München 1978.
Metzler, Gabriele, Zeitgeschichte – Begriff – Disziplin – Problem, in: Zeitgeschichte – Konzepte und Methoden, hg. von Frank Bösch und Jürgen Danyel, Göttingen 2012, 22–46.
Mischner, Sabine, Tagebuchschreiben als Zeitpraxis. Kriegstagebücher im Ersten Weltkrieg, in: Traverse. Zeitschrift für Geschichte 23 (2016), H. 3, 77–90.
Mischner, Sabine, Das Zeitregime des Krieges: Zeitpraktiken im Ersten Weltkrieg, in: Die Zukunft des 20. Jahrhunderts. Dimensionen einer historischen Zukunftsforschung, hg. von Lucian Hölscher, Frankfurt am Main 2017, 75–100.
Müller, Hans-Harald, Der Krieg und die Schriftsteller. Der Kriegsroman der Weimarer Republik, Stuttgart 1986.
Müller, Lothar, Weiße Magie. Die Epoche des Papiers, München 2014.
Müller-Schöll, Nikolaus, Vorwort, in: Ereignis. Eine fundamentale Kategorie der Zeiterfahrung. Anspruch und Aporien, hg. von Nikolaus Müller-Schöll, Bielefeld 2003, 9–17.
Münkler, Herfried, Der Große Krieg. Die Welt 1914 bis 1918, 4. Aufl., Berlin 2014.
Natter, Wolfgang G., Literature at War, 1914–1940. Representing the „Time of Greatness" in Germany, New Haven und London 1999.
Neef, Sonja, Abdruck und Spur. Handschrift im Zeitalter ihrer technischen Reproduzierbarkeit, Berlin 2008.
Nelson, Robert L., German Soldier Newspapers of the First World War, Cambridge 2011.
Neumann, Gerhard, „Was hast du mit dem Geschenk des Geschlechtes getan?" Franz Kafkas Tagebücher als Lebens-Werk, in: Autobiographisches Schreiben und philosophische Selbstsorge, hg. von Maria Moog-Grünewald, Heidelberg 2004, 153–174.
Nieden, Susanne zur, Alltag im Ausnahmezustand. Frauentagebücher im zerstörten Deutschland, 1943 bis 1945, Berlin 1993.
Niehaus, Michael und Hans-Walter Schmidt-Hannisa, Textsorte Protokoll. Ein Aufriß, in: Das Protokoll. Kulturelle Funktionen einer Textsorte, hg. von Michael Niehaus und Hans-Walter Schmidt-Hannisa, Frankfurt am Main, Berlin, Bern et al 2005, 7–23.
Nivet, Philippe, La France occupée. 1914–1918, Paris 2011.
Oesterle, Günter, Souvenir und Andenken, in: Der Souvenir. Erinnerung in Dingen von der Reliquie zum Andenken, hg. von Birgit Gablowski, dem Museum für Angewandte Kunst und dem Museum für Kommunikation Frankfurt, Köln 2006, 16–45.
Oesterle, Günter, Die Intervalle des Tagebuchs – Das Tagebuch als Intervall, in: Absolut privat!? Vom Tagebuch zum Weblog, hg. von Helmut Gold und Wolfgang Albrecht, Heidelberg 2008, 100–103.
Oesterle, Ingrid, Der ‚Führungswechsel der Zeithorizonte' in der deutschen Literatur. Korrespondenzen aus Paris, der Hauptstadt der Menschheitsgeschichte, und die Ausbildung der geschichtlichen Zeit ‚Gegenwart', in: Studien zur Ästhetik und Literaturgeschichte der Kunstperiode, hg. von Dirk Grathoff, Frankfurt am Main 1985, 12–75.
Offenstadt, Nicolas, Die „derniers poilus". Zur identitätsstiftenden Kraft von Kriegsveteranen im zeitgenössischen Frankreich, in: Burgfrieden und Union sacrée. Literarische Deutungen und politische Ordnungsvorstellungen in Deutschland und Frankreich 1914–1933, hg. von Wolfram Pyta und Carsten Kretschmann, München 2011, 313–328.

Öhlschläger, Claudia, Roland Barthes' *Tagebuch der Trauer* als kleine Form, in: Comparatio. Zeitschrift für Vergleichende Literaturwissenschaft 8 (2016), H. 2, 305–319.

Oltmer, Jochen, Einführung. Funktionen und Erfahrungen von Kriegsgefangenschaft im Europa des Ersten Weltkriegs, in: Kriegsgefangene im Europa des Ersten Weltkriegs, hg. von Jochen Oltmer, Paderborn 2006, 11–23.

Osburg, Wolf-Rüdiger, „Und plötzlich bist du mitten im Krieg …". Zeitzeugen des Ersten Weltkriegs erinnern sich, Münster 2000.

Palermo, Diana und Petra Wolpert, Sprachlose Spuren. Trench Art als Kommunikation, in: Kleines aus dem Großen Krieg. Metamorphosen militärischen Mülls, hg. von der Projektgruppe‚Trench Art – Kreativität des Schützengrabens', Tübingen 2002, 122–131.

Petzer, Tatjana, Die Evidenz der Liste. Enumeratives Bezeugen in der mitteleuropäisch-jüdischen Poetik nach Auschwitz, in: Evidenz und Zeugenschaft. Für Renate Lachmann, hg. von Susanne K. Frank und Schamma Schahadat, München und Berlin 2012, 65–84.

Pignot, Manon, La Guerre des crayons. Quand les petits Parisiens dessinaient la Grande Guerre, avec la collaboration de Roland Beller, Paris 2004.

Pignot, Manon, Allons Enfants de la Patrie. Génération Grande Guerre, Paris 2012.

Plotke, Seraina und Alexander Ziem, Sprache der Trauer im interdisziplinären Kontext: Einführende Bemerkungen, in: Sprache der Trauer. Verbalisierungen einer Emotion in historischer Perspektive, hg. von Seraina Plotke und Alexander Ziem, Heidelberg 2014, 1–15.

Pöhlmann, Markus, Kriegsgeschichte und Geschichtspolitik: Der Erste Weltkrieg. Die amtliche deutsche Militärgeschichtsschreibung 1914–1956, Paderborn 2002.

Prondczynsky, Andreas von, Kriegspädagogik 1914–1918. Ein nahezu blinder Fleck der Historischen Bildungsforschung, in: Geisteswissenschaftliche Pädagogik, Krieg und Nationalsozialismus. Kritische Fragen nach der Verbindung von Pädagogik, Politik und Militär, hg. von Thomas Gatzemann und Anja-Silvia Göing, Frankfurt am Main 2004, 37–67.

Quandt, Siegfried, Krieg und Kommunikation. Der Erste Weltkrieg als Beispiel, in: Der Erste Weltkrieg als Kommunikationsereignis, hg. von Siegfried Quandt, Gießen 1993, 5–14.

Raulff, Helga und Ulrich Raulff, Vorwort, in: Kassiber. Verbotenes Schreiben, hg. vom Literaturmuseum der Moderne, Marbach am Neckar 2012, 6–11.

Raulff, Ulrich, Münsterbergs Erfindung oder Der elektrifizierte Zeuge, in: Freibeuter 7 (1985), H. 24, 33–42.

Raulff, Ulrich, Ein Historiker im 20. Jahrhundert. Marc Bloch, Frankfurt am Main 1995.

Raulff, Ulrich, Der unsichtbare Augenblick. Zeitkonzepte in der Geschichte, Göttingen 1999.

Raulff, Ulrich, Sie nehmen gern von den Lebendigen. Ökonomien des literarischen Archivs, in: Archivologie. Theorien des Archivs in Wissenschaft, Medien und Künsten, hg. von Knut Ebeling und Stephan Günzel, Berlin 2009, 223–232.

Reckwitz, Andreas, Das hybride Subjekt. Eine Theorie der Subjektkulturen von der bürgerlichen Moderne zur Postmoderne, Weilerswist 2006.

Reents, Friederike, Stimmungsästhetik. Realisierungen in Literatur und Theorie vom 17. bis ins 21. Jahrhundert, Göttingen 2015.

Reimann, Aribert, Semantiken der Kriegserfahrung und historische Diskursanalyse. Britische Soldaten an der Westfront des Ersten Weltkriegs, in: Die Erfahrung des Krieges. Erfahrungsgeschichtliche Perspektiven von der Französischen Revolution bis zum Zweiten Weltkrieg, hg. von Nikolaus Buschmann und Horst Carl, Paderborn, München, Wien et al 2001, 173–193.

Renz, Irina, „Die Toten bleiben jung". Ego-Dokumente des Ersten Weltkriegs in der Lebensdokumentensammlung der Bibliothek für Zeitgeschichte. Artikelserie: 100 Jahre Erster Weltkrieg – 100 Jahre Bibliothek für Zeitgeschichte. https://www.portal-militaergeschichte.de/sites/default/files/pdf/renz_egodokumente.pdf. 2015 [01.11.2021].

Reulecke, Anne-Kathrin, „Ein Kulturdenkmal unserer Zeit". Geheimnis und Psychoanalyse im „Tagebuch eines halbwüchsigen Mädchens" (1919), in: Weimarer Beiträge 59 (2013), H. 4, 485–505.

Rogg, Matthias, Das Kommando der Uhr – gemessene Zeit und gefühlte Zeit im Ersten Weltkrieg. Erwartungen an einen schnellen Krieg, in: 14 Menschen Krieg. Essays zur Ausstellung zum Ersten Weltkrieg, hg. von Gerhard Bauer, Gorch Pieken und Matthias Rogg, Dresden 2014, 126–135.

Rohkrämer, Thomas, Der Militarismus der „kleinen Leute". Die Kriegervereine im deutschen Kaiserreich 1871–1914, München 1990.

Rosenberger, Bernhard, Zeitungen als Kriegstreiber? Die Rolle der Presse im Vorfeld des Ersten Weltkrieges, Köln, Weimar und Wien 1998.

Rousseau, Frédéric, Pour une lecture critique de *Témoins*, in: Jean Norton Cru, Témoins. Essai d'analyse et de critique des souvenirs de combattants édités en français de 1915 à 1928, Nancy 2006, 3–52.

Sabrow, Martin, Der Zeitzeuge als Wanderer zwischen zwei Welten, in: Die Geburt des Zeitzeugen nach 1945, hg. von Martin Sabrow und Norbert Frei, Göttingen 2012, 13–32.

Sabrow, Martin und Norbert Frei (Hg.), Die Geburt des Zeitzeugen nach 1945, Göttingen 2012.

Sabrow, Martin und Norbert Frei, Vorwort, in: Die Geburt des Zeitzeugen nach 1945, hg. von Martin Sabrow und Norbert Frei, Göttingen 2012, 9–10.

Saupe, Achim, Zur Kritik des Zeugen in der Konstitutionsphase der modernen Geschichtswissenschaft, in: Die Geburt des Zeitzeugen nach 1945, hg. von Martin Sabrow und Norbert Frei, Göttingen 2012, 71–92.

Schachtner, Christiane, Eine Typologie des Zeichnens und Schreibens im Skizzenbuch, in: Skizzenbuchgeschichten. Skizzenbücher der Staatlichen Graphischen Sammlung München, hg. von Christine Schachtner und Andreas Strobl, Berlin und München 2018, 16–61.

Schenda, Rudolf, Die Lesestoffe der Kleinen Leute. Studien zur populären Literatur im 19. und 20. Jahrhundert, München 1976.

Schiewe, Helmut, Aus der Geschichte der Losungen, in: Alle Morgen neu. Die Herrnhuter Losungen von 1731 bis heute, hg. von der Direktion der Evangelischen Brüder-Unität Distrikt Herrnhut, Berlin 1976, 7–19.

Schikorsky, Isa, Private Schriftlichkeit im 19. Jahrhundert. Untersuchungen zur Geschichte des alltäglichen Sprachverhaltens „kleiner Leute", Tübingen 1990.

Schikorsky, Isa, Kommunikation über das Unbeschreibbare. Beobachtungen zum Sprachstil von Kriegsbriefen, in: Wirkendes Wort. Deutsche Sprache und Literatur in Forschung und Lehre 42 (1992), H. 2, 295–315.

Schildmann, Mareike, Poetik der Kindheit. Literatur und Wissen bei Robert Walser, Göttingen 2019.

Schivelbusch, Wolfgang, Die Bibliothek von Löwen. Eine Episode aus der Zeit der Weltkriege, München und Wien 1988.

Schivelbusch, Wolfgang, Die Kultur der Niederlage. Der amerikanische Süden 1865 – Frankreich 1871 – Deutschland 1918, Berlin 2001.

Schmidt, Sibylle, Wissensquelle oder ethisch-politische Figur? Zur Synthese zweier Diskurse über Zeugenschaft, in: Politik der Zeugenschaft. Zur Kritik einer Wissenspraxis, hg. von Sybille Schmidt, Sybille Krämer und Ramon Voges, Bielefeld 2011, 47–66.
Schmidt, Sibylle und Ramon Voges, Einleitung, in: Politik der Zeugenschaft. Zur Kritik einer Wissenspraxis, hg. von Sibylle Schmidt, Ramon Voges und Sybille Krämer, Bielefeld 2011, 7–20.
Schmidt-Bachem, Heinz, Aus Papier. Eine Kultur- und Wirtschaftsgeschichte der Papier verarbeitenden Industrie in Deutschland, Berlin 2011.
Schönborn, Sibylle, Das Buch der Seele. Tagebuchliteratur zwischen Aufklärung und Kunstperiode, Tübingen 1999.
Schöpfer, Gerald, Peter Rosegger: ein Zeuge der Sozialgeschichte, in: Peter Rosegger im Kontext, hg. von Wendelin Schmidt-Dengler, Wien 1999, 38–56.
Schulin, Ernst, Zeitgeschichtsschreibung im 19. Jahrhundert, in: Festschrift für Hermann Heimpel zum 70. Geburtstag am 19. September 1971. Bd. 1, Göttingen 1971, 102–139.
Schwarz, Olaf, Das Wirkliche und das Wahre. Probleme der Wahrnehmung in Literatur und Psychologie um 1900, Kiel 2001.
Sederberg, Kathryn, „Als wäre es ein Brief an dich". Brieftagebücher 1943–1948, in: Selbstreflexionen und Weltdeutungen. Tagebücher in der Geschichte und der Geschichtsschreibung des 20. Jahrhunderts, hg. von Rüdiger Graf und Janosch Steuwer, Göttingen 2015, 143–162.
Seel, Martin, Ereignis. Eine kleine Phänomenologie, in: Ereignis. Eine fundamentale Kategorie der Zeiterfahrung. Anspruch und Aporien, hg. von Nikolaus Müller-Schöll, Bielefeld 2003, 37–47.
Sinn, D., Art. Ereignis, in: Historisches Wörterbuch der Philosophie. Völlig neubearbeitete Ausgabe des ‚Wörterbuchs der philosophischen Begriffe' von Rudolf Eisler, hg. von Joachim Ritter, Darmstadt 1972, Sp. 608–609.
Sinor, Jennifer, Reading the Ordinary Diary, in: Rhetoric Review 21 (2002), H. 2, 123–149.
Sowada, Lena, Schreiben im Ersten Weltkrieg. Französische Briefe und Tagebücher wenig geübter Schreiber aus der deutsch-französischen Grenzregion, Berlin und Boston 2021.
Spenkuch, Hartwin und Rainer Paetau, Kulturstaatliche Intervention, schulische Expansion und Differenzierung als Leistungsverwaltung (1866–1914/18), in: Acta Borussica: neue Folge. 2. Reihe: Preußen als Kulturstaat, hg. von der Berlin-Brandenburgischen Akademie der Wissenschaften, Berlin 2010, 56–92.
Spoerhase, Carlos, Linie, Fläche, Raum. Die drei Dimensionen des Buches in der Diskussion der Gegenwart und der Moderne (Valéry, Benjamin, Moholy-Nagy), Göttingen 2016.
Spoerhase, Carlos, Neuzeitliches Nachlassbewusstsein. Über die Entstehung eines schriftstellerischen, archivarischen und philologischen Interesses an postumen Papieren, in: Nachlassbewusstsein. Literatur, Archiv, Philologie 1750–2000, hg. von Kai Sina und Carlos Spoerhase, Göttingen 2017, 21–48.
Sprengel, Peter, Geschichte der deutschsprachigen Literatur 1900–1918. Von der Jahrhundertwende bis zum Ersten Weltkrieg, München 2004.
Stambolis, Barbara, Kindheit in ‚eisernen Zeiten'. Mentalitätsgeschichtliche und transgenerationale Aspekte von Kriegskindheiten im Ersten Weltkrieg, in: Kinder und Krieg. Von der Antike bis zur Gegenwart, hg. von Alexander Denzler, Stefan Grüner und Markus Raasch, Berlin und Boston 2016, 273–292.
Sterne, Jonathan, MP3. The Meaning of a Format, Durham und London 2012.

Steuwer, Janosch und Rüdiger Graf, Selbstkonstitution und Welterzeugung in Tagebüchern des 20. Jahrhunderts, in: Selbstreflexionen und Weltdeutungen. Tagebücher in der Geschichte und der Geschichtsschreibung des 20. Jahrhunderts, hg. von Janosch Steuwer und Rüdiger Graf, Göttingen 2015, 7–36.

Stingelin, Martin, Schreiben'. Einleitung, in: „Mir ekelt vor diesem tintenklecksendem Säkulum". Schreibszenen im Zeitalter der Manuskripte, hg. von Martin Stingelin, Davide Giuriato und Sandro Zanetti, München 2004, 7–21.

Stingelin, Martin, Davide Giuriato und Sandro Zanetti (Hg.), „Mir ekelt vor diesem tintenklecksendem Säkulum". Schreibszenen im Zeitalter der Manuskripte, München 2004.

Stöber, Rudolf, Deutsche Pressegeschichte. Einführung, Systematik, Glossar, Konstanz 2000.

Szydlowski, Olga, Die Feldbücher, in: Weltliteratur – Feldliteratur. Buchreihen des Ersten Weltkriegs. Eine Ausstellung, hg. von Thorsten Unger, Hannover 2015, 197–200.

Theofilakis, Fabien, De l'écriture en captivité à l'écriture captive: quand les prisonniers trompent l'encre ..., in: Ecrire en guerre, 1914–1918. Des archives privées aux usages publics, hg. von Philippe Henwood und Paule René-Bazin, Rennes 2016, 57–70.

Thiele, Matthias und Martin Stingelin, Portable Media. Von der Schreibszene zur mobilen Aufzeichnungsszene, in: Portable media. Schreibszenen in Bewegung zwischen Peripatetik und Mobiltelefon, hg. von Matthias Thiele, Martin Stingelin und Claas Morgenroth, München 2010, 7–27.

Tretjakow, Sergej, Die Arbeit des Schriftstellers. Aufsätze Reportagen Porträts, hg. von Heiner Boehncke, Reinbek bei Hamburg 1972.

Über Bewusstsein und Gedächtnis des Ersten Weltkriegs. Fritz Stern im Gespräch mit Ulrich Raulff, in: August 1914. Literatur und Krieg, hg. vom Deutschen Literaturarchiv, Marbach am Neckar 2013, 90–120.

Uecker, Matthias, Wirklichkeit und Literatur. Strategien dokumentarischen Schreibens in der Weimarer Republik, Bern 2007.

Ulrich, Bernd, Die Augenzeugen. Deutsche Feldpostbriefe in Kriegs- und Nachkriegszeit: 1914–1933, Essen 1997.

Ungern-Sternberg, Jürgen von und Wolfgang von Ungern-Sternberg, Der Aufruf ‚An die Kulturwelt!'. Das Manifest der 93 und die Anfänge der Kriegspropaganda im Ersten Weltkrieg, Stuttgart 1996.

Vismann, Cornelia, Akten. Medientechnik und Recht, 2. Aufl., Frankfurt am Main 2001.

Vogl, Joseph, Kriegserfahrung und Literatur. Kriterien zur Analyse literarischer Kriegsapologetik, in: Der Deutschunterricht 35 (1983), H. 5, 88–102.

Voigtländer, Lutz, Vom Leben und Überleben in Gefangenschaft. Lebenszeugnisse von Kriegsgefangenen 1757–1814, in: Militärische Erinnerungskultur. Soldaten im Spiegel von Biographien, Memoiren und Selbstzeugnissen, hg. von Michael Epkenhans, Stig Förster und Karen Hagemann, Paderborn, München und Wien 2006, 62–85.

Volmar, Axel, Das Format als medienindustriell motivierte Form. Überlegungen zu einem medienkulturwissenschaftlichem Formatbegriff, in: Zeitschrift für Medienwissenschaft 22 (2020), H. 1, 19–30.

Walther, Peter, Nachwort, in: Endzeit Europa. Ein kollektives Tagebuch deutschsprachiger Schriftsteller, Künstler und Gelehrter im Ersten Weltkrieg, hg. von Peter Walther, Göttingen 2008, 365–380.

Wanning, Berbeli und Urte Stobbe, Zwischen Abstraktion und Anschaulichkeit. Pflanzengedichte (Guggenmos, Huchel, Wagner) als kleine literarische Formen im

Deutschunterricht, in: Kleine Formen für den Unterricht. Historische Kontexte, Analysen, Perspektiven, hg. von Julia Heideklang und Urte Stobbe, Göttingen 2020, 225–244.

Warneken, Bernd Jürgen, Populare Autobiographik. Empirische Studien zu einer Quellengattung der Alltagsgeschichtsforschung, Tübingen 1985.

Warneken, Bernd Jürgen, Die Ethnographie popularer Kulturen. Eine Einführung, Wien 2006.

Weidner, Daniel, Täglichkeit. Tagebuch und Kalender bei Walter Kempowski und Uwe Johnson, in: Weimarer Beiträge 59 (2013), H. 4, 505–525.

Weigel, Sigrid, Zeugnis und Zeugenschaft, Klage und Anklage. Die Geste des Bezeugens in der Differenz von „identity politics", juristischem und historiographischem Diskurs, in: Zeugnis und Zeugenschaft, hg. von Rüdiger Zill, Berlin 2000, 111–135.

Wette, Wolfram, Militärgeschichte von unten. Die Perspektive des „kleinen Mannes", in: Der Krieg des kleinen Mannes. Eine Militärgeschichte von unten, hg. von Wolfram Wette, München 1995, 9–47.

White, Hayden, Auch Klio dichtet oder Die Fiktion des Faktischen. Studien zur Tropologie des historischen Diskurses, mit einem Vorwort von Reinhart Koselleck, Stuttgart 1986.

White, Hayden, The Content of the Form. Narrative Discourse and Historical Representation, Baltimore 1987.

White, Hayden, Das Ereignis der Moderne, in: Die Gegenwart der Vergangenheit. Dokumentarfilm, Fernsehen und Geschichte, hg. von Eva Hohenberger und Judith Keilbach, Berlin 2003, 194–215.

Wierling, Dorothee, Oral History, in: Aufriß der Historischen Wissenschaften, Bd. 7: Neue Themen und Methoden der Geschichtswissenschaft, hg. von Michael Maurer, Stuttgart 2003, 81–151.

Wieviorka, Annette, Die Entstehung des Zeugen, in: Hannah Arendt revisited. „Eichmann in Jerusalem" und die Folgen, hg. von Gary Smith, Frankfurt am Main 2000, 136–159.

Winter, Jay Murray, The Experience of World War I, New York 1989.

Winter, Jay Murray, Sites of Memory, Sites of Mourning. The Great War in European Cultural History, Cambridge 1995.

Wittmann, Barbara, Bedeutungsvolle Kritzeleien. Eine Kultur- und Wissensgeschichte der Kinderzeichnung, 1500–1950, Zürich 2018.

Wöhrer, Renate, Einleitung, in: Wie Bilder Dokumente wurden. Zur Genealogie dokumentarischer Darstellungspraktiken, hg. von Renate Wöhrer, Berlin 2015, 7–24.

Wolf, Andrea, Kriegstagebücher des 19. Jahrhunderts. Entstehung, Sprache, Edition, Frankfurt am Main 2005.

Wolf, Herta, „Es werden Sammlungen jeder Art entstehen". Zeichnen und Aufzeichnen als Konzeptualisierungen der fotografischen Medialität, in: Wie Bilder Dokumente wurden. Zur Genealogie dokumentarischer Darstellungspraktiken, hg. von Renate Wöhrer, Berlin 2015, 27–50.

Wulf, Christoph, Mimesis in Gesten und Ritualen, in: Paragrana. Internationale Zeitschrift für Historische Anthropologie 7 (1998), H. 1, 241–263.

Wuthenow, Ralph-Rainer, Europäische Tagebücher. Eigenart, Formen, Entwicklung, Darmstadt 1990.

Young, Liam Cole, Un-Black Boxing the List: Knowledge, Materiality, and Form, in: Canadian Journal of Communication 37 (2013), H. 38, 497–516.

Ypersele, Laurence van, Art. Antwerpen, in: Enzyklopädie Erster Weltkrieg, hg. von Gerhard Hirschfeld, Markus Pöhlmann und Irina Renz, 2. Aufl., Paderborn, München, Wien et al 2004, 336–337.

Ziemann, Benjamin, Front und Heimat. Ländliche Kriegserfahrungen im südlichen Bayern 1914–1923, Essen 1997.

Zwach, Eva, Deutsche und englische Militärmuseen im 20. Jahrhundert. Eine kulturgeschichtliche Analyse des gesellschaftlichen Umgangs mit Krieg, Münster 1999.

Wörterbücher und Nachschlagewerke

Eisler, Rudolf, Wörterbuch der Philosophischen Begriffe. 2 Bände, 2. Aufl., Berlin 1904.

Grimm, Jacob und Wilhelm Grimm (Hg.), Deutsches Wörterbuch von Jacob und Wilhelm Grimm. 16 Bände. In 32 Teilbänden, Leipzig 1854–1961. Quellenverzeichnis Leipzig 1971. Onlineausgabe: http://woerterbuchnetz.de/cgi-bin/WBNetz/wbgui_py?sigle=DWB. Trier 2004.

Hirschfeld, Gerhard, Markus Pöhlmann und Irina Renz (Hg.), Enzyklopädie Erster Weltkrieg, Paderborn, München, Wien et al, 2. Aufl., 2004.

Historische Kommission bei der Bayerischen Akademie der Wissenschaften (Hg.), Neue deutsche Biographie, Berlin 1953–2020.

Kluge, Friedrich, Etymologisches Wörterbuch der deutschen Sprache, unter Mithilfe von Alfred Schirmer bearbeitet von Walther Mitzka, 17. Aufl., Berlin 1957.

Nünning, Ansgar (Hg.), Metzler Lexikon Literatur- und Kulturtheorie. Ansätze – Personen – Grundbegriffe, 4. Aufl., Stuttgart und Weimar 2008.

Werber, Niels, Stefan Kaufmann und Lars Koch (Hg.), Erster Weltkrieg. Kulturwissenschaftliches Handbuch, Stuttgart und Weimar 2014.

Wörterbuch zur deutschen Militärgeschichte. 2 Bände, Berlin 1985.

Abbildungsverzeichnis

Abb. 1 Bestimmungen über die Führung und Behandlung der Kriegstagebücher und Kriegsakten – 16. Juni 1916, Militärarchiv des Bundes Freiburg, PH 10 II 673 —— 30

Abb. 2 „Stoewer-Record"-Schreibmaschine, in: Militär-Wochenblatt 100 (08. Juli 1915), H. 121 —— 32

Abb. 3 Kriegstagebuch des III. Bataillon-Reserve-Infanterie-Regiment Nr. 119, Militärarchiv des Bundes Freiburg, PH 10-2/685 —— 33

Abb. 4 Transporthülle von Franz Xaver Hiendlmaier, Deutsches Tagebucharchiv Emmendingen, 675, 1 —— 41

Abb. 5 „KAWECO Sicherheits-Füllfederhalter", in: Militär-Wochenblatt 99 (28. November 1914), H. 165–166 —— 45

Abb. 6 „Feld-Patrouillen- u. Signallampe", in: Militär-Wochenblatt 98 (23. Juli 1914), H. 98 —— 45

Abb. 7 Kriegs-Merkbuch für Militär und Civil, Nachlass Wilhelm Eid, Bibliothek für Zeitgeschichte Stuttgart, N 17.9 —— 47

Abb. 8 Tagebuch von Franz Xaver Hiendlmaier, Deutsches Tagebucharchiv Emmendingen, 675, 1 —— 49

Abb. 9 Tagebuch von Hauptmann Trommershausen, Geheimes Staatsarchiv Preußischer Kulturbesitz, IV. HA, Rep. 13, Nr. 190 —— 57

Abb. 10 Tagebuch von Josef Nüthen, Deutsches Tagebucharchiv Emmendingen, 99, II, 1 —— 58

Abb. 11 Tagebuch von Hauptmann Trommershausen, Geheimes Staatsarchiv Preußischer Kulturbesitz, IV. HA, Rep. 13, Nr. 190 —— 61

Abb. 12 Tagebuch von Fritz Wendel, Bibliothek für Zeitgeschichte Stuttgart, N 06 2.2–N 06 2.3 —— 63

Abb. 13 Fotografie aus dem Nachlass von André Pézard, Archives nationales, 691 AP —— 67

Abb. 14 Tagebuch von Otto Friedrich Leopold Link, Deutsches Tagebucharchiv Emmendingen, 3033, 1 —— 74

Abb. 15 Tagebuch von Felix Kaufmann, Bibliothek für Zeitgeschichte Stuttgart, N 16.9 —— 78

Abb. 16 Tagebuch von Cornelius Breuninger, Bibliothek für Zeitgeschichte Stuttgart, N 12.3 —— 80

Abb. 17 Tagebuch von Cornelius Breuninger, Bibliothek für Zeitgeschichte Stuttgart, N 12.3 —— 81

Abb. 18 Tagebuch von Cornelius Breuninger, Bibliothek für Zeitgeschichte Stuttgart, N 12.3 —— 82

Abb. 19 Kriegstagebuch zu dem Weltkriege 1914, Lissa in Posen 1915 —— 101

Abb. 20 Yves Congar, Journal de la guerre, 1914–1918, hg. von Stéphane Audoin-Rouzeau und Dominique Congar, Paris 1997, o. S —— 114

Abb. 21 Yves Congar, Journal de la guerre, 1914–1918, 123 —— 116

Abb. 22 Tagebuch von Milly Haake, Deutsches Tagebucharchiv Emmendingen, 1256, II, 1–2 —— 131

Abb. 23 Tagebuch von Milly Haake, Deutsches Tagebucharchiv Emmendingen, 1256, II, 1–2 —— **133**
Abb. 24 Tagebuch von Marie Friedrichsen, Deutsches Tagebucharchiv Emmendingen, 1749, II, 1 —— **136**
Abb. 25 Kriegstagebuch der Anstalt zum Weltkrieg, Geheimes Staatsarchiv Berlin, I. HA Rep. 76, Nr. 13402 —— **149**
Abb. 26 Yves Congar, Journal de la guerre, 1914–1918, 57–58 —— **152**
Abb. 27 Yves Congar, Journal de la guerre, 1914–1918, 57–58. —— **152**
Abb. 28 Tagebuch von Erwin Schreyer, Deutsches Tagebucharchiv Emmendingen, 1057, 1 —— **153**
Abb. 29 Tagebuch von Milly Haake, Deutsches Tagebucharchiv Emmendingen, 1256, II, 1–2 —— **156**
Abb. 30 Tagebuch von Erwin Schreyer, Deutsches Tagebucharchiv Emmendingen, 1057, 1 —— **158**
Abb. 31 „Schreibbüro Segata", in: Das literarische Echo. Halbmonatsschrift für Literaturfreunde 17 (15. Mai 1915), H. 16 —— **182**
Abb. 32 Wandzeitung, aus: Schoenichen, Schulleben in der Kriegszeit, in: Schule und Krieg. Sonderausstellung im Zentralinstitut für Erziehung und Unterricht Berlin, Berlin 1915, 13–38, 19 —— **185**
Abb. 33 „Kriegstagebücher von Mitkämpfern", in: Militär-Wochenblatt 102 (20. März 1917), H. 155 —— **191**
Abb. 34 Gotthold von Rohden, Zwei Brüder. Feldpostbriefe und Tagebuchblätter: Erstes Bändchen, hg. von Gustav von Rohden, Tübingen 1916, 57 —— **204**
Abb. 35 Tagebuch von Erwin Schreyer, Deutsches Tagebucharchiv Emmendingen, 1057, 1 —— **219**
Abb. 36 Kriegstagebuch 1914/15 für ___. Was ich sah und erlebte, München 1914 o. 1915, o. S. —— **224**
Abb. 37 Kriegs-Taschen-Notizbuch von Josef Nüthen, Deutsches Tagebucharchiv Emmendingen, 991, II, 1 —— **229**
Abb. 38 Kriegstagebuch zu dem Weltkriege 1914, Lissa in Posen 1915, 2–3 —— **231**
Abb. 39 Tagebuch von Elisabeth Schatz, Deutsches Tagebucharchiv Emmendingen, 1506, 7 —— **261**
Abb. 40 Tagebuch von Milly Haake, Deutsches Tagebucharchiv Emmendingen, 1256, II, 1–2 —— **262**
Abb. 41 Tagebuch von Carl Bayer, Deutsches Tagebucharchiv Emmendingen, 2197, 1–2 —— **263**
Abb. 42 Tagebuch von Elisabeth Schatz, Deutsches Tagebucharchiv Emmendingen, 1506, 16 —— **267**
Abb. 43 Tagebuch von Otto Friedrich Leopold Link, Deutsches Tagebucharchiv Emmendingen, 3033, 1 —— **268**
Abb. 44 Yves Congar, Journal de la guerre, 1914–1918, o. S —— **312**
Abb. 45 Tagebuch von Franz Xaver Hiendlmaier, Deutsches Tagebucharchiv Emmendingen, 675, 1 —— **360**

Biogramme

Die Informationen zum Werdegang der Autor:innen dieser Studie beziehe ich aus folgenden Quellen:
- Deutsches Tagebucharchiv (Hg.), Verborgene Chronik 1915–1918, zusammengestellt von Lisbeth Exner und Herbert Kapfer, Berlin 2017. (VC)
- Christoph Didier und Gerhard Hirschfeld (Hg.), In Papiergewittern. Die Kriegssammlungen der Bibliotheken, Paris 2008. (IP)
- Historische Kommission bei der Bayerischen Akademie der Wissenschaften (Hg.), Neue Deutsche Biographie, Berlin 1953–2020. (NDB)
- Informationen aus den Tagebüchern der Autor:innen und Konvoluten der entsprechenden Archive (A)
- Aufsätze zu den einzelnen Autor:innen

Basarke (Lebensdaten unbekannt) war Direktor der Königlichen Präparandenanstalt in Rastenburg in Ostpreußen (Kętrzyn im heutigen Polen) und führte vor dem Krieg eine Schulchronik, die er ab 1915 als Kriegstagebuch in einem Vordruck des Oskar Eulitz-Verlags fortführte. In der Präparandenanstalt wurden angehende Volksschullehrer ausgebildet und auf den Besuch der Königlichen Lehrerseminare vorbereitet. Zahlreiche Schüler wurden im Krieg einberufen, ihr Schicksal dokumentierte der Direktor im Tagebuch. (Quelle: A)

Bayer, Carl (5.19.1896 Waldkirch–16.10.1956 Waldkirch) war Kaufmann in Waldkirch im Breisgau. Ab Juli 1917 machte er als Mitglied eines Fernsprechbetriebszugs Dienst in Roubaix. Im April 1918 erkrankt, kam er ins Lazarett, danach nach Karlsruhe. Nach dem Krieg war er Inhaber einer Weinhandlung, heiratete, hatte drei Kinder und kämpfte im Zweiten Weltkrieg. Er führte noch zahlreiche weitere Tagebücher in kommerzielle Werbekalender. (Quellen: VC, 720; A)

Bing, Bernhard H. (18.1.1884 Nürnberg–1957 Lima/Ohio) war Kaufmann in Nürnberg, verheiratet und Vater. Von Kriegsbeginn an war er Landwehrsoldat. 1916 war er als Mitglied einer Munitionskolonne in der Gegend von Lille, im September und Oktober kam er an die Somme-Front, wo er das Eiserne Kreuz Zweiter Klasse erhielt. Im Dezember legte er die Offiziersprüfung ab und übernahm die Führung einer Halbkolonne. Aufgrund seiner jüdischen Herkunft erfuhr er im Jahr 1917 Diskriminierung bei seiner Beförderung. Im Mai nahm er an der Arras-Schlacht teil und war danach bei Douai. Er floh Ende der 1930er Jahre aus Deutschland. Sein Sohn übergab die Kriegstagebücher 100-jährig dem Deutschen Tagebucharchiv. (Quellen: VC, 721; A)

Boehm-Bezing, Leopold (1841–1927) wurde in Schlesien geboren. 1893 hatte er nach mehr als 33 Jahren als Oberst seinen Abschied genommen. Im Ersten Weltkrieg lebte er im Dorf Polkwitz in der Nähe der niederschlesischen Stadt Lüben, seine drei Söhne kämpften. (Quelle: VC, 738–739)

Bohn, Clara (1901–nach 1992) und **Bohn, Josephine**, verh. Groll (1904–1942) schrieben auf Veranlassung und unter Anleitung ihres Vaters Joseph Bohn eine Chronik der Kriegsereignisse in ihrem elsässischen Heimatdorf Ingersheim bei Colmar. Ab April 1917 führte Clara diese allein weiter. Josephine Bohn heiratete und starb im Kindbett. Clara Bohn wurde Ordensschwester. (Quelle: VC, 721)

Breuninger, Cornelius (9.1.1890–07.05.1956) war Vikar der württembergischen Landeskirche. Er meldete sich freiwillig für den Kriegsdient und wurde als Vizefeldwebel und Offiziersstellvertreter dem 180. Infanterieregiment zugeteilt. Er nahm an der Marne-Schlacht teil und war danach in Nordfrankreich stationiert. 1915 wurde er zum Leutnant befördert. Seine Tochter übergab die Tagebücher im Jahr 2009 an deren späteren Herausgeber. Die Originale bewahrt die Bibliothek für Zeitgeschichte in Stuttgart auf. (Quelle: Cornelius Breuninger, Kriegstagebuch 1914–1918, hg. von Frieder Riedel, Leinfelden-Echterdingen 2014; A)

Congar, Yves (13.3.1904–22.6.1995 Paris) verbrachte seine Kindheit in einer Familie mit vier Geschwistern in Sedan, das am 25. August 1914 von deutschen Truppen besetzt wurde. Auf Anraten der Mutter begannen er und seine Geschwister im Sommer 1914 ein Ferientagebuch zu führen, das Yves als Kriegstagebuch bis 1918 fortführte. 1925 begann er ein Noviziat, 1930 erhielt er das Sakrament der Priesterweihe. Am Zweiten Weltkrieg nahm er als Sanitäter der Französischen Armee teil und geriet von 1940 bis 1945 in deutsche Kriegsgefangenschaft. Nach dem Krieg war er Berater der Vorbereitungskommission des Zweiten Vatikanischen Konzils. Obgleich er sein Kriegstagebuch schon nach dem Ersten Weltkrieg zur Veröffentlichung vorbereitete, informierte er seine Angehörigen erst in seinen letzten Lebensjahren über dessen Existenz. Es wurde posthum veröffentlicht. (Quelle: Yves Congar, Journal de la guerre, 1914–1918, hg. von Stéphane Audoin-Rouzeau und Dominique Congar, Paris 1997)

Eid, Wilhelm (15.05.1887–06.01.1956) stammte aus Wuppertal und war Soldat im Reserve-Infanterie-Regiment 53 der 11. Kompanie. Er war ab August 1915 an der Westfront und nahm 1916 an der Schlacht um Verdun teil. Im August 1918 geriet er in englische Kriegsgefangenschaft, die bis Oktober 1919 andauerte. (Quelle: A)

Engel, Eduard (12.11.1851 Stolp–23.11.1938 Bornim bei Potsdam) war Literaturhistoriker und Schriftsteller. Er studierte allgemeine Sprachwissenschaft sowie klassische und romanische Philologie. 1903 wurde ihm der Professorentitel zuerkannt, 1911 erschien sein bekanntestes Werk *Deutsche Stilkunst*. Seit 1870 war er Schreiber im Preußischen Abgeordnetenhaus, von 1871 bis 1919 amtlicher Stenograph beim Deutschen Reichstag. Der konservative Literaturkritiker begrüßte den Kriegsbeginn euphorisch und veröffentlichte in regelmäßigen Abständen sein Kriegstagebuch. (Quelle: NDB, Bd. 4, 499–500)

Fauser, Otto (1875–1962) war Bauingenieur und im Krieg Hauptmann der Reserve. Er führte ein Tagebuch in Durchschreibehefte, dessen Durchschläge er an seine Frau schickte. (Quelle: A)

Friedrichsen, Marie, verh. Werner (1899–ca. 1976) lebte in Kappeln an der Schley und begann im August 1914 in ihrem Schulheft ein Kriegstagebuch zu führen. Nach dem Krieg bekam sie ein uneheliches Kind und ging wie viele Frauen ihrer Generation ‚in Stellung' als Haushälterin. Sie heiratete, engagierte sich nach dem Zweiten Weltkrieg in der Flüchtlingshilfe und nahm ein Pflegekind auf. Sie führte bis ins hohe Alter Reisetagebücher. (Quelle: A)

Gehrke, Otto (geb. ? in Pommern–ca. 1945/46) war Fernmeldemechaniker bei der Reichspost, verheiratet und Stadtrat in Berlin-Köpenick. Er blieb bis Mitte März 1915 in der Gegend vor Reims. Er soll nach Ende des Zweiten Weltkriegs als Häftling der Roten Armee im Konzentrationslager Sachsenhausen gestorben sein. (Quelle: VC, 727)

Gueugnier, Charles (5.11.1878 Sétif, Algerien–unbekannt) wurde in der französischen Kolonie Algerien geboren und arbeitete vor dem Krieg als Koch für die englische Flotte. Er war Mitglied in einem Zuaven-Regiment und geriet im Oktober 1914 in deutsche Gefangenschaft. Im Lager Merseburg führte er über vier Jahre hinweg ein Tagebuch, das er aus dem Lager herausschmuggelte. Nach dem Krieg verloren sich seine Spuren in London, das Tagebuch bewahrte sein Neffe auf. Es wurde 1998 publiziert. (Quelle: Charles Gueugnier, Les Carnets de captivité. 1914–1918, hg. von Nicole Dabernat-Poitevin, Toulouse 1998)

Haake, Annemarie (4.1.1898 Hamm–1984) war die Tochter eines Studienrats aus Hamm. Bis März 1915 besuchte sie das Töchterheim Elisabethenhaus in Kassel, von 1917 bis 1919 machte sie eine Ausbildung zur Krankenschwester. Annemarie Haake heiratete 1924, hatte drei Kinder und arbeitete später als Hebamme. (Quelle: VC, 729)

Haake, Milly (30.6.1900 Hamm–14.1.1974 Hamm) war die Tochter eines Studienrats, lebte im Elternhaus in Hamm und besuchte die höhere Mädchenschule. Sie schwärmte für einen verheirateten Mathematiklehrer ihrer Schule, den sie Enzio nannte. Ihr Bruder Wilhelm starb Ende 1914 an Wundstarrkrampf infolge von Schussverletzungen, die er an der Ostfront erlitten hatte. Später machte Milly Haake eine pharmazeutische Lehre, absolvierte ein Theologiestudium und arbeitete für die Westfälische Frauenhilfe Soest und ab 1947 als Vertrauensvikarin. (Quellen: VC, 729–730; A)

Held, Wilhelm (1896–1970) war Kriegsfreiwilliger und Vizefeldwebel. Nach dem Krieg war er verheiratet und arbeitete als Handlungsgehilfe. (Quelle: A)

Hiendlmaier, Franz Xaver (9.5.1892 Augsburg–29.4.1969 Augsburg) war Kaufmann. Bis Mai 1915 kämpfte er an der Ostfront in der Gegend um Małogoszcz (heute Polen). Ab Mitte Juni machte er den Weichselübergang mit. Am 21. August 1915 wurde er westlich des Bugs verwundet und kam in ein Lazarett bei Thorn. Nach dem Krieg eröffnete Franz Xaver Hiendlmaier ein Geschäft in Brandenburg und heiratete. Während des Zweiten Weltkriegs machte er Dienst bei der Polizei. Nach seiner Flucht nach Bayern 1947 arbeitete er als Kaufmann und Handelsvertreter in Günzburg. (Quelle: VC, 731)

Iggersheimer, Meta (26.5.1896–14.4.1929 Regensburg) lebte in Amberg bei ihren Eltern und besuchte, obwohl sie jüdischen Glaubens war, ein von katholischen Schwestern geleitetes Internat. Ihr Bruder Martin kam 1915 an die Front. Meta Iggersheimer heiratete später und konvertierte zum Katholizismus. Sie starb 1929 an Krebs. Ihre Familie nahm das Tagebuch mit auf ihrer Flucht nach Sao Paolo. (Quellen: VC, 731; A)

Kaufmann, Felix (1890–1988) war Kaufmann aus Schiefbahn bei Mönchengladbach. Der Soldat jüdischer Herkunft geriet 1917 in Kriegsgefangenschaft in Frankreich. 1970 fertigte er eine englische Übersetzung des Tagebuchs an. (Quelle: A)

Kuhr, Elfriede (25.4.1902 in Schneidemühl–29.3.1989 in Seeshaupt) verbrachte die Kriegszeit in Schneidemühl (Piła im heutigen Polen), wo sie gemeinsam mit ihrem Bruder bei der Großmutter lebte und die in Berlin lebende Mutter mithilfe ihres abschnittsweise versandten Kriegstagebuchs über das Geschehen auf dem Laufenden hielt. Nach dem Krieg studierte sie klassisches Ballett und Ausdruckstanz in Berlin. 1933 floh sie mit ihrem Mann nach Zürich. Ende der 1920er Jahre veröffentlichte sie erste Gedichte, Erzählungen und Hörspiele. Ihr Tagebuch erschien erstmals 1982 unter ihrem Pseudonym Jo Mihaly. (Quelle: Jo Mihaly, ... Da gibt's ein Wiedersehn! Kriegstagebuch eines Mädchens 1914–1918, München 1986)

Künzl, Hans (1881–11.10.1916 bei Temnica) war Malzfabrikant in Hödnitz bei Znaim (Mähren, heute Hodonice, Tschechische Republik) und verheiratet. Als Hauptmann der Reserve der österreichisch-ungarischen Armee kam er im April 1915 in die Karpaten. Ab Mitte Mai machte er kurze Zeit den Vormarsch nach Nordosten über den San Richtung Lemberg mit. Im Juni kam er mit der k.u. k. Landwehr an die italienische Isonzo-Front. Zunächst war er bei Fitsch (heute Bovec, Slowenien) im Hochgebirge. Im April 1916 wurde er bei einem Unfall verletzt, Ende August kam er in den Isonzo-Frontabschnitt bei Kanal, Anfang Oktober wurde er Richtung Meer nach Kobjeglava abgezogen. Er fiel im November 1916. (Quelle: VC, 734; A)

Küppers, Annie, verh. Gilgin-Küppers (1890–1976) lebte in Freiburg bei ihrer Mutter und führte bereits vor dem Krieg ein *journal intime*. Der Kriegsbegeisterung stand sie skeptisch gegenüber. Im Krieg heiratete sie Kurt Gilgin und bekam 1918 ein Kind. Laut ihren Tagebuchnotizen war die Ehe nicht glücklich. (Quelle: A)

Lamparter, Alfred (1893–1914) trat 1910 in ein Regiment in Ulm ein und bestand 1912 an der Kriegsschule in Engers die Offizierprüfung. Der Leutnant fiel Ende August 1914 an der Westfront. Auf der Grundlage seines Tagebuchs erstellte sein Vater eine Gedenkschrift. (Quelle: A)

Laukenmann, Otto (24.11.1887 Seibotenberg–18.4.1945 Seibotenberg) war Sohn eines Gutsbesitzers und Landwirts. 1915 war er als Unteroffizier und Gruppenleiter einer Pferdefuhrwerkskolonne an der Ostfront im heutigen Polen. Ab Mitte Juli machte er den Vormarsch zum und über den Bug Richtung Slonim (heute Weißrussland) mit. Später übernahm Otto Laukenmann die elterliche Landwirtschaft und kam 1945 auf dem eigenen Hof durch amerikanischen Panzerbeschuss ums Leben. (Quelle: VC, 734–735)

Link, Otto Friedrich Leopold (17.10.1883 Freiburg/Breisgau–10.12.1961 Freiburg/Breisgau) war Telegrapheninspektor in Freiburg, verheiratet und Familienvater. Bis zu seiner Versetzung zur Fernsprechabteilung in Müllheim Anfang Oktober 1915 war er als Unteroffizier der Landwehr in Elsass-Lothringen im Einsatz. (Quelle: VC, 736)

Loewenberg, Jakob (09.03.1856 in Niederntudorf bei Salzkotten–7.2.1929 in Hamburg) stammte aus einer jüdischen Familie und war Schriftsteller und Pädagoge. 1892 wurde er Direktor einer Höheren Töchterschule in Hamburg, die er als Mädchenschule bis in die 1920er Jahre leitete. Er führte dort pädagogische Reformen ein, stand in Kontakt zur Kunsterziehungsbewegung um Alfred Lichtwark und pflegte Beziehungen mit den Reformpädagogen Wilhelm Lamszus und Adolf Jensen (welche von seiner Schule Inspiration für ihre Reformvorschläge des Schulaufsatzes vollzogen); auch Heinrich Scharrelmann unterrichtete an der Mädchenschule. 1914 veröffentlichte Loewenberg den autobiographischen Roman *Aus zwei Quellen. Die Geschichte eines deutschen Juden*, in welchem er seine deutsch-jüdische Identität stark machte. Obgleich er vor dem Krieg die Friedensbewegung unterstützte, richtete er seine Schule 1914 auf Kriegsunterricht aus und publizierte 1916 das *Kriegstagebuch einer Mädchenschule*. Loewenberg starb 1929, seine Schule wurde 1931 aufgelöst. (Quelle: Reiner Lehberger, Die höhere Mädchenschule von Dr. Jakob Loewenberg. Äußere Geschichte und pädagogische Gestaltung, in: „Den Himmel zu pflanzen und die Erde zu gründen" – Die Joseph-Carlebach-Konferenzen. Jüdisches Leben, hg. von Gillis-Carlebach Miriam und Wolfgang Grünberg, Hamburg 1995, 199–222)

Mihaly, Jo → siehe Kuhr, Elfriede

Miller, Eugen (9.5.1894 Ellwangen/Jagst–16.2.1965 Fellbach-Öffingen) machte eine Banklehre. Eingerückt als Kriegsfreiwilliger blieb er 1915 bis Mai in Stenay und absolvierte dann einen Offiziersaspirantenkurs bei Hamburg. Im Oktober kam er als Unteroffizier an die Westfront, um von dort Mitte November nach Serbien abtransportiert zu werden. Im April 1916 kam er, inzwischen zum Vizewachtmeister befördert, in die Gegend von Verdun. Nach einem krankheitsbedingten längeren Aufenthalt in Deutschland wurde er ab April 1917 in den Vogesen eingesetzt. Nach einem mehrmonatigen Offiziersaspirantenkurs bei Berlin kam er ab Mai 1918 bei Reims zum Einsatz und machte ab August die Rückzugsgefechte mit. Im September wurde er zum Leutnant der Reserve ernannt. Nach Kriegsende wurde Eugen Miller Filialleiter einer Bank und Direktor der Stuttgarter Pferde- und Viehversicherung. Er nahm als Führer eines Krankenkraftwagens am Zweiten Weltkrieg teil. (Quelle: VC, 738)

Moos, Käthe (25.5.1902 Wiesbaden–29.9.1996 Wiesbaden) lebte 1916/17 in Wiesbaden. Nach dem Krieg arbeitete sie als Lehrerin in Fulda, wurde in der NS-Zeit ins Sauerland zwangsversetzt und kehrte 1945 nach Wiesbaden zurück, wo sie als Studienrätin im Ministerium tätig war. (Quelle: VC, 738)

Münsterberg, Hugo (1.6.1863 Danzig–16.12.1916 Cambridge/Massachusetts) studierte Medizin, wandte sich dann jedoch der Philosophie und Psychologie zu. Aufgrund seiner jüdischen Herkunft erhielt er in Deutschland keine Professur und ging 1892 an die Harvard-Universität, wo er eine Professur für experimentelle Psychologie antrat. In seinen Forschungen popularisierte er den von William Stern eingeführten Begriff der Psychotechnik und entwickelte eine Technik, um die Glaubwürdigkeit von Zeugen mithilfe physiologischer Mess- und Aufzeichnungsapparate herzustellen. Ab 1908 baute er in Berlin ein Amerika-Institut auf. Zu Kriegsbeginn trat er in Amerika deutschpatriotisch auf, seine Haltung prägte das Wort „Münsterbergism". Zugleich stand er in Briefkontakt mit Reichskanzler Theobald von Bethmann Hollweg und setzte sich dafür ein, Amerikas Eintritt in den Weltkrieg zu verhindern. Im September 1914 veröffentlichte er sein Kriegstagebuch *America and the War*, das 1915 in deutscher Übersetzung erschien. Münsterberg starb 1916 während einer Vorlesung. (Quellen: NDB, Bd. 18, 542–543; Ulrich Raulff, Münsterbergs Erfindung oder Der elektrifizierte Zeuge, in: Freibeuter 7 (1985), H. 24, 33–42)

Nörrenberg, Constantin (1862 Dormagen–1937 München) studierte Germanistik in Bonn und Berlin und promovierte 1884 in Gießen. Von 1904 bis 1928 war er Direktor der Landes- und Stadtbibliothek Düsseldorf. Er trat für den Ausbau der Volksbüchereien ein und war

Vorsitzender der Düsseldorfer Geschichtsvereins. Im Krieg führte er nicht nur ein Tagebuch, sondern baute eine Kriegssammlung auf und publizierte zur Aufgabe der Bibliotheken im Krieg. (Quelle: Constantin Nörrenberg, Düsseldorf im ersten Weltkrieg. Das Kriegs- und Revolutionstagebuch des Constantin Nörrenberg, hg. von Max Plassmann, Saarbrücken 2013)

Nüthen, Josef (1888–1968) war Buchhändler und ein persönlicher Bekannter von Erich Maria Remarque. 1914 zog er mit dem Kriegs-Taschen-Notizbuch der Geschäftsbücherfabrik Otto Enke in den Krieg. (Quelle: A)

Piltz, Richard (30.3.1875 Bitterfeld–30.9.1916) studierte Ingenieurswissenschaften. Er war Besitzer und Prokurist der Steinzeugfabrikation Heinrich August Piltz in Bitterfeld, verheiratet und Vater von zwei Söhnen. Zu Kriegsbeginn als Oberstleutnant eingezogen, war er 1915 zunächst bei Louvigny (Elsaß-Lothringen) stationiert und kam Anfang April ins französische Vilcey. Ab Anfang Juli 1915 war er als Führer einer Pionierkompanie im belgischen Poelkapelle. Mitte September 1916 wurde er an die Somme verlegt. Er fiel im September 1916. (Quelle: VC, 739)

Präparandenanstalt Rastenburg → siehe Basarke

Riboud, Eugène (1874–1917) war Direktor der Banque de France in Armentières. Als seine Familie zu Kriegsbeginn die besetzte Stadt verließ, begann er ein Tagebuch zu führen. (Quelle: A)

Saint-Jouan, Henriette de (1870–1941) lebte in Paris und verbrachte den Sommer 1914 mit ihrem Ehemann Georges im gemeinsamen Ferienhaus in Beauchêne in der Bretagne. Sie führte während ihres Aufenthalts von Ende Juli bis Anfang September 1914 ein Tagebuch. (Quelle: A)

Schatz, Elisabeth, verh. Bosse (22.02.1894–1982), Tochter eines Lehrerehepaars, lebte in Magdeburg und begann im Alter von neunzehn Jahren ein Tagebuch zu schreiben. Bis zum Kriegsende führte sie mindestens zwanzig Tagebuchbände, die sie mit zahlreichen Zeitungsausschnitten ergänzte. 1922 heiratete sie Fritz Bosse, der Beamter bei der Eisenbahn war, bekam zwei Kinder und zog nach Hannover. (Quelle: A)

Schreyer, Erwin (11.3.1901 Berlin–05.05.1973 Berlin), Sohn eines Postbeamten, lebte im Ersten Weltkrieg als Gymnasiast bei seinen Eltern in Berlin-Lichtenberg. Später machte er eine Ausbildung zum Bankkaufmann und heiratete im Jahr 1929. Nach krankheitsbedingter Frühpensionierung übernahm er in der Siedlung ‚Freie Scholle' in Berlin-Tegel einen Kiosk. Er führte bis an sein Lebensende Tagebuch. (Quellen: VC, 742; A)

Schwalbe, Wilhelm (1884–1914) kam aus Hannover und war ab August 1914 als Landwehrmann bei den Bückeburger Jägern an der Westfront. Dort führte er ein Tagebuch in ein Durchschreibebuch, das er blattweise an seine Verlobte Erna schicke. Er fiel im September 1914. Die Verlobte kopierte die Blätter nach seinem Tod in ein Erinnerungsalbum. (Quelle: A)

Schwarz, Elisabeth, verh. Jungel (Lebensdaten unbekannt) lebte in Freiburg und heiratete im August 1915 im österreichischen Leoben. Da ihr Mann Heinrich Jungel als Kommandant einer österreichischen Maschinengewehrkompanie kämpfte, lebte sie bis Kriegsende in Freiburg. (Quelle: VC, 732)

Steinmetz, Anna (4.9.1896 Uchtelfangen/Saarland–2.10.1951 Trier) hatte vier Geschwister und führte nach dem Tod der Mutter den Haushalt für den Vater, der Buchbinder war. Von November 1917 bis November 1918 arbeitete sie als Haushaltshilfe in Porz und Köln. Nach dem Krieg heiratete sie und hatte vier Kinder. (Quelle: VC, 743)

Strauch, Hertha (24.06.1897 in St. Avelle–07.11.1980 in Wien) stammte aus einem jüdischen Elternhaus und wohnte ab 1904 in Metz, wo sie das Mädchenlyzeum besuchte. In den ersten Kriegswochen war sie als freiwillige Helferin des Roten Kreuzes tätig, von 1916 bis 1917 führte sie ein Kriegstagebuch. Nach dem Krieg studierte sie Gesang und Schauspiel in Frankfurt und veröffentlichte ab 1925 literarische Beiträge in verschiedenen Tageszeitungen. 1930 erschien das auf ihrem Kriegstagebuch basierende fiktionale Tagebuch *Die Katrin wird Soldat*, das in fünfzehn Sprachen übersetzt wurde. Nach der Machtübernahme Hitlers flüchtete sie aus Deutschland und nahm später ihr Pseudonym Adrienne Thomas an. (Quelle: Adrienne Thomas, Aufzeichnungen aus dem Ersten Weltkrieg. Ein Tagebuch, hg. von Günter Scholdt, Köln 2004, 209–211)

Thiesset, Henriette (23.03.1902 in Muille-Villette–14.06.1975) wuchs in Ham im Departement Somme bei ihrer Mutter und ihren Großeltern auf. Ihr von 1914 bis 1920 geführtes Kriegstagebuch, in welchem sie die Besatzungszeit dokumentierte, übergab sie einem Aufruf folgend im Jahr 1920 der Académie de Lille. Nach dem Krieg arbeitete sie als Grundschullehrerin, heiratete und bekam vier Kinder. Sie schrieb zeitlebens Gedichte und organisierte Konferenzen zu historischen Themen. Ihr Tagebuch wurde posthum veröffentlicht. (Quelle: Henriette Thiesset, Journal de Guerre 1914–1920 d'Henriette Thiesset, annoté par Nathalie Jung-Baudoux, Amiens 2012)

Thomas, Adrienne → siehe Strauch, Hertha

Toussaint, Alexandrine (1842–1934) lebte in Saint-Mihiel, einer kleinen französischen Gemeinde in Lothringen. Von August 1914 bis Januar 1915 führte sie ein Kriegstagebuch, das sie nach Kriegsende für ihre Kinder und Enkel überarbeitete. (Quelle: A)

Trommershausen (Lebensdaten unbekannt) war ab 1914 als Hauptmann im Infanterie-Regiment 149 an der Ostfront in Ostpreußen. Von 1916 bis 1920 war er Chef der 10. Kompanie in der Hauptkadettenanstalt Lichterfelde. Seine Tochter übergab das Kriegstagebuch ans Archiv. (Quelle: A)

Walzer, Richard (8.2.1892 Mannheim–1964 Waldshut-Tiengen) war ab Dezember 1914 in Bavay als Schreiber in der Etappe eingesetzt. Ab Februar 1915 war er bis zur Räumung von Saint-Quentin im März 1917 beim dortigen Hafenkommando. Im August 1917 wurde er ins Hafenamt Gent verlegt, erhielt im Juli 1918 das Eiserne Kreuz Zweiter Klasse und blieb bis zu seiner Erkrankung im Oktober im dortigen Hafenamt. Nach dem Krieg arbeitete Richard Walzer in Stuttgart als Prokurist. (Quelle: VC, 745)

Wehner, Marie (Lebensdaten unbekannt) war Mutter von vier Söhnen, die an verschiedenen Fronten kämpften und über deren Feldpost sie im Tagebuch berichtet. Der Sohn Heinz fiel im

Krieg, nach dessen Tod las sie sein im Feld geführtes Tagebuch. Sie veröffentlichte ihr Tagebuch 1917. (Quelle: Marie Wehner, Kriegstagebuch einer Mutter, Leipzig 1917)

Wendel, Fritz/Friedrich (1893–1967) kam aus Wachenheim in der Pfalz und zog im Januar 1915 mit dem Königlich-Bayerischen Reserve Infanterieregiment 19 in den Krieg. Sein Tagebuch führte er aber bereits seit den ersten Kriegstagen im Sommer 1914. Als er zum Zugführer ernannt wurde, notierte er in seinem Tagebuch penibel die gefallenen Kameraden. (Quelle: IP, 146)

Werner, Carl Emil (1880–1946) lebte als Kaufmann und Teilhaber am Geschäft des Vaters mit Frau und Kind in Freiburg im Breisgau. Er kam im Juni 1915 zur Abwehrstelle Süd im elsässischen St. Ludwig (heute Saint-Louis, Frankreich). Im Dezember zog die Dienststelle nach Freiburg um, Werner wurde zum Gefreiten ernannt. (Quelle: VC, 746)

Wertheim, Freifrau von (1878–?) lebte als Hausfrau und Mutter von vier Kindern in Coburg. Ihr Mann Siegfried war Offizier an der Westfront. (Quelle: VC, 746)

Danksagung

Bei der vorliegenden Studie handelt es sich um die überarbeitete Fassung meiner im Jahr 2020 am Institut für deutsche Literatur an der Humboldt-Universität zu Berlin eingereichten Dissertation. Herzlich bedanken möchte ich mich bei meiner Erstbetreuerin Ethel Matala de Mazza, die meine Arbeit mit der Aufnahme in das Graduiertenkolleg „Literatur- und Wissensgeschichte kleiner Formen" entscheidend geprägt, sorgfältig und aufmerksam betreut und mich stets ermutigt hat, den Stimmen bislang übersehener Tagebuchschreiber:innen Gehör zu schenken. Meiner Zweitbetreuerin Anke te Heesen danke ich für die verlässliche und engagierte Betreuung sowie dafür, dass sie mein Auge für das faszinierende Tagebuchmaterial geschärft hat. Günther Oesterle danke ich für die Erstellung des Drittgutachtens, Joseph Vogl für die Leitung der Promotionskommission und wertvolle Hinweise bei seinen Kapitellektüren. Der Druck dieses Buches wurde großzügig von der FONTE-Stiftung gefördert.

Erste Ideen zu dieser Dissertation gehen zurück auf mein Studium und meine Tätigkeit als wissenschaftliche Mitarbeiterin an der Bauhaus-Universität Weimar. Für ihre Hinweise, Ermutigung und Unterstützung, den Weg der Promotion einzuschlagen, danke ich Stephan Gregory, Nicole Kandioler und Hedwig Wagner. Umfangreiche Archivrecherchen bildeten die Grundlage für diese Studie. Stellvertretend für die vielen Ansprechpartner:innen im Deutschen Tagebucharchiv in Emmendingen danke ich Jutta Jäger-Schenk, die mir stets freundlich und kenntnisreich geantwortet hat. Beim Besuch in der Bibliothek für Zeitgeschichte in Stuttgart konnte ich sehr von den Hinweisen von Irina Renz profitieren.

Dieses Buch entstand im Graduiertenkolleg Literatur- und Wissensgeschichte kleiner Formen, das mir die nötige Ruhe zum Schreiben genau wie zahlreiche Austauschmöglichkeiten bot. Für ihre hilfreichen Denkanstöße und kritischen Lektüren danke ich Steffen Bodenmiller, Katharina Hertfelder, Maren Jäger, Anne MacKinney und Noah Willumsen. Im Kreis meiner Kolleginnen wurde das Schreiben und Diskutieren zu einer großen Freude: Herzlich danke ich Julia Heideklang, Rebeca Araya Acosta und insbesondere Marília Jöhnk für den Austausch zwischen kleiner Reiseprosa in Lateinamerika und der Diaristik im ‚großen Krieg'. Hör- und sendbar wurden erste Ideen durch meine Beiträge für den Podcast *microform*, wofür ich Florenz Gilly danke. Josefine Goldmann und Sarah Mohren danke ich für ihr sorgfältiges Lektorat. Dass ich dieses Buch mit der nötigen Ruhe und Zeit fertigstellen und mich dabei schon auf meine neue Tätigkeit am Deutschen Historischen Museum Berlin freuen konnte, verdanke ich Dorlis Blume.

Danksagung

Dieses Buch wäre nicht möglich gewesen ohne die fortwährende Unterstützung durch meine Familie, Freundinnen und Freunde. Mit Anne Mickan und Leo Büttner konnte ich mich stets über die Freude am Forschen über Fach- und Ländergrenzen hinwegaustauschen. Jana Münkel und Anne Heimerl danke ich für das geteilte Interesse am deutsch-französischen Studieren, Forschen und Leben. Von Beginn meines Bildungswegs an konnte ich mir des Vertrauens und der Neugier meiner Eltern Ulrike und Uwe Czarnikow stets sicher sein. Insbesondere Jonathan Siefert hat immer an mich und dieses Buch geglaubt und mich dabei in allen Schreib- und Lebenslagen unterstützt.

Personenverzeichnis

Basarke 148–150, 230, 263–264, 309, 339
Bayer, Carl 44, 57–58, 75–76, 261–263
Bäumer, Gertrud 139–140
Benjamin, Walther 13, 266–268
Bernfeld, Siegfried 8–10, 83, 103, 121, 127, 132, 275–276
Bethmann-Hollweg, Theobald von 169
Beumelburg, Werner 213
Bing, Bernhard H. 23, 42, 62, 68, 70, 72, 75–77, 94–95, 245, 252–253, 256–257, 264, 303, 342–343, 351–353, 357
Bloch, Marc 308–309, 314, 318–319, 337
Boehm-Bezing, Leopold 37, 95, 126, 128–130, 240–243, 251–253, 256, 261, 298, 301, 306, 340, 349, 357
Bohn, Clara und Bohn, Josephine 123, 134
Breuninger, Cornelius 23, 73, 79–89, 186, 247, 286, 298, 301, 303–304, 344, 350–352, 358–359
Buddecke, Albert 175

Congar, Yves 110–120, 123, 151–153, 248, 257, 273–274, 299, 306–307, 311–312, 330, 337, 349, 362
Cru, Jean Norton 319–323, 336–337

Dilthey, Wilhelm 12, 38–39, 177–180, 192–193, 365–366, 372

Eid, Wilhelm 46–47, 91, 344, 359
Engel, Eduard 99–100, 269, 270–273, 301, 313

Fauser, Otto 56, 64, 74, 85, 87
Flex, Walther 188, 193, 213, 317
Foerster, Wolfgang 214–215
Friedrichsen, Marie 135–136, 143

Gehrke, Otto 38, 50, 59–60, 64, 68–69, 247
Gueugnier, Charles 91–94

Haake, Annemarie 1, 6, 122–123, 251
Haake, Milly 1, 6, 11–12, 104, 107–108, 121–123, 128–134, 154–157, 203, 243, 259–262, 265, 272, 276–277, 300, 305–306, 328, 330, 342–344, 352, 358
Hashagen, Julius 15, 235, 369
Held, Wilhelm 37–38, 40
Hiendlmaier, Franz Xaver 23–24, 41–42, 48–49, 55–59, 68–69, 73–75, 341–342, 359–360
Hollander, Walther von 111, 349

Iggersheimer, Meta 156–157, 256, 264, 270, 299–300, 303–305, 338–339

Jünger, Ernst 6, 50–51, 210–211, 287

Kafka, Franz 7, 265, 329–330
Kaufmann, Felix 77–79, 91–92
Kollwitz, Käthe 205–206
Kracauer, Siegfried 176–177
Kraus, Karl 220, 242, 294
Kuhr, Elfriede 7, 124–126, 134, 157, 256, 298, 300–301, 305, 309–310, 323, 330, 340, 361
Künzl, Hans 23, 51, 53, 65, 352, 355
Küppers, Annie 105–106, 108, 247–248, 362

Lamparter, Alfred 51–52, 65–66, 68, 199, 203, 205, 341, 355
Larsen, Karl 160–165, 173, 177, 179
Laukenmann, Otto 11–12, 38–39, 48, 63, 65
Link, Otto Friedrich Leopold 38, 51–52, 65, 68–69, 73–74, 90–91, 256, 264, 266, 268
Loewenberg, Jakob 145–147, 194, 196, 313–314

Malinowski, Bronisław 106–107, 271
Mihaly, Jo → siehe Kuhr, Elfriede
Miller, Eugen 23–24, 33–34, 37, 39, 49, 52, 59, 69, 71–76, 253–254, 350–351, 359
Moos, Käthe 143, 258–261, 264
Münsterberg, Hugo 7–8, 271–273, 298, 303, 307, 313, 349

Natonek, Hans 257
Nietzsche, Friedrich 162–164, 171, 234

Nörrenberg, Constantin 172, 244–245, 249, 251, 260, 298, 303, 350, 364
Nüthen, Josef 44, 57–58, 229, 344

Piltz, Richard 6, 22–24, 31–36, 39, 50, 53–54, 58, 62, 64–65, 68–70, 73, 245, 252, 264, 308–309, 340–341, 352, 367
Pniower, Otto 89, 171
Präparandenanstalt Rastenburg → siehe Basarke

Reicke, Georg 171–172
Remarque, Erich Maria 371–373
Riboud, Eugène 119–120, 310–311
Rosegger, Peter 7, 98, 137, 164–165, 171, 198, 259, 305, 353

Saint-Jouan, Henriette de 305
Schatz, Elisabeth 102, 259–261, 265–267, 274–275, 305–306, 358, 367
Schlieffen, Alfred von 2, 35–36
Schreyer, Erwin 6–7, 151–153, 157–158, 219, 244–245, 248–249, 253, 265, 340, 358
Schwalbe, Wilhelm 59, 84–90, 209–210, 355
Schwarz, Elisabeth 104, 248, 254–256, 305, 339, 351, 357

Simmel, Georg 346–347
Spiegel von und zu Peckelsheim, Edgar 196–197
Steinmetz, Anna 104, 248, 339, 344–345, 348, 350–351, 353, 358, 362–363
Stern, William 184, 282–283, 368
Stockhausen, August von 26, 28
Strauch, Hertha 157, 373–374

Thiesset, Henriette 111–114, 119–120, 311
Thomas, Adrienne → siehe Strauch, Hertha
Toussaint, Alexandrine 112, 119, 298–299, 364
Tretjakow, Sergej 275
Trommershausen 57, 60–61, 347–348
Trott zu Solz, August von 174–175

Ubisch, Edgar von 168–169, 179–181, 184

Walzer, Richard 23, 42, 364
Warburg, Aby 83, 271
Wehner, Marie 66, 126–128, 130, 194
Wendel, Fritz/Friedrich 63–65, 359
Werner, Carl Emil 44, 247, 251
Wertheim, Freifrau von 126–128, 340, 353

www.ingramcontent.com/pod-product-compliance
Lightning Source LLC
Chambersburg PA
CBHW061926220426
43662CB00012B/1816